개정판

핵심으로 풀어가는

소방기술사(下)

윤정득 · 박견용 공저

한솔아카데미
www.bestbook.co.kr

머리말

사회가 발전하고, 산업이 고도화·첨단화됨에 따라 인간은 보다 쾌적하고 편리한 구조의 주거공간과 여러 가지 기능을 복합적으로 갖춘 One-Stop 기능의 공간을 요구하게 되었습니다. 인간의 이러한 욕구와 토지이용의 극대화, 거대한 장치산업의 등장 등으로 인하여 최근 대규모 복합 건축물과 초고층 빌딩, 심층 지하 건축물, 초대형 플랜트 공장 등이 대거 건설됨으로써 화재발생위험이 증가되고 또한 화재로 인한 인적·물적 피해가 예전과는 비교할 수 없을 정도로 커지게 되었습니다.

따라서 현대사회는 화재를 예방·제어·진압하기 위해서 화재발생위험을 사전에 제거하고 화재 시 인적·물적 피해를 최소화하기 위한 전문적인 지식과 기술을 필요로 하고 있으며, 이러한 지식과 기술을 갖추고 실무에 종사하는 최고의 방화엔지니어가 바로 소방기술사입니다.

소방기술사는 화학공학, 기계공학, 전기공학, 건축공학, 안전공학 등 광범위한 분야의 관련 지식을 습득하고, 이를 설계, 시공, 감리 등의 실무에 적용하여 화재로부터 인명과 재산을 보호하는 소방분야의 최고 전문가라고 할 수 있습니다. 그러므로 소방기술사 자격을 취득하기 위해서는 연소공학, 방화공학, 방폭공학 등에 관한 기본 개념과 이론을 충분히 이해하고, 유체역학, 소방분야의 기계·전기시스템, 건축방재, 위험성 평가, 관련 법규 등을 폭넓게 공부하여야 합니다.

본 교재는 소방기술사를 취득하기 위해 공부해야 하는 각 분야별 기본 개념을 충실히 반영하고자 노력하였으며, 또한 이를 실무분야에 적용할 수 있도록 일정부분 저자들의 경험을 반영하여 기술하였습니다. 그리고 공부하시는데 조금이라도 도움이 되고자 몇몇 분야는 내용을 Sub-Note화 하였으며, 깊이를 요하는 분야는 심도 있게 내용을 기술하였습니다. 다만, 소방과 관련된 분야가 워낙 광범위하므로 일부 미진한 부분도 있으리라 여겨지며 저자들의 미천한 지식의 한계로 인한 내용의 오류도 있을 것이라 생각합니다. 내용의 오류나 미진한 부분은 추후 개정판에서 수정, 보완하여 나갈 것을 약속드리며, 독자 여러분의 많은 지도, 편달을 부탁드립니다.

또한 본 교재는 여러 교수님과 기술사님들께서 저술하신 서적과 논문 및 자료 등을 참조하였습니다. 부족한 후배가 저명하신 교수님들과 선배 기술사님들의 명예에 누를 끼치지는 않았는지 걱정스러워 널리 양해를 구합니다.

끝으로 본 교재를 발행하는데 많은 수고와 협조를 아끼지 않으신 (주)한솔아카데미 출판부 임직원 일동께 감사의 말씀드리며, 묵묵히 뒤에서 내조해준 아내에게 감사드립니다.

아무쪼록 이 책이 소방기술사 자격을 취득하기 위해 노력하시는 많은 분들께 조금이라도 도움이 될 수 있기를 간절히 바랍니다.

저자 일동

목 차

제1장 연소공학

제2장 방화공학

제3장 방폭공학

제4장 위험물

제5장 소방수리학

제6장 수계소화설비

제7장 가스계소화설비

제8장 소방전기

제9장 건축방화

제10장 연기제어

제11장 피난

제12장 화재

제13장 소방법규

제14장 기 타

부록Ⅰ 소방에 관련된 건축법규

부록Ⅱ 기출문제

제8장
소방전기

문제1 자동화재탐지설비

Ⅰ. 개 요

1. 정 의

화재발생을 자동으로 감지하여 소방대상물의 관계자에게 통보할 수 있는 설비로서 감지기, 발신기, 수신기, 경종 또는 중계기 등으로 구성된 경보설비이다.

2. 설치 목적

화재발생을 초기에 감지하여 경보함으로서 인명 및 재산상의 피해를 경감시키고자 설치한다.

Ⅱ. 설치대상

1. 근린생활시설(목욕장은 제외한다), 의료시설(정신의료기관 또는 요양병원은 제외한다), 숙박시설, 위락시설, 장례시설 및 복합건축물로서 연면적 600m² 이상인 것
2. 공동주택, 근린생활시설 중 목욕장, 문화 및 집회시설, 종교시설, 판매시설, 운수시설, 운동시설, 업무시설, 공장, 창고시설, 위험물 저장 및 처리 시설, 항공기 및 자동차 관련 시설, 교정 및 군사시설 중 국방·군사시설, 방송통신시설, 발전시설, 관광휴게시설, 지하가(터널은 제외한다)로서 연면적 1천m² 이상인 것
3. 교육연구시설(교육시설 내에 있는 기숙사 및 합숙소를 포함한다), 수련시설(수련시설 내에 있는 기숙사 및 합숙소를 포함하며, 숙박시설이 있는 수련시설은 제외한다), 동물 및 식물 관련 시설(기둥과 지붕만으로 구성되어 외부와 기류가 통하는 장소는 제외한다), 분뇨 및 쓰레기 처리시설, 교정 및 군사시설(국방·군사시설은 제외한다) 또는 묘지 관련 시설로서 연면적 2천m² 이상인 것
4. 지하구
5. 지하가 중 터널로서 길이가 1천m 이상인 것
6. 노유자 생활시설
7. 제6호에 해당하지 않는 노유자시설로서 연면적 400m² 이상인 노유자시설 및 숙박시설이 있는 수련시설로서 수용인원 100명 이상인 것
8. 제2호에 해당하지 않는 공장 및 창고시설로서 「소방기본법 시행령」 별표 2에서 정하는 수량의 500배 이상의 특수가연물을 저장·취급하는 것
9. 의료시설 중 정신의료기관 또는 요양병원으로서 다음의 어느 하나에 해당하는 시설
   가) 요양병원(정신병원과 의료재활시설은 제외한다)
   나) 정신의료기관 또는 의료재활시설로 사용되는 바닥면적의 합계가 300m² 이상인 시설

다) 정신의료기관 또는 의료재활시설로 사용되는 바닥면적의 합계가 300m² 미만이고, 창살(철재 · 플라스틱 또는 목재 등으로 사람의 탈출 등을 막기 위하여 설치한 것을 말하며, 화재 시 자동으로 열리는 구조로 되어 있는 창살은 제외한다)이 설치된 시설

10. 판매시설 중 전통시장

Ⅲ. 설비의 구성(국내 소방법상)

1. 감지기
2. 수신기
3. 중계기
4. 발신기

문제2 NFPA-72의 자동화재탐지설비 구성

Ⅰ. 개 요

NFPA 72(National Fire Alarm Code)에서는 자동화재탐지설비의 구성을 국내와 같이 감지기, 수신기, 발신기 등으로 구분하지 않고, 입력장치·통보장치·신호선로장치를 사용하는 3가지 기본적인 회로로 구분하고 있다.

Ⅱ. 설비의 구성(NFPA 72)

1. IDC (Initial Device Circuits, 입력장치회로)

(1) 감지기, 수동발신기, 감시스위치(Supervisory Switch)와 같은 입력장치(단, 주소화 기능이 없는 것에 한함)에 사용하는 회로

(2) 입력장치(Initiating Device)의 종류

① Supervisory Signal-Initiating Device(감시용 신호입력장치)

② Automatic Extinguishing System Supervisory Device(자동식 소화설비용 감시장치)

③ Analog Initiating Device(아날로그형 입력장치)

④ Restorable Initiating Device(재용형 입력장치)

⑤ Nonrestorable Initiating Device(비재용형 입력장치)

2. NAC (Notification Appliance Circuits, 통보장치회로)

(1) 벨, Horn(경적), 스피커, light, text display와 같은 통보장치에 사용하는 회로

(2) 통보장치(Notification Appliance)의 종류

① Audible Notification Appliance : 청각을 이용한 통보장치

② Tactile Notification Appliance : 촉각이나 진동을 이용하는 통보장치

③ Visible Notification Appliance : 시각을 이용한 통보장치

3. SLC (Signaling Line Circuits, 신호선로회로)

주소화 장치(기기), 회로접속, 제어기, 중계기 상호간의 통신 회로

문제3 Class 배선의 종류

Ⅰ. 개 요

1. 정 의
   선로의 고장 등 비정상 상태에서도 그 기능을 계속 유지할 수 있는지 여부
2. 선로의 구분
   (1) NFPA 72
      ① Class A, Class B
      ② Style 4, Style 6, Style 7
   (2) NFPA 72(2010 Edition)
      ① Class A, Class B, Class C, Class D, Class E, Class X
   (3) 기존의 전선 및 케이블뿐 아니라 LAN, 인터넷, 광섬유, 무선설비 등 새로운 통신 기술과 연계된 어떠한 종류의 경보설비에 대해서도 적용할 수 있는 새로운 기준을 제정하고자 Style을 삭제하고 Class로 전면 개정하게 됨.
3. 화재경보설비에서 고장상태란 단선(single open), 지락(single ground), 단락(wire-to-wire short) 등 3가지를 말한다.

Ⅱ. Class의 종류

1. Class A

(1) Loop 배선방식으로서 수신기와 기기 간 양방향 통신을 말한다.
(2) 단선이나 지락 시에도 정상적으로 작동하므로 Class B보다 신뢰도가 높다.
(3) NFPA에서는 SLC와 같은 주요 선로는 반드시 Class A를 적용한다.
(4) 요구사항
   ① 별도의 경로(Redundant pathway)가 있어야 한다.
   ② 단선된 지점 이후에서도 정상적인 작동을 할 수 있어야 한다.
   ③ 고장이 발생한 경우 해당 상항에 대하여 이를 통보하여야 한다.

2. Class B

(1) 일반배선방식으로서 수신기와 기기 간 단방향 통신을 말한다.
(2) 단선된 지점부터 정상적으로 작동하지 못하므로 Class A보다 신뢰도가 낮다.
(3) 요구사항
   ① 별도의 경로는 적용하지 않는다.
   ② 단선된 지점 이후에서는 정상적으로 작동하지 못한다.
   ③ 고장이 발생한 경우 해당 상항에 대하여 이를 통보하여야 한다.

3. Class C

(1) LAN(Local Area Network, 근거리통신망), WAN(Wide Area Network, 원거리통신망), 인터넷, 무선통신망 등을 사용하는 양방향 통신을 말한다.

(2) 이는 Polling이나 Handshaking에 의한 통신과 같은 통신선로를 감시하기 위한 기술적 사항을 위하여 제정한 것이다.

(3) Class C의 경우는 개별경로에 대한 감시기능은 없으나 양방향 통신에서 발생하는 손실에 대해서는 표시되어야 한다.

※ 컴퓨터 간의 자료를 전송하는 방식에는 "동기 data 전송방식"과 "비동기 data 전송방식"의 2가지가 있다.

동기 data 전송방식	비동기 data 전송방식
컴퓨터를 구성하는 각 장치간의 자료 전송이 CPU의 제어장치에 의한 순서에 따라 수행되는 방식	컴퓨터를 구성하는 각 장치가 별도의 Clock pulse를 이용하여 장치 상호간의 자료 전송을 위한 타이밍을 유지하며 자료를 전송하는 방식
"Polling"은 동기 data 전송방식의 한 가지에 해당됨	"Handshaking"은 비동기 전송방식의 한 가지에 해당됨

4. Class D

경로에 대한 고장상태가 통보되지는 않지만 Fail-safe 작동기능이 있어서 회로고장이 발생할 경우 사전에 지정된 기능을 대신 수행할 수 있는 것

5. Class E

선로에 대한 이상 유무 감시기능(Monitoring integrity)이 해당되지 않는 경로

6. Class X

(1) SLC에 있어서 개정 전 Class A의 Style 7 경로를 말한다.

(2) 요구사항

① 별도의 경로(Redundant pathway)가 있어야 한다.

② 단락이나 단선된 지점 이후에서도 정상적으로 작동되어야 한다.

③ 고장이 발생한 경우 해당 상황에 대하여 이를 통보하여야 한다.

Ⅲ. Class의 회로별 성능

1. IDC의 성능

Class	구 분	고장상태(Abnormal condition)	
		단선(single open)	지락(single ground)
Class A (loop배선)	Trouble(고장표시)	O	O
	ARC(고장 중 경보능력)	R	R
Class B (일반배선)	Trouble(고장표시)	O	O
	ARC(고장 중 경보능력)		R

* Trouble (고장표시) : 단선 또는 지락에 대한 표시기능
* ARC (Alarm receipt capability during abnormal condition, 고장 중 경보능력) : 시스템 고장상태에서의 경보능력 즉, Network 기능
* R : Required capacity (요구되는 능력)

2. NAC의 성능

Class	구 분	고장상태(Abnormal condition)		
		단선	지락	단락
Class A	Trouble(고장표시)	O	O	O
	ARC(고장 중 경보능력)	R	R	
Class B	Trouble(고장표시)	O	O	O
	ARC(고장 중 경보능력)		R	

3. SLC의 성능

Class	구 분	단일 고장 상태			동시 고장 상태		
		단선	지락	단락	단선+단락	지락+단락	단선+지락
Class B	Trouble	O	O	O	O	O	O
	ARC		R				
Class A	Trouble	O	O	O	O	O	O
	ARC	R	R				R
Class X	Trouble	O	O	O	O	O	O
	ARC	R	R	R			R

(1) SLC에 대하여 단선, 지락, 단락 중 어느 한 가지 또는 두 가지가 동시 고장일 경우(즉, 모두 6가지의 경우가 발생됨)에 "고장표시" 및 "고장 중 경보능력"을 송신하는 기능에 따라 적용하는 것으로 Class A, Class B, Class X의 3종류로 구분한다. 종전까지의 "Class A Style 6"와 "Class A Style 7"에 대하여 이에 대한 성능을 구분하고 이를 명확하게 하고자 SLC의 성능에 대하여 "Class A style7"을 Class X로 개정하였다.

(2) SLC의 성능

① 일반적으로 Class A, Class B는 감지기와 다른 장치(즉, 감지기와 감지기, 감지기와 수신기, 감지기와 중계기) 사이의 배선에 사용되며

② Class X는 수신기와 다른 장치(즉, 수신기와 수신기, 수신기와 중계기) 사이의 배선에 적용하고 있으며

③ SLC에서의 Class A는 Loop배선방식, Class B는 일반배선방식, Class X는 Network용 Loop 배선방식이라고 할 수 있다.

(3) 고장상태에서 SLC의 성능은 단선, 지락 또는 단락의 경우 고장표시가 되어야 한다. 또한 Class B는 지락의 경우 경보능력이 있어야 하며 Class A와 Class X는 지락일 경우와 단선 및 지락(동시고장)일 경우에 경보능력이 있어야 한다.

문제4 Class B 배선과 Class X 배선

Ⅰ. Class B 배선

1. 중요 건축물이 아닌 일반건축물에는 기기 말단까지 배선을 연결하여 한쪽 방향으로만 통신이 가능한 Class B 배선을 한다.
2. 이 배선은 고장이 발생되면 통신을 계속할 수 없는 단점이 있다.
3. 아래 그림은 Class B 배선을 나타낸 것으로 종전의 Style-4에 해당한다.

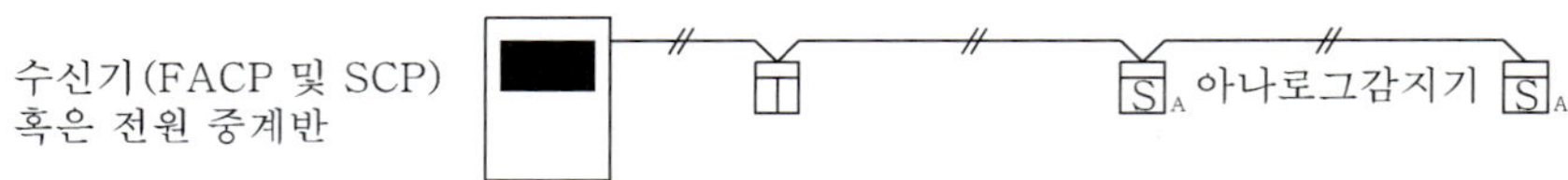

Class B(Style 4) 배선방식

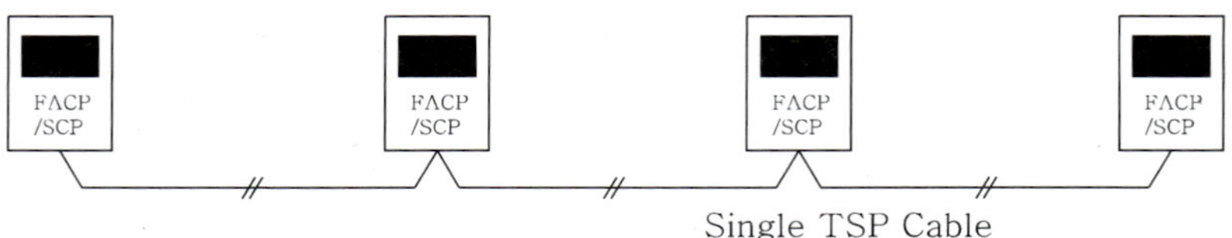

Ⅱ. Class X 배선

1. Class A(종전의 Style-6)

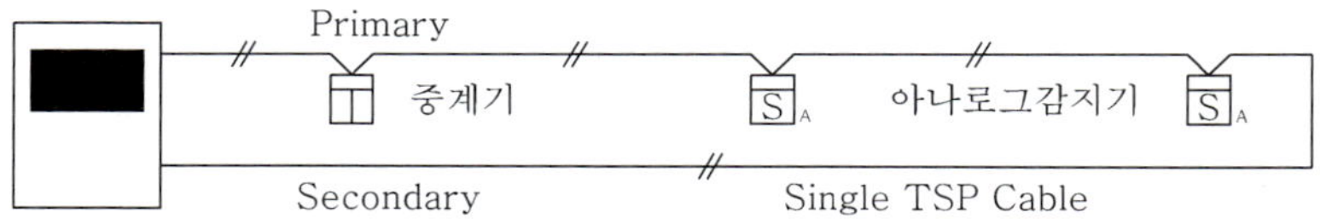

2. Class X(종전의 Style-7)

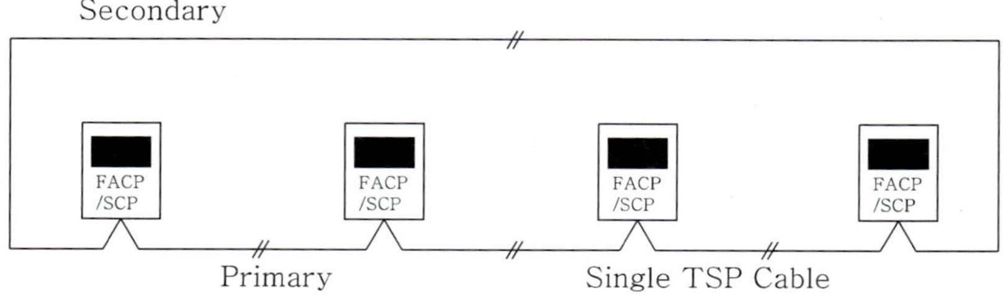

문제5 Class A 배선과 Class X 배선

Ⅰ. 개 요

1. Class X 배선방식이란 4회로 배선방식으로 4개의 전송선(신호선, 전원선, 전화선, 표시등선)에 각각 2회선씩의 회로가 설치되어 다중통신(Multiplex)방식을 채용한 것
2. 회로 증설 시 간선수 변경 없이 중계기 증설이 가능하다.
3. 폐회로 배선방식(Loop 배선방식)으로 주로 Network통신에 사용된다.
4. 신호선로회로(Signaling Line Circuit : SLC)는 한 가닥의 선로를 통하여 기기들 간에 대량의 데이터 통신이 이루어지는 배선 방식이다.

Ⅱ. Class A 배선과 Class X 배선의 차이

1. Class A 배선

(1) 일반적으로 사용하는 Loop back 기능을 갖는 배선방식으로 종전의 Style-6가 여기에 해당된다.

(2) 감지기와 다른 장치(감지기와 감지기, 감지기와 수신기, 감지기와 중계기) 사이의 배선에 적용한다.

2. Class X 배선

(1) Class A에 Isolator 부착형 감지기 또는 Isolator module을 배선 중간에 일정간격으로 설치하면 통신선이 단락되더라도 Isolator가 있는 부분만 통신이 두절되고 나머지 부분은 정상을 유지한다.

(2) 수신기와 다른 장치(수신기와 수신기, 수신기와 중계기) 사이의 배선에 적용한다.

(3) Network용 loop 배선방식이다.

문제6 경계구역

Ⅰ. 개 요

"경계구역"이란 특정소방대상물 중 화재신호를 발신하고 그 신호를 수신 및 유효하게 제어할 수 있는 구역을 말한다.

Ⅱ. 경계구역 설정기준

1. 수평적 경계구역

(1) 건축물별 기준
- 하나의 경계구역이 2개 이상의 건축물에 미치지 아니할 것.

(2) 층별 기준
- 하나의 경계구역이 2개 이상의 층에 미치지 아니할 것. 다만, 500㎡ 이하의 범위 안에서는 2개의 층을 하나의 경계구역으로 할 수 있다.

(3) 면적 및 길이별 기준
- 하나의 경계구역의 면적은 600㎡ 이하로 하고, 한 변의 길이는 50m 이하로 할 것. 다만, 해당 특정소방대상물의 주된 출입구에서 그 내부 전체가 보이는 것에 있어서는 한 변의 길이가 50m의 범위 내에서 1,000㎡ 이하로 할 수 있다.

(4) 외기에 면하는 장소
- 외기에 면하여 상시 개방된 부분이 있는 차고·주차장·창고 등에 있어서는 외기에 면하는 각 부분으로부터 5m 미만의 범위 안에 있는 부분은 경계구역의 면적에 산입하지 아니한다.

(5) 기동용 감지기를 설치한 경우
- 스프링클러설비·물분무등소화설비 또는 제연설비의 화재감지장치로서 화재감지기를 설치한 경우의 경계구역은 해당 소화설비의 방사구역 또는 제연구역과 동일하게 설정할 수 있다.

2. 수직적 경계구역

(1) 계단·경사로(에스컬레이터경사로 포함)·엘리베이터 승강로(권상기실이 있는 경우에는 권상기실)·린넨슈트·파이프 피트 및 덕트 기타 이와 유사한 부분에 대하여는 별도로 경계구역을 설정하되, 하나의 경계구역은 높이 45m 이하(계단 및 경사로에 한한다)로 한다.

(2) 지하층의 계단 및 경사로(지하층의 층수가 1일 경우는 제외한다)는 별도로 하나의 경계구역으로 하여야 한다.

Ⅲ. 경계구역 설정 시 유의사항

1. 경계구역의 면적 산출

(1) 감지기 설치가 면제되는 장소까지도 포함해서 경계구역의 면적을 산출한다.

(2) 화장실, 세면장 등은 실제의 경우 경계할 필요가 없으나 경계구역의 면적을 산출할 때는 이를 포함시킨다.

(3) 개방된 계단부분 및 별도의 경계구역을 설정해야 하는 계단, 경사로, 엘리베이터 권상기실, 파이프덕트 등의 면적은 제외한다.

2. 경계구역의 경계 및 표기

(1) 경계구역의 경계선은 일반적으로 복도, 통로, 방화벽 등으로 한다.

(2) 설정한 경계구역마다 경계구역의 번호를 붙이는데 번호는 원칙적으로 아래층에서 위층으로, 수신기에서 가까운 장소에서 먼 장소의 순으로 붙인다.

문제7 감지기(Detector)

Ⅰ. 정 의

화재 시 발생하는 열, 연기 또는 화염의 복사에너지 등을 자동으로 감지하여 수신기에 발신하는 장치를 말한다.

Ⅱ. 감지기의 기능

1. 센서기능

(1) 화재 시 발생하는 물리 · 화학적 변화량을 검출하는 기능
(2) 화재 시에는 열, 연기, 불꽃(화염)의 물리화학적 변화가 생긴다. 감지기는 물리화학적 변화 중에서 하나 또는 2개를 감지한다.
(3) 감지하는 대상에 따라 열을 감지하는 열감지기, 연기를 감지하는 연기감지기, 불꽃을 감지하는 불꽃감지기, 열과 연기를 동시에 감지하는 열연 복합형감지기 등으로 구분된다.

2. 판단기능

(1) 화재인지 아닌지를 판단하는 기능
(2) 감지기는 화재로 인한 물리·화학적 변화량이 일정량 이상 일정시간 지속되면 화재라고 판단하게 된다.
(3) 일반 감지기는 판단기능이 감지기에 있으나, 아날로그식 감지기는 감지기 주위의 물리·화학적 변화량을 수신기에 전송하고 화재판단은 수신기에서 한다.

3. 발신기능

(1) 화재신호를 수신기로 전송하는 발신기능
(2) 감지기가 수신기에 보내는 신호방식에는 접점신호방식과 통신신호방식이 있다.

Ⅲ. 감지기의 스위치가 자동으로 닫히는 원리

1. 공기의 팽창력을 이용하는 방법

평상시에는 접점이 떨어져 있으나 화재가 발생하여 온도가 상승하면 공기실의 공기가 팽창하여 다이어프램을 밀어 올려 접점이 닫히는 방법

2. 금속의 팽창계수차를 이용하는 방법

바이메탈의 선팽창 차에 의한 활곡이나 반전 등에 의해 접점을 닫히는 방법

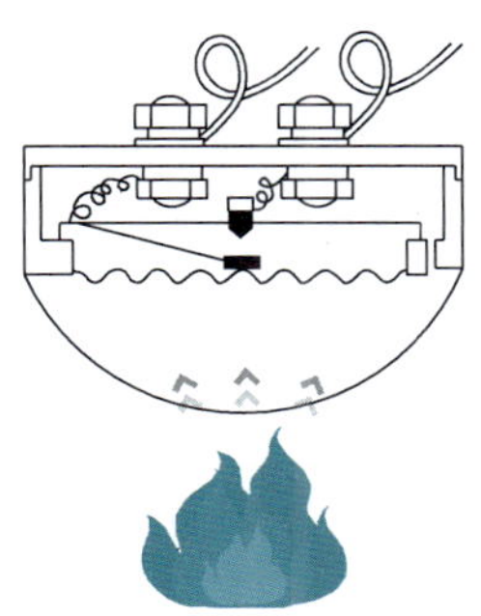

3. 전류의 흐름으로 변환하여 이용하는 방법

화재 시 발생하는 열, 연기, 복사에너지의 양을 전기의 흐름으로 변환시켜 전자기력을 이용해 접점이 닫히는 방법

(1) 전자석의 원리

다음의 그림처럼 철심에 전선을 감아놓고 전기를 흐르게 하면 전자력이 발생한다.

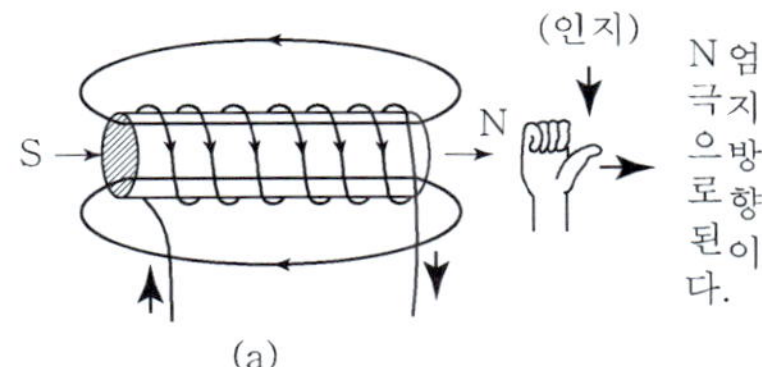

(a)

(2) 계전기(릴레이)

전자석의 원리를 이용하여 코일에 전기가 흐르면 전자력이 발생하여 접점이 구성되도록 하는 기기를 계전기 또는 릴레이라고 한다. 감지기 내부에 그림과 같은 릴레이를 구성하여 화재 시 발생되는 열, 연기, 복사에너지를 전류의 흐름으로 변환하며 릴레이가 작동하여 수신기에 신호를 전달하게 한다.

(3) 감지방식

① 열전대식 열감지기

- 열을 전기로 변환시키는 열전대를 이용해 화재 시 발생하는 열을 전기로 전환하여 계전기를 작동시킨다.

② 열반도체식 열감지기
- 정해진 온도나 온도상승률이 되면 부도체에서 도체로 변환하는 열반도체를 이용해 열을 전기량으로 변환한다.

③ 광전식 연기감지기
- 연기로 인한 빛의 차단에 의해 광전소자에서 생성되는 전기의 변화량으로 계전기를 작동시킨다.

④ 불꽃감지기
- 화재 시 발생하는 복사에너지 중 특정파장을 감지하면 광전소자에 생성되는 전기량에 의해 계전기가 작동하게 된다.

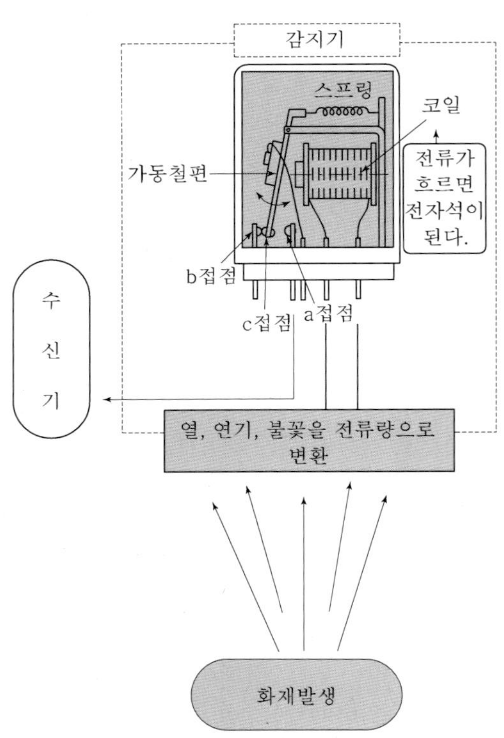

전자석을 이용한 접점 구성 방법

문제8 감지기의 종류

Ⅰ. 개 요

1. 화재 시 발생하는 물리·화학적인 변화는 가연물의 특성과 주위 환경에 따라 달라진다.
2. 따라서 조기감지, 초기소화, 안전피난의 목적을 달성하고 비화재보를 줄이기 위해서는 주위 환경에 적합한 적응성 있는 감지기를 설치하여야 한다.
3. 감지기는 감지대상, 감지소자, 감지방법 등에 따라 다음과 같은 종별로 구분한다.

Ⅱ. 감지기의 구분(감지기의 형식승인 및 검정기술기준)

1. 열감지기(Heat Detector)

(1) 차동식 스포트형
- 주위 온도가 일정 상승율 이상이 되는 경우에 작동하는 것으로서 일국소에서의 열효과에 의하여 작동된다.

(2) 차동식 분포형
- 주위 온도가 일정 상승율 이상이 되는 경우에 작동하는 것으로서 넓은 범위 내에서의 열효과의 누적에 의하여 작동된다.

(3) 정온식 감지선형
- 일국소의 주위 온도가 일정한 온도 이상이 되는 경우에 작동하는 것으로서 외관이 전선으로 되어 있다.

(4) 정온식 스포트형
- 일국소의 주위 온도가 일정한 온도 이상이 되는 경우에 작동하는 것으로서 외관이 전선으로 되어 있지 않는 것을 말한다.

(5) 보상식 스포트형
- 차동식 스포트형과 정온식 스포트형의 성능을 겸한 것으로서 차동식 스포트형의 성능 또는 정온식 스포트형의 성능 중 어느 한 기능이 작동하면 동작하는 것을 말한다.

2. 연기감지기(Smoke Detector)

(1) 이온화식 스포트형
- 주위의 공기가 일정한 농도의 연기를 포함하게 되는 경우에 작동하는 것으로서 일국소의 연기에 의하여 이온전류가 변화하여 작동하는 것을 말한다.

(2) 광전식 스포트형

- 주위의 공기가 일정한 농도의 연기를 포함하게 되는 경우에 작동하는 것으로서 일국소의 연기에 의하여 광전소자에 접하는 수광량의 변화로 작동하는 것을 말한다.

(3) 광전식 분리형

- 발광부와 수광부로 구성된 구조로 발광부와 수광부 사이의 공간에 일정한 농도의 연기가 유입되는 경우에 작동하는 것을 말한다.

(4) 공기흡입형

- 샘플링 파이프(공기흡입장치)로 감지하고자 하는 위치의 공기를 강제로 흡입하여 일정한 농도의 연기가 포함된 경우에 작동하는 것을 말한다.

3. 불꽃감지기(Flame Detector)

(1) 자외선식

- 불꽃에서 방사되는 자외선의 변화가 일정량 이상 되었을 때 작동하는 것으로서 일국소의 자외선에 의하여 수광소자의 수광량 변화에 의해 작동하는 것을 말한다.

(2) 적외선식

- 불꽃에서 방사되는 적외선의 변화가 일정량 이상 되었을 때 작동하는 것으로서 일국소의 적외선에 의하여 수광소자의 수광량 변화에 의해 작동하는 것을 말한다.

(3) 자외선·적외선 겸용식

- 불꽃에서 방사되는 불꽃의 변화가 일정량 이상 되었을 때 작동하는 것으로서 자외선 또는 적외선에 의한 수광소자의 수광량 변화에 의하여 1개의 화재신호를 발신하는 것을 말한다.

4. 복합형 감지기

(1) 열복합식

- 차동식 스포트형과 정온식 스포트형의 기능이 있는 것으로서 두 가지 기능의 감지기능이 동시에 작동될 때 화재신호를 발신하거나 또는 두 개의 화재신호를 각각 발신하는 것을 말한다.

(2) 연복합식

- 이온화식 스포트형과 광전식 스포트형의 기능이 있는 것으로서 두 가지 기능의 감지기능이 동시에 작동될 때 화재신호를 발신하거나 또는 두 개의 화재신호를 각각 발신하는 것을 말한다.

(3) 열연복합식

- 차동식 스포트형과 이온화식 스포트형, 차동식 스포트형과 광전식 스포트형, 정온식 스포트형와 이온화식 스포트형 또는 정온식 스포트형와 광전식 스포트형의 기능이 있는 것으로서 두 가지 기능의 감지기능이 동시에 작동될 때 화재신호를 발신하거나 또는 두 개의 화재신호를 각각 발신하는 것을 말한다.

(4) 불꽃복합식

- 불꽃 자외선식의 기능 및 불꽃 적외선식의 기능을 둘 다 가진 것으로서 두 가지 기능의 감지기능이 동시에 작동될 때 화재신호를 발신하거나 또는 두 개의 화재신호를 각각 발신하는 것을 말한다.

5. 기타 감지기

(1) 단독경보형

- 감지기 내에 전원 및 음향장치가 내장되어 있는 것을 말한다.

(2) 비디오 감지기(DVSD : Digital Video Smoke Detection)

- CCTV로 알려져 있는 폐쇄회로 비디오카메라와 연기를 감지하기 위한 혁신적인 동작감응 소프트웨어가 결합되어 개발된 감지기

※ 감지기의 분류

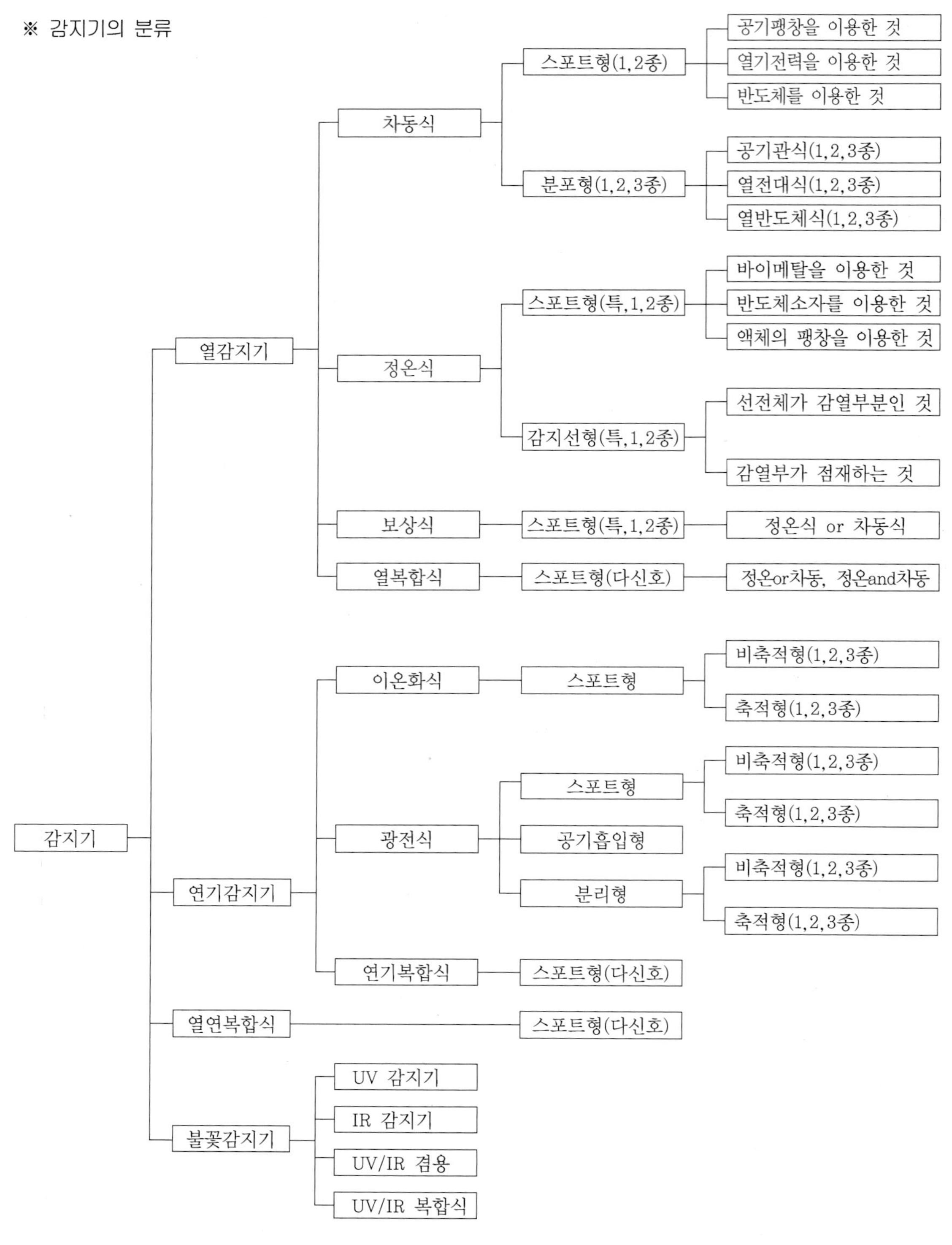
감지기
열감지기
차동식
스포트형(1,2종)
공기팽창을 이용한 것
열기전력을 이용한 것
반도체를 이용한 것
분포형(1,2,3종)
공기관식(1,2,3종)
열전대식(1,2,3종)
열반도체식(1,2,3종)
정온식
스포트형(특,1,2종)
바이메탈을 이용한 것
반도체소자를 이용한 것
액체의 팽창을 이용한 것
감지선형(특,1,2종)
선전체가 감열부분인 것
감열부가 점재하는 것
보상식
스포트형(특,1,2종)
정온식 or 차동식
열복합식
스포트형(다신호)
정온or차동, 정온and차동
연기감지기
이온화식
스포트형
비축적형(1,2,3종)
축적형(1,2,3종)
광전식
스포트형
비축적형(1,2,3종)
축적형(1,2,3종)
공기흡입형
분리형
비축적형(1,2,3종)
축적형(1,2,3종)
연기복합식
스포트형(다신호)
열연복합식
스포트형(다신호)
불꽃감지기
UV 감지기
IR 감지기
UV/IR 겸용
UV/IR 복합식

문제9 감지기의 형식

Ⅰ. 감지기의 형식 구분

1. 방수형

   방수형, 비방수형

2. 내식성

   내산형, 내알카리형, 보통형

3. 재용성

   재용형, 비재용형

4. 연기의 축적

   축적형, 비축적형

5. 방폭구조 여부

   방폭형, 비방폭형

6. 화재신호의 발신방법

   단신호식, 다신호식, 아날로그식

7. 설치장소(불꽃감지기의 경우)

   옥내형, 옥외형, 도로형

Ⅱ. 감지기의 형식별 특성

1. 다신호식

   1개의 감지기 내에 서로 다른 종별 또는 감도 등의 기능을 갖춘 것으로서 일정시간 간격을 두고 각각 다른 2개 이상의 화재신호를 발하는 감지기

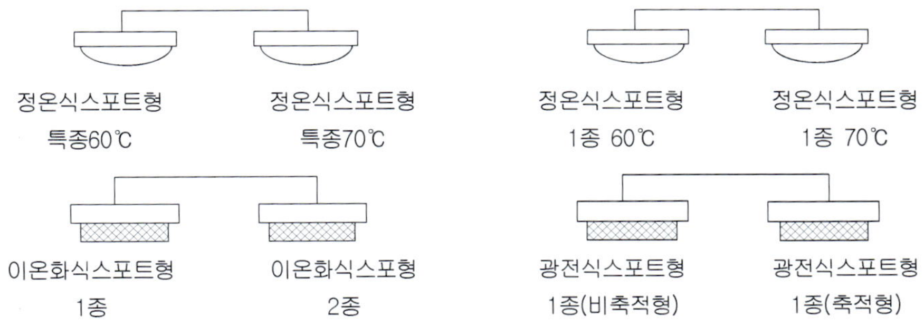

2. 방폭형

폭발성가스가 감지기 내부에서 점화되었을 때 그 압력에 견디거나 또는 외부의 폭발성 가스에 점화될 우려가 없도록 만들어진 감지기

3. 방수형

구조가 방수구조로 되어 있는 감지기

4. 재용형

다시 사용할 수 있는 성능을 가진 감지기

5. 축적형

일정농도 이상의 연기가 일정시간(공칭축적시간) 연속하는 것을 전기적으로 검출하므로서 작동하는 감지기(다만, 단순히 작동시간만을 지연시키는 것은 제외한다)

6. 아날로그식

주위의 온도 변화량 또는 연기의 농도 변화량에 따라 각각 다른 전류치 또는 전압치 등의 출력을 발하는 방식의 감지기

문제10 차동식 스포트형 감지기

Ⅰ. 개 요

1. "차동식 스포트형 감지기"는 주위온도가 일정 상승율 이상이 되는 경우에 작동하는 것으로서 일국소에서의 열 효과에 의하여 작동되는 것을 말한다.
2. 감지부와 검출부가 통합된 구조로 되어있다.
3. 감지방식
   (1) 공기팽창 이용방식
   (2) 열기전력 이용방식
   (3) 반도체 이용방식

Ⅱ. 종류 및 특성

1. 공기팽창 이용방식

(1) 구 조

① 감열실(chamber) : 열을 유효하게 받는 부분
② 다이어프램(diaphragm) : 0.03~0.04mm의 얇은 주름살의 금속판
③ 리크구멍(leak hole) : 완만한 온도 상승 시 열의 조절구멍
④ 접점 : 전기접점으로 PGS(platinum gold silver) 합금으로 구성

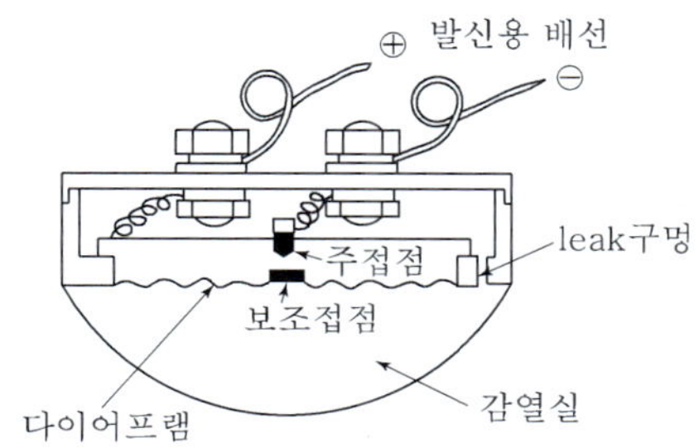

(2) 작동원리

화재가 발생하여 온도가 상승하면 감열실 내의 공기가 팽창하여 다이어프램이 위로 밀려 올라가 접점이 닫히고 화재신호가 수신기에 발신된다.

(3) 비화재보 방지기능

완만한 온도 상승으로 팽창한 공기는 리크구멍을 통해 외부로 배출되어 접점이 닫히지 않는다.

2. 열기전력 이용방식

(1) 구 조

① 감열실(Chamber) : 알루미늄재질로서 열을 유효하게 받는 부분이다.

② 반도체 열전대 : P형과 N형 반도체의 조합으로서 열기전력을 발생한다.

③ 고감도 릴레이 : 가동선륜형 계전기로 되어 있다.

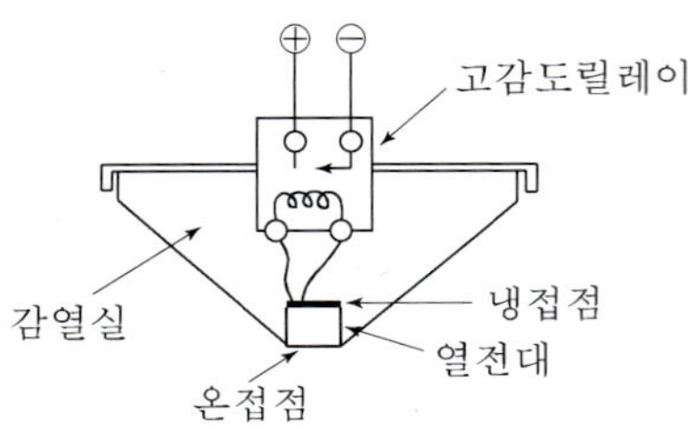

(2) 작동원리

반도체형 열전대의 열기전력을 이용하는 것으로서 화재가 발생하여 온접점의 온도가 올라가면 회로에 전기가 발생하여 릴레이의 접점을 닫아 수신기에 신호를 전달하게 된다.

(3) 비화재보 방지기능

완만한 온도 상승에는 반도체 열전대의 냉접점 측의 역방향 열기전력에 의해 온접점측의 열기전력이 상쇄된다.

※ 열전효과(제벡효과, Seebeck Effect)

① 두 가지 서로 다른 금속의 양단을 접합하고 한 쪽의 온도를 일정하게 유지하면서 다른 쪽 온도를 변화시키면 접점의 온도차에 비례하는 기전력이 발생하는데, 이 기전력을 열기전력이라고 하며 발생전류는 열전류라고 한다.

② 이러한 현상은 제백이라는 과학자에 의해 발견된 것으로 제백효과 또는 열전효과라 한다.

③ 그리고 접합점의 온도를 각각 일정하게 유지하면서 회로의 중간을 잘라 제3의 금속을 이어도 양쪽 이음점의 온도를 같게 하면 열기전력은 변하지 않는데 이것을 제3금속 삽입법칙이라고 한다.

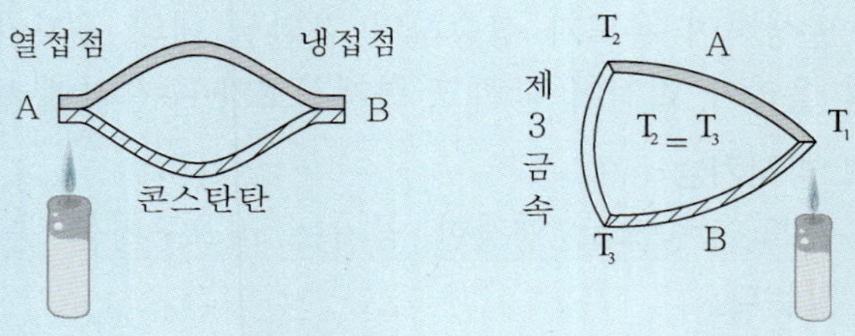

3. 반도체 이용방식

(1) 구 조

① 일반적인 금속은 온도가 높아지면 저항값이 증가한다. 그러나 코발트, 구리, 망간, 철, 니켈, 티탄 등의 산화물 중 2~3종을 혼합하여 소결시켜 만든 반도체는 온도가 올라가면 저항값이 작아지는 데 이러한 반도체를 서미스터라고 한다.

② 이러한 서미스터(Thermistor)의 특성을 이용하여 만든 감지기를 열반도체식 감지기라고 한다.

(2) 작동원리

① Thermistor를 감지기 외부 및 내부에 각각 설치하여 열이 2개의 서미스터에 전달되는 시간차에 따른 온도변화율(결국 전압이 상승하는 변화율)을 검출하여 이를 증폭 후 화재신호를 출력하는 방식이다.

② 화재발생 → 외부 Thermistor에 의한 열감지 → 외부 Thermistor의 저항변화 → 내부와 외부 Thermistor의 전압강하의 변화 발생 → 비교회로에 의한 출력전압 발생 → 수신기로 신호 발신

※ 서미스터(Thermistor)

① 미국 웨스턴사의 상품명이었으나 근래에 와서 온도검출용 반도체 소자의 대명사로 일반화되었다.

② 서미스터는 온도가 높아지면 저항값이 감소하는 것, 증가하는 것, 그리고 특정한 온도범위에서 저항값이 급변하는 것이 있다.

③ 서미스터의 외형은 깨알만한 것에서부터 동전 크기만 한 것까지 여러 종류가 있다.

④ 열용량이 적어서 미소한 온도변화에도 급격한 저항변화가 생기므로 온도제어용 센서로 많이 이용되며, 체온계, 온도계, 습도계, 기압계, 풍속계, 마이크로파전력계 등의 측정용이나 통신장치의 온도에 의한 특성변화의 보상, 통신회선의 자동이득조정 등 많은 분야에 응용되어지고 있다.

문제11 차동식 분포형 감지기

Ⅰ. 개 요

1. "차동식 분포형"이라 함은 주위온도가 일정 상승율 이상이 되는 경우에 작동하는 것으로서 넓은 범위 내에서의 열 효과의 누적에 의하여 작동되는 것을 말한다.
2. 감지부와 검출부가 분리된 구조로 되어있다.
3. 감지방식
   (1) 공기관 이용방식
   (2) 열전대 이용방식
   (3) 열반도체 이용방식

Ⅱ. 종류 및 특성

1. 공기관 이용방식

(1) 구조

① 감열부(감지부) : 공기관

② 수열부(검출부) : 다이어프램, 접점, 리크구멍, 시험장치 등

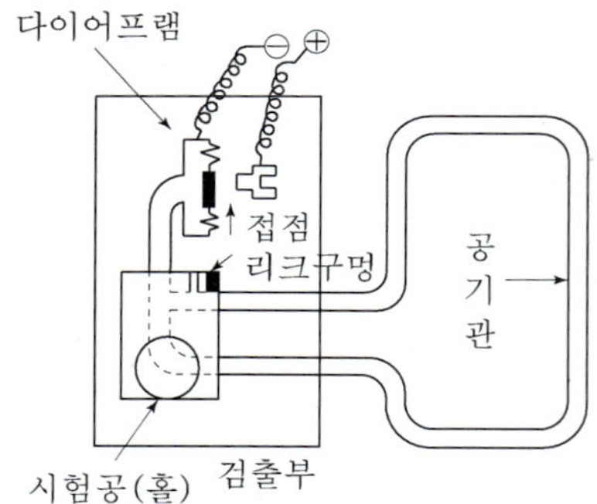

(2) 작동원리

화재가 발생하면 천장면에 길게 설치된 공기관 내의 공기가 팽창하여 검출부 내의 다이어프램을 밀어 올려 전기접점이 서로 붙으면 수신기에 화재신호를 보내는 원리이다.

(3) 비화재보 방지기능

검출부에는 리크구멍이 설치되어 있어 평상시 난방, 스토브 등과 같이 완만한 온도 상승에 의해서는 화재경보가 발하지 않는다.

2. 열전대 이용방식

(1) 구조

① 감열부 : 열전대

② 검출부 : 미터릴레이(가동선륜, 스프링, 접점)

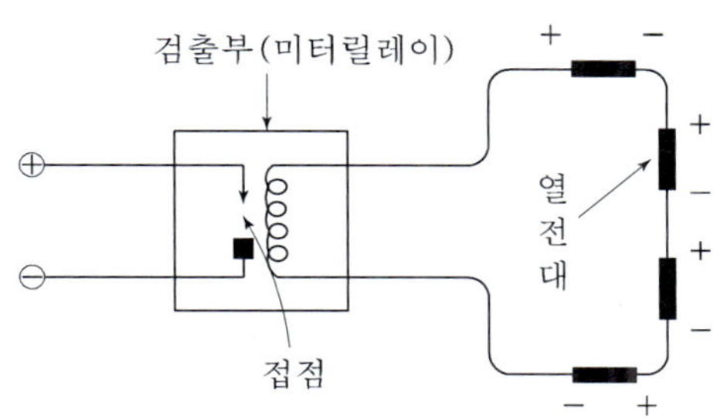

(2) 작동원리

화재가 발생하면 열전대부가 가열되고 열기전력이 발생하여 미터릴레이에 전류가 흘러 접점을 붙게 함으로써 수신기에 화재신호를 보내는 원리이다.

(3) 비화재보 방지기능

평상시 난방 등에 의한 완만한 온도 상승에 의해서는 열기전력이 작아서 작동하지 않는다.

※ 열전대(Thermo-electric couple)

① 종류가 서로 다른 두 가지 금속을 접합하여 하나의 폐회로를 만들고 그 두 접합점에서의 온도를 달리하면 이 폐회로에 자연적으로 기전력이 발생하게 되는데 이를 제벡효과라 하며 이러한 한 쌍의 금속을 열전대라 한다.

② 열전대의 재료로는 Constantan을 많이 사용하는데 이것은 Cu(55%)와 Ni(45%)의 합금으로서 열전효과가 가장 큰 금속이다.

3. 열반도체 이용방식

(1) 구조

1) 감열부

① 열반도체 소자 : Bi(비스무트), Sb(안티몬), Te(텔루륨)계 화합물로서 열기전력을 발생하는 부분

② 동니켈선 : 열반도체 소자와 역방향의 열기전력을 발생하는 부분

③ 수열판 : 열을 유효하게 받는 부분

2) 검출부 : 미터릴레이(meter relay)

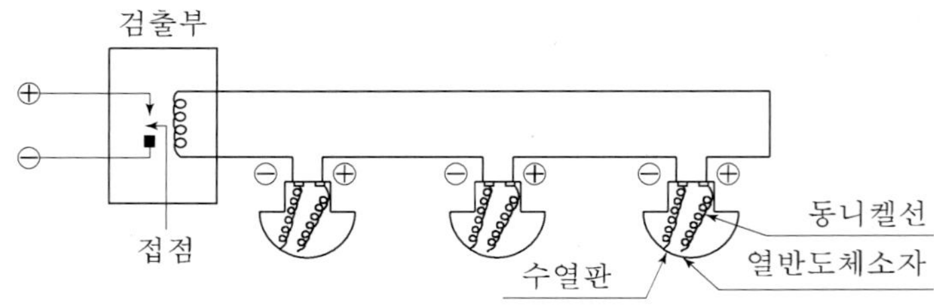

(2) 작동원리

화재가 발생하면 수열판 내부의 열반도체소자의 Seebeck effect에 의해 열기전력이 발생하여 미터릴레이를 작동시킴으로써 수신기에 화재신호를 알리는 원리이다.

(3) 비화재보 방지기능

평상시 난방 등에 의한 완만한 온도 상승에는 동니켈선이 열반도체소자와 역방향의 열기전력을 발생시켜 비화재보를 방지한다.

문제12 정온식 스포트형 감지기

Ⅰ. 개 요

1. "정온식 스포트형 감지기"는 일국소의 주위 온도가 일정 온도 이상 되었을 때 작동하는 것으로서 외관이 전선으로 되어 있지 아니한 것을 말한다.
2. 바이메탈 이용방식(반전, 활곡), 금속의 팽창계수차 이용방식, 기체(액체)의 팽창 이용방식, 반도체소자(가용합금) 이용방식 등이 있다.

Ⅱ. 종류 및 특성

1. 바이메탈을 이용하는 방식

(1) 바이메탈이란 팽창계수가 매우 다른 두 종류의 얇은 금속편(金屬片)을 붙혀 특정 온도가 되면 현저하게 구부러지는 특성을 갖는 것을 말한다.

(2) 종 류

① 바이메탈의 활곡을 이용한 것
- 바이메탈이 팽창하여 활모양으로 휘면서 접점을 닿게 하는 것이다.

② 바이메탈의 반전을 이용한 것
- 바이메탈의 원판이 반전하여 접점을 닿게 하는 것이다.

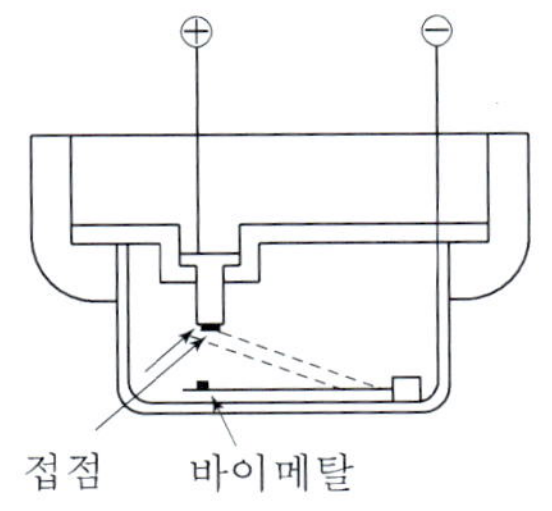

바이메탈의 활곡을 이용한 것

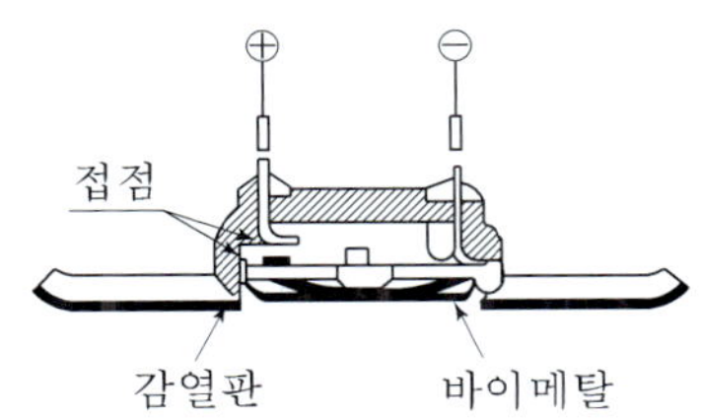

바이메탈의 반전을 이용한 것

2. 금속의 팽창계수차를 이용하는 방식

팽창계수가 큰 금속의 외통과 팽창계수가 작은 내부 금속판을 조합하여 이들의 선팽창의 차에 의해 접점을 닿게 하는 것이다.

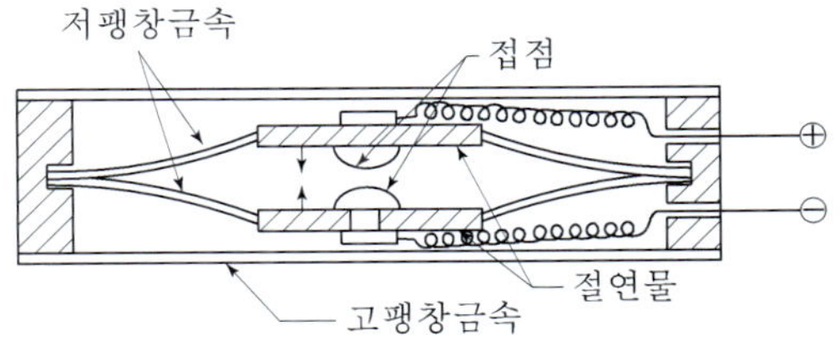

3. 액체(기체)의 팽창을 이용하는 방식

수열체인 반전판이 열을 받아 규정 온도에 달하면 반전판 안의 액체가 기화되면서 팽창하여 그 힘에 의해 반전하게 됨으로써 접점을 붙이는 방식이다. 사용되는 액체로는 알코올 등이 쓰이고 있다.

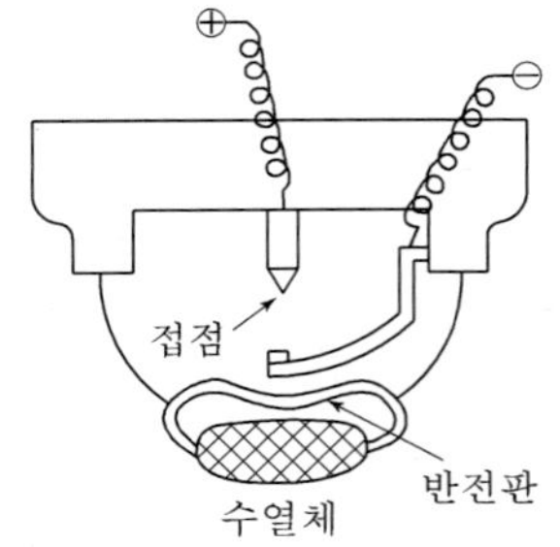

4. 반도체소자를 이용하는 방식

(1) Thermistor를 이용하는 방식으로 차동식 스포트형의 반도체를 이용한 방식과 원리가 동일하다.
(2) 정온식은 Thermistor를 외부에 1개만 설치하여 일정한 온도(공칭작동온도)에 도달할 경우 이를 검출하는 것이다.

문제13 정온식 감지선형 감지기

Ⅰ. 개 요

1. "정온식 감지선형 감지기"는 일국소의 주위 온도가 일정 온도 이상 되었을 때 작동하는 것으로서 외관이 전선으로 되어 있는 것을 말한다.

정온식 감지선형 감지기의 외형

2. 현대 산업사회에서 요구되는 감지기의 기능
   (1) 화재의 조기감지
   (2) 정확한 화재 위치 파악
3. 정온식 감지선형 감지기는 소방대상물의 어떤 부위라도 근접 설치하여 화재, 국부과열 등의 정확한 위치(거리)를 조기 감지, 화재의 확산 방지, 인명 및 설비 보호 등 화재의 위험을 미연에 방지할 수 있는 진보된 화재감지시스템이다.

Ⅱ. 적용장소

1. Cable Tray

(1) 전기절연 파괴 및 용량 초과로 인한 발열, 용접작업 등으로 인한 화재 발생 가능성
(2) Cable 포설, 변경 시에도 제거 및 재설치가 용이하다.

2. Conveyor

(1) 벨트 및 베어링의 마멸 및 마찰 등으로 인한 발열, 용접작업, 정전기 등에 의한 화재
(2) 특히 conveyor는 화재의 확산 방지가 필요한 설비이다.

3. 배전설비

Switchgear, Transformer, Substations, Motor control enters resistor banks 등

4. 기타

집진기, 냉각탑, 창고, 연료탱크, 터널, 광산, 교량, 송유관, 컴퓨터실 등 다양한 대상물에 적용 가능하다.

Ⅲ. System의 구성

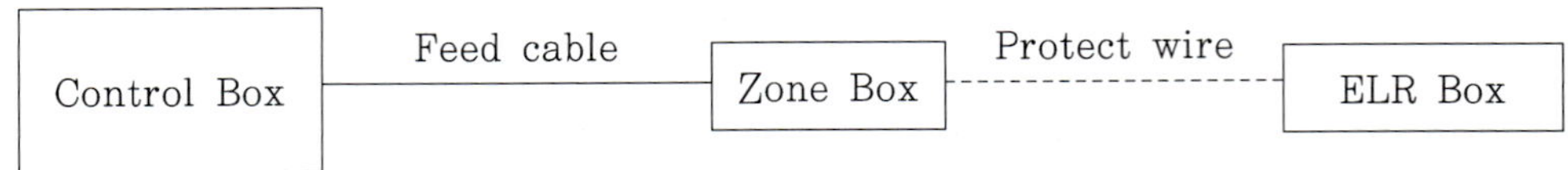

Ⅳ. 구 조

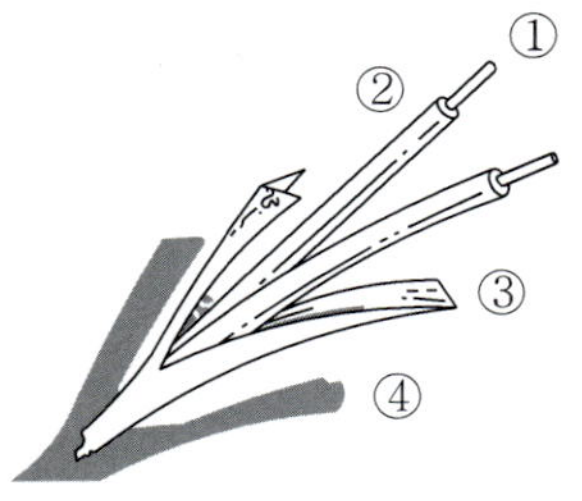

1. 구 성
   (1) 동작저항선(Actuator)
   (2) 감지부(Heat sensitive meterial) : 해당 온도에서 녹는 물질
   (3) 보호테이프(Protective Tape) : (1), (2)를 보호
   (4) 외피(Outer covering) : 방수 및 내용물 보호
2. 감지부는 내열성능이 아주 작고 전기적 절연재인 Ethylene Cellulose로 강철선에 대하여 그 외부를 피복한 다음, 두 가닥의 절연된 강철선을 새끼처럼 꼰 것을 다시 Protective Tape로 감은 후, 난연성 재질의 외피로 피복한 것이다.

Ⅴ. 동작원리

1. 작동원리는 서로 꼬인 강철선이 원형으로 되돌아가고자 하는 비틀리는 힘을 이용한다.
2. 동작순서
   (1) 화재 발생 시 감지부는 열 또는 화염으로 인해 Ethylene Cellulose가 녹으면서 Twisting 시킨 강철선에 선간단락이 일어나면 두 도선 간에 전류가 흐르는데, 두 도선 간에 절연이 파괴되면서 동작하므로 녹은 부분만큼 재사용이 불가능하다.

(2) 이때 선형감지기에 인가되던 24V는 최소가 되면서, 선형감지기를 연결하고 있는 수신기 회로에 전압이 집중되어 감지회로가 작동하고 감지회로는 화재경보를 발하게 되어 있다.

3. 화재지점 파악 원리
감지부의 강철선이 수신기로부터 X(m) 떨어진 지점에서 두 도선 간에 선간단락이 된다면, 수신기에서 감지선 까지 저항을 알고 있으므로 이를 이용하여 몇 m지점에서 작동하였는지를 알 수 있다.

Ⅵ. 종 류

1. 선 전체가 감열부로 되어 있는 것

2가닥의 피아노선을 일정한 온도 이상이 되면 녹는 물질로 전기적으로 절연시켜 꼰 것이다.

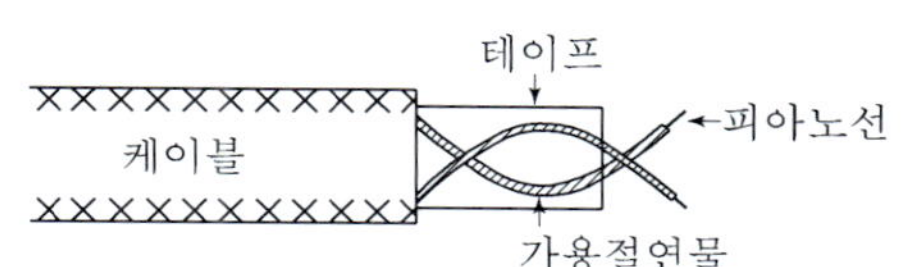

2. 감열부가 점재해 있는 것

단심인 실드선에 일정한 간격으로 접점부위가 있으며 이 접점은 심선을 이루고 있는 도체에 U자형의 금속성 용수철을 관통시켜 이 용수철이 외부의 짧은 금속관에 접촉되지 않도록 가용절연물로 눌러 심선과 실드선 사이의 절연을 유지하고 있는 것이다.

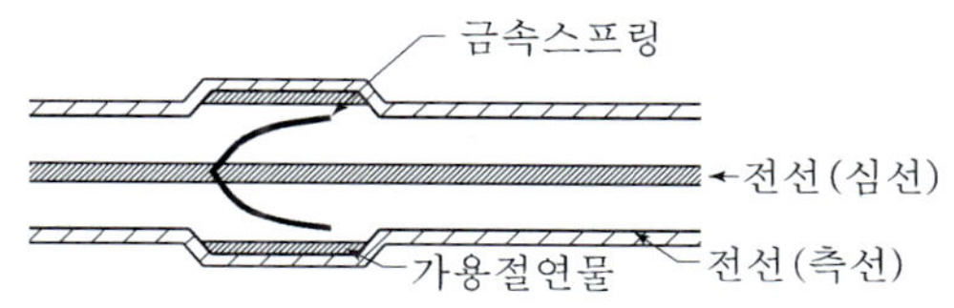

Ⅶ. 기능 및 특성

1. 선형감지기를 설치한 어느 지점에서나 감지가 똑같이 잘된다.
2. 주위 조건에 따라 선형감지기 사용온도의 범위가 넓다.
3. 같은 회로 내에서도 온도 조건이 서로 다른 선형감지기와의 연결사용이 가능하다.
4. 부식, 화학물질, 먼지, 습기 등에 잘 견딘다.
5. 선형감지선 자체의 이상 유무도 감지한다.
6. 어떠한 시설에도 설치, 철거, 재설치가 용이하다.
7. 방폭지역 및 위험지역에서도 사용이 가능하다.
8. 하나의 회로로 3,500[ft](1,067m)까지 포설이 가능하다.
9. 어떤 이유로 일부분 훼손 시, 잘라 내고 새 것으로 splicing하여 사용 가능하다.

Ⅷ. 취급 및 설치 시 주의사항

1. 수신반은 높이 1.8m 정도가 되도록 설치한다.
2. 감지선은 공구를 사용하여 구부리지 말고, 손으로 부드럽게 구부리며 설치한다.
3. 외피에 손상이 갈 정도로 잡아당기지 않는다.
4. 열에 민감한 감지기인 만큼 보관·설치 시 열이 발생할 우려가 있는 장소(스팀 발생, 열매체, 보일러, 용접작업 등)에서는 특히 주의를 요한다.
5. 감지선 외부에 페인트 등 열감지에 저해될 수 있는 물질의 도포를 삼가한다.
6. 감지선 설치 시 각 Zone 및 말단부분에는 각각 Terminal box 및 ERL box를 설치하여 연결한다.

문제14 보상식 감지기(스포트형)

Ⅰ. 개 요

1. 차동식과 정온식의 단점(Spot형의 경우)
   (1) 차동식과 정온식은 화재 시 발생하는 열의 증·감 형태에 따라 동작시간이 차이가 난다.
   (2) 차동식은 화재 시 온도가 신속하게 상승하면 조기에 화재를 감지할 수 있으나, 온도가 완만하게 상승하면 화재 감지시간이 지연되는 단점이 있다.
   (3) 정온식은 일정한 온도에 도달해야 동작하기 때문에 화재를 조기에 감지하기가 어려운 단점이 있다.
2. 보상식 감지기는 차동식과 정온식의 기능을 겸한 것으로 두 가지 기능 중 어느 한 기능이 작동되면 화재신호를 발하는 감지기다.

Ⅱ. 특 징

1. 하나의 감지기 내에 차동식 기능과 정온식 기능이 복합 내장된 감지기이다.
2. 차동식과 정온식의 OR회로로 구성되어 있다.
3. 정온점은 정온식의 기준과 동일하다.

> ※ 감지기의 작동온도
> ① 정온식 : 공칭작동온도
> ② 보상식 : 정온점

4. 감도에 따라 1종 및 2종으로 구분한다.

Ⅲ. 구 조

감열실, 다이어프램, 리크구멍, 고팽창금속, 저팽창금속, 접점 등으로 구성

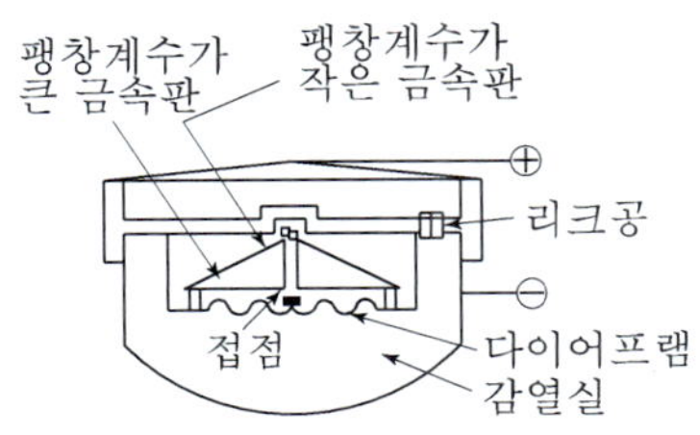

Ⅳ. 작동원리

1. 주위 온도가 급격히 상승하는 경우 차동식 기능에 의해 동작하거나, 정온점에 도달하면 정온식 기능에 의해 동작한다.
2. 주위 온도가 완만하게 상승하면 차동식 기능의 비화재보 방지기능에 의해 동작하지 않지만 정온점에 도달하면 정온식 기능에 의해 동작한다.

Ⅴ. 적응장소

1. 심부성 화재가 발생할 우려가 있는 장소(실보 방지)
2. 연기가 다량으로 유입되는 장소
3. 배기가스가 다량으로 체류하는 장소

문제15 연기감지기(Smoke detector)

Ⅰ. 개 요

1. 연기감지기는 주위의 공기가 일정한 농도의 연기를 포함할 경우 이를 검출하여 작동하는 감지기이다.
2. 종 류
   (1) 이온화식 : Spot형
   (2) 광 전 식 : Spot형, 분리형, 공기흡입형

Ⅱ. 입자크기에 따른 연기감지기의 감도

1. 입자의 크기 > 파장의 크기 : 파장을 흡수
2. 입자의 크기 = 파장의 크기 : 감도가 최대
3. 입자의 크기 < 파장의 크기 : 파장이 통과

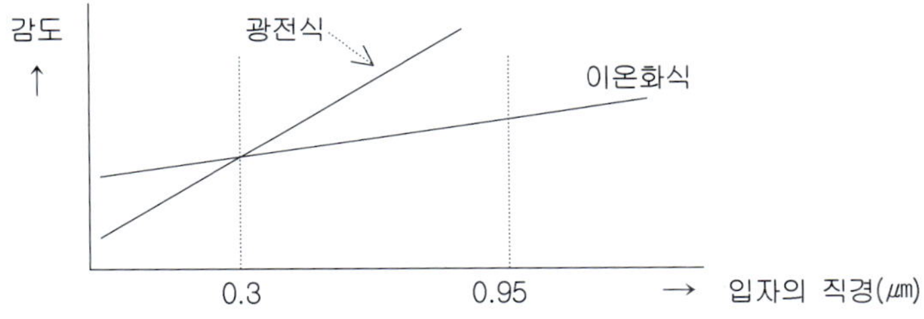

※ 0.3㎛ 이하의 입자는 육안으로 식별이 불가능하므로 이온화식이 유리하며, 0.3㎛ 이상의 입자는 육안으로 식별이 가능하며 광전식이 유리하다.

※ 광전식은 0.95㎛(광전식감지기의 적외선 파장)를 전후하여 감도가 극대치를 이루며, 이보다 작으면 감도가 급격하게 떨어진다.

Ⅲ. 연기감지기의 응답에 영향을 주는 환경조건(NFPA 72)

1. 온도 0℃(32℉) 미만
2. 온도 38℃(100℉) 초과
3. 상대습도 93% 초과
4. 기류속도 1.5m/sec (300ft/m) 초과

※ Environmental Conditions that Influence Smoke Detector Response

Detection Protection	기류속도 >91.44 m/min (300 ft/min)	해발고도 >914.4 m (3000 ft)	상대습도 >93% RH	온도 <0° C(32° F) or >37.8° C(100° F)	Color of Smoke
Ion (이온화식)	X	X	X	X	O
Photo(광전식)	O	O	X	X	X
Beam(분리형)	O	O	X	X	O
Air sampling	O	O	X	X	O

X : Can affect detector response.(감지기 응답에 영향 있음)
O : Generally does not affect detector response.(영향 없음)

Ⅳ. 이온화식과 광전식의 특성 비교

	이온화식	광전식
1. 작동원리	이온전류의 변화	광량의 변화
2. 연기입자	작은 연기입자(0.01~0.3㎛)에 유리하며, 표면화재에 적응성 높다.	큰 연기입자(0.3~1㎛)에 유리하며, 입자가 큰 훈소화재에 적응성이 높다.
3. 연기의 색상	이온에 연기입자가 흡착되는 것에 관계되므로 연기의 색상과는 무관하다.	연기의 색상에 따라 빛이 흡수 또는 반사되는 정도가 다르므로 검은색보다 엷은 회색의 연기가 감도에 유리하다.
4. 파장의 크기	0.3㎛ 이하에 유리	0.3㎛ 이상에 유리 (0.95㎛ 전후에서 최대감도)
5. 비화재보	① 온도, 습도, 바람에 민감 ② 전자파에 의한 영향이 없음	① 분광 특성상 다른 파장의 빛에 의해 작동될 수 있음 ② 증폭도가 크기 때문에 전자파에 의한 오동작의 우려가 있음
6. 적응성	B급화재 등 표면화재	A급화재 등 훈소화재
7. 경년변화	① 감도가 민감해짐 ② 비화재보 증가	① 감도가 둔감해짐 ② 실보 증가

문제16 축적형 & 비축적형 감지기

Ⅰ. 비축적형 감지기

1. 개 요

설치된 장소의 물리·화학적 변화량이 감지기의 동작점에 이르면 즉시 화재신호를 발보하는 감지기이다.

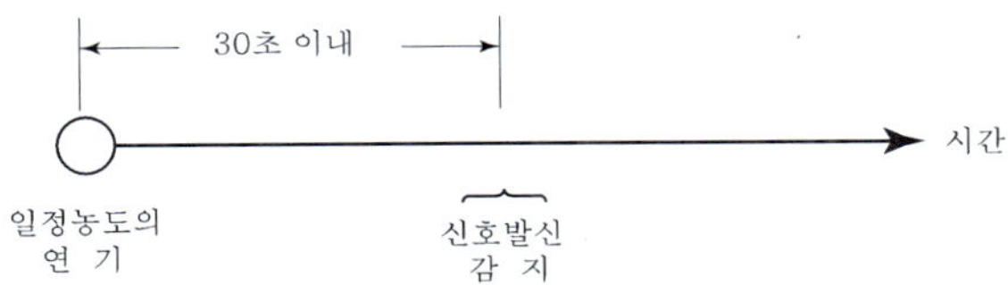

2. 적용 장소

(1) 교차회로용 감지기를 사용하는 장소

(2) 유류 취급장소와 같이 급속한 연소확대가 우려가 있는 장소

(3) 축적기능이 있는 수신기에 연결하는 경우

Ⅱ. 축적형 감지기

1. 개 요

(1) 화재신호의 발신을 단순히 지연시키는 것이 아니고, 화재의 지속을 일정시간 동안 재확인한 후 화재신호를 발신하는 기능을 가진 감지기이다.

(2) 감지 후 화재신호를 발할 때까지의 시간을 축적시간이라 한다. 축적시간은 5~60초이며 공칭축적시간은 10초 이상 60초 이내로서 10초마다 표시한다.

(3) 주로 연기감지기에 축적기능이 부가된다.

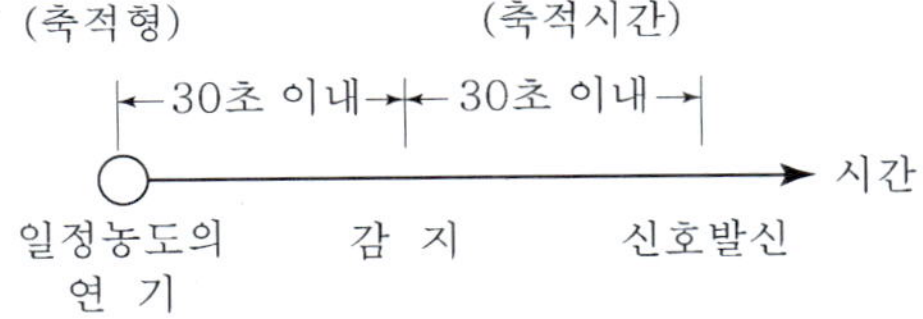

2. 적용 장소

일시적으로 발생한 열·연기 또는 먼지 등으로 인하여 화재신호를 발신할 우려가 있는 장소로서 다음에 해당하는 곳

(1) 지하층·무창층 등으로서 환기가 잘되지 않는 장소

(2) 실내면적이 40㎡ 미만인 장소

(3) 감지기의 부착면과 실내바닥과의 거리가 2.3m 이하인 곳

문제17 이온화식 연기감지기

Ⅰ. 개 요

이온화식 연기감지기는 주위의 공기가 일정한 농도의 연기를 포함하게 되는 경우에 작동하는 것으로서 일국소의 연기에 의하여 이온전류가 변화하여 작동하는 것을 말한다.

Ⅱ. 구 조

1. 연기가 유입되는 외부이온실과 밀폐된 내부이온실이 있으며, 각각의 이온실은 직렬로 연결되어 있다.
2. 내·외부이온실의 방사선원은 α 선이며, Am^{241} 또는 라듐(Ra)이 사용된다.

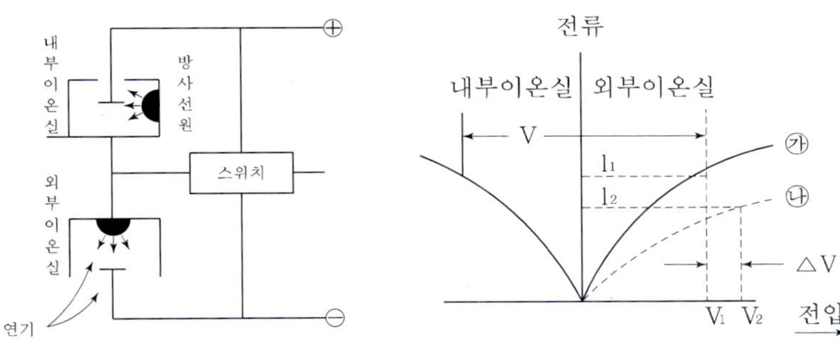

3. 작동원리
   (1) 감시상태의 경우
      ① 내부이온실의 (+)극과 외부이온실의 (−)극 사이에는 수신기 전압인 정전압 V가 인가되어 있다.
      ② 평상시에는 내부이온실과 외부이온실은 전압이 평형을 이루며 방사되는 α 선에 의해 공기가 이온화된다.
      ③ 평상시의 외부이온실의 전압·전류 특성은 곡선 ㉮로 표시된다.
      ④ 서로 직렬로 접속된 내·외부이온실에는 I_1의 이온전류가 흐르고 있으며, 외부이온실에는 V_1의 전압이 가해지는 것이다.
   (2) 화재 시에 연기가 유입될 경우
      ① 외부이온실에 연기가 유입되면 전압 · 전류 특성이 ㉯와 같이 변한다.
      ② 즉, 연기입자가 이온에 흡착되어 저항이 증가하면 전류량은 감소($I_1 \rightarrow I_2$)하고, 외부이온실의 전압은 상승($V_1 \rightarrow V_2$)한다.

③ 그러나 내·외부이온실에 인가되는 전체 전압 V는 항상 일정하므로 외부이온실의 전압 변화는 $V_2 - V_1 = \Delta V$만큼 상승한다. 이때의 ΔV를 감도전압이라 한다.

④ 이 ΔV를 증폭시켜 규정치 이상일 경우 감지기에 구성되어 있는 전기회로를 작동시킴으로써 수신기에 화재신호를 발신한다.

문제18 광전식 연기감지기

Ⅰ. 개 요

1. 광전식감지기는 연기가 빛을 차단하거나 반사하는 원리를 이용한 것으로서 빛을 발산하는 발광소자와 빛을 전기로 전환시키는 광전소자를 이용한다.
2. 종 류
   (1) 광전식 스포트형
   주위의 공기가 일정한 농도의 연기를 포함하게 되는 경우에 작동하는 것으로서 일국소의 연기에 의하여 광전소자에 접하는 광량의 변화로 작동하는 것
   (2) 광전식 분리형(Projected beam type)
   발광부와 수광부로 구성된 구조로 발광부와 수광부 사이의 공간에 일정한 농도의 연기를 포함하게 되는 경우에 작동하는 것
   (3) 공기흡입형(Air sampling type)
   감지기 내부에 장착된 공기흡입장치로 감지하고자 하는 위치의 공기를 흡입하고 흡입된 공기에 일정한 농도의 연기가 포함된 경우 작동하는 것

Ⅱ. 작동원리

1. 산란광식(Light scattering type)	2. 감광식(Light obscuration type)
(1) 수광부에 입사되는 수광량이 증가하는 것을 검출하는 방식이다. (2) 주로 스포트형에 사용된다. 빛의 산란 광원 연기입자	(1) 수광부에 입사되는 수광량이 감소하는 것을 검출하는 방식이다. (2) 분리형에 사용된다. 송광부 수광부 (적외선) 제어부 수신기

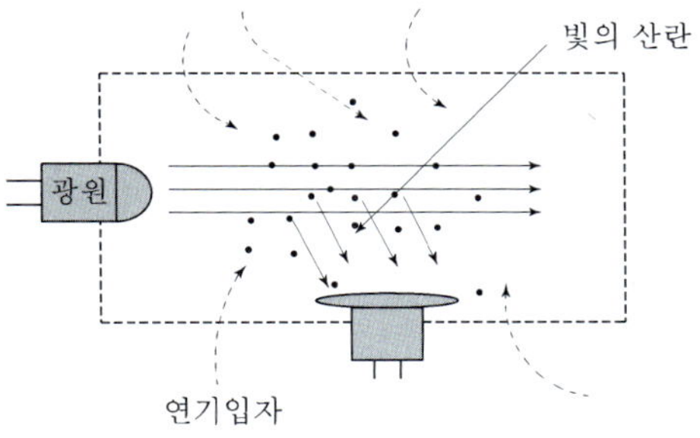

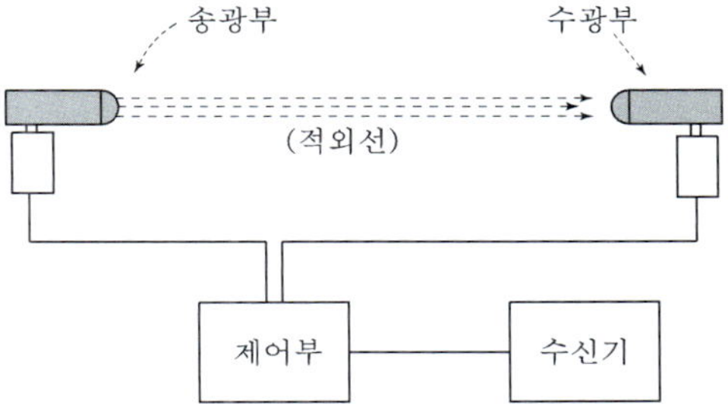

Ⅲ. 광전식 Spot형과 분리형의 비교

	광전식 Spot형	광전식 분리형
1. 구 조	수광부와 송광부가 일체형	수광부와 송광부가 분리
2. 원 리	산란광식 연기 유입→수광량 증가→저항 감소→전류 증가	감광식 연기 유입→수광량 감소→저항 증가→전류 감소
3. 감지기준	설치장소의 바닥면적	감시거리
4. 가 격	싸다	비싸다
5. 신뢰성	오동작 우려가 높음➡신뢰성이 낮다	오동작 우려가 낮음➡신뢰성이 높다
6. 사용장소	연기의 유통로 (계단, 경사로, 파이프덕트, 복도 등)	넓은 공간 (대공간의 홀, 강당, 체육관 등)

Ⅳ. 광전식 분리형

1. 원 리

(1) 송광부에서 상시 수광부로 빛을 보내고 있어 이들 사이에 연기가 유입되면 광로의 축을 방해하게 되어 수광량이 감소한다.

(2) 수광량의 감소가 일정치 이상이 되면 화재신호를 발한다.

2. 송광부에서 사용되는 광원

- 변조광, 직류광, 맥류광

3. 공칭 감시거리

- 5~100m (5m간격)

4. 특 징

(1) 감시거리가 길다.
→ 아트리움, 체육관, 홀, 대규모 창고 · 공장 등에 효과적인 화재감지

(2) 감지농도를 스포트형보다 높게 설정하여도 감지성능이 떨어지지 않는다.

(3) 국소적인 연기의 체류나 일시적인 연기의 통과에도 동작하지 않으며 신호대 잡음 비율을 크게 얻을 수 있음 → 비화재보 방지에 효과적

문제19 MIE의 분산법칙

Ⅰ. 개 요

1. 입자크기와 파장크기와의 상호관계
   (1) 입자크기 > 파장크기 : 굴절(Reflection)이나 회절(Diffraction)현상
   (2) 입자크기 < 파장크기 : 레일리 산란(Rayleigh scattering)
   (3) 입자크기 = 파장크기 : 미이산란(Mie scattering)
2. 입자의 크기가 물방울과 같이 광선의 파장에 비해서 훨씬 크게 되면 물방울에 의해서 굴절(Reflection)이나 회절(Diffraction) 현상이 일어나게 된다.
3. 레일리 산란(Rayleigh scattering)
   (1) 산란(분산)을 일으키는 물질의 크기가 광선(light)의 파장보다 훨씬 작을 때 일어나는 산란이다.
   (2) 산란의 정도는 산란되는 광선의 파장의 4제곱에 반비례한다.
4. 미이산란(Mie scattering)
   (1) 산란을 일으키는 입자들의 크기가 산란되는 광선의 파장과 비슷할 때 일어나는 산란이다.
   (2) 산란의 정도는 파장 크기에 크게 좌우되지 않는다.
   (3) 따라서 전 파장대에서 고루 산란이 일어나게 된다.
   (4) 산란구간은 보통 $\frac{\lambda}{2} \sim 10\lambda$ 범위이다.

Ⅱ. MIE 분산법칙

1. 모든 광전식 감지기의 기본원리이며 공기 중에 부유하는 작은 입자의 직경이 분산된 빛의 파장보다 길어야만 빛이 반사된다는 것을 나타낸다.
2. 적외선은 가시광선보다 파장이 길어 연소과정에서 발생한 입자를 적외선 방출Diode를 사용하여 감지할 수 있다. 적외선 방출 다이오드는 저렴한 가격과 전기회로의 소모가 적어 많이 사용한다. 이 형태의 감지기(적외선)는 약 0.9㎛의 파장을 통상 사용하며 이것이 감지 가능한 입자크기의 하한치이다.
3. 그러나 크세논방전장치(Xenon Strobe)를 사용하면 이 하한치를 더욱 낮출 수 있다. 크세논광원은 0.3㎛ 이하의 파장을 발생하므로 적외선 방출장치보다 3배의 능력을 발휘한다.

문제20 공기흡입형 연기감지기(Air sampling detector)

Ⅰ. 개 요

1. 일반적인 이온화식 또는 광전식 감지기는 공기의 유속이 빠른 곳이나 연기의 미립자가 극히 작은 경우에는 감지하지 못하거나 또는 작동하더라도 감지가 지연되는 문제를 가지고 있다.
2. 이러한 문제를 해결하기 위해서 개발된 것이 공기흡입형 감지기인데 이는 화재의 초기단계에서 생성되는 0.005~0.02㎛ 정도 크기의 미립자를 검출한다.
3. 즉, ASD는 방호공간에 Pipe Network를 설치하여 그 공간 내에 있는 현재의 공기를 중앙의 센서장치로 실시간 공급하여 화재의 징후를 조기에 판별하는 능동적인 화재감지장치이다.

Ⅱ. 특 징

1. 초기단계의 화재 감지가 가능하다.

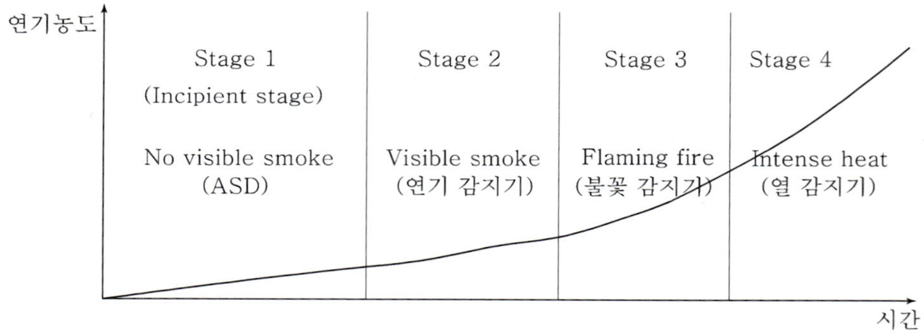

2. 능동적인 감지기이다.
   연소 초기단계에서는 열분해로 인한 초미립자가 다량으로 발생하는데, 초미립자를 포함한 주변의 공기를 일정 시간 간격으로 흡입하여 미립자를 분석하고 산란광식 원리를 이용하여 그 밀도가 설정치 이상일 경우 화재신호를 발신한다.
3. 연기 감지능력이 탁월하다.
   (1) 재래식 감지기 : 15[%obs/m](단위 미터당 혼탁도)
   (2) ASD : 0.005~20[%obs/m]
4. 주위환경(풍속, 습도, 온도 등)의 영향을 받지 않는다.
5. 기류의 유통으로 인한 연기의 축적이 되지 않는 장소도 사용이 가능하다.
6. 단 점
   – 설비가 고가이고 복잡하다.

III. 적응성

1. 연기 감지가 어려운 장소
2. 사업 지속성 확보가 매우 중요한 시설
3. 유지, 보수 및 접근이 어려운 장소
4. 감지기가 노출되지 않아야 하는 시설
5. 인명의 대피에 시간이 걸리거나 어려운 시설
6. 열악한 환경 조건을 가진 시설
7. 자동폭발진압설비(Suppression System)가 있는 시설
8. 박물관, 미술관 등 고가의 물품이 있는 장소
9. 통신시설, 중앙통제실 등 장애 발생 시 심각한 문제가 있는 장소
10. 클린룸, 의약품 제조소와 같이 빠른 환기를 요구하는 장소

IV. ASD의 발달과정

1. Cloud chamber type(구름실형)

(1) 원 리

① 미립자의 연기입자를 가습기(구름실)를 통과시켜 감지가 용이하도록 한 것이다.

② 측정 가능한 연기입자 : 0.05~15㎛

(2) 문제점

① 계측·제어기술의 한계 → 연기입자 크기를 확대하여야만 감지가 가능하다.

② sensing기술의 한계

③ 유지, 관리의 어려움

2. Submicrometer particle smoke detector(초미립자 검출형)

(1) 개 요

① 1970년대初 개발

② Cloud chamber type의 문제점 해결

(2) 문제점

① 연기입자와 비슷한 크기의 입자를 연기입자로 오인한다.(→비화재보의 우려)

3. Smoke particle counting type(연기입자 계수형)

(1) PCT(Particle counting technology)기술 적용

① 비화재보원(먼지 등)을 식별할 수 있도록 수광 강도를 비교하여 화재경보를 발생시키는 PCT를 적용한 것이다.

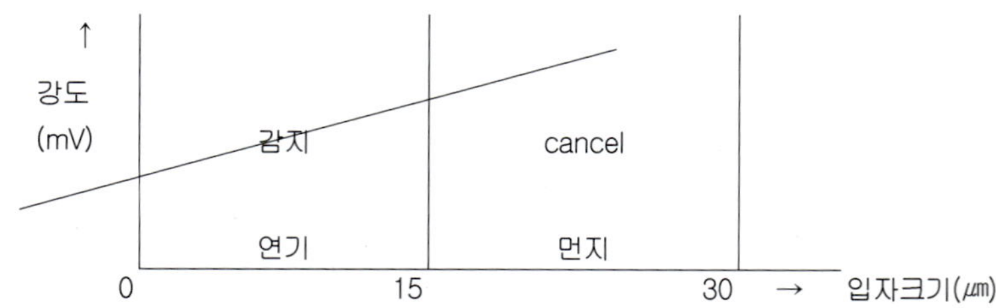

② 즉, 먼지·습기에 의한 신호를 제거하는 회로를 설치하여 신뢰성이 매우 높다.

Ⅴ. 종 류

1. Cloud chamber 이용 방식

(1) 작동원리

① 공기표본(Air sample) 채집	연소 초기단계에서 열분해 시 생성된 초미립자 연기를 감지구역 내에 설치된 흡입배관의 Sampling hole을 통하여 감지헤드로 흡입(공기표본 채집)한다.
② Filtering	공기표본은 분진, 기타 큰 입자를 제거하기 위해 필터를 통과한 후
③ Cloud chamber로 유입	높은 습도챔버(High humidity chamber=Cloud chamber)로 유입된다.
④ 팽창실 경유	챔버 내 압력을 진공펌프에 의해 약간 낮추면
⑤ Cloud 형성	공기 중의 수증기(습도입자)가 초미립자 연기입자(응축핵으로 작용)에 달라붙어 응축되어 연무(Cloud)형태가 형성된다.
⑥ Cloud 밀도 측정	응축된 Cloud의 밀도는 광전식 원리(산란광식, 광전식)에 의해 측정된다.
⑦ 화재여부 판단	밀도가 설정치 이상이면 화재신호를 발생한다.

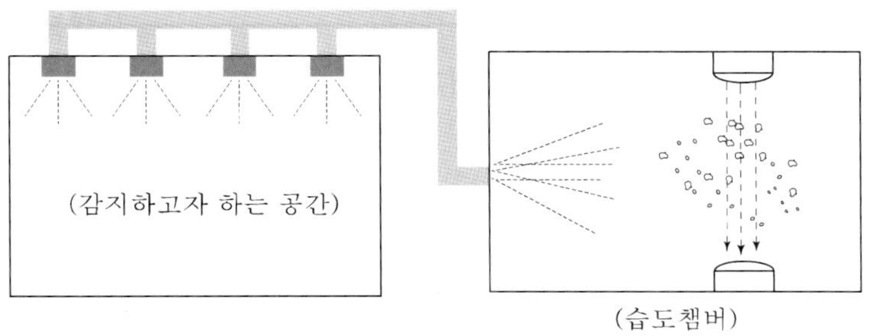

(2) 특 징

① 화재감지를 위한 Cloud Chamber System은 0.005~0.02㎛ 크기의 작은 입자를 정확히 측정한다.

② 이것은 재래의 광전식감지기(이온화, 광전식)보다 450배 이상 작은 입자를 검출하는 것을 의미한다.

2. Xenon lamp 이용 방식

(1) 작동원리

① 공기 표본(air sample)을 채집

② 분진과 큰 입자를 제거하기 위해 8㎛ Filter를 통과 후

③ 대형 산란 chamber로 유입시키면

④ 강력한 Xenon 광원이 매 3초마다 조사되고

⑤ 초고감도 광수신장치가 입자에 의한 산란광을 모아

⑥ 수광량을 측정, 그 값이 설정치 이상이면 화재신호를 발신한다.

(2) 특 징

Cloud chamber type과 유사하지만 Cloud chamber가 없으며(즉, 입자를 확대시키지 않는다) 강력한 고감도의 Xenon lamp를 이용하여 초미립자를 검출한다.

3. Laser beam 이용 방식

(1) Xenon 광선보다 광선 폭이 작은 Laser 광선을 이용하기 때문에 연소 생성물보다 작은 열분해 생성물 입자를 감지할 수 있다.

(2) 기존의 연기감지기 보다 1000~2000배나 더 감도가 우수하다.

문제23 복사에너지감지기(NFPA 72)

Ⅰ. 개 요

1. 화재 시 Flame(화염), Spark(전기불꽃), Ember(잔화)로부터의 복사에너지는 스펙트럼상에서 자외선, 가시광선, 적외선 등으로 검출된다.
2. 국내·외 기준

(1) NFPA 72(복사에너지감지기)

① Flame detector(불꽃감지기)

② Spark/Ember detector

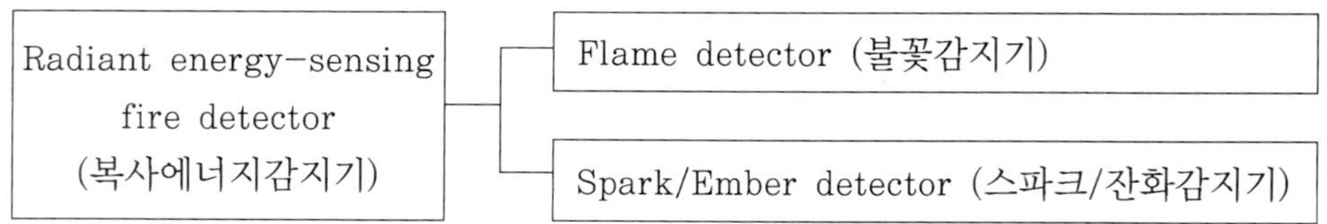

(2) NFSC 203

- 불꽃감지기

Ⅱ. 용어 설명(NFPA 72)

1. Flame

연소과정에 수반되고 연료의 연소반응에서 정해지는 특정 파장대의 복사에너지를 방출하는 가스상 물질의 몸체(Body) 또는 흐름(Stream)

2. Ember

고체물질의 온도 또는 고체물질 표면의 연소과정에 기인한 복사에너지를 방출하는 고체물질의 입자

3. Spark

고체물질의 온도 또는 고체물질 표면의 연소과정에 기인한 복사에너지를 방출하는 고체물질의 유동하는 입자(Moving particle)

4. Spark/Ember detector

Spark나 Ember를 각각 또는 모두 감지하기 위한 복사에너지감지기로서 통상 어두운 환경에 설치되고 스펙트럼상 적외선 부분을 감지한다.

문제24 복합형 감지기

Ⅰ. 개 요

1. 확실한 화재의 판단 및 비화재보 방지를 위하여 하나의 감지기에 두 가지의 감지원리를 조합하여 화재를 감지하도록 한 감지기
2. 감지 및 경보방식
   (1) 단신호식
      ① AND회로
      ② 2가지 성능의 감지기능이 동시에 작동될 때 화재신호를 발신
   (2) 다신호식
      ① OR회로
      ② 2가지 성능의 감지기능이 순차적으로 작동될 때 각각 화재신호를 발신

Ⅱ. 종 류

1. 열복합형

차동식(스포트형)과 정온식(스포트형)의 성능이 있는 것으로서 두 가지 성능의 감지기능이 함께 작동될 때 화재신호를 발신하거나 또는 2개의 화재신호를 각각 발신하는 것

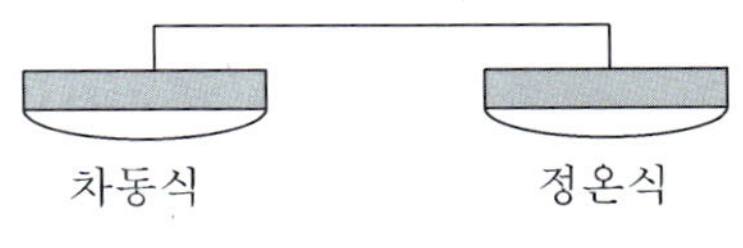

2. 연복합형

이온화식(스포트형)과 광전식(스포트형)의 성능이 있는 것으로서 두 가지 성능의 감지기능이 함께 작동될 때 화재신호를 발신하거나 또는 2개의 화재신호를 각각 발신하는 것

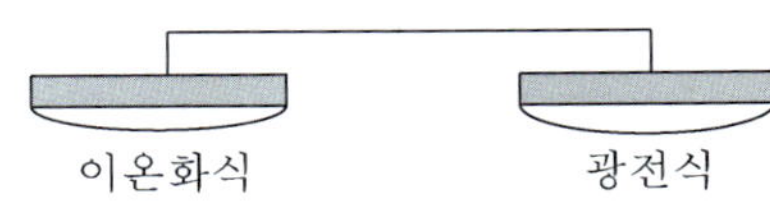

3. 열연복합형

차동식과 이온화식, 차동식과 광전식, 정온식과 이온화식 또는 정온식과 광전식의 성능이 있는 것으로서 두 가지 성능의 감지기능이 함께 작동될 때 화재신호를 발신하거나 또는 2개의 화재신호를 각각 발신하는 것

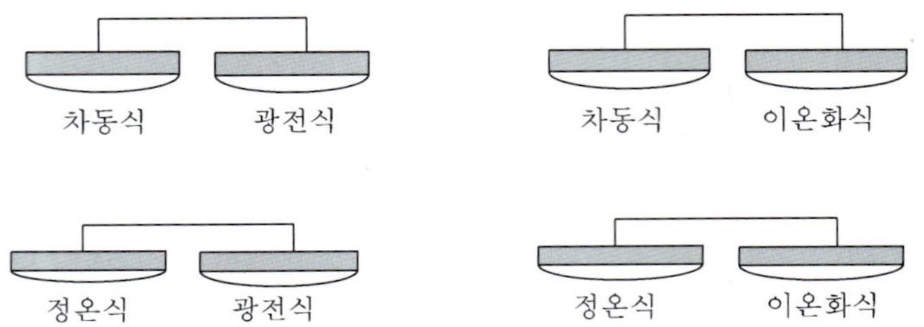

4. 자외선 · 적외선 복합형

자외선식의 성능 및 적외선식의 성능을 둘 다 가진 것으로서 두 가지 성능의 감지기능이 함께 작동될 때 화재신호를 발신하거나 또는 두개의 화재신호를 각각 발신하는 것

Ⅲ. 설치기준

1. 열복합형 : 열감지기의 설치기준을 준용한다.
2. 연복합형 : 연기감지기의 설치기준을 준용한다.
3. 열연복합형 : 부착높이별 수량 기준은 열감지기의 기준을 적용하고, 복도·통로·계단·경사로에 있어서는 연기감지기의 기준을 준용한다.

Ⅳ. 열복합형과 보상식의 비교

	보상식	열복합형
1. 동작원리	차동식과 정온식의 OR회로	차동식과 정온식의 AND회로 또는 OR회로
2. 신호발신	단신호	단신호(AND) / 다신호(OR)
3. 사용목적	실보 방지	비화재보 방지

문제25 화재 감지기술의 개발 동향

Ⅰ. 개 요

1. 산업의 발전은 종래의 감지기술로는 화재를 정확히 감지할 수 없는 새로운 형태의 가연물, 건물 내부 구조 및 환경을 가져왔다.
2. 예를 들어 반도체공장의 클린룸 등은 매우 빠른 공기 유동으로 인하여 기존의 감지기로는 화재를 감지하기가 매우 곤란한 실정이다.
3. 또한 액체위험물의 경우에는 연소속도가 매우 빠르기 때문에 신속한 감지속도가 필요한 경우가 있으며, 건물 내에 수용되어 있는 재산이 엄청난 고가이기 때문에 정확한 화재감지가 필요한 경우가 있다.
4. 이러한 과거와는 다른 요구에 의해 새로운 감지기들이 개발되었으며, 지금도 연구·개발에 많은 비용과 노력을 기울이고 있다.
5. 최근 반도체기술의 발달은 감지능력이 우수하고 특정 상황에 적합한 전문화된 감지기의 출현을 가능하게 하였으며, 또한 이러한 최신 감지기술을 이용하여 개발된 신제품을 현장에 적용하여 화재로 인한 인명 및 재산 손실을 줄이고자 노력하고 있는 많은 현장들이 있을 것이다.

Ⅱ. 최신 화재감지기술

1. 아날로그식 감지기
2. Addressable 감지기
3. 광센서 감지선형 감지기
4. Digital video smoke detector
5. 주사형 감지기(Scanning type fire detector)
6. 덕트 감지기
7. 화재가스 감지기
8. 적외선 카메라를 이용한 화재감지
9. 연소음에 의한 화재감지

Ⅲ. 결 론

1. 화재는 가연물의 종류, 발화원, 화재 발생장소, 주변 환경 등에 따라 그 성상이 매우 다양하며, 연소생성물 또한 많은 차이가 있다. 따라서 화재를 초기에 정확히 감지 한다는 것은 매우 어려운 일이며, 감지기가 설치되고 오랜 시간이 경과된 후에도 처음의 감도수준이나 정확성을 유지하는 것 또한 어렵다.

2. 화재 초기감지의 중요성
   (1) 사람의 피난을 재빨리 유도한다.
   (2) 재산손실을 막기 위한 소화설비의 자동작동이나 소화활동을 빨리 취할 수 있도록 한다.
3. 여러 종류의 감지기는 각각의 성능이나 특성이 다르므로 적재적소에 적정한 감지기의 설치가 정확한 화재감지를 위해 필수적이다.
4. 화재상황의 정확한 판단과 비화재보 상황을 정확히 구분을 할 수 있는 능력의 감지기술 등이 지속적으로 연구·개발되고 있다.
5. 최근의 감지기술
   (1) 초기감지능력의 향상, 오보를 방지하는 정확한 경보, 컴퓨터와의 결합을 통한 입체적 관리
   (2) 신호처리에 Fuzzy logic 도입
   (3) 응답시간을 빠르게 하기 위하여 Fiber optic 기술 도입
   (4) 특정한 용도에서만 사용되는 가연물의 연소 시 발생되는 연소생성물만을 감지하는 특정한 감지기 개발 등

문제26 아날로그식 감지기(Analog-type detector)

Ⅰ. 개 요

1. 정 의

아날로그식 감지기란 주위의 온도 또는 연기의 농도 변화에 따라 각각 다른 전류치 또는 전압치 등의 출력을 발하는 감지기

2. 일반감지기와 차이점

(1) 일반감지기 : 화재상태와 비화재상태의 디지털신호 전송
(2) 아날로그식 감지기 : 연속적으로 변화하는 물리적인 양 전송

※ 감지기의 신호출력 방식
① 단신호식 : 1개의 신호만 출력
② 다신호식 : 2 이상의 신호를 출력
③ 아날로그식 : 변화하는 연속적인 신호를 출력

Ⅱ. 특 징

1. 일반감지기와의 차이점

(1) 일반감지기
- 감지기가 화재판단

(2) 아날로그식 감지기
- 수신기가 화재판단

2. 다신호식과의 차이점

(1) 다신호식 감지기
- 열 또는 연기의 양적 증가가 설정 값에 도달하면 순차적으로 신호를 발신

(2) 아날로그식 감지기
- 주기적으로 수신기에 온도 또는 연기의 변화량에 대한 정보 발신

3. 단계별 경보출력 기능

(1) 온도·농도 등의 변화에 따라 아날로그 신호를 수신할 수 있는 수신기 설치
(2) 예비경보, 화재경보, 소화설비 연동 등 단계출력 가능

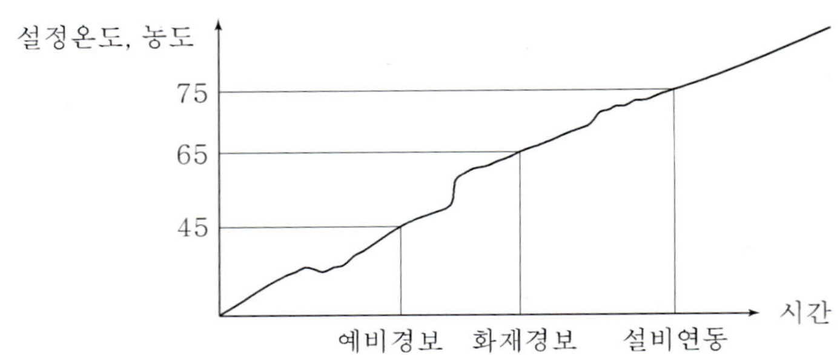

4. 감지기의 이상 유무 표시기능

아날로그식 감지기는 수신기에 표시할 때 감지기의 상태도 알려주기 때문에 화재경보를 발하지 않고도 감지기의 이상 유무를 미리 알 수 있어 사전에 불량 및 기능저하, 감지기의 교환이 가능하여 시스템의 신뢰도를 항상 유지할 수 있다.

(1) 자기진단기능(자기감도 보상기능)

자기진단회로로 감지기 자체의 고장여부(감도저하여부)를 계속적으로 확인하여 고장발생시 수신기에 고장신호(저감도신호)를 보낸다.

(2) 오염도 경보기능

설치장소 및 연한에 따라 감지기의 이온실이 먼지, 기름 등의 이물질에 점차적으로 오염되어 아날로그값이 그 설정치를 초과할 경우 감지기가 장애신호를 수신기에 송신하여 경보를 발하는 기능으로 감지기의 청소 및 교체에 대한 신호를 보낸다.

(3) 감지기 착·탈 감시기능

수신기에서 주소형 감지기와 일정주기로 신호를 주고받고 있는데 감지기가 이탈되면 수신기에서는 이상경보 및 해당 감지기의 고유번지가 표시되어 감지기의 착탈을 감시하게 할 수 있다.

5. 시스템의 신뢰성 제고

다른 감지기에서 발보이후의 검출정보를 연속적으로 수신할 수 있어 그 정보에 따라 화재여부의 판단이 가능하므로 시스템의 신뢰성을 크게 제고시킬 수 있다.

Ⅲ. 작동원리

1. 아날로그 감지기

(1) 수신기와 접속된 일단의 전송선을 통하여 각각 고유의 주소(Address)에 따라 주기적으로 호출(Polling)된다.

(2) 수신기의 호출신호의 주소정보와 감지기 내에 설정된 주소가 일치될 때 응답한다.

(3) 자기주소를 식별하면 화재검출부에서 열, 연기 등의 화재정보를 검출하고
(4) 이 출력을 아날로그/디지털 변환기에 의해 디지털화한 뒤
(5) 이 값을 전송 제어부 전송선 인터페이스를 통해 수신기에 전달한다.

2. 수신기

(1) 감지기의 신호를 받아 화재판단의 평가를 행하고, 필요에 따라 화재경보를 발한다.
(2) 감지기의 검출 출력을 수집하는 것 외에 감지기의 제어도 가능하다.
① 화재경보와 판단결과를 표시하는 작동표시등의 출력 제어
② 화재검출부의 기능을 확인하기 위한 시험신호 출력

Ⅳ. Analog감지기와 일반감지기의 비교

	일반 감지기	Analog감지기(주소기능 내장형)
1. 종 류	열감응식, 연기감지식, 불꽃감지식	열감지식(차동식, 정온식), 연기감지식(이온화식, 광전식)
2. 동작특성		
① 동작점	정해진 온도 정해진 연기농도	정해진 온도 3단계구분 농도점
② 동작점 임의조정	불가능	가능
③ 동작과정 표시	불가능	열식 : 온도 1℃ 단위 연기식 : 농도 0.1% 단위
④ 예비경보 기능	없음	있음
⑤ 오염도 경보기능	없음	있음
⑥ 착·탈유무 감시	불가능	가능
⑦ 선로 연결방식	4선식(송배선식)	2선식(다중통신방식)
3. 정보구분	① 감지기수량에 관계없이 경계구역에 비례한 회로수량으로 처리 ② 정보처리반은 P형과 R형, 기타 아날로그량 검출기능 비내장형 수신기 사용	① 감지기수량에 비례한 회로수량으로 처리 ② 정보처리반은 R형으로서 아날로그량 검출기능 내장형 수신기 사용

	일반 감지기	Analog감지기(주소기능 내장형)
4. 기 타	① 일반 감지기는 경계구역에 비례한 회로량이므로 수신기에서 처리하는 감시정보량이 적다. ② 감지기의 접속 상태를 실제 회로의 접속 상태로 밖에 확인할 수 없으므로 쾌적한 상태로 관리하기 위해서는 관리비가 상당히 많은 단점이 있다. ③ 비화재보의 우려가 높다.	① 감지기별 고유번지기능에 의해 개별회로 처리 및 개별감시가 가능하므로 항상 쾌적한 상태로의 사용이 가능하다. ② 접속 상태 여부확인 및 다양한 기능들이 있어 관리비를 대폭 절감할 수 있다. ③ 비화재보에 대한 대응력이 높다.

문제27 주소형감지기(Addressable detector)

Ⅰ. 개 요

1. 화재 위치에 대한 정보를 제공하는 기능을 가진 감지기를 주소형감지기(Addressable detector)라고 한다.
2. 즉, 개별 감지기마다 고유번지가 있어 호텔 등과 같이 구획이 많은 장소에서 화재를 감지한 감지기의 정확한 위치를 파악할 수 있다. 따라서 프라이버시가 중시되는 장소에 적합하다.

※ 자동화재탐지설비 입·출력장치의 신호방식

1. 일반신호 방식(Conventional type)
   기기의 작동신호를 ON/OFF방식의 접점신호로 송·수신하는 방식
2. 주소화 방식(Addressable type)
   기기 자신이 고유주소(Address)를 가지고 있어서 기기 작동 시 자신의 고유주소(위치)와 함께 작동상황에 대한 부호를 수신반에 통보하고 수신반에서 관련기기의 제어 시에도 해당주소에 따라 제어신호를 전송하는 방식
3. 아날로그 방식(Analogue addressable type)
   주소화 방식에서는 기기 자신의 동작상태를 자기 자신의 고유주소와 함께 단순부호로 변환하여 전송하지만, 아날로그 방식은 자기 자신의 주소(위치)와 함께 감지기 자신이 탐지한 연기농도나 온도에 대한 Analogue값을 수신반에 전송하는 방식

Ⅱ. 주소형감지기(Addressable Detector)

1. 화재위치 표시
   (1) 일반감지기 : 경계구역별로 표시
   (2) 주소형감지기 : 감지기별로 표시
2. 통신방식
   (1) 일반감지기
      - 개별신호선을 이용한 공통신호방식
   (2) 주소형감지기
      - 다중통신을 이용한 고유신호방식
3. 주소형감지기에는 고유한 신호를 발신할 수 있는 신호장치가 있으며 Dip switch 등에 의해서 고유번지를 지정한다.

※ 고유번지 부여 방법
① Dip switch 이용 방법
② Rotary switch 이용 방법
③ 별도 중계기 이용 방법

4. Analog감지기는 해당 감지기가 감지하고 있는 주변의 온도 또는 연기에 대한 정보를 개별적으로 수신기에 제공해야 하므로 Address기능이 있다.

문제28 광센서감지선형 감지기

Ⅰ. 개 요

1. 광센서감지선형 감지기는 난연성 광케이블을 사용하여 광케이블 주변의 온도변화에 따른 빛의 산란현상을 이용하여 화재를 감지한다.
2. 광섬유케이블의 장점
   (1) 전자파 등 전자기의 간섭을 받지 않는다.
   (2) 설치비용이 저렴하다.
   (3) 유지보수가 간편하다.
3. 광케이블을 화재감지센서로 사용하게 된 이유는 온도변화에 대해 빠른 응답특성과 분포성능을 가지기 때문이다.

Ⅱ. 시스템 구성

1. 난연성 광케이블
2. 광센서 중계기
3. R형 수신기
4. Graphic Display System

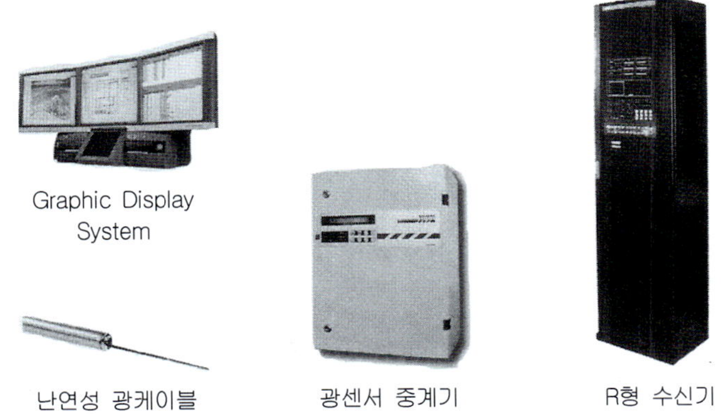

Graphic Display System

난연성 광케이블

광센서 중계기

R형 수신기

Ⅲ. 기본원리

1. 감지원리

Laser pulse가 광케이블에 입사되면 광섬유 내의 Glass 격자(SiO_2)들로 인해 빛의 산란, 흡수 등이 발생하여 입력측으로 미약한 산란광이 돌아온다. 이 산란광을 필터링하여 온도감지에 이용한다.

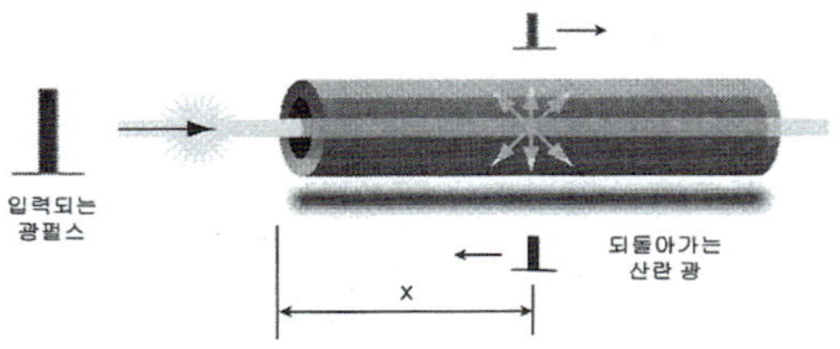

2. 온도측정

입력측으로 돌아오는 산란광 중에는 입력광의 파장과 다른 파장성분을 갖는 Raman산란광이 있는데, 이 두 파장의 세기를 측정하면 광케이블 주변의 온도계산이 가능하다.

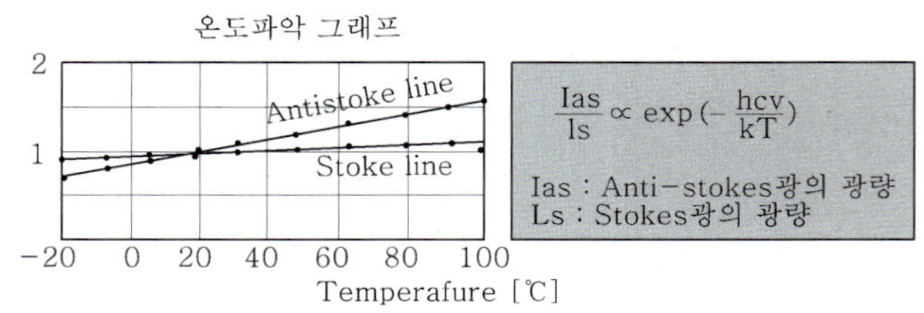

후방산란광 스펙트럼

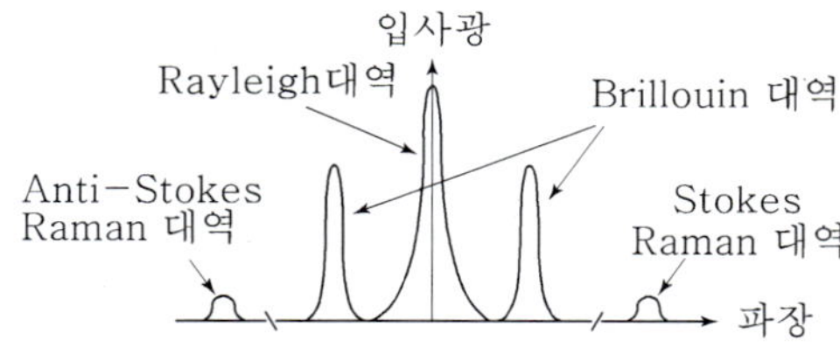

3. 거리측정

(1) OTDR(Optical time domain reflectometry)의 측정원리를 이용하여 거리를 측정한다.

(2) 광케이블 내부의 빛의 속도를 알고 있으므로 산란광이 되돌아오는 시간을 측정하면 산란광이 발생한 위치 파악이 가능하다.

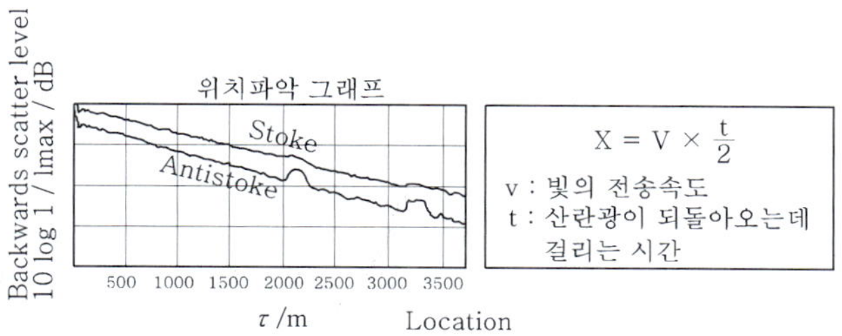

Ⅳ. 성능 및 특성

1. 아날로그방식의 정밀감지기능

(1) 방호구역의 화재상황을 실시간 감시하여 위치별 또는 지역(zone)별로 세분화하여 미세한 온도변화를 감지한다.

(2) 화재지점의 위치를 거리로는 1m, 온도로는 0.1℃ 단위로 판별할 수 있다.

(3) Pre-alarm기능을 통해 화재발생 전에 예비경보를 출력한다.

2. DTS Technology

(1) DTS(Distribution temperature sensing)란 경계구역에 선형으로 설치되어 수백·수천지점에서의 온도를 측정·비교분석하여 정밀한 화재정보를 제공하는 기술

(2) 이 방식은 광센서 기술의 하나인 OTDR(Optical time domain reflectometry)원리에 바탕을 두고 있다.

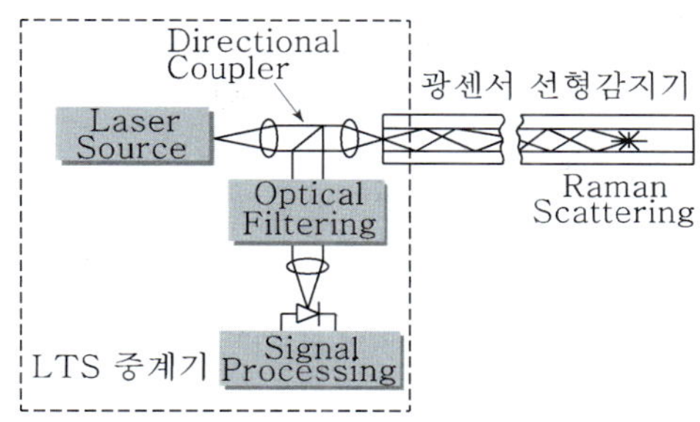

Principle of DTS System

(3) 작동 Mechanism

① 중계기 내부의 광원으로부터 레이저 펄스를 광케이블로 송출한다.

② 화원 주위의 온도·밀도의 영향으로 레이저 펄스가 분산하여 산란된다.

③ 산란된 레이저 펄스의 일부가 광원으로 복귀한다.

④ 중계기는 복귀한 레이저 펄스를 자체 수신기로 전달하여 복귀 펄스를 분석하고, 각 위치별 온도값을 추출하여 화재수신기에 송신한다.

⑤ 수신기는 온도변화 및 화재위치를 Graphic display system에 표시한다.

3. 장거리 감지 기능

(1) 최대 4km까지 단선으로 설치할 수 있으며, Loop-back 방식으로 설치할 경우 단일지점 단선사고 시 전체 경계구역에서 정상적인 감시상태를 유지할 수 있다.

(2) 배선 방식

① 단선방식(Single ended 방식)

② Loop-back 방식(Double ended 방식)

4. 최악의 환경조건에서 사용

(1) 스테인레스 튜브관 내에 광케이블을 수납하여 먼지, 습기, 분진, 극저온, 방폭지역에서도 내구성을 발휘한다.

(2) 차량 배기가스에 함유된 SO_2, CO, NO_2 등 화학물질에도 부식이 되지 않는다.

(3) 전자파 등 전자기기에 영향을 받지 않는다.

(4) 수명이 반영구적이다(최장 30년까지 사용)

5. P형 및 R형 시스템의 기능

(1) P형 시스템 : 경계구역의 길이 1km 미만

(2) R형 시스템 : 경계구역의 길이 1km 이상

6. Network 기능

(1) R형의 경우 Peer to Peer, Stand alone 기능을 가진다.

(2) 100개까지 자유로운 Zone설정과 화재지점을 제공한다.

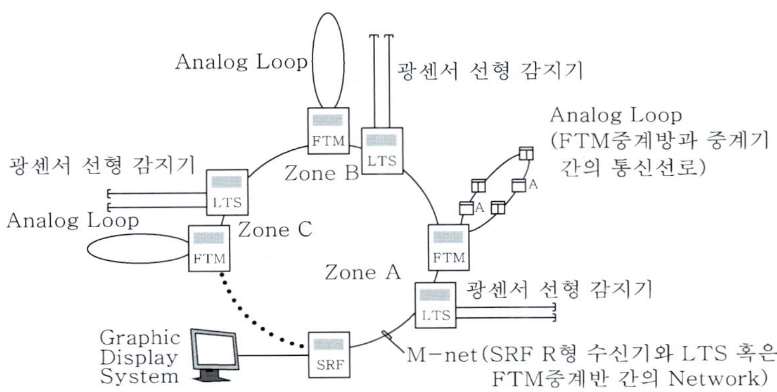

V. 적용분야

1. 장대 밀폐공간 : 터널, 지하철, 지하공동구, 지하전력구 등
2. 원자력발전소, 화력발전소, 변전소
3. 석유화학플랜트, LNG탱크, 위험물저장탱크
4. 기타 일반 감지기를 설치하기에 적합하지 않은 장소

Ⅵ. 정온식감지선형과 광센서감지선형의 비교

	정온식감지선형	광센서감지선형
1. 감지매체	2가닥의 절연도체	난연성 광케이블
2. 감지방식	정온식	정온식, 차동식, 보상식
3. 감지원리	온도 상승 시 내부 가용절연물의 용융에 의한 선간 단락으로 감지	광케이블 주변의 온도변화에 따른 산란광을 이용하여 감지
4. 감지시간	2분 이상	15~20초
5. 감지속도	늦은 감지	빠른 감지
6. 감지능력	정확한 화재지점 감지 불가능	1m 내외에서 화재지점 감지
7. 감지온도	70℃, 90℃, 130℃	-40℃~90℃
8. 감지기 형식	방수형	방수형, 재용형, 아날로그식
9. 설치높이	8m	15m
10. 최대거리	1km	4km
11. 경보온도 조정	불가능	가능
12. 재사용 여부	불가능	가능
13. 단락감시	불가능	가능
14. 단선감시	가능	가능

문제29 DVSD(Digital video smoke detection)

Ⅰ. 개 요

1. 디지털비디오 연기 감지방식은 CCTV(폐쇄회로 비디오카메라)와 동작감응 소프트웨어가 결합되어 개발된 감지방식이다.
2. 연기 감지방식
   (1) 인간 : 눈으로 연기 확인 → 두뇌에서 분석 및 인식 → 구조 요청
   (2) DVSD : CCTV가 연기 감시 → 컴퓨터로 분석 및 확인 →경보 발령

Ⅱ. 기본원리

※ DVSD의 기본적 개념은 인간이 눈으로 연기를 감지하는 것과 동일한 방식을 이용한다.

1. CCTV가 경계구역에서 연기를 인식하면 그 포용범위에 있는 이미지를 전자신호로 발신한다.
2. 신호전송
   (1) 디지털카메라 : 직접 중앙연산처리장치(CPU)로 전송
   (2) 아날로그카메라 : 아날로그/디지털 변환기에서 디지털신호로 변환하여 전송
3. CPU는 동작감응 소프트웨어에 의해 고온의 연기 유동과 일치하는 특정한 전자신호를 탐색한다.
4. 특정한 전자신호가 탐색되면 경보상황을 발신한다.

Ⅲ. 구 성

1. 디지털카메라
2. 아날로그/디지털 신호변환기(아날로그 카메라를 설치한 경우)
3. 중앙연산처리장치(CPU)
4. 주변장치(키보드, 데이터 입출력장치)
5. 화재경보패널

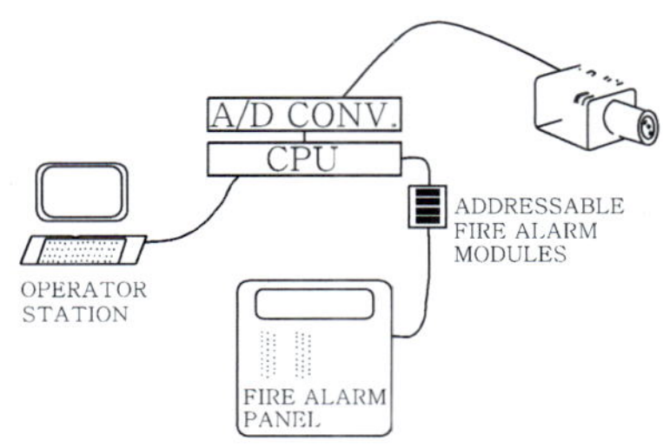

Ⅳ. 특 징

1. 화재감지 특성

(1) 일반감지기

① 수동적 감지시스템이다.

② 감지기로 열이나 연기가 유입되어야 동작하기 때문에 설치높이에 제약을 받으며 감지시간이 지연된다.

③ 비화재보 또는 실보가 많아 신뢰도가 낮다.

(2) 불꽃감지기

① 능동적 감지시스템이다.

② Fire Plume에서 방사되는 복사에너지 또는 Flicker를 감지하여 동작하기 때문에 자외선 불꽃감지기는 연기발생이 많은 장소엔 부적합하다.

③ 비화재보 또는 실보가 비교적 적어 신뢰도가 높다.

(3) DVSD

① 능동적 감지시스템이다.

② 연기와 증기, 안개 또는 다른 증기는 소프트웨어 프로그램에 의해 구별되어 연기가 발생하는 경우에만 동작한다.

③ 비화재보 또는 실보가 매우 적어 신뢰도가 높다.

2. 데이터 저장

프로그램으로 CPU에 화재발생 전·후 상황을 이미지로 기록할 수 있으므로 화재발생 원인과 발화지점을 신속하게 확인할 수 있다.

Ⅴ. 적용장소

1. 넓은 감시지역을 포용할 수 있는 장소
2. 연기감지가 필요한 위험장소
3. 분진이 다량 발생하는 장소(석탄 분쇄 공정지역)
4. 터널에서 주행 중인 차량의 화재 방호
5. 연기감지를 방해하는 장애물이 있는 장소(대규모 전시장, 홀 등)
6. 군부대 탄약고, 액화가스 저장탱크 지역, 복합화력발전소 석탄저장소

문제30 Duct 연기감지기

Ⅰ. 개 요

1. Duct 연기감지기는 건축물에서 전형적으로 사용하는 HVAC 공기조화설비의 덕트 속에 섞인 연기를 감지하는 장치로서 HVAC에 의한 연기의 이동을 제어하기 위하여 사용한다.
2. 감지기와 같이 화재를 감지하여 경보를 발하거나 화재안전기준에 의해 설치되는 것은 아니기 때문에 화재감지기 대체용으로 설치할 수 없다.

Ⅱ. 설치목적

1. 덕트를 통한 연기의 확산 방지
2. 연기에 의한 인명 및 재산상의 피해 경감
3. 화재나 연기로부터 HVAC 시스템 보호
4. 메인 프레임 컴퓨터와 테이프 드라이브의 환기/배기장치와 같은 장비 보호

Ⅲ. 사용이 제한되는 이유

1. 화재감지기 대체 불가
   공조설비나 환기설비가 정지될 때에는 Duct 내로 연기가 유입되지 않기 때문에 실내의 화재감지기를 대신할 수 없다.
2. Duct 내의 연기가 건물의 다른 부분 또는 외부로 배출되거나 외부공기 유입에 의해 희석되면 Duct 연기감지기가 설치된 Duct 내부에는 연기가 없지만 실내에는 많은 연기가 있을 수 있기 때문에 실내 화재감지기를 대신할 수 없다.

문제31 화재가스 감지기

Ⅰ. 개 요

1. 화재발생 시 공기 중에는 평상시에는 존재하지 않는 가스의 농도가 증가하는데 대표적으로 H_2O, CO, CO_2, HCl, HCN, H_2S, NH_3 등과 산화질소(NO_x)가 많이 발생된다.
2. 화재가스 감지기는 가연물의 연소 시 발생하는 특정 가스를 감지하는 것을 말하는데 CO가스 감지기가 대표적이다.

Ⅱ. 개발 동기

1. 가연물의 연소 시 발생하는 특정 연소생성물만 감지하는 감지기가 있다면 화재감지에 매우 유용할 것이다.
2. 케이블 피복재가 연소될 때 염화수소 등이 많이 발생하는데 이러한 장소에 염화수소를 감지하는 감지기를 설치하면 비화재보를 현저하게 줄일 수 있다.
3. 따라서 특정 가연물이 수용되는 장소에 화재가스 감지기를 설치하면 자동화재탐지설비와 경보설비의 신뢰성을 향상시킬 수 있다.

Ⅲ. 종 류

1. 반도체소자 이용 방식

반도체의 전기적 변화에 따라 산화물이나 가스의 감소량을 감지하여 반도체의 전도성 변화에 의해 감지기가 동작한다.

2. 촉매소자 이용 방식

감지기 내부에 가연성가스의 산화를 촉진시키는 물질을 내장하여 이 소자의 온도상승의 결과로 저항이 변하면 감지기가 동작한다.

Ⅳ. 구조 및 작동원리

1. 금속산화반도체 형태의 소자는 화재가스 감지기의 하나로 개발된 작동소자이다. 이 소자는 N형 반도체인 크리스탈인데 그 속에 2개의 히터 코일이 나선형으로 감겨 서로 반대쪽에 붙어 있다.
2. 이 크리스탈은 금속으로 코팅되어 금속 인화방지망 안에서 히터 와이어가 지지하고 있다.

3. 2개의 히터 와이어 중 하나는 전원 없이 350℃정도의 온도에서 크리스탈을 유지하기 위하여 5V의 직류전압이 걸린 상태이다.
4. 이 크리스탈은 자유반송파를 많이 내보내고, 크리스탈과 접촉하는 오염된 가스를 태워버리는 역할을 하기 위해 적정온도를 유지해야 한다.
5. 평상시에는 산소가 크리스탈 표면에서 흡수되고, 그에 따른 어떤 전도성을 나타낸다.
6. 어떤 산화 가능 가스가 이 크리스탈에 닿으면 산소분자는 크리스탈 표면에서 제거되고 전도성이 증가하는데 이러한 상태는 가스농도에 비례하므로 일정치 이상이 되면 경보를 보낸다.

문제32 감지기의 적응성

Ⅰ. 고성능 감지기

1. 종 류

(1) 아날로그방식의 감지기
(2) 다신호방식의 감지기
(3) 정온식감지선형감지기
(4) 분포형감지기
(5) 불꽃감지기
(6) 광전식분리형감지기
(7) 축적방식의 감지기
(8) 복합형감지기

2. 적응장소(비화재보 발생이 우려되는 장소)

일시적으로 발생한 열·연기 또는 먼지 등으로 인하여 화재신호를 발신할 우려가 있는 장소로서 다음에 해당하는 곳

(1) 지하층·무창층 등으로서 환기가 잘되지 않는 장소
(2) 실내면적이 40㎡ 미만인 장소
(3) 감지기의 부착면과 실내바닥과의 거리가 2.3m 이하인 곳

Ⅱ. 연기감지기

1. 계단·경사로 및 에스컬레이터 경사로
2. 복도(30m 미만의 것을 제외한다)
3. 엘리베이터 승강로(권상기실이 있는 경우에는 권상기실)·린넨슈트·파이프 피트 및 덕트 기타 이와 유사한 장소
4. 천장 또는 반자의 높이가 15m 이상 20m 미만의 장소
5. 다음의 어느 하나에 해당하는 특정소방대상물의 취침·숙박·입원 등 이와 유사한 용도로 사용되는 거실
   (1) 공동주택·오피스텔·숙박시설·노유자시설·수련시설
   (2) 교육연구시설 중 합숙소
   (3) 의료시설, 근린생활시설 중 입원실이 있는 의원·조산원
   (4) 교정 및 군사시설
   (5) 근린생활시설 중 고시원

※ 예외
① 교차회로방식에 따른 감지기가 설치된 장소
② 상기 1의 고성능감지기가 설치된 장소

Ⅲ. 정온식감지기

주방 · 보일러실 등으로서 다량의 화기를 취급하는 장소

Ⅳ. 지하구

상기 1의 고성능감지기로서 먼지·습기 등의 영향을 받지 아니하고 발화지점을 확인할 수 있는 감지기

Ⅴ. 화학공장 · 격납고 · 제련소 등

1. 광전식분리형감지기
2. 불꽃감지기

Ⅵ. 전산실 또는 반도체 공장 등

광전식공기흡입형감지기

Ⅶ. 층수가 30층 이상의 특정소방대상물

아날로그방식의 감지기로서 감지기의 작동 및 설치위치를 수신기에서 확인할 수 있는 것

문제33 부착높이에 따른 감지기의 종류

<table>
<tr><th colspan="3">감지기의 종류</th><th>4m 미만</th><th>4m 이상
8m 미만</th><th>8m 이상
15m 미만</th><th>15m 이상
20m 미만</th><th>20m 이상</th></tr>
<tr><td rowspan="7">열
감
지
기</td><td rowspan="2">차동식</td><td>스포트형</td><td>○</td><td>○</td><td></td><td></td><td></td></tr>
<tr><td>분포형</td><td>○</td><td>○</td><td>○</td><td></td><td></td></tr>
<tr><td rowspan="2">정온식</td><td>스포트형</td><td rowspan="2">○</td><td rowspan="2">특종, 1종</td><td rowspan="2"></td><td rowspan="2"></td><td rowspan="2"></td></tr>
<tr><td>감지선형</td></tr>
<tr><td>보상식</td><td>스포트형</td><td>○</td><td>○</td><td></td><td></td><td></td></tr>
<tr><td colspan="2">열복합형</td><td rowspan="2">○</td><td rowspan="2">○</td><td rowspan="2"></td><td rowspan="2"></td><td rowspan="2"></td></tr>
<tr><td colspan="2">열연기복합형</td></tr>
<tr><td rowspan="5">연
기
감
지
기</td><td>이온화식</td><td>스포트형</td><td>○</td><td>1종, 2종</td><td>1종, 2종</td><td>1종</td><td></td></tr>
<tr><td rowspan="3">광전식</td><td>스포트형</td><td>○</td><td>1종, 2종</td><td>1종, 2종</td><td>1종</td><td></td></tr>
<tr><td>분리형</td><td rowspan="2">○</td><td rowspan="2">1종, 2종</td><td rowspan="2">1종, 2종</td><td rowspan="2">1종</td><td rowspan="2">아나로그식</td></tr>
<tr><td>공기흡입형</td></tr>
<tr><td colspan="2">연기복합형</td><td>○</td><td>○</td><td>○</td><td>○</td><td></td></tr>
<tr><td colspan="3">불꽃감지기</td><td>○</td><td>○</td><td>○</td><td>○</td><td>○</td></tr>
</table>

〈비고〉

(1) 감지기별 부착높이 등에 대하여 별도로 형식승인 받은 경우에는 그 성능 인정범위 내에서 사용할 수 있다.

(2) 부착높이 20m 이상에 설치되는 광전식 중 아날로그방식의 감지기는 공칭감지농도 하한값이 감광율 5%/m 미만인 것으로 한다.

문제34 감지기 설치개수

Ⅰ. 기 준

1. 거실 : 감지면적(m^2)
2. 복도, 통로(연기감지기) : 보행거리(m)
3. 계단, 경사로(연기감지기) : 수직거리(m)

Ⅱ. 열감지기

(단위 : m^2)

부착높이 및 소방대상물의 구분		감지기의 종류						
		차동식 스포트형		보상식 스포트형		정온식 스포트형		
		1종	2종	1종	2종	특종	1종	2종
4m 미만	주요구조부를 내화구조로 한 소방대상물 또는 그 부분	90	70	90	70	70	60	20
	기타 구조의 소방대상물 또는 그 부분	50	40	50	40	40	30	15
4m 이상 8m 미만	주요구조부를 내화구조로 한 소방대상물 또는 그 부분	45	35	45	35	35	30	
	기타 구조의 소방대상물 또는 그 부분	30	25	30	25	25	15	

Ⅲ. 연기감지기

구 분		1종 및 2종	3종	비 고
거 실	높이 4m 미만	$150m^2$	$50m^2$	바닥면적(m^2)
	높이 4m 이상 20m 미만	$75m^2$	–	
복도, 통로		30m	20m	보행거리(m)
계단, 경사로		15m	10m	수직거리(m)

문제35 감지기 설치기준

Ⅰ. 일반사항

1. 감지기(차동식분포형은 제외)는 실내로의 공기유입구로부터 1.5m 이상 떨어진 위치에 설치할 것
2. 감지기는 천장 또는 반자의 옥내에 면하는 부분에 설치할 것
3. 보상식스포트형감지기는 정온점이 감지기 주위의 평상시 최고온도보다 20℃ 이상 높은 것으로 설치할 것
4. 정온식감지기는 주방·보일러실 등으로서 다량의 화기를 취급하는 장소에 설치하되, 공칭작동온도가 최고주위온도보다 20℃ 이상 높은 것으로 설치할 것
5. 스포트형감지기는 45° 이상 경사되지 아니하도록 부착할 것

Ⅱ. 공기관식 차동식분포형감지기

1. 공기관

(1) 공기관의 노출부분은 감지구역마다 20m 이상이 되도록 할 것
(2) 공기관과 감지구역의 각 변과의 수평거리는 1.5m 이하가 되도록 하고, 공기관 상호간의 거리는 6m(주요 구조부를 내화구조로 한 소방대상물 또는 그 부분에 있어서는 9m) 이하가 되도록 할 것
(3) 공기관은 도중에서 분기하지 아니하도록 할 것

2. 검출부

(1) 하나의 검출부분에 접속하는 공기관의 길이는 100m 이하로 할 것
(2) 검출부는 5° 이상 경사되지 아니하도록 부착할 것
(3) 검출부는 바닥으로부터 0.8m 이상 1.5m 이하의 위치에 설치할 것

Ⅲ. 열전대식 차동식분포형감지기

1. 열전대부는 감지구역의 바닥면적 18㎡(주요구조부가 내화구조로 된 소방대상물에 있어서는 22㎡)마다 1개 이상으로 할 것. 다만, 바닥면적이 72㎡(주요구조부가 내화구조로 된 소방대상물에 있어서는 88㎡) 이하인 소방대상물에 있어서는 4개 이상으로 하여야 한다.
2. 하나의 검출부에 접속하는 열전대부는 20개 이하로 할 것. 다만, 각각의 열전대부에 대한 작동여부를 검출부에서 표시할 수 있는 것(주소형)은 형식승인 받은 성능인정범위내의 수량으로 설치할 수 있다.

Ⅳ. 열반도체식 차동식 분포형감지기

1. 감지부는 그 부착높이 및 소방대상물에 따라 다음 표에 따른 바닥면적마다 1개 이상으로 할 것. 다만, 바닥면적이 다음 표에 따른 면적의 2배 이하인 경우에는 2개(부착높이가 8m 미만이고, 바닥면적이 다음 표에 따른 면적 이하인 경우에는 1개) 이상으로 하여야 한다.

(단위 ㎡)

부착높이 및 소방대상물의 구분		감지기의 종류	
		1종	2종
8m 미만	주요구조부가 내화구조로 된 소방대상물 또는 그 구분	65	36
	기타 구조의 소방대상물 또는 그 부분	40	23
8m 이상 15m 미만	주요구조부가 내화구조로 된 소방대상물 또는 그 부분	50	36
	기타 구조의 소방대상물 또는 그 부분	30	23

2. 하나의 검출기에 접속하는 감지부는 2개 이상 15개 이하가 되도록 할 것. 다만, 각각의 감지부에 대한 작동 여부를 검출기에서 표시할 수 있는 것(주소형)은 형식승인 받은 성능인정범위 내의 수량으로 설치할 수 있다.

Ⅴ. 연기감지기

1. 감지기의 부착높이에 따라 다음 표에 따른 바닥면적마다 1개 이상으로 할 것

(단위 ㎡)

부 착 높 이	감지기의 종류	
	1종 및 2종	3종
4m 미만	150	50
4m 이상 20m 미만	75	–

2. 감지기는 복도 및 통로에 있어서는 보행거리 30m(3종에 있어서는 20m)마다, 계단 및 경사로에 있어서는 수직거리 15m(3종에 있어서는 10m)마다 1개 이상으로 할 것
3. 천장 또는 반자가 낮은 실내 또는 좁은 실내에 있어서는 출입구의 가까운 부분에 설치할 것

4. 천장 또는 반자 부근에 배기구가 있는 경우에는 그 부근에 설치할 것
5. 감지기는 벽 또는 보로부터 0.6m 이상 떨어진 곳에 설치할 것

Ⅵ. 정온식감지선형감지기

1. 보조선이나 고정금구를 사용하여 감지선이 늘어지지 않도록 설치할 것
2. 단자부와 마감 고정금구와의 설치간격은 10cm 이내로 설치할 것
3. 감지선형 감지기의 굴곡반경은 5cm 이상으로 할 것
4. 감지기와 감지구역의 각 부분과의 수평거리가 내화구조의 경우 1종 4.5m 이하, 2종 3m 이하로 할 것. 기타 구조의 경우 1종 3m 이하, 2종 1m 이하로 할 것
5. 케이블트레이에 감지기를 설치하는 경우에는 케이블트레이 받침대에 마감금구를 사용하여 설치할 것
6. 창고의 천장 등에 지지물이 적당하지 않는 장소에서는 보조선을 설치하고 그 보조선에 설치할 것
7. 분전반 내부에 설치하는 경우 접착제를 이용하여 돌기를 바닥에 고정시키고 그 곳에 감지기를 설치할 것
8. 그 밖의 설치방법은 형식승인 내용에 따르며 형식승인 사항이 아닌 것은 제조사의 시방(示方)에 따라 설치할 것

Ⅶ. 불꽃감지기

1. 공칭감시거리 및 공칭시야각은 형식승인 내용에 따를 것
2. 감지기는 공칭감시거리와 공칭시야각을 기준으로 감시구역이 모두 포용될 수 있도록 설치할 것
3. 감지기는 화재감지를 유효하게 감지할 수 있는 모서리 또는 벽 등에 설치할 것
4. 감지기를 천장에 설치하는 경우에는 감지기는 바닥을 향하여 설치할 것
5. 수분이 많이 발생할 우려가 있는 장소에는 방수형으로 설치할 것
6. 그 밖의 설치기준은 형식승인 내용에 따르며 형식승인 사항이 아닌 것은 제조사의 시방에 따라 설치할 것

Ⅷ. 아날로그방식의 감지기

1. 공칭감지온도범위 및 공칭감지농도범위에 적합한 장소에 설치할 것.
2. 다만, 이 기준에서 정하지 않는 설치방법에 대하여는 형식승인 사항이나 제조사의 시방에 따라 설치할 수 있다.

Ⅸ. 다신호방식의 감지기

1. 화재신호를 발신하는 감도에 적합한 장소에 설치할 것.
2. 다만, 이 기준에서 정하지 않는 설치방법에 대하여는 형식승인 사항이나 제조사의 시방에 따라 설치할 수 있다.

Ⅹ. 광전식분리형감지기

1. 감지기의 수광면은 햇빛을 직접 받지 않도록 설치할 것
2. 광축(송광면과 수광면의 중심을 연결한 선)은 나란한 벽으로부터 0.6m 이상 이격하여 설치할 것
3. 감지기의 송광부와 수광부는 설치된 뒷벽으로부터 1m 이내 위치에 설치할 것
4. 광축의 높이는 천장 등(천장의 실내에 면한 부분 또는 상층의 바닥 하부면을 말한다) 높이의 80% 이상일 것
5. 감지기의 광축의 길이는 공칭감시거리 범위이내 일 것
6. 그 밖의 설치기준은 형식승인 내용에 따르며 형식승인 사항이 아닌 것은 제조사의 시방에 따라 설치할 것

※ 층수가 30층 이상의 특정소방대상물에 설치하는 감지기는 아날로그방식의 감지기로서 감지기의 작동 및 설치지점을 수신기에서 확인할 수 있는 것으로 설치하여야 한다.

문제36 감지기 설치 제외

Ⅰ. 개 요

1. 감지기를 설치하여도 정상적으로 작동하지 않거나 또는 비화재보 우려가 큰 장소에는 감지기를 설치하지 아니하여도 된다.
2. 또한 화재발생 확률이 극히 작거나 화재로 인한 피해 우려가 적은 장소에도 감지기를 설치하지 않을 수 있다.

Ⅱ. 감지기 설치 제외

1. 천장 또는 반자의 높이가 20m 이상인 장소. 다만, 제1항 단서 각호의 감지기로서 부착 높이에 따라 적응성이 있는 장소는 제외한다.
2. 헛간 등 외부와 기류가 통하는 장소로서 감지기에 따라 화재발생을 유효하게 감지할 수 없는 장소
3. 부식성 가스가 체류하고 있는 장소
4. 고온도 및 저온도로서 감지기의 기능이 정지되기 쉽거나 감지기의 유지관리가 어려운 장소
5. 목욕실·욕조나 샤워시설이 있는 화장실·기타 이와 유사한 장소
6. 파이프덕트 등 그 밖의 이와 비슷한 것으로서 2개 층마다 방화구획된 것이나 수평단면적이 5㎡ 이하인 것
7. 먼지·가루 또는 수증기가 다량으로 체류하는 장소 또는 주방 등 평시에 연기가 발생하는 장소(연기감지기에 한한다)
8. 프레스공장·주조공장 등 화재 발생 위험이 적은 장소로서 감지기의 유지관리가 어려운 장소

Ⅲ. 맺음말

1. 층고가 20m 이상인 감지기 설치 제외 장소라 하여도 화재발생 확률이 높거나 인적·물적 피해 발생 우려가 큰 장소에는 적응성 있는 감지기 및 자동소화설비를 설치하여 화재안전성을 확보하여야 한다.
2. 예 : 층고가 높은 종합전시장 등 유사한 장소
   (1) 감지기 : 불꽃감지기, ASD(공기흡입형감지기)
   (2) 소화설비 : 일제살수식스프링클러

문제37 수신기

Ⅰ. 개 요

수신기는 감지기나 발신기에서 발하는 화재신호를 직접 수신하거나 중계기를 통하여 수신하여 화재의 발생을 표시 및 경보하여 주는 장치를 말한다.

Ⅱ. 종 류

1. P형 수신기(Proprietary)

(1) 감지기 또는 발신기(M형 발신기를 제외한다)로부터 발하여지는 신호를 수신하여 화재의 발생을 당해 소방대상물의 관계자에게 경보하여 주는 것이다.

(2) 종류 : P형 1급, P형 2급

	P형 1급 수신기	P형 2급 수신기
1. 접속 회선수	제한 없음	5회선 이하
2. 전화 통화 기능	있음	없음
3. 발신기 응답 기능	있음	없음

2. R형 수신기(Record)

감지기 또는 발신기(M형 발신기를 제외한다)로부터 발하여지는 신호를 중계기를 통하여 고유신호로 수신하여 화재의 발생을 당해 소방대상물의 관계자에게 경보하여 주는 것이다.

3. M형 수신기(Municipal)

(1) M형 발신기로부터 발하여지는 신호를 수신하여 화재의 발생을 소방관서에 통보하는 것이다.

(2) 국내에는 없으나 미국, 일본 등에 설치되어 있는 공용(公用)수신기로서 도로에 설치된 M형 발신기를 이용하여 소방서에 설치된 수신기에 화재발생을 통보하는 화재속보설비의 기능을 겸한 것이다.

4. GP형 수신기

P형수신기의 기능과 가스누설경보기의 수신부 기능을 겸한 것이다. (단, 가스누설경보기의 수신부의 기능 중 가스농도 감시장치는 설치하지 아니할 수 있다.)

5. GR형 수신기

R형수신기의 기능과 가스누설경보기의 수신부 기능을 겸한 것이다. (단, 가스누설경보기의 수신부의 기능 중 가스농도 감시장치는 설치하지 아니할 수 있다.)

※ 수신기의 종류별 특징

	P형	R형	M형
① 신호 종류	全회로 공통신호	회선별 고유신호	발신기별 고유신호
② 신호전달 방식	개별 신호 방식	다중통신 방식	개별 신호 방식
③ 수신 소요시간	5초 이내	5초 이내	20초 이내
④ 비 고	축적형은 60초 이내		

Ⅲ. 기능별 분류

1. 일반 수신기

(1) 최초의 화재신호를 수신한 후 5초 이내에 지구경종 동작 및 화재표시를 나타내는 가장 일반적인 수신기

(2) 특히 신호출력 및 경보기능 이외에 이 신호와 연동하여 소화설비나 제연설비 등에 대한 제어기능이 있을 경우 이를 복합식 수신기라 한다.

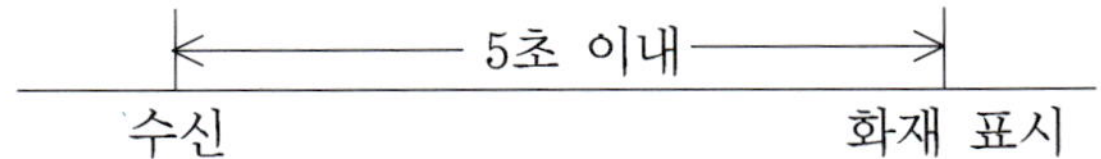

2. 축적형 수신기

(1) 최초의 화재신호를 수신한 후 곧바로 수신을 개시하지 않고 축적시간 내에 화재신호를 재차 받을 경우 지구경종 동작 및 화재표시를 나타내는 수신기

(2) 축적시간동안 지구표시 및 주경종 작동

(3) 축적시간 : 5초 이상 60초 이내

(4) 공칭축적시간 : 10초 이상 60초 이내(10초 간격)

(5) 축적형 수신기에는 축적형 감지기를 설치하지 않는다.

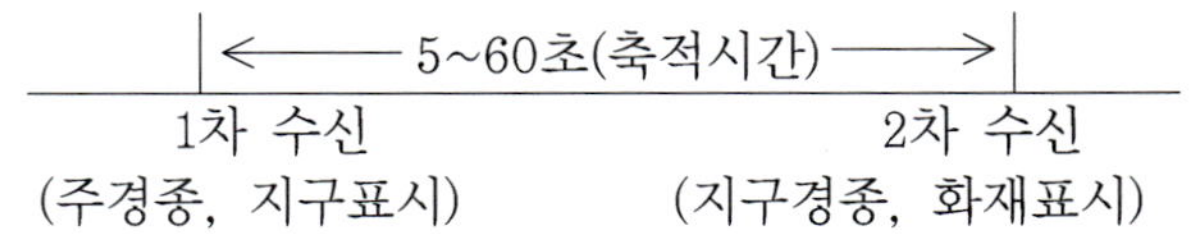

3. 다신호식 수신기

(1) 최초 화재신호 시 : 주경종 작동 및 지구표시

(2) 동일 경계구역의 2차 화재신호 시 : 지구경종 작동

※ 동일 경계구역의 2차 화재신호 : 같은 경계구역 내에 설치된 감지기 또는 동일한 다신호식 감지기의 또 다른 화재신호

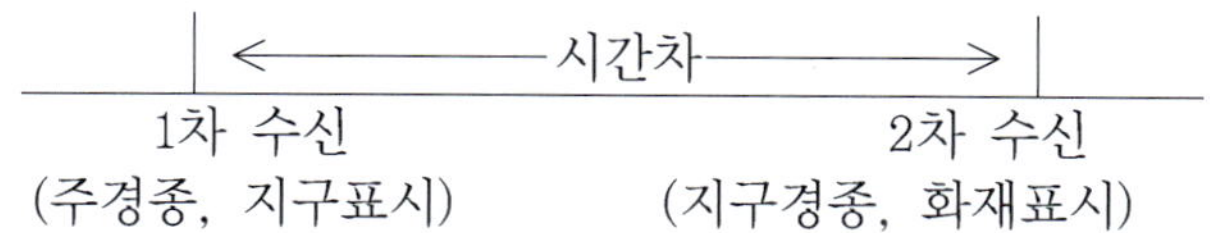

4. 아날로그식 수신기

(1) 화재신호를 열 또는 연기에 따라 온도범위, 연기농도, 감도설정 등을 단계별로 표시할 수 있는 수신기

(2) 작동 레벨을 조정할 수 있는 기능이 있어야 한다.

5. 인텔리젼트 수신기

(1) 중계기와 아날로그 감지기에서 발신한 신호와 단말기기의 기동을 제어하며, 전송방식은 각 중계기 및 아날로그 감지기를 차례로 호출하고 data의 송수신을 반복하는 다중전송에 의한 Addressing방식을 채용한다.

(2) 기 능

① 단선감시기능 : 전송로의 단선 등 이상을 알려주는 기능

② 축적기능 : 비화재보를 방지하는 기능

③ 자기진단기능 : 정기적으로 시스템의 오류를 진단하는 기능

④ 집중감시기능 : 모든 이상상태를 CRT화면에 띄워 한눈에 볼 수 있는 기능

Ⅳ. 수신기 설치기준

1. 수위실 등 상시 사람이 근무하는 장소에 설치할 것. 다만, 사람이 상시 근무하는 장소가 없는 경우에는 관계인이 쉽게 접근할 수 있고 관리가 용이한 장소에 설치할 수 있다.
2. 수신기가 설치된 장소에는 경계구역 일람도를 비치할 것. 다만, 모든 수신기와 연결되어 각 수신기의 상황을 감시하고 제어할 수 있는 수신기(이하 "주수신기" 라 한다)를 설치하는 경우에는 주수신기를 제외한 기타 수신기는 그러하지 아니하다.
3. 수신기의 음향기구는 그 음량 및 음색이 다른 기기의 소음 등과 명확히 구별될 수 있는 것으로 할 것

4. 수신기는 감지기·중계기 또는 발신기가 작동하는 경계구역을 표시할 수 있는 것으로 할 것
5. 화재·가스 전기 등에 대한 종합방재반을 설치한 경우에는 해당 조작반에 수신기의 작동과 연동하여 감지기·중계기 또는 발신기가 작동하는 경계구역을 표시할 수 있는 것으로 할 것
6. 하나의 경계구역은 하나의 표시등 또는 하나의 문자로 표시되도록 할 것
7. 수신기의 조작 스위치는 바닥으로부터의 높이가 0.8m 이상 1.5m 이하인 장소에 설치할 것
8. 하나의 특정소방대상물에 2 이상의 수신기를 설치하는 경우에는 수신기를 상호간 연동하여 화재발생 상황을 각 수신기마다 확인할 수 있도록 할 것

V. 수신기의 비화재보 기능

1. 자동화재탐지설비의 수신기는 특정소방대상물 또는 그 부분이 지하층·무창층 등으로서 환기가 잘되지 아니하거나 실내면적이 40㎡ 미만인 장소, 감지기의 부착면과 실내바닥과의 거리가 2.3m 이하인 장소로서 일시적으로 발생한 열·연기 또는 먼지 등으로 인하여 감지기가 화재신호를 발신할 우려가 있는 때에는 축적기능 등이 있는 것(축적형감지기가 설치된 장소에는 감지기회로의 감시전류를 단속적으로 차단시켜 화재를 판단하는 방식외의 것을 말한다)으로 설치하여야 한다.
2. 단, 다음에 해당하는 감지기를 설치한 경우에는 그러하지 아니하다.
   (1) 불꽃감지기
   (2) 정온식감지선형감지기
   (3) 분포형감지기
   (4) 복합형감지기
   (5) 광전식분리형감지기
   (6) 아날로그방식의 감지기
   (7) 다신호방식의 감지기
   (8) 축적방식의 감지기

문제38 P형설비의 문제점

Ⅰ. 개 요

자동화재탐지설비는 사용하는 수신기의 종류에 따라 P형수신기를 사용하는 P형설비와 R형수신기를 사용하는 R형설비로 구분하며, P형과 R형은 많은 차이점이 있다.

Ⅱ. P형설비의 문제점

1. 전압강하

(1) P형 설비에서 가장 문제가 되는 것은 수신기에서 거리가 멀리 떨어진 경계구역의 경우, 수신기와 최말단 회로 사이의 거리로 인하여 선로의 전압강하가 발생하게 되며 이로 인하여 경종 등 Local기기가 동작하지 않을 수 있다.

(2) 예를 들면 종단감지기의 전압은 정격전압의 80% 이상이어야 하므로 결국 최대 4.8V까지만 전압강하가 인정된다.
(수신기 정격전압 24V × 80% = 19.2V, 24V−19.2V=4.8V)

(3) 따라서 약 5V 이상의 전압강하가 발생하면 P형의 경우 경종이 작동되지 않아 사용이 불가능해질 우려가 있다.

(4) 전압강하 계산식

$$e = \frac{0.0356 \times L \times I}{S}$$

e : 전압강하[V]
L : 전선의 길이[m]
I : 소요 전류[A]
S : 전선의 단면적[mm^2]

2. 간선수의 증가

(1) P형은 수신기에서 말단의 각종 Local기기까지 모든 입·출력선을 실선으로 배선하여야 하므로, 대형 건물의 경우 수신기에 입선되는 배선수가 다량으로 증가하게 되어 이로 인해 전선관의 크기, 전선관 공간의 확보, 보수 및 유지관리 등에 많은 문제점이 발생한다.

(2) P형의 배선 소요 본수

1) 전층 경보방식

① 1경계구역(1회선)에 감지기, 발신기, 지구벨, 표시등이 있는 경우의 기본 본수는 P형 1급 방식에서 〈표시선 1, 공통선 1, 응답선 1, 전화선 1, 벨선 2, 표시등선 2 = 모두 8본〉이 된다.

② 이후 회선수가 하나 증가할 때마다 표시선 1본이 증가하게 된다. 그래서 표시선만 8회선까지 되면 공통선 1선으로 7회선을 초과하여 공용할 수 없기 때문에 공통선도 1선 늘려야 하므로 2본이 증가하게 된다.

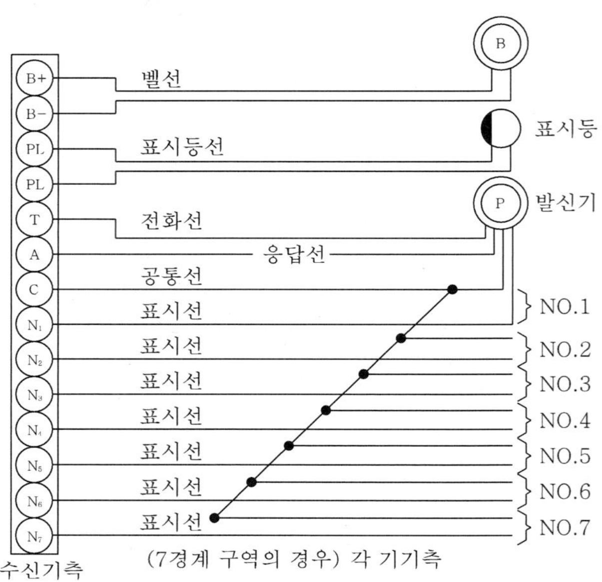

③ 그러나 실제 시공 시에는 벨선 2, 표시등선 2 대신 벨선 1, 표시등선 1, 벨·표시등 공통선 1로 하고 여기에 표시선 1, 공통선1, 응답선 1, 전화선 1로 하여 1경계구역에 7본을 많이 사용한다.

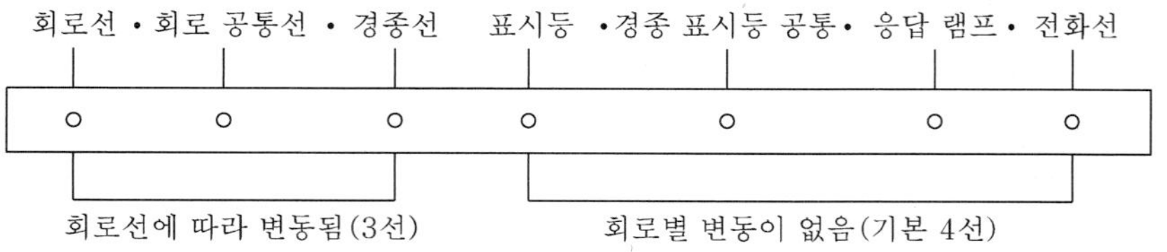

2) 우선 경보방식

회선수 증가 외에 층수 증가 시 벨선을 1본씩 추가 하여야 하며 나머지는 전층 경보방식과 동일하다.

3. 회로 증설의 곤란

P형은 경계구역 증가 시 Local기기까지 모든 입·출력선을 실선으로 추가 배선해야 하므로 재입선 작업을 하거나 또는 배관을 노출로 해야 하는 문제가 있다.

문제39 R형설비의 Peer to peer / Stand alone

Ⅰ. 수신기 간 Network

1. Master-slave(주종)관계

(1) P형 설비에서 주수신기와 부수신기 간 Network

(2) 주신기가 고장이 나면 전체 시스템이 마비되어 부수신기는 주수신기의 상황에 따라 정상적인 작동을 할 수 없게 된다.

2. Peer to peer(대등)관계

(1) R형 설비에서의 수신기 간 Network

(2) 주수신기 또는 1대의 수신기가 고장이 나더라도 다른 수신기들은 각자 담당하는 구역에서 독립적인 기능을 수행할 수 있다.

Ⅱ. Stand alone(독립수행)

1. 정 의

수신기 간 Network 시 수신기 1대가 Trouble이 발생하더라도 다른 수신기들은 독립적으로 그 기능을 수행할 수 있는 기능

2. Stand alone(독립수행)기능 조건

(1) 별도의 전원공급장치 구비

(2) 별도의 CPU(연산장치) 구비

Ⅲ. Loop식 Network

1. 수신기와 수신기 사이의 배선이 폐회로로 구성

2. 장 점

(1) 하나의 선로에서 고장이 발생하여도 다른 선로를 이용하여 통신이 가능

(2) 전체 시스템이 마비되더라도 각 수신기별로 담당구역에 대한 감시 및 제어신호를 송, 수신할 수 있다.

3. NFPA 72의 배선의 종류 중 Class X를 말한다.

문제40 공통신호방식 & 고유신호방식

Ⅰ. 개 요

수신기는 공통신호로 수신하느냐 고유신호로 수신하느냐에 따라 P형수신기와 R형수신기로 구분한다.

Ⅱ. 공통신호방식

1. 감지기는 접점신호로 수신기에 화재발생 신호를 송신한다. 감지기가 작동하게 되면 스위치가 닫혀 회로에 전류가 흘러 수신기에서는 이를 화재가 발생했다는 것으로 파악한다.
2. 이 방식은 한 선로에 전류가 흐르는 경우와 전류가 흐르지 않는 경우의 단 2가지의 신호만을 보낼 수 있다.
3. 화재발생 여부를 전송할 수 있지만 화재위치에 관한 정보는 전송할 수 없다. 그러므로 화재위치에 대한 정보를 전송하기 위해서는 각 경계구역마다 별도의 회로가 필요하다.
4. 신호발생장치들이 모두 공통된 신호를 발신함으로 수신기에서는 당연히 신호를 구분할 수 없다.

Ⅲ. 고유신호방식

1. 수신기와 각 감지기가 통신신호를 채택하여 각 감지기나 혹은 경계구역마다 각기 다른 신호를 전송하게 하는 방식이다.
2. 공통신호방식은 하나의 회로에 단 두 가지의 신호를 보낼 수 있지만 고유신호방식은 통신신호방식으로 되어 있어 많은 신호를 전송할 수 있다. 그러므로 경계구역수의 증가에 따라 회로를 증설할 필요가 없다. 단 수신기와 감지기 혹은 중계기가 통신신호를 송수신할 수 있는 기능이 있어야 한다.
3. 신호발생 장치마다 개별적인 고유신호를 발신하기 때문에 수신기는 각 신호들을 구분할 수 있다.

	공통신호방식	고유신호방식
1. 신호종류	접점신호	통신신호
2. 개별신호 구분	불가능	가 능
3. 화재발생 정보	감지기(또는 발신기)별	감지기(또는 발신기)별
4. 화재위치 정보	회로별(경계구역별)	회로별(중계기별)

Ⅳ. 맺음말

1. 감지기와 발신기는 수신기에 화재발생과 화재위치에 관한 2가지의 정보를 제공해야 한다.
2. 공통신호방식의 감지기는 화재발생에 관한 정보만을 제공하고, 화재위치는 경계구역마다 각각의 회로를 구성하는 방식으로 제공한다.
3. 고유신호방식은 각 중계기마다 고유신호를 발신하기 때문에 수신기는 화재발생 여부와 화재위치를 알 수 있다.

문제41 P형과 R형설비의 비교

	P형 설비	R형 설비
(1) 구 성	수신기, 감지기, 발신기	수신기, 감지기, 발신기, 중계기
(2) 시스템 작동	감지기, 발신기 등 Local장치의 신호를 수신하여 화재표시 및 경보발령	Local장치 동작 시 이를 중계기에서 고유신호로 변환하여 수신기에 통보하고, 수신기는 화재표시, 경보발령 및 이에 대응하는 출력신호를 중계기를 통하여 송신
(3) 신호방식	개별신호선 방식에 의한 전회로 공통신호 방식	다중통신방법에 의한 각 회선 고유신호 방식
	(접점신호)	(통신신호)
(4) 중계기의 기능	전압유지	접점신호→통신신호로 전환
(5) 신호표시	창구식의 점등방식 (1회로 당 1개의 표시창 사용)	디지털 표시 방법 (회선수가 많아도 수신기의 표시면적은 증가하지 않으며 CRT, Print등의 시각장치 사용이 가능)
(6) 시 공	각 층의 Local장치는 수신기까지 직접 실선(Hardware)으로 연결함	각 층의 Local장치는 중계기까지만 연결하고, 중계기에서 수신기까지는 신호선으로만 연결함
(7) 신뢰성	수신기 고장 시 전체시스템의 기능이 마비됨	수신기 고장 시에도 중계기는 독립적으로 기능을 유지함
(8) 경제성	고층건물의 경우 층수에 따라 배선수가 증가되므로 배관, 배선이 다량으로 소모됨	고층건물의 경우 중계기에서 수신기까지는 신호선으로만 연결하므로 배관, 배선이 절감됨
(9) 공사의 편리성	신축, 변경, 증설 시에 실선으로 수신기까지 연결해야 하므로 공사가 용이하지 않음	신축, 변경, 증설 시에 중계기에서 신호선만 분기하면 가능하므로 공사가 용이함
(10) 설치장소	시스템 구성이 단순하므로 전압강하 및 간선수 증가에 지장이 없는 소규모빌딩, 단지규모가 작은 아파트 및 부지가 넓지 않은 공장 등에 적합	① 초고층빌딩, 대단지 아파트, 부지가 넓은 공장 등에 적합 ② 수신기 및 부대설비가 고가이므로 소규모 건물에서는 비경제적

문제42 다중통신(Multiplexing)

Ⅰ. 개 요

1. P형과 R형의 통신방법

(1) P형 : 실선배선(Hardwire배선, 1 : 1배선)

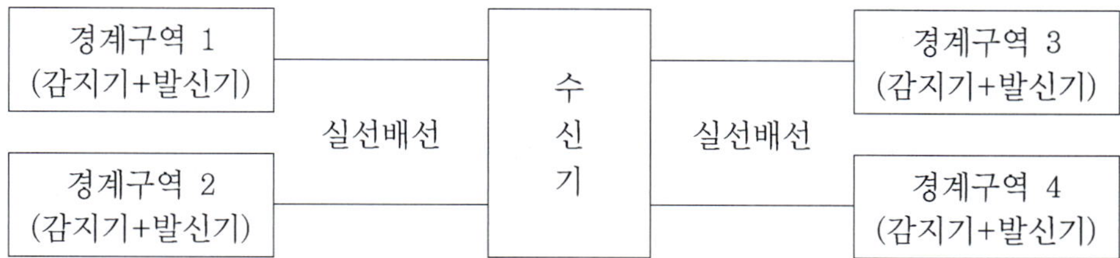

(2) R형 : 다중통신(Multiplexing)

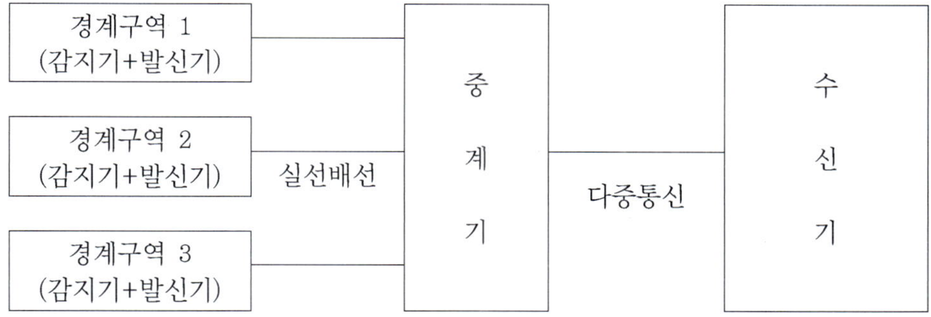

2. 다중통신의 정의

(1) 하나의 통신회선으로 동시에 여러 가지 통신이 가능한 방식

(2) 하나의 전송매체를 여러 개의 논리적 통신채널이 공유할 수 있는 것

Ⅱ. 다중통신방식의 종류

1. FDM방식(Frequency division multiplexing)

(1) 주파수 대역을 몇 개 부분으로 나눈 다음 각 채널을 각각의 반송파에 실어 변조하여 동시에 전송하는 방식

(2) 주파수분할 다중화(FDM)방식

(3) 예 : 영상, 음성방송

2. TDM방식(Time division multiplexing)

(1) 하나의 회선을 시간적으로 잘게 쪼개서 하나의 시간 구간에 하나의 채널을 배당하여 PCM(펄스부호변조)방식으로 신호를 전송하는 방식

(2) 시간분할 다중화(TDM)방식

(3) 예 : R형 시스템에서 수신반과 중계기 간 통신

Ⅲ. 다중통신의 방법(TDM방식의 경우)

1. 전송방식 : TD전송방식

(1) 중계기가 많을 경우 수신기에서 중계기마다 송·수신을 하기 위해서는 시간분할(Time division)을 하고 있으나 Digital data의 경우 Pulse의 1 bit당 시간이 매우 짧기 때문에 시스템에서는 시간 지연을 전혀 느낄 수 없다.

(2) 수신기에서는 설치된 모든 중계기를 시간분할하여 Scanning하고 있으나 겉보기에는 복수의 검색동작이 동시에 수행되는 것처럼 보이는 것이다.

2. 변조방식 : PCM변조방식

(1) 신호를 Digital data로 변환하여 이를 전송하기 위해서는 모든 정보를 0과 1의 Digital 신호로 변환하여 7~8 bit의 Pulse로 변환시켜 통신선로를 이용하여 송수신하여야 한다.

(2) R형 시스템에서는 Noise를 최소화하고 경제성을 확보하기 위하여 PCM(Pulse code modulation) 변조를 사용한 방식을 채택한다.

3. 신호처리방식 : Polling addressing방식

수신기와의 통신에서 호출신호에 따라 data의 중복을 피하기 위하여 Analog 형식의 감지기나 중계기에서는 자기번지와 틀리면 통과시키고 동일번지일 경우에만 수신하는 Polling addressing방식을 사용한다.

Ⅳ. 다중통신용 신호선

1. 다중통신용 신호선은 차폐선(실드선, Shield wire)를 사용하여야 한다.
2. 차폐선 사용 이유

신호선은 전력선이 아니라 분류상 제어용 cable이며, 소방시설용 경보설비는 전송하는 신호가 매우 약한 신호이므로 주위로부터의 전자파 및 전자유도에 의해 오동작될 우려가 있으며, 이를 방지하기 위하여 신호선은 차폐선(shield wire, 실드선)을 사용하여야 한다.

3. 관련 규정[화재안전기준(NFSC 203, 제11조 2항 가목]
   아날로그식, 다신호식 감지기나 R형수신기용으로 사용되는 것은 전자파 방해를 방지하기 위하여 실드선 등을 사용할 것. 다만, 전자파 방해를 받지 아니하는 방식의 경우에는 그러하지 아니하다.
4. 차폐선의 전자유도 최소화 방법
   (1) 동테이프 또는 알루미늄테이프를 감는 방법
   (2) 동선을 편조하는 방법
   (3) Twist pair cable 사용방법 : 신호선 2가닥을 서로 꼬아서 자계를 상쇄시키는 방법

※ 동선편조 방식
① 구조 : 가는 동선을 여러 가닥으로 직조한 것
② 목적 : 주위에 고압선이 있을 경우 유도장애에 따라 오동작할 우려를 보완하는 것
③ 원리 : 일종의 정전차폐를 이용한 것
④ 특징 : 굴곡성이 양호하며 차폐효과가 우수함

5. R형설비에 사용하는 차폐선의 종류
   (1) 내열성 케이블
      ① H-CVV-SB(비닐절연 비닐시스 내열성 제어용 케이블)
      ② 차폐방식 : 동선편조방식
   (2) 난연성 케이블
      ① TFR-CVV-SB(비닐절연 비닐시스 난연성 제어용 케이블 : F-CVV-SB)
      ② 차폐방식 : 동선편조방식
   (3) 일반 제어용 케이블
      ① STP(쉴디드 트위스트 페어 케이블)
      ② 소방신호 제어용으로 가장 많이 사용

문제43 중계기(Trasponder)

Ⅰ. 개 요

"중계기"는 감지기·발신기 또는 전기적 접점 등의 작동에 따른 신호를 받아 이를 수신기의 제어반에 전송하는 장치를 말한다.

Ⅱ. 기 능

1. 감시기능의 중계

Local기기(감지기, 발신기 등)의 동작에 따른 P형 입력신호를 R형 고유신호로 변환하여 수신기에 통보하는 중계기능

2. 제어기능의 중계

수신기에서 이에 대응하는 출력신호를 중계기를 통하여 P형 신호로 송출하여 Local기기(각종 경보장치, 스프링클러 밸브, 제연댐퍼, 유도등, 방화셔터, 각종 기동장치)등을 제어하는 기능

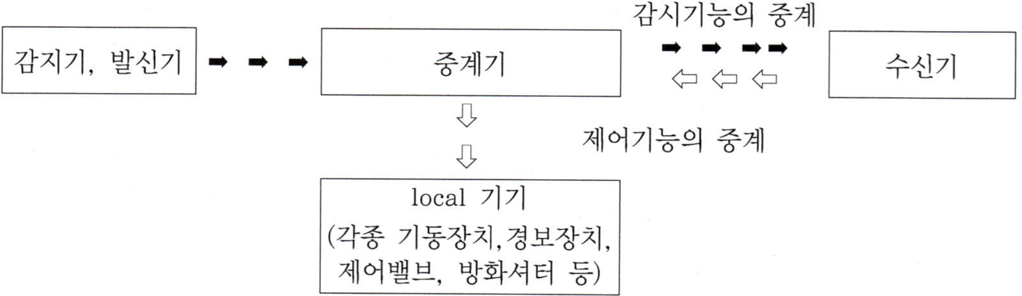

Ⅲ. 종 류

	집 합 형	분 산 형
1. 입력전원	AC 110V/220V(외부전원 사용)	DC 24V(수신기전원 사용)
2. 전원 공급	① 상용전원은 외부전원을 이용하며 예전전원은 내장형임 ② 정류기를 설치	① 상용전원 및 예비전원은 수신기를 이용함 ② 별도의 정류장치 없음
3. 회로수용능력	대용량(30~40회로)	소용량(5회로 미만)
4. 외형 크기	대형	소형
5. 설치방식	① 전기 피트(pit) 등에 설치 ② 1~3개 층당 1개씩 설치	① 발신기함에 내장하거나 별도의 격납함에 설치 ② 각 local 기기별 1개씩 설치
6. 전원공급사고	내장된 예비전원에 의해 정상적인 동작을 수행	중계기 전원선로의 사고 시 해당 계통 전체 시스템 마비
7. 적용대상	① 전압강하가 우려되는 장소 ② 수신기와 거리가 먼 초고층빌딩	① 전기 피트가 좁은 건물 ② 아날로그감지기를 객실별로 설치하는 호텔

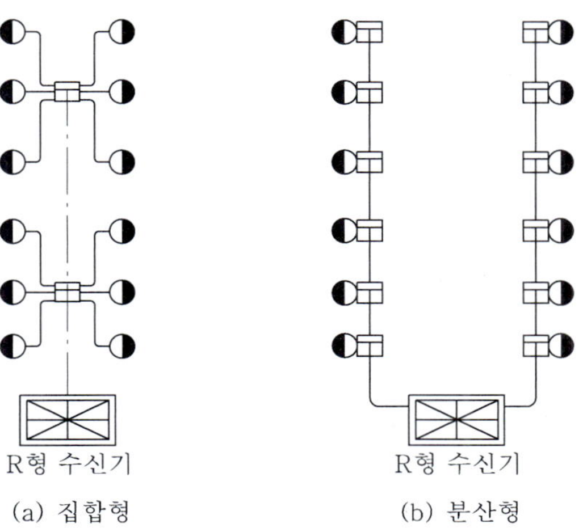

(a) 집합형 (b) 분산형

문제44 발신기

Ⅰ. 개 요

1. 발신기는 화재발생 신호를 수신기에 수동으로 발신하는 장치를 말한다.
2. 즉, 화재를 발견한 사람이 누름버턴을 조작하여 수신기 또는 중계기에 화재신호를 보내는 장치이다.

Ⅱ. 종 류

1. P형 발신기

(1) 수동으로 각 발신기의 공통신호를 수신기 또는 중계기에 발신하는 것으로서 발신과 동시에는 통화가 되지 아니하는 것이다.

(2) 종류 : P형-1급 발신기, P형-2급 발신기

	누름 스위치	응답 표시등	전화 잭	접속 수신기
P형-1급 발신기	○	○	○	P형-1급, R형
P형-2급 발신기	○	×	×	P형-2급

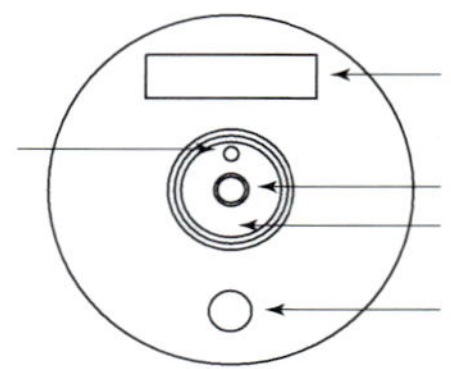

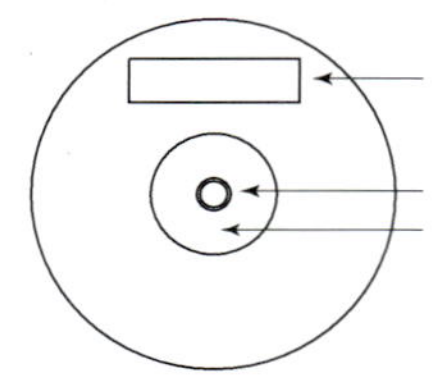

2. T형 발신기

(1) 수동으로 각 발신기의 공통신호를 수신기에 발신하는 것으로서 발신과 동시에 통화가 가능한 것이다.

(2) 즉, 수화기를 드는 순간 발신이 되며 동시에 통화가 가능하다.

3. M형 발신기

(1) 수동으로 각 발신기의 고유신호를 M형수신기에 발신하는 것이다.

(2) 공용으로 사용하는 발신기이다.

Ⅲ. 설치기준

1. 자동화재탐지설비의 발신기는 다음 각 호의 기준에 따라 설치하여야 한다.
   (1) 조작이 쉬운 장소에 설치하고, 스위치는 바닥으로부터 0.8m 이상 1.5m 이하의 높이에 설치할 것.
   (2) 특정소방대상물의 층마다 설치하되, 당해 소방대상물의 각 부분으로부터 하나의 발신기까지의 수평거리가 25m 이하가 되도록 할 것. 다만, 복도 또는 별도로 구획된 실로서 보행거리가 40m 이상일 경우에는 추가로 설치하여야 한다.
   (3) 제2호의 규정에도 불구하고 제2호의 기준을 초과하는 경우로서 기둥 또는 벽이 설치되지 아니한 대형공간의 경우 발신기는 설치 대상 장소의 가장 가까운 장소의 벽 또는 기둥 등에 설치 할 것
2. 발신기의 위치를 표시하는 표시등은 함의 상부에 설치하되, 그 불빛은 부착면으로부터 15° 이상의 범위 안에서 부착지점으로부터 10m 이내의 어느 곳에서도 쉽게 식별할 수 있는 적색등으로 하여야 한다.

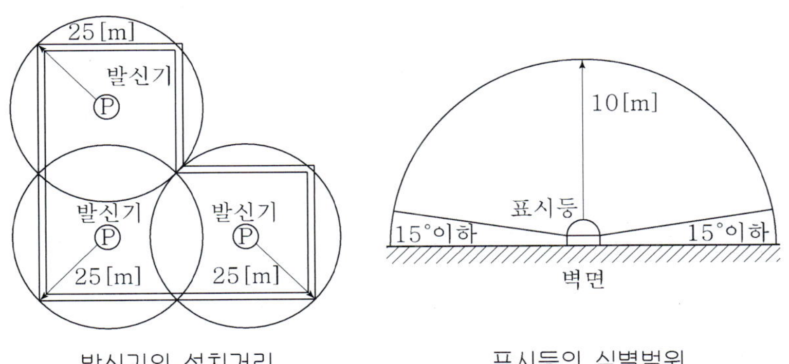

발신기의 설치거리　　　　표시등의 식별범위

문제45 청각장애인용 시각경보장치

Ⅰ. 개 요

1. 시각경보장치는 청각장애인을 위하여 도입한 것으로 공공기관이나 불특정 다수인이 모이는 장소를 위주로 하여 적용하도록 규정하고 있다.
2. 시각경보장치란 자동화재탐지설비에서 발하는 화재신호를 시각경보기에 전달하여 청각장애인에게 점멸형태의 시각경보를 하는 것을 말한다.

Ⅱ. 설치대상

자동화재탐지설비를 설치하여야 하는 특정소방대상물 중 다음의 어느 하나에 해당하는 것

1. 근린생활시설, 문화 및 집회시설, 종교시설, 판매시설, 운수시설, 운동시설, 위락시설, 창고시설 중 물류터미널
2. 의료시설, 노유자시설, 업무시설, 숙박시설, 발전시설 및 장례식장
3. 교육연구시설 중 도서관, 방송통신시설 중 방송국
4. 지하가 중 지하상가

Ⅲ. 설치기준

청각장애인용 시각경보장치는 소방청장이 정하여 고시한 「시각경보장치의 성능인증 및 제품검사의 기술기준」에 적합한 것으로서 다음의 기준에 따라 설치하여야 한다.

1. 복도·통로·청각장애인용 객실 및 공용으로 사용하는 거실(로비, 회의실, 강의실, 식당, 휴게실, 오락실, 대기실, 체력단련실, 접객실, 안내실, 전시실, 기타 이와 유사한 장소를 말한다)에 설치하며, 각 부분으로부터 유효하게 경보를 발할 수 있는 위치에 설치할 것
2. 공연장·집회장·관람장 또는 이와 유사한 장소에 설치하는 경우에는 시선이 집중되는 무대부 부분 등에 설치할 것
3. 설치높이는 바닥으로부터 2m 이상 2.5m 이하의 장소에 설치할 것 다만, 천장의 높이가 2m 이하인 경우에는 천장으로부터 0.15m 이내의 장소에 설치하여야 한다.
4. 시각경보장치의 광원은 전용의 축전지설비 또는 전기저장장치(외부 전기에너지를 저장해 두었다가 필요한 때 전기를 공급하는 장치)에 의하여 점등되도록 할 것. 다만, 시각경보기에 작동전원을 공급할 수 있도록 형식승인을 얻은 수신기를 설치한 경우에는 그러하지 아니하다.

Ⅳ. 성능기준(KFI 인정기준)

1. 점멸주기 : 1~3회/초
2. 유효광도 : 15cd 이상(6m 전방에서 측정 시)
3. 광원종류 : 1000cd 이하의 Xenon lamp(투명 또는 백색)
4. 작동시간 : 신호입력 후 3초 이내 작동
5. 식별범위 : 광원의 중심에서 수평 180°, 수직 90°

Ⅴ. NFPA-72의 설치기준

1. 시각경보기는 벽에만 설치하는 것이 아니라 천장면에도 설치할 수 있다.
2. 설치 높이
   (1) 벽부착 기구 : 바닥에서 2~2.4m(80~96in)
   (2) 천장부착 기구 : 9.14m(30ft)까지 설치 가능

문제46 비화재보(非火災報)

Ⅰ. 개 요

1. 비화재보란 화재에 의한 열, 연기 또는 불꽃(화염) 이외의 요인에 의하여 자동화재탐지설비가 작동하여 화재가 발생한 것으로 잘못 경보하는 것을 말한다. 즉, 자동화재탐지설비가 정상적으로 작동하였다고 하더라도 화재가 아니었던 것을 비화재보라고 한다.

> ※ 오보(誤報)
> 1. 비화재보 : 화재가 아닌데 경보를 발하는 것
> 2. 실보(失報) : 화재가 발생했는데도 경보를 발하지 않는 것

2. 일과성 비화재보(Nuisance alarm)
   비화재보시에는 주위 상황이 대부분 순간적으로 화재와 같은 상태(실제 화재와 유사한 환경이나 상황)로 되었다가 정상상태로 복귀하는 경우가 많다. 이때의 비화재보를 일과성 비화재보라고 한다.
3. 비화재보의 발생 메카니즘
   (1) False alarm에 의한 비화재보
   - 기기는 정상이지만 주위환경이 화재 시와 유사하게 변하는 경우에 발생하는 비화재보

   (2) Trouble signal에 의한 비화재보
   - 환경은 정상이지만 기기의 고장 등으로 인하여 발생하는 비화재보

Ⅱ. 비화재보의 원인

1. 인위적인 요인(가장 많이 발생)

(1) 공사 중의 분진 등
(2) 공조기의 바람 등
(3) 자동차 등의 배기가스
(4) 조리에 의한 열, 연기
(5) 끽연에 의한 연기

2. 기능상의 요인
   (1) 모래, 면사 등의 먼지
   (2) 조리실, 탕비실, 기계실로부터 유출한 증기
   (3) 회로불량
   (4) 충(蟲, 벌레) 등에 의한 설비의 고장
   (5) 감도의 변화
   (6) 결로현상
   (7) 부품 불량 등

3. 환경적 요인
   (1) 풍압의 이상 변화
   (2) 온도의 이상 변화
   (3) 연기의 이상 변화
   (4) 습도의 이상 변화
   (5) 빛의 이상 변화
   (6) 기압의 이상 변화

4. 유지관리상의 요인
   (1) 청소 및 관리 불량
   (2) 건축물의 갈라진 틈에 의한 침수
   (3) 감지기 주위의 부적정한 환경의 미 제거

5. 설치상의 요인
   (1) 공사의 부적절(배선의 접속불량, 부착불량 등)
   (2) 환경의 변화(감지기 설치 후 설치장소의 환경변화)
   (3) 설치장소의 부적합(감지기의 선정 부적합)

Ⅲ. 비화재보의 문제점

1. 잦은 비화재보에 따른 자동화재탐지설비의 신뢰성 저하
2. 총피난시간(재실자의 실피난시간)의 구성요소인 초기대응시간 지연에 따른 피난 위험성 증가
3. 최악의 경우 관계자가 경보스위치를 정지시키거나 시스템을 정지시킴
4. 인명 피해 증가

Ⅳ. 비화재보 방지대책

1. 적재적소 대책

설치장소에 적응하는 적절한 감지기를 선택하여 설치한다.

2. 일과성 비화재보 대책

(1) 감지기에 의한 대책
① 축적형 감지기
② 복합형 감지기
③ 다신호식 감지기
④ 광전식 분리형 감지기 등을 설치한다.

(2) 수신기에 의한 대책
① 다신호식 수신기
② 축적방식의 수신기
③ 축적부가장치 등을 사용한다.

3. 감지기의 구조적인 대책

(1) 연기감지기 : 벌레의 침입 방지
(2) 방수시험 강화 등

4. 유지관리상의 대책

(1) 감지기 설치장소의 주위환경 개선
(2) 이온화식 감지기 내부의 먼지 청소 등

문제47 일과성 비화재보 방지대책

Ⅰ. 축적형 연기감지기의 사용

1. 일정농도 이상의 연기를 감지한 후 일정시간동안 감지를 계속하고 나서 화재신호를 발하는 것을 축적형이라고 하며 축적형에서 감지 후 화재신호를 발할 때까지의 시간을 축적시간이라 한다.
   (1) 축적시간 : 5~60초
   (2) 공칭축적시간 : 10초 이상 60초 이내로서 10초마다 표시
2. 축적형 감지기는 감지기의 회로 내에 지연회로 또는 축적회로를 설치하여 담배연기 등과 같은 상태에서는 작동하지 않도록 하고, 일정농도 이상의 연기가 계속하여 감지기로 유입될 때만 발신하도록 하여 일과성 비화재보를 방지할 수 있다.

Ⅱ. 복합식 스포트형 감지기의 사용

1. 하나의 감지기에 2개의 감지원리를 가진 것으로 열감지기와 연기감지기의 성능이 있는 것으로서 2가지 성능의 감지기능이 함께 작동될 때 화재신호를 발신하거나 또는 2개의 화재신호를 각각 발신하는 것을 복합식 감지기라고 한다.
2. 복합식스포트형은 열복합식, 연복합식, 열연복합식 스포트형 감지기의 3종류가 있다.

Ⅲ. 다신호식 감지기의 사용

1. 하나의 감지기내에 서로 다른 종별 또는 감도 등의 기능을 갖춘 것으로서 일정 시간 간격을 두고 각각 다른 2 이상의 화재신호를 발신하는 감지기로서 비화재보를 줄일 수 있는 감지기이다.
2. 다신호식 감지기는 성능, 종별, 공칭작동온도 또는 공칭축적 시간별마다 서로 다른 2 이상의 신호를 각각 발신할 수 있는 것으로 되어 있다.

Ⅳ. 광전식 분리형 감지기의 사용

1. 연기의 누적에 의한 광전소자의 수광량의 변화에 의해 작동하는 감지기이다.
2. 광전식 분리형 감지기는 대공간을 갖는 체육관, 홀 등에 적합하고 5~100m의 공칭감시거리를 두고 설치하며, 국소적인 연기의 체류나 일시적인 연기의 통과에는 작동하기 어렵기 때문에 광전식 분리형 감지기의 사용은 비화재보의 방지에 도움이 된다.

V. 축적형의 중계기 · 수신기의 사용

1. 축적형은 축적시간이 5~60초 이내로 되어 있으며 비축적형 감지기로부터 화재신호를 받은 경우 직접 수신을 개시하지 않고 정해진 축적시간 내에 감지기로부터의 화재신호가 계속적으로 들어오는 것을 확인하고 나서 수신을 개시한다.
2. 이로 인하여 계속적인 수신이 되지 않는 일과성 비화재보를 제거할 수 있다.

Ⅵ. 다신호식 수신기의 사용

1. 다신호식 수신기는 복합식 또는 다신호식 감지기의 특성을 살리기 위한 수신기이다.
2. 먼저 하나의 감지기 신호를 받거나 다신호식 감지기의 최초 신호를 수신할 경우 주음향장치 또는 부음향장치만이 명동한다. 그러므로 이 단계에서는 전 건물의 지구음향장치는 명동하지 않으며, 이 사이에 방재요원이 화재인가 아닌가를 확인하고 이어서 여러 다른 감지기가 작동하거나 다신호식 감지기의 또 다른 신호를 수신했을 때 지구음향장치가 명동하는 구조이다.

Ⅶ. 축적부가장치의 사용

1. 기존 설치된 수신기에 축적기능을 부가하는 장치를 부착하는 방식이다.
2. 이 장치의 기능은 수신기가 검출한 화재신호를 화재신호로써 확정할 때까지 사이에 신호를 축적하거나 화재신호를 확정 판단하는 것으로서 다신호식 수신기의 역할을 한다.

문제48 감지기회로의 송배선방식

Ⅰ. 개 요

1. 감지기 사이의 회로의 배선은 송배선식으로 하여야 한다.
2. 송배선방식
   도통시험을 확실히 하기 위한 배선방식으로서 일명 보내기배선방식이라고 한다.
3. 도통시험
   회로별로 감지기 및 발신기에 대한 이상 유무(정상, 단선, 단락)를 확인하는 시험방법이다.

Ⅱ. 송배선방식

1. 보내기배선으로 회로를 구성한다.

(1) 감지기 배선은 감지기 1극에 2개씩 총 4개의 단자를 이용하여 배선을 하여야 하며 배선의 도중에서 분기되지 않도록 하여야 한다.

(2) 즉, 그림처럼 감지기 D를 배선할 경우 A와 B 사이를 직접 결선한 후 중간에서 2선으로 분기배선(T-tapping)하면 아니된다.

(3) 보내기배선으로 하려면 감지기 하나에 대한 배선은 입력 2선, 출력 2선으로 총 4선으로 접속하여야 한다.

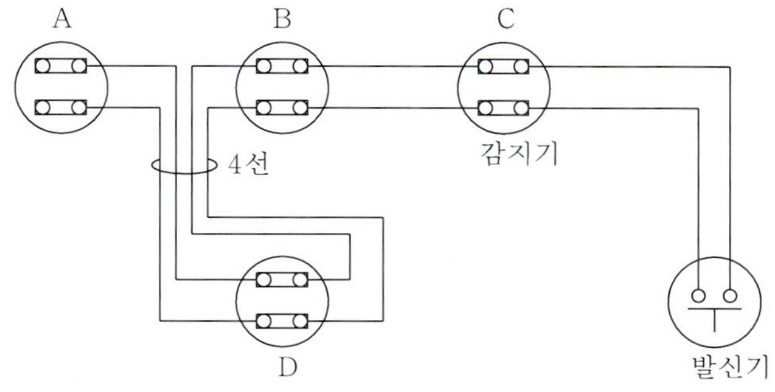

2. 종단저항을 설치한다.

(1) 도통시험이 가능하도록 하기 위해서는 말단에 종단저항을 설치하여야 한다.

(2) 종단저항은 일반적으로 대부분 10kΩ 저항을 점검 또는 유지관리의 편의상 발신기 내부에 설치하여 경계구역별로 폐회로를 구성한다.

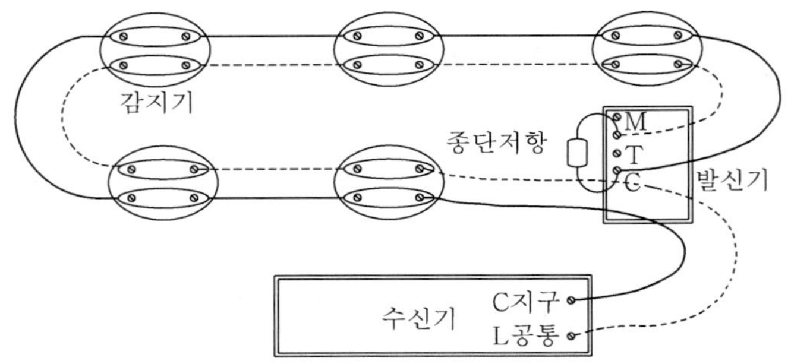

(3) 수신기에서 도통시험을 행할 경우 회로별로 수신기 전압 24[V]가 인가되므로 선로 저항을 무시하고 종단저항만 적용하면 $V = IR$에서 $I = \dfrac{24[V]}{10 \times 10^3[\Omega]} = 0.0024[A]$ = 2.4[mA]의 감시전류가 흐르게 된다.

(4) 따라서 송배선식으로 설치되어 있을 경우 감시전류값에 따라 회로의 이상 유무를 알 수 있게 된다.

① 감시전류 = 정상범위 → 정상

② 감시전류 = 0 → 단선

③ 감시전류 = ∞ → 단락

(5) 평상시의 감시전류는 매우 미약하여 지구경종(소비전류 50mA) 또는 지구표시창(소비전류 30mA) 등을 작동시킬 수 없게 된다.

(6) 만일 화재가 발생하여 감지기가 동작하면 감지기 내부에 접점이 형성되며, 감지기는 회로별로 병렬로 접속되어 있으므로 동작된 감지기 내부의 접점을 통하여 폐회로가 구성되고 동작전류가 흐르며 신호출력을 송출하게 된다. 발신기를 작동시키는 경우도 마찬가지이다.

(7) 즉, 평상시에는 종단저항을 통하여 감시전류가 흐르며 화재 시에는 동작된 감지기의 내부접점을 통하여 동작전류가 흐르게 되는 것이다.

문제49 교차회로방식

Ⅰ. 개 요

1. 화재감지기를 자동소화설비의 기동장치로 사용할 경우에는 화재감지기 회로를 교차회로방식으로 하여야 한다.
2. "교차회로방식" 이라 함은 하나의 방호구역 내에 2 이상의 화재감지기 회로를 설치하고 인접한 2 이상의 화재감지기가 동시에 감지되는 때에는 해당 소화설비가 작동되는 방식을 말한다. 이 경우 하나의 화재감지기회로가 화재를 감지하는 때에도 음향장치가 경보되도록 하여야 한다.
3. 결국 교차회로방식은 소화설비의 기동용 장치로 이용되는 화재감지기회로의 오동작을 방지하기 위한 방식으로 하나의 방호구역 내에 2개의 회로가 교차하도록 설치하기 때문에 일명 X-배선방식이라고도 한다.

Ⅱ. 교차회로방식

1. 감지기가 화재를 감지하는 것은 송배선방식의 자동화재탐지설비와 기능은 같으나 1개 회로의 감지기가 작동하였을 때는 그와 연동되는 소화설비가 작동되지 않고, 사이렌 등의 경보설비만 작동된다.
2. 그 후 2개회로 즉, 인접한 2 이상의 감지기가 작동되어야 수신반에서 소화설비를 작동시키는 기동출력을 내보내게 됨으로써 1개 회로만의 감지에 의한 방식보다 오동작을 훨씬 감소시킬 수 있는 방식이다.

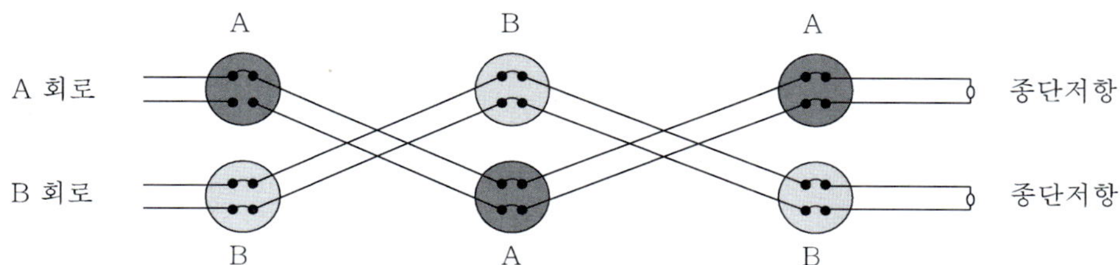

Ⅲ. 작동방법

교차회로방식을 적용한 소화설비의 작동방법으로 소화설비의 방출을 실제 실시하려면 수신반의 동작스위치를 눌러놓고 해당회로를 2회로 이상 복수로 동작시켜야 소화설비가 작동한다.

Ⅳ. 교차회로의 설치기준

교차회로방식에 있어서의 화재감지기의 설치는 각 화재감지기 회로별로 설치하되, 각 화재감지기회로별 화재감지기 1개가 담당하는 바닥면적은 자동화재탐지설비의 화재안전기준의 규정에 따른 바닥면적으로 한다.

Ⅴ. 교차회로방식을 적용하는 소화설비

1. 스프링클러설비(준비작동식, 일제살수식)

2. 가스계소화설비

① CO_2소화설비
② Halon소화설비
③ 할로겐화합물 및 불활성기체소화설비
④ 분말소화설비

Ⅵ. 교차회로방식의 면제

소화설비의 기동용 장치로서 불꽃감지기·공기흡입형 감지기 등(NFSC 203 제7조 제1항 단서의 각호의 감지기)과 같이 비화재보를 방지할 수 있는 고성능 감지기를 사용할 경우에는 교차회로 방식을 적용하지 아니한다.

문제50 비상경보설비

Ⅰ. 개 요

1. 비상경보설비란 화재 시 사람이 직접 기동장치를 작동시켜 경보를 발하는 수동식 경보설비를 말한다.
2. 비상경보설비의 종류
   (1) 비상벨설비 : 화재발생 상황을 경종으로 경보하는 설비
   (2) 자동식사이렌설비 : 화재발생 상황을 사이렌으로 경보하는 설비

※ 경보설비 : 화재발생 사실을 통보하는 기계·기구 또는 설비
① 비상벨설비 및 자동식사이렌설비(이하 "비상경보설비"라 한다)
② 단독경보형감지기
③ 비상방송설비
④ 누전경보기
⑤ 자동화재탐지설비 및 시각경보기
⑥ 자동화재속보설비
⑦ 가스누설경보기
⑧ 통합감시시설

Ⅱ. 비상경보설비의 설치대상

1. 연면적 400㎡(지하가 중 터널 또는 사람이 거주하지 않거나 벽이 없는 축사를 제외한다) 이상인 것
2. 지하층 또는 무창층의 바닥면적이 150㎡(공연장인 경우 100㎡) 이상인 것
3. 지하가 중 터널로서 길이가 500m 이상인 것
4. 50인 이상의 근로자가 작업하는 옥내작업장
   ※ 단, 지하구, 모래·석재 등 불연재료 창고 및 위험물 저장·처리 시설 중 가스시설은 제외한다.

Ⅲ. 비상경보설비의 구성

1. 기동장치(발신기의 누름스위치)
2. 음향장치

3. 표시등
4. 비상전원
5. 배 선

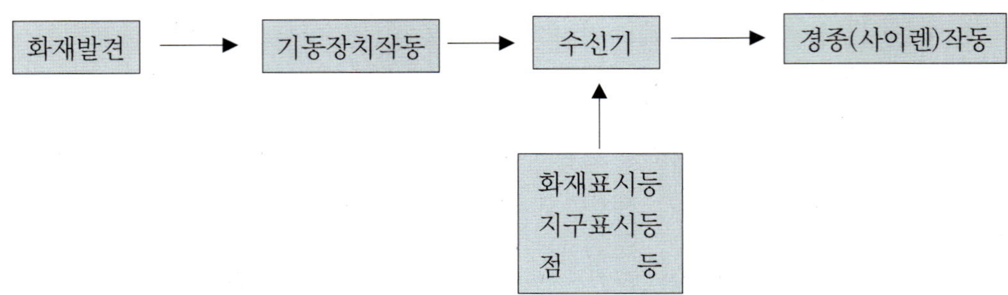

Ⅳ. 작동원리

사람이 화재를 발견하여 발신기 버튼을 누르면 수신기에 신호가 전달되고 수신기는 경종(사이렌)을 작동시킨다. 그리고 수신기에는 화재표시등과 지구표시등이 점등된다. 지구표시등은 작동한 발신기를 알려주는 역할을 한다.

V. 비상경보설비의 설치기준

1. 설치장소

부식성가스 또는 습기 등으로 인하여 부식의 우려가 없는 장소에 설치하여야 한다.

2. 음향장치

(1) 지구음향장치는 특정소방대상물의 층마다 설치하되, 해당 특정소방대상물의 각 부분으로부터 하나의 음향장치까지의 수평거리가 25m 이하가 되도록 하고, 해당 층의 각 부분에 유효하게 경보를 발할 수 있도록 설치하여야 한다.

(2) 다만, 비상방송설비의 화재안전기준(NFSC 202)에 적합한 방송설비를 비상벨설비 또는 자동식사이렌설비와 연동하여 작동하도록 설치한 경우에는 지구음향장치를 설치하지 아니할 수 있다.

(3) 정격전압의 80% 전압에서 음향을 발할 수 있도록 하여야 한다. 다만, 건전지를 주전원으로 사용하는 음향장치는 그러하지 아니하다.

(4) 음향장치의 음량은 부착된 음향장치의 중심으로부터 1m 떨어진 위치에서 90[dB] 이상이 되는 것으로 하여야 한다.

3. 발신기

(1) 조작이 쉬운 장소에 설치하고, 조작스위치는 바닥으로부터 0.8m 이상 1.5m 이하의 높이에 설치할 것(다만, 지하구의 경우에는 발신기를 설치하지 아니할 수 있다)
(2) 특정소방대상물의 층마다 설치하되, 해당 특정소방대상물의 각 부분으로부터 하나의 발신기까지의 수평거리가 25m 이하가 되도록 할 것. 다만, 복도 또는 별도로 구획된 실로서 보행거리가 40m 이상일 경우에는 추가로 설치하여야 한다.
(3) 발신기의 위치표시등은 함의 상부에 설치하되, 그 불빛은 부착면으로부터 15° 이상의 범위 안에서 부착지점으로부터 10m 이내의 어느 곳에서도 쉽게 식별할 수 있는 적색등으로 할 것

4. 상용전원

(1) 전원은 전기가 정상적으로 공급되는 축전지, 전기저장장치 또는 교류전압의 옥내간선으로 하고, 전원까지의 배선은 전용으로 할 것
(2) 개폐기에는 "비상벨설비 또는 자동식사이렌설비용"이라고 표시한 표지를 할 것

5. 비상전원

비상벨설비 또는 자동식사이렌설비에 대한 감시상태를 60분간 지속한 후 유효하게 10분 이상 경보할 수 있는 축전지설비(수신기에 내장하는 경우를 포함한다) 또는 전기저장장치를 설치하여야 한다.

6. 배 선

(1) 전원회로의 배선은 내화배선에 의하고 그 밖의 배선은 내화배선 또는 내열배선에 따를 것
(2) 전원회로의 전로와 대지 사이 및 배선상호간의 절연저항은 전기사업법 제67조의 규정에 따른 기술기준이 정하는 바에 의하고, 부속회로의 전로와 대지 사이 및 배선 상호간의 절연저항은 1경계구역마다 직류 250V의 절연저항측정기를 사용하여 측정한 절연저항이 0.1MΩ 이상이 되도록 할 것
(3) 배선은 다른 전선과 별도의 관·덕트(절연효력이 있는 것으로 구획한 때에는 그 구획된 부분은 별개의 덕트로 본다)·몰드 또는 풀박스 등에 설치할 것. 다만, 60V 미만의 약전류회로에 사용하는 전선으로서 각각의 전압이 같을 때에는 그러하지 아니하다.

문제51 단독경보형감지기

Ⅰ. 정 의

화재발생 상황을 단독으로 감지하여 자체에 내장된 음향장치로 경보하는 감지기를 말한다.

Ⅱ. 특 징

1. 수신기나 발신기 및 배관·배선이 필요 없으며, 감지기만 단독으로 설치한다.
2. 자체에 음향장치가 내장된 일체형 감지기로서 화재 시에는 감지기 자체에서 경보를 발할 수 있도록 되어 있다.
3. 전원은 일반적으로 건전지가 내장되어 있으며 내장된 건전지가 모두 소모되면 자동적으로 경보음이 울려서 건전지 교체시기를 알리는 기능을 겸하고 있다.
4. 정온식이나 연기감지기에 한하여 적용한다.

Ⅲ. 설치대상

1. 연면적 1,000㎡ 미만의 아파트등
2. 연면적 1,000㎡ 미만의 기숙사
3. 교육연구시설 내에 있는 합숙소 또는 기숙사로서 연면적 2,000㎡ 미만인 것
4. 연면적 600㎡ 미만의 숙박시설
5. 수용인원 100명 미만의 수련시설(숙박시설이 있는 것만 해당한다)
6. 연면적 400㎡ 미만의 유치원

Ⅳ. 구조 및 기능

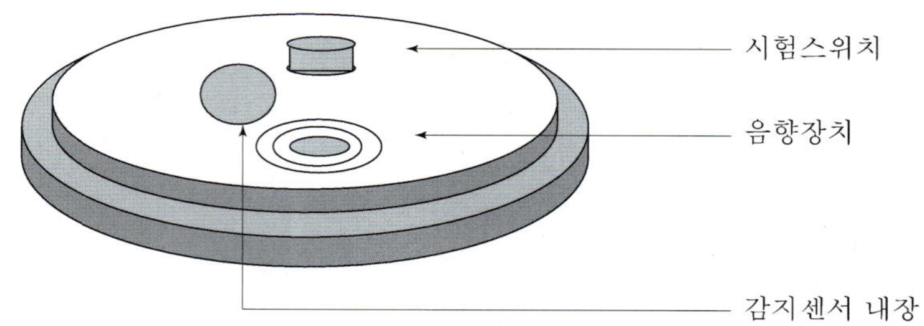

1. **감지부** : 화재발생을 감지하는 센서를 내장하고 있다.
2. **자동복귀형 시험스위치** : 수동으로 작동시험을 할 수 있다. 시험 후 자동으로 복귀된다.
3. **작동표시등** : 화재발생시 감지기가 작동하면 점등되어 화재발생을 표시한다.

4. **음향장치** : 화재발생시 경보음을 발한다. 80%인 전압에서 소리를 내어야 하며, 음압은 음향장치의 중심선으로부터 1m 떨어진 지점에서 70db 이상이어야 한다.
5. **전원표시등** : 평상시 주기적으로 점멸하여 전원의 이상 유무를 감시할 수 있다. 점멸시간은 1초 이내, 점멸주기는 30초~60초 이내이어야 하며 10분 이상을 계속 경보할 수 있어야 한다.
6. **내장형 건전지** : 건전지의 성능이 저하된 경우에도 음향이나 광원에 의하여 48시간 이상 계속하여 그 경보 또는 표시를 할 수 있어야 한다.

V. 설치기준

1. 각 실(이웃하는 실내의 바닥면적이 각각 30㎡ 미만이고 벽체의 상부의 전부 또는 일부가 개방되어 이웃하는 실내와 공기가 상호 유통되는 경우에는 이를 1개의 실로 본다)마다 설치하되, 바닥면적이 150㎡를 초과하는 경우에는 150㎡마다 1개 이상 설치할 것
2. 최상층의 계단실의 천장(외기가 상통하는 계단실의 경우를 제외한다)에 설치할 것
3. 건전지를 주전원으로 사용하는 단독경보형감지기는 정상적인 작동상태를 유지할 수 있도록 건전지를 교환할 것
4. 상용전원을 주전원으로 사용하는 단독경보형감지기의 2차전지는 성능시험에 합격한 것을 사용할 것

V. 주택용 소방시설로서의 단독경보형 감지기

1. 설치대상

① 건축법 제2조 제2항 제1호의 단독주택

② 건축법 제2조 제2항 제2호의 공동주택(아파트 및 기숙사는 제외)

2. 신규 주택은 의무 설치

3. 기존 주택은 5년 내 소급 설치(설치 유예)

문제52 누전경보기

Ⅰ. 개 요

1. 누 전

전류가 정상적인 전로를 벗어나 흐르는 것을 말한다. 전기배선과 전기기기의 부하측(2차측)에 누설전류가 흐르면 여러 가지의 재해를 발생시키기 때문에 누설전류를 검출하여 재해를 미연에 방지하여야 한다.

2. 누전경보기

(1) 600V 이하인 경계전로의 누설전류를 검출하여 해당 특정소방대상물의 관계자에게 경보를 발하는 설비로서 변류기와 수신부로 구성된 것을 말한다.

(2) 내화구조가 아닌 건축물로서 벽, 바닥 또는 천장의 전부나 일부를 불연재료 또는 준불연재료가 아닌 재료에 철망을 넣어 만든 건물에 설치한다.

Ⅱ. 설치대상

1. 계약전류용량(동일 건축물에 계약종별이 다른 전기가 공급되는 경우에는 그 중 최대 계약전류용량을 말한다)이 100[A]를 초과하는 특정소방대상물(내화구조가 아닌 건축물로서 벽·바닥 또는 반자의 전부나 일부를 불연재료 또는 준불연재료가 아닌 재료에 철망을 넣어 만든 것에 한한다)에 설치하여야 한다.
2. 다만, 가스시설·지하구 또는 지하가 중 터널의 경우에는 그리하지 아니하다.

Ⅲ. 작동원리

1. 단상식

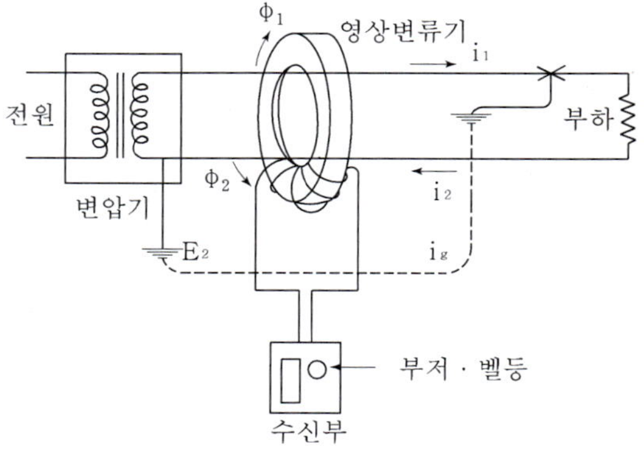

(1) 누설전류가 없는 경우에는

① 회로에 흐르는 왕로전류 i_1과 귀로전류 i_2는 같다. 즉, $i_1 = i_2$이다.

② 왕로전류 i_1에 의한 자속 ϕ_1과 귀로전류 i_2에 의한 자속 ϕ_2는 $\phi_1 = \phi_2$가 되어 서로 상쇄된다.

(2) 누전이 발생하여 누설전류 i_g가 흐르면

① 왕로전류는 i_1이 되고 귀로전류는 왕로전류 i_1보다 작은 $i_1 - i_g$가 된다.

② 누설전류 i_g에 의한 자속 ϕ_g가 생기게 되어 변류기에 유기전압을 유도시킨다.

(3) 변류기에서 발생된 유기전압이 수신기까지 연결된 수신부에 전달되어 경보를 발하여 누전이 발생하였음을 알린다.

2. 삼상식

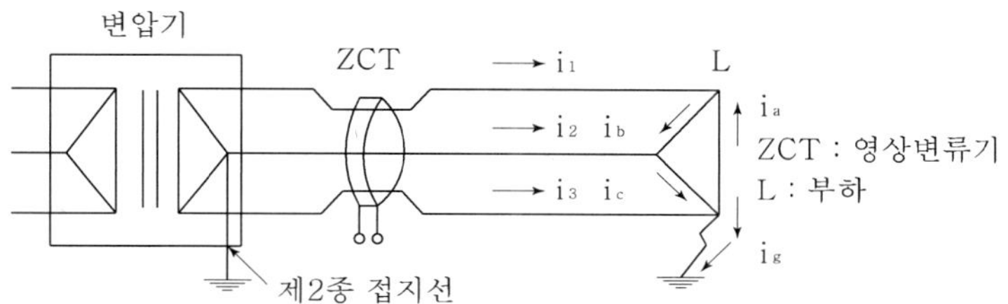

(1) 누설전류가 없을 때는

$i_1 = i_b - i_a$, $i_2 = i_c - i_b$, $i_3 = i_a - i_c$

즉, $i_1 + i_2 + i_3 = 0$ 이 된다.

(2) 누전이 발생하면

$i_1 = i_b - i_a$, $i_2 = i_c - i_b$, $i_3 = i_a - i_c + i_g$

즉, $i_g = i_1 + i_2 + i_3$가 된다.

(3) 누설전류 i_g는 자속 ϕ_g를 발생시켜 ϕ_g로 인하여 영상변류기에 유기전압을 유지시키고 이를 증폭하여 경보를 발한다.

3. 배경이론

(1) 키르히호프의 제 1법칙

- 입력전류 = 출력전류

(2) 페러데이의 전자유도법칙

- 전류는 자속을 발생한다.

Ⅳ. 구조 및 기능

1. 변류기(영상변류기)

(1) 경계전로의 누설전류를 자동적으로 검출하여 이를 누전경보기의 수신부에 송신하는 것이다.

(2) 환상형 철심에 검출용 2차 코일을 감은 것이다. 변류기 내부를 통과하는 전선에 흐르는 전류가 같지 않을 경우에는 전압이 유기되어 누전을 검출하게 된다.

$$E = 4.44 \times f \times N_2 \times \phi_g$$

여기서, E : 유기전압(V)
f : 주파수
N_2 : 변류기의 권선수
ϕ_g : 누설전류에 의한 자속(Wb)

2. 수신부

(1) 변류기로부터 검출된 신호를 수신하여 누전의 발생을 해당 특정소방대상물의 관계인에게 경보하여 주는 것(차단기구를 갖는 것을 포함한다)이다.

(2) 수신부는 누설전류에 의하여 유기된 전압을 수신하여 계전기를 동작시켜 음향장치가 경보를 발할 수 있도록 증폭시켜 주는 역할을 한다.

(3) 수신부에는 차단기구, 증폭기, 시험장치, 음향장치 등이 설치되어 있다.

3. 차단기구

경계전로에 누설전류가 흐르는 경우 이를 수신하여 그 경계전로의 전원을 자동적으로 차단하는 장치이다.

4. 증폭기

(1) 누전경보기의 감도를 높이기 위해서는 미소한 전류의 차이도 검출해야 한다. 증폭기는 누설전류에 의한 미소한 유기전압을 증폭하기 위한 것이다.

(2) 수신부 증폭기의 동작방식

① 트랜지스터 또는 매칭트랜스를 조합하여 계전기를 동작시키는 방식

② 트랜지스터 또는 I.C로 증폭하여 계전기를 동작시키는 방식

③ 트랜지스터와 미터릴레이 또는 I.C와 미터릴레이를 증폭하여 계전기를 동작시키는 방식

5. 시험장치

(1) 도통시험 : 수신부와 영상변류기 사이의 외부배선의 단선유무 시험
(2) 동작시험 : 누설전류 검출시험

6. 음향장치

음향장치는 수신기에 내장시키는 것과 별도로 설치하는 것이 있다.
※ 수신부 내부구조의 Block Diagram

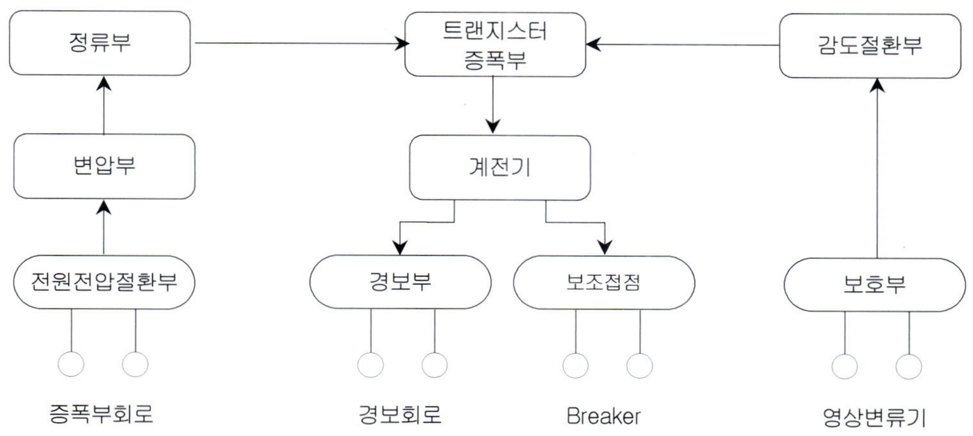

V. 설치기준

1. 누전경보기

(1) 경계전로의 정격전류가 60A를 초과하는 전로에 있어서는 1급 누전경보기를 설치하고, 60A 이하의 전로에 있어서는 1급 또는 2급 누전경보기를 설치할 것.
(2) 다만, 정격전류가 60A를 초과하는 경계전로가 분기되어 각 분기회로의 정격전류가 60A 이하로 되는 경우 당해 분기회로마다 2급 누전경보기를 설치한 때에는 당해 경계전로에 1급 누전경보기를 설치한 것으로 본다.

2. 변류기

(1) 변류기는 소방대상물의 형태, 인입선의 시설방법 등에 따라 옥외 인입선의 제1지점의 부하측 또는 제2종 접지선측의 점검이 쉬운 위치에 설치할 것. 다만, 인입선의 형태 또는 소방대상물의 구조상 부득이한 경우에 있어서는 인입구에 근접한 옥내에 설치할 수 있다.
(2) 변류기를 옥외의 전로에 설치하는 경우에는 옥외형의 것을 설치할 것

3. 수신부

(1) 누전경보기의 수신부는 옥내의 점검에 편리한 장소에 설치하되, 가연성의 증기·먼지 등이 체류할 우려가 있는 장소의 전기회로에는 당해 부분의 전기회로를 차단할 수 있는 차단기구를 가진 수신부를 설치하여야 한다. 이 경우 차단기구의 부분은 해당 장소 외의 안전한 장소에 설치하여야 한다.

(2) 누전경보기의 수신부는 다음의 장소외의 장소에 설치하여야 한다. 다만, 해당 누전경보기에 대하여 방폭·방식·방습·방온·방진 및 정전기 차폐 등의 방호조치를 한 것에 있어서는 그러하지 아니하다.

① 가연성의 증기·먼지·가스 등이나 부식성의 증기·가스 등이 다량으로 체류하는 장소

② 화약류를 제조하거나 저장 또는 취급하는 장소

③ 습도가 높은 장소

④ 온도의 변화가 급격한 장소

⑤ 대전류회로·고주파 발생회로 등에 따른 영향을 받을 우려가 있는 장소

(3) 음향장치는 수위실 등 상시 사람이 근무하는 장소에 설치하여야 하며, 그 음량 및 음색은 다른 기기의 소음 등과 명확히 구별할 수 있는 것으로 하여야 한다.

4. 전 원

(1) 전원은 분전반으로부터 전용회로로 하고, 각 극에 개폐기 및 15A 이하의 과전류차단기(배선용 차단기에 있어서는 20A 이하의 것으로 각 극을 개폐할 수 있는 것)를 설치 할 것

(2) 전원을 분기할 때에는 다른 차단기에 따라 전원이 차단되지 아니하도록 할 것

(3) 전원의 개폐기에는 누전경보기용임을 표시한 표지를 할 것

문제53 가스누설경보기

Ⅰ. 개 요

가스누설경보기의 화재안전기준(NFSC 206)이 2021년 2월 4일 제정됨.

Ⅱ. 설치대상

가스누설경보기를 설치하여야 하는 특정소방대상물(가스시설이 설치된 경우만 해당한다)은 다음의 어느 하나와 같다.

1. 판매시설, 운수시설, 노유자시설, 숙박시설, 창고시설 중 물류터미널
2. 문화 및 집회시설, 종교시설, 의료시설, 수련시설, 운동시설, 장례시설

Ⅲ. 화재안전기준 주요내용

제3조(정의) 이 기준에서 사용하는 용어의 정의는 다음과 같다.

1. "가연성가스 경보기"란 보일러 등 가스연소기에서 액화석유가스(LPG), 액화천연가스(LNG) 등의 가연성가스가 새는 것을 탐지하여 관계자나 이용자에게 경보하여 주는 것을 말한다. 다만, 탐지소자 외의 방법에 의하여 가스가 새는 것을 탐지하는 것, 점검용으로 만들어진 휴대용탐지기 또는 연동기기에 의하여 경보를 발하는 것은 제외한다.
2. "일산화탄소 경보기"란 일산화탄소가 새는 것을 탐지하여 관계자나 이용자에게 경보하여 주는 것을 말한다. 다만, 탐지소자 외의 방법에 의하여 가스가 새는 것을 탐지하는 것, 점검용으로 만들어진 휴대용탐지기 또는 연동기기에 의하여 경보를 발하는 것은 제외한다.
3. "탐지부"란 가스누설경보기(이하 "경보기"라 한다) 중 가스누설을 탐지하여 중계기 또는 수신부에 가스누설의 신호를 발신하는 부분 또는 가스누설을 탐지하여 수신부 등에 가스누설의 신호를 발신하는 부분을 말한다.
4. "수신부"란 경보기 중 탐지부에서 발하여진 가스누설신호를 직접 또는 중계기를 통하여 수신하고 이를 관계자에게 음향으로서 경보하여 주는 것을 말한다.
5. "분리형"이란 탐지부와 수신부가 분리되어 있는 형태의 경보기를 말한다.
6. "단독형"이란 탐지부와 수신부가 일체로 되어있는 형태의 경보기를 말한다.
7. "가스연소기"란 가스레인지 또는 가스보일러 등 가연성가스를 이용하여 불꽃을 발생하는 장치를 말한다.

제4조(가연성가스 경보기)

① 가연성가스를 사용하는 가스연소기가 있는 경우에는 가연성가스(액화석유가스(LPG), 액화천연가스(LNG) 등)의 종류에 적합한 경보기를 가스연소기 주변에 설치하여야 한다.

② 분리형 경보기의 수신부는 다음 각 호의 기준에 따라 설치하여야 한다.

1. 가스연소기 주위의 경보기의 상태 확인 및 유지 관리에 용이한 위치에 설치할 것
2. 가스누설 음향의 음량과 음색이 다른 기기의 소음 등과 명확히 구별될 것
3. 가스누설 음향은 수신부로부터 1m 떨어진 위치에서 음압이 70dB 이상일 것
4. 수신부의 조작 스위치는 바닥으로부터의 높이가 0.8m 이상 1.5m 이하인 장소에 설치할 것
5. 수신부가 설치된 장소에는 관계자 등에게 신속히 연락할 수 있도록 비상연락번호를 기재한 표를 비치할 것

③ 분리형 경보기의 탐지부는 다음 각 호의 기준에 따라 설치하여야 한다.

1. 탐지부는 가스연소기의 중심으로부터 직선거리 8m(공기보다 무거운 가스를 사용하는 경우에는 4m) 이내에 1개 이상 설치하여야 한다.
2. 탐지부는 천정으로부터 탐지부 하단까지의 거리가 0.3m 이하가 되도록 설치한다. 다만, 공기보다 무거운 가스를 사용하는 경우에는 바닥면으로부터 탐지부 상단까지의 거리는 0.3m 이하로 한다.

④ 단독형 경보기는 다음 각 호의 기준에 따라 설치하여야 한다.

1. 가스연소기 주위의 경보기의 상태 확인 및 유지 관리에 용이한 위치에 설치할 것
2. 가스누설 음향의 음량과 음색이 다른 기기의 소음 등과 명확히 구별될 것
3. 가스누설 음향장치는 수신부로부터 1m 떨어진 위치에서 음압이 70dB 이상일 것
4. 단독형 경보기는 가스연소기의 중심으로부터 직선거리 8m(공기보다 무거운 가스를 사용하는 경우에는 4m) 이내에 1개 이상 설치하여야 한다.
5. 단독형 경보기는 천장으로부터 경보기 하단까지의 거리가 0.3m 이하가 되도록 설치한다. 다만, 공기보다 무거운 가스를 사용하는 경우에는 바닥면으로부터 단독형 경보기 상단까지의 거리는 0.3m 이하로 한다.
6. 경보기가 설치된 장소에는 관계자 등에게 신속히 연락할 수 있도록 비상연락번호를 기재한 표를 비치할 것

제5조(일산화탄소 경보기)

① 일산화탄소 경보기를 설치하는 경우(타 법령에 따라 일산화탄소 경보기를 설치하는 경우를 포함한다)에는 가스연소기 주변(타 법령에 따라 설치하는 경우에는 해당 법령에서 지정한 장소)에 설치할 수 있다.

② 분리형 경보기의 수신부는 다음 각 호의 기준에 따라 설치하여야 한다.

1. 가스누설 음향의 음량과 음색이 다른 기기의 소음 등과 명확히 구별될 것
2. 가스누설 음향은 수신부로부터 1m 떨어진 위치에서 음압이 70dB 이상일 것
3. 수신부의 조작 스위치는 바닥으로부터의 높이가 0.8m 이상 1.5m 이하인 장소에 설치할 것
4. 수신부가 설치된 장소에는 관계자 등에게 신속히 연락할 수 있도록 비상연락번호를 기재한 표를 비치할 것

③ 분리형 경보기의 탐지부는 천정으로부터 탐지부 하단까지의 거리가 0.3m 이하가 되도록 설치한다.

④ 단독형 경보기는 다음 각 호의 기준에 따라 설치하여야 한다.

1. 가스누설 음향의 음량과 음색이 다른 기기의 소음 등과 명확히 구별될 것
2. 가스누설 음향장치는 수신부로부터 1m 떨어진 위치에서 음압이 70dB 이상일 것
3. 단독형 경보기는 천장으로부터 경보기 하단까지의 거리가 0.3m 이하가 되도록 설치한다.
4. 경보기가 설치된 장소에는 관계자 등에게 신속히 연락할 수 있도록 비상연락번호를 기재한 표를 비치할 것

⑤ 제2항 내지 제4항에도 불구하고 중앙소방기술심의위원회의 심의를 거쳐 일산화탄소경보기의 성능을 확보할 수 있는 별도의 설치방법을 인정받은 경우에는 해당 설치방법을 반영한 제조사의 시방에 따라 설치할 수 있다.

제6조(설치장소) 분리형 경보기의 탐지부 및 단독형 경보기는 다음 각 호의 장소 이외의 장소에 설치한다.

1. 출입구 부근 등으로서 외부의 기류가 통하는 곳
2. 환기구 등 공기가 들어오는 곳으로부터 1.5m 이내인 곳
3. 연소기의 폐가스에 접촉하기 쉬운 곳
4. 가구·보·설비 등에 가려져 누설가스의 유통이 원활하지 못한 곳
5. 수증기, 기름 섞인 연기 등이 직접 접촉될 우려가 있는 곳

제7조(전원) 경보기는 건전지 또는 교류전압의 옥내간선을 사용하여 상시 전원이 공급되도록 하여야 한다.

문제54 자동화재속보설비

I. 정 의

자동화재속보설비란 자동화재탐지설비로부터 화재신호를 받아 소방서에 자동적으로 화재 발생과 그 위치를 신속하게 통보해 주는 설비이다.

II. 구 성

1. **속보기** : 화재신호를 통신망을 통하여 음성 등의 방법으로 소방관서에 통보하는 장치
2. **통신망** : 유선이나 무선 또는 유무선 겸용 방식을 구성하여 음성 또는 데이터 등을 전송할 수 있는 집합체

III. 설치대상

1. 업무시설, 공장, 창고시설, 교정 및 군사시설 중 국방·군사시설, 발전시설(사람이 근무하지 않는 시간에는 무인경비시스템으로 관리하는 시설만 해당한다)로서 바닥면적이 1천5백m^2 이상인 층이 있는 것. 다만, 사람이 24시간 상시 근무하고 있는 경우에는 자동화재속보설비를 설치하지 않을 수 있다.
2. 노유자 생활시설
3. 제2호에 해당하지 않는 노유자시설로서 바닥면적이 500m^2 이상인 층이 있는 것. 다만, 사람이 24시간 상시 근무하고 있는 경우에는 자동화재속보설비를 설치하지 않을 수 있다.
4. 수련시설(숙박시설이 있는 건축물만 해당한다)로서 바닥면적이 500m^2 이상인 층이 있는 것. 다만, 사람이 24시간 상시 근무하고 있는 경우에는 자동화재속보설비를 설치하지 않을 수 있다.
5. 「문화재보호법」 제23조에 따라 보물 또는 국보로 지정된 목조건축물. 다만, 사람이 24시간 상시 근무하고 있는 경우에는 자동화재속보설비를 설치하지 않을 수 있다.
6. 근린생활시설 중 의원, 치과의원 및 한의원으로서 입원실이 있는 시설
7. 의료시설 중 다음의 어느 하나에 해당하는 것
   ① 종합병원, 병원, 치과병원, 한방병원 및 요양병원(정신병원과 의료재활시설은 제외한다)
   ② 정신병원 및 의료재활시설로 사용되는 바닥면적의 합계가 500m^2 이상인 층이 있는 것
8. 판매시설 중 전통시장
9. 제1호부터 제8호까지에 해당하지 않는 특정소방대상물 중 층수가 30층 이상인 것

Ⅳ. 종 류

1. A형 화재속보기

P형 또는 R형 수신기로부터 발하는 화재의 신호를 수신하여 20초 이내에 소방관서에 통보하고 소방대상물의 위치를 3회 이상 소방관서에 자동적으로 통보하는 기능을 가지고 있다.

2. B형 화재속보기

P형 또는 R형 수신기와 A형 화재속보기의 성능을 복합한 것으로 감지기 또는 발신기에 의하여 발하는 신호나 중계기를 통해 송신된 신호를 소방대상물의 관계자에게 통보하고 20초 이내에 3회 이상 소방대상물의 위치를 소방관서에 자동적으로 통보하는 기능을 가지고 있다.

Ⅴ. 요구성능

1. 자동화재탐지설비로부터 작동신호를 수신하였을 20초 이내에 소방관서에 자동적으로 신호를 발하여 통보하되, 3회 이상 속보할 수 있어야 한다.
2. 자동화재탐지설비로부터 화재신호를 수신하였을 경우 자동적으로 적색 화재표시등이 점등되고 음향장치로 화재를 경보하여야 하며 화재표시 및 경보는 수동으로 복구 및 정지시키지 않는 한 지속되어야 한다.
3. 전원이 정지한 경우에는 자동으로 예비전원으로 전환되고, 주전원이 정상상태로 복귀한 경우에는 자동적으로 예비전원에서 주전원으로 전환되어야 한다.
4. 예비전원은 자동적으로 충전되어야 하며 자동과충전방지장치가 있어야 한다.
5. 예비전원을 병렬로 접속하는 경우에는 역충전방지 등의 조치를 하여야 한다.
6. 예비전원은 감시상태를 60분간 지속한 후 10분 이상 작동(화재속보 후 화재 표시 및 경보를 10분간 유지하는 것을 말한다)이 지속될 수 있는 용량이어야 한다.

Ⅵ. 특 징

1. 화재발생 시 사람이 없어도 신속한 속보가 가능하다.
2. 정확한 녹음테이프를 사용하므로 신고가 정확하다.
3. 오보의 신고를 제어하는 회로가 구성되어 있어 오보의 우려가 없다.
4. 일반전화에 쉽게 연결하여 설치할 수 있다.
5. 일반전화 사용 중 일반전화를 차단시키고 자동으로 소방관서에 연결된다.
6. 대형건물이라도 1대의 자동화재속보설비로 대응할 수 있다.
7. 예비전원을 부설하여야 한다.

Ⅶ. 설치기준

1. 자동화재탐지설비와 연동으로 작동하여 자동적으로 화재발생 상황을 소방관서에 전달되는 것으로 할 것
2. 스위치는 바닥으로부터 0.8m 이상 1.5m 이하의 높이에 설치하고, 그 보기 쉬운 곳에 스위치임을 표시한 표지를 할 것
3. 속보기는 소방관서에 통신망으로 통보하도록 하며, 데이터 또는 코드전송방식을 부가적으로 설치할 수 있다. 단, 데이터 및 코드전송방식의 기준은 소방청장이 정하여 고시한「자동화재속보설비의 속보기의 성능인증 및 제품검사의 기술기준」제5조 제12호에 따른다.
4. 문화재에 설치하는 자동화재속보설비는 제1호의 기준에도 불구하고 속보기에 감지기를 직접 연결하는 방식(자동화재탐지설비 1개의 경계구역에 한한다)으로 할 수 있다.
5. 속보기는 소방청장이 정하여 고시한 「자동화재속보설비의 속보기의 성능인증 및 제품검사의 기술기준」에 적합한 것으로 설치하여야 한다.

문제55 비상방송설비

I. 개 요

1. 비상방송설비는 화재발생 상황을 자동 또는 수동으로 음성이나 방송으로 확성기를 통하여 통보해 주는 장치로서 음향이 아닌 음성으로 피난을 경보하여 초기대응시간을 적극적으로 줄일 수 있다.
2. 구 성
   (1) 음향장치(확성기, 음량조절기, 증폭기, 조작부, 기동장치)
   (2) 전원(상용전원, 비상전원)
   (3) 배선

II. 설치대상

1. 연면적 3,500m² 이상인 것
2. 지하층을 제외한 층수가 11층 이상인 것
3. 지하층의 층수가 3층 이상인 것
   (단, 위험물 저장 및 처리 시설 중 가스시설, 사람이 거주하지 않는 동물 및 식물 관련 시설, 지하가 중 터널, 축사 및 지하구는 제외한다.)

III. 특 징

1. 자동화재탐지설비 이외에 사람이 인위적으로 행하는 경보설비이다.
2. 지구음향장치가 들리지 않는 곳까지 대피 및 화재발생을 전달할 수 있다.
3. 업무용 방송설비와 겸용할 수 있다.
4. 방송에 의한 비상경보설비는 화재의 양상에 따라 필요한 층을 임의로 선택하여 화재를 알릴 수가 있다.

IV. 구성 및 기능

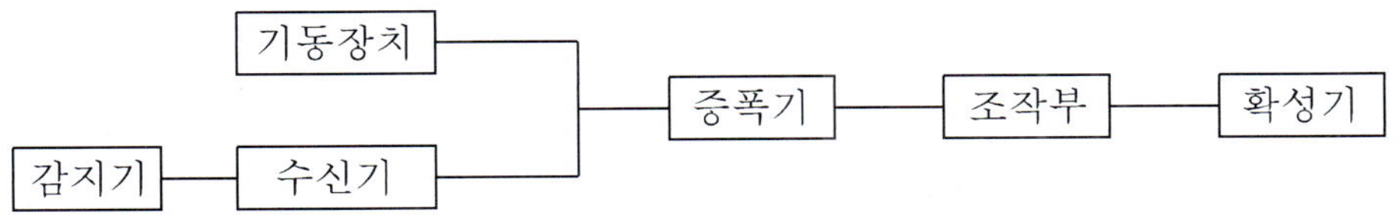

1. 확성기(Speaker)

(1) 소리를 크게 하여 멀리까지 전달될 수 있도록 하는 장치로써 일명 스피커를 말한다.

(2) 종류

	Corn형	Horn형
용 량	3W	5W
설치장소	옥내용	옥외용
설치형태	사무실 등의 천장에 매립형으로 설치	주차장 등의 벽 또는 기둥에 노출형으로 설치
주파수 특성	좋다	나쁘다
음 질	우수하다	불량하다

2. 음량조정기(ATT, Attenuator)

(1) 가변저항을 이용하여 전류를 변화시켜 음량(Volume)을 크게 하거나 작게 조절할 수 있으며, 일반방송과 비상방송을 자동으로 전환시키는 장치이다.

(2) 구조 및 원리

① 다른 방송설비와 겸용하는 경우 평상시에는 일반방송을 하고 있으므로 재실자가 음량을 조절하여 방송을 들을 수 있도록 하기 위하여 음량조정기를 설치한다.

② 이 경우 음량을 0으로 조절한 상태에서도 화재 시에는 비상방송이 송출되어야 하므로 이를 위하여 가변저항을 사용하여야 한다.

③ 평소에는 공통선과 일반선을 이용하여 일반방송을 송출하며, 음량을 0으로 줄인 경우에도 비상방송은 공통선과 비상선을 통하여 동작하므로 비상방송의 송출에 지장이 없게 된다.

④ 따라서 음량조정기가 있는 경우에는 반드시 3선식 배선(비상선-공통선-일반선)을 적용하여야 하며 화재 시에는 감지기의 동작신호와 연동하여 Relay에 의하여 방송설비용 스위치가 일반라인에서 비상라인으로 자동 접속되도록 하여야 한다.

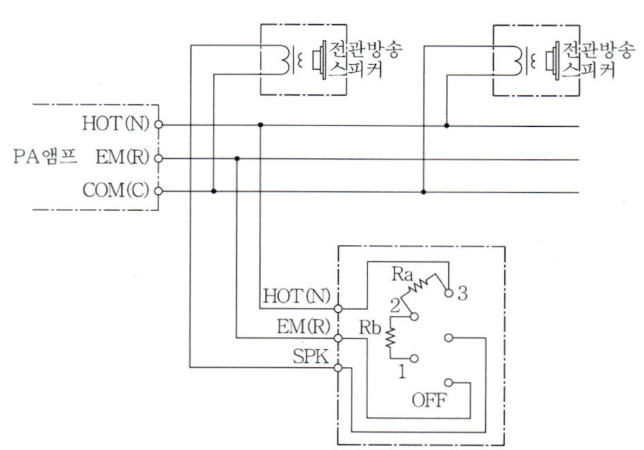

3. 증폭기(AMP, Amplifier)

(1) 전압전류의 진폭을 늘려 감도를 좋게 하고 미약한 음성전류를 커다란 음성전류로 변화시켜 소리를 크게 하는 장치를 말한다.

(2) 종 류

증폭기의 종류		용 량	특 징
이동형	휴대형	5~15W	휴대를 목적으로 제작된 것으로서 소화활동 시 안내방송 등에 이용된다. 마이크, 증폭기, 확성기를 일체화한 경량화된 제품이다.
	탁상형	10~60W	소규모 방송설비에 사용되며, 입력장치는 마이크, 라디오, 사이렌, 카세트테이프 등을 사용한다.
고정형	Desk형	30~180W	책상식의 형태이며 입력장치는 Rack형과 유사하다.
	Rack형	200W 이상	데스크형과 외형은 같지만 Unit화 되어 교체, 철거, 신설이 용이하고 용량의 제한이 없다.

4. 조작부(Operating panel)

비상방송설비를 제어하고 조작하기 위한 각종 장치가 있는 판넬로서 보통 방재센터 내에 증폭기와 조작부가 일체형으로 설치되어 있다.

5. 기동장치

(1) 비상방송을 기동시켜 주는 장치를 말한다.

(2) 기동방식

① 자동기동방식 : 자동화재탐지설비와 연동하여 기동하는 방식

② 수동기동방식 : 수동으로 조작하여 기동하는 방식

㉠ 비상전화와 연동하여 기동하는 방식

㉡ 발신기와 연동하여 기동하는 방식

㉢ 누름스위치와 연동하여 기동하는 방식

V. 경보방식

1. 전층 일제경보방식

소방대상물의 모든 층을 동시에 경보하는 방식이다.

2. 발화층 · 직상층 우선경보방식

(1) 대 상

5층(지하층은 제외한다) 이상으로서 연면적이 3000m² 를 초과하는 소방대상물

(2) 층수 30층 미만

① 2층 이상의 층에서 발화한 때에는 발화층 및 그 직상층에 우선적으로 경보

② 1층에서 발화한 때에는 발화층·그 직상층 및 지하층에 우선적으로 경보

③ 지하층에서 발화한 때에는 발화층·직상층 및 기타의 지하층에 우선적으로 경보를 발하는 방식

3층	○				
2층	◉	○			
1층		◉	○		
B1		○	◉	○	○
B2		○	○	◉	○
B3		○	○	○	◉

㈜ ◉=화재발생, ○=동시경보,

(3) 층수 30층 이상

① 2층 이상의 층에서 발화 시 발화층 및 그 직상 4개층 우선 경보

② 1층에서 발화 시 발화층 및 그 직상 4개층 및 지하층 우선 경보

③ 지하층에서 발화 시 발화층, 그 직상층 및 기타 지하층

Ⅵ. 설치기준

1. 음향장치

(1) 확성기

① 확성기의 음성입력은 3W(실내에 설치하는 것에 있어서는 1W) 이상일 것

② 확성기는 각층마다 설치하되, 그 층의 각 부분으로부터 하나의 확성기까지의 수평거리가 25m 이하가 되도록 하고, 해당층의 각 부분에 유효하게 경보를 발할 수 있도록 설치할 것

(2) 음량조정기를 설치하는 경우 음량조정기의 배선은 3선식으로 할 것

(3) 조작부

① 조작부의 조작스위치는 바닥으로부터 0.8m 이상 1.5m 이하의 높이에 설치할 것

② 조작부는 기동장치의 작동과 연동하여 당해 기동장치가 작동한 층 또는 구역을 표시할 수 있는 것으로 할 것

③ 증폭기 및 조작부는 수위실 등 상시 사람이 근무하는 장소로서 점검이 편리하고 방화상 유효한 곳에 설치할 것

④ 하나의 소방대상물에 2 이상의 조작부가 설치되어 있는 때에는 각각의 조작부가 있는 장소 상호간에 동시통화가 가능한 설비를 설치하고, 어느 조작부에서도 해당 특정소방대상물의 전구역에 방송을 할 수 있도록 할 것

(5) 음향장치

① 다른 방송설비와 공용하는 것에 있어서는 화재 시 비상경보외의 방송을 차단할 수 있는 구조로 할 것

② 다른 전기회로에 따라 유도장애가 생기지 아니하도록 할 것

③ 기동장치에 따른 화재신고를 수신한 후 필요한 음량으로 화재발생 상황 및 피난에 유효한 방송이 자동으로 개시될 때까지의 소요시간은 10초 이하로 할 것

④ 음향장치는 다음 각목의 기준에 따른 구조 및 성능의 것으로 하여야 한다.

㉠ 정격전압의 80% 전압에서 음향을 발할 수 있는 것을 할 것

㉡ 자동화재탐지설비의 작동과 연동하여 작동할 수 있는 것으로 할 것

⑤ 엘리베이터 내부에는 별도의 음향장치를 설치할 수 있다.

2. 배 선

(1) 화재로 인하여 하나의 층의 확성기 또는 배선이 단락 또는 단선되어도 다른 층의 화재통보에 지장이 없도록 할 것

(2) 전원회로의 배선은 내화배선에 따르고, 그 밖의 배선은 내화배선 또는 내열배선에 따라 설치할 것

(3) 전원회로의 전로와 대지 사이 및 배선상호간의 절연저항은 전기사업법 제67조의 규정에 따른 기술기준이 정하는 바에 따르고, 부속회로의 전로와 대지 사이 및 배선 상호간의 절연저항은 1경계구역마다 직류 250V의 절연저항측정기를 사용하여 측정한 절연저항이 0.1MΩ 이상이 되도록 할 것

(4) 비상방송설비의 배선은 다른 전선과 별도의 관·덕트(절연효력이 있는 것으로 구획한 때에는 그 구획된 부분은 별개의 덕트로 본다)·몰드 또는 풀박스 등에 설치할 것. 다만, 60V 미만의 약전류회로에 사용하는 전선으로서 각각의 전압이 같을 때에는 그러하지 아니하다.

3. 전 원

(1) 상용전원

① 전원은 전기가 정상적으로 공급되는 축전지, 전기저장장치 또는 교류전압의 옥내 간선으로 하고, 전원까지의 배선은 전용으로 할 것

② 개폐기에는 "비상방송설비용"이라고 표시한 표지를 할 것

(2) 비상방송설비에는 그 설비에 대한 감시상태를 60분간 지속한 후 유효하게 10분 이상 경보할 수 있는 축전지설비(수신기에 내장하는 경우를 포함한다) 또는 전기저장장치를 설치하여야 한다.

문제56 유도등

I. 개 요

화재 시 재실자의 피난을 유도하기 위한 등으로서 정상상태에서는 상용전원에 따라 켜지고 상용전원이 정전되는 경우에는 비상전원으로 자동 전환되어 켜지는 등을 말한다.

II. 유도등의 종류

1. 피난구유도등

피난구 또는 피난경로로 사용되는 출입구를 표시하여 피난을 유도하는 등을 말한다.

2. 통로유도등

(1) 정의 : 피난통로를 안내하기 위한 유도등을 말한다.

(2) 종 류

① 복도통로유도등 : 피난통로가 되는 복도에 설치하는 통로유도등으로서 피난구의 방향을 명시하는 것을 말한다.

② 거실통로유도등 : 거주, 집무, 작업, 집회, 오락 그밖에 이와 유사한 목적을 위하여 계속적으로 사용하는 거실, 주차장 등 개방된 통로에 설치하는 유도등으로 피난의 방향을 명시하는 것을 말한다.

③ 계단통로유도등 : 피난통로가 되는 계단이나 경사로에 설치하는 통로유도등으로 바닥면 및 디딤바닥면을 비추는 것을 말한다.

3. 객석유도등 : 객석의 통로, 바닥 또는 벽에 설치하는 유도등을 말한다.

III. 유도등의 형태

		피난구 유도등	통로 유도등	객석 유도등
색상	바탕	녹색	백색	
	문자 · 기호	백색	녹색	
표시면		ISO기준에 의한 그림문자	ISO기준에 의한 그림문자와 피난방향을 지시하는 화살표를 같이 표시한다.	피난방향을 지시하는 화살표
비 고		식별이 용이하도록 비상문, EXIT 또는 화살표 등을 함께 표시할 수 있다.	계단통로유도등은 피난방향 지시화살표를 표시하지 아니할 수 있다.	

Ⅳ. 유도등의 설치장소별 적응성

설 치 장 소	유도등 및 유도표지의 종류
1. 공연장·집회장(종교집회장 포함)·관람장·운동시설	• 대형피난구유도등 • 통로유도등 • 객석유도등
2. 유흥주점영업시설(「식품위생법 시행령」 제21조제8호라목의 유흥주점영업 중 손님이 춤을 출 수 있는 무대가 설치된 카바레, 나이트클럽 그 밖에 이와 비슷한 영업시설만 해당한다)	
3. 위락시설·판매시설·운수시설 「관광진흥법」 제3조제1항제2호에 따른 관광숙박업·의료시설·장례식장·방송통신시설·전시장·지하상가·지하철역사	• 대형피난유도등 • 통로유도등
4. 숙박시설(제3호의 관광숙박업 외의 것을 말한다)·오피스텔	• 중형피난구유도등 • 통로유도등
5. 제1호부터 제3호까지 외의 건축물로서 지하층·무창층 또는 층수가 11층 이상인 건축물	
6. 제1호부터 제5호까지 외의 건축물로서 근린생활시설·노유자시설·업무시설·발전시설·종교시설(집회장 용도로 사용하는 부분 제외)·교육연구시설·수련시설·공장·창고시설·교정 및 군사시설(국방·군사시설 제외)·기숙사·자동차정비공장·자동차운전학원 및 정비학원·다중이용업소·복합건축물·아파트	• 소형피난유도등 • 통로유도등
7. 그 밖의 것	• 피난구유도표지 • 통로유도표지

※ 비고 : 복합건축물과 아파트의 경우 주택의 세대 내에는 유도등을 설치하지 아니할 수 있다.

Ⅴ. 유도등의 설치장소

1. 피난구유도등

(1) 옥내로부터 직접 지상으로 통하는 출입구 및 그 부속실의 출입구

(2) 직통계단·직통계단의 계단실 및 그 부속실의 출입구

(3) 상기 (1), (2)의 규정에 따른 출입구에 이르는 복도 또는 통로로 통하는 출입구

(4) 안전구획된 거실로 통하는 출입구

2. 통로유도등

(1) 특정소방대상물의 각 거실과 그로부터 지상에 이르는 복도 또는 계단의 통로에 설치할 것

(2) 복도통로유도등
  - 복도에 설치할 것

(3) 거실통로유도등
  - 거실의 통로에 설치할 것. 다만, 거실의 통로가 벽체 등으로 구획된 경우에는 복도통로유도등을 설치하여야 한다.

(3) 계단통로유도등
  - 각층의 경사로 참 또는 계단참마다 설치할 것(1개 층에 경사로 참 또는 계단참이 2 이상 있는 경우에는 2개의 계단참마다 설치할 것)

3. 객석유도등

- 객석의 통로, 바닥 또는 벽에 설치하여야 한다.

VI. 유도등의 설치제외

1. 피난구유도등의 제외

(1) 바닥면적이 1,000㎡ 미만인 층으로서 옥내로부터 직접 지상으로 통하는 출입구(외부의 식별이 용이한 경우에 한한다)

(2) 거실 각 부분으로부터 쉽게 도달할 수 있는 출입구

(3) 거실 각 부분으로부터 하나의 출입구에 이르는 보행거리가 20m 이하이고 비상조명등과 유도표지가 설치된 거실의 출입구

(4) 출입구가 3 이상 있는 거실로서 그 거실 각 부분으로부터 하나의 출입구에 이르는 보행거리가 30m 이하인 경우에는 주된 출입구 2개소 외의 출입구(유도표지가 부착된 출입구를 말한다). 다만, 공연장·집회장·관람장·전시장·판매시설·운수시설·숙박시설·노유자시설·의료시설·장례식장의 경우에는 그러하지 아니하다.

2. 통로유도등의 제외

(1) 구부러지지 아니한 복도 또는 통로로서 길이가 30m 미만인 복도 또는 통로

(2) (1)에 해당하지 않는 복도 또는 통로로서 보행거리가 20m 미만이고 그 복도 또는 통로와 연결된 출입구 또는 그 부속실의 출입구에 피난구유도등이 설치된 복도 또는 통로

3. 객석유도등의 제외

(1) 주간에만 사용하는 장소로서 채광이 충분한 객석

(2) 거실 등의 각 부분으로부터 하나의 거실출입구에 이르는 보행거리가 20m 이하인 객석의 통로로서 그 통로에 통로유도등이 설치된 객석

Ⅶ. 유도등의 조도

1. 통로유도등

(1) 통로유도등의 바로 밑의 바닥으로부터 수평으로 0.5m 떨어진 지점에서 측정하여 1ℓx 이상이어야 한다.

(2) 바닥에 매설한 것에 있어서는 통로유도등의 직상부 1m의 높이에서 측정하여 1ℓx 이상이어야 한다.

2. 객석유도등

- 조도는 통로바닥의 중심선 0.5m 높이에서 측정하여 0.2ℓx 이상이어야 한다.

Ⅷ. 유도등의 설치높이

1. 피난구유도등

- 피난구의 바닥으로부터 높이 1.5m 이상의 곳에 설치할 것

2. 통로유도등

(1) 복도통로유도등

- 바닥으로부터 높이 1m 이하의 위치에 설치할 것(다만, 지하층 또는 무창층의 용도가 도매시장·소매시장·여객자동차터미널·지하역사 또는 지하상가인 경우에는 복도·통로 중앙부분의 바닥에 설치하여야 한다)

(2) 거실통로유도등

- 바닥으로부터 높이 1.5m 이상의 위치에 설치할 것. 다만, 거실통로에 기둥이 설치된 경우에는 기둥부분의 바닥으로부터 높이 1.5m 이하의 위치에 설치할 수 있다.

(3) 계단통로유도등

- 바닥으로부터 높이 1m 이하의 위치에 설치할 것

Ⅸ. 유도등의 설치방법

1. 통로유도등

(1) 복도통로유도등

① 구부러진 모퉁이 및 보행거리 20m마다 설치할 것

② 바닥에 설치하는 통로유도등은 하중에 따라 파괴되지 아니하는 강도의 것으로 할 것

(2) 거실통로유도등 : 구부러진 모퉁이 및 보행거리 20m마다 설치할 것

(3) 통행에 지장이 없도록 설치할 것

(4) 주위에 이와 유사한 등화광고물·게시물 등을 설치하지 아니할 것

2. 객석유도등의 설치개수

(1) 객석내의 통로가 경사로 또는 수평로로 되어 있는 부분에 있어서는 다음의 식에 따라 산출한 수의 유도등을 설치할 것

$$\text{설치개수} = \frac{\text{객석의 통로의 직선부분의 길이}(m)}{4} - 1$$

(단, 소수점 이하의 수는 1로 본다)

(2) 객석내의 통로가 옥외 또는 이와 유사한 부분에 있는 경우에는 해당 통로 전체에 미칠 수 있는 수의 유도등을 설치할 것

Ⅹ. 유도등의 전원 및 배선

1. 유도등의 전원은 축전지, 전기저장장치 또는 교류전압의 옥내간선으로 하고, 전원까지의 배선은 전용으로 하여야 한다.

2. 비상전원

(1) 축전지로 할 것

(2) 유도등을 20분 이상 유효하게 작동시킬 수 있는 용량으로 할 것.

(3) 다음의 특정소방대상물의 경우에는 그 부분에서 피난층에 이르는 부분의 유도등을 60분 이상 유효하게 작동시킬 수 있는 용량으로 하여야 한다.

① 지하층을 제외한 층수가 11층 이상의 층

② 지하층 또는 무창층으로서 용도가 도매시장·소매시장·여객자동차터미널·지하역사 또는 지하상가

3. 배 선

(1) 유도등의 인입선과 옥내배선은 직접 연결할 것

(2) 유도등은 전기회로에 점멸기를 설치하지 아니하고 항상 점등상태를 유지할 것(즉, 2선식 배선을 의미한다). 다만, 특정소방대상물 또는 그 부분에 사람이 없거나 3선식 배선에 따라 상시 충전되는 구조인 경우에는 그러하지 아니하다.

문제57 유도등의 3선식 배선

I. 개 요

1. 유도등의 배선방식
   (1) 2선식 배선 : 상시 점등
   (2) 3선식 배선 : 평시 소등, 화재 시 점등
2. 유도등의 3선식 배선은 평시에는 소등 상태이므로 유지관리가 미비할 경우 고장상태가 방치되어 화재 시 작동되지 아니할 수 있으므로 2선식 배선을 원칙으로 하고 있다. 즉, 유도등의 전기회로에는 점멸기를 설치하지 아니하고 항상 점등상태를 유지하여야 한다.
3. 그러나 다음과 같은 특별한 경우에 한하여 3선식 배선을 허용한다.

II. 3선식 배선의 적용장소

특정소방대상물 또는 그 부분에 사람이 없거나 다음의 어느 하나에 해당하는 장소

1. 외부광(光)에 따라 피난구 또는 피난방향을 쉽게 식별할 수 있는 장소
2. 공연장, 암실(暗室) 등으로서 어두워야 할 필요가 있는 장소
3. 특정소방대상물의 관계인 또는 종사원이 주로 사용하는 장소

※ 단, 3선식 배선에 따라 상시 충전되는 구조이어야 한다.

III. 3선식 배선의 점등시기

1. 자동화재탐지설비의 감지기 또는 발신기가 작동되는 때
2. 비상경보설비의 발신기가 작동되는 때
3. 상용전원이 정전되거나 전원선이 단선되는 때
4. 방재업무를 통제하는 곳 또는 전기실의 배전반에서 수동으로 점등하는 때
5. 자동소화설비가 작동되는 때

IV. 3선식 배선의 장·단점

1. 장 점

(1) 평상시 주간에도 항상 점등시켜야 하는 불합리한 점을 개선할 수 있다.
(2) 유도등을 소등시킴으로써 에너지를 절감할 수 있다.
(3) 유도등 광원의 수명을 연장할 수 있다.

2. 단 점

(1) 유도등의 이상 유무를 외관으로 확인하기가 곤란하다.
(2) 관리가 소홀할 경우 화재 시 작동되지 아니한다.

V. 3선식 배선의 결선

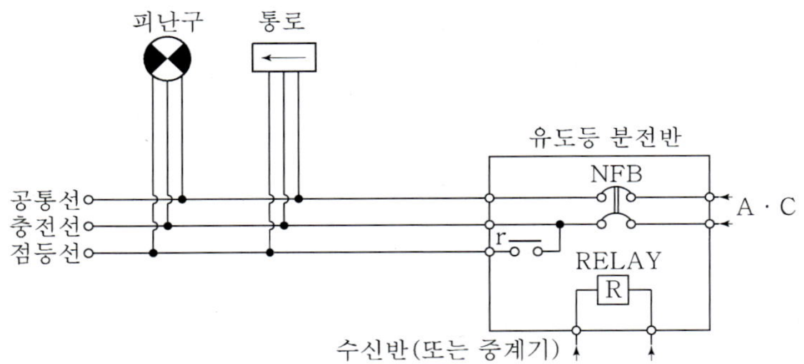

문제58 유도등의 비상전원

Ⅰ. 개 요

1. 화재 시 유도등은 상용전원이 정전되는 경우 즉시 비상전원(축전지 또는 전기저장장치)으로 전환되어야 한다.
2. 유도등에는 비상전원의 상태를 확인할 수 있는 시험장치를 유도등의 외부에 설치하여야 한다.

Ⅱ. 유도등 비상전원의 제한

1. 유도등의 비상전원은 반드시 축전지 또는 전기저장장치로 하여야 하며, 자가발전설비(비상발전기)를 비상전원으로 사용할 수 없다.
2. 그 이유는 비상발전기의 경우 정전 후 정격전압 및 정격Cycle이 될 때까지 수 십초의 기동시간이 필요하다. 따라서 정전 시에 즉시 화재경보 및 피난유도를 하여야 하는 경보설비 및 유도등의 경우는 축전지 또는 전기저장장치만을 비상전원으로 사용하여야 한다.

Ⅲ. 유도등의 비상전원 용량

1. 유도등을 20분 이상 유효하게 작동시킬 수 있는 용량으로 하여야 한다.
2. 다음의 특정소방대상물의 경우에는 그 부분에서 피난층에 이르는 부분의 유도등을 60분 이상 유효하게 작동시킬 수 있는 용량으로 하여야 한다(※ 피난소요시간이 길기 때문이다)
   (1) 지하층을 제외한 층수가 11층 이상의 층
   (2) 지하층 또는 무창층으로서 용도가 도매시장·소매시장·여객자동차터미널·지하역사 또는 지하상가

Ⅳ. 유도등 비상전원의 종류

1. 알칼리축전지(Alkaline battery)
   (1) 전해액 : 알칼리용액
   (2) 1cell당 평균전압 : 1.2V
   (3) 연축전지와의 차이점

	알칼리축전지	연축전지
① 진동에 대한 영향	작다	크다
② 자기방전	적다	많다
③ 가혹조건에서의 수명	길다	짧다
④ 기전력	작다	크다
⑤ 방전량과 충전량의 비	작다	크다
⑥ 가격	비싸다	저렴하다

2. 리튬축전지(Lithium battery)

(1) 전지의 음극판 : 리튬

(2) 특 징

① 알칼리축전지에 비해 약 2배의 용량과 3배의 전압(3.6V)을 유지하며 자기방전이 적다.

② 충전과 방전을 1,000회 이상 반복해도 메모리효과(전지를 완전히 방전시키지 않은 상태에서 충전을 하게 되면 전지의 충전가능용량이 줄어드는 현상)가 발생하지 않는다.

③ 전지를 다 쓰지 않고 재충전하여도 수명이 단축되지 않으며 내구성이 우수하다.

문제59 유도표지

Ⅰ. 개 요

1. 유도표지는 전원에 의한 조명시설이 없이 전등이나 태양광을 흡수하여 이를 축적한 후 일정시간 발광이 계속되는 축광성 야광도료를 이용하여 어두운 곳에서도 문자 · 화살표시 등이 쉽게 식별될 수 있도록 만든 것이다.
2. Luminescence(루미네센스)
   (1) 축광성 야광도료의 주성분은 아연(Zn), 규소(Si), 구리(Cu)이며 발광의 원리는 빛(光)에 의한 Luminescence이다.
   (2) Luminescence란 열을 수반하지 않는 발광현상(즉, 냉광)으로서 "광 luminescence"는 외부의 인공광 또는 자연광에 의한 발광자극에 의하여 자극이 제거된 후에도 일정기간동안 발광하는 것을 의미한다.

Ⅱ. 유도표지의 적용

1. 설치대상

유도등 설치대상에 해당하지 아니하는 특정소방대상물

2. 설치제외

(1) 유도등이 적합하게 설치된 출입구·복도·계단 및 통로
(2) 피난구유도등, 통로유도등을 설치하지 아니할 수 있는 출입구·복도·계단 및 통로

Ⅲ. 유도표지의 종류

1. 피난구유도표지

피난구 또는 피난경로로 사용되는 출입구를 표시하여 피난을 유도하는 표지를 말한다.

2. 통로유도표지

피난통로가 되는 복도, 계단 등에 설치하는 것으로서 피난구의 방향을 표시하는 유도표지를 말한다.

Ⅳ. 유도표지의 성능기준

1. 방사성물질을 사용하는 유도표지는 쉽게 파괴되지 아니하는 재질로 처리할 것
2. 유도표지는 주위 조도 0ℓx에서 60분간 발광 후 직선거리 20m 떨어진 위치에서 보통 시력으로 유도표지가 있다는 것이 식별되어야 하고, 3m 거리에서 표시면의 문자 또는 화살표등을 쉽게 식별할 수 있는 것으로 할 것
3. 유도표지의 표시면은 쉽게 변형·변질 또는 변색되지 아니할 것
4. 유도표지의 표지면의 휘도는 주위 조도 0ℓx에서 60분간 발광후 7mcd/㎡ 이상으로 할 것
5. 유도표지의 크기는 다음 표의 기준에 따를 것

종 류	가로의 길이	세로의 길이
피난구유도표지	360mm 이상	120mm 이상
복도통로유도표지	250mm 이상	85mm 이상

Ⅴ. 유도표지의 설치기준

1. 계단에 설치하는 것을 제외하고는 각층마다 복도 및 통로의 각 부분으로부터 하나의 유도표지까지의 보행거리가 15m 이하가 되는 곳과 구부러진 모퉁이의 벽에 설치할 것
2. 피난구유도표지는 출입구 상단에 설치하고, 통로유도표지는 바닥으로부터 높이 1m 이하의 위치에 설치할 것
3. 주위에는 이와 유사한 등화·광고물·게시물 등을 설치하지 아니할 것
4. 유도표지는 부착판 등을 사용하여 쉽게 떨어지지 아니하도록 설치할 것
5. 축광방식의 유도표지는 외광 또는 조명장치에 의하여 상시 조명이 제공되거나 비상조명등에 의한 조명이 제공되도록 설치할 것

문제60 유도등의 색상이 녹색인 이유

Ⅰ. 개 요

1. 일반적으로 소방분야에서는 적색을 많이 사용한다. 예를 들면 소화기, 압력챔버, 소방용 배관의 표지 등은 모두 적색으로 되어 있다.
2. 그러나 유도등은 적색이 아닌 녹색을 사용한다. 그 이유는 Purkinje effect(퍼킨제효과)와 우리 눈의 간상체가 녹색광을 잘 흡수하기 때문이다.

Ⅱ. Purkinje effect(퍼킨제효과)

1. 정 의
   주위의 밝기 변화에 따라 물체의 색상명도가 변화되어 보이는 현상을 말한다.
2. 적색과 녹색은
   (1) 밝은 곳에서는 동일한 밝기이지만(즉, 명도가 동일하지만)
   (2) 어두운 곳에서는 녹색이 적색보다 밝게 보인다.
3. 그 이유는 어둠 속에서는 눈의 최대비시감도가 단파장 쪽으로 이동하기 때문이다.
   (1) 밝은 곳의 최대비시감도 : 555nm
   (2) 어두운 곳의 최대비시감도 : 510nm

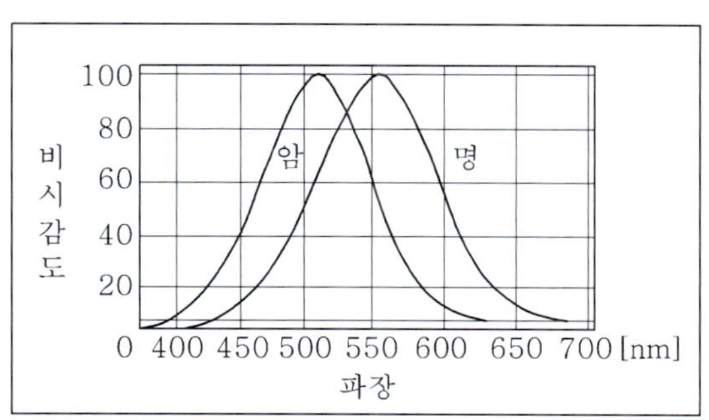

4. 따라서 화재로 인한 정전 또는 연기 속에서는 적색보다 녹색이 우리 눈에 잘 보이게 된다.
5. Purkinje effect의 응용
   유도등, 유도표지, 간판, 도로 이정표 등

Ⅲ. 눈과 색채와의 관계

1. 사람이 색을 구분하는 것은 눈의 망막에 추상체와 간상체라는 세포조직이 있기 때문이다.
2. 추상체
   (1) 색상을 천연색으로 식별한다.
   (2) 밝은 조명 아래에서는 색상을 감지하지만 약한 빛에서는 무력하다.
3. 간상체
   (1) 형태를 흑백으로만 식별한다.
   (2) 약한 빛에서도 형태를 구분하지만 흑백의 명암에만 작용한다.
4. 화재로 인한 정전 또는 농연 속에서는
   (1) 색상을 식별하는 추상체는 도움이 되지 않는다.
   (2) 오히려 색을 구분하지 못하는 간상체가 중요한 역할을 한다.
5. 간상체는 녹색광은 잘 흡수하지만 적색광은 흡수하지 않는다. 따라서 연기가 체류하는 어두운 곳에서는 녹색이 식별도가 높기 때문에 유도등의 색상을 녹색으로 하는 것이다.

문제61 피난유도시스템 발달과정

※ 피난유도시스템의 발달과정
1. 유도등의 대형화
2. 점멸 유도등
3. 음향장치부착 유도등
4. 광점멸주행에 의한 피난유도시스템
5. 허스(Hass)효과에 의한 음성피난유도시스템

Ⅰ. 유도등의 대형화

1. 유도등의 표면적이 클수록 식별도가 높아진다.
   (1) 소형유도등의 식별가능거리 : 30m
   (2) 중형유도등의 식별가능거리 : 60m
   (3) 대형유도등의 식별가능거리 : 100m
2. 문제점
   유도등이 너무 크면 건물과의 불균형 즉, 미관을 해치게 된다.

Ⅱ. 점멸유도등

1. 대형유도등은 연기 속에서는 큰 효과가 없다.
2. 연기 속에서도 잘 보이려면 표시면의 조도를 높여야 한다.
   (1) 연기농도와 조도와의 관계
      ① 연기농도가 2배 증가 → 조도는 100배(=10^2 배) 증가해야 된다.
      ② 연기농도가 3배 증가 → 조도는 1,000배(=10^3 배) 증가해야 된다.
   (2) 그러나, 이러한 조도를 갖는 유도등은 제작이 불가능하다.
3. 해결책
   (1) Strobe(섬광 2회/초)를 사용하여 식별도를 높일 수 있다.
   (2) 즉, Strobe의 광원으로 사용되는 Xenon lamp의 불빛 밝기는 순간적이지만 형광등의 수백~수천배이다.
4. 점멸의 방법
   (1) 일반 유도등에 Strobe를 부착하는 방법
   (2) 형광등의 명도를 높여 자체의 점멸을 이용하는 방법

Ⅲ. 유도음향장치 부착 유도등

1. 연기 속에서 유도등의 식별력을 향상시키는 방법
   (1) 유도등을 대형화한다.
   (2) 표시면의 조도를 높인다.
   (3) Strobe를 이용한다.
2. 그러나 농연 속에서는 이러한 것들도 큰 효과가 없게 된다.
3. 해결책
   (1) 음향에 의한 피난유도방법을 개발하게 되었다. 즉, 유도등에 스피커를 부착하여 화재신호에 따라 경보음과 함께 음성이 출력되도록 한 것이다.(예 : "삐뽕삐뽕, 비상구는 여기에 있습니다.")
   (2) 음향의 장점은 농연 속에서도 감쇄되지 아니한다는 점이다.
   (3) 음의 단점은 큰 음향은 반향음에 의하여 음의 방향에 대한 분별이 곤란하다는 점이다. 그러나 음량을 조절하여 반향음을 작게 함으로써 문제해결이 가능하다.
4. 음향에 의한 피난유도는 시각장애인에게도 매우 효과적인 방법이다.

Ⅳ. 광점멸주행에 의한 피난유도시스템

1. 시스템 개요

녹색광원을 바닥면에 일정간격으로 매립하여 피난방향을 향해서 점멸주행시킴으로써 피난자를 비상구까지 유도하는 시스템이다.

2. 피난효과의 영향인자

(1) 광원의 간격 : 1m 이하
   - 광원의 간격이 1m를 초과할 경우 효과가 낮아진다.

(2) 광원의 크기 : 5cm×5cm 이하
   - 광원의 크기가 5cm×5cm보다 커지면 유도효과에 변화가 없다.

(3) 광원의 휘도 : 2,000cd/㎡
   - 녹색필터를 제거한 상태에서 2,000cd/㎡이면 충분하다.

(4) 점멸주행속도
   ① 피난효과는 "광원의 간격 +광원의 수 +점멸주행속도"에 비례한다.
   ↓ ↓ ↓
   ② 최대피난효과 = (1m 이내) + (4~5개) + (2~3m/sec)
   ③ 점멸주행속도가 2~3m/sec 미만이면 보행속도가 느려지고 이를 초과하면 효과가 작아진다.

V. 허스효과에 의한 음성피난유도시스템

1. 허스(Hass)효과

(1) 정 의

복수개의 음향송출장치가 동일한 신호음을 발할 경우 한쪽의 신호음을 약간 지연시키면 음향이 자연스럽게 이동하는 현상을 말한다. “선행음효과”라고도 한다.

(2) 조 건

① 도달하는 음향의 시간차이가 1~3[ms] 이내이어야 한다.

② 보통 35ms 이하일 때 선행음효과가 있다.

③ ms : mili second($\frac{1}{1000}$sec)

2. 시스템 개요

비상구를 기점으로 하여 천장에 여러 개의 스피커를 부착시켜 인접한 스피커 사이에 전기적으로 시간차를 두게 하여 음성을 발함으로써 마치 음성이 비상구로부터 들려오는 것처럼 느껴지도록 한 것이다.

3. 방향감각의 평가치에 영향인자

(1) 스피커

① 설치간격 : 10m 이내

② 설치방향 : 통로의 긴 방향

③ 부착각 : 4.5° 가 한계

④ 지대 : 200Hz~3150Hz (200Hz~6300Hz가 바람직)

(2) 음성의 지연시간

$$T_d = \frac{R}{C} + d \times 10^{-3}[s]$$

여기서, T_d : 음성의 지연시간(s)

R : 스피커의 설치간격(m)

C : 음의 전파속도(m/sec)

d : delay 시간(초)

문제62 고휘도유도등

Ⅰ. 고휘도유도등의 생산 배경

1. 2001년 유도등의 형식승인 및 검정기술기준이 일부 개정되었다.
   (1) 유도등의 최소크기만을 규정하여 다양한 크기의 유도등을 생산·사용할 수 있도록 하였다.
   (2) 유도등의 평균휘도를 규정하여 유도등의 식별도를 명확히 하도록 하였다.
2. 그러나 유도등의 광원으로 사용된 기존의 형광램프(보통 32mm 열음극형 형광램프)로는 개정된 검정기준의 평균휘도를 충족할 수 없기 때문에 휘도가 매우 높은 고휘도유도등을 생산하게 되었다.

Ⅱ. 휘도의 개념

1. 밝기의 종류
   (1) 광도(luminous intensity) : 광원의 밝기
   (2) 조도(Illumination) : 광원에 의한 피사체의 밝기
   (3) 휘도(Brightness) : 광원에서 발생하는 빛에 의한 눈부심의 밝기
2. 휘도는 유도등의 식별도에 대한 중요한 값이다.
3. 휘도가 너무 클 경우 유도등 표시면의 문자나 글씨 등을 판독하는 식별도가 오히려 낮아지므로 휘도를 제한할 필요가 있다. 따라서 검정기준에서는 최소휘도와 최대휘도를 각각 제한하고 있다.

Ⅲ. 일반유도등과의 차이점(고휘도유도등의 특징)

	일반유도등	고휘도유도등	비 고(고휘도유도등의 특징)
1. 광원	형광램프 (열음극형)	CCFL, LED, T5형광등	다양한 광원을 사용할 수 있다.
2. 디자인	단조롭고 투박하다	심플(simple)하고 슬림(slim)형으로 되어 있다.	① 시각적으로 미려하다. ② 표시면의 크기 및 두께가 대폭 축소되어 소형화가 가능하다. ③ 소형 경량이므로 설치위치 변경 및 시공이 편리하다. ④ 설치공간을 최소화할 수 있다.
3. 소비전력	크다	작다(70%정도)	에너지가 절감된다.

	일반유도등	고휘도유도등	비 고 (고휘도유도등의 특징)
4. 수명	짧다	길다	
5. 열에 의한 변형, 변색	있다	없다	
6. 유지, 보수측면	불리하다	유리하다	
7. 가격	싸다	비싸다	

Ⅳ. 고휘도유도등의 종류

1. CCFL(냉음극형 형광등, Cold cathodic fluorescent lamp)

	일반 형광등	CCFL
원리	열음극형	냉음극형
방전	방전관이 방전을 시작할 때 열전자를 사용한다.	방전 시 가열되지 않고 이온충격에 의한 2차 전자방출과 이온의 재결합에 의하여 생기는 광전자 방출로 방전을 시작한다.
램프	32mm(T10)	2.6mm

2. LED

	일반 형광등	LED
광원	형광램프	발광 Diode (램프를 교체할 필요가 없다)
광도	높다	낮다
소비전력	많다	매우 적다

3. T5 형광등

	일반 형광등	T5 형광등
주파수	60Hz	20~60Hz (고주파를 이용한다)
안정기	자기식	전자식
램프크기	32mm (T10)	16mm (T5)

Ⅴ. CCFL의 구조 및 원리

1. 구 조

(1) 가는 유리관 내에 형광물질을 도포한다.
(2) 유리관의 양 끝에 전극을 밀봉한다.
(3) Hg, Ar, Ne의 혼합가스를 충전한다.(2~10mg)

2. 원 리

(1) 일종의 가스방전의 발광방식으로서 램프 내부에 도포된 형광물질을 자극하여 빛을 발산한다.
(2) 즉, 전기에너지를 광에너지로 변환시킨다.

3. 발광 Mechanism

(1) 양쪽 끝의 전극에 고압의 전류를 흐르게 한다.
(2) 혼합가스와 *Hg*의 이온화작용으로 고주파에너지가 생성된다.
(3) 이로 인해 형광물질이 자극되어 광전자를 방출함으로써 빛을 발산한다.
(4) 이를 증폭하여 가시광선을 생성한다.

Ⅵ. 고휘도유도등의 효과

1. 에너지 절감 효과
2. 비용 절감 효과(설치비, 램프 교체비)
3. 시각적 효과로 공간의 아름다움을 창출한다.
4. 고휘도에 따른 비상시 대피상승효과

문제63 비상조명등

Ⅰ. 정 의

"비상조명등"이란 화재발생 등에 따른 정전 시에 안전하고 원활한 피난활동을 할 수 있도록 거실 및 피난통로 등에 설치되어 자동 점등되는 조명등을 말한다.

Ⅱ. 설치대상 및 면제대상

1. 설치대상

(1) 지하층을 포함한 층수가 5층 이상인 건축물로서 연면적 3,000㎡ 이상인 것.

(2) 상기(1)에 해당되지 아니하는 특정소방대상물로서 그 지하층 또는 무창층의 바닥면적이 450㎡ 이상인 경우에는 그 지하층 또는 무창층

(3) 지하가 중 터널로서 길이가 500m 이상인 것

※ 단, 창고시설 중 창고 및 하역장, 위험물 저장 및 처리 시설 중 가스시설은 제외한다

2. 면제대상

(1) 설치면제

비상조명등을 설치하여야 할 특정소방대상물에 피난구유도등 또는 통로유도등을 화재안전기준에 적합하게 설치한 경우에는 그 유도등의 유효범위안의 부분에는 설치가 면제된다.

> ※ "유도등의 유효범위안의 부분"이라 함은 유도등의 조도가 바닥에서 1lx 이상이 되는 부분을 말한다.

(2) 설치제외

① 거실의 각 부분으로부터 하나의 출입구에 이르는 보행거리가 15m 이내인 부분

② 의원·경기장·공동주택·의료시설·학교의 거실

Ⅲ. 비상조명등의 종류

1. 예비전원에 따른 구분

(1) 예비전원 내장형

(2) 예비전원 비내장형

2. 광원의 겸용여부에 따른 구분

(1) 전용형

① 상용전원과 비상전원의 광원이 분리되어 있는 구조

② 예 : 벽부형 비상조명등, 상용형광등 내에 예비전원용 백열등을 설치한 경우

(2) 겸용형

① 동일한 광원을 상용전원과 비상전원의 광원으로 겸용하는 구조

② 예 : 동일한 형광등을 상용전원 및 발전기에 연결하여 사용하는 경우

Ⅳ. 비상조명등의 성능기준

1. 광학적 성능

비상시 유효점등시간(20분 또는 60분) 및 평균조도 1lx 이상을 유지할 것

2. 내열성능

배선은 HFIX를 사용하고 등기구는 불연성 재료로 구성할 것

3. 즉시 점등성

(1) 정전 시 비상전원에 의하여 즉시 점등되는 구조일 것

① 일반적으로 백열등을 사용한다.

② 형광등을 사용하는 경우 Rapid start type의 형광등(스타트 전구 없이 즉시 점등되는 형광등)을 사용하여야 한다.

③ 최근엔 전자식을 주로 사용한다.

(2) 비상전원이 축전지일 경우 백열등은 축전지로 작동이 되지만, 형광등은 인버터(Invert)회로를 내장하여야만 축전지에 의하여 작동할 수 있다.

4. 전원의 자동절환

정전 시 비상전원으로 자동절환되고 상용전원이 공급되면 자동으로 복구되는 구조

Ⅴ. 비상조명등의 설계기준

1. 비상조명등의 형상

설치장소의 사용목적을 고려하여 등기구의 형상, 조명도, 광원의 형태 등을 결정한다.

2. 비상조명등의 배치

비상시 피난을 유도할 수 있도록 최적의 위치 및 설치장소를 결정한다.

3. 적정한 초기조도

경년변화에 따른 광속의 감소를 고려하여 최저 1lx를 유지하기 위한 설계상 초기조도를 산출한다.

4. 점등방식의 선정

광원에 대하여 상용전원 및 비상전원의 겸용 여부 또는 비상전원의 전용 여부를 결정한다.

5. 비상전원의 선정

비상전원의 내장 또는 별도의 비상전원 설치 등을 선정한다.

Ⅵ. 비상조명등의 설치기준

1. 설치장소

특정소방대상물의 각 거실과 그로부터 지상에 이르는 복도·계단 및 그 밖의 통로에 설치할 것

2. 조 도

비상조명등이 설치된 장소의 각 부분의 바닥에서 1ℓx 이상이 되도록 할 것

3. 비상전원

(1) 예비전원을 내장하는 비상조명등

① 평상시 점등여부를 확인할 수 있는 점검스위치를 설치할 것

② 해당 조명등을 유효하게 작동시킬 수 있는 용량의 축전지와 예비전원 충전장치를 내장할 것

(2) 예비전원을 내장하지 아니하는 비상조명등

자가발전설비, 전기저장장치 또는 축전지설비를 다음의 기준에 따라 설치하여야 한다.

① 점검에 편리하고 화재 및 침수 등의 재해로 인한 피해를 받을 우려가 없는 곳에 설치할 것

② 상용전원으로부터 전력의 공급이 중단된 때에는 자동으로 비상전원으로부터 전력을 공급받을 수 있도록 할 것

③ 비상전원의 설치장소는 다른 장소와 방화구획 할 것. 이 경우 그 장소에는 비상전원의 공급에 필요한 기구나 설비외의 것(열병합발전설비에 필요한 기구나 설비는 제외한다)을 두어서는 아니된다.

④ 비상전원을 실내에 설치하는 때에는 그 실내에 비상조명등을 설치할 것

(3) 비상전원의 용량

① 비상조명등을 20분 이상 유효하게 작동시킬 수 있는 용량으로 할 것

② 다음의 특정소방대상물의 경우에는 그 부분에서 피난층에 이르는 부분의 비상조명등을 60분 이상 유효하게 작동시킬 수 있는 용량으로 하여야 한다.

㉠ 지하층을 제외한 층수가 11층 이상의 층

㉡ 지하층 또는 무창층으로서 용도가 도매시장·소매시장·여객자동차터미널 · 지하역사 또는 지하상가

문제64 휴대용비상조명등

Ⅰ. 정 의

"휴대용 비상조명등"이라 함은 화재발생 등으로 정전 시 안전하고 원활한 피난을 위하여 피난자가 휴대할 수 있는 조명등을 말한다.

Ⅱ. 설치대상

1. 설치대상

(1) 숙박시설
(2) 수용인원 100인 이상의 영화상영관, 판매시설 중 대규모점포, 철도 및 도시철도시설 중 지하역사, 지하가 중 지하상가
(3) 다중이용업소의 영업장 안의 구획된 실

2. 설치제외

(1) 지상1층 또는 피난층으로서 복도·통로 또는 창문 등의 개구부를 통하여 피난이 용이한 경우
(2) 숙박시설로서 복도에 비상조명등을 설치한 경우

Ⅲ. 설치기준

1. 설치장소 및 설치수량
   (1) 숙박시설 또는 다중이용업소에는 객실 또는 영업장안의 구획된 실마다 잘 보이는 곳(외부에 설치 시 출입문 손잡이로부터 1m 이내 부분)에 1개 이상 설치
   (2) 「유통산업발전법」 제2조제3호에 따른 대규모점포(지하상가 및 지하역사를 제외한다)와 영화상영관에는 보행거리 50m 이내마다 3개 이상 설치
   (3) 지하상가 및 지하역사에는 보행거리 25m 이내마다 3개 이상 설치
2. 설치높이는 바닥으로부터 0.8m 이상 1.5m 이하의 높이에 설치할 것
3. 어둠속에서 위치를 확인할 수 있도록 할 것
4. 사용 시 자동으로 점등되는 구조일 것
5. 외함은 난연성능이 있을 것
6. 건전지를 사용하는 경우에는 방전방지조치를 하여야 하고, 충전식 밧데리의 경우에는 상시 충전되도록 할 것
7. 건전지 및 충전식 밧데리의 용량은 20분 이상 유효하게 사용할 수 있는 것으로 할 것

문제65 비상콘센트설비

Ⅰ. 개 요

1. 화재가 발생하면 건물 내의 전원이 대부분 차단되므로 출동한 소방대의 소화활동장비에 전원을 공급하기 위해서는 이동용 자가발전기를 사용하거나 외부로부터 전선릴을 이용하여야 하는데 건물 내부로 접근이 용이하지 않은 고층건물이나 지하층은 전원공급에 많은 어려움이 있다.
2. 따라서 일정 규모 이상의 건축물에는 화재 발생 시 소화활동에 필요한 전원을 전용으로 공급 받을 수 있는 설비를 설치하도록 하고 있는데 이를 비상콘센트설비라고 하며 소방대전용의 소화활동설비에 해당된다.

Ⅱ. 설치대상

1. 층수가 11층 이상인 특정소방대상물의 경우에는 11층 이상의 층
2. 지하층의 층수가 3개층 이상이고, 지하층의 바닥면적의 합계가 1,000㎡ 이상인 것은 지하의 모든 층
3. 지하가 중 터널로서 길이가 500m 이상인 것

※ 단, 위험물 저장 및 처리 시설 중 가스시설 또는 지하구는 제외한다.

Ⅲ. 비상콘센트설비의 전원

1. 비상전원

① 자가발전기설비
② 비상전원수전설비
③ 전기저장장치

※ 전압의 구분
① 저압 : 직류는 750V 이하, 교류는 600V 이하인 전압
② 고압 : 직류는 750V를, 교류는 600V를 넘고 7,000V 이하인 전압
③ 특별고압 : 7,000V를 넘는 전압

Ⅳ. 전원회로

1. 전원회로의 전압 및 용량

비상콘센트설비의 전원회로는 단상교류 220V인 것으로서, 그 공급용량은 1.5kVA 이상인 것으로 할 것

2. 전원회로

(1) 각층에 있어서 2 이상이 되도록 설치할 것. 다만, 설치하여야 할 층의 비상콘센트가 1개인 때에는 하나의 회로로 할 수 있다.
(2) 주배전반에서 전용회로로 할 것. 다만, 다른 설비의 회로의 사고에 따른 영향을 받지 아니하도록 되어 있는 것에 있어서는 그러하지 아니하다.
(3) 하나의 전용회로에 설치하는 비상콘센트는 10개 이하로 할 것. 이 경우 전선의 용량은 각 비상콘센트(비상콘센트가 3개 이상인 경우에는 3개)의 공급용량을 합한 용량 이상의 것으로 하여야 한다.

3. 배선용차단기

(1) 전원으로부터 각층의 비상콘센트에 분기되는 경우에는 분기배선용 차단기를 보호함안에 설치할 것
(2) 콘센트마다 배선용 차단기(KS C 8321)를 설치하여야 하며, 충전부가 노출되지 아니하도록 할 것

4. 개폐기에는 "비상콘센트" 라고 표시한 표지를 할 것

5. 비상콘센트용의 풀박스 등은 방청도장을 한 것으로서, 두께 1.6mm 이상의 철판으로 할 것

※ 배선용 차단기
1. NFB(No Fuse Breaker)라 한다.
2. 규격 : KS C 8321(배선용 차단기)
3. 특징
   ① 충전부가 노출되지 아니한 안전한 구조이다.
   ② Fuse가 없으므로 Fuse 용단에 의한 관리상의 불편이 없다.
   ③ 과전류발생시 자동으로 Trip되어 전로를 보호한다.

V. 플러그접속기

1. 종 류

접지형2극 플러그접속기(KS C 8305)를 사용하여야 한다.

2. 접지공사

플러그접속기의 칼받이의 접지극에는 접지공사를 하여야 한다.

VI. 비상콘센트

1. 설치높이

바닥으로부터 높이 0.8m 이상 1.5m 이하의 위치에 설치할 것

2. 비상콘센트의 배치

(1) 아파트 또는 바닥면적이 1,000㎡ 미만인 층
 ① 계단의 출입구로부터 5m 이내에 설치할 것
 ② 계단의 부속실을 포함하며 계단이 2 이상 있는 경우에는 그 중 1개의 계단을 말한다.

(2) 바닥면적 1,000㎡ 이상인 층(아파트를 제외한다)
 ① 각 계단의 출입구 또는 계단부속실의 출입구로부터 5m 이내에 설치할 것
 ② 계단의 부속실을 포함하며 계단이 3 이상 있는 층의 경우에는 그 중 2개의 계단을 말한다.

3. 하나의 비상콘센트로부터 그 층의 각 부분까지의 거리가 다음의 기준을 초과하는 경우에는 그 기준 이하가 되도록 비상콘센트를 추가하여 설치할 것

(1) 지하상가 또는 지하층의 바닥면적의 합계가 3,000㎡ 이상인 것은 수평거리 25m
(2) 그 밖의 것은 수평거리 50m

VII. 비상콘센트 보호함

1. 보호함에는 쉽게 개폐할 수 있는 문을 설치할 것
2. 보호함 표면에 "비상콘센트"라고 표시한 표지를 할 것
3. 보호함 상부에 적색의 표시등을 설치할 것. 다만, 비상콘센트의 보호함을 옥내소화전함 등과 접속하여 설치하는 경우에는 옥내소화전함 등의 표시등과 겸용할 수 있다.

Ⅷ. 전원부와 외함 사이의 절연저항 및 절연내력

1. 절연저항

전원부와 외함 사이를 500V절연저항계로 측정할 때 20MΩ 이상일 것

2. 절연내력

(1) 전원부와 외함 사이에 정격전압이 150V 이하인 경우에는 1,000V의 실효전압을 가하는 시험에서 1분 이상 견디는 것으로 할 것

(2) 정격전압이 150V 이상인 경우에는 그 정격전압에 2를 곱하여 1,000을 더한 실효전압을 가하는 시험에서 1분 이상 견디는 것으로 할 것

1. 절연저항시험
   ① 누전여부를 판단하는 측정기준이다.
   ② 전원부와 외함 사이를 측정한다는 것은 외함이 전원부와 절연이 되어 있으면 화재 시 소방대가 비상콘센트를 사용하기 위하여 외함에 접촉할 경우 누전으로 인한 감전사고를 방지하기 위함이다.
2. 절연내력시험
   ① 절연물이 어느 정도의 전압에 견딜 수 있는지를 확인하는 시험이다.
   ② 절연내력시험에서 어떤 일정한 전압을 규정시간동안 가하여 이상 유무를 확인하는 것을 내전압시험이라 한다.
3. 실효전압
   ① 직류전압은 시간변화에 관계없이 일정한 크기의 전압을 유지하지만, 교류전압은 파형이 sine파로 변하므로 시간에 따라 전압의 크기가 일정하지 않다.
   ② 직류전압과 같이 일정한 크기의 교류전압을 표현하기 위하여 사용하는 전압을 실효전압이라 한다. 교류 380V, 220V 등은 실효전압을 의미한다.
   ③ 실효값이란 직류와 동일한 효과를 가지는 교류의 평균값 즉, 시시각각으로 변하는 교류를 전열기에 흘렸을 때 직류와 같은 발열효과를 갖는(열을 발생시키는) 값을 말한다.

문제66 무선통신보조설비

I. 개 요

1. 지하층이나 지하상가는 그 구조상 전파의 반송특성이 나빠서 무선교신이 용이하지 않기 때문에 화재진압이나 구조현장에서 소방대원간의 무선교신이 어렵게 된다.
2. 따라서 이러한 특성이 있는 건축물 중 일정규모 이상의 소방대상물에 전파가 도달하기 어려운 것을 보완하기 위해서 누설동축케이블이나 안테나를 설치하여 원활하게 무선교신을 할 수 있도록 한 설비를 무선통신보조설비라 하며 소화활동설비의 일종이다.

II. 설치대상 및 면제대상

1. 설치대상 (단, 가스시설은 제외한다)

(1) 지하가(터널 제외)로서 연면적 1,000㎡ 이상인 것.

(2) 지하층의 바닥면적의 합계가 3,000㎡ 이상인 것 또는 지하층의 층수가 3 개층 이상이고 지하층의 바닥면적의 합계가 1,000㎡ 이상인 것은 지하층의 모든 층

(3) 지하가 중 터널로서 길이가 500m 이상인 것.

(4) 국토의 계획 및 이용에 관한 법률 제2조 제9호의 규정에 의한 공동구

> "공동구"라 함은 지하매설물(전기·가스·수도 등의 공급설비, 통신시설, 하수도시설 등)을 공용수용함으로서 도시미관의 개선, 도로구조의 보전 및 교통의 원활한 소통을 기하기 위하여 지하에 설치하는 시설물을 말한다.

(5) 층수가 30층 이상인 것으로서 16층 이상 부분의 모든 층

2. 면제대상

무선통신보조설비를 설치하여야 할 특정소방대상물에 이동통신구내선로설비 또는 무선이동중계기(「전파법」 제58조의2에 따른 적합성평가를 받은 제품만 해당한다) 등을 화재안전기준의 무선통신보조설비기준에 적합하게 설치한 경우에는 무선통신보조설비 설치가 면제된다.

3. 설치제외

지하층으로서 특정소방대상물의 바닥부분 2면 이상이 지표면과 동일하거나 지표면으로부터의 깊이가 1m 이하인 경우에는 해당층에 한하여 무선통신보조설비를 설치하지 아니할 수 있다.

Ⅲ. 설비의 구성

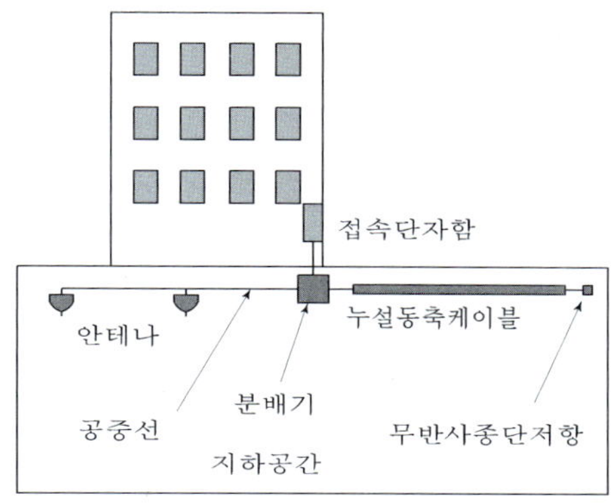

1. 전송장치

(1) 동축케이블

(2) 누설동축케이블 : 동축케이블의 외부도체에 가느다란 홈을 만들어서 전파가 외부로 새어나갈 수 있도록 한 케이블

2. 무반사종단저항(Dummy load)

(1) 누설동축케이블로 전송된 전자파는 케이블 끝에서 반사되어 교신을 방해하므로 송신부로 되돌아오는 전자파의 반사를 방지하기 위하여 설치하는 장치

(2) 누설동축케이블의 끝부분에 견고하게 설치하여야 한다.

3. 안테나(Antenna)

(1) 전파를 효율적으로 수신하기 위하여 사용하는 공중도체로서 안테나의 길이는 주파수에 따라 무지향성과 지향성으로 구분한다.

(2) 동축케이블의 말단에 설치한다.

4. 분배기 등

(1) 분배기 : 신호의 전송로가 분기되는 장소에 설치하는 것으로 임피던스 매칭(Matching)과 신호 균등분배를 위해 사용하는 장치

(2) 분파기 : 서로 다른 주파수의 합성된 신호를 분리하기 위해서 사용하는 장치

(3) 혼합기 : 두개 이상의 입력신호를 원하는 비율로 조합한 출력이 발생하도록 하는 장치

5. 증폭기

(1) 신호 전송 시 신호가 약해져 수신이 불가능해지는 것을 방지하기 위해서 증폭하는 장치를 말한다.

(2) 증폭기를 설치할 경우 비상전원의 문제점, 유지관리의 문제점, 구조의 복잡성 등을 고려해야 하므로 가급적 증폭기를 설치하지 않도록 설계하여야 한다. 예를 들면 전기적 손실이 작아지도록 케이블을 접속하는 방법으로 설계하는 식이다.

6. 무선기기 접속단자

(1) 무선통신보조설비를 이용하여 소방대 상호간에 교신을 하기 위하여 무전기를 접속하는 단자를 말한다.

(2) 접속단자와 무선기간의 연결은 "접속용 케이블"을 사용하여 상호 접속한다.

(3) 설치기준

① 화재층으로부터 지면으로 떨어지는 유리창 등에 의한 지장을 받지 않고 지상에서 유효하게 소방활동을 할 수 있는 장소 또는 수위실 등 상시 사람이 근무하고 있는 장소에 설치할 것

② 단자는 한국산업규격에 적합한 것으로 하고, 바닥으로부터 높이 0.8m 이상 1.5m 이하의 위치에 설치할 것

③ 지상에 설치하는 접속단자는 보행거리 300m 이내마다 설치하고, 다른 용도로 사용되는 접속단자에서 5m 이상의 거리를 둘 것

④ 지상에 설치하는 단자를 보호하기 위하여 견고하고 함부로 개폐할 수 없는 구조의 보호함을 설치하고, 먼지·습기 및 부식 등에 따라 영향을 받지 아니하도록 조치할 것

⑤ 단자의 보호함의 표면에 "무선기 접속단자"라고 표시한 표지를 할 것

Ⅳ. 무선통신보조설비의 사용방법

무선통신보조설비를 실제로 운용할 경우에는 다음의 사항에 유의하여야 한다.

1. ⓐ의 휴대용 무전기를 지상의 접속단자에 접속했을 경우 ⓐ와 지상에 있는 ⓑ는 서로 교신이 불가능해진다.

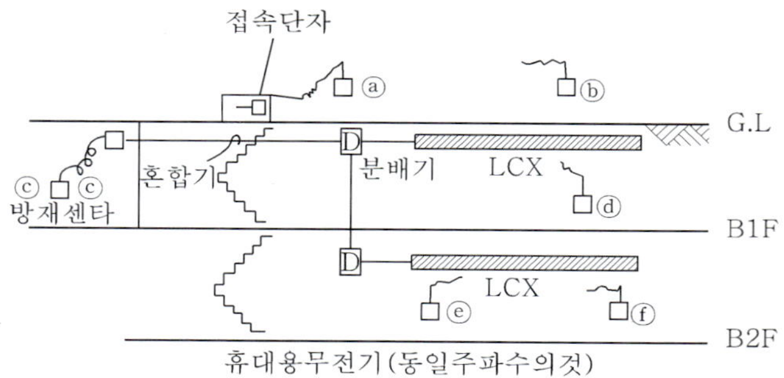

휴대용무전기(동일주파수의것)

2. ⓐ의 휴대용 무전기는 방재센터 ⓒ 및 지하가의 대원과 교신할 수 있다.
3. 방재센터 ⓒ는 지하가의 대원과 지상의 접속기를 접속한 ⓐ와 교신이 가능하다.
4. 지하1층에 있는 대원 ⓓ와 지하2층에 있는 대원 ⓔ, ⓕ와의 교신은, 분배기를 여러 개 설치했을 경우나 케이블의 설치거리가 길어질 경우에는 이들 자체의 전송 손실이나 접합손실 때문에 교신이 불가능한 경우도 있다. 이 경우 지하2층의 대원 ⓔ는 지상 ⓐ로 교신하고, ⓐ가 그 내용을 지하1층 대원 ⓓ에게 교신할 수 있다.
5. 동일 층에 있는 대원 ⓔ와 ⓕ의 교신은 어느 정도 범위 내에서는 가능하다. (어느 정도란 누설동축 케이블의 시설 방법이 직선적이고, 해당 케이블의 1.5m이내의 범위에서 교신했을 때 약 500m 정도이다).
6. 지상의 대원 ⓐ와 방재센터 내의 대원 ⓒ가 송수신 중일 때에는, 지하가내의 대원은 모두 수신만 가능하다.
7. 지상의 대원 ⓐ와 지하층의 대원 ⓓ, 방재센터 내의 ⓒ와 지하 2층의 대원이, 각각 근접한 다른 주파수로 교신하고 있을 경우라도, ⓐ 또는 ⓒ의 어느 쪽인가 송신 상태일 때, 다른 쪽의 통신이 방해받을 수가 있으므로 가능한 한 같은 주파수를 사용하는 것이 좋다.
8. 무선통신보조설비는 1W 정도의 휴대용 무전기의 사용을 고려하여 설계되었으므로 출력이 큰 차량 적재 무전기는 직접 접속할 수 없다.
9. 1W의 휴대용 무전기를 접속단자로 접속해서 지하가 내부에서 1W의 휴대용 무전기를 사용하여 가장 최적의 조건에서 1.5km 정도이다. 그 이상 통화거리를 늘리려면 저손실 동축케이블을 시설하든지, 증폭기를 설치해야 한다.

문제67 무선통신보조설비의 종류

Ⅰ. 누설동축케이블 방식

1. 동축케이블과 누설동축케이블을 조합한 방식이다.

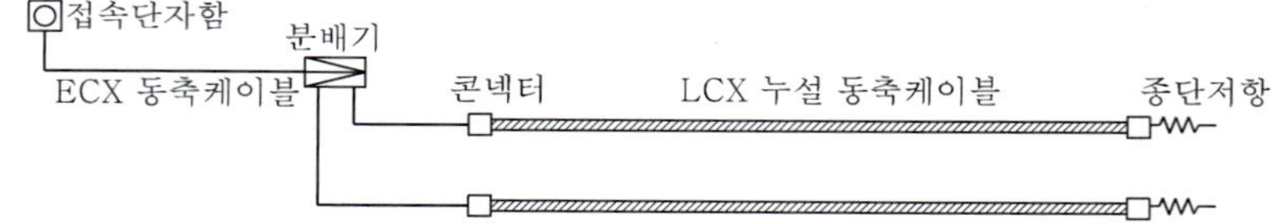

2. 특 징

(1) 전파를 균일하고 광범위하게 방사할 수 있다.

(2) 케이블이 외부에 노출되므로 유지보수가 용이하다.

(3) 터널, 지하철역과 같이 길고 폭이 좁은 지하가 또는 건축물 내부에 적합하다.

Ⅱ. 안테나 방식

1. 동축케이블과 안테나(Antenna)을 조합한 방식이다.

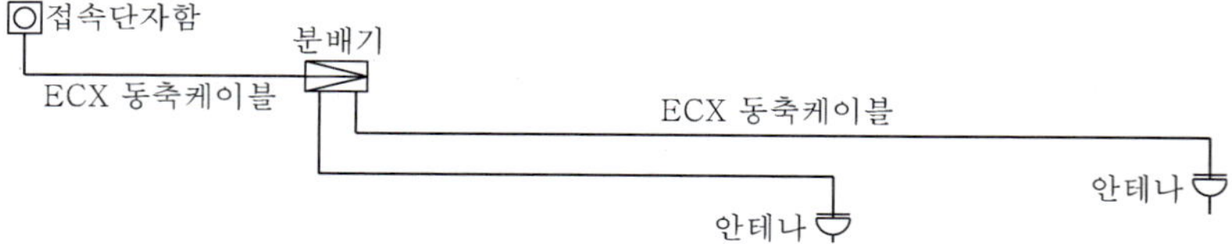

2. 특 징

(1) 누설동축케이블방식보다 경제적이다.

(2) 케이블을 반자 내에 은폐할 수 있으므로 화재로 인한 영향이 작고 미관을 해치지 않는다.

(3) 말단에서는 전파의 강도가 떨어져서 통화에 어려움이 있다.

(4) 장애물이 적은 대강당, 극장 등에 적합하다.

Ⅲ. 누설동축케이블 및 안테나 방식

누설동축케이블의 장점과 공중선의 장점을 조합한 방식이다.

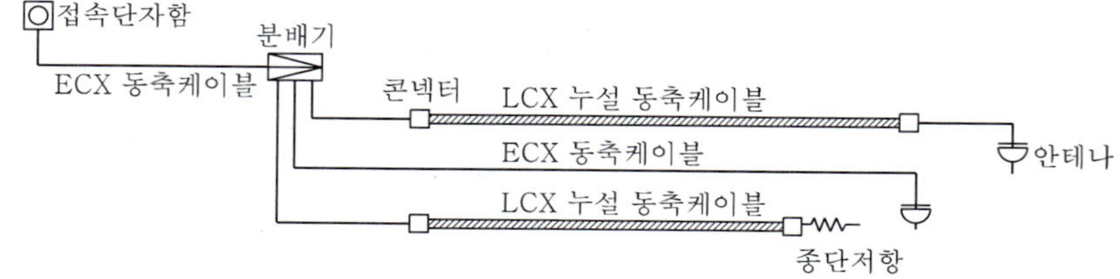

문제68 동축케이블 & 누설동축케이블

Ⅰ. 개 요

1. 무선통신보조설비의 전송장치로는 동축케이블과 누설동축케이블을 사용한다.
2. 누설동축케이블을 사용할 경우 Grading이 필요하며, 끝부분에는 무반사종단저항을 설치하여야 한다.

Ⅱ. 동축케이블

1. 동축케이블(Coaxial cable)이란 전기신호를 전송할 수 있는 통신에 사용되는 전송선로의 일종으로서 외부도체와 내부도체가 동심원을 이루고 있는 구조의 케이블이다.
2. 장 점
   (1) 일반케이블과 달리 동심원상에 내부도체와 외부도체를 동일한 축상에 배열하여 외부 잡음에 거의 영향을 받지 않는 고주파전송용회로의 도체이다.
   (2) 전기적으로 차폐되어 외부전계나 외부도체에 의한 영향이 거의 없다.
3. 단 점
   (1) 동축케이블의 신호는 전송거리에 비례하여 약해지며 외부로의 누설전계도 동시에 약해진다.
   (2) 따라서 손실보상이 필요하며 이를 위해 중계기나 증폭기를 설치하여야 한다.

Ⅲ. 누설동축케이블

1. 누설동축케이블(Leaky coaxial cable)이란 외부도체상에 전자파를 방사할 수 있도록 케이블의 길이 방향으로 일정하게 Slot를 만들어 놓은 후 Slot의 기울기와 길이에 따라 주파수를 선택할 수 있도록 한 것을 말한다.

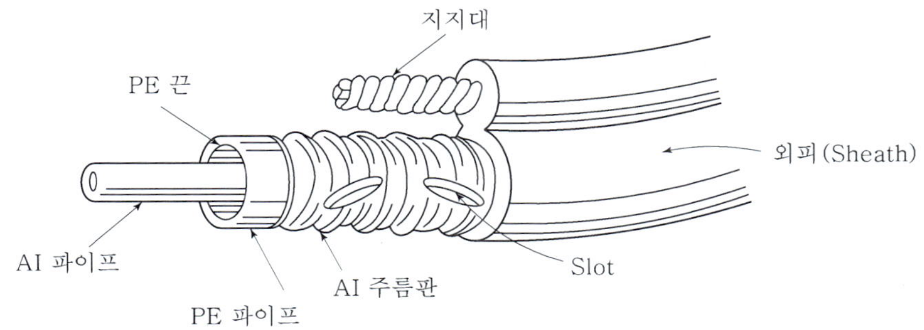

2. 동축케이블과 공중선을 겸하는 고주파전송용회로의 도체로 사용된다.

3. 특 징

(1) 균일한 전계를 케이블에 따라 광범위하게 방사할 수 있다.

(2) 케이블의 오염이나 경년변화에 따른 열화가 적다.

(3) 표피효과로 인하여 도체내부는 Tube상태로 되어 있다.

(4) 결합손실이 작은 케이블을 접속하여 희망하는 전송거리를 얻을 수 있는데 이 과정을 Grading이라 한다.

> ① 표피효과(Skin effect) : 도선에 흐르는 전류가 주파수가 높아짐에 따라 단면전체를 고루 흐르지 않고 표면 가까이에 모여서 흐르는 현상이다. 그 이유는 주파수가 높아질수록 자속의 변화가 커지므로 도체 단면의 중심부는 자속밀도가 크고 유도성으로 되어 자속밀도가 낮은 용량성의 표면 근처로 전류가 모이기 때문이다. 이로 인하여 고주파전류가 흐르는 도선은 전류가 흐르지 않는 중심부를 도려낸 중공선 또는 표면을 넓히기 위하여 가는 선을 서로 절연하여 몇 가닥을 꼰 선을 사용한다.
>
> ② 결합손실 : 전기회로에 기기를 삽입할 경우에 발생되는 전력손실을 말한다.

Ⅳ. 설치기준

1. 소방전용주파수대에서 전파의 전송 또는 복사에 적합한 것으로서 소방전용의 것으로 할 것. 다만, 소방대 상호간의 무선연락에 지장이 없는 경우에는 다른 용도와 겸용할 수 있다.
2. 누설동축케이블과 이에 접속하는 안테나 또는 동축케이블과 이에 접속하는 안테나로 구성할 것
3. 누설동축케이블은 불연 또는 난연성의 것으로서 습기에 따라 전기의 특성이 변질되지 아니하는 것으로 하고, 노출하여 설치한 경우에는 피난 및 통행에 장애가 없도록 할 것
4. 누설동축케이블은 화재에 따라 당해 케이블의 피복이 소실된 경우에 케이블 본체가 떨어지지 아니하도록 4m이내마다 금속제 또는 자기제 등의 지지금구로 벽 · 천장 · 기둥 등에 견고하게 고정시킬 것. 다만, 불연재료로 구획된 반자 안에 설치하는 경우에는 그러하지 아니하다.
5. 누설동축케이블 및 안테나는 금속판 등에 따라 전파의 복사 또는 특성이 현저하게 저하되지 아니하는 위치에 설치할 것
6. 누설동축케이블 및 안테나는 고압의 전로로부터 1.5m 이상 떨어진 위치에 설치할 것. 다만, 해당 전로에 정전기 차폐장치를 유효하게 설치한 경우에는 그러하지 아니하다.
7. 누설동축케이블의 끝부분에는 무반사 종단저항을 견고하게 설치할 것
8. 누설동축케이블 또는 동축케이블의 임피던스는 50Ω 으로 하고, 이에 접속하는 안테나·분배기 기타의 장치는 당해 임피던스에 적합한 것으로 하여야 한다.

문제69 누설동축케이블의 Grading

Ⅰ. 개 요

무선통신보조설비를 누설동축케이블방식으로 설치할 경우 케이블의 길이에 따라 수신율이 저하될 수 있으며 이를 보완하기 위하여 케이블로부터 순차적으로 접속하는 Grading을 실시하여야 한다.

Ⅱ. 누설동축케이블의 손실

1. 전송손실

(1) 케이블의 길이 방향으로 신호가 전달되면서 입력부에서 멀어질수록 신호의 세기가 감소되는 양[dB]을 말한다. 일반적으로 감쇠량이라고 한다.

(2) 전송손실 = 도체손실 + 절연체손실 + 복사손실

2. 결합손실

(1) 전기회로에 추가로 기기 등을 결합할 때 발생하는 손실을 말한다.

(2) 케이블 내부의 전송전력과 일정거리 떨어진 지점에서 수신되는 수신전력의 비율을 의미하며 케이블 길이방향의 누적 백분율로 표시한다.

3. 상호관계

(1) 결합손실이 큰 것 : 전송손실이 작다.

(2) 결합손실이 작은 것 : 복사손실이 커져 전송손실이 크다.

Ⅲ. Grading

1. 정 의

Grading이란 전송손실에 의한 수신레벨의 저하폭을 감소시키기 위하여 결합손실이 큰 케이블부터 단계적으로 접속하는 것을 말한다.

2. 원 리

(1) 신호레벨은 케이블을 따라 전파되어 가면서 점점 감쇄되어 약해지게 된다.

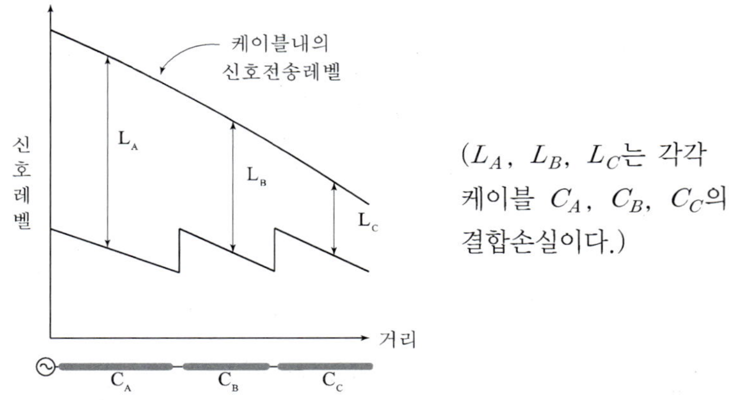

(L_A, L_B, L_C는 각각 케이블 C_A, C_B, C_C의 결합손실이다.)

(2) 이를 어느 정도 평준화시키기 위하여 신호레벨이 높은 곳에는 결합손실이 큰 케이블을 사용하고 신호레벨이 낮은 곳에는 결합손실이 작은 케이블을 사용한다.

(3) 결과적으로 신호레벨이 계단처럼 평준화되는데 이를 Grading이라고 한다.

Ⅳ. 맺음말

1. 누설동축케이블의 가장 큰 특징 중의 하나는 Grading을 할 수 있다는 점이다.
2. 케이블을 포설하게 되면 System Loss(= 전송손실 + 결합손실)가 발생하므로 이를 보상하기 위해서는 Grading에 의한 결합손실을 줄여줌으로써 유효 통신거리를 상당히 늘릴 수 있다.

문제70 무반사종단저항(Dummy load)

I. 개 요

1. 누설동축케이블로 전송된 전파는 케이블의 말단에서 반사되어 교신을 방해하게 된다. 따라서 송신부로 되돌아오는 전자파의 반사를 방지하기 위하여 누설동축케이블의 끝부분에 무반사종단저항(Dummy load)을 견고하게 설치하여야 한다.
2. 무반사종단저항의 특성
   (1) 임피던스(Impedance) : 50Ω
   (2) 전압정재파비 : 1.5 이하
   (3) 허용전력 : 1W(연속)

> ※ 임피던스(Impedance)란 교류회로에서 Resistance(R), Inductance(L), Capacitance(C)를 고려한 총저항값을 말한다.

II. 무반사종단저항의 원리

1. 전압 또는 전류가 케이블을 따라서 전파되어 가다가 임피던스가 다른 지점에 도달하면 일부가 그 지점에서 반사한다. 이는 광선이 공기 중을 통과하다가 공기와 밀도가 다른 유리에 도달하면 일부는 유리를 투과하고 일부는 반사하는 것과 동일한 이치이다.
2. 전송되는 전파가 누설동축케이블의 종단부에 도달하면 갑자기 임피던스가 무한대로 되므로 그 점에서 반사하여 오던 길로 되돌아가게 된다.
3. 반사가 일어나면 누설동축케이블에는 정방향 진행파와 반사파의 합성파가 형성되어 신호가 뒤범벅이 되어 통신이 어렵게 되는데, 이는 마치 방음장치가 되지 않은 실내에서 말을 하면 입에서 나가는 음파와 사방의 벽과 바닥 및 천장에서 반사된 음파가 혼합되어 왕왕거려서 말을 알아듣기 어려운 것과 같은 이치이다.
4. 그림과 같이 특성임피던스가 Z_1인 케이블에 전압의 입사파 v_i가 진행하다가 임피던스가 Z_2인 점에 도달하면 반사파 v_r는 다음 식으로 계산된다.

v_i → (v_r ←) Z_1 • Z_2

$$v_r = \frac{Z_2 - Z_1}{Z_2 + Z_1} \cdot v_i$$

5. 이 식에서 $Z_1 = Z_2$이면 반사파의 크기는 0이 되는데, 이와 같이 반사파를 0으로 하기 위해서 케이블의 끝에 연결하는 저항을 무반사종단저항이라고 한다.

문제71 전압정재파비

Ⅰ. 정재파(Standing wave)

1. 소리는 공기 속에서 파동(Wave)에 의해 우리 귀로 전달된다.
2. 그러나 위상(Phase)이 같은 2개의 파동이 서로 마주보고 있는 벽면과 벽면 또는 바닥과 천장사이에서 마주치게 되면 원래의 파동보다 큰 진폭으로 바뀐다. 이와 같이 움직이지 않는 것처럼 보이는 파동이 큰 공기의 진동이 정재파이다.
3. 정재파는 2개의 파동이 겹친 것이므로 원래의 파동보다 파장이 크게 된다. 이는 2개의 파동이 서로 충돌하여 거리에 따른 시간차에 의해 서로 결합되어 진폭이 커지기 때문이다. 이러한 정재파에 의하여 마주보고 있는 양벽면 사이의 공기는 공진(Resonance)을 하게 된다.

Ⅱ. 전압정재파비(VSWR : Voltage standing wave ratio)

1. 전송선로 상에서 발생하는 정재파전압에 대한 전류의 최대치와 최소치의 비를 말한다. 즉, 정상파 진폭의 최대치와 최소치와의 비를 의미한다.
2. 송전선 또는 전송선상의 특정점에 있어서의 반사파와 입사파의 비(比) 즉, 같은 상일 때의 2개의 파열진폭의 합(E_{max})과 반대위상일 때의 진폭의 합(E_{min})의 비가 된다. 또한 전압 외의 전류비, 전력비도 생각할 수 있다.
3. 무선통신보조설비에 이용되는 누설동축케이블의 송신단에서 신호를 보내면 수신단에서 반사가 일어나고 되돌아온 파가 간섭하여 전압파에 산의 부분과 골의 부분이 생긴다. 이 전압의 최대치와 최소치와의 진폭비를 말하며 누설동축케이블의 전압정재파비는 1.5 이하 이어야 한다.

문제72 Impedence matching(정합) & 특성 임피던스

Ⅰ. 개 요

무선통신보조설비의 수신회로에서는 수신안테나에 유기된 신호전력이 매우 미약하여 그 상태로는 음성송출이 되지 않기 때문에 안테나에서 수신된 신호를 증폭하여야 하며 이 때 안테나에 유기된 신호전력을 최대한 수신부 쪽으로 보내주어야 한다.

Ⅱ. 정합(Impedence matching)

그림과 같이 내부임피던스(Impedance)가 Z_S인 전원과 임피던스가 Z_L인 부하가 있는 회로에서 전력이 최대로 부하에 전달되기 위해서는 $Z_S = Z_L$이 되어야 하며 이러한 상태로 조정하는 것을 Impedance matching(정합)이라고 한다.

Ⅲ. 분배기(Distributor)

1. 정합(Impedance matching)을 하기 위해서는 일정한 임피던스를 갖는 분배기를 사용하여 분배기의 각 단자와 신호전원 및 수신기의 특성 임피던스가 같아지도록 함으로써 신호전원의 전력이 최대로 전달되도록 한다.
2. 이와 같이 신호전력을 효율적으로 각 부하에 균등분배하기 위한 목적으로 설치하는 것을 분배기라 하며 종류로는 2분배기, 4분배기, 6분배기 등이 있다.
3. 분배기는 신호의 전송로(즉, 누설동축케이블)를 분기하는 장소에 설치하며 입력신호를 2개소 이상 분배한다.
4. 분배기 등(분배기·분파기 및 혼합기)의 설치기준
   (1) 먼지·습기 및 부식 등에 따라 기능에 이상을 가져오지 아니하도록 할 것
   (2) 임피던스는 50Ω의 것으로 할 것
   (3) 점검에 편리하고 화재 등의 재해로 인한 피해의 우려가 없는 장소에 설치할 것

※ "분배기 등" 이란 분배기 외에 동일한 역할을 하는 분파기, 혼합기 등을 총칭하는 용어이다.

① 분배기 : 신호의 전송로가 분기되는 장소에 설치하는 것으로 임피던스 매칭(Matching)과 신호 균등분배를 위해 사용하는 장치를 말한다.

② 분파기 : 서로 다른 주파수의 합성된 신호를 분리하기 위해서 사용하는 장치를 말한다.

③ 혼합기 : 두개 이상의 입력신호를 원하는 비율로 조합한 출력이 발생하도록 하는 장치를 말한다.

Ⅳ. 특성 임피던스

1. 임피던스는 무선통신보조설비의 공중선로에 대한 저항의 개념으로 유효저항과 무효저항을 합한 전체저항이라 할 수 있다.
2. 누설동축케이블 또는 동축케이블의 임피던스는 50Ω으로 하고, 이에 접속하는 공중선·분배기 기타의 장치는 해당 임피던스에 적합한 것으로 하여야 한다.
3. 즉, 분배기의 각 단자와 케이블을 통한 신호전원 및 수신기의 특성 임피던스가 같아지게 하여 완전하게 Impedance matching이 되게 함으로써 신호전원이 최대값으로 수신기에 전달되게 하여야 한다.

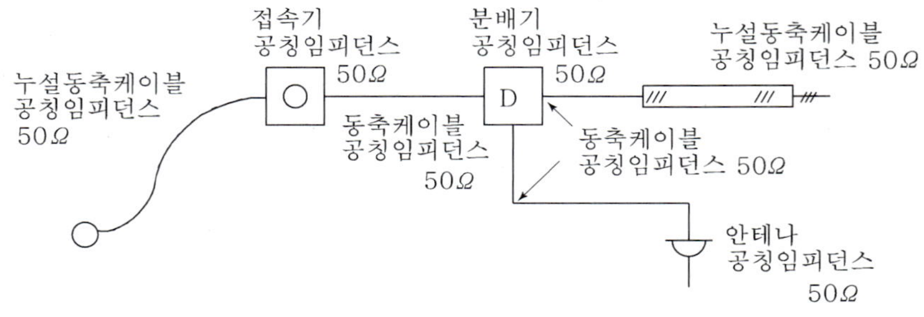

Ⅴ. 무선통신보조설비에서 전력을 최대로 전달하기 위한 조치

1. 누설동축케이블 : Grading, 무반사종단저항, 전압정재파비의 제한(1.5 이하)
2. 분배기 : Impedence matching
3. 증폭기 : 신호증폭
4. 시스템 전체 : 특성임피던스의 일치(50Ω)

문제73 비상전원

Ⅰ. 개 요

비상전원이란 정전 또는 단선·단락 등의 전기적 사고로 인하여 상용전원의 공급이 중단될 경우 외부전원의 공급 없이 소방시설을 일정시간 동안 사용하기 위한 별도의 전원공급장치를 말한다.

Ⅱ. 비상전원과 예비전원

1. 소방분야에서는 원칙적으로 비상전원(Emergency power)으로 표현한다.
2. 건축분야에서는 예비전원(Standby power)이란 용어를 사용한다.

소방관련 법령	화재안전기준	· 원칙적으로 비상전원으로 표현 · 단, 감시제어반, 중계기, 비상조명등의 경우 예비전원으로 표현
	제품검사기준	· 내장형 전원 : 예비전원 · 외장형 전원 : 비상전원
건축관련 법령		· 예비전원(비상용승강기 · 배연설비의 전원 등)

Ⅲ. 비상전원의 종류

1. 자가발전설비

(1) 자체적으로 발전설비를 설치하여 상용전원이 차단되면 자동으로 전원이 공급될 수 있도록 한 설비이다.

(2) 일반적으로 옥내소화전설비, 스프링클러설비와 같이 대용량을 필요로 하는 설비에서 사용된다.

2. 축전지설비

(1) 평상시에는 상용전원으로부터 전기를 공급받아 축전하고 있다가 상용전원이 차단되면 자동으로 전원이 공급될 수 있도록 한 설비이다.

(2) 자동화재탐지설비의 수신기, 감시제어반, 유도등과 같이 소용량에 사용된다.

3. 비상전원수전설비

(1) 별도의 전원이 있는 것이 아니라 전력회사에서 공급되는 전원이 화재 시에도 소훼나 차단되지 않고 소방시설에 공급될 수 있도록 한 전원수전설비이다.

(2) 이는 화재 시의 안전성에 한계가 있어 스프링클러설비 설치 대상 중 일부와 비상콘센트설비에서만 대체 전원(비상전원)으로 사용할 수 있다.

4. 전기저장장치(ESS)

전기저장장치(ESS : Electrical storage system)는 리튬배터리와 같은 이차전지를 이용하여 전력을 저장하는 장치이다.

Ⅳ. 비상전원(자가발전설비, 축전지설비 또는 전기저장장치)의 설치기준

1. 점검에 편리하고 화재 및 침수 등의 재해로 인한 피해를 받을 우려가 없는 곳에 설치할 것
2. 해당 소방시설을 유효하게 규정된 시간(20분 또는 60분) 이상 작동할 수 있어야 할 것
3. 상용전원으로부터 전력의 공급이 중단된 때에는 자동으로 비상전원으로부터 전력을 공급받을 수 있도록 할 것
4. 비상전원의 설치장소는 다른 장소와 방화구획 할 것. 이 경우 그 장소에는 비상전원의 공급에 필요한 기구나 설비 외의 것(열병합발전설비에 필요한 기구나 설비는 제외한다)을 두어서는 아니된다.
5. 비상전원을 실내에 설치하는 때에는 그 실내에 비상조명등을 설치할 것

Ⅴ. 비상전원의 면제

1. 2 이상의 변전소에서 전력을 동시에 공급받을 수 있는 경우에는 비상전원을 설치하지 아니할 수 있다.
2. 하나의 변전소로부터 전력의 공급이 중단되는 때에는 자동으로 다른 변전소로부터 전력을 공급받을 수 있도록 상용전원을 설치한 경우에는 비상전원을 설치하지 아니할 수 있다.

VI. 소방시설별 비상전원의 용량

소방시설	비상전원 설치 대상	비상전원의 종류			비상전원 용량
		자가발전설비	축전지설비	비상전원수전	
1. 소화설비					
(1) 옥내소화전설비	① 7층 이상으로서 연면적 2,000㎡ 이상 ② 지하층 바닥면적의 합계가 3,000㎡ 이상	○	○		20분
(2) 스프링클러설비	① 차고, 주차장으로 스프링클러를 설치한 부분의 바닥면적의 합계가 1,000㎡미만	○	○	○	20분
	② 그 밖의 대상	○	○		
(3) 간이스프링클러	해당 소방시설 설치대상 전체	○	○	○	10분 또는 20분
(4) ESFR스프링클러	해당 소방시설 설치대상 전체	○	○		60분
(5) 포 소화설비	① 포헤드 또는 고정포방출설비가 설치된 부분의 바닥면적 합계가 1,000㎡미만 ② 호스릴포 또는 포소화전만을 설치한 차고, 주차장	○	○	○	20분
	③ 그 밖의 대상	○	○		
(6) 물분무, CO_2, 하론, 청정소화설비	해당 소방시설 설치대상 전체	○	○		20분
2. 경보설비					
(1) 자동화재탐지설비, 비상경보, 비상방송	해당 소방시설 설치대상 전체		○		60분 감시 후 10분 경보
3. 피난설비					
(1) 유도등	① 11층 이상의 층 ② 지하층 또는 무창층으로서 도매시장, 소매시장, 여객자동차터미널, 지하역사, 지하상가의 용도인 경우		○		60분
	③ 그 밖의 대상		○		20분
(2) 비상조명등	① 11층 이상의 층 ② 지하층 또는 무창층으로서 도매시장, 소매시장, 여객자동차터미널, 지하역사, 지하상가의 용도인 경우	○	○		60분
	③ 그 밖의 대상	○	○		20분
4. 소화활동설비					
(1) 제연설비	해당 소방시설 설치대상 전체	○	○		20분
(2) 연결송수관설비	높이 70m 이상인 경우	○	○		
(3) 비상콘센트설비	① 7층 이상으로서 연면적 2,000㎡ 이상 ② 지하층 바닥면적의 합계가 3,000㎡ 이상	○		○	
(4) 무선통신보조설비	증폭기를 설치하는 경우		○		

문제74 자가발전설비

Ⅰ. 개 요

건물 내에 자가발전기를 설치하는 것으로 경유나 LNG를 연료로 하여 상용전원이 차단될 경우 자동으로 발전기가 가동되어 소방시설에 전원을 공급하는 설비이다.

Ⅱ. 요구되는 성능

1. 정전 시 비상전원으로 자동절환 및 급전 시 상용전원으로 복구되어야 한다. 이를 위하여 비상발전기의 비상부하 접속점에 ATS(Auto Transfer Switch, 자동절환스위치)를 설치하고 상용전원회로와 비상발전기회로의 개폐는 상호 인터록이 되도록 한다.
2. 기동시간이 짧고 전압의 신뢰도가 높아야 한다.
3. 20분 이상 안정되게 연속해서 전원공급이 가능하여야 한다.
4. 최대용량의 부하를 동시에 사용할 수 있어야 한다.
5. 효율이 높고 작동 및 보수가 용이하여야 한다.

Ⅲ. 종 류

	디젤기관	가솔린기관
1. 부피	크다	작다
2. 운전소음	크다	작다
3. 기동특성	주위온도에 영향을 많이 받는다	주위온도에 영향을 적게 받는다
4. 연료	경유	휘발유
5. 화재위험성	비교적 안전하다	대용량의 경우는 위험하다
6. 옥내설치의 적합성	적합하다	소용량에 한하여 적합하다

Ⅳ. 장·단점

1. 장 점

(1) 시동이 빠르다.
(2) 동작이 확실하고 신뢰성이 높다.
(3) 자동운전이 용이하다.
(4) 취급과 보수가 용이하다.
(5) 효율이 좋다.

2. 단 점

(1) 설비비와 부대공사비가 많이 소요된다.
(2) 전문기술자 외에는 운전과 관리가 어렵다.
(3) 운전 시 공해의 원인이 되는 배기가스가 발생하며 이를 방지하려면 경비가 더 많이 소요된다.

문제75 축전지설비

I. 개 요

1. 비상전원으로서의 축전지설비는 상용전원이 정전되었을 때 자가발전설비가 기동하여 정격전압이 확립될 때까지의 중간전원으로 사용되는 경우가 많다.
2. 발전기는 주로 펌프와 같은 동력용 부하의 비상전원으로 사용하지만 축전지는 용량이 적기 때문에 경보설비나 유도등과 같은 장치류의 비상전원으로 사용한다.
3. 또한 내연기관에 의한 펌프(엔진펌프)를 사용할 경우 내연기관의 기동 및 제어용 비상전원으로도 사용된다.

II. 발전기와 축전지의 차이점

	발전기	축전지
전 원	교류(AC)	직류(DC)
용 량	크다	작다
사용범위	광범위(모든 부하에 사용)	좁다(전등용, 제어용, 통신용)
적 용	동력용(펌프 등)	장치류(경보설비, 유도등)

III. 무정전 전원장치(UPS, Uninterrupted power supply)

1. 축전지를 사용하는 비상전원으로서 UPS(무정전 전원장치)가 있으며 이는 밀폐형의 축전지설비를 이용한 무정전 방식의 전원장치이다.
2. UPS는 정격전압과 정격주파수를 유지하며 정전보상시간이 순간적인 장치로서 전산장비, 통신장비, 계장기기 등에 주로 사용된다.

IV. 경보설비 및 유도등의 비상전원

1. 경보설비 및 유도등은 축전지설비 또는 전기저장장치만 비상전원으로 사용할 수 있다. 그 이유는 발전기의 경우 정격전압이 발생하기까지 엔진의 기동시간이 소요되기 때문에 정전 시 곧바로 작동하여야 하는 인명안전과 관련된 경보설비와 유도등은 발전기를 비상전원으로 사용할 수 없기 때문이다.
2. 경보설비 및 유도등의 경우 거치형 축전지설비 또는 전기저장장치 자체를 상용전원으로 사용할 수 있다.
   (1) 이 경우는 축전지설비 또는 전기저장장치가 상용전원이자 동시에 비상전원이 되는 것이다.

(2) 따라서 장치류 내부에 별도의 내장형 축전지설비 또는 전기저장장치(예비전원)를 설치하지 않는다.

(3) 즉, 상용전원이 축전지설비 또는 전기저장장치인 경우는 비상전원을 생략한다는 의미이다.

Ⅴ. 축전지의 충전방식

1. 보통충전	필요할 때마다 표준시간율(Ah)로 충전하는 방식
2. 급속충전	비교적 짧은 시간에 충전전류의 2~3배의 전류로 충전을 하는 방식
3. 부동충전	축전지의 자기방전을 보충함과 동시에, 상용부하에 대한 전력공급을 충전기가 부담하되 부담하기 어려운 일시적인 대전류는 축전지가 부담하는 방식(가장 많이 사용)
4. 세류충전 (트리클충전)	축전지의 단속적인 미량의 방전 또는 자체방전을 보상하기 위하여 8Ah 방전전류의 0.5~5% 정도의 일정한 전류로 충전을 계속하는 방식(즉, 자기방전량만 항상 충전하는 방식)
5. 균등충전	각 축전지의 전위차를 보정하기 위하여 1~3개월마다 10~12시간동안 1회 충전하는 방식

Ⅵ. 연축전지와 알칼리축전지의 비교

	연축전지	알칼리축전지
1. 기전력	2.05~2.08V	1.32V
2. 공칭전압	2.0V	1.2V
3. 공칭용량	10Ah	5Ah
4. 전기적 강도	과충전, 과방전에 약하다	과충전, 과방전에 강하다
5. 기계적 강도	약하다	강하다
6. 충전시간	길다	짧다
7. 온도특성	뒤떨어진다	우수하다
8. 수 명	10~20년	30년 이상
9. 가 격	싸다	비싸다
10. 자기방전	보통	적다
11. 종 류	클래드식(CS), 페이스트식(HS)	소결식, 포켓식

Ⅶ. 축전지의 화학반응

1. 연축전지

$$PbO_2 + 2H_2SO_4 + Pb \Leftrightarrow PbSO_4 + 2H_2O + PbSO_4$$

2. 알칼리축전지

$$2NiOOH + 2H_2O + Cd \Leftrightarrow 2Ni(OH)_2 + Cd(OH)_2$$

문제76 전기저장장치(ESS)

Ⅰ. 개 요

1. 전기저장장치(ESS : Electrical storage system)는 리튬배터리와 같은 이차전지를 이용하여 전력을 저장하는 장치이다.
2. 생산된 전력을 저장하였다가 필요할 때에 사용할 수 있도록 하여 전력을 효율적으로 사용할 수 있게 개발된 장치로서 에너지저장장치 또는 전력저장장치라고도 한다.
3. 산업통상자원부에서는 에너지저장장치의 보급 활성화를 위해 2013년 11월 15일 전기설비기술기준에서 규정하고 있는 "비상용 예비전원"에 에너지저장장치를 포함하였으며, 계약전력 100kW 이상의 건축물에 대하여 설치를 권고함

Ⅱ. 적 용

1. 전기저장장치는 크게 "계통연계운전모드"와 "계통독립운전모드"로 나뉜다.
2. 계통연계운전
   ESS가 전력계통에 전류원으로 연계되어 운영자의 목적에 따라 유효전력·무효전력 제어 → 첨두부하 저감, 신재생발전 출력제어, 전력품질 향상 등 전력계통 보조역할을 담당
3. 계통독립운전
   섬과 같이 전력계통이 연계되지 않은 미 계통연계 지역에 전압원으로 전압·주파수를 유지시켜주는 CVCF 운전모드, 에너지 자립을 위한 핵심기술과 더불어 비상발전 시스템의 중요 기술

Ⅲ. 구 성

1. PCS : 전력조절 시스템, 양방향 전력 공급
2. Battery
   (1) 리튬이온
      ① 용도 : 휴대용 IT 기기, 전기차, 전력계통, 주파수 조정용
      ② 특성 : 단시간 충·방전 용이, 고에너지 밀도, 초소형으로 대용량 저장
      ③ 자가방전에 의한 전력손실이 적고, 메모리 효과가 없어 가장 많이 사용
   (2) Redox Flow
      ① 용도 : 전력피크 조절용
      ② 특성 : 대용량, 부피가 큼, 저효율

(3) NaS
① 용도 : 전력피크 조절용
② 특성 : 대용량, 부피가 큼, 고온 유지
(4) 납축전지
① 용도 : 자동차, 변전소 제어용
② 특성 : 유해물질, 수명이 짧음
(5) Ni-Cd
① 용도 : 항공기, 철도용
② 특성 : 메모리 효과, 고온 불안정
3. BMS : Battery와 Battery를 효율적으로 관리해 주는 장치

Ⅳ. 특 징

1. Peak hour 대비

전력수요가 적은 심야에 충전하고, 전력수요가 많은 낮에 사용하여 전력 사용의 효율을 높여 발전량을 평준화시키는 효과

2. 신재생에너지 출력의 안정화

신재생에너지의 불안정한 전력 공급을 ESS가 보충하는 효과

3. 주파수 조정(Frequency regulation)

정해져 있는 계통주파수(60㎐)에 미달 또는 초과할 경우 전력공급에 악영향을 미치는데 ESS로 충전·방전을 조절하여 계통주파수를 만족시키는 효과

문제77 비상발전기 용량산정

I. 개 요

발전기 용량산정
- PG방식 : PG_1, PG_2, PG_3, PG_4중에서 최대값으로 선정
- RG방식 : RG_1, RG_2, RG_3, RG_4 중에서 최대값으로 선정

II. PG방식에 의한 발전기의 용량산정

1. 발전기의 용량은 다음의 4가지 식으로 계산한 값 중에서 최대값을 만족하는 용량으로 산정한다.
2. PG_1 : 정격운전 상태에서 부하설비의 기동에 필요한 용량
3. PG_2: 부하 중에서 최대 시동[kVA]값을 가지는 전동기를 기동할 때의 허용전압강하를 고려한 용량
4. PG_3: 부하 중에서 먼저 기동한 부하에 최대부하 기동 시의 입력[kW]값을 가지는 전동기를 마지막에 기동할 때 필요한 용량
5. PG_4: 고조파 부하를 감안한 용량

III. 관계식

1. PG_1 산정식

$$PG_1 = \frac{P}{\eta \times PF} \times \alpha \ \ [\text{kVA}]$$

여기서, P : 부하의 출력 합계[kW]
η : 부하의 총합효율
PF : 부하의 총합역률
α : 부하율

2. PG_2 산정식

$$PG_2 = P_m \times \beta \times C \times X'd \frac{100 - \Delta V}{\Delta V} [\text{kVA}]$$

여기서, P_m : 부하전동기의 시동kVA(=출력[kW]×β×C)의 값이 최대인 전동기출력
β : 전동기의 출력 1kW당 시동 kVA (확실하지 않은 경우에는 7.2를 적용한다)
C : 시동방식에 따른 계수
$X'd$: 발전기의 정수
ΔV : 발전기의 부하에 P_m을 투입할 때의 허용전압강하율[%]

3. PG_3 산정식

$$PG_3 = \left(\frac{P - P_n}{\eta} + P_n \times \beta \times C \times PF_s\right) \times \frac{1}{\cos\theta} [\text{kW}]$$

여기서, P : 부하의 출력 합계[kW]
P_n : 시동 시 입력[kW]값이 최대인 전동기의 출력[kW]
η : 부하의 총합효율
PF_s : P_n전동기의 시동 시 역률
$\cos\theta$: 발전기의 역률

4. PG_4 산정식

$$PG_4 = PG_1 + (2 \sim 2.5) P_C$$

P_C : 고조파 성분부하

Ⅳ. RG방식에 의한 발전기의 용량산정

1. 발전기의 용량계산

$$G = RG \times K$$

여기서, G : 발전기 용량[kVA]
RG : 발전기 출력계수 [kVA/kW]
K : 부하출력의 합계 [kW]

2. 발전기 출력계수(RG)의 산출

→ RG_1, RG_2, RG_3, RG_4 중에서 최대값으로 선정한다.

(1) RG_1 : 정상부하 출력계수

$$RG_1 = 1.47 \times D \times S_f$$

여기서, D : 부하의 수용률(소방부하는 1.0으로 한다)

S_f : 불평형부하에 의한 선전류 증가 계수

(2) RG_2 : 허용전압강하 출력계수

$$RG_2 = \frac{1-\Delta V}{\Delta V} \times Xd' \times \frac{K_s}{Z_m} \times \frac{K}{M_2}$$

여기서, ΔV : 발전기 허용전압강하

Xd' : 부하투입에 있어서 전압강하를 고려한 발전기 임피던스

K_s : 부하의 기동방식에 따른 계수

Z_m : 부하의 기동 시 임피던스

M_2 : 기동 시 전압강하가 최대가 되는 부하기기의 출력[kW]

K : 부하출력의 합계[kW]

(3) RG_3 : 단시간 과전류내력 출력계수

$$RG_3 = 0.98d + \left(\frac{1}{1.5} \times \frac{K_s}{Z_m} - 0.98d\right)\frac{M_3}{K}$$

여기서, d : 기저부하의 수용률

M_3 : 단시간 과전류내력이 최대가 되는 부하기기의 출력[kW] (모든 부하 중 기동입력[kVA]-정격입력[kW]의 값이 최대가 되는 부하의 출력)

(4) RG_4 : 허용역상전류 출력계수

① 평형부하

$$RG_4 = \frac{1}{KG_4} \times 0.432 \times \frac{R}{K}$$

② 불평형부하

$$RG_4 = \frac{1}{KG_4}\sqrt{(0.432R/K)^2 + (1.25\varDelta P/K)^2(1-3u+3u^2)}$$

여기서, KG_4 : 발전기의 허용역상전류 계수(0.15로 한다)

R : 고조파 발생부하의 출력합계[kW]

$\varDelta P$: 단상부하의 불평형분 합계 출력값[kW]

(3상의 각 선간에 단상부하 A, B 및 C[kW]가 있고 A≥B≥C인 경우 $\varDelta P = A + B - 2C$이다.)

u : 단상부하 불평형 계수

$(u = \dfrac{A-C}{\varDelta P})$

3. 발전기 출력계수의 조정

위의 식에서 구한 RG값을 1.47D와 비교하여 현저하게 클 때에는 그 값이 1.47D에 근접하도록 다음과 같이 조정한다.

(1) RG값의 범위는 다음과 같이 되도록 한다.

1.47D ≤ RG ≤ 2.2

(2) RG_2 또는 RG_3에 의하여 과대한 RG값이 산출된 경우에는 기동방식을 변경하거나 동시 기동부하를 순차기동으로 변경하여 (1)의 범위가 되도록 한다.

(3) RG_4가 원인이 되어 과대한 RG값이 산출된 경우에는 고조파전류의 억제 및 부하의 평형이 되도록 조정하여 (1)의 범위가 되도록 한다. 또한 이상으로 만족되지 않을 경우에는 고조파 내량이 큰 특수한 발전기를 선정한다.

문제78 축전지 용량산정

1. 부하 목록의 작성

상시부하와 순시부하로 구분하여 다음의 형식으로 나타낸다.

구 분	부하의 종류
상시부하	(예) 비상조명등(직류), 표시등
순시부하	(예) 차단기 조작전원

2. 방전전류 계산

축전지가 부담하여야 할 부하용량에서 방전전류를 계산하여 구한다.

$$방전전류[A] = \frac{부하용량[VA]}{정격전압[V]}$$

3. 방전시간 산출

부하의 종류별 방전시간의 개략치를 다음과 같이 나타낸다.

부하의 종류		방전시간
비상조명등		30분
제어용 조작회로 및 감시장치(파이롯트 램프 포함)		30분
감시제어용 릴레이 관련 전원		20분
교류발전기를 설치하고 변환 사용하는 곳		10분
차단기 조작전원	연축전지	1분
	알칼리축전지	0.1분

<주>

1. 예상되는 최대부하시간을 사용한다.
2. 연축전지의 경우 1분 이내의 부하는 1분으로 간주한다.
3. 알칼리축전지의 경우 0.1분 이내의 부하는 0.1분으로 간주한다.

4. 예상부하특성곡선 작성

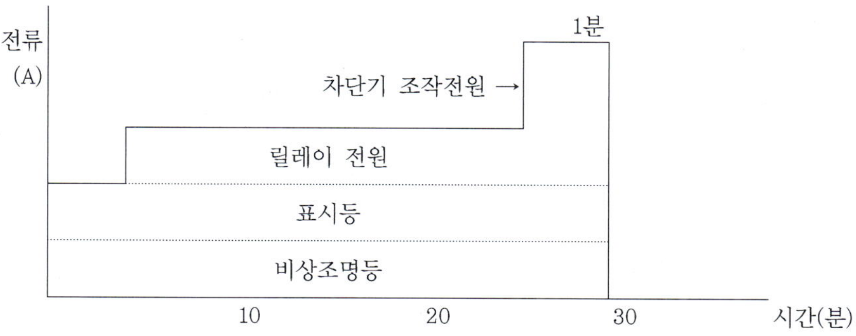

5. 축전지의 종류 결정

<table>
<tr><th colspan="2">선정요건</th><th>축전지 종류</th></tr>
<tr><td colspan="2">가격면에서 선정하는 경우</td><td>연축전지 급방전형(HS형)</td></tr>
<tr><td rowspan="2">성능, 보수면에서 선정하는 경우</td><td>비상조명등</td><td>알칼리 포켓 표준형(AM형)</td></tr>
<tr><td>30분보다 짧고 순간적 대전류의 부하가 많을 때</td><td>알칼리 포켓 급방전형(AMH형)</td></tr>
</table>

6. 축전지의 셀수 결정

축전지 종류별 표준셀수

축전지 종류	1셀의 전압[V]	표준 셀수	정격전압[V]
연축전지	2.0	54	108
알칼리축전지	1.2	86	103

7. 허용최저전압

(1) 허용최저전압 계산식

$$V = \frac{V_a + V_c}{n}$$

V : 허용최저전압[V/cell]

V_a : 부하의 허용최저전압[V]

V_c : 축전지와 부하간의 총전압강하[V]

n : 직렬 접속된 Cell수[개]

(2) 1셀당 허용최저전압

정격전압	100V					
부하의 허용최저전압	95V		90V		85V	
축전지 종류	연	알칼리	연	알칼리	연	알칼리
Cell 수	54	86	54	86	54	86
1셀당 허용최저전압	1.8	1.1	1.7	1.06	1.6	1.0

8. 설치장소별 최저축전지온도

설치장소	최저 축전지온도
① 실내	+5℃
② 옥외 큐비클에 수납	최저주위온도 +(5~10)℃
③ 한냉지	−5℃
④ 공조설비에 의하여 실내온도가 항상 일정한 곳	25℃

9. 용량환산시간(K정수)

(1) 축전지의 종류, 최저축전지온도, 허용최저전압, 방전시간으로부터 축전지 표준특성곡선이나 용량 환산시간표에 의하여 K값을 구한다.

(2) 용량환산시간(K정수)를 결정하는 요소

① 방전전류

② 방전시간

③ 축전지의 종류

④ 허용최저전압

⑤ 최저축전지온도

(3) 연축전지의 용량환산시간

형식	온도[℃]	10분			30분		
		1.6V	1.7V	1.8V	1.6V	1.7V	1.8V
CS	25	0.9 0.8	1.15 1.06	1.6 1.42	1.41 1.34	1.6 1.55	2.0 1.88
	5	1.15 1.1	1.35 1.25	2.0 1.8	1.75 1.75	1.85 1.8	2.45 2.35
	−5	1.35 1.25	1.6 1.5	2.65 2.25	2.05 2.05	2.2 2.2	3.1 3.0
HS	25	0.58	0.7	0.93	1.03	1.14	1.38
	5	0.62	0.74	1.05	1.11	1.22	1.54
	−5	0.68	0.82	1.15	1.2	1.35	1.68

10. 축전지 용량의 산출

$$C = \frac{1}{L}[K_1 I_1 + K_2(I_2 - I_1) + K_3(I_3 - I_2) + \cdots + K_n(I_n - I_{n-1})]$$

여기서, C : 축전지 용량[Ah]

L : 보수율(일반적으로 0.8을 적용한다)

K : 최저전압에 의한 용량환산시간[h]

I : 부하특성별 방전전류[A]

예 제

다음의 조건과 같을 경우에 필요한 축전지 용량[Ah]을 구하시오.

〈조건〉

1. 축전지의 종류는 연축전지 급방전(HS)형으로 한다.
2. 축전지의 정격전압은 108V 이다.
3. 부하의 종류, 용량, 설치수량, 방전전류, 방전시간

부하의 종류		부하 용량	설치수량[개]	방전전류[A]	방전시간
상시부하	비상조명등	60 W	130	78	30분
	표시등	1 W	150	1.5	30분
	릴레이 전원	10 W	120	12	20분
순시부하	차단기 조작전원	5 A	10	50	10초

4. 최저축전지온도는 −5℃이다.
5. 용량환산시간

형식	온도[℃]	10분			30분		
		1.6V	1.7V	1.8V	1.6V	1.7V	1.8V
HS	25	0.58	0.7	0.93	1.03	1.14	1.38
	5	0.62	0.74	1.05	1.11	1.22	1.54
	−5	0.68	0.82	1.15	1.2	1.35	1.68

| 해설 | 1. 방전전류

$I_1 = 78 + 1.5 = 79.5[A]$

$I_2 = I_1 + 12 = 91.5[A]$

$I_3 = I_2 + 50 = 141.5[A]$

2. 예상부하특성곡선

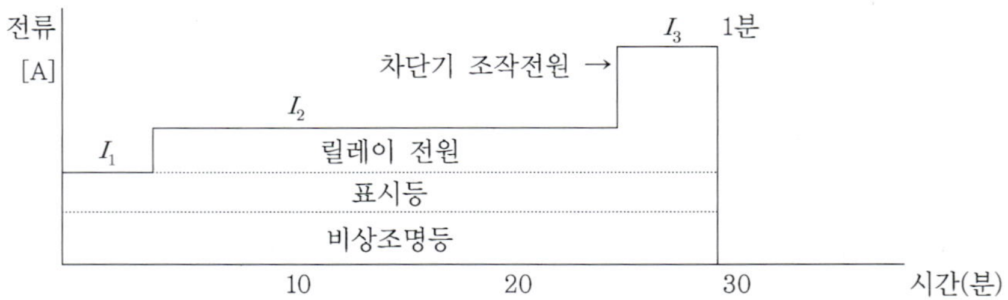

3. 축전지 Cell수의 결정

연축전지이고 사용전압이 100[V]급이므로 54cell로 선정한다.

4. 허용최저전압의 결정

$$V=\frac{V_a+V_c}{n}=\frac{90+5}{54}=1.75[\text{V/cell}]$$

∴ 1.7[V]로 결정한다.

5. 용량환산시간(K정수) 산정

방전전류[A]	방전시간	K정수
$I_1=79.5$	30분	$K_1=1.4$
$I_2=91.5$	20분	$K_2=0.9$
$I_3=141.5$	10초	$K_3=0.7$

6. 축전지 용량 산출

$$C=\frac{1}{L}[K_1I_1+K_2(I_2-I_1)+K_3(I_3-I_2)+\cdot\cdot\cdot+K_n(I_n-I_{n-1})]$$

$$C=\frac{1}{0.8}[1.4\times79.5+0.9(91.5-79.5)+0.7(141.5-91.5)]=196.37[\text{Ah}]$$

∴ 200[Ah]로 결정한다.

7. 결론

연축전지 급방전(HS)형식의 200[Ah]로 결정한다.

문제79 내화배선 & 내열배선

Ⅰ. 개 요

1. 소방용 배선의 종류
   (1) 내화배선
   (2) 내열배선
   (3) 차폐배선
2. 소방설비에서 사용하는 상용전원 및 비상전원 등 전원회로의 배선은 화재 시에도 일정시간 동안은 그 기능이 유지되어야 하므로 내화 및 내열 조치가 필요하며 전원을 제외한 부분의 배선도 기본적으로 내열배선 이상의 조치가 필요하다.
3. 내화배선과 내열배선은 사용하는 전선의 재질이 다른 것이 아니라 동일한 전선을 사용하더라도 그 공사방법에 따라 내화배선이 될 수도 있고 내열배선이 될 수도 있다.
4. 내화배선 및 내열배선의 사용전선과 공사방법은 NFSC 102의 별표1에 규정되어 있다.

Ⅱ. 내화·내열배선용 전선의 종류

1. 450V/750V 저독성 난연 가교 폴리올레핀 절연전선(HFIX)
2. 0.6/1KV 가교 폴리에틸렌 절연 저독성 난연 폴리올레핀 시스 전력 케이블
3. 6/10KV 가교 폴리에틸렌 절연 저독성 난연 폴리올레핀 시스 전력용 케이블
4. 가교 폴리에틸렌 절연 비닐시스 트레이용 난연 전력 케이블
5. 0.6/1KV EP 고무절연 클로로프렌 시스 케이블
6. 300/500V 내열성 실리콘 고무 절연전선(180℃)
7. 내열성 에틸렌-비닐 아세테이트 고무 절연 케이블
8. 버스덕트(Bus Duct)
9. 기타 전기용품안전관리법 및 전기설비기술기준에 따라 동등 이상의 내화·내열성능이 있다고 주무부장관이 인정하는 것
10. 내화전선, 내열전선

Ⅲ. 전선의 내화·내열성능

1. 내화전선의 내화성능

(1) 버너의 노즐에서 75mm의 거리에서 온도가 750±5℃인 불꽃으로 3시간 동안 가열한 다음 12시간 경과 후 전선 간에 허용전류용량 3A의 퓨우즈를 연결하여 내화시험 전압을 가한 경우 퓨우즈가 단선되지 아니하는 것.

(2) 또는 소방청장이 정하여 고시한 내화전선의 성능 시험기준에 적합한 것

2. 내열전선의 내열성능

(1) 온도가 816±10℃인 불꽃을 20분간 가한 후 불꽃을 제거하였을 때 10초 이내에 자연소화가 되고, 전선의 연소된 길이가 180mm 이하이거나 가열온도의 값을 한국산업규격(KS F 2257-1)에서 정한 건축구조부분의 내화시험방법으로 15분 동안 380℃까지 가열한 후 전선의 연소된 길이가 가열로 벽으로부터 150mm 이하일 것

(2) 또는 소방청장이 정하여 고시한 내열전선의 성능시험기준에 적합할 것

Ⅳ. 내화배선

1. 내화배선의 적용

(1) 수신기 및 소화설비 제어반에 인입하는 전원회로 배선

(2) 비상전원으로부터 가압송수장치 및 동력제어반 사이의 전원회로 배선

(3) 비상콘센트설비, 비상방송설비의 전원회로 배선

2. 사용전선 및 공사방법

사용전선의 종류	공사방법
1. 450V/750V 저독성 난연 가교 폴리올레핀 절연전선 2. 0.6/1KV 가교 폴리에틸렌 절연 저독성 난연 폴리올레핀 시스 전력 케이블 3. 6/10KV 가교 폴리에틸렌 절연 저독성 난연 폴리올레핀 시스 전력용 케이블 4. 가교 폴리에틸렌 절연 비닐시스 트레이용 난연 전력 케이블 5. 0.6/1KV EP 고무절연 클로로프렌 시스 케이블 6. 300/500V 내열성 실리콘 고무 절연전선(180℃) 7. 내열성 에틸렌-비닐 아세테이트 고무 절연 케이블 8. 버스덕트(Bus Duct) 9. 기타 전기용품안전관리법 및 전기설비기술기준에 따라 동등 이상의 내화성능이 있다고 주무부장관이 인정하는 것	금속관·2종 금속제 가요전선관 또는 합성수지관에 수납하여 내화구조로 된 벽 또는 바닥 등에 벽 또는 바닥의 표면으로부터 25mm 이상의 깊이로 매설하여야 한다. 다만 다음 각목의 기준에 적합하게 설치하는 경우에는 그러하지 아니하다. 가. 내화성능을 갖는 배선전용실 또는 배선을 배선용 샤프트·피트·덕트 등에 설치하는 경우 나. 배선전용실 또는 배선용 샤프트·피트·덕트 등에 다른 설비의 배선이 있는 경우에는 이로 부터 15cm 이상 떨어지게 하거나 소화설비의 배선과 이웃하는 다른 설비의 배선 사이에 배선지름(배선의 지름이 다른 경우에는 가장 큰 것을 기준으로 한다)의 1.5배 이상의 높이의 불연성 격벽을 설치하는 경우
내화전선	케이블공사의 방법에 따라 설치하여야 한다.

※ 해설

<table>
<tr><th>사용 전선</th><th colspan="2">내화배선 공사방법</th></tr>
<tr><td rowspan="3">내화배선용 전선</td><td>(1) 매립하는 방법</td><td>금속관 · 2종 금속제 가요전선관 또는 합성수지관에 수납하여 내화구조로 된 벽 또는 바닥 등에 벽 또는 바닥의 표면으로부터 25mm 이상의 깊이로 매설한다.</td></tr>
<tr><td>(2) 내화성능을 갖는 배선전용실에 설치하는 방법</td><td rowspan="2">배선전용실 또는 배선용 샤프트 · 피트 · 덕트 등에 다른 설비의 배선이 있는 경우의 설치방법
① 다른 설비의 배선으로부터 15cm 이상 떨어지게 설치하는 방법
② 소화설비의 배선과 이웃하는 다른 설비의 배선 사이에 배선지름(배선의 지름이 다른 경우에는 가장 큰 것을 기준으로 한다)의 1.5배 이상의 높이의 불연성 격벽을 설치하는 방법</td></tr>
<tr><td>(3) 배선을 배선용 샤프트 · 피트 · 덕트 등에 설치하는 방법</td></tr>
<tr><td>내화전선</td><td>(4) 케이블 공사</td><td>케이블을 노출상태로 시공하는 것을 말한다.
(예) 케이블 트레이에 설치하는 케이블공사</td></tr>
</table>

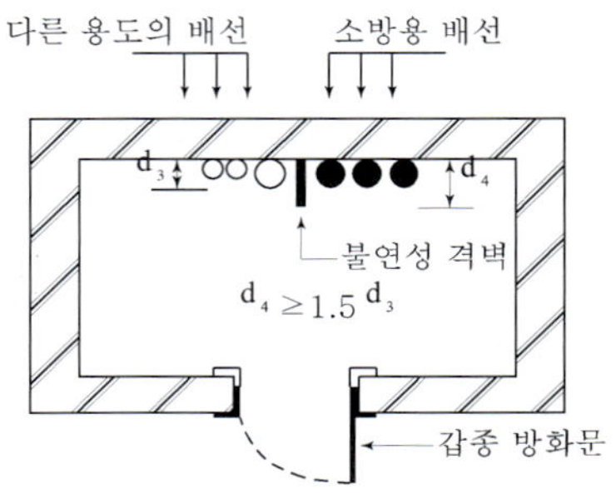

① 불연성 격벽을 설치하는 경우

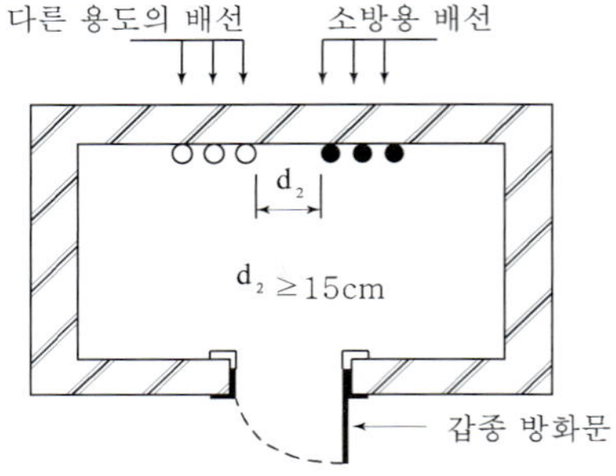

② 다른 설비의 배선과 이격하는 경우

V. 내열배선

1. 내열배선의 적용

(1) 상용전원으로부터 동력제어반 사이의 전원회로배선

(2) 유도등, 비상조명등 배선

(3) 경보발신장치(발신기, 압력스위치), 통보장치(경종, 사이렌, 시각경보장치), 기동장치(도어릴리즈, 각종 솔레노이드)에서 수신기 및 제어반에 이르는 배선(단, 수신기 상호간 및 제어반 내의 배선은 제외)

(4) 감지기 상호간 또는 감지기로부터 수신기에 이르는 감지기회로의 배선은 내화배선 또는 내열배선으로 할 것
(5) 아날로그식, 다신호식 감지기나 R형수신기용으로 사용되는 것은 전자파 방해를 받지 아니하는 쉴드선 등을 사용
(6) 광케이블의 경우에는 전자파 방해를 받지 아니하고 내열성능이 있는 경우 사용할 수 있다. 다만, 전자파 방해를 받지 아니하는 방식의 경우에는 그러하지 아니하다.

2. 사용전선 및 공사방법

사용전선의 종류	공 사 방 법
1. 450V/750V 저독성 난연 가교 폴리올레핀 절연전선 2. 0.6/1KV 가교 폴리에틸렌 절연 저독성 난연 폴리올레핀 시스 전력 케이블 3. 6/10KV 가교 폴리에틸렌 절연 저독성 난연 폴리올레핀 시스 전력용 케이블 4. 가교 폴리에틸렌 절연 비닐시스 트레이용 난연 전력 케이블 5. 0.6/1KV EP 고무절연 클로로프렌 시스 케이블 6. 300/500V 내열성 실리콘 고무 절연전선(180℃) 7. 내열성 에틸렌-비닐 아세테이트 고무 절연 케이블 8. 버스덕트(Bus Duct) 9. 기타 전기용품안전관리법 및 전기설비기술기준에 따라 동등 이상의 내열성능이 있다고 주무부장관이 인정하는 것	금속관·금속제 가요전선관·금속덕트 또는 케이블(불연성 덕트에 설치하는 경우에 한한다)공사방법에 따라야 한다. 다만, 다음 각목의 기준에 적합하게 설치하는 경우에는 그러하지 아니하다. 가. 내화성능을 갖는 배선전용실 또는 배선을 배선용 샤프트·피트·덕트 등에 설치하는 경우 나. 배선전용실 또는 배선용 샤프트·피트·덕트 등에 다른 설비의 배선이 있는 경우에는 이로 부터 15cm 이상 떨어지게 하거나 소화설비의 배선과 이웃하는 다른 설비의 배선사이에 배선지름(배선의 지름이 다른 경우에는 가장 큰 것을 기준으로 한다)의 1.5배 이상의 높이의 불연성 격벽을 설치하는 경우
내화전선, 내열전선	케이블공사의 방법에 따라 설치하여야 한다.

※ 해설

<table>
<tr><th>사용 전선</th><th colspan="2">내열배선 공사방법</th></tr>
<tr><td rowspan="3">내열배선용
전선</td><td colspan="2">(1) 금속관 공사
(2) 금속제 가요전선관 공사
(3) 금속덕트 공사
(4) 케이블 공사(불연성 덕트에 설치하는 경우에 한한다)</td></tr>
<tr><td>(5) 내화성능을 갖는 배선전용실에 설치하는 방법</td><td rowspan="2">배선전용실 또는 배선용 샤프트·피트·덕트 등에 다른 설비의 배선이 있는 경우의 설치방법
① 다른 설비의 배선으로부터 15cm 이상 떨어지게 설치하는 방법
② 소화설비의 배선과 이웃하는 다른 설비의 배선 사이에 배선지름(배선의 지름이 다른 경우에는 가장 큰 것을 기준으로 한다)의 1.5배 이상의 높이의 불연성 격벽을 설치하는 방법</td></tr>
<tr><td>(6) 배선을 배선용 샤프트 · 피트 · 덕트 등에 설치하는 방법</td></tr>
<tr><td>내화전선
내열전선</td><td>(7) 케이블 공사</td><td>케이블공사의 방법에 따라 설치하여야 한다.</td></tr>
</table>

문제80 차폐배선

Ⅰ. 개 요

1. 소방용 배선의 종류 : 내화배선, 내열배선, 차폐배선
2. 소방에서는 원칙적으로 내화배선 또는 내열배선을 사용하며, 특별한 경우에만 차폐배선을 사용한다.

Ⅱ. 차폐배선

1. 차폐배선의 적용

(1) 아날로그식 감지기 배선
(2) 다신호식 감지기 배선
(3) R형 설비의 Network 통신배선 및 계통배선(Analog Loop)
(4) 경보설비의 전화회로 배선(외부 noise에 의한 잡음 발생 시 적용)

2. 사용전선 및 공사방법

사용전선의 종류	공 사 방 법
1. 편조제어용 비닐시스 케이블(CVV-SB) 2. 쉴디드 트위스트 페어 케이블(STP)	① 금속관 공사 ② 2종금속제 가요전선관 공사 ③ 케이블 공사(불연성 덕트에 설치하는 경우에 한한다)
3. 난연성 비닐절연비닐시스 제어용 케이블(F-CVV-SB 또는 TFR-CVV-SB) 4. 내열성 비닐절연비닐시스 제어용 케이블(H-CVV-SB)	④ 케이블 공사

3. 시공 상의 유의사항

(1) 차폐선은 끊어짐이 없이 연결하여 수신기의 접지단자에 연결하여야 한다.
(2) 차폐선은 외함, 전산관 등 금속체에 접속되지 않도록 설치하여야 한다.

Ⅲ. 소방시설의 배선방법

1. 옥내소화전설비, 옥외소화전설비, 스프링클러설비, 물분무소화설비 또는 포소화설비
   (1) 비상전원으로부터 동력제어반 및 가압송수장치에 이르는 전원회로의 배선은 내화배선으로 할 것. 다만, 자가발전설비와 동력제어반이 동일한 실에 설치된 경우에는 자가발전기로부터 그 제어반에 이르는 전원회로의 배선은 그러하지 아니하다.
   (2) 상용전원으로부터 동력제어반에 이르는 배선, 옥내소화전설비 등의 감시·조작 또는 표시등회로의 배선은 내화배선 또는 내열배선으로 할 것. 다만, 감시제어반 또는 동력제어반 안의 감시·조작 또는 표시등회로의 배선은 그러하지 아니하다.
2. 자동화재탐지설비, 비상벨설비, 자동식사이렌설비, 비상방송설비 또는 비상콘센트설비
   (1) 전원회로의 배선은 내화배선에 따를 것
   (2) 그 밖의 배선은 내화배선 또는 내열배선에 따를 것
   (3) 감지기 상호간 또는 감지기로부터 수신기에 이르는 감지기회로의 배선은 다음의 기준에 따라 설치할 것
      ① 아날로그식, 다신호식 감지기나 R형수신기용으로 사용되는 것은 전자파 방해를 방지하기 위하여 쉴드선 등을 사용하여야 하며, 광케이블의 경우에는 전자파 방해를 받지 아니하고 내열성능이 있는 경우 사용할 수 있다. 다만, 전자파 방해를 받지 아니하는 방식의 경우에는 그러하지 아니하다.
      ② ①외의 일반배선을 사용할 때는 내화배선 또는 내열배선으로 사용할 것

Ⅳ. 소방시설의 배선 Block diagram

1. 자동화재탐지설비

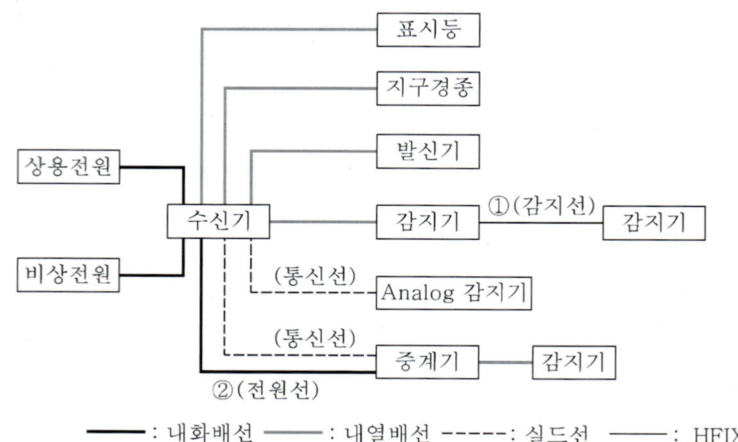

2. 옥내소화전설비

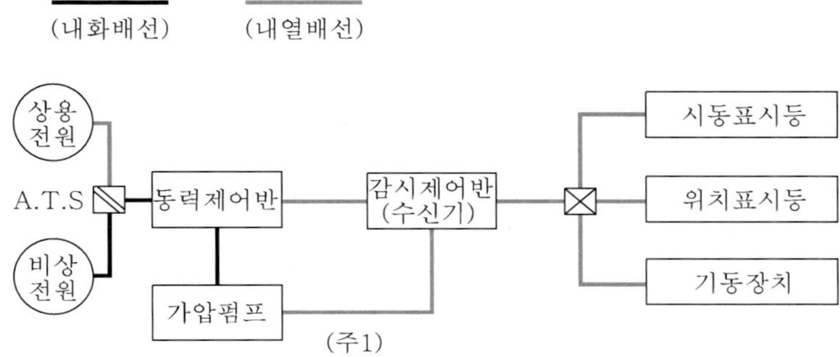

3. 스프링클러설비

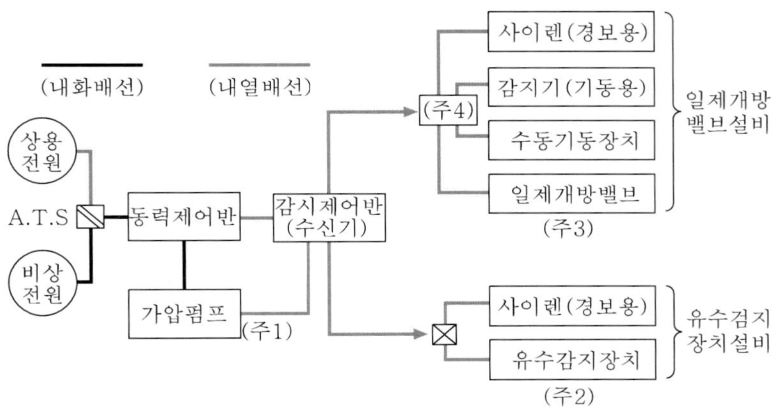

주) 1. Pressure S/W(압력 체임버용), Tamper S/W(개폐밸브)의 배선임
2. Tamper S/W, Pressure S/W배선임.
3. Tamper S/W, Pressure S/W, Solenoid valve의 배선임.
4. S.V.P를 의미하여 수동기동장치는 S.V.P에 내장된 것임.

4. 비상콘센트설비

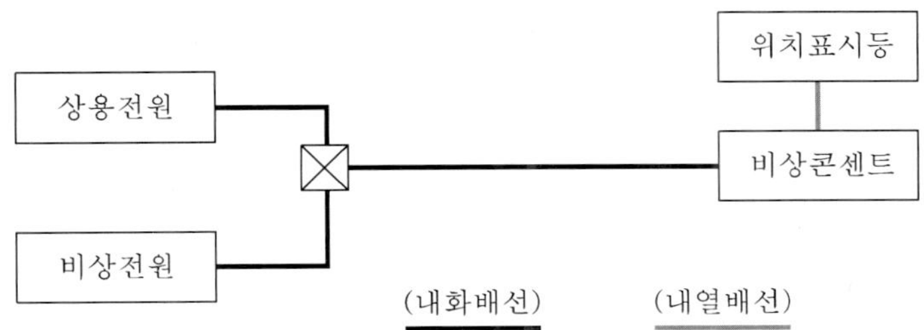

문제81 동력제어반 & 감시제어반

Ⅰ. 개 요

1. 펌프를 가압송수장치로 사용하는 수계소화설비(옥내소화전설비, 스프링클러설비 등)에는 제어반을 설치하되, 감시제어반과 동력제어반으로 구분하여 설치하여야 한다.
2. 다만, 다음에 해당하는 경우에는 감시제어반과 동력제어반으로 구분하여 설치하지 아니할 수 있다.
   (1) 다음에 해당하지 아니하는 특정소방대상물의 경우
      ① 지하층을 제외한 층수가 7층 이상으로서 연면적이 2,000㎡ 이상인 것
      ② ①에 해당하지 아니하는 특정소방대상물로서 지하층의 바닥면적의 합계가 3,000㎡ 이상인 것. 다만, 차고·주차장 또는 보일러실·기계실·전기실 등 이와 유사한 장소의 면적은 제외한다.
   (2) 내연기관에 따른 가압송수장치를 사용하는 경우
   (3) 고가수조에 따른 가압송수장치를 사용하는 경우
   (4) 가압수조에 따른 가압송수장치를 사용하는 경우

Ⅱ. 감시제어반의 기능

1. 각 펌프의 작동여부를 확인할 수 있는 표시등 및 음향경보기능이 있어야 할 것
2. 각 펌프를 자동 및 수동으로 작동시킬 수 있어야 한다.
3. 비상전원을 설치한 경우에는 상용전원 및 비상전원의 공급여부를 확인할 수 있어야 할 것
4. 수조 또는 물올림탱크가 저수위로 될 때 표시등 및 음향으로 경보할 것
5. 다음의 각 확인회로마다 도통시험 및 작동시험을 할 수 있어야 할 것
   (1) 기동용수압개폐장치의 압력스위치회로
   (2) 수조 또는 물올림탱크의 저수위감시회로
   (3) 유수검지장치 또는 일제개방밸브의 압력스위치회로 → 스프링클러만 해당
   (4) 일제개방밸브를 사용하는 설비의 화재감지기회로 → 스프링클러만 해당
   (5) 개폐밸브의 폐쇄상태 확인회로(즉, 탬퍼스위치 회로) → 스프링클러만 해당
   (6) 그 밖의 이와 비슷한 회로 → 스프링클러만 해당
6. 예비전원이 확보되고 예비전원의 적합여부를 시험할 수 있어야 할 것

※ 단, 감시제어반과 동력제어반을 구분하여 설치하지 않는 경우에는 제3호 및 제6호의 규정을 적용하지 아니한다.

Ⅲ. 감시제어반의 설치기준

1. 화재 및 침수 등의 재해로 인한 피해를 받을 우려가 없는 곳에 설치할 것
2. 감시제어반은 당해 소화설비의 전용으로 할 것. 다만, 당해 소화설비의 제어에 지장이 없는 경우에는 다른 설비와 겸용할 수 있다.
3. 감시제어반은 다음의 기준에 따른 전용실 안에 설치할 것. 다만, 감시제어반과 동력제어반을 구분하여 설치하지 아니할 수 있는 경우와 공장, 발전소 등에서 설비를 집중 제어 · 운전할 목적으로 설치하는 중앙제어실 내에 감시제어반을 설치하는 경우에는 그러하지 아니하다.
   (1) 다른 부분과 방화구획을 할 것. 이 경우 전용실의 벽에는 기계실 또는 전기실 등의 감시를 위하여 두께 7mm 이상의 망입유리(두께 16.3mm 이상의 접합유리 또는 두께 28mm 이상의 복층유리를 포함한다)로 된 4㎡ 미만의 붙박이창을 설치할 수 있다.
   (2) 피난층 또는 지하 1층에 설치할 것. 다만, 다음에 해당하는 경우에는 지상 2층에 설치하거나 지하 1층 외의 지하층에 설치할 수 있다.
      ① 특별피난계단이 설치되고 그 계단(부속실을 포함한다)출입구로부터 보행거리 5m 이내에 전용실의 출입구가 있는 경우
      ② 아파트의 관리동(관리동이 없는 경우에는 경비실)에 설치하는 경우
   (3) 비상조명등 및 급·배기설비를 설치할 것
   (4) 무선기기 접속단자(무선통신보조설비가 설치된 특정소방대상물에 한한다)를 설치할 것
   (5) 바닥면적은 감시제어반의 설치에 필요한 면적 외에 화재 시 소방대원이 그 감시제어반의 조작에 필요한 최소면적 이상으로 할 것
4. 제3호의 규정에 따른 전용실에는 특정소방대상물의 기계·기구 또는 시설 등의 제어 및 감시설비외의 것을 두지 아니할 것

Ⅳ. 동력제어반

1. 앞면은 적색으로 하고 "○○설비용 동력제어반"이라고 표시한 표지를 설치할 것
2. 외함은 두께 1.5mm 이상의 강판 또는 이와 동등 이상의 강도 및 내열성능이 있는 것으로 할 것
3. 그 밖의 동력제어반의 설치에 관하여는 제3항 제1호 및 제2호의 기준을 준용할 것

문제82 가스계소화설비의 제어반 & 화재표시반

Ⅰ. 개 요

1. 가스계소화설비(CO_2·Halon·할로겐화합물 및 불활성기체소화설비) 및 분말소화설비에는 제어반 및 화재표시반을 설치하여야 한다.
2. 다만, 자동화재탐지설비의 수신기의 제어반이 화재표시반의 기능을 가지고 있는 것에 있어서는 화재표시반을 설치하지 아니할 수 있다.

Ⅱ. 제어반 및 화재표시반의 설치기준

1. 제어반은 수동기동장치 또는 감지기에서의 신호를 수신하여 음향경보장치의 작동, 소화약제의 방출 또는 지연 기타의 제어기능을 가진 것으로 하고, 제어반에는 전원표시등을 설치할 것
2. 화재표시반은 제어반에서의 신호를 수신하여 작동하는 기능을 가진 것으로 하되, 다음의 기준에 따라 설치할 것
   ① 각 방호구역마다 음향경보장치의 조작 및 감지기의 작동을 명시하는 표시등과 이와 연동하여 작동하는 벨·부자 등의 경보기를 설치할 것. 이 경우 음향경보장치의 조작 및 감지기의 작동을 명시하는 표시등을 겸용할 수 있다.
   ② 수동식기동장치에 있어서는 방출용 스위치의 작동을 명시하는 표시등을 설치할 것
   ③ 소화약제의 방출을 명시하는 표시등을 설치할 것
   ④ 자동식 기동장치에 있어서는 자동·수동의 절환을 명시하는 표시등을 설치할 것
3. 제어반 및 화재표시반의 설치장소는 화재에 따른 영향, 진동 및 충격에 따른 영향 및 부식의 우려가 없고 점검에 편리한 장소에 설치할 것
4. 제어반 및 화재표시반에는 해당 회로도 및 취급설명서를 비치할 것

※ 부속실제연설비의 제어반

1. 제어반에는 제어반의 기능을 1시간 이상 유지할 수 있는 용량의 비상용 축전지를 내장할 것. 다만, 당해 제어반이 종합방재제어반에 함께 설치되어 종합방재제어반으로부터 이 기준에 따른 용량의 전원을 공급 받을 수 있는 경우에는 그러하지 아니한다.
2. 제어반의 기능
   (1) 급기용 댐퍼의 개폐에 대한 감시 및 원격조작기능
   (2) 배출댐퍼 또는 개폐기의 작동여부에 대한 감시 및 원격조작기능
   (3) 급기송풍기와 유입공기의 배출용 송풍기(설치한 경우에 한한다)의 작동여부에 대한 감시 및 원격조작기능
   (4) 제연구역의 출입문의 일시적인 고정개방 및 해정에 대한 감시 및 원격조작기능
   (5) 수동기동장치의 작동여부에 대한 감시기능
   (6) 급기구 개구율의 자동조절장치(설치하는 경우에 한한다)의 작동여부에 대한 감시기능
   (7) 감시선로의 단선에 대한 감시기능
   (8) 예비전원이 확보되고 예비전원의 적합여부를 시험할 수 있어야 할 것

문제83 전기 기초이론

Ⅰ. 전압의 구분

1. 저압 : 직류 750V 이하, 교류 600V 이하
2. 고압 : 저압의 범위를 넘고 7,000V 이하
3. 특별고압 : 7,000V를 넘는 것

Ⅱ. 직류와 교류

1. 직류(DC, Direct current)

(1) 일정한 방향으로 흐르는 전류를 말한다. 즉, 전류의 흐름이 한 방향으로만 흐른다.
(2) "+" , "−" 의 극성이 있다.

2. 교류(AC, Alternating current)

(1) 시간의 변화에 따라 전류의 크기와 방향이 주기적으로 변화하는 전류를 말한다.
(2) 우리가 사용하는 교류전원은 1초에 60번 방향이 바뀌기 때문에 극성이 있다고 할 수 없다. 즉, 교류전원은 (+), (−)의 극성이 없다.

Ⅲ. 배전선로의 구성형식

1. 수지식(Tree system)

2. 환상식(Loop system)

3. 네트워크방식(Network system)

4. 뱅킹방식(Banking system)

(1) 동일 배전간선에 접속되어 있는 2대 이상의 변압기의 2차측을 병렬로 접속하는 방식으로 저압선의 고장에 의하여 건전한 변압기의 일부 또는 전부가 차단되는 캐스캐이딩(cascading)현상을 일으킬 수 있다.
(2) 특 징
① 전압강하 및 전력손실이 경감된다.
② 변압기 용량 및 저압선 용량이 절감된다.
③ 부하증가에 대한 탄력성이 향상된다.
④ 공급 신뢰도가 크다.

IV. 전 선

1. 전선의 굵기 결정시 고려사항

(1) 허용전류 : 전선에 안전하게 흘릴 수 있는 최대 전류
(2) 전압강하 : 입력전압과 출력전압의 차
(3) 기계적강도 : 기계적인 힘에 의해 손상을 받는 일이 없이 견딜 수 있는 능력
(4) 전력손실
(5) 경제성

2. 전선의 구비조건

(1) 도전율이 클 것
(2) 내구성이 좋을 것
(3) 비중이 작을 것
(4) 기계적 강도가 클 것
(5) 가설이 쉽고 가격이 저렴할 것

V. 선로의 보호장치

1. 전류차단기(계약차단기)

(1) 일반수용가에는 사용하고자 하는 콘센트와 전기기구 등의 용량에 필요한 전류크기를 결정하여 공급받는데 이것을 계약전류라 한다.
(2) 계약전류를 초과하는 전류가 흐르면 차단기가 작동하여 자동적으로 전기가 차단된다.

2. 누전차단기

(1) 누전이 발생하면 보통 때에는 흐르지 않는 곳에 전류가 흐르게 된다.
(2) 이 경우에는 감전방지나 화재방지를 위하여 누전차단기가 작동하여 자동적으로 차단기가 작동된다.

3. 배선용차단기(분기용개폐기, 과전류차단기) : NFB(No Fuse Breaker)

(1) 전기기구를 너무 많이 사용할 때나 단락된 때는 즉시 전기를 끊어 사고를 미연에 방지하기 위한 차단장치이다.

(2) 특징

① 부하차단능력이 우수하다.

② 퓨즈를 사용하지 않고 바이메탈이나 전자식으로 회로를 차단하므로 반영구적으로 사용이 가능하다.

③ 신뢰성이 높다.

④ 충전부가 케이스 내에 수용되어 있어 안전하게 사용할 수 있다.

⑤ 소형경량으로 사용이 간편하다.

⑥ 트립 시 즉시 재투입이 가능하다.

⑦ 회로의 차단여부를 쉽게 확인할 수 있다.

Ⅵ. 접점의 종류

1. "a" 접점

평상시 열려 있는 접점으로 일명 make접점이라고도 부른다. 기기에는 NO(Normal Open)라고 표기되어 있다.

2. "b" 접점

평상시 닫혀있는 접점으로 기기에는 NC(Normal Close)라고 표기되어 있다.

3. "c" 접점

절환접점(a접점과 b접점을 모두 갖춘 접점구조)으로 a접점과 b접점에서 가동부를 공유한 형식의 접점이다.

Ⅶ. 릴레이(Relay)

1. 적은 전류로 큰 전류를 제어하기 위한 것으로 전자석 코일에 전류가 흐르면 전자력에 의하여 접점을 개폐하는 기능을 갖춘 장치로서 계전기라고도 한다.
2. 계전기가 여자되면 가동철편을 흡입하고 이것에 연동된 가동접점이 움직여 고정접점과 접촉 또는 떨어지며, 소자되면 전자력을 잃게 되어 복귀스프링에 의하여 복귀된다.

문제84 교류전력 & 3상 4선식 배선

Ⅰ. 교류전력의 종류

1. **유효전력(평균전력)** : 공급되는 전력 중 부하에 사용되는 전력

$P[W] = VI\cos\theta = I^2R$

여기서, V : 전압[V]
I : 전류[A]
R : 저항[Ω]

2. **무효전력** : 공급되는 전력 중 부하에 사용되지 않는 전력

$P_r[Var] = VI\sin\theta = I^2(X_L - X_C) = I^2X$

여기서, X_L : 유도리액턴스[Ω]
X_C : 용량리액턴스[Ω]
X : 리액턴스[Ω]

3. **피상전력** : 이론적으로 손실이 전혀 없는 전력(효율 100%의 전력)

$P_a[VA] = VI = I^2Z = \sqrt{P^2 + P_r^2}$

여기서, Z : 임피던스[Ω]($\rightarrow Z = \sqrt{R^2 + X^2}$)

Ⅱ. 역률과 무효율

1. **역률**($\cos\theta$)

$\cos\theta = \dfrac{R}{Z} = \dfrac{P}{P_a}$

2. **무효율**($\sin\theta$)

$\sin\theta = \dfrac{X}{Z} = \dfrac{P_r}{P_a}$

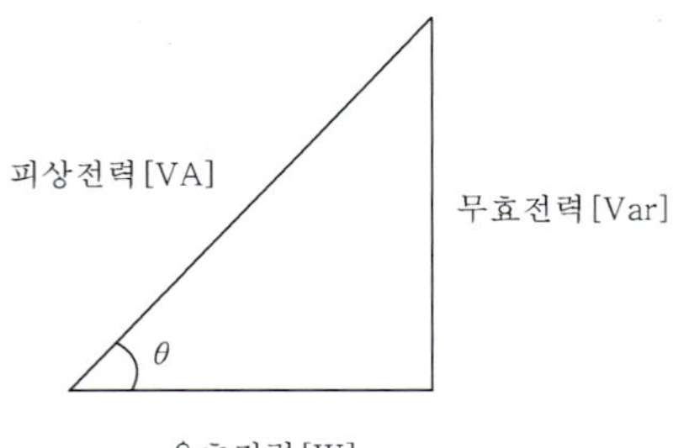

Ⅲ. 단상과 3상

1. **단상(1ϕ)** : 전등, 전열 등에 사용하는 일반용의 전원회로 방식으로서 가정용 전원은 단상 2선 또는 단상 3선이다.
2. **3상(3ϕ)** : 전압이나 전류의 파형이 Sine파를 이루고 있으며 각각의 파형이 120° 의 위상차를 가지고 있는 것을 말한다.

Ⅳ. 전기설비의 용량표시

1. 소비하는 경우(예 : 각종 부하) → 유효전력[kW]으로 표시한다.
2. 공급하는 경우(예 : 발전기, 변압기 등) → 피상전력[kVA]으로 표시한다.

〈이유〉 부하가 접속되는 상황에 따라 전력이 소비되는 것이기 때문이다. 즉, 해당 용량 자체가 부하접속이 없는 상태에서 소비되는 것이 아니기 때문이다.

Ⅴ. 3상 4선식 배선

1. 과거 국내의 전기 공급은 건축물의 경우 3상은 200V, 단상은 100V가 표준전압이었으나 전력손실을 경감하기 위하여 전국적인 승압공사를 실시하여 현재는 3상 4선식 배선방식을 사용한다. 3상 4선식의 경우 동력은 380V, 전등은 220V가 표준전압으로 되어 있다.
2. 220/380V의 3상 4선식은 100/200V의 경우와 달리 단상과 3상이 전압별로 분리되어 구성되는 것이 아니라 변압기 등의 전원공급 측으로부터 4극용 개폐기를 사용하여 4선으로 배선된다. 즉, 3상 4선식 배선은 전기배선방식의 구조 원리상 전원선을 3상과 단상으로 분리하여 시공하는 것이 아니다.
3. 3상 4선식의 배선방식
   (1) 최종적으로 전력을 소비하는 부하에 접속할 경우 3상은 R-S-T 3선을 접속하여 380V로 공급하고, 단상은 R, S, T 중 어느 1선과 중성선 N을 접속하여 220V로 공급하는 전등-전력 공용의 배선방식이다.
   (2) 접속하는 부하에 따라 3상부하는 3선을 인출하여 3극용 개폐기를 사용하고, 단상부하는 2선을 인출하여 2극용 개폐기를 사용하여 부하를 접속한다.

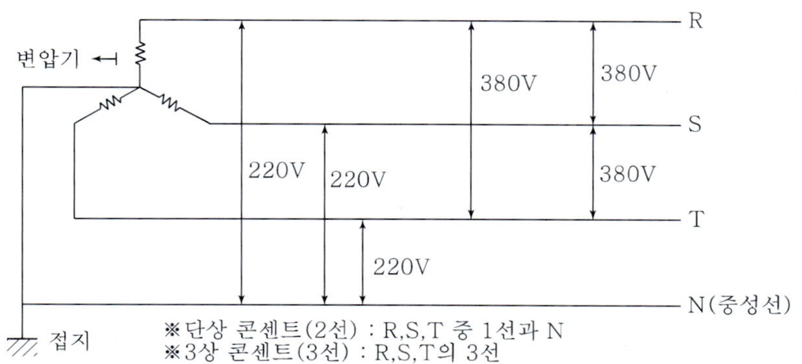

문제85 유도전동기 기동방식

Ⅰ. 개 요

1. 유도전동기의 기동방식(3상 농형 유도전동기의 경우)

(1) 전전압기동방식(직입기동방식)

(2) 감전압기동방식

① Y-Δ 기동방식(Star-Delta기동방식)

② Reactor 기동방식

③ 기동보상기(Kondorfar) 기동방식(단권변압기 기동방식)

(3) VVVF 기동방식(가변전압 가변주파수방식)

2. 감전압기동방식의 필요성

전동기를 정지 상태에서 기동시키면 정격회전수에 도달할 때까지 정격전류보다 더 큰 전류가 흐르는데 이와 같이 기동 시에 흐르는 전류를 기동전류라 하며 이 기동전류는 전력계통에 악영향을 미치게 되므로 가급적 기동전류의 값을 억제시켜야 할 필요가 있다.

Ⅱ. 기동방식의 특징

1. 직입기동방식(Line start방식)

(1) 기동 시 전동기의 단자에 직접 전류를 가하여 기동하는 방식으로 간단하여 널리 사용되고 있다.

(2) 기동전류는 정격전류의 5~7배까지 흐른다. 따라서 기동시간이 오래 걸리거나 빈번한 기동일 때는 기동전류로 인해서 코일이 과열될 수 있다.

(3) 일반적으로 3.7kW 이하 정도의 소용량 전동기에 사용한다.

① 기동전류 : 전 부하 전류의 500~700%

② 기동토크 : 정격토크의 100~200% 정도

(4) 가장 간단한 시동방법이지만 전원용량이 작으면 전압강하로 다른 기기에 악영향을 준다.

(5) 필요 이상의 큰 토크가 갑자기 부하에 가해지기 때문에 부하에 충격을 줄 수 있다.

2. Y-Δ 기동방식

(1) 기동 시는 1차 권선을 Y(star)로 결선하여 기동한 후 충분히 가속된 뒤에 결선을 Δ(delta)로 바꾸는 방법이다.

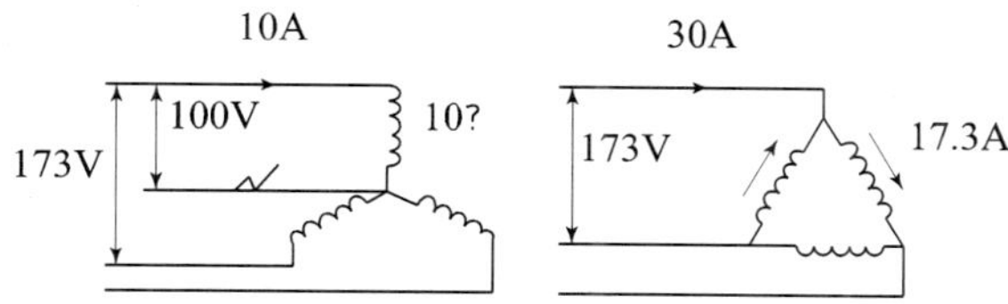

(2) 전동기의 1차 권선은 각 상의 양단에 단자를 낼 필요가 있으므로 6개의 단자가 된다. 각 상 권선에 걸리는 전압은 Y의 $\frac{1}{\sqrt{3}}$이 되는데 토크는 전압의 2승에 비례하므로 $\frac{1}{3}$이 된다.

(3) 또 전류도 그림과 같은 이유로 역시 $\frac{1}{3}$이 된다(편의상 전동기 1상의 임피던스를 10, 선간 전압을 173V로 했다) 즉, 스타-델타 기동방식에서 기동전류 및 기동토크는 모두 직입 기동시의 $\frac{1}{3}$로 된다. 이 방식은 펌프용으로는 5.5~15kW 정도의 농형유도전동기에 사용된다.

(4) 기동방법은 처음에 MC_1과 MC_2를 투입해서 Y(star)로 결선하여 기동시키고, 회전속도가 어느 정도 가속된 후에 MC_2를 개방함과 동시에 MC_3를 투입해서 Δ(delta)로 결선하여 全전압을 인가한다.

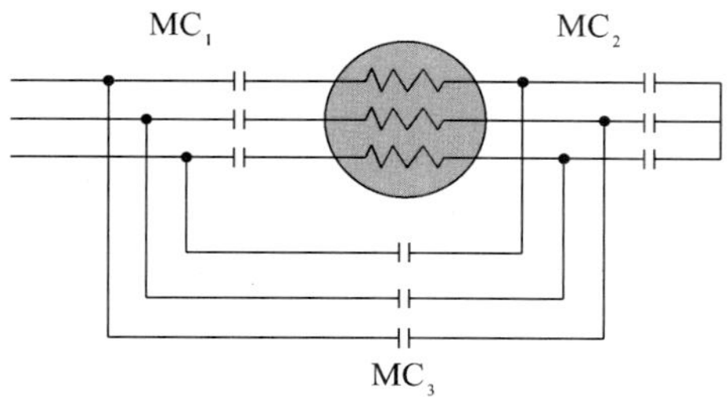

3. Reactor기동방식

(1) 리액터를 직렬로 접속하여 기동하고 기동 후 절체 하는 방식이다.

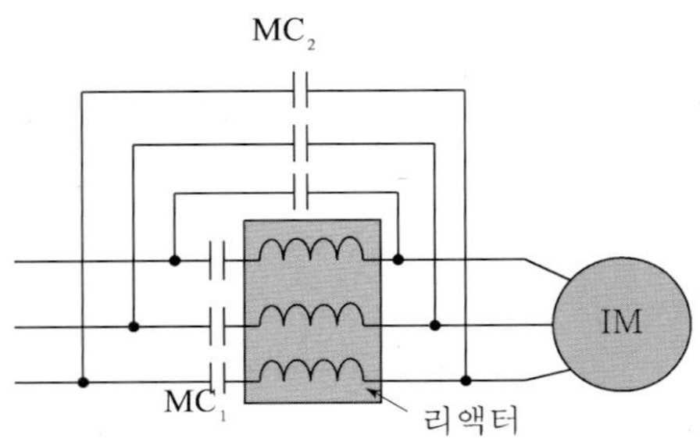

(2) 리액터의 전압강하에 의하여 전동기에 걸리는 전압이 감소하여 감압기동이 되는데, 기동전압이 직입기동시의 $\frac{1}{\alpha}$이 되면 기동토크는 $\frac{1}{\alpha^2}$로 된다.

(3) 22kW 이상의 농형유도전동기에 사용된다. 기동방법은 처음에 MC_1을 투입해서 리액터를 경유하여 전동기에 전압을 가하고 후에 MC_2를 투입함과 동시에 MC_1을 개방하여 전전압이 가해지게 한다.

4. 기동보상기(Kondorfar)기동방식

(1) 기동용 단권변압기로 전압을 감압하여 기동하는 방법이다. 변압기에 의해 전압을 $\frac{1}{\alpha}$로 낮추면 직입기동시보다 기동토크와 기동전류는 $\frac{1}{\alpha^2}$이 된다. 이 또한 22kW 이상의 농형유도전동기에 사용된다.

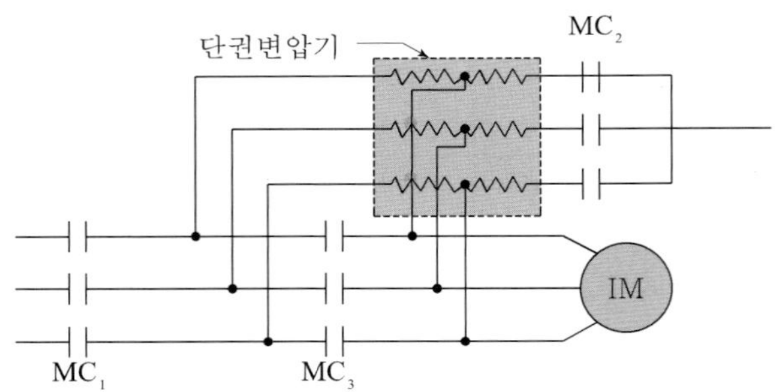

(2) 기동방법은 MC_1과 MC_2를 먼저 투입해서 단권변압기를 경유해서 감압된 전압이 전동기에 가해지게 하고 후에 MC_3를 투입함과 동시에 MC_2를 개방하여 全전압이 가해지게 한다.

5. VVVF 기동방식(가변전압 가변주파수방식)

(1) VVVF란 Variable voltage variable frequency의 약자인데, 전동기에 공급하는 전압과 주파수를 반도체 회로로 변화시키는 방식이다. 전동기에 인가되는 전압이 변화하면 전류와 Torque가 변하며, 전동기의 회전속도는 주파수에 비례한다는 원리를 이용하여 전동기를 제어한다.

(2) 전동기를 VVVF로 제어하면 Energy의 절약이라는 긍정적인 면도 있으나, VVVF 장치에서 고조파가 발생하여 전동기 등에 악영향을 미치는 경우가 있으므로 주의하여야 한다.

Ⅲ. 기동방식별 특징 비교

	직입기동	Y-Δ기동	Reactor 기동	Kondorfar 기동
기동방식	전 전압	감 전압	감 전압	감 전압
용 량	3.7kW 이하	5.5-15kW	22kW 이상	22kW 이상
기동전압		직입 기동시의 $\frac{1}{\sqrt{3}}$	직입 기동시의 $\frac{1}{\alpha}$	직입 기동시의 $\frac{1}{\alpha}$
기동전류		직입 기동시의 $\frac{1}{3}$	직입 기동시의 $\frac{1}{\alpha}$	직입 기동시의 $\frac{1}{\alpha^2}$
기동토크		직입 기동시의 $\frac{1}{3}$	직입 기동시의 $\frac{1}{\alpha^2}$	직입 기동시의 $\frac{1}{\alpha^2}$

※ 전동기의 역률

$$Q = P(\tan\theta_1 - \tan\theta_2) = P\left(\sqrt{\frac{1}{\cos^2\theta_1} - 1} - \sqrt{\frac{1}{\cos^2\theta_2} - 1}\right) \text{ [kVA]}$$

여기서, Q : 콘덴서용량[kVA],

P : 부하의 유효전력(W)

$\cos\theta_1$: 역률 개선전의 역률

$\cos\theta_2$: 역률 개선후의 역률

$\tan\theta = \frac{\sin\theta}{\cos\theta}$

$\sin^2\theta + \cos^2\theta = 1$

문제86 접지 & 접지저항

Ⅰ. 개 요

접지는 전기기기의 사고에 의한 도전부의 전위상승이 인체와 기기에 대하여 위해를 끼치지 않도록 하기 위한 것으로 Earthing 또는 Grounding이라고 한다.

Ⅱ. 접지의 목적

1. 지락 및 단락전류 등 고장전류나 뇌격전류의 유입에 따른 기기 외함, 철구, 저압제어회로 등의 전위변동에 대하여 기기를 보호한다.
2. 지표면의 국부적인 전위경도에서 공중 및 운전원을 감전으로부터 보호한다.
3. 전력계통에서 회로전압, 보호계전기동작 안정과 정전차폐효과를 유지한다.

Ⅲ. 접지의 방법

1. 공용접지

(1) 각기 다른 목적이나 다른 종류의 접지를 연접시키는 접지방식이다.

(2) 종 류

① 접지를 연접하는 것

② 접지선을 한 점에 모으는 것

③ 건축 구조체에 접지선을 연결하는 것

2. 독립접지

접지를 필요로 하는 기기별로 개별적인 접지공사를 하는 방식이다.

Ⅳ. 접지공사의 종류 및 접지저항값(전기설비기술기준 제22조)

구 분	접지 저항값	접지선의 굵기	적 용
제1종	10[Ω] 이하	6㎟ 이상의 연동선	특고, 고압기계 외함, 피뢰기 등
제2종	$\frac{150}{1선지락전류}$[Ω] 이하	16㎟ 이상의 연동선 (6㎟)이상의 연동선	Tr 2차측, 고저압 혼촉 방지판
제3종	100[Ω] 이하	2.5㎟ 이상의 연동선	400V 미만 저압기계 외함
특별 제3종	10[Ω] 이하	2.5㎟ 이상의 연동선	400V 이상 저압기계 외함

Ⅴ. 접지설계 시 고려사항

1. 인체에 대한 허용전류 값
2. 고장전류 유입에 의하여 국부적으로 발생하는 접지전위상승, 접촉전압 및 보폭전압 계산방법과 그 허용값
3. 토양고유저항, 접지저항 특정방법
4. 접지극, 접지선 굵기, 형상

Ⅵ. 접촉전압과 보폭전압

1. 감전전류의 한계(Dalziel의 실험식)

$$I_K = \frac{0.155}{\sqrt{t}}$$

여기서, I_K : 감전전류의 한계값[A]
t : 고장계속시간[sec]

2. 접촉전압

(1) 접지를 한 구조물에 사고전류가 흘렀을 때 접지전극 주위에 전위가 상승한다. 이 때 근처에 있는 인축이 구조물에 접촉했을 때의 전위차를 접촉전압이라 한다.

(2) 접촉전압의 계산

$$E_{touch} = (R_K + \frac{R_F}{2}) \times I_k = (1000 + 1.5\rho_s) \times \frac{0.155}{\sqrt{t}}$$

여기서, E_{touch} : 접촉전압[A]
R_K : 인체저항[Ω](=1,000Ω)
R_F : 한쪽 발과 대지와의 접촉저항[Ω](≒$3\rho_s$)
ρ_s : 지표면 저항률[Ω · m]

3. 보폭전압

(1) 뇌격전류나 고압전로의 지락전류 등으로 접지전극 부근에 전위차가 생겼을 때 인축의 양다리에 걸리는 전위차를 보폭전압이라 한다.

(2) 보폭전압의 계산

$$E_{step} = (R_K + 2R_F) \times I_k = (1000 + 6\rho_s) \times \frac{0.155}{\sqrt{t}}$$

여기서, E_{step} : 보폭전압[A]

Ⅶ. 접지공사의 시공방법

1. 보통 접지극이라 호칭되는 금속제의 판이나 봉을 땅속에 매설한다.
2. 접지극에서의 배선에는 접지공사의 종류별로 규정된 굵기 이상의 접지선을 사용한다.
3. 접지극 및 접지선은 어느 것이나 피뢰기 또는 피뢰침의 접지극 및 접지선으로부터 2m 이상 격리시켜야 한다.

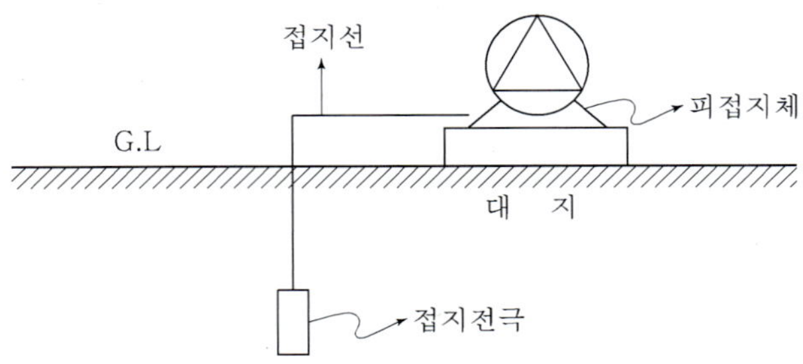

문제87 피뢰설비

Ⅰ. 개 요

1. 벤자민 플랭크린이 처음으로 뇌운의 정전기 발생·발산을 발견하였으며 피뢰의 원리를 정립하였다.
2. 뇌운 내의 얼음결정은 양전하를, 물방울은 음전하를 띠며, 전하분리에 의해 음전하는 구름의 밑 부분에 축적된다. 이러한 음전하의 축적은 지상에 양전하의 축적을 유도하고, 전하의 축적이 계속되어 구름과 지표 사이의 전압차가 공기의 절연내력을 깨뜨릴 정도로 커지면 뇌가 발산하게 된다.
3. 따라서 보호하고자 하는 대상물에 접근하는 뇌격을 확실하게 흡인, 뇌격 전류를 안전하게 대지로 방류시키기 위하여 피뢰설비를 설치한다.

Ⅱ. 대 상

1. 낙뢰 우려가 있는 건축물(학교, 백화점, 극장, 축사)
2. 높이가 20m 이상인 건축물
3. 건축법 시행령 제118조 제1항에 따른 공작물로서 높이 20미터 이상의 공작물
4. 화약류 또는 위험물을 저장하거나 취급하는 시설물에 설치
5. 위험물안전관리법 시행규칙
   (1) 지정수량의 10배 이상의 위험물을 취급하는 제조소
   (2) 지정수량의 10배 이상을 저장하는 창고
6. 벼락으로부터 보호되도록 안테나와 피뢰설비는 1m 이상 이격

Ⅲ. 설치기준

1. 피뢰설비는 한국산업표준이 정하는 피뢰레벨 등급에 적합한 피뢰설비일 것.
2. 위험물 저장 및 처리시설에 설치하는 피뢰설비는 한국산업표준이 정하는 피뢰시스템 레벨Ⅱ 이상이어야 한다.
3. 한국산업규격인 KS C IEC 62305(건축물 등의 뇌보호시스템)에서 규정하는 보호등급의 피뢰설비를 설치할 것
4. 적용범위
   건축물의 옥상 혹은 측벽에 설치된 인입용 송전철탑, 배전선 인입용 금구류, 수전설비, 통신용철탑, TV안테나 등 건축물의 부대설비인 발·변전시스템, 전력선과 통신시스템 등

Ⅳ. 피뢰설비의 구성

1. 수뢰부시스템

낙뢰를 흡인하기 위한 외부 피뢰설비의 일부분을 말하며, 돌침, 수평도체, 메시도체 등을 말한다.

2. 인하도선시스템

수뢰부로부터 접지부로 뇌전류를 흘리기 위한 외부 피뢰설비의 일부분

3. 접지시스템

뇌전류를 대지로 흘려 분산시키기 위한 외부 피뢰설비의 일부분

4. 접지극

뇌전류를 대지로 분산시키기 위하여 지중에 매설한 도체 또는 도체군

Ⅴ. 수뢰부시스템

1. 돌 침

(1) 대상물의 상부 또는 측면부에 설치하는 것으로 침상, 봉상의 형태를 가진 시설물

(2) 적 용

수평투영면적이 작은 건물, 위험물저장소 등

2. 수평도체

(1) 대상물의 상부 또는 측면부에 수평형태로 설치하는 전선, 봉, 버스 등의 도체

(2) 적 용

수평투영면적이 비교적 큰 건물

3. 메쉬도체

(1) 그물 또는 케이지 형태로 설치하는 전선, 봉, 버스 등의 도체

(2) 적 용

산악지대 레이더기지, 휴게소, 나무(천연기념물) 등

Ⅳ. 피뢰설비 설치 시 고려사항

1. 건축물의 높이

높이에 관계없이 낙뢰에 의해 손실을 입을 수 있는 모든 건물에 설치하여야 한다.

2. 건축물의 용도

사람들이 많이 모이는 집회장이나 병원 등은 낙뢰 손실이 크므로 보다 정교한 피뢰설비가 요구되며 사무실의 근무자는 골프장의 골퍼보다 안전하다.

3. 건축물과 그 수용물

피해가 클 것으로 예상되는 건축물, 과학적·역사적인 건축물, 위험물의 저장, 취급 목적이 있는 건축물 등에는 높이에 관계없이 피뢰설비를 하여야 한다.

4. 노출위험

한적한 시골지역의 건물은 밀집된 건물보다 낙뢰 위험이 더 크다. 또한 구릉지역에 있는 높은 지대의 건물은 계곡이나 은폐된 부분의 건물보다 위험하다.

5. 낙뢰의 빈도

낙뢰의 발생빈도와 강도는 지역별로 상당한 차이가 있으므로 피뢰설비 설치 시 고려하여야 한다.

6. 간접손실

낙뢰에 의해 건물이 입은 직접손실 뿐만 아니라 공장의 생산중단, 방재설비의 기능마비, 전자장비의 파손 등과 같은 간접손실도 매우 중요하며 피뢰설비 설치 시 이를 고려하여야 한다.

문제88 수뢰부시스템과 낙뢰서지 보호대책

Ⅰ. 개 요

1. 한국산업규격 KS C IEC 62305의 수뢰부시스템은 보호각법, 회전구체법, 메쉬법을 사용하여 보호범위를 산정한다.
2. 대상물의 모퉁이, 뾰족한 점, 모서리(특히 용마루)에는 다음의 하나 이상 방법으로 수뢰부시스템을 배치해야 한다.

Ⅱ. 수뢰부시스템의 배치

1. 보호각법

(1) 대상물의 높이, 보호등급에 따라 보호각의 범위를 차등 적용한다.
(2) 보호각을 넘는 대상물은 회전구체, 메쉬법을 적용한다.
(3) 대상물이 60m 이하, 또는 간단한 대상물에 적용한다.

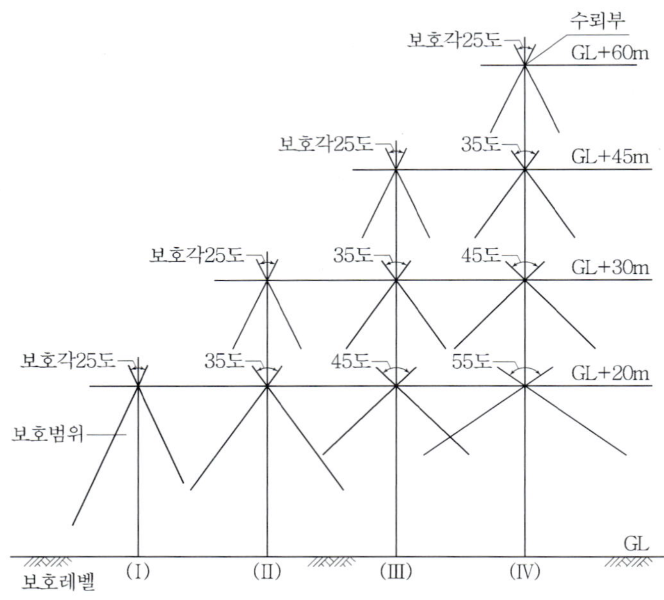

2. 회전구체법(Rolling sphere method)

(1) 직뢰뿐만 아니라 유도뢰에 대해서도 대상물을 보호할 필요가 있다.
(2) 대상물이 60m 초과, 또는 복잡한 대상물에 적용한다.

(3) 대상물의 보호등급에 따라 구의 크기 R을 다르게 적용한다.

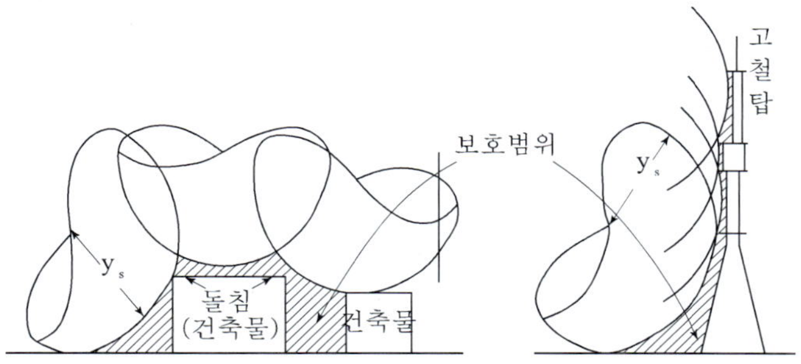

3. 메쉬법

(1) 대상물에 그물 또는 케이지형태로 수뢰부를 설치한다.
(2) 대상물이 60m 초과, 또는 복잡한 대상물에 적용한다.
(3) 굴곡이 없는 수평, 경사진 지붕에 적용한다.

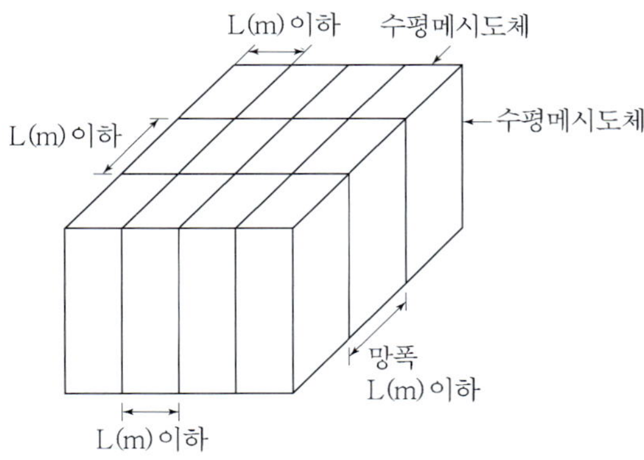

Ⅲ. 보호등급에 따른 적용

보호등급	회전구체법 R(m)	보호각법 h(m)				메쉬폭 L(m)
		20	30	45	60	
Ⅰ	20	25	*	*	*	5×5
Ⅱ	30	35	25	*	*	10×10
Ⅲ	45	45	35	25	*	15×15
Ⅳ	60	55	45	35	25	20×20

Ⅱ. 낙뢰서지 보호대책

1. 뇌서지(Surge) 보호의 기본사항

(1) 뇌격을 차폐(Shielding)한다.
(2) 낙뢰를 대지로 유도한다.
(3) 유도한 낙뢰를 대지로 방류(Earthing)한다.
(4) 건물 내에 낙뢰로 인한 전위차를 없앤다.

2. 건물 외부대책

(1) 적정 피뢰설비 설치
① 적정 피뢰방식, 적정 피뢰등급을 선정하여 적용한다.
② IEC/TC-81규격에 의한 높이별 보호각, Rolling Sphere에 의한 보호범위를 참고하여 직격뢰뿐만 아니라 유도뢰에 의한 보호까지도 고려한다.

(2) 적정 피뢰기 설치
① 피뢰기 설치위치 고려, 적정용량 및 정격전압을 선정하여 적용한다.
② 타 기기와의 절연협조를 적정히 시행하여 타 기기를 보호한다.

3. 건물 내부대책

(1) 건물 내의 등전위화
① 낙뢰로 인한 건축물 각부의 전위상승이 달라질 수 있는데 건물 내 등전위접지로 이를 낮출 수 있다.
② 건물 각층 floor에서 건축구조체와 공용접지를 실시한다.
③ 건물 기초면에서는 기초부분을 포함하여 링크접지 또는 Mesh접지를 시행한다.

(2) 옥내전기설비와 피뢰설비의 이격보호
① 전기설비와 피뢰설비 사이의 전위차 → 이격, 절연
② 전기설비 자체로의 낙뢰에 의한 유도전압 → 차폐 및 적정 피뢰기 적용
③ 수전, 통신선에의 뇌서지 침입 → 피뢰기와 Horn Gap에 의한 절연협조 확보

(3) 건물내부의 절연협조와 접지계 구성
① 단독접지, 공용접지를 적절히 시행한다.
② 건축물의 낙뢰, 인입선의 뇌서지 인입에 대하여 충분히 절연협조를 유지한다.

문제89 전기화재의 원인

Ⅰ. 개 요

1. 전기화재란 통전 중인 상태의 전기기기 등에서 발생하는 화재로서 화재분류 상 C급화재로 구분된다.
2. 즉, 전기화재란 전기에 의한 발열체가 발화원이 되는 화재의 총칭으로서 전기회로 중에 발열, 방전을 수반하는 장소에 가연물 또는 가연성가스가 존재하면 전기화재로 이어질 수 있다.

Ⅱ. 전기화재의 원인

1. 과전류

(1) 전선에 전류가 흐르면 Joule의 법칙에 의하여 열이 발생하는데, 과전류에 의하여 이 발열과 방열의 균형이 깨져 발화의 원인이 될 수 있다.

(2) Joule의 법칙 $H = I^2Rt$

여기서, H : 발생열, t : 통전시간, I : 전류의 세기, R : 저항

(3) 비닐전선의 경우 정격전류의 200~300% 과전류에서는 피복이 변질되고, 500~600% 과전류에서는 적열 후 용융된다.

2. 낙 뢰

(1) 낙뢰로부터 순간적으로 수만[A] 이상의 전류가 흐르게 되므로 절연의 파괴 또는 화재의 원인이 된다.

(2) 낙뢰는 산불의 주요 원인이 된다.

3. 단락(Short)

(1) 전선로나 전선의 절연이 파괴되면 부하가 접속되어 있지 않은 상태로 전원만의 폐회로가 구성되는데 이러한 경우를 단락이라 하며 이때 흐르는 전류를 단락전류라 한다.

(2) 전선이나 전기기기에 있어서 절연체가 전기·기계적 원인으로 파괴되면 전류의 통로가 바뀌어서 단락이 일어난다. 즉, 절연체의 파괴·변질로 통로가 바뀌어 단락이 일어나고 인화된다.

(3) 이러한 경우 전류가 무한대로 선로에 흐르게 되고 전력도 무한대로 소비하게 되므로 대단히 위험하다. 저압 옥내배선인 경우 1,000[A] 이상의 단락전류가 발생한다. 이러한 단락전류는 대전류이므로 발생하는 열과 스파크 등이 전선피복을 연소시키거나 주위의 인화물질을 착화시키게 된다.

(4) 단락전류에 의하여 절연체의 절연이 파괴되고 다음과 같은 발화의 원인이 된다.
① 단락 시 발생되는 스파크로 주위의 인화성 물질에 착화
② 단락 시 발생되는 열에 의한 전선피복의 연소
③ 단락 순간의 적열된 전선이 주위의 인화성 물질에 접촉, 산화 등

4. 지 락

(1) 전로 중 전선의 하나 또는 두 선이 대지에 접촉하여 전류가 대지로 통하는 것을 지락이라고 하며 이때 흐르는 전류를 지락전류라 한다.
(2) 단락전류가 대지로 통하는 것을 지락이라고 하며, 전선이 대지에 접촉하여 대지로 지락전류가 흐를 때 고전압 회로인 경우 다음의 원인으로 발화원이 될 수 있다.
① 금속체 등에 지락될 때의 스파크
② 목재 등에 전류가 흐를 때의 발화현상

5. 열적경과

(1) 전열기기를 방열이 잘 되지 않는 장소에서 사용할 경우 열의 축적에 의하여 발화될 수 있다.
(2) 예를 들면 60W 백열등을 신문지로 싸서 점등하여 수 시간이 지나면 발화될 수 있다. 또 백열등을 가연성 천장에 바싹 근접시켜 설치한 경우에도 장시간 점등 시에 발화되는 수가 있다.

6. 접촉부의 과열

(1) 전기적 접촉상태가 불완전할 때의 접촉저항에 의한 발열에 의하여 발화원인이 된다.
(2) 아산화동 발열현상과 접촉저항 증가에 의한 발화
① 아산화동 발열현상
동선의 접촉부분에 접촉불량이 발생할 때 접촉되고 있는 부분의 동이 산화발열하여 주위의 동을 용해시켜 들어가면서 아산화동을 증식시켜 발열하는 현상
② 접촉저항 증가에 의한 발화
두 도체의 접촉부에는 전류의 흐름이 접촉면에 한정되므로 전류의 통로가 좁아짐에 따라 발생하는 집중저항과 접촉재료의 산화물 등 화합물의 피막을 통하여 전류가 흐름으로써 발생하는 경계저항의 2가지 저항이 존재한다.
(3) 접촉저항을 저감시키는 방법
① 접촉압력 및 접촉면적을 크게 한다.
② 고유저항이 낮은 재료를 사용한다.
③ 접촉면을 청결하게 유지한다.
④ 접촉단자는 쉽게 부식되지 않는 재료를 사용한다.

7. 누 전

(1) 전선이나 전기기기의 절연이 파괴되어 전류가 대지 또는 대지와 전기적으로 접촉되어 있는 금속체 또는 도체 등과 접촉하게 되면 규정된 전로를 이탈하여 전기가 흐르게 되는데 이를 누전이라고 한다.

(2) 이와 같은 누전 시에 흐르는 전류를 누설전류라 한다. 이 누설전류에 의한 발열의 누적으로 발화원인이 된다.

8. 스파크(Spark)

(1) 스위치로 전기회로를 개폐하는 경우 또는 전기회로가 단락될 경우 등에는 스파크가 발생하며 이 스파크가 주위의 가연성가스 등을 인화시킬 수 있다.

(2) 스위치에 의한 On, Off시 발생되는 스파크 등에서 발화할 수 있으며, 스파크는 회로를 Off 시킬 때 더 심하다.

9. 절연열화 또는 탄화

(1) 배선기구의 절연체 등이 시간 경과에 따라 절연체의 열화로 절연성이 저하하거나 미소전류에 의한 국부발열과 탄화현상 누적으로 발열 또는 누전현상을 일으킨다.

(2) 트래킹(Tracking) 현상

전기제품 등에서 충전전극 사이의 절연물 표면에 경년변화나 습기, 수분, 먼지, 기타 오염물질 등으로 유기절연체의 표면에 발생하는 미소한 불꽃에 의해 탄화(숯) 도전로가 생기는 현상이다. 전기재료의 절연성능 열화의 일종으로 검토되고 있다.

(3) 탄화현상(가네하라현상)

누전회로에 발생하는 스파크 등에 의하여 목재 등에 탄화전로가 생성되어 도전로가 증식·확대되어 발열량이 증대하여 발화하는 현상이다. 저압 누전화재의 발화기구(Mechanism) 및 발화까지 포함한 의미이다.

10. 정전기

(1) 정전기 스파크에 의하여 가연성 가스에 인화하는 경우가 대부분으로 위험이 가장 크다.

(2) 정전기에 의한 폭발조건

① 가연성가스 및 증기가 폭발한계 내에 있을 것

② 정전기스파크의 에너지가 가연성가스 및 증기의 최소 착화에너지 이상일 것

③ 폭발성 분위기를 착화시키기 위해서는 충분한 방전에너지를 방출하는 정전기 방전이 있어야 한다.

III. 전기화재의 예방대책

1. 전기제품의 품질향상

전기용품 안전관리법에 의한 "전"자 표시제도, KS품질 보증제도로 품질향상을 꾀하고 있다. 또한 조립 제조과정의 품질관리가 요구된다.

2. 철저한 안전관리

옥내배선 및 기구에 대하여 정기적인 점검과 보수가 요망된다.

3. 경보설비의 활용

누전을 확인하는 누전화재 경보기나 화재를 감지하는 자동화재 경보설비를 설치, 예방 조치한다.

문제90 정전기

Ⅰ. 개 요

1. 정전기현상의 발견에 대한 기록은 고대 그리스의 철학자 탈레스가 호박을 양피에 마찰시켜 정전기를 발생시킨 것이 시초였으며 Electricity라는 용어는 호박(그리스어로 electron)에서 유래되었다. 따라서 정전기를 흔히 마찰전기라고 부른다.
2. 정전기는 고분자물질을 많이 취급하는 우리 생활 주변에서 빈번히 발생될 뿐 아니라 자연현상에서도 많이 볼 수 있는데 그 대표적인 예가 뇌구름에 의한 번개나 낙뢰현상이다.

Ⅱ. 정 의

1. 전하의 공간적 이동이 적어 이 전류에 의한 자계효과가 전계효과에 비하여 무시할 정도로 아주 작은 전기
2. 이 정전계에 의한 제반현상을 정전현상이라 한다.

Ⅲ. 정전기의 대전현상

정전기는 일반적으로 서로 다른 물질이 상호 운동할 때 그 접촉면에서 발생되며 고체상호에서 뿐만 아니라 고체와 액체, 액체 상호, 액체와 기체 사이에서도 발생한다.

1. 마찰대전

(1) 두 물질 사이의 마찰에 의한 접촉과 분리과정이 계속되면 이에 따른 기계적 에너지의 차에 의한 자유전자의 방출, 흡인으로 정전기가 발생하는 현상을 말한다.

(2) 고체·액체류 또는 분체류에서의 대전은 주로 마찰대전에 기인된다.

2. 박리대전

(1) 상호 밀착되어 있는 물질이 떨어질 때 전하분리에 의한 정전기의 발생을 말한다.

(2) 접착면의 밀착면, 박리속도 등에 의하여 대전량이 변화되며, 일반적으로 마찰대전보다 큰 정전기가 발생한다.

3. 유동대전

(1) 액체류를 파이프 등으로 수송할 때 액체류와 파이프 등의 고체류가 접촉하면서 이 두 물질 사이의 경계에서 전기2중층이 형성되고 이 2중층을 형성하는 전하의 일부가 액체류의 유동과 같이 이동하여 대전되는 현상이다.

(2) 주로 액체류와 고체의 접촉에 의하여 발생되며 액체류의 유동속도가 대전량에 큰 영향을 미친다.

4. 분출대전

(1) 분체류, 액체류, 기체류가 단면적이 작은 분출구를 통하여 공기 중으로 분출될 때 물질과 분출구의 마찰에 의해 발생되는 대전현상을 말한다.

(2) 분출되는 물질과 분출구를 구성하는 물질과의 직접적인 마찰에 의해서도 발생되지만 실제로는 분출되는 물질 구성입자 간의 상호 충돌에 의하여 더 많은 정전기가 발생된다.

5. 유도대전

(1) 도체가 전기장에 노출되면 도체에는 전하의 분극이 일어나서 가까운 쪽에는 반대 극성의 전하로, 먼 쪽에는 같은 극성의 전하로 대전되는 현상이다.

(2) 유도대전은 접지되지 않은 도체가 대전물체 가까이에 있을 경우에 주로 발생한다.

6. 충돌대전

분체류에 의한 입자 상호 간이나 입자와 고체와의 충돌에 의한 접촉 · 분리과정에서 발생하는 대전현상

7. 비말대전

공간에 분출한 액체류가 비산해서 분리되고 많은 물방울이 될 때 새로운 표면을 형성하기 때문에 발생하는 대전현상

8. 적하대전

고체 표면에 부착된 액체류가 성장 액적 물방울이 되어 떨어질 때 전하분리가 일어나 발생하는 대전현상

9. 파괴대전

고체 · 분체류 등이 파괴될 때의 전하분리로 인한 대전현상

10. 교반대전 또는 침강대전

액체류의 교반·수송 중에 발생되는 대전현상

Ⅳ. 정전기 발생에 영향을 주는 요인

1. 물체의 특성

정전기의 발생은 일반적으로 접촉·분리하는 2개의 물체가 대전서열 중에서 가까운 위치에 있으면 적고 떨어져 있으면 큰 경향이 있다.

2. 물체의 표면상태

(1) 물체표면이 거칠면 정전기의 발생에 큰 영향을 준다.

(2) 물체의 표면이 수분, 기름 등에 오염되어 있거나 부식(산화)되어 있으면 정전기 발생에 큰 영향을 준다.

3. 물체의 이력

정전기 발생은 일반적으로 처음 접촉·분리가 일어날 때 최고로 크고 접촉·분리가 반복되어짐에 따라 서서히 작아지는 경향이 있다.

4. 접촉면적 및 접촉압력

접촉압력이 증가하면 접촉면적도 증가하기 때문에 일반적으로 접촉압력이 크면 정전기의 발생도 크게 되는 경향이 있다.

5. 분리속도

분리속도가 크면 전하분리에 주어지는 에너지가 커져서 정전기의 발생이 크게 되는 경향이 있다.

문제91 역학현상, 정전유도현상, 방전현상

Ⅰ. 개 요

정전기 대전에 따른 물리현상으로는 정전기의 역학현상, 정전유도현상, 정전기 방전현상 등이 있다.

Ⅱ. 정전기의 역학현상(Mechanics phenamenon)

1. 정전기의 전기적 작용인 쿨롱(Coulomb)력에 의하여 대전물체 가까이에 있는 물체를 흡인하거나 반발하게 하는 성질이 있는데 이를 정전기의 역학현상이라 한다.
2. 정전력

$$F = \frac{Q_1 \times Q_2}{4\pi \times \epsilon \times r^2} = 9 \times 10^9 \times \frac{Q_1 \times Q_2}{r^2}$$

여기서, F : 2개의 전하 간에 작용하는 정전력[N]
Q_1, Q_2 : 각각의 전하량[C]
ϵ : 유전율
r : 두 전하간의 거리[m]

3. 정전력에 의하여 같은 부호끼리는 반발력, 다른 부호끼리는 흡인력이 작용한다.
4. 이 현상은 일반적으로 대전물체의 표면전하에 의해 작용하기 때문에 무게에 비하여 표면적이 큰 종이, 필름, 섬유, 분체, 미세입자 등에서 발생하기 쉬우며 각종 생산장애의 원인이 된다.

Ⅲ. 정전유도현상(Static induction)

1. 대전물체 부근에 절연된 도체가 있을 때에는 정전계에 의하여 대전물체 가까운 쪽의 도체표면에는 대전물체와 반대극성의 전하가, 반대쪽에는 같은 극성의 전하가 대전되는데 이를 정전유도현상이라 한다.

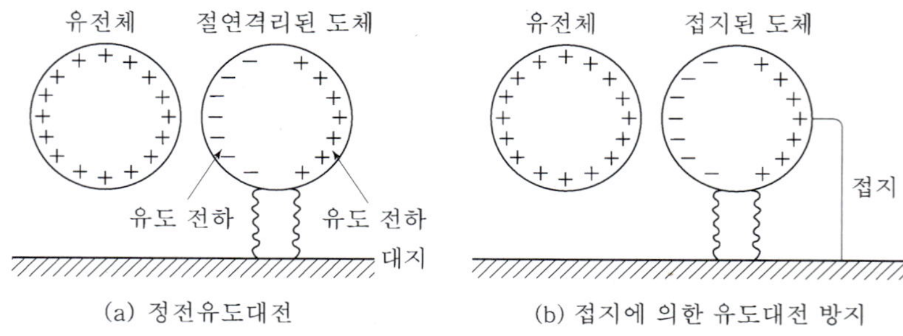

(a) 정전유도대전 (b) 접지에 의한 유도대전 방지

2. 정전유도의 크기는 전계에 비례하고 대전체로부터의 거리에 반비례하며 도체의 형상에 의해서도 영향을 받는데 이는 유도대전을 일으켜 각종 장재해의 원인이 되기도 하며 이 원리를 이용하여 대전전위, 전하량 등을 측정하기도 한다.

Ⅳ. 정전기 방전현상(Electric discharge)

1. 정전기방전은 정전기의 전기적 작용에 의하여 일어나는 전리작용으로 대전물체에 의한 정전계가 공기의 절연파괴강도(직류의 경우 30[kV])에 달한 경우에 일어나는 기체의 전리작용이다.
2. 방전이 일어나면 대전체에 축적되어 있는 정전에너지는 방전에너지로서 공간에 방출되어 열, 발광, 전자파 등으로 변환·소멸되는데 이 에너지가 커지면 화재·폭발 등을 일으켜 장·재해의 주원인이 된다.
3. 정전기 방전의 종류
   (1) 연면방전 : 대전체의 표면을 따라 발생되는 방전현상
   (2) 기중방전 : 대기 중에서 발생하는 방전현상
   ① 코로나(Corona)방전
   대전체나 방전물체의 돌기부분과 같은 끝부분에서 미약한 발광이 일어나는 현상으로, 방전에너지의 밀도가 낮아 재해의 원인이 되는 확률이 비교적 적다.
   ② 스트리머방전(Brush방전)
   일반적으로 비교적 강한 파괴음과 발광을 동반하는 방전으로, 대전량이 큰 대전물체(일반적으로 부도체)와 비교적 평활한 형상을 가진 접지도체와의 사이에서 발생한다.
   ③ 불꽃방전
   대전체 또는 접지체의 형태가 비교적 평활하고 그 간격이 작은 경우 그 공간에서 발생하는 강한 발광과 파괴음을 가진 것으로 방전에너지가 커서 착화 및 전격이 일어날 확률이 매우 높다.

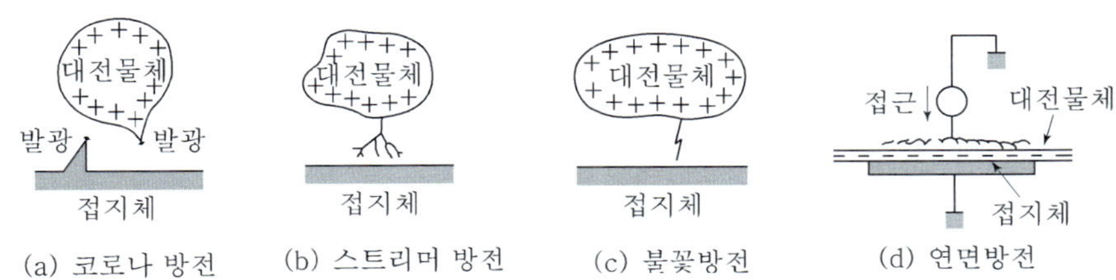

(a) 코로나 방전 (b) 스트리머 방전 (c) 불꽃방전 (d) 연면방전

문제92 정전기의 장·재해 & 방지대책

Ⅰ. 정전기의 장·재해

1. 화재·폭발

(1) 화재·폭발은 정전기의 방전현상에 의한 결과로서 가연성물질이 연소되어 일어나는 현상이다.

(2) 그러나 정전기방전이 일어났다 하더라도 그 방전에너지가 가연성 물질의 최소착화에너지(MIE)보다 작으면 화재·폭발은 일어나지 않는다.

(3) 화재·폭발은 대전물체가 도체이면 대전에너지가 관련되고 부도체일 경우에는 대전전위에 관련되지만 정확한 기준을 제시하기는 어렵다.

2. 전 격

(1) 전격은 대전된 인체에서 도체로 또는 대전물체에서 인체로 방전되는 현상에 의하여 인체 내로 전류가 흘러 나타나는 현상이다.

(2) 전격의 대부분이 전격사로 이어질 만큼 강렬한 것은 아니지만 전격 시 받는 충격으로 고소추락 등 2차 재해를 일으킬 수 있으며 전격에 의한 불쾌감, 공포감 등으로 인하여 생산성이 저하되는 원인이 되기도 한다.

3. 생산장해

(1) 역학현상에 의한 장해

① 정전기의 흡인력 또는 반발력에 의하여 발생되는 장애

② 예 : 분진의 막힘, 실의 엉킴, 인쇄의 얼룩, 제품의 오염 등

(2) 방전현상에 의한 장해

① 방전전류에 의한 것 : 반도체소자 등의 전자부품의 파괴, 오동작 등

② 전자파에 의한 것 : 전자기기·장치 등의 오동작, 잡음발생

③ 발광에 의한 것 : 사진필름 등의 감광

Ⅱ. 정전기 방지대책

1. 도체의 대전방지

(1) 정전기 장재해의 대부분은 도체가 대전되어 일어난 방전불꽃에 의하여 발생하므로 도체의 대전방지를 위해서는 도체와 대지 사이를 전기적으로 접속하여 대지와 등전위화 함으로써 정전기 축적을 방지할 수 있다.

(2) 접 지

1) 접지의 목적

① 정전기의 축적 방지

② 대전물체 주위의 물체 또는 이와 접촉되어 있는 물체 사이의 정전유도 방지

③ 대전물체의 전위상승 및 방전 억제

2) 접지대상

① 정전기의 발생 및 대전의 우려가 있는 금속체

② 정전유도에 의하여 대전 우려가 있는 도체

③ 부도체로 지지되어 대지로부터 절연되어 있는 경우 각 도체마다 접지 또는 본딩하여 접지시킨다.

3) 접지저항

① 정전기 대책을 위한 접지는 $1\times10^6[\Omega]$이면 충분하지만 확실한 안전을 위해서는 $1\times10^3[\Omega]$ 미만으로 하되 타목적의 접지와 공용할 때에는 그 접지 저항값이면 충분하다.

② 본딩의 저항은 $1\times10^3[\Omega]$ 미만으로 유지시킨다.

4) 간접접지의 실시 : 접지대상이 금속도체가 아닌 경우에는 간접접지를 실시한다.

① 대전물체와 접지용 금속도체의 밀착면적은 가능한 $20cm^2$ 이상이 되도록 한다.

② 대전물체와 금속도체와의 접촉저항을 가능한 작게 하기 위하여 밀착성이 좋은 금속박을 사용하고 도전성 도료 또는 도전성 페이스트(past)를 도포한다.

(3) 본 딩

본딩(bonding)은 부도체로 격리되어 있는 금속도체 상호간을 확실하게 접속하기 위하여 실시하는 것으로서 동판 등의 금속판, 편조선 또는 스테인리스 볼트 등을 이용하여 접지용 도체단자 등에 접속한다.

2. 부도체의 대전방지

부도체에서는 발생 또는 대전되어 있는 전하의 이동이 쉽게 이루어지지 않기 때문에 접지를 해도 효과를 보기가 어렵다. 따라서 부도체에서의 정전대책은 정전기의 발생 억제가 기본이고 그 후에 정전기를 인위적으로 중화시켜 제거해 주어야 한다.

(1) 부도체의 사용금지

많은 양의 대전이 우려되는 다음의 개소는 가능한 금속재료를 사용하고 접지 또는 본딩을 실시한다.

① 마찰 등에 의해 지속적으로 정전기가 발생되는 부분 또는 장치

② 정전기가 대전되어 있는 물질을 다량으로 취급하는 용기

③ 이동식 또는 가반형의 장치 등

(2) 도전성 재료의 사용

① 금속도체의 사용이 불가능한 경우에는 도전성 재료 또는 대전방지처리된 것을 사용한다.

② 대전방지를 위한 도전성 재료는 도전율이 10^{-12}[S/m] 이상 또는 표면고유저항이 10^{12}[Ω] 이하인 것이 바람직하다.

3. 대전방지제의 사용

(1) 대전방지제는 섬유나 수지의 표면에 흡습성과 이온성을 부여하여 도전성을 증가시키고 대전방지를 도모하는 것이다.

(2) 대전방지제로는 계면활성제가 주로 사용된다.

(3) 부도체의 도전성 향상을 위한 대전방지제의 사용법

① 부도체의 도전율이 10^{-12}[S/m] 이상, 표면고유저항은 10^{12}[Ω] 이하가 되게 하고 도전성이 향상된 부도체는 접지 또는 접지된 것과 본딩한다.

② 대전방지제의 효과는 주위 습도에 따라 변하므로 상대습도를 50[%] 이상으로 유지함은 물론 정기적으로 대전방지효과를 점검하여야 한다.

4. 대전물체의 차폐

(1) 대전물체의 표면을 금속 또는 도전성 물질로 덮는 것을 차폐라 한다.

(2) 정전차폐효과

① 전기적 작용억제에 의한 정전차폐효과

② 대전물체의 전위상승 억제효과

③ 대전된 정전기에 의한 역학현상억제 및 방전억제 효과

(3) 차폐재

① 금속재 또는 도전성 테이프

② 도전성 필름 또는 시트

③ 금속선 또는 도전성 섬유가 들어 있는 섬유제품

5. 가 습

플라스틱제품 등은 습도가 증가되면 표면 저항값이 저하되므로 대전방지를 위하여 물의 분무, 가습기의 사용, 증발법 등을 이용하여 부도체 근방이나 환경전체의 상대습도를 약 65% 이상 유지한다.

6. 정치시간

(1) 정치시간이란 접지상태에서 정전기 발생이 종료된 후 다시 발생이 개시될 때까지의 시간 또는 정전기 발생이 종료된 후 접지에 의해 대전된 정전기가 빠져나갈 때까지의 시간을 말하는 것으로 대전방지효과와 밀접한 관계가 있다.

(2) 정치시간은 물질에 대전되어 있는 정전기를 대지로 누설시켜 대전량을 적게 하기 위하여 설정하지만 그 물질의 도전율이 10^{-12}[S/m]보다 작은 경우에는 정치시간을 설정했다 하더라도 대전량이 반드시 감소한다고 볼 수는 없다.

(3) 따라서 대전물체가 인화성물질이고 폭발위험분위기를 조성하거나 조성가능성이 있는 경우에는 가급적 적정한 정치시간을 두는 것이 바람직하다.

7. 배관 내 액체의 유속제한

불활성화 할 수 없는 탱크, 탱크로리, 탱크차 드럼통 등에 위험물을 주입하는 배관은 관내 유속이 다음과 같이 되도록 설비하고 유속을 제한하여야 한다.

제한 대상	배관 내 유속
① 저항율이 10[Ωcm] 미만인 도전성 위험물	7[m/sec] 이하
② 에테르, 이황화탄소 등과 같이 유동대전이 심하고 폭발위험성이 높은 것	1[m/sec] 이하
③ 물기나 기체를 혼합한 비수용성 위험물	1[m/sec] 이하

8. 제전기에 의한 대전방지

(1) 전압인가식 제전기
- 고전압의 전기에너지로 제전에 필요한 이온을 발생시키는 장치

(2) 자기방전식 제전기
- 대상물체의 정전에너지를 이용하여 제전에 필요한 이온을 발생시키는 장치

(3) 방사선식 제전기
- 방사선동위원소 등에서 나오는 방사선의 전리작용을 이용하여 제전에 필요한 이온을 발생시키는 장치

9. 작업자의 대전방지

(1) 대전되어 있는 인체에서의 방전 시에는 신체장애 등의 전격재해뿐만 아니라 폭발위험분위기에서는 점화원이 될 수 있으며, 미소한 반도체소자를 다루는 작업에서는 이들 부품을 파괴하거나 손상을 일으키는 등 생산장애를 초래할 수 있다.

(2) 인체의 접지

① 손목 접지대

② 대전방지용 안전화 및 발 접지대

③ 대전방지용 작업복(제전복)

제9장
건축방화

문제1 공간적 대응 / 설비적 대응

Ⅰ. 개 요

1. 건축방화에 있어서 고려해야 할 사항은 화재안전성과 피난안전성에 대한 대응이다.
2. 안전성에 대한 대응은 크게 건축물의 공간적 대응과 설비적 대응으로 구분 할 수 있다.

Ⅱ. 공간적 대응

1. 정 의

건물 내의 재해로부터 안전한 공간으로의 피난이나 안전한 공간의 확보를 위한 대응

2. 종 류

(1) 회피성 대응
① 내장재의 불연·난연화, 내장 제한, 방화훈련 등을 통하여 화재의 위험성을 감소 또는 제거하는 예방적 조치
② 화재예방의 개념

(2) 대항성 대응
① 방·내화재료, 방화구획, 방연구획 등으로 화재에 대항하는 대응
② 화재저항의 개념

(3) 도피성 대응
① 안전한 공간(안전구역, 안전구획)으로 피난하는 대응
② 피난의 개념

Ⅲ. 설비적 대응

1. 정 의

각종 안전설비로써 공간적 대응을 보조해 주는 대응

2. 종 류

(1) 회피성 대응을 보조
→ 방염(실내장식물·방염대상물품), 불조심 캠페인

(2) 대항성 대응을 보조
→ 옥내소화전, 스프링클러설비, 연결송수관설비, 제연설비 등

(3) 도피성 대응을 보조

문제2 수동적 방화 / 능동적 방화

Ⅰ. 개 요

1. 화재안전의 개념

(1) 출화를 방지한다.
(2) 화재실 또는 화원으로부터 화재의 성장이나 확산을 방지한다.
(3) 화재를 특정 구역에 국한화하여 안전성을 확보한다.
(4) 건물 내 거주자의 안전한 피난방법을 제시한다.
(5) 자동소화설비에 의하여 화재를 제어하거나 진압한다.

2. 수동적 방화 & 능동적 방화

(1) 수동적 방화(Passive fire protection)
  ① 건축물 자체의 방화 능력(내화구조, 방화구획 등)
  ② 건축법규 상의 피난·방화, 내장제의 불연·난연화 관련 규정
(2) 능동적 방화(Active fire protection)
  ① 소방시설의 방화능력(화재감지기, 스프링클러설비 등)
  ② 소방법규 상의 시설 기준

Ⅱ. 수동적 방화의 역할

수동적 방화시스템 → 화재 재해에서 위험을 최소화하는 주된 역할을 한다.

1. 화재확산을 최소화하기 위해 주어진 건물을 구획화 하는 것
2. 건물 Section을 통한 관통부의 틈새에 내화충전(Fire stopping)하여 화재 시 구획화된 부분 전체를 확실하게 기밀처리(Sealing)하는 것
3. 건물 부재를 통한 열전달에 의해 가연물이 착화되는 것을 방지하기 위한 단열처리
4. 고온의 부재를 방호하여 철구조물의 변형이나 붕괴를 방지하고, 콘크리트의 박리를 방지하기 위한 내화피복

Ⅲ. 수동적 방화의 역할 검증방법

1. 출화에서부터 완전성장 화재까지의 발전단계를 검토
2. 적절한 안전상 접근법을 검토
3. 이러한 조치들이 법규상의 요구사항으로 연계되는지를 파악하는 것

Ⅳ. 수동적 방화의 이점

1. 건축주

(1) 재산손상의 비용을 최소화

(2) 향상된 안전기준에 따라 보험비용을 절감

2. 건물 내의 수용인원

주어진 화재저항 기간 동안 연기나 화염을 안전한 구역에 국한화시켜 재실자가 안전하게 피난할 수 있도록 조치

3. 소방대원

(1) 소방대의 현장 도착시간 연장(골든타임 확보)

(2) 연기에 오염되지 않은 안전한 공간에서 소화활동이 가능

문제3 방재대책의 전략적 방향

Ⅰ. 개 요

1. 방화안전의 목적

(1) 인명안전(Life safety)
(2) 재산보호(Property protection)
(3) 건축물의 지속적 운용(Continuity building operation)

2. 방화안전의 본질

(1) "예방" 차원으로 귀결된다.
(2) 예방의 기능
  ① 사전 기능 : 출화 방지
  ② 사후 기능 : 출화 시 피해를 최소화하는 대책의 수립 및 실시
(3) 예방의 실천
  ① 건물 자체의 예방능력 확보(공간적 대응=수동적 방화)
  ② 소방시설에 의한 보완(설비적 대응=능동적 방화)
  ③ 지속적인 방화관리

3. 종합적 방재계획

(1) 화염의 공격에 대처하는 전략적 방향 설정
(2) 건물의 입지, 구조, 소방수단 상호간의 효과를 상승시키는 조치 강구

Ⅱ. 방재대책의 전략적 방향

(1) 화재공격(Fire attack)
(2) 화재방어(Fire defence)
(3) 화재정보(Fire information)
(4) 피난·구급계획(Fire evacuation & rescue)
(5) 소방대와의 협력(Fire department cooperation)

1. 화재공격(Fire attack)

(1) 개 념
  ① 화재의 진압을 의미한다.
  ② 소화수단의 계획과 직결된다.

(2) 소화수단

① 자체소화방식 : 건물 내 소화설비에 의한 진압(초기소화설비)

② 지원소화방식 : 소방대에 의한 진압(본격소화설비=소화활동설비)

2. 화재방어(Fire defence)

(1) 개 념

화재성장 및 확대를 차단 또는 지연시키는 것

(2) 화염·화열에 대한 방어

1) 건물의 구조적 방어

① 방화구획 설정 : 화재범위를 국한시킨다.

② 내화구조 : 주요구조부·방화구획에 내화성능을 부여하여 손상·붕괴를 방지한다.

③ 내장제한 : 불연화, 난연화 → 발화방지, 확대방지, 성장지연

2) 설비적 방어(소화설비에 의한 방어)

① 화세억제

② 초기소화 달성

3) 건축물 설비 측면의 방어

① 개념 : 설비자체의 발화요인 제거, 발화시 확산 지연·방지

② 예

㉠ 열발생 또는 취급장치의 안전성 확보

㉡ 가스배관 등의 기밀성 확보

㉢ 각종 전선의 피복물 방호조치

(3) 연기에 대한 방어

① 구조적 방어 : 방연구획

② 설비적 방어 : 제연설비

3. 화재정보(Fire information)

(1) 화재발생 시 신속한 발견 및 경보를 할 수 있는 체계를 수립한다.

(2) 신속한 화재대피 및 화재진압의 효율성을 높인다.

(3) 화재감지기의 활용

4. 피난 · 구급계획 (Fire evacuation & rescue)

(1) 피난계획

1) 구조적 측면

① 건물 외부 지상으로의 안전한 피난경로를 확보한다.

② Fail safe 원칙에 따를 것

2) 설비적 측면

① 피난유도계획 : 피난구 위치, 방향판단의 용이성 등을 고려한다.

② Panic 방지 : 비상방송, 비상등, 비상전화 등을 활용한다.

(2) 구급계획

① 연소생성물(열, 연기 등)에 의한 피해자의 발생을 고려한다.

② 인명소생기구, 응급조치기구 등을 비치한다.

5. 소방대와의 협력(Fire department cooperation)

(1) 소방대활동의 현장성

① 소방서까지의 거리·교통상태 : 소방대 도달시간에 관계된다.

② 소방대의 진입·접근을 고려한다.

(2) 소방대장비와의 협력성

① 자체소화시설에 대한 소방대의 급수 지원 수단(송수구)

② 소화용수 확보 계획

문제4 건축과 소방의 상호관계

Ⅰ. 개 요

1. 건축물의 기능
   (1) 일반기능 : 건축물 자체의 고유한 기능
   (2) 방재기능 : 화재 등 비상시의 기능
2. 일반적으로 이 2가지 기능은 서로 상반된 면을 가지고 있기 때문에 이 간격을 건축적, 설비적 방법으로 보완해야 한다.

Ⅱ. 건축과 소방

	건 축	소 방
1. 방재개념	Hardware적인 소방의 개념	Software적인 소방의 개념
2. 안전대응	공간적 대응	설비적 대응
	수동적 방화 (정적 대응)	능동적 방화 (동적 대응)
	화재방어 (Fire defence)	화재공격 (Fire attack)
3. 관련법규	건축법	소방법
4. 세부기준	건축물의 피난·방화구조 등의 기준에 관한 규칙	화재안전기준(NFSC)

Ⅲ. 상호관계

방화대책	건 축 (수동적방화)	소 방 (능동적방화)
1. 출화 및 화재성장·확산 방지	실내 내장재료의 불연화·난연화, 가연물의 양 제한	화기 사용 제한, 방염, 불조심 캠페인
2. 화재의 조기 발견		자·탐설비, 경보설비
3. 화재의 국한	방화구획, 방연구획	소화설비(SP : 초기소화)
4. 건물의 구조안전성 확보	내화구조	소화활동설비(본격소화)
5. 수용인원의 안전피난	피난시설, 방연·배연, 피난용승강기, 피난안전구역	피난기구, 피난설비, 제연설비, 성능위주피난설계
6. 인접건물로의 연소확대 방지	드렌처설비, 안전인동거리	일제살수식 스프링클러, 옥외소화전, 상수도소화전

Ⅳ. 맺음말

1. 방재를 위한 건축과 소방의 투자는 상호 역비례 관계에 있다.
2. 이는 건물의 피난·방화성능이 증가할수록 소방시설의 투자는 감소하지만 방화구획, 방연구획 등이 증가할 경우 건축물의 효용성이 떨어져 자산 가치가 감소하는 등 한계가 있다.
3. 따라서 건축과 소방은 투자에 대한 최상의 방재성능과 효용성, 경제성이 확보될 수 있도록 계획되어야 한다.

문제5 화재 예방활동 3E

Ⅰ. Education(교육)

1. 개 념

지속적인 교육과 훈련, 캠페인 등을 통해 인간의 불안전 행동에 의한 Human error를 최소화한다.

2. 종 류

(1) 불조심 캠페인
(2) 소방훈련, 재난 대피훈련

Ⅱ. Engineering(기술)

1. 개 념

전문적인 방재기술에 의해 불합리한 요소를 제거하여 비상시의 대응책을 수립한다.

2. 종 류

(1) 소화설비
① 설치장소의 화재위험성과 적응성
② 재실자의 피난안전성 등을 고려한 초기소화 시스템 구축
③ 화재시뮬레이션을 통한 성능위주방화설계

(2) 감지설비
① 설치장소의 화재위험성과 적응성
② 재실자의 피난안전성 등을 고려한 조기감지 시스템 등 구축
③ 화재시뮬레이션 결과에 의한 성능위주방화설계

(3) 피 난
① 비상시 인간의 본능과 행동특성 고려, Fool proof & Fail safe 대책
② 화재시뮬레이션과 피난시뮬레이션 등을 통한 성능위주피난설계

Ⅲ. Enforcement(규제)

1. 개 념

법으로 안전에 대한 강제성을 부여하여 안전의식을 고취하고, 불법적인 행동 차단

2. 종 류

(1) 소방법규 위반 → 행정적·형사적 규제 → 법규 준수 유도

(2) 법에 의한 규제 → 직·간접적인 투자를 유도

(3) 법규의 충실한 준수 → 인센티브 부여, 보험료 할인 등

문제6 건축방화설계

Ⅰ. 방화설계의 사고방식

1. 법규 중심적인 사고방식 탈피

(1) 대부분의 방화설계는 건축법, 소방법 등 방화관련 법규만 준수하여 건물의 방화성 향상을 도모하는 경향이 지배적이다.

(2) 법규는 최소한의 기준이며 법규 중심적인 설계는 획일적인 사양이 되기 쉽다.

(3) 따라서 법규에만 의존하지 말고 건물 특성에 맞게 설계함이 바람직하다.

2. 창조적 · 합리적 · 선행적인 방화설계

(1) 창조성 : 법대로만의 고집은 버리고 능동적인 사고방식으로 방재상의 제약을 극복하고 새로운 공간을 창조한다.

(2) 합리성 : 발생할 수 있는 위험상황을 종합적으로 고려하여 상호 보완적인 안전대책을 수립한다.

(3) 선행성 : 설계의 기초단계에서부터 해당 건축물의 특성에 따른 방재계획을 원리원칙에 의거하여 수립한다.

Ⅱ. 방화대책의 종합화와 System

1. 방화대책의 종합화

(1) 건축계획 각 단계별 방화대책 종합화
(부지선정·배치계획 → 평면계획 → 단면계획 → 입면계획 → 재료계획)

(2) 건축행위 각 단계별 방화대책 종합화
(설계 → 시공 → 유지 → 사용 단계)

(3) 화재진행 각 단계별 방화대책 종합화
(출화 → 실내 → 건물 내 → 인접 건물 → 시가지로의 화재 확대)

2. 건축방화대책의 종합System

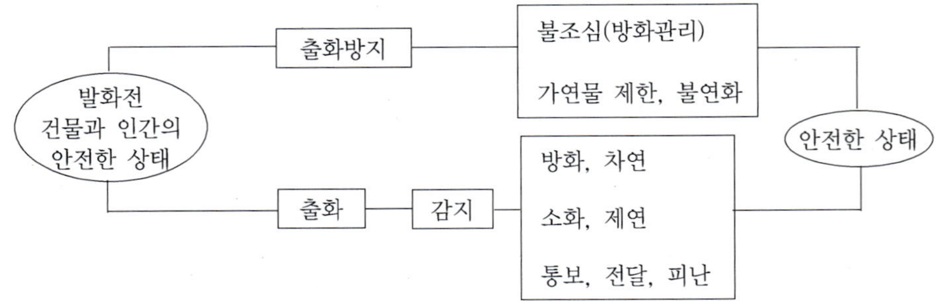

Ⅲ. 화재 단계별 대책

1. 출화방지

(1) 대 책

① Software 대책 : 불조심 = 유지관리, 보수·점검

② Hardware 대책 : 불연화, 난연화, 방염

2) 화재원인 3요소

1) 화원대책

① 공간적 대응 : 출화 위험이 높은 에너지나 기기의 이용을 최소화한다.

② 설비적 대응 : 지역 냉·난방 또는 안전성이 검증된 전열 System 사용

2) 가연물 대책

① 불연화·난연화 : 내장재, 가구 등

② 방염화 : 커텐, 브라인드, 침구 등

③ 가연물 제한, 수납방법 규제(가연물 방치 방지)

3) 경과대책

① 인적 실수 유발 및 실수로 연결되는 환경을 배제한다.

② 감시가 쉽고, 전망이 좋고, 정리가 잘 된 공간으로 계획한다.

2. 실내 연소확대 방지

(1) 신속한 확대 방지 : 불연화, 난연화, 방염처리

(2) 조기 진압 : 초기소화

3. 건물 내 연소확대 방지

(1) 대책 : 소화, 지연, 국한

(2) 확대경로

① (문) 개구부에서의 연소

② (덕트) 관통부에서의 연소

③ (창문) 상층부로의 연소

(3) 구 획

① 방화구획

- 용도별, 면적별, 층별, 수직관통부

② 방연구획

4. 인접건물로의 연소확대 방지

(1) 안전인동거리 확보, 개구부 및 가연성 벽면의 방호

(2) 자동폐쇄장치 설치, 드렌처설비, 일제살수식 스프링클러

Ⅳ. 건축계획 단계별 대책

1. 부지계획 및 배치계획
2. 평면 및 단면계획 : 구획설정, 시설배치, 공간구성의 적절성 검토
3. 입면계획
4. 재료계획

문제7 화재안전 측면에서의 건축 기본계획

Ⅰ. 부지 선정 및 배치계획

소화활동, 피난, 주변의 위험도 등의 방재적 측면을 고려하여 건물을 배치하거나 부지를 선정한다.

1. 인접건물 간 연소확대 우려가 없는지 고려한다.
   → 화재로부터의 영향을 받지 않도록 건물의 위치와 개구부의 배치를 계획한다.
2. 건물 밖으로 피난한 사람들의 안전이 확보되는지를 고려한다.
   → 건물 내의 피난자가 옥외광장과 통로를 경유하여 안전한 장소로 피난할 수 있는 경로를 확보한다.
3. 소방대의 진입과 활동에 지장이 없는지를 고려한다.
   → 부지 내에는 소방차, 구급차 등이 진입하기 쉬운 광장, 통로 등을 확보한다.

Ⅱ. 평면계획

1. 조닝(Zoning)계획

(1) 평면계획상 각 층에 피난 상 유효한 구획(피난구획)을 설치하여 화재가 발생한 지역(zone)과 다른 곳을 분리한다.

(2) 화재층 전체가 동시에 연기와 열기류로 오염되는 것을 피하기 위하여 화재발생구역에서 안전한 구역으로 피난할 때 연기와 열기류가 유입되지 않도록 구획한다.

2. 안전구획

(1) 정 의

피난 또는 소화활동상 다른 구획과 방화(방연)구획된 공간

(2) 분 류

1) 제1차 안전구획
   ① 일시적으로 안전하게 피난하기 위한 구획
   ② 복도가 해당
2) 제2차 안전구획
   ① 화염과 연기로부터 장시간 안전하게 피난할 수 있는 구역
   ② 계단부속실(계단전실)이 해당
   ③ 소화활동의 거점이 될 수 있는 넓이와 기능이 필요하다.

3) 제3차 안전구획
   ① 최종 피난경로
   ② 계단이 해당
   ③ 피난층에서는 외부에 접한 현관, 로비 등이 이에 해당된다.
   ④ 피난과 소방활동의 중요한 경로

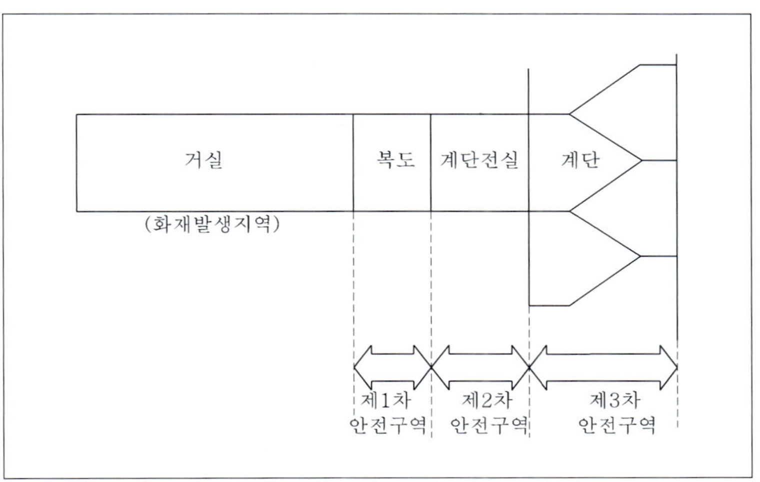

3. 수직통로구획

수직통로에 의한 화재전파를 막기 위하여 계단, 엘리베이터, 에스컬레이터, 수직 덕트 등은 방화, 방연적으로 안전하게 구획된 곳에 설치한다.

4. 용도구획

극장과 백화점, 지하가와 호텔, 차고와 맨션 등과 같이 용도와 사용시간이 다른 부분이 공존하는 경우에는 피난 상 장애가 되지 않도록 구획한다.

III. 단면계획

1. 상하층으로의 재해전파를 막기 위하여 건물의 상하방향의 공간구성을 결정하는 계획
2. 고층건물에는 일정 높이마다 상하층을 방화적으로 분리한다.(중간절연층 설치)
3. 단면방향에 대해서도 방화구획을 설치한다.
4. 수직통로(계단, 엘리베이터, 덕트, 배관 등)는 방화, 방연적으로 안전하게 구획한다.

Ⅳ. 입면계획

1. 건물의 외관인 벽, 창, 출입구, 발코니 등의 구조에 대한 계획
2. 개구부를 통한 상층연소방지를 위해 방화시설(방화셔터, 망입유리 등)을 설치한다.
3. 피난을 위해 발코니, 옥외피난계단 등을 설치한다.
4. 상기의 방화설비는 건물의 외관을 해치므로 일반기능과의 조형적인 조화를 고려한다.

Ⅴ. 재료계획

1. 각 공간, 부위에 요구되는 재료의 방화성능을 이해한다.
2. 재료의 특성을 고려하여 적절한 재료를 선택한다.
   (착화성, 발열성, 발연성, 전도성, 유해성 등)
3. 건물의 불연화, 난연화를 도모한다.
   (1) 내장재, 외장재는 화재확대방지를 위해 가능한 불연재의 사용이 요구된다.
   (2) 내장재 설치 시 단지 마감재료만 불연화할 것이 아니라 밑바탕에 사용되는 재료도 불연재를 사용한다.
   (3) 특히 천장, 벽, 칸막이, 창호 등을 불연화하여 연소확대를 억제하고, 인명 안전과 재해확대를 억제하도록 계획한다.

문제8 건축방재의 화재안전계획

Ⅰ. 출화의 방지

1. 내장 제한 : 불연재, 난연재 사용, 방염
2. 화기 사용의 제한, 안전성 확보

Ⅱ. 화재의 조기발견

1. 조기감지 및 초기 경보시스템 구축
2. 자동화재탐지설비, 비상방송설비 등 경보설비 설치

Ⅲ. 화재성장 및 확산 방지

1. 가연물의 양, 수납 제한
2. 실내 내장재의 불연화, 난연화, 방염
3. 방화구획, 방연구획 설정, 제연

Ⅳ. 내화계획

1. 내화구조 : 내화성능 검토(내화시간 계산 등)
2. 건물 붕괴 방지 : 구조안전 계산
3. 성능위주내화설계

Ⅴ. 초기 소화계획

1. 스프링클러설비(속동형) 등 자동소화설비 설치
2. 소화기 배치

Ⅵ. 방·배연계획(제연계획)

1. 피난안전 및 소화활동 공간의 확보
2. 제연설비 설치(거실제연, 부속실제연)
3. 성능위주제연설계

Ⅶ. 피난계획

1. 피난계산 : 수용인원 고려
2. 피난동선 설정 → 피난경로 구성 → 피난시설 배치
3. 안전구획 설정 : 1차 → 2차 → 3차 안전구획
4. 건물의 특성 고려
   (1) 고층건물 : 옥상피난(옥상광장, 헬리포터 설치), 중간 절연층 설치
   (2) 재해약자에 대한 배려 : 수평피난방식, 발코니 설치, 피난용승강기 설치
5. 성능위주피난설계
   (1) 비상시 인간의 본능과 행동특성 고려, Fool proof & Fail safe 대책
   (2) 화재시뮬레이션과 피난시뮬레이션 등을 통한 성능위주피난설계

문제9 연소확대 경로에 대한 방화대책

Ⅰ. 개 요

1. 건물 내부에서 화재가 발생하면 여러 가지 경로를 통해 화재가 확대되고, 연기가 이동 확산된다. 따라서 수용재산과 인명피해를 최소화하기 위해서는 연소확대 경로에 대한 정확한 파악과 이에 따른 적절한 대책을 수립하여야 한다.
2. 연소확대 경로
   (1) 내부 창문, 출입문 등 개구부
   (2) 구획 관통부 : 덕트·파이프·케이블 트레이 등
   (3) 외부 창문 등

Ⅱ. 개구부의 연소방지

1. 개구부의 구획

(1) 개구부에는 방화문, 방화셔터, 방화스크린도어를 설치한다.
(2) 자동폐쇄장치에 의한 폐쇄 또는 감지기 연동에 의해 자동으로 폐쇄한다.

2. 방화문

(1) 종 류
① 60분+ 방화문: 연기 및 불꽃을 차단할 수 있는 시간이 60분 이상이고, 열을 차단할 수 있는 시간이 30분 이상인 방화문
② 60분 방화문: 연기 및 불꽃을 차단할 수 있는 시간이 60분 이상인 방화문
③ 30분 방화문: 연기 및 불꽃을 차단할 수 있는 시간이 30분 이상 60분 미만인 방화문

(2) 유의사항
① 방화문은 폐쇄 신뢰성을 높이기 위해 상시 폐쇄가 원칙이다.
② 단, 감지기 등과 연동하는 자동폐쇄장치 부착 시 상시 개방이 인정된다.
③ 방화안정성을 더욱 확보하기 위해서는 차열성 방화문을 도입하여야 한다.

3. 방화셔터

(1) 방화문보다 차연성·차열성이 떨어진다.
(2) 문제점
① 방화셔터 이면으로의 열전달에 의한 연소확대
② 폐쇄장해
③ 일체형셔터에 설치된 출입구(쪽문) : 피난장해

4. 방화스크린도어
(1) 방화셔터보다 차연성·차열성이 좋다(실리카 내화원단)
(2) 시공이 간편하고 양방향 피난이 가능하다.
(3) 문제점
① 가격이 비싸다.
② 중간 처짐현상이 발생할 수 있다.

Ⅲ. Duct 등 관통부에서의 연소방지

1. 관통부
(1) 덕트 등의 구획 : 화재 시 관로의 긴급차단이 가능하다.
(2) Pipe, Cable 트레이 등의 구획 : 화재 시 관로의 긴급차단이 불가능하다.

2. 방화댐퍼
(1) 설치위치 : 덕트류가 방화구획을 관통하는 부분에 설치한다.
(2) 재질 : 1.5t 이상의 철판재
(3) 기능 : 연기 또는 열 감지 → 자동폐쇄 → 화열 · 연기 차단
(4) 종 류
① F.D(Fire damper) : 열에 의한 폐쇄
② S.D(Smoke damper) : 연기에 의한 폐쇄(차연성 요구)
③ P.R.D(Piston release damper) : 가스 방출압력에 의해 폐쇄

3. 내화충전재(Fire stopping) = 화재 차단재
(1) 정 의
화재확대를 방지하기 위하여 벽이나 지붕 관통부의 틈을 채워주기 위해 사용하는 재료
(2) 설치위치
① 덕트류, 파이프류가 구획을 관통하는 부분
② 덕트 또는 관로와 벽체의 틈새
(3) 재질 : 방화·내화충전재(방화실란트), Mortar 등

4. Cable 트레이 경우 : 내화폼, 방화폼을 사용하여 틈새를 채운다.

Ⅳ. 창을 통한 상층으로 연소방지

1. 화재실의 외측창에서 분출한 화염이 상층의 창을 파괴하고, 그 상층의 내부로 연소가 확대된다.

2. 정적대응(Passive protection)

(1) 스팬드럴(Spandrel)의 높이 증대

① 스팬드럴(요벽)
건물외벽의 창대에서 그 아래의 창 인방까지의 사이에 있는 벽

② 스팬드럴 구조기준

㉮ 높이는 90cm 이상(방화 시에는 실제 180cm정도가 필요)

㉯ 내화구조
- 일반적인 경우 : 30분 내화
- 연소의 우려가 있는 경우 : 1시간 내화구조

㉰ 캔틸레버식 스팬드럴인 경우
- 1.2m 이상 돌출하여 설치
- 높이는 1m 이상

(2) 캔틸레버 설치

① 캔틸레버 : 외벽면보다 돌출하여 상층으로의 연소 방지

② 창의 상부에 발코니 또는 차양 설치

(3) 창유리에 망입유리 사용

(4) 실내 가연물의 제한

(5) 창문 크기의 최소화

3. 동적대응(Active protection)

(1) 드렌처설비

① 연소확대의 우려가 있는 창문과 같은 개구부에 화재 시 수막을 형성하여 연소확대를 방지하는 방법

② 가장 효과적이나 국내에는 없음

(2) 측벽형 스프링클러설비

① 외측창 내부에 측벽형 스프링클러를 설치하여 화열에 의한 감열 개방 또는 감지기 연동에 의한 작동으로 물을 살수하여 연소확대 방지

② 발코니가 확장된 부분의 연소확대 방지대책으로 효과적이다.

(3) 연결송수관설비

화재실이 건물내부에서 잘 구획되어 있는 경우 화재실 인근의 연결송수관설비를 이용하여 개구부에 주수함으로써 연소확대를 방지

V. 인접건물로의 연소방지

1. 유 소

(1) 정 의

① 하나의 건물화재에서 다른 건물로 연소확대되는 것을 유소라 한다.

② 건물 내부에서의 연소확대와 구별된다.

(2) 유소의 요인

① 화염의 접촉

② 복사열

③ 비화(飛火)

(3) 건물의 최초 유소부위

① 창문 등 개구부

② 가연성 지붕

③ 목조 외벽(처마 포함)

2. 대 책

(1) 필요한 안전인동거리 확보(건물과 건물간 거리)

① 1층은 6m 이상

② 2층 이상은 10m 이상

(2) 연소의 우려가 있는 개구부 등의 방호

① 외벽 : 방화구조

② 방화문 설치

③ 수막설비(Drencher) 설치

④ 일제살수식 스프링클러 설치

(3) 자동폐쇄장치 설치 : 감지기 연동 폐쇄

문제10 철과 콘크리트의 고온 강도성상

Ⅰ. 개 요

1. 철근콘크리트는 강도를 유지해야 하는 주요구조부에 사용하는데 콘크리트는 압축응력을 지지하고, 철근은 인장응력을 지지하여 건물의 구조강도를 유지한다.
2. 하지만 화재 시 고온의 화염·화열에 장시간 노출되면 콘크리트의 압축강도가 저하되고, 철근의 인장강도가 저하되어 건물 붕괴의 원인이 될 수 있다.
3. 따라서 온도에 따른 콘크리트와 철의 강도 변화를 파악하고, 이에 따른 적절한 대책을 수립하여야 한다.

Ⅱ. 콘크리트의 강도와 온도의 관계

1. 압축강도 저하 원인

(1) 재료(골재, 시멘트)간의 팽창계수의 差

↓

(2) 콘크리트의 내부응력 발생 및 균열

↓

(3) 강도 저하

2. 온도에 따른 변화

온 도	구 성 재 료		재료분리현상
	골재	시멘트	
500℃	팽창	수축	없음
700℃	팽창	팽창	발생

※ 화강암 골재 : 500~600℃ → 급속 팽창

3. 시간에 따른 변화

(1) 화재 초기

→ 폭열현상(콘크리트 표층 박리) → 철근 노출

(2) 장기간 화재

→ 콘크리트 파괴

Ⅲ. 철(Steel)의 강도와 온도의 관계

1. 온도에 따른 철의 강도 변화

온 도	철의 강도
350℃	약 1/3 저하
500℃	약 1/2 저하
650℃	약 2/3 저하
870℃	재사용 검토

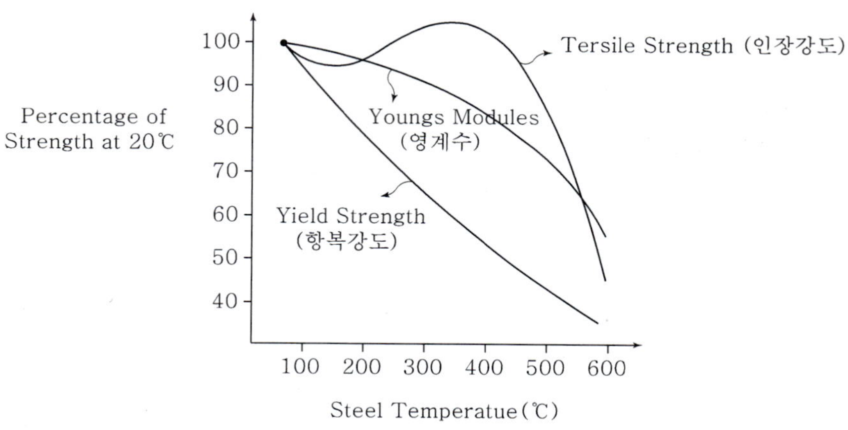

2. 허용강재온도

	최고온도	평균온도
철근 CON'C 구조	500℃	-
강구조	450℃	350℃

Ⅳ. 화재 시 Steel과 콘크리트의 관계

1. 철과 콘크리트 ——온도상승 (500~700℃)——→ 열전도도 差 ——→ 재료 분리현상 ↓ 구조내력 급격히 저하

2. 온도 상승 → 콘크리트 폭열 → 구조체 강도 저하
3. 폭 열
   콘크리트 내부의 수분 증발속도 ≫ 수분이 외부로 빠져 나가는 속도
   → 파편이 비산하는 현상
4. 일반 콘크리트보다 고강도·초고강도 콘크리트가 폭열에 더 취약하다.

V. 맺음말

1. 내화구조와 고온과의 관계

(1) 내화구조는 그 부재의 두께 및 구성 여건에 따라 어느 정도의 내화시간에는 견딜 수 있다.
(2) 그러나 장시간의 고열에 대하여는 완전한 구조가 되지 못한다.

2. 대 책

(1) 건축물의 주요구조인 철골구조는 내화구조로 보강해야 한다.
(2) 철근콘크리트구조도 화재하중에 따라 적정 내화시간에 견딜 수 있는 두께가 요구된다.
(3) 따라서 일정규모 이상인 건축물은 화재가혹도를 반영한 성능위주내화설계를 실시하여야 한다.

[철근콘크리트구조]
1. 구조적 원리
   ① 콘크리트는 압축력을 지지하고,
   ② 철근은 인장변형력을 부담해서
   ③ 두 재료가 일체로 되어 전단력(剪斷力) 등의 다른 외력에도 대항
2. 경제성
   ① 콘크리트 : 비교적 값싼 재료
   ② 철근 : 봉상(棒狀) 그대로 사용할 수 있어서 경제적
3. 사용 이유(일체화가 가능한 이유)
   ① 양자의 열팽창계수가 거의 일치한다.
   ② 철근은 공기 중에서 산화되면 부식이 되지만 콘크리트 중의 알칼리가 철근을 감싸서 부식을 방지해 준다.
   ③ 양자의 부착력이 크다.
4. 강도기준(국내기준)
   ① 콘크리트 기준강도 : 150～300 [kg/㎠]
   ② 철근의 항복강도 : 2.4～4.0 [t/㎠]

[화재 시 강과 콘크리트의 역학적 성질 변화]

1. 강(steel)
   ① 강재료는 온도의 상승에 따라 항복강도, 탄성계수 및 인장강도 등의 역학적 성질이 저하된다.
   ② 작용응력의 증가에 따라 발생하는 탄성변형과 소성변형과는 달리, 일정 응력 하에서도 시간의 경과에 따라서 변형이 발생하고 있으며 이러한 변형은 크리프변형이라 칭한다.
   ③ 강의 크리프변형은 상온에 있어서도 약간은 나타나고 있는 현상이나, 온도가 높아지게 되면 급격히 증가한다.
   ④ 구조용 강에서 500℃전후에서 크리프발생이 현저하고, 또한 크리프변형은 온도뿐만 아니라 응력의 영향도 받기 쉽다.
2. 콘크리트
   ① 콘크리트의 역학적 성질은 열에 대단히 민감하다. 온도상승에 따라 응력-변형 곡선은 대폭 저하하고 특히 탄성계수는 크게 감소한다. 강도도 일반적으로 저하한다.
   ② 콘크리트의 강도는 가열온도, 가력조건, 가열조건 등에 따라 달라진다.
   ③ 고온에서 압축응력을 받는 콘크리트는 열팽창변형, 탄소성변형, 크리프변형 및 과도변형이 나타난다.
   ④ 열팽창변형과 전체변형(탄소성변형+크리프변형)의 차이가 과도변형이다.

[변형]

1. 탄성변형
   ① 탄성은 외부 힘에 의하여 변형을 일으킨 물체가 힘이 제거되었을 때 원래의 모양으로 되돌아가려는 성질로 일상생활에서는 고무나 스프링 등에서 쉽게 볼 수 있다.
   ② 체적탄성과 형상탄성
   탄성은 크게 부피 변화에 대해 일어나는 체적탄성과 모양 변화에 대해 일어나는 형상탄성으로 나눌 수 있다. 고무공에 힘을 빼면 원상태로 되돌아가는 것은 기체의 체적탄성에 의한 것이다. 이에 대해 스프링의 탄력 등은 주로 형상탄성에 의해서 일어난다.
   ③ 훅의 법칙
   힘이 어느 값 이하일 때 물체의 변형량은 힘의 크기에 비례한다. 즉, 힘을 많이 줄수록 변형이 많이 일어나는데, 이것을 '훅의 법칙'이라 한다.
   ④ 탄성한계
   탄성은 모든 물체에서 나타나는데, 고체의 경우에는 힘이 어느 한계를 넘으면 탄성이 없어져 힘을 제거해도 변형이 남는다. 이렇게 탄성을 유지할 수 있는지 없는지의 경계가 되는 힘의 크기를 그 물체의 탄성한계라고 한다.

2. 소성변형
   ① 탄성을 가진 물체는 힘을 가하면 형상이 바뀌었다가 힘을 제거하면 원래 상태로 돌아간다.
   ② 하지만 금속 등의 많은 고체재료는 탄성한계가 작아 강한 힘을 주면 돌아오지 않는 영구변형이 일어난다.
   ③ 이렇게 힘을 주어 모양을 바꿀 수 있는 성질을 가소성(可塑性)이라고 하고 이러한 영구변형을 소성변형이라고도 한다.
3. 크리프변형
   ① 외력이 일정하게 유지되어 있을 때, 시간이 흐름에 따라 재료의 변형이 증대하는 현상을 크리프(creep)변형이라 한다.
   ② 예를 들면, 고무줄에 추를 매달면 순간적으로 고무는 늘어나지만 그대로 방치해두면 시간이 흐름에 따라 고무는 서서히 늘어난다.
   ③ 이와 같은 현상은 고분자물질인 플라스틱에서 현저히 나타나지만, 철강과 같은 금속재료 또는 콘크리트 등에서도 일어난다.

문제11 철근콘크리트의 화열에 의한 붕괴 원인

Ⅰ. 개 요

1. 건축물 화재 시 화열의 영향 및 효과에 관한 열특성
   (1) 물질의 열전도성
   (2) 물질의 열팽창
2. 특히 건축자재의 열팽창은 건축구조물에 결함을 초래하여 화재로 인한 건물 붕괴의 주요인(主要因)이 된다.

Ⅱ. 열전도도

1. 정 의
   물질의 단위두께에 대하여 그 양단의 온도차에 의해 단위시간 동안 이동되는 열의 양
2. 단위 : $\frac{cal}{m \cdot hr \cdot ℃}$
3. 단열성의 척도가 된다.
4. 열전도도가 낮을수록 화재 확대는 지연된다.

Ⅲ. 열팽창

1. 선팽창계수

(1) 정 의
단위 길이의 물체에 열을 가해 단위온도 만큼 상승되었을 때 열팽창에 의해 나타나는 길이의 증가분

(2) 단위 : [$℃^{-1}$]

(3) 물질의 열팽창에 대한 정량적 비교평가의 기준이 된다.

2. 열팽창에 의한 건물 붕괴의 원인

(1) 벽돌, 콘크리트, 철재(steel)
선팽창계수가 비슷하여 열에 노출될 경우 비슷한 열팽창을 나타내므로 서로 분리, 이탈 또는 붕괴가 없을 것 같지만 실제로는 붕괴가 발생한다.

(2) 이유는 열전도도의 차이 때문이다.
① 열전도도가↑ → 열전달속도가↑ → 팽창속도↑
② 화재 시 콘크리트나 벽돌보다 철재의 팽창속도가 빠르다.
③ 따라서 재료 간의 접합부에 분리현상이 발생한다.

※ 건축재료의 열전도도와 선팽창계수

	열전도도 (cal/cm · sec · ℃)	선팽창계수(℃$^{-1}$)
벽돌	1.7×10^{-3}	0.95×10^{-5}
콘크리트	4.1×10^{-3}	$1\sim1.4 \times 10^{-5}$
철재	0.15×10^{-3}	1.15×10^{-5}

문제12 콘크리트 폭열현상

Ⅰ. 개 요

1. 정 의

콘크리트 내부의 수분 증발속도가 외부로 빠져 나가는 속도보다 현저히 클 때 콘크리트 표층이 수증기 팽창압에 의해 파괴되어 파편이 비산하는 현상

2. 원 인

(1) 배합이 잘못된 콘크리트의 사용
(2) 고온의 화염과 화열에 노출
(3) 콘크리트 양생 불량
(4) 고강도·초고강도 콘크리트 사용

3. 특히 고강도 · 초고강도 콘크리트에서 많이 발생

Ⅱ. 화열에 따른 콘크리트의 손상

온도	손상
T ≤ 100℃	자유공극수 방출
T ≥ 100~200℃	물리적 흡착수 방출
T ≥ 300℃	화학적으로 변질
T ≥ 400℃	화학적 결합수 방출
T ≥ 500℃	강도 1/2 감소

Ⅲ. 폭열 Mechanism

1. 콘크리트는 내부에 수분을 함유
↓ (급격한 온도 상승)
2. 수분은 수증기가 되어 콘크리트 중의 틈새를 통하여 외부로 배출
↓ (유출속도 ≪ 수증기 발생속도)
3. 콘크리트의 내부의 증기압 상승
↓
4. 콘크리트 표면 일부가 탈락 및 파괴된다.

Ⅳ. 폭열의 문제점

1. 콘크리트의 표층 탈락 → 철근 노출 → 구조강도 저하, 붕괴
2. 파편 비산 → 인적·물적 피해 증가

Ⅴ. 폭열 영향인자

1. 화재강도(최고온도)
2. 화재형태(부분적 또는 전면적) : 구조물의 변형 & 구속력 결정
3. 화재지속에 의한 콘크리트의 파손깊이

80분후	800℃	0~5mm
90분후	1000℃	15~20mm
180분후	1100℃	30~50mm

4. 구조형태 : 보의 단면, Slab 두께
5. 콘크리트, 골재의 종류
6. 콘크리트의 함수량
   - 굳지 않은 습윤콘크리트는 고온에 의한 내부증기압으로 쉽게 파열
7. 강재의 종류
8. 화재 시 발생 가스 : PVC연소 → Cl을 함유한 유해가스 발생

Ⅵ. 폭열로 인한 피해방지 대책

1. 건축대책

(1) 내화피복(Fire proofing : 경량내화피복판 붙임공법)

(2) 내화도료 도포

(3) 철저한 양생

(4) 적절한 콘크리트 배합

2. 소방대책

(1) 소화(스프링클러, 연결송수관설비 등)

(2) RTI가 낮은 스프링클러 헤드를 설치, ADD〉RDD하여 조기 감열, 초기소화

문제13 구조용강재의 내화피복(Fire proofing)

Ⅰ. 개 요

1. 정 의
   강재(Steel)가 변태점까지 도달하지 않도록 시간을 지연시키기 위하여 단열성능이 우수한 재료로 피막을 입히는 것을 내화피복(Fire proofing)이라 한다.
2. 건축물의 주요구조부에 철강(H형강)을 사용할 경우 철이 화열에 노출되면 강도가 급격히 저하되어 구조내력을 상실하고, 건축물이 붕괴될 수 있다.
3. 이를 방지하기 위하여 강재(Steel) 주위에 단열성능이 우수한 재료로 피복하여 화열로부터 강재를 보호하여야 한다.

Ⅱ. 내화피복공법

1. 습식공법

(1) 현장타설공법
- ① 철골주위에 거푸집을 설치하고 콘크리트를 현장에서 타설하는 공법
- ② 접합부에 문제가 없고 경제성, 내구성이 좋다.
- ③ 주재료 : 보통 콘크리트, 경량 콘크리트, 기포 콘크리트

(2) 미장공법(바르는공법)
- ① 메탈라스, Rib Lath 등으로 철골주위에 바름바탕을 만들고 그 위에 몰탈(mortar)이나 플라스터(plaster)를 바르는 공법
- ② 주재료 : 보통 몰탈, 경량 몰탈, 퍼라이트 몰탈, 질석 몰탈, 퍼라이트 플라스터, 질석 플라스터

(3) 뿜칠공법(Spray공법)
- ① 내화재료(암면, 몰탈, 퍼라이트, 시멘트 등)를 직접 철골에 또는 철망을 깔고 그 위에 뿜칠하는 공법
- ② 종 류
  - ㉠ 습식 뿜칠공법 : 암면+시멘트·질석+물 (사전 혼합)
  - ㉡ 건식 뿜칠공법 : 암면+시멘트·질석+물 (노즐 선단에서 혼합)

(4) 도장공법
- ① 내화도료를 철골에 칠하는 공법
- ② 적용 : 석유화학공장 등 외부 노출 철골 또는 대공간 구조 철재

2. 건식공법

(1) 경량판붙임공법

① 철골에 경량내화피복판을 못 또는 내열성 접착제 등을 사용하여 붙이는 공법
② 치장마감이 가능하다.
③ 주재료 : 규산칼슘판, 석고판, ALC판, PC판

(2) 멤브레인공법

① 바닥이나 철골보에 직접 내화피복을 하지 않고 천장 아래 반자에서 내화피복 성능을 가지도록 암면흡음판을 사용하거나 반자를 내화재로 코팅 처리하여 바닥과 보를 화열로부터 보호하는 공법
② 반자를 지지하는 반자틀 및 클립부재의 열응력에 의한 변형에 대한 대응책이 필요하다.

(3) 조적공법

석재, 벽돌, 콘크리트블록 등을 사용하여 철골을 둘러싸서 내화피복하는 공법

3. 특수공법

(1) 수냉강관기둥공법

철골기둥에 물을 채워 순환시키는 공법

(2) 내화강 사용방법

내화성능이 우수한 강재를 사용하는 공법

(3) 대공간 단면피복공법(간접내화피복공법)

① 천장을 내화구조화하여 천장공간의 철골보, 철재바닥을 보호하는 공법
② 특수천장판과 특수철물을 이용하며, 최근 미국에서 많이 사용하고 있다.
③ 화재 시 천장 일부가 파손되어 화염이 천장 속으로 유입될 경우 행거 등 천장 속 철물 및 천장이 탈락하거나 철골보다 바닥에 직접 열이 접하게 되는 위험이 있다.

문제14 수냉강관기둥공법

Ⅰ. 개 요

1. 내화공법의 한가지로서 물을 채운 Steel column의 화재저항능력이 우수하여 근래에 주목을 받고 있다.
2. 화재가 발생하면 채워진 물의 대류현상에 의해 화재 노출지점으로부터 열을 멀리 전달시켜 화열에 노출된 강재표면의 온도가 임계점까지 올라가지 않도록 열을 이송시킨다.
3. 열전달 작용의 원리는 신빙성이 있는 것이지만 실제 적용에 있어서는 우선 테스트가 선행되어야 한다.
4. 그 이유는 실제로 이렇게 건설된 건물이 화재에 노출되어 안전성이 확인된 경우가 아직 보고되어 있지 않기 때문이다.

Ⅱ. 수냉강관기둥시스템

1. 수냉철구조물 내화시스템의 배관도는 다음과 같다.

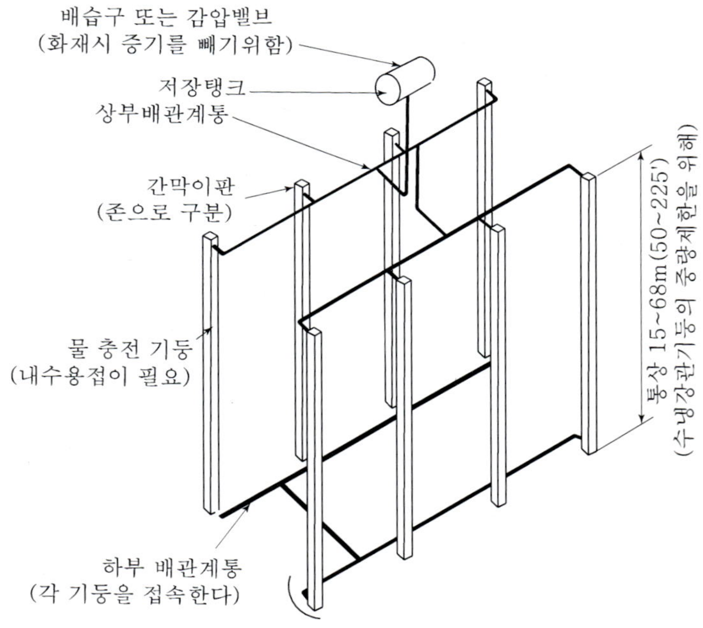

2. 기둥은 장방형단면의 상자형이나 강관 또는 웨브의 한쪽을 막아 상자형 단면으로 한 와이드플랜지가 사용된다.
3. 그림에서와 같이 화재 시 화재층의 기둥과 물 저장탱크 사이에 대류에 의해 물이 순환되면 이 과정에서 철구조물이 열을 흡수한다.
4. 발생되는 증기는 저장탱크 상부를 통해 외부로 방출된다. 한냉지에서는 저온 시 물의 보충 또는 동결방지를 위하여 외측 기둥 내의 물에 부동액을 혼입한다.

Ⅲ. 적용 건축물

1. U.S Steel Building
2. Michelson Building
3. American Security Insurance Building

문제15 난연화공법

Ⅰ. 개 요

가연성 고체를 난연화시키기 위해선 "흡열 → 분해·증발 → 혼합 → 연소 → 배출과정"이라는 연소 Cycle의 Process 중 어딘가를 끊어주면 된다.

Ⅱ. 난연화공법

1. 열전달의 제어

(1) 재료의 가열에 의한 온도상승을 저지하는 것

(2) 고체표면에 열절연성이 높은 피막을 형성시키는 방법

2. 열분해속도의 제어

(1) 분해속도를 감소시켜 가연성가스 발생을 적게 하거나

(2) 분해속도를 증가시켜 가연성가스가 연소에 필요한 온도에 도달하기 이전에 그 전체량을 발생시키는 방법

3. 열분해생성물의 제어

발생가스 중 가연성 가스의 함량을 감소시켜 잘 타지 않도록 하는 방법

4. 기상반응의 제어

(1) 기상 중에 연소반응을 억제하는 물질을 방출함으로써 연소성을 감소시키는 방법

(2) 난연제의 종류

① 고상억제 난연제

- Ⅴ족 물질(인, 비소, 안티몬, 비스무스 등)

② 기상억제 난연제

- 할로겐화탄화수소

연소 process		난연화 공법	소화원리
흡열과정	열전달에 의한 열 흡수	열전달 제어	에너지 조건 제어
분해과정	열분해생성물(가연성가스)발생	열분해속도 제어	물질 조건 제어
혼합과정	연소범위 형성	열분해생성물 제어	물질 조건 제어
발화연소과정	기상반응	기상반응 제어	연쇄반응 차단
배출과정	생성열		

Ⅲ. 난연화 Mechanism

1. 인화합물 억제기구

(1) 반응과정 중 폴리인산을 형성하고 열분해 시 가연성가스의 발생을 감소시켜 억제 효과를 얻는다.

(2) 셀룰로즈, 폴리우레탄, 폴리에스테르 등에는 효과적이다.

(3) 에폭시수지, 페놀수지 등에는 효과가 없다.

2. 할로겐계 난연제

연소의 연쇄반응에 대하여 라디칼포착제로서 활용하는데 바탕을 둔 것

Ⅳ. 난연제 첨가방식

1. 첨가형(후처리)

(1) 기성의 고분자물질에 나중에 혼입하는 방식

(2) 반응형에 비하여 내구성·내수성이 떨어진다.

2. 반응형(선처리)

합성 시에 첨가하여 친고분자와의 사이에 가교를 형성시키는 방식

문제16 케이블(Cable)의 난연화방법

Ⅰ. 난연케이블을 사용하는 방법

1. 일반 난연케이블

(1) FR(Fire retardant)케이블 : FR-CV, FR-CVV등
(2) 난연성만 있다.
(3) 일반 산업용으로 많은 양을 사용하는 경우에 적용한다.

2. 할로겐프리 난연케이블

(1) HFCO, HFCCO 등
(2) 난연성 외에 연소가스 발생을 최소화 하는 케이블
(3) 많은 인원이 상주하는 백화점, 영화관 등의 전기시설물에 적합하다.

Ⅱ. 연소 방지조치에 의한 방법(기존에 설치된 케이블의 난연화)

1. 방화시트

(1) 케이블에 방화시트지를 붙이는 방법
(2) 장점 : 시공이 쉽고 경제적이다
(3) 단점 : 전력케이블에는 허용전류의 제한이 발생되어 부적합하다.

2. 방화도료(연소방지도료)

(1) 케이블에 도료를 바르는 방법
(2) 장점 : 시공이 쉽다.
(3) 단점
① 일정 두께 이상으로 피복해야 하는데 시공이 어렵다.
② 건조 후에는 벗기기 어려우므로, 증설이 빈번한 선로에는 부적합한 방법이다.

3. 방화테이프

(1) 케이블마다 방화테이프를 감는 방법
(2) 단점
① 시공이 어렵다.
② 오래 걸린다.

Ⅲ. 금속관 또는 합성수지관 등에 절연전선을 수납하는 방법

문제17 방 염

Ⅰ. 개 요

1. 정 의

방염이란 가연성 물질의 표면에 난연성을 부여하는 약제를 처리하여 연소성을 감소시키는 것을 말한다.

2. 난연과 방염의 차이점

(1) 건축자재 : 난연제품 사용 → 착화가 되지 않는다.
(2) 실내장식물 : 방염제품 사용 → 착화 후 연소가 지속되지 않는다.

Ⅱ. 방염의 원리

1. 피복효과

섬유표면을 용융염류의 막으로 피복하여 산소공급을 차단한다.

2. 희석효과

열분해에 의해 발생되는 불연성가스로 가연성가스의 농도를 희석한다.

3. 냉각효과

방염가공제의 용융이나 승화 시 흡열반응에 의한 냉각작용을 발휘한다.

4. 화학적 효과

섬유소의 분해생성물질과 중간적으로 결합하여 비휘발성물질을 형성하고 이것이 촉매역할을 하여 물과 잔사로의 분해를 촉진시키는 것이다.

Ⅲ. 방염제의 종류

1. 인화합물

(1) 고상 內 : $H \rightarrow H_2O$ (탈수반응)
(2) 기상 中 : 가연성물질의 생성을 억제한다.

2. 할로겐화합물 : 연쇄반응 억제작용

Ⅳ. 방염가공방법

1. 선처리법

(1) 제품 제조과정 중에 방염제를 첨가

(2) 종 류

① 공중합법

- Polymer 제조단계에 방염성 Monomer를 공중합하는 방법

② 원액투입법

- 방사원액에 방염제를 혼합하는 방법

(3) 약제가 적고 소모되고, 효과가 영구적이다.

2. 후처리법

(1) 생산된 제품에 방염제를 첨가

(2) 스프레이법

문제18 소방법상의 방염 관련 규정

Ⅰ. 방염의 법적 근거

1. 화재예방, 소방시설 설치 유지 및 안전관리에 관한 법률 제12조(소방대상물의 방염 등)
2. 다중이용업소의 안전관리에 관한 특별법 제10조(다중이용업의 실내장식물)

Ⅱ. 소방대상물의 방염

1. 대통령령이 정하는 특정소방대상물에서 사용하는 실내장식물과 그 밖에 이와 유사한 물품으로서 대통령령이 정하는 물품(방염대상물품)은 방염성능기준 이상의 것으로 설치하여야 한다.
2. 다중이용업소에 설치하거나 교체하는 실내장식물(반자돌림대 등의 너비가 10cm 이하인 것은 제외한다)은 불연재료 또는 준불연재료로 설치하여야 한다. 다만, 합판 또는 목재로 실내장식물을 설치하는 경우로서 그 면적이 영업장 천장과 벽을 합한 면적의 10분의 3(스프링클러설비 또는 간이스프링클러설비가 설치된 경우에는 10분의 5) 이하인 부분은 방염성능기준 이상의 것으로 설치할 수 있다.

Ⅲ. 방염성능기준 이상의 실내장식물 등을 설치하여야 하는 특정소방대상물

1. 근린생활시설 중 의원, 체력단련장, 공연장 및 종교집회장
2. 건축물의 옥내에 있는 시설로서 다음 각 목의 시설
   (1) 문화 및 집회시설
   (2) 종교시설
   (3) 운동시설(수영장은 제외한다)
3. 의료시설
4. 교육연구시설 중 합숙소
5. 노유자시설
6. 숙박이 가능한 수련시설
7. 숙박시설
8. 방송통신시설 중 방송국 및 촬영소
9. 다중이용업소
10. 제1호부터 제9호까지의 시설에 해당하지 않는 것으로서 층수가 11층 이상인 것(아파트는 제외한다)

Ⅳ. 방염대상물품

1. 제조 또는 가공 공정에서 방염처리를 한 물품(합판·목재류의 경우에는 설치 현장에서 방염처리를 한 것을 포함한다)으로서 다음의 어느 하나에 해당하는 것
   (1) 창문에 설치하는 커튼류(블라인드를 포함한다)
   (2) 카펫, 두께가 2mm 미만인 벽지류(종이벽지는 제외한다)
   (3) 전시용 합판 또는 섬유판, 무대용 합판 또는 섬유판
   (4) 암막·무대막(영화상영관에 설치하는 스크린과 골프연습장업에 설치하는 스크린을 포함한다)
   (5) 섬유류 또는 합성수지류 등을 원료로 하여 제작된 소파·의자(「다중이용업소의 안전관리에 관한 특별법 시행령」 제2조제1호나목 및 같은 조 제6호에 따른 단란주점영업, 유흥주점영업 및 노래연습장업의 영업장에 설치하는 것만 해당한다)

2. 건축물 내부의 천장이나 벽에 부착하거나 설치하는 것으로서 다음의 어느 하나에 해당하는 것. 다만, 가구류(옷장, 찬장, 식탁, 식탁용 의자, 사무용 책상, 사무용 의자, 계산대 및 그 밖에 이와 비슷한 것을 말한다)와 너비 10센티미터 이하인 반자돌림대 등과 「건축법」 제52조에 따른 내부마감재료는 제외한다.
   (1) 종이류(두께 2mm 이상인 것을 말한다)·합성수지류 또는 섬유류를 주원료로 한 물품
   (2) 합판이나 목재
   (3) 공간을 구획하기 위하여 설치하는 간이 칸막이(접이식 등 이동 가능한 벽체나 천장 또는 반자가 실내에 접하는 부분까지 구획하지 아니하는 벽체를 말한다)
   (4) 흡음(吸音)이나 방음(防音)을 위하여 설치하는 흡음재(흡음용 커튼을 포함한다) 또는 방음재(방음용 커튼을 포함한다)

Ⅴ. 방염성능기준(Ⅰ)

1. 법 제12조 제3항에 따른 방염성능기준은 다음 각 호의 기준에 따르되, 제1항에 따른 방염대상물품의 종류에 따른 구체적인 방염성능기준은 다음 각 호의 기준의 범위에서 소방청장이 정하여 고시하는 바에 따른다.
2. 방염성능기준
   (1) 버너의 불꽃을 제거한 때부터 불꽃을 올리며 연소하는 상태가 그칠 때까지 시간은 20초 이내일 것
   (2) 버너의 불꽃을 제거한 때부터 불꽃을 올리지 아니하고 연소하는 상태가 그칠 때까지 시간은 30초 이내일 것

(3) 탄화(炭化)한 면적은 50제곱센티미터 이내, 탄화한 길이는 20센티미터 이내일 것
(4) 불꽃에 의하여 완전히 녹을 때까지 불꽃의 접촉 횟수는 3회 이상일 것
(5) 소방청장이 정하여 고시한 방법으로 발연량(發煙量)을 측정하는 경우 최대연기밀도는 400 이하일 것

3. 소방본부장 또는 소방서장은 제1항에 따른 물품 외에 다음 각 호의 어느 하나에 해당하는 물품의 경우에는 방염처리된 물품을 사용하도록 권장할 수 있다.
(1) 다중이용업소, 의료시설, 노유자시설, 숙박시설 또는 장례식장에서 사용하는 침구류·소파 및 의자
(2) 건축물 내부의 천장 또는 벽에 부착하거나 설치하는 가구류

Ⅵ. 방염성능기준(Ⅱ)

1. 영 제20조 제2항 제1호 내지 제4호의 규정에 의한 방염성능기준은 제5조 내지 제7조, 제9조의 규정에 의한 측정기준 및 방법을 적용하여 측정하였을 때 다음 각 호에서 규정하는 기준에 적합하여야 한다. 다만, 접염횟수의 기준은 용융하는 물품에 한하여 적용한다.
2. 방염성능기준
(1) 카페트의 방염성능기준은 잔염시간이 20초 이내, 탄화길이 10㎝ 이내 이어야 한다. 이 경우 내세탁성을 측정하는 물품은 세탁 전과 세탁 후에 이 기준에 적합하여야 한다.
(2) 얇은 포의 방염성능기준은 잔염시간 3초 이내, 잔신시간 5초 이내, 탄화면적 30㎠ 이내, 탄화길이 20㎝ 이내, 접염횟수 3회 이상 이어야 한다. 이 경우 내세탁성을 측정하는 물품은 세탁전과 세탁 후에 이 기준에 적합하여야 한다.
(3) 두꺼운 포의 방염성능기준은 잔염시간 5초 이내, 잔신시간 20초 이내, 탄화면적 40㎠ 이내, 탄화길이 20㎝ 이내, 접염횟수 3회 이상 이어야 한다. 이 경우 내세탁성을 측정하는 물품은 세탁전과 세탁 후에 이 기준에 적합하여야 한다.
(4) 합성수지판의 방염성능기준은 잔염시간 5초 이내, 잔신시간 20초 이내, 탄화면적 40㎠ 이내, 탄화길이 20㎝ 이내 이어야 한다.
(5) 합판, 섬유판, 목재 및 기타물품 (이하 "합판 등"이라 한다.)의 방염성능기준은 잔염시간 10초 이내, 잔신시간 30초 이내, 탄화면적 50㎠ 이내, 탄화길이 20㎝ 이내 이어야 한다.
3. 영 제20조 제2항 제5호의 규정에 의한 방염성능기준은 제8조의 규정에 의한 측정기준 및 방법을 적용하여 측정하였을 경우 다음 각 호에서 규정하는 기준에 적합하여야 하며, 제조공정방염처리물품에 한하여 적용한다.
(1) 카페트, 합성수지판, 합판 등의 방염성능기준은 최대연기밀도 400이하 이어야 한다.
(2) 얇은 포 및 두꺼운 포의 방염성능기준은 최대연기밀도 200이하 이어야 한다.

※ 세부기준

구 분	잔염시간	잔신시간	탄화면적	탄화길이	접염횟수	연기밀도
카페트	20초			10cm		400
얇은포	3초	5초	$30cm^2$	20cm	3회	200
두꺼운포	5초	20초	$40cm^2$	20cm	3회	200
합성수지판	5초	20초	$40cm^2$	20cm		400
합판, 섬유판, 목재	10초	30초	$50cm^2$	20cm		400

문제19 종합방재실

Ⅰ. 개 요

1. 일반적으로 관리사무소 등에 소방용 감시제어반과 각종 설비의 제어반을 설치하여 운영하고 있다.
2. 그러나 건축물이 대형화, 고층화, 인텔리전트화 됨에 따라 효율적인 방재관리를 위해선 별도로 방재센터를 설치하여 전문인력에 의한 운영의 필요성이 커지고 있다.
3. 따라서 국내에서는 "초고층 및 지하연계 복합건축물의 재난관리에 관한 특별법" 에 의거 초고층 및 지하연계 복합건축물 등에는 법 기준에 맞는 종합방재실을 설치·운영하여야 한다.

Ⅱ. 설치 목적

1. 화재 시 소방지휘부의 지휘소
2. 방재정보 집중화로 방재시설의 효율적 감시·제어
3. 각종 설비 등의 관리·운용의 효율화

Ⅲ. 역 할

1. 평상 시

(1) 방재시설·설비의 감시
(2) 방재시설·설비의 유지관리

2. 비상 시

(1) 화재에 대한 정확한 정보의 제공
(2) 소방대의 소화활동의 거점
(3) 방재의 중추기구 역할

Ⅳ. 설치 대상

1. 초고층 건축물

(1) 층수가 50층 이상

(2) 높이가 200미터 이상인 건축물

2. 지하연계 복합건축물(다음의 요건을 모두 갖춘 것)

(1) 층수가 11층 이상이거나 1일 수용인원이 5천명 이상인 건축물로서 지하부분이 지하역사 또는 지하도상가와 연결된 건축물

(2) 건축물 안에 문화 및 집회시설, 판매시설, 운수시설, 업무시설, 숙박시설, 위락시설 중 유원시설업(遊園施設業)의 시설 또는 대통령령으로 정하는 용도의 시설이 하나 이상 있는 건축물

3. 재난관리가 필요한 것으로 대통령령으로 정하는 건축물 및 시설물

Ⅴ. 설치 개수

1. 99층 이하인 건축물 : 1개
2. 100층 이상인 초고층 건축물 등(공동주택 제외) : 1개 이상
   (1) 종합방재실이 그 기능을 상실하는 경우에 대비하여 종합방재실을 추가로 설치하거나
   (2) 또는 관계지역 내 다른 종합방재실에 보조 종합재난관리체제를 구축하여 재난관리 업무가 중단되지 아니하도록 하여야 한다.

Ⅵ. 설치 위치

1. 1층 또는 피난층
   (1) 초고층 건축물 등에 특별피난계단이 설치되어 있고, 특별피난계단 출입구로부터 5미터 이내에 종합방재실을 설치하려는 경우에는 2층 또는 지하 1층에 설치할 수 있으며, 공동주택의 경우에는 관리사무소 내에 설치할 수 있다.
   (2) 하지만 실제적으로는 각 시도에서 소방 성능심의 때 종합방재실을 피난층에 설치하도록 강제하기 때문에 위 조항은 의미가 없다.
2. 비상용승강기 승강장, 피난용승강기 승강장 및 특별피난계단으로 이동하기 쉬운 곳
3. 재난정보 수집 및 제공, 방재 활동의 거점 역할을 할 수 있는 곳
4. 소방대가 쉽게 도달할 수 있는 곳
5. 화재 및 침수 등으로 인하여 피해를 입을 우려가 적은 곳

Ⅶ. 구조 및 면적

1. 다른 부분과 방화구획으로 구획할 것
   다른 제어실 등의 감시를 위하여 두께 7밀리미터 이상의 망입유리(또는 두께 16.3밀리미터 이상의 접합유리, 두께 28밀리미터 이상의 복층유리 포함)로 된 4제곱미터 미만의 붙박이창을 설치한 경우 예외
2. 관계자의 대기 및 휴식 등을 위하여 종합방재실과 방화구획 된 부속실을 설치할 것
3. 면적은 20제곱미터 이상으로 할 것
4. 재난 및 안전관리, 방범 및 보안, 테러 예방을 위하여 필요한 시설·장비의 설치와 근무 인력의 재난 및 안전관리 활동, 재난 발생 시 소방대원의 지휘 활동에 지장이 없을 것
5. 출입문에는 출입 제한 및 통제 장치를 갖출 것

Ⅷ. 종합방재실의 설비

1. 조명설비(비상전원 또는 예비전원을 포함한다) 및 급수·배수설비
2. 상용전원과 예비전원(비상전원)의 공급을 자동 또는 수동으로 전환하는 설비
3. 급기·배기설비 및 냉방·난방 설비
4. 전력 공급 상황 확인 시스템
5. 공기조화·냉난방·소방·승강기 설비의 감시 및 제어시스템
6. 자료 저장 시스템
7. 지진계 및 풍향·풍속계(초고층 건축물에 한정한다)
8. 소화장비 보관함 및 무정전 전원공급장치
9. 피난안전구역, 피난용승강기 승강장 및 테러 등의 감시와 방범·보안을 위한 폐쇄회로 텔레비전(CCTV)

Ⅸ. 기 타

1. 초고층 건축물 등의 관리주체는 종합방재실에 재난 및 안전관리에 필요한 인력을 3명 이상 상주하도록 하여야 한다.
2. 초고층 건축물 등의 관리주체는 종합방재실의 기능이 항상 정상적으로 작동되도록 종합방재실의 시설 및 장비 등을 수시로 점검하고, 그 결과를 보관하여야 한다.

※ 관계지역
   ① 초고층 건축물
   ② 지하연계 복합건축물
   ③ 그 밖에 재난관리가 필요한 것으로 대통령령으로 정하는 건축물 및 시설물

문제20 방재계획서

Ⅰ. 개 요

1. 건축물의 대형화, 고층화, 심층화에 따라 화재 등의 재해 발생 시 많은 인명 피해와 재산손실이 우려된다.
2. 그리고 대규모 건축물에서는 건축법, 소방법 등의 규정만 가지고는 완벽한 방재대책이 될 수 없다.
3. 따라서 각 건축물의 용도, 구조 특성에 따른 종합적인 방재계획서를 작성할 필요가 있다.

Ⅱ. 방재계획서 작성 항목

1. 건축물의 개요

(1) 위치　(2) 구조　(3) 규모　(4) 용도

2. 방재계획의 기본 방침

(1) 피난층의 위치
(2) 방화구역의 구성
(3) 안전구획의 위치와 구성
(4) 피난시설의 피난경로의 설정(기준층, 특수층에 관하여)

3. 부지와 도로

(1) 피난층에 있어서 출입구, 부지 내 도로와 외주도로, 광장 등의 관계
(2) 소방대의 진입로

4. 방재설비

(1) 종류
(2) 배치

5. 화재감지와 통보

(1) 자동화재탐지설비 등의 경보설비, 연기·열감지기, 비상전화 종류, 배치
(2) 제연설비의 연동방법
(3) 피난지령의 방법

6. 피 난

(1) 피난시설 등의 배치와 구조
복도, 직통계단, 피난계단, 특별피난계단, 피난경로상의 개구부, 비상용 조명장치, 유도등, 옥상광장, 옥외발코니, 비상용발코니 등

(2) 피난시간 계산
1차 안전구획, 2차 안전구획에 각각 피난하기 위하여 필요한 피난시간(T)과 허용피난시간(T_0)의 비교($T_0 \geq T$)
① 수용인원의 예상
② 피난경로의 예상(보행거리, 복도, 개구부의 폭, 계단의 수 등)
③ 안전율의 설정
④ 허용되는 피난시간의 예상
⑤ 피난시간의 계산

7. 배연설비

(1) 배연방법
(2) 배연설비의 구조

8. 비상용 진입구와 비상용 승강기

(1) 배치
(2) 구조

9. 소화설비

(1) 종류
(2) 배치

10. 중앙관리실

(1) 방재실 등의 관리방법
(2) 외부로부터의 진입경로

11. 내장 제한

12. 유지관리

유지관리의 주체와 방법

Ⅲ. 방재계획서 작성 특정소방대상물

1. 연면적 20만 제곱미터 이상인 특정 소방대상물. 다만, 아파트는 제외한다.
2. 건축물의 높이가 100미터(지하층을 포함한 층수가 30층 이상인 특정 소방대상물을 포함한다) 이상인 특정 소방대상물. 다만, 아파트는 제외한다.
3. 연면적 3만 제곱미터 이상인 철도역사, 공항시설
4. 하나의 건축물에 영화진흥법 제2조 제13호의 규정에 따른 상영관이 10개 이상인 특정 소방대상물

문제21 내진 · 제진 · 면진

Ⅰ. 개 요

1. 정 의
   지구 내부에 급격한 변화가 일어나거나, 발파나 핵실험과 같은 인공적인 폭발에 의해 발생한 지진파가 사방으로 전달되어 지반이 흔들리는 현상
2. 지진 발생으로 인한 화재, 폭발 등으로 인적·물적 피해를 최소화하기 위해 2017년 10월 24일 내진설계 대상 건축물을 확대하여 시행하도록 개정되었다.

Ⅱ. 내진설계 대상 건축물

1. 층수가 2층 이상인 건축물(목구조 건축물의 경우에는 3층)
2. 연면적이 200㎡ 이상인 건축물(목구조 건축물의 경우에는 500㎡). 다만, 창고, 축사, 작물 재배사 및 표준설계도서에 따라 건축하는 건축물은 제외한다.
3. 높이가 13m 이상인 건축물
4. 처마높이가 9m 이상인 건축물
5. 기둥과 기둥 사이의 거리가 10m 이상인 건축물
6. 건축물의 용도 및 규모를 고려한 중요도가 높은 건축물로서 국토교통부령으로 정하는 건축물
7. 국가적 문화유산으로 보존할 가치가 있는 건축물로서 국토교통부령으로 정하는 것
8. 제2조 제18호 가목 및 다목의 건축물
9. 단독주택 및 공동주택(신설)

Ⅲ. 발생원인

1. 자연적 원인

(1) 대륙의 이동으로 자연적으로 발생
(2) 화산활동과 관련하여 지하 마그마의 움직임으로 발생
(3) 변환단층의 경계 또는 판의 내부에서 일어나는 지진

2. 인공적 원인

(1) 화석연료나 지하수의 개발
(2) 댐·저수지, 큰 건물의 붕괴
(3) 핵실험, 채석장 발파, 가스폭발

Ⅳ. 내진설계

1. 내진설계 방법은 내진구조, 면진구조, 제진구조 등이 있다.
2. 건축물, 교량, 댐, 터널, 상수도 등 구조물의 형상과 목적에 따라 "건축법 시행령"에 의해 규정되어 있다.

Ⅴ. 내진구조

1. 정 의
   철근 콘크리트로 기둥과 벽을 강화해 지진이 발생했을 때 흔들림에 대항하는 구조, 건축재의 접합 부분이 일체성을 가지고 완전히 단단하게 결합된 구조를 말한다.
2. 많은 양의 철과 콘크리트가 사용되므로 하중이 증가하여 고층빌딩이나 높이가 100m 이상인 건축물에는 적용하기 어렵다.
3. 특 징
   건물 자체가 지진으로 인한 진동에너지를 흡수한다.

Ⅵ. 제진구조

1. 정 의
   지진이 발생할 때 진동에 맞춰 건물을 적당히 흔들리게 해서 에너지를 분산, 흡수하는 구조이다.
2. 건축물이 붕괴되지는 않지만, 크게 흔들려 가구, 가전제품 등이 쓰러져 이에 따른 피해가 발생한다.
3. 특 징
   제진댐퍼(damper)라 불리는 기둥이 진동에너지를 먼저 흡수한다.

Ⅶ. 면진구조

1. 정 의
   고무처럼 모양이 쉽게 변형되는 건축자재로 만들어진 장치 위에 건축물을 세워 지진으로 발생하는 에너지가 건축물에 쉽게 전달되지 않도록 한 내진방식을 말한다.
2. 면진구조에 제진구조를 결합해 지은 건축물은 지진이 발생해도 제진구조만으로 지은 건축물보다 흔들림이 많이 줄어든다.
3. 특 징
   건물의 기초 부분에 부착된 면진장치가 진동에너지를 흡수한다.

Ⅷ. 개념도(소방시설의 내진설계 화재안전기준 해설서)

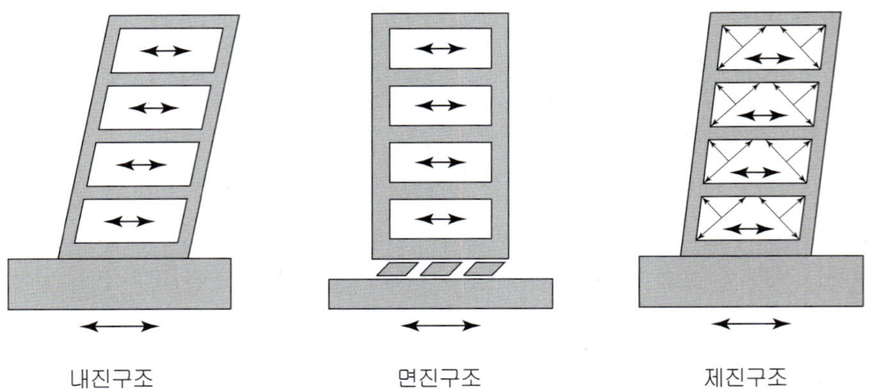

문제22 사전재해영향성검토 협의제도

Ⅰ. 정 의

1. 자연재해에 영향을 미치는 각종 행정계획 및 개발사업으로 인한 재해 유발요인을 예측·분석하고 이에 대한 대책을 강구하는 것.
2. 개발계획 수립 초기단계에서 재해영향성에 대한 검토를 받는 절차를 거치도록 하여 개발로 인하여 발생할 수 있는 재해를 예방하는 것임.

Ⅱ. 도입 배경

1. 우리나라 최근 10년간(2002~2011년) 자연재해 피해현황을 분석해 보면 태풍으로 인한 피해가 63%, 호우 28% 등으로 풍수해에 의한 피해가 91%에 달하고 있다. 또한 도시화와 산업화에 따른 개발사업으로 인하여 재해 위험성이 더욱 고조되고 있다.
2. 이러한 개발사업에 따른 재해위험성은 지속적인 경제성장과 생활수준의 향상에 따라 더욱 가중될 것이 자명하므로 개발로 인한 재해의 영향을 최소화할 수 있는 방안이 확립되어야 한다.
3. 이에 따라 개발과 관련된 계획에 대하여 방재에 대한 종합적이고 체계적인 대책을 수립하기 위하여 사전재해영향성검토 협의제도를 도입하게 되었다.

Ⅲ. 대상사업

1. 국토·지역계획 및 도시의 개발
2. 산업 및 유통단지조성
3. 에너지 개발
4. 교통시설의 건설
5. 하천의 이용 및 개발
6. 수자원 및 해양개발
7. 산지개발 및 골재채취
8. 관광단지 개발 및 체육시설
9. 그 밖에 자연재해에 영향을 미치는 계획 및 사업으로서 대통령령이 정하는 계획 및 사업
10. 다음 각 호에 해당하는 사업에 대하여는 사전재해영향성검토 협의를 실시하지 아니한다.
    (1) 기본법 제37조의 규정에 의한 응급조치를 위한 사업
    (2) 국방부장관이 군사상의 기밀보호가 필요하거나 군사적으로 긴급한 수립을 위하여 필요하다고 인정하여 관계중앙행정기관의 장과 협의한 사업

Ⅳ. 협의에 포함하여야 할 사항

1. 사업의 목적·필요성·추진배경·추진절차 등 사업계획에 관한 내
   - 관계 법령에 따라 해당 계획에 포함하여야 하는 내용을 포함한다.
2. 배수처리계획도, 침수흔적도, 사면경사 현황도 등 재해영향의 검토에 필요한 도면
   - 행정계획의 수립·확정 등 상세 검토가 필요 없는 경우는 제외한다.
3. 행정계획 수립 시 재해예방에 관한 사항
4. 개발사업 시행으로 인한 재해영향의 예측 및 저감대책에 관한 사항
5. 고시 내용에 대한 검토사항

Ⅴ. 중점 검토항목

1. 공통사항 검토

(1) 행정계획

① 기존의 지형여건 및 주변 환경에 따른 재해위험요인
② 주변지역이나 시설에 미치는 재해영향 및 예방에 관한 사항
③ 자연재해위험지구 현황조사 및 대상지역과의 관련성
④ 침수재해 발생 가능성
⑤ 주변지역의 토지이용, 개발계획 현황조사 및 대상지역과의 관련성
⑥ 대상지역 내 하천, 소하천의 포함 여부 및 정비계획
⑦ 자연재해저감시설 현황 및 재해예방에 관한 사항
⑧ 대상지역의 입지 적정성 분석
⑨ 대상지역 내 지진재해 발생가능성 및 저감대책
⑩ 지반재해 발생가능성 및 저감대책

(2) 개발사업

① 기존의 지형여건 및 주변 환경에 따른 재해위험요인
② 주변지역이나 시설에 미치는 재해영향 및 예방에 관한 사항
③ 자연재해위험지구 현황조사 및 대상지역과의 관련성
④ 침수재해 발생 가능성
⑤ 주변지역의 토지이용, 개발계획 현황조사 및 대상지역과의 관련성
⑥ 재해저감을 고려한 토지이용계획이나 시설물의 배치
⑦ 과도한 지형변형으로 인한 재해발생
⑧ 대상지역 내 하천, 소하천의 포함 여부 및 정비계획
⑨ 대상지역 내 우수유출저감대책(저류시설, 침투시설)에 관한 사항
⑩ 대상지역 내 토사유출저감시설 설치계획

⑪ 자연재해저감시설 현황 및 재해예방에 관한 사항
⑫ 저감시설의 설치기준, 안정성 및 개발후 관리대책
⑬ 대상지역 내 지진재해 발생가능성 및 저감대책
⑭ 지반재해 발생가능성 및 저감대책
⑮ 배수시설의 적정성 및 주변지역 배수체계와의 연계, 토석 및 유목방지시설의 설치계획, 대상지역 내 낙뢰방지대책 수립

2. 입지 유형별 검토

(1) 도시지역

① 저지대에 인구밀집시설이나 인구유인시설의 계획 지양
② 기존 도심지가 저지대 지역이라면 저지대를 벗어난 지역에 역할 분담이 가능한 지구를 개발하도록 유도
③ 저지대가 아닌 신규 개발지역에 택지개발 또는 관공서 유치 등의 계획을 수립하여 기존 저지대 지역의 인구를 유치하도록 유도
④ 투수성 공간 확보 대책수립 여부 및 공원, 녹지 등의 효율적 활용방안 검토
⑤ 우수에 의한 도시침수나 배수불량을 사전에 방지하기 위한 예방대책 수립
⑥ 도시방재계획, 유역별 저류능력 확대, 우수유출저감을 위한 토지이용계획 등 유역 내 홍수방어시설계획 수립
⑦ 지하공간 침수방지대책 수립

(2) 해안·도서지역

① 상습해일 등의 피해우려지역에 대한 대처계획 수립
② 해일특성의 변화, 해수면 상승 등 자연환경적 변화에 대한 검토 실시
③ 지반이 낮은 지역에서는 방류구가 낮아 조위 상승시 우수배제 가능시간이 짧아져 내수침수의 원인이 되므로 방류구의 위치변경, 유수지 설치 및 확대, 펌프 등의 기계식 배제계획, 해수역류방지시설계획 등 하수체계 정비대책 수립
④ 해수범람 예상 저지대는 다목적 유수지, 공원, 체육시설 등을 조성하여 조위 상승에 따른 내수배제 불량시 유수기능을 높이도록 유도
⑤ 개발로 인한 해안선 침식, 백사장 파괴 등에 대한 검토
⑥ 해안도로 주변의 국공유지를 활용하여 범람해수의 집수·저류시설을 지하에 설치하는 방안, 펌프장을 이용하여 강제 배수하도록 하는 방안 등의 방재시설물 설치계획 수립
⑦ 해수범람의 피해를 예방할 수 있는 부지고 상승 등의 대책 수립
⑧ 지반침하, 압밀, 지진 및 지반진동 등 지반재해 영향 검토 및 대책 수립

⑨ 연안에 위치한 시설의 경우 폭풍해일과 지진해일에 의한 피해와 이에 따른 2차 시설물 파괴에 대한 대책 수립
⑩ 세굴 및 퇴적으로 인한 항내매몰 등 영향분석 및 예방에 관한 사항
⑪ 설계파 및 설계해면의 산출 등 연안구조물의 설계를 위해서 태풍모델을 바탕으로 태풍 관측자료와 해안 관측자료 종합정밀분석 실시

(3) 산지지역
① 절·성토면의 토사유출 및 사면붕괴 방지대책 수립
② 절개지에 인접한 곳은 건축물 등 시설물의 배치계획을 가급적 지양
③ 급경사지역은 개발을 가급적 지양하고, 보존하는 방안 검토
④ 개발로 인한 대규모 사면 발생을 억제 및 절·성토 규모 최소화를 위한 방안 검토
⑤ 산지개발로 인해 황폐하게 노출되는 경사면에 피복 등 경사면의 녹화계획 수립
⑥ 훼손된 산림과 지형의 복구계획 수립

(4) 농촌지역
① 개발사업으로 인해 인근 농경지 및 농가의 침수예상구역 사전 파악 및 피해방지를 위한 대책 수립
② 배수펌프장과 연계하여 효율적으로 저류를 할 수 있는 유수지 확보 및 유수지의 확보가 어려운 경우 대책 수립
③ 내수배제가 원활하게 이루어질 수 있도록 배수처리계획 수립
④ 저수지, 용·배수로 등 농업기반시설 설치에 따른 재해영향예측 및 재해저감대책 수립

(5) 하천·호소지역
① 저지대 및 지내력이 적은 지역에는 범람 및 내수침수방지를 위한 배수처리 방안 검토
② 침수위험지역에 인구 및 시설이 밀집되지 않도록 토지이용계획 수립
③ 월류위험성이 있는 지역에 대한 재해예방대책 수립
④ 교량 등 하천횡단구조물 공사 계획시 수리학적 특성 고려 여부
⑤ 하천변 양안 완충지나 습지대 등에 대한 매립계획 지양 여부
⑥ 하천환경관리계획 및 저류지 계획과 관련하여 폐천부지 및 고수부지 활용에 따른 수리학적 특성 고려 여부
⑦ 증가되는 강수량의 추세를 감안하여 하천 계획홍수량, 홍수위, 계획하폭 등을 결정하였는지 검토
⑧ 하천의 급경사, 만곡부, 협소해지는 하폭, 부속시설물 등으로 인한 피해방지대책 수립
⑨ 하상변동을 검토하고 이에 따른 재해요인 및 저감방안 검토

⑩ 댐(저수지) 건설로 인한 상류하천의 배수위영향 및 안전성 분석 여부
⑪ 댐 붕괴 등 대규모 재해발생에 대비한 비상대처계획수립 여부

3. 협의대상 유형별 검토

(1) 행정계획

① 국토종합계획, 도종합계획
- 자연재해에 대한 체계적인 종합대책을 수립하고, 피해를 최소화할 수 있는 방재형 국토전략 수립 여부
- 도시방재계획, 유역별저류능력확대, 우수유출저감을 위한 토지이용계획 등 유역 내 홍수방어시설을 다양화하고, 자연재해저감시설의 연계강화를 통한 역할분담 계획 수립 여부
- 재해발생 위험지역의 예방대책수립 및 모니터링체계 구축 여부
- 재해발생에 대비한 주민들의 사전예방 활동 및 행동요령, 대피장소의 지정·관리·홍보 등 체계적 대응시스템 구축 여부
- 국토 각 영역에서 방재관리 제도 및 정책을 개선하고 있는지 검토

② 도시기본계획
- 도시재해방지계획과 피해 발생 시에 대비한 방재계획 수립 여부
- 상습침수지역을 시가화예정용지로 부여 할 때에는 재해에 대한 예방대책 수립 여부
- 기반시설 및 토지이용체계는 도시방호에 능동적이고 비상시의 피해를 최소화 하도록 계획하였는지 검토
- 방재시설에 대한 경제적인 보수 및 관리체계 확립 및 재해발생시 활용계획 수립 여부
- 수해·지진 등 위기상황에 대처하기 위한 방재계획 수립 여부
- 방재시설물의 최소설치기준 마련 여부

③ 도시관리계획
- 효과적인 재해방지를 위하여 취약지구에 대한 재해예방, 시설물 관리와 함께 재해발생시 효과적인 통제를 위한 방재거점의 설정 및 활용계획 수립 여부
- 상위계획인 광역도시계획 및 도시기본계획의 검토 여부
- 토지이용계획이나 기반시설계획시 방재계획을 구체화시키고 안전도를 높일 수 있도록 계획 수립 여부
- 재해에 취약한 지역과 장소 발견하고 이에 대비한 방재계획 수립 여부
- 취약지대에는 인구가 밀집되지 않도록 토지이용계획을 수립하였는지 여부
- 저지대는 가급적 자연배수가 되도록 계획하고, 불가피한 경우에는 유수지 확보 여부

- 하천이나 강변도로는 장기 강우빈도를 감안하여 계획하고, 하천복개는 지양하도록 계획
- 지진, 폭발, 진동 등에 의해 건물붕괴 등이 우려되는 지역은 이에 대한 대책 강구 여부
- 화재발생시 그 피해가 주변지역으로 확대될 가능성이 큰 지역에 대하여는 피해가능성을 검토한 후 대책 마련 여부

④ 택지개발예정지구의 지정, 도시개발구역에 대한 개발계획
- 개발구역 안에서 중점적으로 방재시설을 설치할 필요가 있는 지역과 이를 위한 시설의 종류 검토
- 주요 재난이 발생했을 때 이에 대비할 수 있는 방재대책 수립 여부
- 중점 대상지역을 선정하고 여타 지역의 사례를 고려하여 재난에 따른 피해를 최소화하기 위한 적절한 시설을 제시하였는지 검토
- 방재시설의 설치계획 및 집행계획을 수립하였는지 검토
- 방재시설의 설치에 따른 효과분석을 수행하였는지 검토

⑤ 농업생산기반정비계획, 생활환경정비계획
- 시설의 안전과 재해예방 및 경보체계 등 방재관리에 관한 사항 검토

(2) 개발사업

① 택지개발사업실시계획, 보금자리주택지구계획
- 부지조성공사 착수 전에 토질조사를 철저히 하고 필요한 경우 당해 토질의 특성에 맞게 택지조성고까지 지반안정처리를 하였는지 여부
- 허용잔류침하량 이내로 지반안정처리 후 건축물의 건축 등이 이루어질 수 있도록 토지사용 시기를 합리적으로 조정하였는지 여부

② 농업기반정비사업시행계획, 생활환경정비사업시행계획
- 시설의 안전과 재해예방 및 경보체계 등 방재관리에 관한 구체적인 사항

문제23 건축재료의 난연성능기준

Ⅰ. 개 요

1. 건축물 내부 마감재료는 난연성능에 따라 불연재료, 준불연재료, 난연재료로 구분한다.
2. 이에 관한 세부사항은 "건축물 마감재료의 난연성능 및 화재확산방지구조 기준[국토교통부 고시]"에서 규정하고 있다.

Ⅱ. 정 의

1. 불연재료

불에 타지 아니하는 성질을 가진 재료로서 국토교통부령으로 정하는 기준에 적합한 재료

2. 준불연재료

불연재료에 준하는 성질을 가진 재료로서 국토교통부령으로 정하는 기준에 적합한 재료

3. 난연재료

불에 잘 타지 아니하는 성능을 가진 재료로서 국토교통부령으로 정하는 기준에 적합한 재료

Ⅲ. 국토교통부령으로 정하는 기준

1. 불연재료

영 제2조제10호에서 "국토교통부령으로 정하는 기준에 적합한 재료"란 다음 각 호의 어느 하나에 해당하는 것을 말한다.

(1) 콘크리트·석재·벽돌·기와·철강·알루미늄·유리·시멘트모르타르 및 회. 이 경우 시멘트모르타르 또는 회 등 미장재료를 사용하는 경우에는 「건설기술 진흥법」 제44조제1항제2호에 따라 제정된 건축공사표준시방서에서 정한 두께 이상인 것에 한한다.

(2) 「산업표준화법」에 따른 한국산업표준에서 정하는 바에 따라 시험한 결과 질량감소율 등이 국토교통부장관이 정하여 고시하는 불연재료의 성능기준을 충족하는 것

(3) 그 밖에 제1호와 유사한 불연성의 재료로서 국토교통부장관이 인정하는 재료. 다만, 제1호의 재료와 불연성재료가 아닌 재료가 복합으로 구성된 경우를 제외한다.

2. 준불연재료

영 제2조제11호에서 "국토교통부령으로 정하는 기준에 적합한 재료"란 「산업표준화법」에 따른 한국산업표준에 따라 시험한 결과 가스 유해성, 열방출량 등이 국토교통부장관이 정하여 고시하는 준불연재료의 성능기준을 충족하는 것을 말한다.

3. 난연재료

영 제2조제9호에서 "국토교통부령으로 정하는 기준에 적합한 재료"란 「산업표준화법」에 따른 한국산업표준에 따라 시험한 결과 가스 유해성, 열방출량 등이 국토교통부장관이 정하여 고시하는 난연재료의 성능기준을 충족하는 것을 말한다.

Ⅳ. 난연성능기준

1. 불연재료

(1) 한국산업규격 KS F ISO 1182(건축 재료의 불연성 시험 방법)에 따른 시험결과, 제5조제1항제2호에 따른 모든 시험에 있어 다음 각 목을 모두 만족하여야 한다.
   ㉮ 가열시험 개시 후 20분간 가열로 내의 최고온도가 최종평형온도를 20K 초과 상승하지 않을 것(단, 20분 동안 평형에 도달하지 않으면 최종 1분간 평균온도를 최종평형온도로 한다)
   ㉯ 가열종료 후 시험체의 질량 감소율이 30% 이하일 것

(2) 한국산업규격 KS F 2271(건축물의 내장 재료 및 구조의 난연성 시험방법) 중 가스유해성 시험 결과, 제5조제3항제2호에 따른 모든 시험에 있어 실험용 쥐의 평균행동정지 시간이 9분 이상이어야 한다.

(3) 강판과 심재로 이루어진 복합자재의 경우 강판의 두께는 도금(鍍金) 후 도장(塗裝) 전 0.5밀리미터 이상이고 전면도장 횟수는 2회 이상이어야 하며, 도금의 종류에 따른 도금의 부착량은 다음 각 목 중 어느 하나에 적합하여야 한다.
   ㉮ 용융아연도금강판 : 한국산업표준 KS D 3506(용융아연도금강판 및 강대)에 따른 도금의 부착량 180g/m² 이상
   ㉯ 용융55%알루미늄아연합금도금강판 : 한국산업표준 KS D 3770(용융55%알루미늄아연합금도금강판 및 강대)에 따른 도금의 부착량 90g/m² 이상
   ㉰ 용융55%알루미늄아연마그네슘합금도금강판 : 한국산업표준 KS D 3033(용융55%알루미늄아연마그네슘합금도금강판 및 강대)에 따른 도금의 부착량 90g/m² 이상
   ㉱ 용융아연마그네슘알루미늄합금도금강판 : 한국산업표준 KS D 3030(용융아연마그네슘알루미늄합금도금강판 및 강대)에 따른 도금의 부착량 90g/m² 이상

2. 준불연재료

(1) 한국산업규격 KS F ISO 5660-1[연소성능시험-열 방출, 연기 발생, 질량 감소율-제1부:열 방출률(콘칼로리미터법)]에 따른 가열시험 결과, 제5조제2항제2호에 따른 모든 시험에 있어 다음 각 목을 모두 만족하여야 한다.

㉮ 가열 개시 후 10분간 총방출열량이 8MJ/㎡ 이하일 것

㉯ 10분간 최대 열방출률이 10초 이상 연속으로 200kW/㎡ 를 초과하지 않을 것

㉰ 10분간 가열 후 시험체를 관통하는 방화상 유해한 균열(시험체가 갈라져 바닥면이 보이는 변형을 말한다), 구멍(시험체 표면으로부터 바닥면이 보이는 변형을 말한다) 및 용융(시험체가 녹아서 바닥면이 보이는 경우를 말한다) 등이 없어야 한다. 복합자재의 경우에는 위 조건을 만족하는 동시에 심재의 일부 용융 및 수축(시험체의 심재가 녹거나 줄어들어 시험체 바닥면의 강판이 보이는 경우를 말한다)이 없어야 한다.

(2) 한국산업규격 KS F 2271 중 가스유해성 시험 결과, 제5조제3항제2호에 따른 모든 시험에 있어 실험용 쥐의 평균행동정지 시간이 9분 이상이어야 한다.

(3) 강판과 심재로 이루어진 복합자재의 경우 강판의 두께는 도금(鍍金) 후 도장(塗裝) 전 0.5밀리미터 이상이고 전면도장 횟수는 2회 이상이어야 하며, 도금의 종류에 따른 도금의 부착량은 다음 각 목 중 어느 하나에 적합하여야 한다.

㉮ 용융아연도금강판 : 한국산업표준 KS D 3506(용융아연도금강판 및 강대)에 따른 도금의 부착량 180g/㎡ 이상

㉯ 용융55%알루미늄아연합금도금강판 : 한국산업표준 KS D 3770(용융55%알루미늄아연합금도금강판 및 강대)에 따른 도금의 부착량 90g/㎡ 이상

㉰ 용융55%알루미늄아연마그네슘합금도금강판 : 한국산업표준 KS D 3033(용융55%알루미늄아연마그네슘합금도금강판 및 강대)에 따른 도금의 부착량 90g/㎡ 이상

㉱ 용융아연마그네슘알루미늄합금도금강판 : 한국산업표준 KS D 3030(용융아연마그네슘알루미늄합금도금강판 및 강대)에 따른 도금의 부착량 90g/㎡ 이상

3. 난연재료

난연재료는 다음 각호에 적합하여야 한다. 다만「건축물의 피난·방화구조 등의 기준에 의한 규칙」제24조의2의 규정에 의한 복합자재로서 건축물의 실내에 접하는 부분에 12.5mm이상의 방화석고보드로 마감하거나, 한국산업규격 KS F 2257-1(건축 부재의 내화 시험 방법)에 따라 내화성능 시험한 결과 15분의 차염성능 및 이면온도가 120K 이상 상승하지 않는 재료로 마감하는 경우 그러하지 아니하다.

(1) 한국산업규격 KS F ISO 5660-1에 따른 가열시험 결과, 제5조제2항제2호에 따른 모든 시험에 있어 다음 각 목을 모두 만족하여야 한다.

㉮ 가열 개시 후 5분간 총방출열량이 8MJ/㎡ 이하일 것

㉯ 5분간 최대 열방출률이 10초 이상 연속으로 200kW/㎡ 를 초과하지 않을 것

㉰ 5분간 가열 후 시험체를 관통하는 방화상 유해한 균열(시험체가 갈라져 바닥면이 보이는 변형을 말한다), 구멍(시험체 표면으로부터 바닥면이 보이는 변형을 말한다) 및 용융(시험체가 녹아서 바닥면이 보이는 경우를 말한다) 등이 없어야 한다. 복합자재의 경우에는 위 조건을 만족하는 동시에 심재의 일부 용융 및 수축(시험체의 심재가 녹거나 줄어들어 시험체 바닥면의 강판이 보이는 경우를 말한다)이 없어야 한다.

(2) 한국산업규격 KS F 2271 중 가스유해성 시험 결과, 제5조제3항제2호에 따른 모든 시험에 있어 실험용 쥐의 평균행동정지 시간이 9분 이상이어야 한다.

(3) 강판과 심재로 이루어진 복합자재의 경우 강판의 두께는 도금(鍍金) 후 도장(塗裝) 전 0.5밀리미터 이상이고 전면도장 횟수는 2회 이상이어야 하며, 도금의 종류에 따른 도금의 부착량은 다음 각 목 중 어느 하나에 적합하여야 한다.

㉮ 용융아연도금강판 : 한국산업표준 KS D 3506(용융아연도금강판 및 강대)에 따른 도금의 부착량 180g/㎡ 이상

㉯ 용융55%알루미늄아연합금도금강판 : 한국산업표준 KS D 3770(용융55%알루미늄아연합금도금강판 및 강대)에 따른 도금의 부착량 90g/㎡ 이상

㉰ 용융55%알루미늄아연마그네슘합금도금강판 : 한국산업표준 KS D 3033(용융55%알루미늄아연마그네슘합금도금강판 및 강대)에 따른 도금의 부착량 90g/㎡ 이상

㉱ 용융아연마그네슘알루미늄합금도금강판 : 한국산업표준 KS D 3030(용융아연마그네슘알루미늄합금도금강판 및 강대)에 따른 도금의 부착량 90g/㎡ 이상

Ⅴ. 제5조(시험체 및 시험횟수 등)

① 제2조의 규정에 의하여 한국산업규격 KS F ISO 1182에 따라 시험을 하는 경우에 다음 각 호에 의하여야 한다.

1. 시험체는 실제의 것과 동일한 구성과 재료로 되어야 하며, 제품을 대표할 수 있는 충분한 크기의 샘플에서 채취하여야 한다. 또한, 시험체는 방화상 불리한 면을 아래로 하여 제작한다.
2. 시험체는 총 3개이며, 각각의 시험체에 대하여 1회씩 총 3회의 시험을 실시하여야 한다.
3. 시험체는 원기둥 모양으로 하여야 하며, 각각의 시험체의 부피는 (76±8)㎤, 지름 (45+0, -2)㎜와 높이 (50±3)㎜여야 한다. 다만, 재료의 높이가 (50±3)㎜가 되지 않으면, 재료를 여러층으로 겹쳐서 사용하거나 또는 높이를 조정하여야 한다.

4. 복합자재인 경우에는 시험체의 각 단면에 별도의 마감을 하지 않아야 한다.
5. 액상 재료(도료, 접착제 등)인 경우에는 지름 45㎜, 두께 1㎜ 이하의 강판에 사용 두께 만큼 도장 후 적층하여 높이 (50±3)㎜가 되도록 시험체를 제작하여야 하며, 상세 사항을 제품명에 포함하도록 한다.
6. 시험체 및 액상 재료의 도장용 강판의 지름 오차 범위는 -2㎜로 한다.

② 제3조 및 제4조에 따라 한국산업규격 KS F ISO 5660-1의 시험을 하는 경우에는 다음 각 호에 따라야 한다.

1. 시험체는 실제의 것과 동일한 구성과 재료로 되어야 하며, 제품을 대표할 수 있는 충분한 크기의 샘플에서 채취하여야 한다.
2. 시험은 시험체가 내부마감재료의 경우에는 실내에 접하는 면에 대하여 3회 실시하며, 외벽 마감재료의 경우에는 앞면, 뒷면, 측면 1면에 대하여 각 3회 실시한다. 다만, 다음 각 목에 해당하는 외벽 마감재료는 각 목에 따라야 한다.
   ㉮ 단일재료로 이루어진 경우 : 한면에 대해서만 실시
   ㉯ 각 측면의 재질 등이 달라 성능이 다른 경우 : 앞면, 뒷면, 각 측면에 대하여 각 3회씩 실시
3. 시험체는 직육면체 모양으로 하여야 하며, 각각의 시험체는 가로와 세로 100㎜, 두께 50㎜여야 한다. 다만, 시험체의 두께가 50㎜에 이르지 못하는 경우에는 다음 각 목을 따른다.
   ㉮ 두께가 50㎜ 이하인 건축물 마감재료의 시험체는 그대로 시험을 실시한다. 단, 두께가 6㎜ 미만인 건축물 마감재료의 시험체는 KS F ISO 5660-1 8.1.7 항의 규정에 따라 시험체를 구성하여 시험한다.
   ㉯ 두께가 50㎜ 초과하는 건축물 마감재료의 시험체는 패널의 중심부분을 절단하여 시험체의 두께를 50㎜로 조정하여야 한다.
   ㉰ 시험체의 가로와 세로 100㎜를 포함한 두께 50㎜의 오차 범위는 -2㎜로 한다.
4. 복합자재인 경우에는 시험체의 각 단면에 별도의 마감을 하지 않아야 한다.
5. 가열강도는 50kW/㎡로 한다.

③ 제2조부터 제4조까지에 따라 한국산업규격 KS F 2271 중 가스유해성 시험을 하는 경우에는 다음 각 호에 따라야 한다.

1. 시험은 시험체가 내부마감재료인 경우에는 실내에 접하는 면에 대하여 2회 실시하며, 외벽 마감재료인 경우에는 외기(外氣)에 접하는 면에 대하여 2회 실시한다.
2. 시험은 시험체가 실내에 접하는 면에 대하여 2회 실시한다.
3. 복합자재인 경우에는 시험체의 각 단면에 별도의 마감을 하지 않아야 한다.

문제24 화재 확산 방지구조

Ⅰ. 개 요

1. "화재 확산 방지구조"는 수직 화재확산 방지를 위하여 외벽마감재와 외벽마감재 지지구조 사이의 공간([별표1]에서 "화재확산방지재료" 부분)을 다음 각 호 중 하나에 해당하는 재료로 매 층마다 최소 높이 400mm 이상 밀실하게 채운 것을 말한다.
   1. 한국산업표준 KS F 3504(석고 보드 제품)에서 정하는 12.5mm 이상의 방화 석고보드
   2. 한국산업표준 KS L 5509(석고 시멘트판)에서 정하는 석고 시멘트판 6mm 이상인 것 또는 KS L 5114(섬유강화 시멘트판)에서 정하는 6mm 이상의 평형 시멘트판인 것
   3. 한국산업표준 KS L 9102(인조 광물섬유 단열재)에서 정하는 미네랄울 보온판 2호 이상인 것
   4. 한국산업표준 KS F 2257-8(건축 부재의 내화 시험 방법-수직 비내력 구획 부재의 성능 조건)에 따라 내화성능 시험한 결과 15분의 차염성능 및 이면온도가 120K 이상 상승하지 않는 재료

2. 단, 영 제61조제2항제1호 및 제3호에 해당하는 건축물로서 5층 이하이면서 높이 22m 미만인 건축물의 경우에는 화재확산방지구조를 매 두 개 층마다 설치할 수 있다.

※ 영 제61조제2항제1호 및 제3호에 해당하는 건축물

1. 상업지역(근린상업지역은 제외한다)의 건축물로서 다음 각 목의 어느 하나에 해당하는 것
   가. 제1종 근린생활시설, 제2종 근린생활시설, 문화 및 집회시설, 종교시설, 판매시설, 운동시설 및 위락시설의 용도로 쓰는 건축물로서 그 용도로 쓰는 바닥면적의 합계가 2천m^2 이상인 건축물
   나. 공장(국토교통부령으로 정하는 화재위험이 적은 공장은 제외한다)의 용도로 쓰는 건축물로부터 6m 이내에 위치한 건축물

3. 3층 이상 또는 높이 9m 이상인 건축물

※ 관련 규정

① 건축물의 외벽은 준불연재료 이상의 마감재료를 사용하여야 한다.

② 하지만 외벽을 화재확산방지구조 기준에 적합하게 설치한 경우 난연재료를 사용할 수 있다.

II. [별표 1] 화재 확산 방지구조의 예

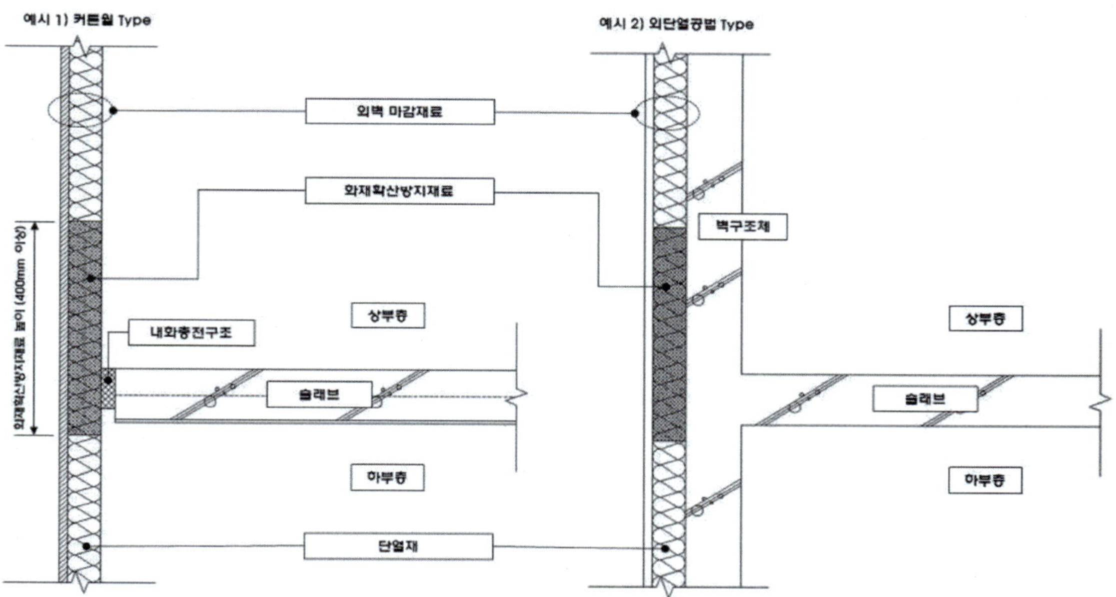

문제25 주요구조부

Ⅰ. 정 의

1. 내력벽·기둥·바닥·보·지붕틀 및 주계단을 말한다.
2. 사이기둥·최하층바닥·작은보·차양·옥외계단 기타 이와 유사한 것으로 건축물의 구조상 중요하지 아니한 부분은 제외한다.

주요구조부	그 림	제외되는 부분
내력벽	지붕틀, 기둥, 벽, 바닥, 보, 주계단	비내력벽
기둥		사이기둥
바닥		최하층 바닥
보		작은보
지붕틀		차양
주계단		옥외계단 등

※ 구조내력상 주요 부분
건축물의 기초, 벽, 기둥, 바닥판, 지붕틀, 토재, 사재, 가로재 등의 구조부재로서 건축물에 작용하는 자중, 적재하중, 적설하중, 풍하중, 지진하중, 수압, 토압, 기타의 진동 또는 충격에 대하여 건축물을 안전하게 지탱하는 기능을 가지는 건축물의 부분

Ⅱ. 중요성

1. 건축물의 구조상 주요 골격부분
2. 건축물의 안전에 결정적인 역할을 하는 부분
3. 해체·방화·내화 등에 대해서는 안전확보를 위한 특별한 규제를 받게 된다.
4. 방화적 제한을 일괄하여 사용하기 위한 용어

Ⅲ. 사이벽 등을 제외하는 이유

1. 사이벽 : 간막이 등의 역할만 할 뿐, 건축물의 하중을 받지 않는 것으로 내력벽에 반대되는 개념이다.
2. 사이기둥 : 건축물의 무게를 받쳐주는 주기둥 사이에 설치되어 주기둥을 보조한다.
3. 작은보 : 주된 보를 보조할 뿐 건축물의 안전에 직접적인 영향이 없다.

문제26 내화구조

Ⅰ. 정 의

화재에 견딜 수 있는 성능을 가진 구조로서 화재 시 일정시간 동안 건물의 강도 및 성능을 유지할 수 있는 철근콘크리트조, 연와조, 석조, 기타 이와 유사한 구조

Ⅱ. 사용목적

1. 거주자의 인명안전 및 소화활동의 보증
2. 화재의 확대방지 및 재산 보호
3. 건물의 붕괴방지 및 부지 주변에 대한 위해 방지

Ⅲ. 성 능

1. 화염·화열 차단성
2. 장기설계하중 지지
3. 재사용성
4. 불연성
5. 소방주수·충격 시 강도 유지
5. 부재접합부 성능 유지

Ⅳ. 적용대상

1. 대통령령이 정하는 건축물의 주요구조부
2. 방화지구안의 건축물의 주요구조부 및 외벽
3. 방화구획의 벽과 바닥
4. 피난계단, 특별피난계단
5. 대규모건축물의 방화벽

V. 내화구조의 기준

구조부분		내화구조의 기준
벽	(1) 벽	가. 철근콘크리트조 또는 철골철근콘크리트조로서 두께가 10cm 인 것 나. 골구를 철골조로 하고 그 양면을 두께 4cm 이상의 철망모르타르(그 바름바탕을 불연재료로 한 것에 한한다) 또는 두께 5cm 이상의 콘크리트블록·벽돌 또는 석재로 덮은 것 다. 철재로 보강된 콘크리트블록조·벽돌조 또는 석조로서 철재에 덮은 콘크리트블록 등의 두께가 5cm 이상인 것 라. 벽돌조로서 두께가 19cm 이상인 것 마. 고온·고압의 증기로 양생된 경량기포 콘크리트패널 또는 경량기포 콘크리트블록조로서 두께가 10cm 이상인 것
	(2) 외벽 중 비내력벽	가. 철근콘크리트조 또는 철골철근콘크리트조로서 두께가 7cm 이상인 것 나. 골구를 철골조로 하고 그 양면을 두께 3cm 이상의 철망모르타르 또는 두께 4cm 이상의 콘크리트블록·벽돌 또는 석재로 덮은 것 다. 철재로 보강된 콘크리트블록조·벽돌조 또는 석조로서 철재에 덮은 콘크리트블록등의 두께가 4cm 이상인 것 라. 무근콘크리트조·콘크리트블록조·벽돌조 또는 석조로서 그 두께가 7cm 이상인 것
(3) 기둥 (작은지름이 25cm 이상인 것)		가. 철근콘크리트조 또는 철골철근콘크리트조 나. 철골을 두께 6cm(경량골재를 사용하는 경우에는 5cm)이상의 철망모르타르 또는 두께 7cm 이상의 콘크리트블록·벽돌 또는 석재로 덮은 것 다. 철골을 두께 5cm 이상의 콘크리트로 덮은 것 ※ 고강도 콘크리트(설계기준강도가 50MPa 이상인 콘크리트를 말한다)를 사용하는 경우에는 국토교통부장관이 정하여 고시하는 고강도 콘크리트 내화성능 관리기준에 적합하여야 한다.
(4) 바 닥		가. 철근콘크리트조 또는 철골철근콘크리트조로서 두께가 10cm 이상인 것 나. 철재로 보강된 콘크리트블록조·벽돌조 또는 석조로서 철재에 덮은 콘크리트블록등의 두께가 5cm 이상인 것 다. 철재의 양면을 두께 5cm 이상의 철망모르타르 또는 콘크리트로 덮은 것

구 조 부 분	내 화 구 조 의 기 준
(5) 보 (지붕틀을 포함한다)	가. 철근콘크리트조 또는 철골철근콘크리트조 나. 철골을 두께 6cm(경량골재를 사용하는 경우에는 5cm)이상의 철망모르타르 또는 두께 5cm 이상의 콘크리트로 덮은 것 다. 철골조의 지붕틀(바닥으로부터 그 아랫부분까지의 높이가 4m 이상인 것에 한한다)로서 바로 아래에 반자가 없거나 불연재료로 된 반자가 있는 것 ※ 고강도 콘크리트(설계기준강도가 50MPa 이상인 콘크리트를 말한다)를 사용하는 경우에는 국토교통부장관이 정하여 고시하는 고강도 콘크리트 내화성능 관리기준에 적합하여야 한다.
(6) 지 붕	가. 철근콘크리트조 또는 철골철근콘크리트조 나. 철재로 보강된 콘크리트블록조·벽돌조 또는 석조 다. 철재로 보강된 유리블록 또는 망입유리로 된 것
(7) 계 단	가. 철근콘크리트조 또는 철골철근콘크리트조 나. 무근콘크리트조·콘크리트블록조·벽돌조 또는 석조 다. 철재로 보강된 콘크리트블록조·벽돌조 또는 석조 라. 철골조
(8) 「과학기술분야 정부출연연구기관 등의 설립·운영 및 육성에 관한 법률」 제8조에 따라 설립된 한국건설기술연구원의 장(이하 "한국건설기술연구원장"이라 한다)이 해당 내화구조에 대하여 다음 각 목의 사항을 모두 인정하는 것. 다만, 「산업표준화법」에 따른 한국산업표준으로 내화성능이 인정된 구조로 된 것은 나목에 따른 품질시험을 생략할 수 있다. 가. 생산공장의 품질 관리 상태를 확인할 결과 국토교통부장관이 정하여 고시하는 기준에 적합할 것 나. 가목에 따라 적합성이 인정된 제품에 대하여 품질시험을 실시한 결과 별표 1에 따른 성능기준에 적합할 것	
(9) 다음 각 목의 어느 하나에 해당하는 것으로서 한국건설기술연구원장이 국토교통부장관으로부터 승인받은 기준에 적합한 것으로 인정하는 것 가. 한국건설기술연구원장이 인정한 내화구조 표준으로 된 것 나. 한국건설기술연구원장이 인정한 성능설계에 따라 내화구조의 성능을 검증할 수 있는 구조로 된 것	
(10) 한국건설기술연구원장이 제27조제1항에 따라 정한 인정기준에 따라 인정하는 것	

문제27 내화구조의 성능기준

Ⅰ. 내화구조의 성능기준

(건축물의 피난·방화구조 등의 기준에 관한 규칙 [별표 1])

1. 일반기준

(단위 : 시간)

용도	용도구분	용도규모 층수/최고높이(m)		벽 - 외벽 - 내력벽	벽 - 외벽 - 비내력 - 연소 우려가 있는 부분	벽 - 외벽 - 비내력 - 연소 우려가 없는 부분	벽 - 내벽 - 내력벽	벽 - 내벽 - 비내력 - 간막이벽	벽 - 내벽 - 비내력 - 승강기·계단실의 수직벽	보·기둥	바닥	지붕·지붕틀
일반시설	제1종 근린생활시설, 제2종 근린생활시설, 문화 및 집회시설, 종교시설, 판매시설, 운수시설, 교육연구시설, 노유자시설, 수련시설, 운동시설, 업무시설, 위락시설, 자동차 관련 시설(정비공장 제외), 동물 및 식물 관련 시설, 교정 및 군사 시설, 방송통신시설, 발전시설, 묘지 관련 시설, 관광 휴게시설, 장례시설	12/50	초과	3	1	0.5	3	2	2	3	2	1
			이하	2	1	0.5	2	1.5	1.5	2	2	0.5
		4/20	이하	1	1	0.5	1	1	1	1	1	0.5
주거시설	단독주택, 공동주택, 숙박시설, 의료시설	12/50	초과	2	1	0.5	2	2	2	3	2	1
			이하	2	1	0.5	2	1	1	2	2	0.5
		4/20	이하	1	1	0.5	1	1	1	1	1	0.5
산업시설	공장, 창고시설, 위험물 저장 및 처리시설, 자동차 관련 시설 중 정비공장, 자연순환 관련 시설	12/50	초과	2	1.5	0.5	2	1.5	1.5	3	2	1
			이하	2	1	0.5	2	1	1	2	2	0.5
		4/20	이하	1	1	0.5	1	1	1	1	1	0.5

2. 적용기준

가. 용도

1) 건축물이 하나 이상의 용도로 사용될 경우 위 표의 용도구분에 따른 기준 중 가장 높은 내화시간의 용도를 적용한다.

2) 건축물의 부분별 높이 또는 층수가 다를 경우 최고 높이 또는 최고 층수를 기준으로 제1호에 따른 구성 부재별 내화시간을 건축물 전체에 동일하게 적용한다.

3) 용도규모에서 건축물의 층수와 높이의 산정은 「건축법 시행령」 제119조에 따른다. 다만, 승강기탑, 계단탑, 망루, 장식탑, 옥탑 그 밖에 이와 유사한 부분은 건축물의 높이와 층수의 산정에서 제외한다.

나. 구성 부재

1) 외벽 중 비내력벽으로서 연소우려가 있는 부분은 제22조제2항에 따른 부분을 말한다.

2) 외벽 중 비내력벽으로서 연소우려가 없는 부분은 제22조제2항에 따른 부분을 제외한 부분을 말한다.

3) 내벽 중 비내력벽인 간막이벽은 건축법령에 따라 내화구조로 해야 하는 벽을 말한다.

다. 그 밖의 기준

1) 화재의 위험이 적은 제철·제강공장 등으로서 품질확보를 위해 불가피한 경우에는 지방건축위원회의 심의를 받아 주요구조부의 내화시간을 완화하여 적용할 수 있다.

2) 외벽의 내화성능 시험은 건축물 내부면을 가열하는 것으로 한다.

문제28 내화시험

Ⅰ. 개 요

1. 화재 시 건축부재가 내화구조의 성능기준을 만족하는지 여부를 판단하는 시험
2. 실제 시험을 통해 하중지지력, 차염성, 차열성 등을 측정하여 화재저항과 이면으로의 연소를 방지하는지 평가한다.

Ⅱ. 시험기준

1. 표준온도시간곡선인 $T = T_0 + 345\log(8t+1)$에 의한 가열
2. 이 때 T_0는 20℃를 기준으로 한다.

Ⅲ. 성능기준

1. 하중지지력

(1) 휨부재

① 변형 $D = \frac{L^2}{400d}$mm　　② 변형률 $\frac{dD}{dt} = \frac{L^2}{9,000d}$mm/min

(2) 축방향 부재

① 수축 $C = \frac{h}{100}$mm　　② 수축률 $\frac{dC}{dt} = \frac{3h}{1000}$mm/min

2. 차염성

(1) 면패드가 착화되지 않을 것
(2) 6㎜ 균열게이지 관통 후 150㎜ 이동되지 않거나, 25㎜ 균열게이지에 관통되지 않을 것
(3) 이면에 10초 이상 지속되는 화염 발생이 없을 것

3. 차열성

(1) 평균온도 : 상승온도 140℃ 이내
(2) 최고온도 : 상승온도 180℃ 이내

Ⅳ. 시험결과 표현

1. 재하력 125분, 차염성 120분, 차열성 110분, 이면 화재저항 110분
2. 차열성 및 차염성은 성능기준 하중지지력을 만족 못하면 실패
3. 차열성은 차염성을 만족하지 못하면 실패

문제29 방화구조

Ⅰ. 개 요

1. 방화구조는 화염의 확산을 막을 수 있는 성능을 가진 구조
2. 화재초기에 화염의 확산을 막아서, 연소방지를 할 수 있는 성능을 가진 정도의 구조
3. 방화성능이 내화구조보다 떨어지며 불에 연소되지 않도록 외부를 불연재료로 피복을 한 구조
4. 대체로 화재진압 후 재사용이 불가능한 정도의 구조

Ⅱ. 방화구조의 기준

1. 철망모르타르로서 그 바름두께가 2cm 이상인 것
2. 석고판 위에 시멘트모르타르 또는 회반죽을 바른 것으로서 그 두께의 합계가 2.5cm 이상인 것
3. 시멘트모르타르 위에 타일을 붙인 것으로서 그 두께의 합계가 2.5cm 이상인 것
4. 삭제 〈2010. 4. 7.〉
5. 삭제 〈2010. 4. 7.〉
6. 심벽에 흙으로 맞벽치기한 것
7. 「산업표준화법」에 따른 한국산업표준이 정하는 바에 따라 시험한 결과 방화 2급 이상에 해당하는 것

Ⅲ. 적용대상

1. 연면적이 1천제곱미터 이상인 목조의 건축물은 그 외벽 및 처마밑의 연소할 우려가 있는 부분을 방화구조로 하되, 그 지붕은 불연재료로 하여야 한다.
2. "연소할 우려가 있는 부분"이라 함은 인접대지경계선·도로중심선 또는 동일한 대지안에 있는 2동 이상의 건축물(연면적의 합계가 500제곱미터 이하인 건축물은 이를 하나의 건축물로 본다) 상호의 외벽간의 중심선으로부터 1층에 있어서는 3미터 이내, 2층 이상에 있어서는 5미터 이내의 거리에 있는 건축물의 각 부분을 말한다. 다만, 공원·광장·하천의 공지나 수면 또는 내화구조의 벽 기타 이와 유사한 것에 접하는 부분을 제외한다.

문제30 내화구조와 방화구조의 비교

Ⅰ. 개 요

1. 건축물의 화재대응구조

(1) 내화구조
- 화재 시 강도 및 성능유지가 요구되는 경우에 적용한다.

(2) 방화구조
- 연소확대방지만 요구되는 경우에 적용한다.

2. 구분하는 이유

건축물의 중요도에 따라 사용자재를 달리함으로써 경제성에 기여하고자 하는 것이다.

Ⅱ. 비 교

	내 화 구 조	방 화 구 조
1. 정 의	화재에 견딜 수 있는 성능을 가진 구조	화염의 확산을 막을 수 있는 성능을 가진 구조
2. 방화성능	화재 시 일정시간 동안 구조강도 유지	화재의 확산 방지
3. 재사용 여부	가능	불가능
4. 적용대상	주요구조부 등	연소할 우려가 있는 부분

문제31 방화구획

Ⅰ. 개 요

1. 화재 시 연소의 확대를 차단시키기 위하여 일정한 공간을 한도로 구획한 것이다.
2. 수동적 방화시스템에 해당한다.
3. 건축물의 방화안전상 매우 중요한 기능을 가진다.

Ⅱ. 기 능

1. 연소범위를 국한하여 피해를 최소화
2. 피난시간의 확보
3. 소방대 출동시간의 확보

Ⅲ. 종 류

1. 면적구획

(1) 일정 바닥면적 이내마다 구획(수평구획, 평면구획)하는 것
(2) 화재의 수평방향 확대를 방지한다.
(3) 자동소화설비의 설치유무에 따라 구획면적이 달라진다.

2. 층구획(층간구획, 층별구획)

(1) 층별로 구획(수직구획)하는 것
(2) 화재의 수직방향 확대를 방지한다.
(3) 건물내부 : 바닥 Slab, 건물외부 : Spandrel

3. 수직관통부 구획

(1) 계단, E/V샤프트, P.D 등 층별로 구획할 수 없는 부분에 대하여 수직관통부 전체를 하나의 구획으로 설정하는 것
(2) 차연성이 요구된다.

4. 용도구획

(1) 용도 또는 관리가 다른 부분을 서로 구획하는 것
(2) 예
① 내화구조와 기타 부분을 구획한다.
② 화재발생 확률이 높은 부분과 낮은 부분은 구획한다.
③ 화재 시 혼잡이 예상되는 부분(전실 등)과 기타 부분을 구획한다.

Ⅳ. 설치대상

1. 법 제49조제2항에 따라 주요구조부가 내화구조 또는 불연재료로 된 건축물로서 연면적이 1천제곱미터를 넘는 것은 국토교통부령으로 정하는 기준에 따라 다음 각 호의 구조물로 구획(이하 "방화구획"이라 한다)을 해야 한다. 다만, 「원자력안전법」 제2조 제8호 및 제10호에 따른 원자로 및 관계시설은 같은 법에서 정하는 바에 따른다.
   (1) 내화구조로 된 바닥 및 벽
   (2) 60+방화문, 60분방화문 또는 자동방화셔터(국토교통부령으로 정하는 기준에 적합한 것을 말한다)
2. 건축물 일부의 주요구조부를 내화구조로 하거나 건축물의 일부에 방화구획을 완화하여 적용한 경우에는 내화구조로 한 부분 또는 방화구획을 완화하여 적용한 부분과 그 밖의 부분을 방화구획으로 구획하여야 한다.

Ⅴ. 설치기준(1)

1. 10층 이하의 층은 바닥면적 1천제곱미터(스프링클러 기타 이와 유사한 자동식 소화설비를 설치한 경우에는 바닥면적 3천제곱미터) 이내마다 구획할 것
2. 매층마다 구획할 것. 다만, 지하 1층에서 지상으로 직접 연결하는 경사로 부위는 제외한다.
3. 11층 이상의 층은 바닥면적 200제곱미터(스프링클러 기타 이와 유사한 자동식 소화설비를 설치한 경우에는 600제곱미터)이내마다 구획할 것. 다만, 벽 및 반자의 실내에 접하는 부분의 마감을 불연재료로 한 경우에는 바닥면적 500제곱미터(스프링클러 기타 이와 유사한 자동식 소화설비를 설치한 경우에는 1천500제곱미터) 이내마다 구획하여야 한다.
4. 필로티나 그 밖에 이와 비슷한 구조(벽면적의 2분의 1 이상이 그 층의 바닥면에서 위층 바닥 아래면까지 공간으로 된 것만 해당한다)의 부분을 주차장으로 사용하는 경우 그 부분은 건축물의 다른 부분과 구획할 것

Ⅵ. 설치기준(2)

1. 방화구획으로 사용하는 60+방화문 또는 60분방화문은 언제나 닫힌 상태를 유지하거나 화재로 인한 연기 또는 불꽃을 감지하여 자동적으로 닫히는 구조로 할 것. 다만, 연기 또는 불꽃을 감지하여 자동적으로 닫히는 구조로 할 수 없는 경우에는 온도를 감지하여 자동적으로 닫히는 구조로 할 수 있다.

2. 외벽과 바닥 사이에 틈이 생긴 때나 급수관·배전관 그 밖의 관이 방화구획으로 되어 있는 부분을 관통하는 경우 그로 인하여 방화구획에 틈이 생긴 때에는 그 틈을 한국건설기술연구원장이 국토교통부장관이 정하여 고시하는 기준에 따라 내화채움성능을 인정한 구조로 메울 것
3. 환기·난방 또는 냉방시설의 풍도가 방화구획을 관통하는 경우에는 그 관통부분 또는 이에 근접한 부분에 다음의 기준에 적합한 댐퍼를 설치할 것. 다만, 반도체공장건축물로서 방화구획을 관통하는 풍도의 주위에 스프링클러헤드를 설치하는 경우에는 그렇지 않다.
   (1) 화재로 인한 연기 또는 불꽃을 감지하여 자동적으로 닫히는 구조로 할 것. 다만, 주방 등 연기가 항상 발생하는 부분에는 온도를 감지하여 자동적으로 닫히는 구조로 할 수 있다.
   (2) 국토교통부장관이 정하여 고시하는 비차열(非遮熱) 성능 및 방연성능 등의 기준에 적합할 것
4. 영 제46조제1항제2호와 제81조제5항제5호에 따라 설치되는 자동방화셔터는 피난이 가능한 60+방화문 또는 60분방화문으로부터 3미터 이내에 별도로 설치할 것

Ⅶ. 방화구획의 설치면제 또는 완화

다음 각 호의 어느 하나에 해당하는 건축물의 부분에는 방화구획 설치기준을 적용하지 아니하거나 그 사용에 지장을 초래하지 아니하는 범위에서 방화구획 설치기준을 완화하여 적용할 수 있다.

1. 문화 및 집회시설(동·식물원은 제외한다), 종교시설, 운동시설 또는 장례시설의 용도로 쓰는 거실로서 시선 및 활동공간의 확보를 위하여 불가피한 부분
2. 물품의 제조·가공·보관 및 운반 등에 필요한 고정식 대형기기 설비의 설치를 위하여 불가피한 부분. 다만, 지하층인 경우에는 지하층의 외벽 한쪽 면(지하층의 바닥면에서 지상층 바닥 아래면까지의 외벽 면적 중 4분의 1 이상이 되는 면을 말한다) 전체가 건물 밖으로 개방되어 보행과 자동차의 진입·출입이 가능한 경우에 한정한다.
3. 계단실·복도 또는 승강기의 승강장 및 승강로로서 그 건축물의 다른 부분과 방화구획으로 구획된 부분. 다만, 해당 부분에 위치하는 설비배관 등이 바닥을 관통하는 부분은 제외한다.
4. 건축물의 최상층 또는 피난층으로서 대규모 회의장·강당·스카이라운지·로비 또는 피난안전구역 등의 용도로 쓰는 부분으로서 그 용도로 사용하기 위하여 불가피한 부분
5. 복층형 공동주택의 세대별 층간 바닥 부분
6. 주요구조부가 내화구조 또는 불연재료로 된 주차장

7. 단독주택, 동물 및 식물 관련 시설 또는 교정 및 군사시설 중 군사시설(집회, 체육, 창고 등의 용도로 사용되는 시설만 해당한다)로 쓰는 건축물
8. 건축물의 1층과 2층의 일부를 동일한 용도로 사용하며 그 건축물의 다른 부분과 방화구획으로 구획된 부분(바닥면적의 합계가 500제곱미터 이하인 경우로 한정한다)

Ⅷ. 기 타

1. 건물의 일반기능과 방재기능을 고려하여 설정한다.
2. 방화구획의 장·단점

장 점	단 점
① 화재성장의 제어에 유리 ② 화재의 확대를 제어 ③ 피해면적의 최소화 ④ 연기의 이동, 확대 방지	① 시각장애 초래 → 피난 장애 ② 정보전달에 불리 ③ 공간의 활용도 저하 → 건물 가치 저하

문제32 방화문

Ⅰ. 개 요

1. 건축 방화설비의 일종
2. 방화구획의 구성요소(화재확산 방지)
3. 피난계단의 주요요소(인명안전)
4. 주요 건축부재(일정규모 이상의 건축물에 설치)

Ⅱ. 기 능

1. 화재확대 방지

(1) 방화구획 벽의 개구부에 설치 → 수평 확산 방지
(2) 계단실, E/V샤프트 등의 출입구에 설치 → 수직 확산 방지

2. 안전한 피난공간 형성

(1) 계단실 출입구에 설치하여
(2) 화염 및 연기를 차단함으로써
(3) 재실자가 계단을 통해 안전한 피난을 할 수 있는 공간을 형성한다.

Ⅲ. 비차열성 방화문 & 차열성 방화문

1. 비차열성 방화문

(1) 차염성(Integrity)만 요구된다.(→ 차열성은 요구하지 않는다)
(2) 국내기준의 30분 방화문이 이에 해당된다.

2. 차열성 방화문

(1) 차염성+차열성(Thermal insulation)
(2) 선진 외국 : 피난로 등에 설치되는 방화문은 차열성이 요구된다.
(3) 국내의 경우
최근 개정된 KS F 2268-1에서는 방화문의 성능을 차열성과 비차열성으로 구분하고, 차열성의 경우 이면온도 기준을 강화하였다(260℃ → 140℃)

Ⅳ. 방화문의 내화성능

1. 국내 방화문

(1) 60분+ 방화문 : 연기 및 불꽃을 차단할 수 있는 시간이 60분 이상이고, 열을 차단할 수 있는 시간이 30분 이상인 방화문

(2) 60분 방화문 : 연기 및 불꽃을 차단할 수 있는 시간이 60분 이상인 방화문

(3) 30분 방화문 : 연기 및 불꽃을 차단할 수 있는 시간이 30분 이상 60분 미만인 방화문

2. 미국 NFPA-80(방화문 및 방화창 설치기준)

벽, 개구부의 위치 및 특성에 따라 방화문의 소요내화시간, 단열성능, 망입유리 사용제한 등을 규정

<table>
<tr><th>등급</th><th>설치장소</th><th>소요내화시간</th><th>단열성능</th><th>망입유리 제한</th></tr>
<tr><td>A급</td><td>경계벽, 방화구획벽</td><td>3시간</td><td rowspan="2">용도에 따라
30분까지</td><td>사용불가</td></tr>
<tr><td>B급</td><td>수직교통수단용 벽</td><td>1시간, 1.5시간</td><td>0.65㎡</td></tr>
<tr><td>C급</td><td>복도 또는 각실의 간벽</td><td>45분</td><td rowspan="3">121℃
232℃
342℃
이하일 것</td><td>0.84㎡</td></tr>
<tr><td>D급</td><td>연소우려가 많은 외벽</td><td>1시간, 1.5시간</td><td>사용불가</td></tr>
<tr><td>E급</td><td>연소우려가 적은 외벽</td><td>45분</td><td>0.84㎡</td></tr>
</table>

Ⅴ. 사용장소별 구분

1. 60+방화문 또는 60분방화문을 사용해야 되는 경우

(1) 방화구획에 설치하는 출입문

(2) 비상용승강기의 승강장에서 각 층 내부로 통하는 출입문

(3) 피난용승강기의 승강장에서 각 층 내부로 통하는 출입문

(4) 공동주택(아파트)의 대피공간 출입문

(5) 건축물의 내부에서 노대 또는 특별피난계단의 부속실로 통하는 출입구

(6) 방화벽에 설치하는 출입문

(7) 오피스텔의 개별난방 설비실에 설치하는 출입문

2. 30분방화문을 사용할 수 있는 경우

(1) 옥내외 피난계단의 건축물 내부에서 계단실로 통하는 출입구
(2) 특별피난계단의 노대 또는 부속실로부터 계단실로 통하는 출입구

Ⅵ. 사양기준 방화문 & 성능기준 방화문

1. 사양기준 방화문

- 철재 방화문

2. 성능기준 방화문

(1) 종 류
　① 유리방화문
　② 목재방화문 등
(2) 장 점
　① 건물 개방감 향상
　② 환경친화성 향상
　③ 기밀성·차음성 증대

Ⅶ. 맺음말

1. 국내의 방화문 관련 문제점

(1) 비차열성만 요구하고 있다.
(2) 대부분 철재 방화문을 사용하고 있다(차열성 8~10분)

2. 개선과제

(1) 차열성 방화문 관련 규정 확립
(2) 방화문 재료의 다양화 및 연구개발
(3) 성능기준 방화문 도입

문제33 방화문의 성능시험

Ⅰ. 개 요

1. 국내 방화문 성능시험방법

(1) 과 거

화재확대방지 성능을 시험하는 내화시험만을 주로 적용하였다.

(2) 최 근

① KS F 3109 개정 [2004. 8. 27]

② 국토교통부 고시(2005-232호) 제정 [2005. 7. 27]

③ 차연성시험이 필수항목으로 추가되어 방화문 성능시험이 새롭게 정립되었다.

④ 최근 개정된 KS F 2268-1에서는 방화문의 성능을 차열성과 비차열성으로 구분하고, 차열성의 경우 이면온도기준을 강화하였다(260℃ → 140℃) ← 2016년 4월 7일부터 시행

2. 현행 국내의 방화문 시험방법

(1) KS F 2268-1 에 따른 내화시험

(2) KS F 2846의 차연성시험

(3) KS F 3109(문 세트) 에 따른 비틀림강도, 연직하중강도, 개폐력, 개폐반복성, 내충격성시험

Ⅱ. 방화문의 내화시험(KS F 2268-1)

1. 시험방법

(1) 시험체

① 크기 : 2m(너비) × 2.5m(높이)

② 설치 : 실제 사용되는 벽구조에 맞게 설치하며, 벽체의 이면에 평행하게 설치한 문틀에 장착한다.

(2) 시험절차

① 가열조건 : 노 내의 평균온도가 다음 관계식을 따르도록 조절되어야 한다.

$$T = 345\log_{10}(8t+1)+20$$

여기서, T : 가열로 내의 평균온도(℃)

t : 시간(분)

② 가열방법 : 위의 가열온도로 시험체의 한쪽면을 가열한다.

③ 노 내의 압력 조정 : 시험체 하단면으로부터 높이 500mm 위치에서 압력이 0[Pa], 시험체 상단면에서 압력이 20[Pa] 이하가 되도록 조정한다.

④ 이면온도 측정

㉮ 평균상승온도 : 5개 이상의 고정 열전대를 방화문에 설치하며, 1개는 문 중앙점, 기타는 4분할면의 각 중앙점에 설치하여 이면온도를 측정한다.

㉯ 최고상승온도 : 5개의 고정 열전대, 이동 열전대 및 문틀에 설치한 열전대를 통하여 이면의 고온이 예상되는 위치에서 측정한다.

2. 성능기준

(1) 차열성

시험 중 이면온도가 시험 시작 때의 온도보다 다음 온도 이상으로 상승하지 않아야 한다.

① 평균상승온도 : 140℃

② 최고상승온도 : 180℃

(2) 차염성

① 면패드시험 : 시험 중 시험체 이면에 설치된 면패드가 착화되지 않을 것

② 균열게이지시험

㉮ 6mm 균열게이지가 시험체를 관통하여 150mm 이상 수평 이동되지 않을 것

㉯ 25mm 균열게이지가 시험체를 관통하지 않을 것

③ 이면에 10초 이상 지속되는 화염 발생이 없을 것

3. 방화문의 적용

(1) 차열성 방화문

위 성능기준의 차열성과 차염성을 모두 적용한다.

(2) 비차열성 방화문

위 성능기준의 차염성 중 면패드시험을 제외한 균열게이지시험과 화염전파시험만을 적용한다.

Ⅲ. 방화문의 차연시험(KS F 2846)

1. 시험방법

(1) 시험체

① 크기 : 2m(너비) × 2.5m(높이)

② 작동시험 : 방화문을 시험체틀에 설치하고 시험챔버에 결합한 후 문짝의 작동부재를 10번 개폐하여 정상작동 유무를 확인한다.

(2) 시험절차

① 시험장치의 공기누설 측정

시험장치 개구부의 모든 틈새를 폐쇄하고 시험압력을 가하여 100[Pa]에서 공기 누설량이 1[m²/h]를 초과하지 않아야 한다.

② 방화문의 누설공기량 측정

㉮ 시험체 양면에 5, 10, 25, 50, 100[Pa]의 압력차에서 공기 누설량을 측정

㉯ 다시 5[Pa]의 차압과 100[Pa]의 차압에서 공기 누설량을 측정한다.

㉰ 위의 방식으로 각 2회씩 측정하여 그 평균값을 산출하여 기록한다.

2. 성능기준

차압 25[Pa]에서 공기누설량이 0.9[m³/min · m²]을 초과하지 않을 것

Ⅳ. KS F 3109(문세트)에 따른 방화문 성능시험

1. 비틀림강도시험

(1) 시험방법

① 시험체를 설치틀에 고정하고, 문을 약 90° 각도로 열고 문손잡이 앞쪽 상단 50mm 위치를 부동점으로 고정한다.

② 재하하중을 문손잡이 앞쪽 하단 50mm 위치에 설치한다.

③ 시험하중의 1/5의 예비하중을 1분 이상 재하한다.

④ 예비하중을 제거하고 3분 경과 후에 변위측정장치의 0점을 조정한다.

⑤ 시험하중의 재하상태에서 5분 경과 후에 면외 변위를 0.1mm단위로 측정한다.

⑥ 재하하중을 제거하고 3분 경과 후에 면외 잔류변위를 0.1mm단위로 측정한다.

⑦ 시험 종료 후 문의 개폐 이상 유무를 확인한다.

(2) 성능기준

문의 개폐에 이상이 없고 사용상 지장이 없을 것

2. 연직하중강도시험

(1) 시험방법

① 시험체를 설치틀에 고정하고, 문을 약 90° 각도로 열고 문손잡이 앞쪽 상단 50mm 위치를 부동점으로 고정한다.

② 문 아래쪽 끝단으로부터 50mm 위치에 문의 연직방향 움직임을 측정할 수 있도록 변위장치를 설치한다.

③ 시험하중의 1/5의 예비하중을 1분 이상 재하한다.

④ 예비하중을 제거하고 3분 경과 후에 변위측정장치의 0점을 조정한다.

⑤ 시험하중의 재하상태에서 5분 경과 후에 면외 변위를 측정한다.

⑥ 재하하중을 제거하고 3분 경과 후에 면외 잔류변위를 측정한다.

⑦ 시험 종료 후 문의 개폐 이상 유무를 확인한다.

(2) 성능기준

잔류변위가 3mm 이하에서 문의 개폐에 이상이 없고 사용상 지장이 없을 것

3. 개폐력시험

(1) 시험방법

① 시험체를 설치틀에 고정하고 문의 작동여부를 확인한다.

② 문에 하중을 주는 작용점은 손잡이로 하고 그 위치에 로프를 고정한다.

③ 닫힌 위치에 있는 문에 추를 재하하여 문의 200mm 이동 확인을 하고, 200mm 열어서 둔 상태에서 추를 재하하여 문이 닫히는 위치까지 이동하는 것을 확인한다.

④ 추의 무게를 1N씩 증가시키면서 문이 열리는 최소의 힘 및 문이 닫히는 최소의 힘을 측정하여 그 하중에서 5회 반복 실시하고, 5회 모두 열리고 닫히는 상태를 확인한다.

(2) 성능기준

문이 원활하게 작동할 것

4. 개폐반복성시험

(1) 시험방법

① 시험체를 설치틀에 고정하고 문의 작동여부를 확인한다.

② 본 시험 전에 먼저 위의 개폐력시험방법에 따른 문의 개폐력을 측정한다.

③ 문을 5회 개폐 후 닫는 위치에서 변위 측정점의 변위값을 측정하며, 변위 측정점은 문끝 아래·위의 각 끝에서 50mm 위치로 한다.

④ 문의 열림각도 : 80±5°

⑤ 문의 개폐속도 : 1분 동안 최대 15회

⑥ 시험 중 면내 변위를 닫는 위치에서 0.1mm단위로 측정한다.
⑦ 시험 종료 후 문의 개폐 이상 유무를 확인한다.

(2) 성능기준
문의 개폐에 이상이 없고 사용상 지장이 없을 것

5. 내충격성시험

(1) 시험방법
① 시험체를 설치틀에 고정하고 문의 작동여부를 확인한다.
② 시험체 충격용 모래주머니는 지름 약 350mm의 가죽주머니로서 그 안에 건조된 모래를 채우고, 총질량은 30±1[kg]으로 한다.
③ 모래주머니를 로프의 각도가 65° 이하에서 낙하높이가 50cm가 될 때까지 로프가 휘지 않도록 하여 시험체 문의 중앙에 1회 가격한다.
④ 충격시험 종료 후 유해한 변형이 없고 개폐에 지장이 없는지 확인한다.

(2) 성능기준
1회 충격으로 해로운 변형이 없고 개폐에 지장이 없을 것.
다만, 유리의 파손은 지장이 없는 것으로 한다.

문제34 자동방화셔터, 방화문 및 방화댐퍼의 기준

Ⅰ. 개 요

「자동방화셔터 및 방화문의 기준」이 「자동방화셔터, 방화문 및 방화댐퍼의의 기준」으로 변경 고시되었다.(2020. 1. 30. 개정)

Ⅱ. 자동방화셔터, 방화문 및 방화댐퍼의 기준

제1조(기준의 목적) 이 기준은 「건축법 시행령」 제64조 및 「건축물의 피난·방화구조 등의 기준에 관한 규칙」 제26조에 따른 자동방화셔터(이하 "셔터"라 한다)와 방화문의 설치위치, 구성요소 및 성능기준 등과 제14조제2항제3호나목에 따른 댐퍼의 성능기준 등을 정함을 목적으로 한다.

제2조(용어의 정의) 이 기준에서 사용하는 용어의 뜻은 다음과 같다. ① "방화문"이라 함은 「건축물의 피난·방화구조 등의 기준에 관한 규칙」 제26조의 규정 및 이 기준에서 정하는 성능을 확보한 문을 말한다.

② "셔터"라 함은 방화구획의 용도로 화재시 연기 및 열을 감지하여 자동 폐쇄되는 것으로서, 공항·체육관 등 넓은 공간에 부득이하게 내화구조로 된 벽을 설치하지 못하는 경우에 사용하는 방화셔터를 말한다.

③ 삭제 〈※ 기존의 일체형셔터는 삭제됨〉

④ "방화댐퍼"라 함은 「건축물의 피난·방화구조 등의 기준에 관한 규칙」 제14조제2항제3호나목에 따라 이 기준에서 정하는 성능을 확보한 댐퍼를 말한다.

⑤ "하향식 피난구"란 「건축물의 피난·방화구조 등의 기준에 관한 규칙」 제14조제3항의 구조로서 발코니 바닥에 설치하는 수평 피난설비를 말한다.

제3조(설치위치) ① 삭제

② 삭제

③ 방화댐퍼는 다음 각 호에 적합하게 설치되어야 한다.

1. 미끄럼부는 열팽창, 녹, 먼지 등에 의해 작동이 저해받지 않는 구조일 것
2. 방화댐퍼의 주기적인 작동상태, 점검, 청소 및 수리 등 유리·관리를 위하여 검사구·점검구는 방화댐퍼에 인접하여 설치할 것
3. 부착 방법은 구조체에 견고하게 부착시키는 공법으로 화재시 덕트가 탈락, 낙하해도 손상되지 않을 것
4. 배연기의 압력에 의해 방재상 해로운 진동 및 간격이 생기지 않는 구조일 것

※ 삭제된 내용
① 셔터는 건축법시행령 제46조제1항에서 규정하는 피난상 유효한 갑종방화문으로부터 3미터 이내에 별도로 설치되어야 한다. 다만, 일체형 셔터의 경우에는 갑종방화문을 설치하지 아니할 수 있다.
② 일체형 셔터는 시장·군수·구청장이 정하는 기준에 따라 별도의 방화문을 설치할 수 없는 부득이한 경우에 한하여 설치할 수 있으며, 일체형 셔터의 출입구는 다음의 기준을 따라야 한다.
1. 행정자치부장관이 정하는 기준에 적합한 비상구유도등 또는 비상구유도표지를 하여야 한다.
2. 출입구 부분은 셔터의 다른 부분과 색상을 달리하여 쉽게 구분되도록 하여야 한다.
3. 출입구의 유효너비는 0.9미터 이상, 유효높이는 2미터 이상이어야 한다.

제4조(셔터의 구성) ① 셔터는 전동 또는 수동에 의해서 개폐할 수 있는 장치와 연기감지기·열감지기 등을 갖추고, 화재발생시 연기 및 열에 의하여 자동폐쇄되는 장치 일체로서 주요구성부재·장치·규모 등은 KS F 4510(중량셔터)에 적합하여야 한다. 다만, 강재셔터가 아닌 경우에는 KS F 4510(중량셔터)에 준하는 구성조건이어야 한다.
② 셔터는 화재발생시 연기감지기에 의한 일부폐쇄와 열감지기에 의한 완전폐쇄가 이루어 질 수 있는 구조를 가진 것이어야 한다.
③ 셔터의 상부는 상층 바닥에 직접 닿도록 하여야 하며, 부득이하게 발생한 바닥과의 틈새는 화재시 연기와 열의 이동통로가 되지 않도록 방화구획에 준하는 처리를 하여야 한다.

제5조(성능기준) ① 셔터는 다음의 성능을 확보하여야 한다.
1. KS F 2268-1(방화문의 내화시험방법)에 따른 내화시험 결과 비차열 1시간 성능
2. KS F 4510(중량셔터)에서 규정한 차연성능
3. KS F 4510(중량셔터)에서 규정한 개폐성능
4. 삭제
② 방화문은 KS F 3109(문세트)에 따른 비틀림강도·연직하중강도·개폐력·개폐반복성 및 내충격성 외에 다음의 성능을 추가로 확보하여야 한다. 다만, 미닫이 방화문은 비틀림강도·연직하중강도 성능을 확보하지 않을 수 있다.
1. KS F 2268-1(방화문의 내화시험방법)에 따른 내화시험 결과 「건축물의 피난·방화구조 등의 기준에 관한 규칙」 제26조의 규정에 의한 비차열 또는 차열성능

2. KS F 2846(방화문의 차연성시험방법)에 따른 차연성시험 결과 KS F 3109(문세트)에서 규정한 차연성능
3. 방화문의 상부 또는 측면으로부터 50센티미터 이내에 설치되는 방화문인접창은 KS F 2845(유리 구획부분의 내화시험 방법)에 따라 시험한 결과 해당 비차열 성능
4. 도어클로저가 부착된 상태에서 방화문을 작동하는데 필요한 힘은 문을 열 때 133N 이하, 완전 개방한 때 67N 이하

③ 승강기문을 방화문으로 사용하는 경우에는 승강장에 면한 부분에 대하여 KS F 2268-1(방화문의 내화시험 방법)에 따라 시험한 결과 비차열 1시간 이상의 성능이 확보되어야 한다.

④ 현관 등에 설치하는 디지털 도어록은 KS C 9806(디지털도어록)에 적합한 것으로서 화재시 대비방법 및 내화형 조건에 적합하여야 한다.

⑤ 방화댐퍼는 다음 각 호의 성능을 확보하여야 한다.
1. 별표 2에 따른 내화성능시험 결과 비차열 1시간 이상의 성능
2. KS F 2822(방화 댐퍼의 방연 시험 방법)에서 규정한 방연성능

⑥ 하향식 피난구는 다음 각 호의 성능을 확보하여야 한다.
1. KS F 2257-1(건축부재의 내화시험방법-일반요구사항)에 적합한 수평가열로에서 시험한 결과 KS F 2268-1(방화문의 내화시험방법)에서 정한 비차열 1시간 이상의 내화성능이 있을 것
2. 사다리는 「소방시설설치유지 및 안전관리에 관한 법률 시행령」 제37조에 따른 '피난사다리의 형식승인 및 검정기술기준'의 재료기준 및 작동시험기준에 적합할 것
3. 덮개는 장변 중앙부에 637N/0.2㎡의 등분포하중을 가했을 때 중앙부 처짐량이 15밀리미터 이하일 것

제6조(시험기관) 성능시험은 건축법시행령 제63조에 따라 지정된 기관에서 할 수 있다.

제7조(성능시험 신청) ① 신청자가 성능확인을 받고자하는 경우에는 별표 1에 따른 도서를 첨부하여 시험기관에 성능시험을 신청하여야 한다. 또한 시험기관에서 서류보완을 요청할 경우에는 신청자는 보완자료를 제공하여야 한다.

② 제1항의 규정에 의한 신청자는 성능 확인 제품의 생산·제조업자 이어야 하고, 이를 증명할 수 있는 자료를 제출 하여야 한다. 단, 제조업자가 해외인 경우 국내 수입공급업자를 포함한다.

제8조(시험방법 및 시험성적서 등) ① 셔터 및 방화문의 성능시험은 다음의 기준을 따라야 한다.

1. 시험체는 가이드레일, 케이스, 각종 부속품 등을 포함하여 실제의 것과 동일한 구성·재료 및 크기의 것으로 하되, 실제의 크기가 3미터 곱하기 3미터의 가열로 크기보다 큰 경우에는 시험체 크기를 가열로에 설치할 수 있는 최대크기로 한다. 다만, 도어클로저를 제외한 도어록과 경첩 등 부속품은 실제의 것과 동일한 재질의 경우 형태와 크기에 관계없이 동일한 시험체로 볼 수 있다.
2. 내화시험 및 차연성시험은 시험체 양면에 대하여 각 1회씩 실시한다.
3. 차연성능 시험체와 내화성능 시험체는 동일한 구성·재료 및 크기로 제작되어야 한다.
4. 도어클로저는 1회시험을 하여 성능이 확인된 경우 유효기간내성능시험을 생략할 수 있다.

② 방화댐퍼의 성능시험은 다음의 기준을 따라야 한다.

1. 시험체는 날개, 케이싱, 각종 부속품 등을 포함하여 실제의 것과 동일한 구성·재료 및 크기의 것으로 하되, 실제의 크기가 3미터 곱하기 3미터의 가열로 크기보다 큰 경우에는 시험체 크기를 가열로에 설치할 수 있는 최대크기로 한다.
2. 내화시험 및 방연시험은 시험체 양면에 대하여 각 1회씩 실시한다. 단, 수평부재에 설치되는 방화댐퍼의 경우 내화시험은 화재노출면에 대해 2회 실시한다.
3. 내화성능 시험체와 방연성능 시험체는 동일한 구성·재료로 제작되어야 하며, 내화성능 시험체는 가장 큰 크기로, 방연성능 시험체는 가장 작은 크기로 제작되어야 한다.

③ 시험기관은 제7조에 의해 의뢰인이 제시한 시험시료의 치수, 재질, 주요부품 및 구성도면 등에 대해 확인하여 시험성적서에 명기하여야 하며, 시험의뢰인은 필요한 자료를 제공하여야 한다.

④ 시험성적서는 2년간 유효하며, 시험성적서와 동일한 구성 및 재질로서 각 호에 해당하는 경우에는 이미 발급된 성적서로 그 성능을 갈음할 수 있다.

1. 셔터 및 방화문 : 시험체보다 크기가 작은 것인 경우
2. 방화댐퍼 : 내화성능 시험체 크기와 방연성능 시험체 크기 사이의 것인 경우

제9조(건축자재 품질관리정보 구축기관 지정) 건축사법 제31조에 따라 설립된 건축사협회는 제5조의 성능을 만족하는 방화문, 셔터, 규칙 제14조의 기준에 적합한 댐퍼의 품질관리에 필요한 정보를 홈페이지 등에 게시하여 일반인이 알 수 있도록 하여야 한다.

제10조(재검토기한) 국토교통부장관은 「훈령·예규 등의 발령 및 관리에 관한 규정」에 따라 이 고시에 대하여 2016년 7월 1일 기준으로 매3년이 되는 시점(매 3년째의 6월 30일까지를 말한다)마다 그 타당성을 검토하여 개선 등의 조치를 하여야 한다.

부칙 〈제2020-44호, 2020. 1. 30.〉

제1조(시행일) 이 고시는 공포한 날부터 시행한다. 다만, 제명, 제1조, 제2조제3항, 제2조제4항, 제3조제1항, 제3조제2항, 제3조제3항, 제5조제1항, 제5조제5항, 제5조제6항, 제8조제2항, 제8조제4항의 개정규정은 공포 후 2년이 경과한 날부터 시행한다.

제2조(일체형 셔터에 관한 경과조치) 이 고시 시행 전에 종전 규정에 따른 성능 기준에 적합한 일체형 셔터는 동일한 재질 및 구성으로서 당해 셔터의 일부에 피난을 위한 출입구를 설치하지 않는 경우라면 개정 규정에 따른 셔터로 볼 수 있다.

제3조(일체형 셔터의 시험성적서 유효기간에 관한 경과조치) 이 고시를 공포한 날을 기준으로 제8조에 따라 발급받은 시험성적서의 유효기간이 1년 이상 남아있는 경우에는 기존에 발급된 시험성적서의 유효기간을 제3조제2항 시행일까지로 연장하여 적용할 수 있다.

제4조(일체형 셔터가 설치된 기존 건축물에 관한 경과조치) 제3조제2항 시행일 이전에 일체형 셔터가 설치되어 있는 건축물에서 일체형 셔터의 교체가 필요한 경우에는, 기존에 발급된 시험성적서와 동등 이상의 성능을 확인받은 일체형 셔터를 지속적으로 사용할 수 있다.

문제35 방화벽/경계벽/간막이벽

Ⅰ. 개 요

방화벽, 경계벽 및 간막이벽은 방화상 유효한 구획으로서 화재시 일정범위 이외로의 연소를 방지하여 피해를 국소적으로 한정시키기 위한 것이다.

Ⅱ. 방화벽

1. 설치대상

연면적이 1,000㎡ 이상인 건축물은 방화벽으로 구획하되, 각 구획의 바닥면적 합계는 1,000㎡ 미만이어야 한다. 다만, 주요구조부가 내화구조이거나 불연재료인 건축물과 제56조제1항제5호 단서에 따른 건축물 또는 내부설비의 구조상 방화벽으로 구획할 수 없는 창고시설의 경우에는 그러하지 아니하다.

2. 방화벽의 구조

(1) 내화구조로서 홀로 설 수 있는 구조일 것
(2) 방화벽의 양쪽 끝과 위쪽 끝을 건축물의 외벽면 및 지붕면으로부터 0.5m 이상 튀어 나오게 할 것
(3) 방화벽에 설치하는 출입문의 너비 및 높이는 각각 2.5m 이하로 하고, 당해 출입문은 갑종방화문을 설치할 것

※ 소방법(지하구의 화재안전기준)상의 방화벽의 구조

방화벽은 다음 각 호에 따라 설치하고 항상 닫힌 상태를 유지하거나 자동폐쇄장치에 의하여 화재 신호를 받으면 자동으로 닫히는 구조로 하여야 한다.

1. 내화구조로서 홀로 설 수 있는 구조일 것
2. 방화벽의 출입문은 갑종방화문으로 설치할 것
3. 방화벽을 관통하는 케이블·전선 등에는 국토교통부 고시(내화구조의 인정 및 관리기준)에 따라 내화충전 구조로 마감할 것
4. 방화벽은 분기구 및 국사·변전소 등의 건축물과 지하구가 연결되는 부위(건축물로부터 20m 이내)에 설치할 것
5. 자동폐쇄장치를 사용하는 경우에는 「자동폐쇄장치의 성능인증 및 제품검사의 기술기준」에 적합한 것으로 설치할 것

Ⅲ. 경계벽과 간막이벽

1. 설치기준

건축물에 설치하는 경계벽 및 간막이벽은 내화구조로 하고 지붕 밑 또는 바로 윗층의 바닥판까지 닿게 하여야 한다.

2. 설치대상

(1) 경계벽 : 공동주택(기숙사를 제외)의 각 세대 간 경계벽(발코니 부분 제외)

※ 구획단위 : 각 세대 간

(2) 간막이벽 : 기숙사의 침실, 의료시설의 병실, 학교의 교실, 숙박시설의 객실

※ 구획단위 : 각실 간

제10장 연기제어

문제1 연기(Smoke)

Ⅰ. 개 요

1. 화재가 발생하면 고온의 연소 생성물인 열과 연기가 다량 생성되고, 대부분의 인명피해 는 열적손상이 아닌 비열적손상인 연기에 의한 질식으로 발생한다.
2. 화재로 의한 사망원인 : 열(熱)에 의한 사망 ≪ 연기로 인한 질식사
3. 연소 생성물의 종류
   (1) 화염(불꽃)
   (2) 열
   (3) 연소가스
   (4) 연기

Ⅱ. 정 의

1. 연기란 가연물이 연소될 때 생성되는 고상의 미립자, 액상의 타르적 등으로서 크기는 0.01~10㎛ 정도 크기이며, 화재플럼의 상승기류에 의해 인입된 가열된 공기까지 포함한다.
2. 화재 시 연기는 연기입자를 분리하지 않고 가스성분을 포함하여 연기라 한다.

Ⅲ. 성 분

1. 화재플럼에서 방출되는 뜨거운 증기와 가스
2. 미연소 분해물질과 응축물질
3. 화재플럼의 상승기류에 의해 인입된 공기와 불꽃에 의하여 가열된 공기

Ⅳ. 연기발생 메커니즘

1. 화재 시 고온의 가스는 밀도차에 의한 부력에 의해 상승기류가 형성되어 상승한다.
2. 그 결과 주위 공기는 상승기류에 의해 인입된다.
3. 인입된 공기와 가스가 혼합되어 연기가 발생한다.

V. 연기의 종류

	액체미립자계	고체미립자계
1. 정의	열분해 가스가 냉각·응축된 것	화염에서 생성된 유리탄소를 주성분으로 하는 연기
2. 예	담배연기, 훈소연기	석유연기
3. 색상	백색	흑색
4. 특성	① 연료의 종류에 따라 고유한 특성이 있다. ② 분자량이 큰 특유의 냄새를 갖는 것이 많다. ③ 물질에 따라서는 독성을 가진다.	① 연료의 종류에 관계없이 공통의 성질을 갖는다. ② 탄소계의 응집체이므로 흑색을 나타낸다. ③ 특유의 독성은 없다.

VI. 연기의 특성

1. 광선을 흡수한다.
2. 유독가스를 함유한다.
3. 고온의 화염을 수반하며 연소확대의 주요인이다.
4. 산소결핍을 초래한다.
5. 화재 연기는 고온이며 빠른 유동·확산을 한다.

VII. 연기발생의 정량적 평가

1. 불꽃에 의해 흡인되는 가스량(즉, 연기생성량)

$$M = 0.188PY^{\frac{3}{2}}$$

M : 연기생성량(kg/sec)
P : 화재의 Perimeter(m)
Y : 청결층 높이 즉, 바닥에서 연기층 하부까지의 수직거리(m)

2. Hinkley공식

어떤 크기의 공간에 대하여 연기로 채워지는데 소요되는 시간

$$t = \frac{20A}{P\sqrt{g}}\left(\frac{1}{\sqrt{y}} - \frac{1}{\sqrt{h}}\right)$$

t : 소요시간(sec)
P : 화재의 Perimeter(m)
g : 중력가속도 9.8m/s^2
A : 구획실의 바닥면적m^2
y : 청결층 높이(m)
h : 구획실의 높이(m)

문제2 연기의 농도표시

Ⅰ. 개 요

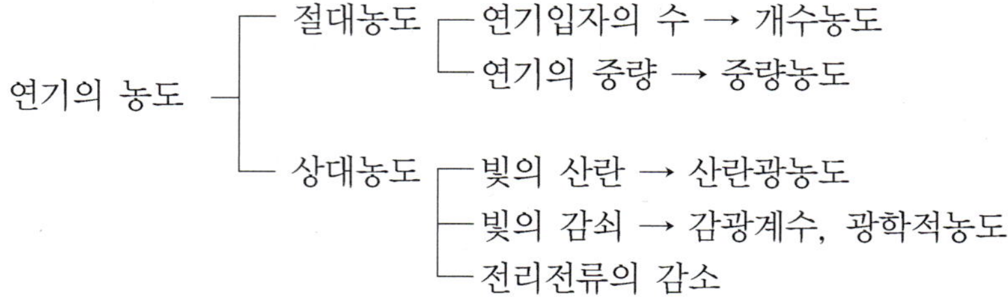

Ⅱ. 연기의 농도

1. 절대농도

(1) 개수농도 $= \dfrac{\text{연기입자의 개수}}{\text{단위체적}}$ [개/m³]

(2) 중량농도 $= \dfrac{\text{연기입자의 중량}}{\text{단위체적}}$ [g/m³]

※ 절대농도는 입자의 형상 · 크기 · 색과는 관계가 없다.

2. 상대농도

(1) 산란광농도

① 빛의 산란을 이용 즉, 빛이 연기입자에 부딪혀 산란하는 성질을 이용하여 연기의 농도를 표시하는 방법이다.

② 산란광의 강도는 입자의 크기·수에 비례한다.

(2) 감광계수

① 연기의 농도에 따른 투과량을 기준으로 계산한 농도이다.

② 시야상태를 문제로 하는 화재에 있어서 가장 적절한 농도 표시방법이다.

③ 연기의 농도와 감광량 사이에는 Lambert-Beer 법칙이 성립한다.

$$I = I_0 \cdot e^{-Cs \cdot l}$$

$$C_s = \frac{1}{l} ln(\frac{I_0}{I})$$

C_s : 감광계수[m^{-1}]

l : 연기층의 두께[m]

I : 연기가 있을 때의 빛의 세기[lux]

I_0 : 연기가 없을 때의 빛의 세기[lux]

(3) 광학적 농도(Optical density)

$$D = D_s \frac{AL}{V}$$

D : 광학적 농도
D_s : Specific optical density(무차원)
A : 시료의 표면적
L : 농도계의 광로 길이
V : 측정용기의 부피

문제3 연기의 밀도

Ⅰ. 개 요

1. 연기입자는 빛을 산란·흡수하여 광선의 강도를 감소시킴으로써 가시도를 저하시킨다.
2. 따라서 광선이 연기층을 통과할 때 광선의 강도가 감소되는 것을 이용하여 연기의 밀도를 측정할 수 있다.
3. 연기의 밀도는 광선차단성 또는 광학밀도로 표시한다.

Ⅱ. 연기의 밀도

1. 광선 차단성(Light obscuration, 암흑도)

(1) 연기에 의하여 빛이 차단되는 정도를 연기층 통과 시 감쇠된 양만큼의 빛의 강도의 입사광에 대한 비를 백분율로 나타낸 값이다.

$$S = 100\left(\frac{I_0 - I}{I_0}\right) = 100\left(1 - \frac{I}{I_0}\right)$$

S : 광선차단성(%)
I_0 : 입사광속의 강도
I : 연기를 통과한 후의 수광체가 받는 강도

(2) 빛이 연기층을 통과할 때 광속의 저감에 대한 측정을 의미한다.

2. 광학밀도(Optical density)

(1) 연기내의 고체나 액체의 광학적인 밀도를 나타낸다.

광학밀도 $D = \log_{10}\left(\frac{I_0}{I}\right) = -\log_{10}\left(\frac{I}{I_0}\right)$

(2) 광학밀도가 1.0이라는 것은 90%의 입사광의 90%가 차단되었음을 의미한다.

3. S와 D의 상호관계

$D = 2 - \log_{10}(100 - S)$

광선차단성=암흑도(%)	광학밀도(dB)
10	0.46
50	3.0
90	10
95	1.3
99	20

Ⅲ. 비광학밀도(Specific optical density)

1. 정 의

$$D_s = D \times \frac{V}{AL}$$

D_s : 비광학밀도
D : 광학밀도
V : 측정용기의 부피
A : 시료(샘플)의 면적
L : 빛의 통과경로의 길이

2. 비광학밀도의 응용
   (1) 다른 연소생성물들의 연기생성 잠재력 산출의 근거를 제시한다.
   (2) 연기가 건물의 다른 구획실이나 어떤 용적으로 팽창될 때 연기의 광학밀도를 측정할 수 있다.
3. 비광학밀도의 특성치는 사용된 샘플의 두께와 열적 노출조건 하에서의 어떤 생성물의 연기생성의 성질을 나타낸다.

문제4 연기의 단층화(Stratification)

Ⅰ. 정 의

1. 화재 시 발생한 고온의 연소생성물인 열, 연기가 부력에 의해 위로 상승하다 주위 공기에 의해 희석·냉각되어 천장까지 상승하지 못하고 중간에서 정체되는 현상
2. 연기의 단층화에 의해 감지기 작동 지연, 스프링클러헤드의 개방 지연 등이 발생한다.

Ⅱ. 발생원인

1. Fire plume에서 부력플럼의 상승력이 중력의 하방압력보다 작을 때 발생
2. 화재실의 층고가 화재 규모에 비해 너무 높을 때
3. 화재의 규모가 너무 작을 때

Ⅲ. 문제점

1. 감지기 동작 지연에 조기경보 실패, 피난 안전성 저해
2. 스프링클러헤드 감열 지연에 따른 초기소화 실패, 연소확대
3. 최악의 경우 감지기 동작 및 헤드 감열 불능

Ⅳ. 대 책

1. 신뢰도가 높은 고성능 감지시스템 구축

(1) 불꽃감지기 설치
(2) 공기흡입형 연기감지기(ASD) 설치
(3) 비디오 연기감지기(DVSD) 설치

2. 일제살수식 스프링클러 설치

(1) 감열 개방이 필요 없는 개방형 헤드를 설치
(2) K값이 큰 개방형 헤드를 설치하여 중력침투성을 키운다.

※ 감지기 및 스프링클러헤드 동작조건

$$q_{대류} > 0.352 \times H^{5/2} \times T_s^{3/2}$$

$q_{대류}$: 대류 전열량
H : 천장의 높이
T_s : 연기의 온도

문제5 연기의 피난한계농도

Ⅰ. 개 요

1. 화재 시 발생하는 인명피해는 대부분 연기에 의한 비열적손상인 질식사이며, 일부는 가시도 악화에 따른 피난시간 지체로 인한 열적손상에 의한 사망이다.
2. 따라서 하재 시 재실자가 안전하게 피난하기 위해서는 무엇 보다 연기에 대한 이해와 이를 제어하여 피난안전성을 확보하는 대책을 수립하는 것이 필요하다.

Ⅱ. 감광계수(C_s)

$$C_s = \frac{1}{l} ln(\frac{I_0}{I})$$

C_s : 감광계수[m^{-1}]
l : 연기층의 두께[m]
I : 연기가 있을 때의 빛의 세기[lux]
I_0 : 연기가 없을 때의 빛의 세기[lux]

Ⅲ. 가시거리(간파거리, L)

1. 정 의

전방의 목표물을 식별할 수 있는 거리

2. 가시거리(L)

(1) 반사판형 표지 및 문짝 : $L = \dfrac{2 \sim 4}{C_s}$

(2) 발광형 표지 및 주간의 창 : $L = \dfrac{5 \sim 10}{C_s}$

3. 한계가시거리(L_C)

(1) 건물 내부를 잘 알고 있는 사람(숙지자) : 5m(감광계수 0.3)
(2) 건물 내부를 잘 알지 못하는 사람(비숙지자) : 30m(감광계수 0.1)

Ⅳ. 감광계수와 가시거리와의 관계

1. 가시거리(L)와 감광계수(C_s)와의 관계

$$C_s \cdot L = const.(\text{일정})$$

2. 감광계수에 따른 가시거리의 변화

감광계수(m^{-1})	가시거리(m)	상 황
0.1	20~30	· 건물 내 비숙지자의 피난한계농도 · 연기감지기가 작동할 정도의 농도
0.3	5	· 건물 내 숙지자의 피난한계농도
0.5	3	· 어두컴컴함을 느낄 정도의 농도
1	1~2	· 거의 앞이 보이지 않을 정도의 농도
10	0.1~0.5	· 화재최성기 때의 연기농도
30	–	· 화재실에서 연기가 분출할 때의 연기농도

문제6 연기의 유해성

Ⅰ. 개 요

1. 화재 시 발생하는 인명피해는 대부분 연기에 의한 비열적손상인 질식사이며, 일부는 가시도 악화에 따른 피난시간 지연에 따른 열적손상에 의한 사망이다.
2. 따라서 하재 시 재실자가 안전하게 피난하기 위해서는 연기에 대한 정확한 이해와 이를 제어하여 피난안전성을 확보하는 대책이 필요하다.

Ⅱ. 화재 시 인간행동

1. 불안감에 의한 행동

→ 불안감은 화재 시 인간행동에 대하여 유익한 면과 불리한 면을 함께 가진다.

2. 공포심(Panic)에 의한 행동

Ⅲ. 연기가 인간행동에 미치는 영향

1. 가시도 저하

(1) 화재 시의 첫 번째 영향(열적 위협 前)은 가시도 저하다.

(2) 연기 중의 검댕, 타르성 응축성분

→ 빛을 감쇠 → 가시도 저하

(3) 한계가시거리(연기를 통해 물체를 인식할 수 있는 최대거리)

$$L_v = \frac{C_v}{C_s}$$

여기서, L_v : 한계가시거리

C_v : 물체조명도에 의존하는 계수, 1~4

C_s : 감광계수

2. 인체의 질식 및 손상

(1) 마취성 가스(질식)

① 종류 : CO, HCN, 높은 농도의 CO_2, 낮은 농도의 O_2

② 무의식 상태, 마취 상태 유발

③ 피난지연, 기절 초래

(2) 자극성 가스(손상)

① 종류 : HCl, HF, HBr, 아크롤레인, 포름알데히드 등

② 인체에 대한 자극, 손상

③ 기도 점막 손상

Ⅳ. 연기의 유해성

1. 시각적 유해성

(1) 연기에 의하여 가시도가 저하된다.

(2) 따라서 유도표지, 유도등에 의한 피난방향의 확인이 어렵게 된다.

(3) 그 결과 심리적 및 생리적인 피해의 영향으로 사상(死傷)하기에 이른다.

2. 심리적 유해성

(1) 연기를 보거나, 시각적 피해를 입게 되면

(2) 극도의 불안감과 공포심이 생겨서

(3) 이성적이며 자유로운 행동을 방해한다.

3. 생리적 유해성

(1) CO_2에 의한 중독

(2) 산소결핍에 의한 질식

(3) 연기입자에 의한 호흡장애

(4) 심신의 기능장애

문제7 Hot smoke test

Ⅰ. 개 요

1. 화재 시 발생하는 연기는 독성과 부식성이 있으며, 검댕을 포함하고 있으므로 화재실험 후 처리비용이 많이 든다.
2. 이러한 문제점을 극복하고 연기의 특성을 분석하기 위해 오염원, 독성, 검댕 등을 발생시키지 않는 Hot smoke test를 통해 연기의 온도, 이동경로 등에 관한 연구를 수행한다.

Ⅱ. Hot smoke test의 방법

1. 변성에틸알코올을 이용하는 방법
2. 인공연기발생기를 이용하는 방법

Ⅲ. Hot smoke test에 의한 연구 내용

1. Ceiling jet flow(천장제트흐름)의 온도분포

(1) 부력플럼은 화염으로부터의 열에너지 공급에 따른 부력의 영향으로 상승한다.

(2) 연기가 천장에 충돌한 후 반경방향으로 이동할 수 록 또한 아래로 하강할 수 록 공기유입 및 열전달에 의하여 온도가 낮아진다.

(3) Hot smoke test를 통하여 Ceiling jet flow의 온도분포를 알 수 있다.

① Ceiling jet flow의 두께 : 층고의 8~12%

② 최고온도 지점 : 층고의 1%

2. 연기의 축적 과정과 누출시간의 계산

(1) 연기는 상승한 후 천장으로부터 축적되어 개구부까지 하강하고 개구부를 통하여 다른 지역으로 확산된다.

(2) Ceiling jet가 수직벽을 만나면 벽제트(Wall jet)형식으로 하강하며 연기는 가장자리부터 충만하기 시작하여 중앙으로 확대되고, 시간경과에 따라 누출된다.

(3) Hot smoke test를 통하여 연기가 축적되는 과정과 연기가 누출되는 시간을 계산한다.

(4) Ceiling jet flow의 온도와 연기층의 높이는 계산식과 화재시뮬레이션 프로그램을 이용하여 계산이 가능하므로 실험결과와 비교분석이 가능하다.

3. 연기의 단층화 발생 유·무

Ⅳ. 맺음말

1. 화재 시 대부분의 인명피해는 연기의 독성 및 이동·확산에 의하여 발생한다. 또한 고온의 연소가스 흐름인 Ceiling jet flow에 의하여 감지기가 동작하고, 스프링클러헤드가 감열·개방된다.
2. 지금까지는 연기의 온도 및 이동성에 대한 연구 없이 법기준에 의하여 감지기, 스프링클러헤드, 제연설비 등을 설계하고 설치하였다.
3. 그러나 Hot smoke test를 통하여 연기층의 온도나 연기의 이동성 등을 파악하여 감지기나 스프링클러헤드를 선정 및 배치하고, 제연설비 등을 성능위주로 설계한다면 소방시스템의 신뢰성을 높일 수 있고, 화재로부터 인명과 재산을 보호할 수 있을 것이다.

문제8 연기의 이동·확산요인

Ⅰ. 개 요

1. 화재 시 발생하는 인명피해는 대부분 연기에 의한 비열적손상인 질식사이며, 일부는 가시도 악화에 따른 피난시간 지체로 인한 열적손상에 의한 사망이다.
2. 따라서 화재 시 재실자의 피난안전성과 연기에 의한 연소확대를 방지하기 위해서는 연기의 이동·확산에 영향을 미치는 요인을 이해하고, 이를 제어하여 화재안전성 및 피난안전성을 확보하기 위한 대책 수립이 필요하다.
3. 연기의 이동·확산 영향요인
   (1) 굴뚝효과(Stack effect, 연돌효과)
   (2) 부력(Buoyancy)
   (3) 팽창(Expansion)
   (4) 외부 바람에 의한 풍압효과(Wind effect)
   (5) 피스톤 효과(Piston effect)
   (6) 공기조화설비(HVAC system)에 의한 기류의 강제이동

※ 연기의 이동속도
   ① 수평방향 : 0.5~1m/s
   ② 수직방향 : 2~3m/s
   ③ 계단실 내 : 3~5m/s

Ⅱ. 굴뚝효과(Stack effect)

1. 정 의
   굴뚝효과(연돌효과)란 건물 내부의 수직공간(계단, 샤프트, 파이프 덕트 등)을 통하여 기류가 상승 또는 하강하는 현상
2. 건물의 내부와 외부의 온도차에 따른 압력차에 의해 발생한다.
   (1) 정상 굴뚝효과(Normal stack effect)
      - 건물 내부온도 > 외부온도 → 상승기류 발생
   (2) 역방향 굴뚝효과(Reverse stack effect)
      - 건물 내부온도 < 외부온도 → 하강기류 발생
   (3) 화재가 발생하면 건물 내부의 온도가 상승하므로 Normal stack effect가 발생하여 연기가 상층으로 상승하고 건물 전체로 이동·확산된다.

3. 굴뚝효과에 의한 압력차 계산식

$$\Delta P = K \times (\frac{1}{T_o} - \frac{1}{T_i}) \times h$$

여기서, ΔP : 압력차[Pa]
K : 상수(대기압 하에서는 3,460)
T_o : 건물 외부의 온도[K]
T_i : 건물 내부의 온도[K]
h : 중성대로부터의 높이

Ⅲ. 부력(Buoyancy)

1. 정 의

화재실의 온도가 상승하면 실내 기체의 부피가 팽창하고, 밀도가 작아져 천장쪽으로 상승하는 압력이 발생하는데 이를 부력이라 한다.

2. 화재실 천장에 개구부 등의 누설틈새가 있는 경우에는 부력에 의해 형성되는 압력으로 인하여 화재실에서 상층으로 연기가 이동·확산된다. 따라서 이를 방지하기 위해서는 건축적 대책인 층간 방화구획이 철저하게 설정되어야 한다.

3. 부력에 의한 압력차 계산식(굴뚝효과와 동일)

$$\Delta P = K \times (\frac{1}{T_o} - \frac{1}{T_i}) \times h$$

여기서, ΔP : 압력차[Pa]
K : 상수(대기압 하에서는 3,460)
T_o : 건물 외부의 온도[K]
T_i : 건물 내부의 온도[K]
h : 중성대로부터의 높이

Ⅳ. 팽창(Expansion)

1. 정 의

화재 시 발생하는 연소열에 의하여 화원 주위의 기체가 부피 팽창하고, 이로 인하여 연기가 이동·확산하는 현상

2. 개구부가 하나인 화재실의 경우는 외부의 공기가 화재실로 유입되고 동시에 고온의 연기가 화재실로부터 외부로 분출된다.

3. 팽창(Expansion)에 의해 이동하는 연기량 계산식

(1) 유동하는 기류에 비하여 가해지는 연료의 양을 무시할 수 있다면 다음 식이 성립한다.

(2) 계산식(보일-샤를의 법칙)

$$\frac{P_1 V_1}{T_1} = \frac{P_2 V_2}{T_2}$$

P_1 : 화재 발생 전 실의 압력[atm]
P_2 : 화재 발생 후 실의 압력[atm]
V_1 : 화재 발생 전 기체의 부피[m³]
V_2 : 화재 발생 후 기체의 부피[m³]
T_1 : 화재 발생 전 실의 온도[K]
T_2 : 화재 발생 후 실의 온도[K]

Ⅴ. 외부 바람에 의한 풍압효과(Wind effect)

1. 화재가 발생하여 화재실의 창문이 파손되는 경우 파손된 창문이 바람이 부는 방향을 향하고 있다면 외부의 바람은 건물 내부의 연기 이동에 큰 영향을 미칠 수 있으며, 바람에 의하여 형성된 압력은 매우 크기 때문에 건물 전체의 연기 이동·확산에 중요한 요인이 된다.
2. 바람(Wind)에 의한 풍압효과
   (1) 풍속은 지면으로부터의 높이에 따라 증가하기 때문에 바람에 의한 효과도 더욱 커진다.
   (2) 계산식

$$P_w = \frac{1}{2}(C_w \times \rho \times V^2)$$

여기서, P_w : 풍압(Pa)
C_w : 압력계수(0.5)
ρ : 외부 공기밀도(1.2kg/m³)
V : 풍속(m/sec)

3. 압력계수(Pressure coefficient)
   (1) −0.8 ~ +0.8의 범위에 있는 값
   (2) (+)는 바람에 면하여 창문이 있는 경우
   (3) (−)는 바람의 반대방향에 창문이 있는 경우

Ⅵ. 공기조화설비(HVAC system)에 의한 기류의 강제이동

1. 공기조화설비는 화재실의 연기를 다른 장소로 이동·확산시키는 역할을 한다.
2. 공기조화설비는 화재 초기에는 연기를 이동·확산시킴으로써 감지기가 화재를 조기에 감지하는데 도움을 준다. 하지만 화재가 확대됨에 따라 연기를 건물 전체로 이동·확산시키게 되어 이로 인하여 피난에 장애를 초래할 수 있으므로 화재 시에는 정지되어야 한다.

문제9 굴뚝효과(연돌효과, Stack effect)

Ⅰ. 개 요

1. 화재 시 발생하는 인명피해는 대부분 연기에 의한 비열적손상인 질식사이며, 일부는 가시도 악화에 따른 피난시간 지체로 인한 열적손상에 의한 사망이다.
2. 따라서 화재 시 재실자의 피난안전성과 연기에 의한 연소확대를 방지하기 위해서는 연기의 이동·확산에 영향을 미치는 요인을 이해하고, 이를 제어하여 화재안전성 및 피난안전성을 확보하기 위한 대책 수립이 필요하다.
3. 연기의 이동·확산에 영향요인
   (1) 굴뚝효과(Stack effect, 연돌효과)
   (2) 부력(Buoyancy)
   (3) 팽창(Expansion)
   (4) 외부 바람에 의한 풍압효과(Wind effect)
   (5) 피스톤 효과(Piston effect)
   (6) 공기조화설비(HVAC system)에 의한 기류의 강제이동
4. 정상상태 하에서 건물 내의 기류의 이동은 대부분 Stack effect에 의하여 일어난다.

Ⅱ. 굴뚝효과의 정의

1. 정 의

화재 시 건물 내부의 계단실, 승강기의 승강로와 같은 수직공간 내의 온도와 밖의 온도가 서로 차이가 있을 경우 부력(Buoyancy)에 의한 압력차가 발생하여 연기가 수직공간으로 상승하거나 하강하는 현상

2. 이동 방향에 따른 구분

Stack effect : 최하층에서 최상층으로의 강한 통기력(수직방향)
Draft effect : 비화재실에서 화재실로의 강한 통기력(수평방향)

Ⅲ. 굴뚝효과 영향인자

1. 건물의 높이
2. 외벽의 기밀성
3. 건물의 층간 공기 누출
4. 건물내·외 온도차

Ⅳ. 굴뚝효과에 의한 기류이동

1. 이론적인 자연통기력(Natural draft)은 다음 식으로 나타낸다.

$$\Delta P = K \times (\frac{1}{T_o} - \frac{1}{T_i}) \times h$$

여기서, ΔP : 압력차[Pa]
K : 상수(대기압 하에서는 3,460)
T_o : 건물 외부의 온도[K]
T_i : 건물 내부의 온도[K]
h : 중성대로부터의 높이

2. 따라서 건물 내의 기류이동은 이러한 자연통기력 또는 연돌효과에 의하여 발생한다.
   (1) $T_o < T_i$: 공기는 수직으로 상승한다(→ 정상 연돌효과)
   (2) $T_o = T_i$: 자연기류의 이동이 없다.
   (3) $T_o > T_i$: 공기는 수직으로 하강한다(→ 역방향 연돌효과)

Ⅴ. 상승기류

1. 대규모 건축물인 경우 건물 내부의 저층부에서 화재가 발생했을 때 수직공간의 굴뚝효과에 의해 연기가 상층으로 이동·확산된다.
2. 이 경우 건물의 중성대 아래쪽은 수직공간 내로 유입만이 가능하므로 수평방향으로의 연기확산은 거의 없다.
3. 반면 중성대 위쪽은 수직공간 외부로 분출되려는 경향이 크기 때문에 연기가 수평으로 확산되는데 상층으로 갈수록 그런 경향이 더욱 커져 상층부터 연기가 충만되어 하강한다.

Ⅵ. 방지대책

1. 건축적인 대책

(1) 층간 방화구획으로 각 층을 분리한다.
(2) 계단실, 승강기, 전실, 개구부 등은 갑종방화문 및 방화셔터로 구획한다.
(3) 층간 개구부는 불연재료를 사용하여 기밀을 유지한다.
(4) 방화·방연댐퍼 등으로 상승기류를 차단한다.
(5) 건물 출입구에 방풍실을 설치하여 외부공기 유입을 차단한다.
(6) 건물의 기밀성을 향상시킨다.

2. 소방대책(설비적 대책)

(1) 제연설비 대책

계단실, 부속실, 비상용승강기 승강장 등을 급기가압 하여 수직공간 내로 연기유입을 차단한다.

(2) 소화설비 대책

① 소화기, 옥내소화전 등으로 초기에 화재를 진압한다.

② 연소확대 시 스프링클러설비 등으로 화재를 제어 및 진압한다.

문제10 Piston effect(피스톤 효과)

Ⅰ. 개 요

1. 승강기의 승강로(Elevator shaft)를 통한 연기의 이동·확산으로 대규모 호텔 화재 시 화재층에서 상당히 멀리 떨어진 상층부에서 인명피해 사례가 발생하고 있다.
2. Elevator shaft에 대한 연기제어를 통하여 상층부로의 연기이동을 막기 위해서는 승강기(Elevator car)의 이동에 따른 Piston effect를 고려하여야 한다.

Ⅱ. Piston Effect(피스톤효과)

1. 정 의

Elevator shaft와 같이 밀폐 상태에 가까운 공간 내에서 승강기가 빠른 속도로 운전될 때 승강기의 전방과 후방에 전이압력이 발생하는데 이를 피스톤효과(Piston effect)라고 한다.

2. Piston effect에 의한 연기의 이동

(1) 승강기가 움직이고 있을 때 승강기의 후방부분은 피스톤작용에 의해 부압(−)이 발생하여 연기가 전실 또는 복도로 유입되거나 유동한다.

(2) 승강기의 전방부분은 피스톤작용에 의해 양압(+)이 발생되므로 화재실의 연기가 다른 구역으로 빠르게 확산되는 연기의 유동이 발생한다.

Ⅲ. 피스톤효과의 분석

1. Klote와 Tamura는 그들이 공동 발표한 'Elevator piston effect and the smoke problem' 에서 승강기의 운행으로 발생되는 차압을 다음 식으로 나타내고 있다.
2. 피스톤효과에 의한 최대차압

① $(\delta P_{li})_u = \dfrac{\rho}{2}\left[\dfrac{A_s}{A_f}\dfrac{A_e}{A_{li}}\dfrac{V}{C_c}\right]^2$

$(\delta P_{li})_u$: 승강기의 운행으로 발생하는 최대차압

ρ : 승강로(Shaft) 내의 공기밀도

A_s : 승강로의 단면적

A_e : 승강로와 외부 사이의 층당 유효유동면적

② $A_e = (\frac{1}{A_{sl}^2} + \frac{1}{A_{io}^2})^{-\frac{1}{2}}$

A_{sl} : 승강로와 승강장 사이의 누설면적
A_{io} : 옥내와 외부 사이의 누설면적
V : 승강기의 속도
A_f : 승강로 내부 Car 주변의 자유유동면적
A_{li} : 승강장과 옥내 사이의 누설면적
C_c : 승강기 주변의 흐름계수(무차원)
복수 승강기용 승강로 : $C_c ≒ 0.94$
단수 승강기용 승강로 : $C_c ≒ 0.83$

3. 보통 단독의 승강로에서 고속 승강기가 운행하는 경우에는 피스톤효과가 심각하지만, 두 대용의 승강로에서는 피스톤효과가 현격히 작아져 큰 문제가 되지 않는다.
4. 아파트나 비상용 승강기의 경우에는 대개 고속이 아니지만 단독 승강로가 많으므로 피스톤효과가 크다.
5. 고층 또는 초고층 건축물의 승강기는 고속으로 운행되기 때문에 승강기의 속도 증가에 따라 피스톤효과도 증가하여 연기의 이동·확산에 더욱 큰 영향을 미친다. 따라서 이에 따른 정확한 대책이 필요하다.

문제11 연기제어 방법

Ⅰ. 개 요

1. 연기의 확산 요인(NFPA 92A)

(1) 화재 시의 온도효과(부력, 열팽창)
(2) 굴뚝효과(Stack Effect)
(3) 기후조건(바람, 외기온도)
(4) 공조설비 등의 영향(AHU, 덕트)

2. 연기제어의 기본방법

(1) 차단(Confinement)
(2) 배기(Exhaust)
(3) 희석(Dilution)

※ 보통 이 3가지를 조합하여 적용한다.

Ⅱ. 연기제어 방법

1. 차단(Confinement)

(1) 출입문, 벽 또는 댐퍼와 같은 물리적인 차단물을 설치한다.
(2) 방호장소와 연기가 있는 장소 사이의 압력차를 이용한다.

2. 배기(Exhaust)

(1) 고층건물이나 지하구조물에서 효과적으로 배기를 하려면 연기의 유동통로와 유동력이 필요하며 이 유동력은 압력차를 이용한다.
(2) 스모크샤프트(Smoke shaft)
① 공기를 옥외로 배출시키는 통로의 하나로서 건물 밑에서 지붕 꼭대기까지 수직으로 관통한다.
② 샤프트에는 매 층마다 댐퍼를 두어 화재가 발생할 때까지 폐쇄 상태를 유지한다.

3. 희석(Dilution)

(1) 건물 내의 연기를 외부로 배출하여 연기나 연소생성물을 위험수준 이하로 희석한다.
(2) 인간은 피난처로 대피하는 동안의 짧은 시간동안은 2~3%의 연기에 견딜 수 있다.

III. NFPA의 연기제어 방법

1. Smoke barrier 설치

연기 차단벽 또는 문을 설치하여 연기 이동을 제어하는 방법이다.

2. 가압(Pressurization)

연기차단벽에 의하여 분리된 보호공간을 가압하여 연기유입을 차단하는 방법이다.(압력차는 12.4Pa을 유지한다)

3. 공기흐름에 의한 제어

화재실과 보호공간의 공기흐름을 반대로 하여 개구부를 통한 연기유입을 차단하는 방법이다.

4. 강제배연

배기Fan을 이용하여 연기를 건물외부로 배출시키는 방법이다.

5. 자연배연

공간 상부에 배연창 등을 설치하여 축연 후에 배연시키는 방법이다.

문제12 연기제어 시스템

Ⅰ. 개 요

1. 연기제어(Smoke control)

(1) 연기의 이동방법에 대한 변경을 단독 또는 복합적으로 행하는 것
(2) 재실자의 피난과 소방대의 소화활동을 도움으로써 인명·재산손실을 감소시킨다.

2. 연기제어의 기본요소

(1) 공기흐름 : 공기의 유속을 이용한다.
(2) 가압 : 압력차를 이용한다.

3. 연기제어의 기본방식

(1) 방연 : 연기의 확산 및 침입 방지
(2) 배연 : 연기의 배출 및 농도 희석

Ⅱ. 연기제어시스템

1. 구획화에 의한 제연

(1) 공간을 불연성 재료의 벽과 바닥으로 구획하여 연기의 확산·유입을 방지하는 연기제어의 기본이 되는 방식으로 신뢰성이 높은 방식이다.
(2) 평면적인 구획이나 덕트 등의 수직관통부 구획, 층별 구획을 충분히 행하면 연기확산 방지효과는 크다. 특히, 화재 초기의 화재실 온도가 낮을 때는 매우 유리하다.
(3) 그러나 구획 구성을 위한 사용상의 제약도 많고, 상시 개방형의 문이나 셔터를 사용하는 경우도 있으므로 구획만으로는 연기를 완전히 제어하기가 어렵다,

2. 배 연

(1) 연기 자체를 제어하여 연기의 강하나 확산을 방지하고 연기농도를 낮추는 방식이다.
(2) 이 방법은 주방 등의 연소기에서 발생하는 연소가스를 제어하는 방식과 같으며 유효하게 하기 위해서는 충분한 깊이의 연기층이 형성되도록 연기의 체류가 필요하고 연기층이 엷은 상황에서는 하부의 공기를 흡입하면 배연효과가 감소한다.
(3) 또한 배연구에 따라 상부로 상승해 버린 연기를 흡입하기 곤란하게 되므로 원칙적으로 배연구는 공간의 최상부에 설치하는 것이 바람직하다.

3. 차 연

(1) 2개의 실 사이에 온도차가 있으면, 양실 간에는 차압이 생겨 실 사이의 개구부에서는 자연대류에 의하여 실 상호에 공기의 출입이 있다.
(2) 다만, 이 자연대류에 저항하기 위한 차압을 강제로 부여하면 기류는 압력이 높은 실에서 낮은 실로 흐르게 된다.
(3) 이와 같이 실내에 소요차압을 부여하여 개구부나 틈새를 사이에 두고 연기의 침투·확산을 방지하는 것을 차연이라 한다.
(4) 특별피난계단의 부속실이나 비상용승강기 승강장에 설치되는 가압방식은 이 개념을 도입한 것이다.

4. 연기의 강하(降下) 방지

(1) 실의 상부에 연기가 체류되어 연기가 거주지역이나 인접한 실과의 사이의 개구부까지 강하하지 않으면 연기의 확산은 방지되고 피난장애도 없게 된다.
(2) 이 방법은 연기층이 명확하게 형성되는 것이 조건이며, 연기층이 흩어질 때에는 성립되지 않는다.
(3) 따라서 배연구를 공간 최상부에 설치함과 동시에 급기구를 하부에 설치하여 급기구에서의 유입공기가 확실하게 하부 공기층으로 공급되게 하여야 한다.
(4) 급기가 연기층으로 유입되면 연기량을 증대시키거나 연기층을 흩어지게 하는 원인이 된다.
(5) 천장이 높은 아트리움이나 극장 등에서 유효하다.

5. 희 석

(1) 연기가 어느 정도 존재하여도 그 농도가 낮아 피난이나 소화활동에 지장이 없는 수준으로 유지된다면 연기제어의 목적이 달성되므로 연기농도를 낮게 제어하는 방법이다.
(2) 즉, 건물 내의 연기를 계속하여 외부로 배출함으로써 연기나 연소생성물을 위험수준 이하로 희석한다.
(3) 인간은 피난처로 대피하는 동안의 짧은 시간 내에는 2~3%의 연기에서도 견딜 수 있다.

6. 축 연

(1) 공간의 용적이 대단히 크고 천장높이가 충분히 높은 경우, 연기의 강하방지를 적극적으로 행하지 않고 공간 내부에 연기를 모으는 것만으로도 피난에 지장이 없을 수가 있다.
(2) 다만, 이 경우 화재가 어느 정도 지속되면 서서히 연기는 바닥면까지 계속 강하하므로 내부 인원의 피난시간과 연기의 강하 상황 등을 평가해 둘 필요가 있다.

문제13 배연설비 & 제연설비

Ⅰ. 개 요

1. 제연설비란 화재로 인한 연기 확산 시 건물 내 피난자의 안전한 피난과 소화활동공간을 마련할 수 있도록 청결층(Clear layer)을 확보하고자 인위적으로 연기제어 조건을 계획하고 적용하는 설비를 말한다.
2. 제연설비는 소방법상 소화활동설비로 분류하지만 피난설비의 성격도 갖고 있다.
3. 국내의 경우 건축법에서는 배연설비를 소방법에서는 제연설비를 규정하고 있다.

Ⅱ. 배연과 제연의 개념적 차이

1. 배연(排煙)

단순히 연기 배출만을 의미하며, 급기가압이나 급·배기 개념은 부족하다.

2. 제연(制御)

(1) 연기제어의 개념(Smoke control)이다.

(2) "방연+배연"을 의미한다.

Ⅲ. 건축법과 소방법의 차이점

	건축법	소방법
1. 설비명칭	배연설비	제연설비
2. 제연방식	① 6층 이상의 건축물로서 문화 및 집회시설 등의 거실 → 자연배연방식 ② 특별피난계단 부속실 및 비상용승강기의 승강장 → 자연배연방식 또는 급배기방식	① 거실 제연설비 → 급배기방식 ② 특별피난계단 계단실 및 부속실 → 급기가압방식 ③ 비상용승강기 승강장 또는 승강로 → 급기가압방식
3. 설치대상	① 건축법시행령 제51조제2항에서 정하는 건축물의 거실(피난층의 거실은 제외) ② 특별피난계단 및 비상용승강기의 승강장	① 문화 및 집회시설, 종교시설, 운동시설로서 무대부의 바닥면적이 200㎡ 이상 또는 문화 및 집회시설 중 영화상영관으로서 수용인원이 100명 이상인 것

	건축법	소방법
3. 설치대상		② 지하층이나 무창층에 설치된 근린생활시설, 판매시설, 운수시설, 숙박시설, 위락시설, 의료시설, 노유자시설 또는 창고시설(물류터미널만 해당한다)로서 해당 용도로 사용되는 바닥면적의 합계가 1000㎡ 이상인 층 ③ 운수시설 중 시외버스정류장, 철도 및 도시철도 시설, 공항시설 및 항만시설의 대합실 또는 휴게시설로서 지하층 또는 무창층의 바닥면적이 1000㎡ 이상인 것 ④ 지하가(터널은 제외한다)로서 연면적 1000㎡ 이상인 것 ⑤ 지하가 중 예상 교통량, 경사도 등 터널의 특성을 고려하여 행정안전부령으로 정하는 터널 ⑥ 특정소방대상물(갓복도형 아파트는 제외한다)에 부설된 특별피난계단, 비상용 승강기의 승강장 또는 피난용 승강기의 승강장

문제14 건축법상의 배연설비

Ⅰ. 개 요

1. 배연설비(배연창)는 화재 시 화재구역을 설정하여 배연함으로써 연기의 수평 및 수직 이동을 방지하여 인명의 안전한 대피 및 연기에 의한 화재의 확대를 방지하기 위한 설비이다.
2. 배연창에 의한 제연방법은 자연환기에 의하여 연기를 외부로 배출하는 방식이다. 연기는 온도의 상승에 의하여 체적이 팽창하고 연기를 외부로 배출하지 않을 경우는 그 팽창압력에 의해 복도나 타 거실로 확산되어 인명손실을 촉진시킨다.

Ⅱ. 설치대상

다음 각 호의 어느 하나에 해당하는 건축물의 거실(피난층의 거실은 제외한다)에는 배연설비를 해야 한다.

1. 6층 이상인 건축물로서 다음 각 목의 어느 하나에 해당하는 용도로 쓰는 건축물

가. 제2종 근린생활시설 중 공연장, 종교집회장, 인터넷컴퓨터게임시설제공업소 및 다중생활시설(공연장, 종교집회장 및 인터넷컴퓨터게임시설제공업소는 해당 용도로 쓰는 바닥면적의 합계가 각각 300제곱미터 이상인 경우만 해당한다)
나. 문화 및 집회시설
다. 종교시설
라. 판매시설
마. 운수시설
바. 의료시설(요양병원 및 정신병원은 제외한다)
사. 교육연구시설 중 연구소
아. 노유자시설 중 아동 관련 시설, 노인복지시설(노인요양시설은 제외한다)
자. 수련시설 중 유스호스텔
차. 운동시설
카. 업무시설
타. 숙박시설
파. 위락시설
하. 관광휴게시설
거. 장례시설

2. 다음 각 목의 어느 하나에 해당하는 용도로 쓰는 건축물
   가. 의료시설 중 요양병원 및 정신병원
   나. 노유자시설 중 노인요양시설·장애인 거주시설 및 장애인 의료재활시설
   다. 제1종 근린생활시설 중 산후조리원

Ⅲ. 배연설비(배연창) 설치기준

1. 건축물이 방화구획으로 구획된 경우에는 그 구획마다 1개소 이상의 배연창을 설치하되, 배연창의 상변과 천장 또는 반자로부터 수직거리가 0.9미터 이내일 것. 다만, 반자높이가 바닥으로부터 3미터 이상인 경우에는 배연창의 하변이 바닥으로부터 2.1미터 이상의 위치에 놓이도록 설치하여야 한다.
2. 배연창의 유효면적은 별표 2의 산정기준에 의하여 산정된 면적이 1제곱미터 이상으로서 그 면적의 합계가 당해 건축물의 바닥면적(방화구획이 설치된 경우에는 그 구획된 부분의 바닥면적을 말한다)의 100분의 1이상일 것. 이 경우 바닥면적의 산정에 있어서 거실바닥면적의 20분의 1 이상으로 환기창을 설치한 거실의 면적은 이에 산입하지 아니한다.
3. 배연구는 연기감지기 또는 열감지기에 의하여 자동으로 열 수 있는 구조로 하되, 손으로도 열고 닫을 수 있도록 할 것
4. 배연구는 예비전원에 의하여 열 수 있도록 할 것
5. 기계식 배연설비를 하는 경우에는 제1호 내지 제4호의 규정에 불구하고 소방관계법령의 규정에 적합하도록 할 것

Ⅳ. 특별피난계단 및 비상용승강기의 승강장에 설치하는 배연설비의 구조

1. 배연구 및 배연풍도는 불연재료로 하고, 화재가 발생한 경우 원활하게 배연시킬 수 있는 규모로서 외기 또는 평상시에 사용하지 아니하는 굴뚝에 연결할 것
2. 배연구에 설치하는 수동개방장치 또는 자동개방장치(열감지기 또는 연기감지기에 의한 것을 말한다)는 손으로도 열고 닫을 수 있도록 할 것
3. 배연구는 평상시에는 닫힌 상태를 유지하고, 연 경우에는 배연에 의한 기류로 인하여 닫히지 아니하도록 할 것
4. 배연구가 외기에 접하지 아니하는 경우에는 배연기를 설치할 것
5. 배연기는 배연구의 열림에 따라 자동적으로 작동하고, 충분한 공기배출 또는 가압능력이 있을 것
6. 배연기에는 예비전원을 설치할 것
7. 공기유입방식을 급기가압방식 또는 급·배기방식으로 하는 경우에는 제1호 내지 제6호의 규정에 불구하고 소방관계법령의 규정에 적합하게 할 것

V. 배연창의 원리

1. 배연을 하게 되는 자연적인 힘은 연기의 비중차에 의한 상향유동특성과 팽창력이라고 할 수 있다.
2. 화재실을 밀폐하게 되면 연기의 체적 팽창력이 발생하고 대기압과의 차에 의하여 연기는 외부로 방출하게 된다.
3. 연기의 유출량은 연기의 팽창압력과 배연창의 면적에 비례하게 된다.

   $\Delta P=$ 내·외부압력차 $=\lambda\frac{L}{D}\frac{v^2}{2g}\gamma=\lambda\frac{L}{D}\frac{\gamma}{2g}(\frac{Q}{A})^2$
4. 따라서 배연창에 의한 제연은 밀폐상태를 조건으로 하여야 한다.

VI. 배연창의 종류 및 유효면적 산정기준

1. 미서기창 : H×ℓ

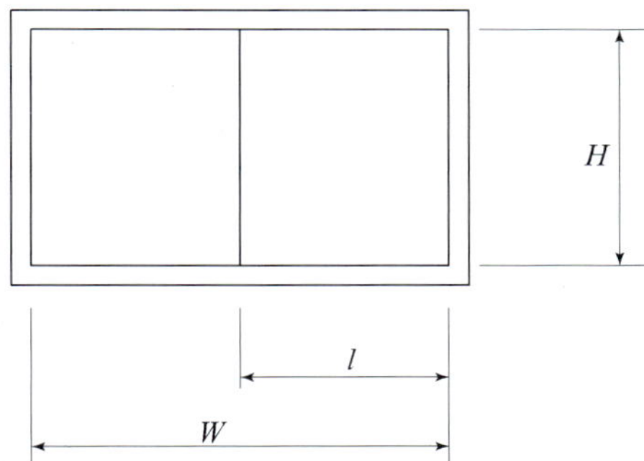

ℓ : 미서기창의 유효폭
H : 창의 유효 높이
W : 창문의 폭

2. Pivot 종축창 : H×ℓ'/2×2

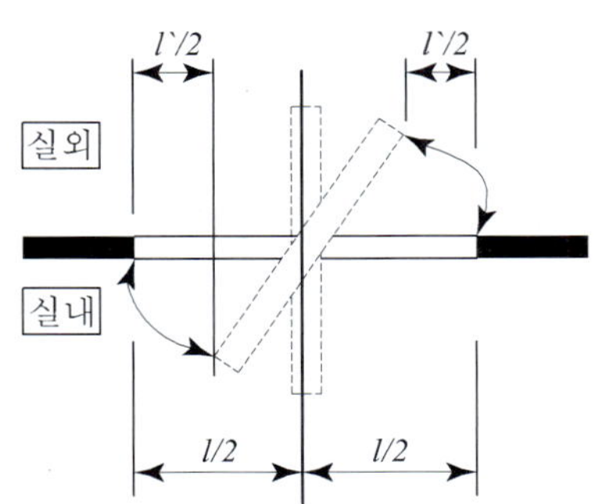

H : 창의 유효 높이
ℓ : 90° 회전 시 창호와 직각방향으로 개방된 수평거리
ℓ' : 90° 미만 0° 초과 시 창호와 직각방향으로 개방된 수평거리

3. Pivot 횡축창:(W×ℓ 1)+(W×ℓ 2)

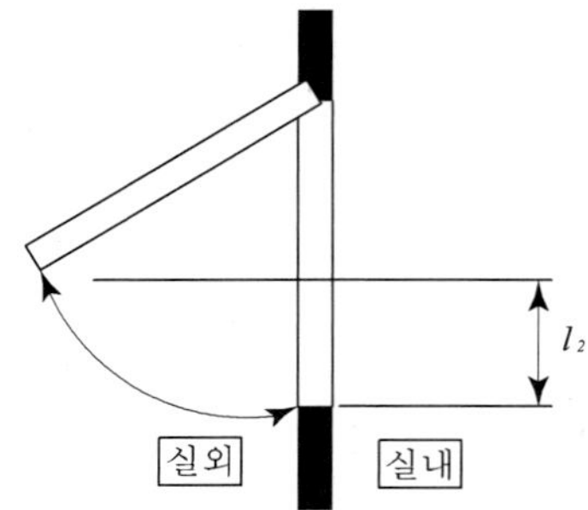

W : 창의 폭

ℓ 1 : 실내측으로 열린 상부창호의 길이방향으로 평행하게 개방된 순거리

ℓ 2 : 실외측으로 열린 하부창호로서 창틀과 평행하게 개방된 순수 수평투영거리

4. 들창 : W×ℓ 2

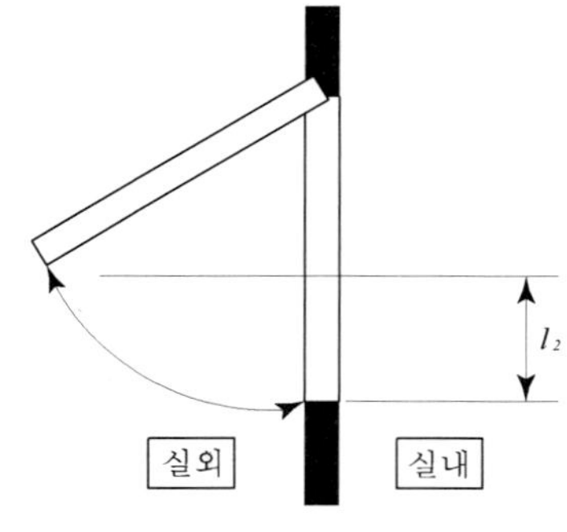

H : 창의 폭

ℓ 2 : 창틀과 평행하게 개방된 순수 수평투명면적

5. 미들창 : 창이 실외측으로 열리는 경우:W×ℓ

창이 실내측으로 열리는 경우:W×ℓ 1

(단, 창이 천장(반자)에 근접하는 경우:W×ℓ 2)

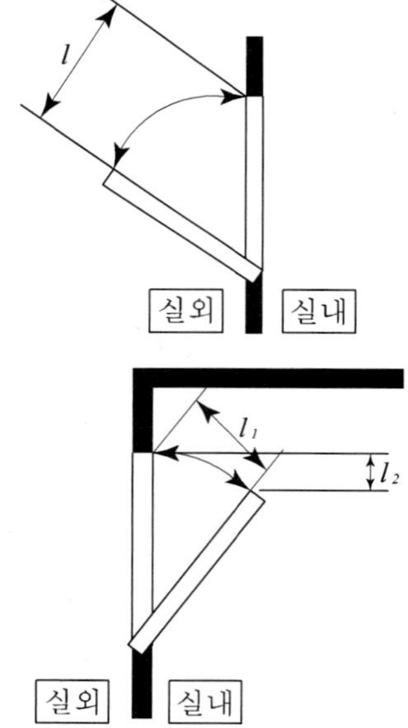

W : 창의 폭

ℓ : 실외측으로 열린 상부창호의 길이방향으로 평행하게 개방된 순거리

ℓ 1 : 실내측으로 열린 상호창호의 길이방향으로 개방된 순거리

ℓ 2 : 창틀과 평행하게 개방된 순수수평투영면적

* 창이 천장(또는 반자)에 근접된 경우 창의 상단에서 천장면까지의 거리 ≤ℓ 1

문제15 송풍기

Ⅰ. 개 요

1. 유체를 이송하는 기계장치는 크게 펌프와 송풍기로 구분할 수 있다. 펌프는 액체를 이송하는 반면 송풍기는 기체를 이송하며 그 원리는 펌프와 동일하다.
2. 송풍기는 Impeller의 회전운동에 의하여 공기에 에너지를 부여함으로써 풍량과 압력을 얻는 유체 이송장치이다.

Ⅱ. 사용압력에 의한 분류

1. Fan : 0.01MPa 미만
2. Blower : 0.01MPa 이상 ~ 0.1MPa 미만
3. Compressor : 0.1MPa 이상

Ⅲ. 송풍기의 종류

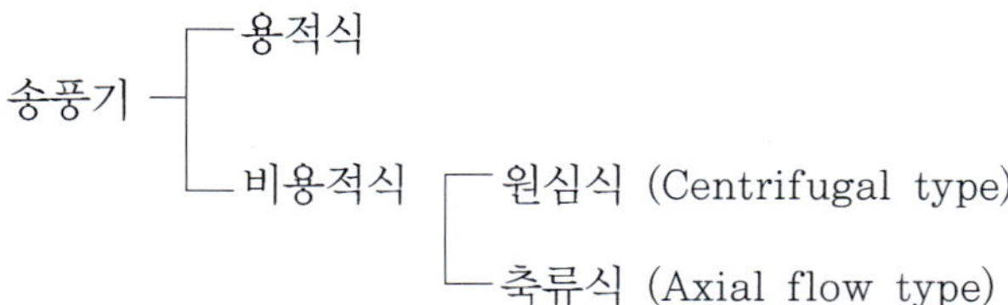

1. 용적식 송풍기

왕복펌프와 같이 특수한 형태의 Rotor 또는 Piston으로 일정한 용적(체적)내에 기체를 흡입하여 흡입된 기체의 체적을 축소시킴으로써 압력을 높이는 방식의 송풍기이다.

2. 비용적식 송풍기

<table>
<tr><th></th><th colspan="2">원심식</th><th>축류식</th></tr>
<tr><td>원 리</td><td colspan="2">임펠러의 회전에 의한 원심력으로 기체에 에너지를 주는 방식</td><td>임펠러가 회전함으로써 발생하는 날개의 양력에 의하여 기체에 에너지를 주는 방식</td></tr>
<tr><td>공기흐름방향</td><td colspan="2">날개(vane)의 지름방향</td><td>날개의 축방향</td></tr>
<tr><td rowspan="2">종 류</td><td>전곡형</td><td>· Multi blade Fan</td><td rowspan="2">· Propeller형
· Tube형
· Vane형
· Duct in line형</td></tr>
<tr><td>후곡형</td><td>· Turbo Fan
· Limit load Fan
· Airfoil Fan</td></tr>
</table>

문제16 원심식 송풍기의 종류

Ⅰ. 원심식 송풍기의 날개방향

	전곡형	후곡형	방사형
날개방향	날개의 끝부분이 회전하는 방향으로 구부러진 구조	날개의 끝부분이 회전 반대방향으로 구부러진 구조	날개 끝의 각도가 90° 인 방사형의 평판 구조
특 징	· 대풍량에 적합하다. · 효율이 낮다. · 고속회전에는 불리하다.	· 효율이 높다. · 소음이 작다(고속에도 정숙운전이 가능)	· 소음이 심하다.

Ⅱ. 원심식 송풍기의 종류

1. 다익형 송풍기(Multi blade fan)

(1) 일명 Sirocco fan(상품명)이라 한다.
(2) 소방용 제연설비에서 급·배기용으로 가장 많이 사용한다.

2. Turbo fan

(1) 풍압 100~250mmAq 이하에서 다량의 공기 또는 가스를 취급하는데 가장 적합하다.
(2) 원심식 중 가장 크고, 효율도 가장 높으며, 내구성도 좋아 적용범위가 넓다.

3. Limit load fan

(1) 날개가 S자의 형상이고, 케이싱 흡입구에 프로펠러형 안내깃이 고정되어 있다.
(2) 정압이 100~150mmAq 정도로 대풍량일 때 사용한다.

4. Airfoil fan

(1) 운전특성은 터보형과 유사하다.
(2) 효율이 높고, 소음이 작다.
(3) 소방용 제연설비에서 대풍량이 필요한 급기용으로 많이 사용한다.

문제17 다익형 송풍기(Sirocco fan)

Ⅰ. 개 요

다익형 송풍기(Multi blade fan)는 일명 Sirocco fan이라고도 하며 제연설비에서 가장 많이 사용한다.

Ⅱ. 특 징

1. 날개수가 많으며 날개폭이 좁고 앞보기형(전곡형) 날개이다.
2. 낮은 속도에서 운전되며, 낮은 압력에서 대풍량이 요구될 때 사용한다.
3. 운전영역 중 정압이 최대인 점에서 효율이 최대가 되며, 최대 정압효율은 60~68% 정도이다.
4. 일정한 회전수에서는 풍량의 증가에 따라 소요동력이 점차 증가한다.
5. 일반적으로 공기조화 및 환기용으로 사용한다.

Ⅲ. 장·단점

1. 장 점

(1) 정상 운전영역이 정격 풍량의 30~80%로서 넓은 범위에서 운전이 가능하다.
(2) 특성곡선 상 풍량 변동에 대한 정압곡선이 다른 송풍기에 비하여 완만하다.
(3) 동일한 풍량과 압력에 대하여 Impeller의 크기가 작기 때문에 설치공간을 최소화할 수 있다.
(4) 제작비가 저렴하여 경제성이 높다.

2. 단 점

(1) Vane(깃)의 형태와 구조적인 취약점으로 인하여 공정에 사용하는 물질 이동용으로는 적합하지 않다.
(2) 소형으로 대풍량을 취급할 수 있지만 고속회전에 적합하지 않기 때문에 높은 압력은 발생할 수 없다.(최대정압은 100~125mmAq이며 보통 70~80mmAq 정도)
(3) 다른 종류에 비하여 소음이 크며 효율이 낮은 편이다.

Ⅳ. 특성곡선

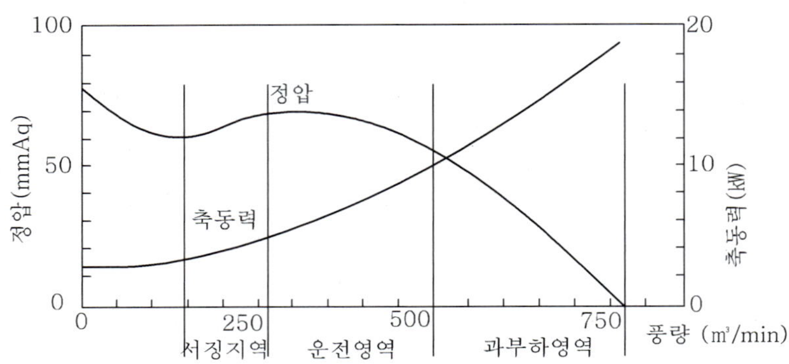

1. 압력곡선

(1) 풍량 "0"의 위치에서 최대압력이 된다.

(2) 풍량 증가에 따라 압력이 감소되어 골짜기가 되었다가 풍량이 계속 증가하면 압력이 상승하여 정점을 이룬 후 다시 하강한다.

2. 동력곡선

(1) 풍량 "0"의 위치에서 최소동력이 된다.

(2) 풍량 증가와 함께 동력이 급속하게 증가한다.

(3) 따라서 Motor 출력산정 시 여유율을 고려하여야 한다.

3. Axial fan에 비하여 풍량 변화에 따른 풍압변화가 작기 때문에 병렬운전에는 부적합하다.

문제18 축류식 송풍기(Axial fan)

Ⅰ. 개 요

1. 축류식 송풍기(Axial fan)는 정압은 낮지만 대풍량이 필요한 경우에 적합하며 효율이 높다.
2. 주로 정압 10~150mmAq 이하에서 다량의 공기 또는 가스를 취급하는데 사용한다.

Ⅱ. 특 징

1. 대풍량이며 구조가 간단하다.
2. 소형이고 경량이며, 배관이 용이하고 운전이 원활하다.
3. 소음이 매우 심하다.
4. Impeller는 프로펠러형으로 구성되며, 깃(Blade)은 익형(翼型)이다.

Ⅲ. 종 류

Casing의 형상, 안내날개, Diffuser의 유무에 따라 다음과 같이 구분한다.

1. Propeller형

(1) 튜브(Tube)가 없다.
(2) 축류식 중에서 구조가 가장 간단하다.
(3) 낮은 압력하에서 대풍량을 이송할 때 적용한다.
(4) 실내 환기용, 냉갑탑 등에서 사용한다.

2. Tube형

(1) 효율 및 압력을 향상시키기 위하여 Impeller가 Tube 안에 설치되어 있다.
(2) 정상운전 영역에서는 축동력, 정압, 정압효율의 최대점이 일치한다.

3. Vane형

(1) Tube형 송풍기에 Guide vane(안내깃)을 부착하여 효율 및 압력을 더욱 향상시킨 것이다.
(2) 이로 인하여 효율이 높고 더 높은 압력을 발생시킨다.

4. Duct in-line형

(1) 덕트에 삽입하여 사용하며 좁은 장소에도 설치가 가능하다.
(2) 풍속을 줄여 소음방지가 우수하며 설치 및 이동이 용이하다.
(3) V-belt방식과 Motor 직결방식으로 구분된다.

V-belt 방식	Motor 직결방식
① Motor는 덕트 외부에 설치하고 Fan을 덕트 내부에 설치한 후 V-belt를 이용하여 Fan을 동작시킨다. ② 대형 덕트에 사용할 수 있다. ③ Motor의 동작상태를 확인할 수 있다. ④ 유지관리 및 보수가 용이하다. ⑤ V-belt가 파손되면 Fan의 기능이 상실된다.	① Motor와 Fan을 덕트 내부에 같이 설치하며 Motor의 축에 의하여 동작한다. ② 대형 덕트에는 적합하지 않다. ③ Motor 고장 시 수리 및 유지관리가 매우 불편하다.

Ⅳ. 특성곡선

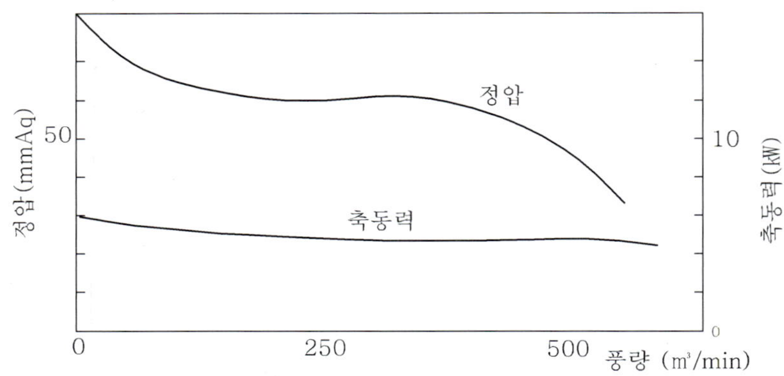

1. 풍압 변화에 따른 축동력의 변화가 매우 완만하다.
2. 동력은 풍량이 “0”일 때 최대가 된다.

문제19 송풍기의 동력

Ⅰ. 송풍기의 운전특성

1. 송풍기의 설계 풍량 · 전압이 실제운전 시의 풍량 · 전압과 다를 수 있으며, 이 경우 송풍기의 회전수를 변경하여 필요로 하는 풍량이나 전압으로 조정할 수 있다.
2. 한 대의 송풍기를 다른 속도에서 운전할 경우 회전수(N) 변화에 따른 풍량(Q), 전압(H), 축동력(L)의 변화는 다음과 같다.
   (1) 풍 량 비 : $\frac{Q_2}{Q_1} = \frac{N_2}{N_1} \quad \rightarrow Q \propto N$
   (2) 전 압 비 : $\frac{H_2}{H_1} = (\frac{N_2}{N_1})^2 \quad \rightarrow H \propto N^2$
   (3) 축동력비 : $\frac{L_2}{L_1} = (\frac{N_2}{N_1})^3 \quad \rightarrow L \propto N^3$

Ⅱ. 송풍기의 효율

1. 송풍기의 효율은 전압효율과 정압효율로 구분하여야 하며 일반적으로 효율이라 하면 전압효율을 뜻한다.
2. 송풍기 종류별 효율의 범위
   (1) Sirocco Fan : 40~60%
   (2) Axial Fan : 40~85%
   (3) Turbo Fan : 60~80%

Ⅲ. 송풍기의 동력

1. 송풍기 동력을 산출할 경우 풍량의 기준은 일반적으로 1atm, 20℃, 습도 65%, 공기 비중량 $\gamma = 1.2\text{kg}_f/\text{m}^3$ 를 적용하며 이를 "표준흡입상태"라고 한다.
2. 송풍기동력 계산식(표준흡입상태)

$$L = \frac{Q \times H}{6120 \times \eta} \times K$$

여기서, L : 송풍기의 동력[kW]
Q : 풍량[m³/min]=[CMM]
H : 전압[mmAq]
η : 효율
K : 전달계수

예 제

다음 조건과 같은 거실에 제연설비를 설치하고자 한다. 제연에 필요한 배기 Fan 구동에 필요한 전동기 용량을 선정하시오. [2001년 65회]

〈조 건〉

가. 바닥면적 850m²인 거실로서 예상제연구역은 직경 50m이다.
나. 제연경계벽의 수직거리는 2.7m로 한다.
다. 닥트 길이는 165m, 닥트 저항은 0.2mmAq/m로 한다.
라. 배기구 저항 7.5mmAq, 그릴 저항 3mmAq, 부속류는 닥트 저항의 55%
바. 효율은 50%, 전달계수 1.1로 한다.

| 해설 | 1. 송풍기의 전동기동력 계산식

$$L = \frac{Q \times H}{6120 \times \eta} \times K$$

여기서, L : 송풍기의 동력[kW]
Q : 풍량[m³/min]
H : 전압[mmAq]
η : 효율
K : 전달계수

2. 조건 산출

(1) 풍량 Q

바닥면적이 400m² 이상인 거실로서 예상제연구역은 직경 40m인 원을 초과하는 경우 제연경계벽의 수직거리가 2.5m 초과 3.0m 이하에 해당하므로 배출량은 55,000CMH 이상으로 하여야 한다.

∴ Q=55,000CMH=916.7[m³/min]

(2) 전압 H

덕트 저항=(165m×0.2mmAq/m)=33mmAq
그릴 저항=3mmAq
배기구 저항=7.5mmAq
부속류 저항=덕트저항의 55%=33mmAq×0.55=18.15mmAq

∴ H = (33+7.5+3+18.15)mmAq=61.65mmAq

(3) 효율 η=0.5, 전달계수 K=1.1

3. 계산

$$L = \frac{916.7 \times 61.65}{6120 \times 0.5} \times 1.1 = 20.316[\text{kW}]$$

문제20 거실제연 & 전실제연

Ⅰ. 개 요

1. 제연설비의 설치목적

(1) B.S(British Standard) 5588
① 거주자의 안전(Occupancy safety)
② 소화활동(Fire Fighting)
③ 재산보호(Property protection)

(2) NFPA 92A
① 계단, 피난로, 승강로 등 피난경로 상에 연기가 유입되는 것을 제한한다.
② 피난에 소요되는 시간 동안 피난로, 방연구역에 거주가능환경(Tenable environment)을 유지시켜 준다.
③ 제연구역으로부터 유입되는 연기의 확산을 억제한다.
④ 각종 소화활동 및 구조활동을 수행하는 요원들을 지원하도록 제연구역 외부의 환경을 조성시켜 준다.
⑤ 인명을 보호하고 재산손실을 감소시켜 준다.

2. 제연설비는 거실제연설비와 전실제연설비로 대별된다.

	거실제연	전실제연
제연대상	화재실(Fire area)	피난로(Escape route)
제연대책	적극적인 대책(Smoke venting)	소극적인 대책(Smoke defence)
제연방식	급·배기방식	급기가압방식
적용장소	거실	· 특별피난계단의 부속실 · 비상용승강기의 승강장, 승강로

Ⅱ. 거실제연

1. 거실은 화재가 발생하는 화재실(Fire area)이므로 해당 화재실에서 연기와 열을 직접 배출시켜야 하며, 배기만 실시하고 급기를 실시하지 않는다면 배기시킨 공간으로 주변의 연기가 계속 유입되어 거주자가 피난할 수 있는 피난로를 확보해 줄 수 없게 된다.
2. 따라서 배출시킨 배기량 이상으로 급기를 하여 피난 및 소화활동을 위한 공간을 조성하여야 한다.

3. 이를 위하여 화재실 상부에 배기구를 설치하여 제연경계 하부만큼의 연기를 배출시키며, 배출되지 않은 연기는 제연경계 상부에 체류하게 된다.
4. 또한 제연경계 하부로는 외기가 유입되어 피난 및 소화활동 공간이 조성되며, 이 경우 급기량은 배기량 이상이 되어야 한다.

Ⅲ. 전실제연

1. 전실(특별피난계단의 부속실, 비상용승강기의 승강장)은 연기가 발생하는 화재실이 아니므로 피난경로상의 안전구역(Safety zone)에 해당한다.
2. 이러한 안전구역은 피난자 및 소방대가 대기하는 공간이기 때문에 화재가 발생할 경우 안전구역으로 연기의 유입을 방지하는 것이 중요하다.
3. 안전구역은 화재실이 아니므로 연기발생이 없기 때문에 배기를 실시할 경우 환기의 의미밖에 없다. 따라서 전실에서는 연기의 유입을 방지하기 위하여 양압(陽壓)을 유지하여야 하며 이에 따라 급기가압방식을 적용한다.
4. 전실 급기가압의 이론적 배경
   (1) 화재 시 부속실의 압력을 P_1 화재실의 압력을 P_2라 하면, 일반적으로 화재가 발생하는 장소의 압력은 상승하므로 $P_1 \ll P_2$이 된다. 이때 부속실에 배기만 할 경우, 급·배기를 할 경우, 급기만 하는 경우를 비교하면 다음과 같다.

부속실의 급배기 조건	부속실의 압력		부속실로의 연기이동
배기만 실시	$P_1 \ll P_2$	負壓(부압)	연기유입을 촉진
급배기 동시 실시	$P_1 \fallingdotseq P_2$	화재 시와 동일	환기 상태
급기만 실시	$P_1 \gg P_2$	陽壓(양압)	연기유입을 차단

   (2) 이때 연기가 유입되지 못할 정도의 압력차를 유지하기 위한 급기를 부속실에 실시하는 것이 급기가압의 목적이 된다.

문제21 제연설비의 종류

Ⅰ. 개 요

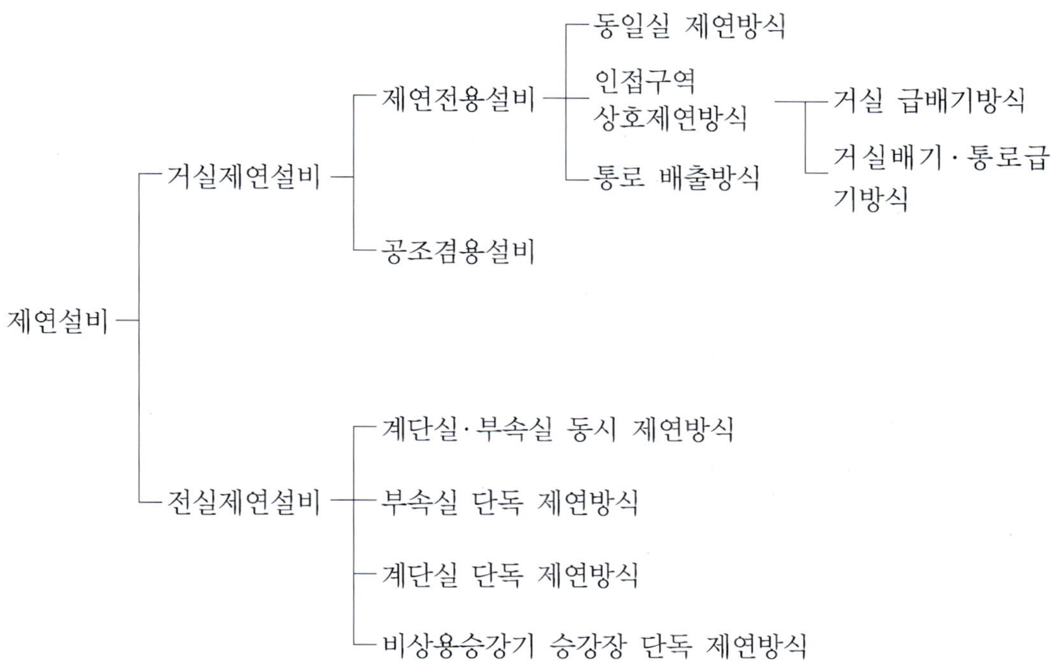

Ⅱ. 거실제연설비

1. 제연전용설비

(1) 동일실 제연방식

① 화재실에서 급기 및 배기를 동시에 실시하는 방식이다.

② 일반적으로 잘 사용하지 않는 방식이다. 그 이유는 화재 시 급기구의 위치가 화점 근처일 경우 연소를 촉진시키게 되며 또한 급기와 배기를 동일실 내에서 동시에 실시하므로 실내에 난기류가 형성되어 청결층(Clean layer)과 연기층(Smoke layer) 간에 와류가 발생됨으로써 청결층의 형성을 방해하기 때문이다.

③ 따라서 이 방식은 화재 시 피해범위가 작은 소규모 화재실의 경우에 적용할 수 있다.

(2) 인접구역 상호제연방식

① 화재실에서 배기를 하고, 인접구역에서 급기를 하는 방식이다.

② 거실제연에서 가장 많이 사용하는 방법이다.

③ 화재실은 연기를 배출시켜야 하므로 직접 배기를 실시하고 인접실(인접한 제연구역 또는 통로)에서는 급기를 실시하여 화재실로 급기가 유입되어 청결층이 형성되도록 한다.

④ 종 류

가) 거실 급배기방식

㉠ 백화점의 판매장과 같이 복도가 없이 개방된 넓은 공간에 적용하는 방식이다.

㉡ 구역별로 제연경계를 설치한 후 화재구역에서 배기하고 인접구역에서 급기하여 제연경계 하단부에서 급기가 유입되는 방식이다.

나) 거실배기·통로급기방식

㉠ 지하상가와 같이 각 실이 구획되어 있는 경우에는 거실급배기방식이 불가하므로 거실에서 배기를 하고 통로에서 급기를 하는 방식이다.

㉡ 거실은 화재실로서 연기를 직접 배출시켜야 하므로 배기를 실시하고, 급기는 통로부분에서 실시하되 구획된 각 실의 복도측 외벽에 급기가 유입되는 하부 그릴을 설치하여 화재실로 급기가 유입되도록 한다.

㉢ 이 방식의 경우 통로에서는 급기만 실시하고 배기를 하지 않기 때문에 통로를 제연구역으로 간주하지 않는다.

(3) 통로 배출방식

① 화재 시 통로를 유효한 피난경로로 확보하기 위하여 통로에 연기가 체류하지 않도록 통로에서 배기만 실시하는 방식이다.

② 50m² 미만으로 각 실이 구획되어 통로에 면한 경우에만 적용할 수 있다. 즉, 화재실의 면적이 작고 그 출입구가 통로에 면하여 있을 경우 거실에서 통로까지 피난소요시간이 짧아 피난에 큰 지장이 없다는 전제조건하에, 화재실에서 통로로 유입되는 연기를 배출시켜 통로를 피난경로로 사용하는데 지장이 없도록 한 방식이다.

③ 경유거실

가) 어떤 거실(A)에서 피난경로상 다른 거실(B)를 거쳐야만 통로에 도달할 수 있는 경우 거실(B)를 경유거실이라 한다.

나) 통로(복도)에 면한 각 실의 면적이 50m² 미만이라도 경유거실이 있을 경우에는 반드시 경유거실에서도 별도로 배기를 실시하여야 한다. 이 경우 경유거실의 배기량은 50%를 할증하여야 한다.

2. 공조겸용설비

(1) 평소에는 공조 Mode로 운행하다가 화재가 발생하면 해당구역 감지기의 동작신호에 따라 제연 Mode로 변환되는 방식이다.

(2) 제연전용설비에 비하여 신뢰도는 낮지만, 반자 위의 설치공간이 제한되는 경우 대형건축물에서는 대부분 공조겸용설비로 적용하고 있다.

(3) 공조겸용설비의 경우 덕트만 겸용할지 송풍기까지 겸용할지는 건물의 유지관리상 편리하고 경제성이 있으며 안전에 지장이 없는지를 판단하여 결정하여야 한다.

(4) 층별로 공조기가 설치되어 있지 않은 경우에는 층별구획을 하여야 하므로 공조기에서 각 층으로 분기되는 공조겸용 제연덕트에 층별로 방화댐퍼(FD, Fire damper)가 필요하며 또한 화재 시 해당 층에서만 급배기가 되려면 덕트에 전동댐퍼(MD, Motor damper)가 있어야 하므로 결국 전동방화댐퍼(MFD, Motor fire damper)를 설치하여 감지기의 동작신호에 따라 작동되도록 하여야 한다.

(5) 공조겸용방식에서 공조기의 전원을 차단하더라도 감지기가 동작할 경우에는 제연설비의 전원이 자동으로 접속되는 D.D.C(Direct digital control)장치를 설치하여야 한다.

(6) 제연전용방식과 공조겸용방식의 차이점

	제연덕트 전용방식	공조덕트 겸용방식
1. 신뢰도	제어부분이 간단하여 신뢰도가 높다.	여러 개의 댐퍼를 사용하며 동력 시퀀스가 복잡하여 신뢰도가 떨어진다.
2. 층 고	공조용덕트의 필요 층고 외에 600 ~700mm가 더 필요하다.	공조용덕트의 필요 층고로 충분하다.
3. 공사비	별도의 제연덕트와 팬 설비를 필요하므로 공사비가 비싸다.	덕트를 겸용함으로서 공사비는 대체로 저렴하다.
4. 유지관리	단순하고 수명이 길다.	복잡하고 댐퍼동작, Fan 등의 연동관계를 동시에 시험해 보아야 한다.
5. 개보수	칸막이 변동에 어느 정도 대처가 용이하다.	추후 칸막이 변동에 대한 대처가 어렵다.
6. 에너지절약	제연전용이므로 필요시만 운전되어 에너지 절약에 유리하다.	공조용덕트를 제연용량에 맞추어 키우는 등 큰 용량의 기기를 저부하 저효율에서 운전하는 경우 절약에 불리하다.

III. 전실제연설비

1. 계단실 · 부속실 동시 제연방식

(1) 건축법상 피난층에도 부속실을 설치하여야 하지만 이에도 불구하고 실제 부속실을 설치하지 않은 경우에 적용하는 방식이다.

(2) 피난층에 부속실이 없는 경우 피난층에서 화재가 발생하면 계단실의 출입문 개방 시 연기가 계단실로 유입되어 계단을 피난경로로 사용할 수 없게 되므로 반드시 계단실과 그 부속실을 동시에 가압하여야 한다.

2. 부속실 단독 제연방식

(1) 피난층에 부속실이 있는 경우에만 적용하는 방식이다.

(2) 단, 직통계단식 공동주택 또는 지하층에만 부속실이 설치된 경우에는 피난층에 부속실이 없더라도 이 방식을 적용할 수 있다.

3. 계단실 단독 제연방식

(1) 영국이나 미국에서는 부속실 유무에 관계없이 원칙적으로 계단실 단독가압을 적용하고 있으며 이를 "계단실 가압설비(Stairwell pressurization system)"라고 한다.

(2) 국내에서 이 방식은 거의 적용되고 있지 않는데 그 이유는 특별피난계단의 계단실은 노대를 통하여 연결하거나 외부를 향하여 열 수 있는 창문 또는 제연설비가 있는 부속실을 통하여 연결하도록 법으로 규정하고 있기 때문이다. 따라서 공학적 측면에서 계단실 단독제연을 적용할 수는 있지만 특별피난계단의 법적 기준에 위배되는 문제점이 있다.

(3) 그러나 소방 측면에서는 최종 피난경로로 사용되는 계단실에 대한 제연이 가장 합리적인 방식이다.

4. 비상용승강기 승강장 단독 제연방식

(1) 비상용승강기의 승강장은 원칙적으로 특별피난계단의 부속실과 겸용으로 사용할 수 없다. 그러나 아파트의 경우에 한하여 겸용으로 사용할 수 있도록 허용하고 있다.

(2) 따라서 아파트를 제외하고 비상용승강기 설치대상에 해당하는 건축물은 특별피난계단의 부속실과 별도로 반드시 비상용승강기의 승강장에 대한 제연을 실시하여야 한다.

문제22 Hinkley 법칙 & 연기 배출량

Ⅰ. 개 요

1. 화재 시 화원에서 발생하는 연기가 수직 상승하여 천장면에 부딪힌 후 위에서부터 하강하기 시작하여 바닥에서 일정 높이까지 연기가 충만될 경우 연기가 체류하는 윗부분을 연기층(Smoke layer)이라 하며, 하부의 공기층을 청결층(Clear layer)이라 한다.

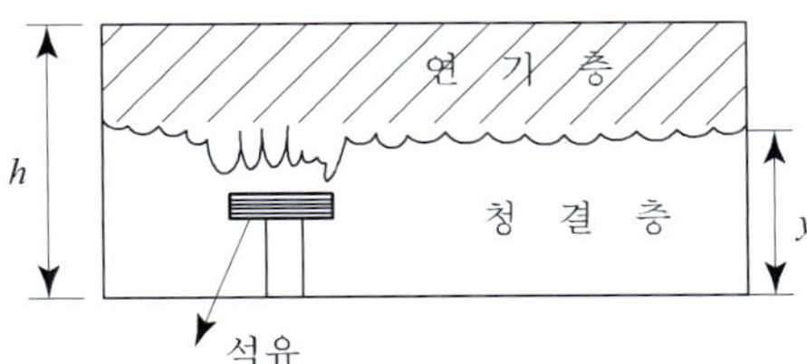

2. 따라서 화재실로부터 재실자가 안전하게 피난하기 위해서는 청결층의 높이가 재실자의 호흡선보다 더 높게 안정적으로 유지되어야 한다.

Ⅱ. Hinkley의 법칙

1. 의 미

영국의 Hinkley는 청결층까지 연기가 하강하는데 소요되는 시간(t)에 대하여 다음과 같은 식을 발표하였는데 이를 Hinkley 법칙이라 한다.

$$t = \frac{20A}{P\sqrt{g}}\left(\frac{1}{\sqrt{y}} - \frac{1}{\sqrt{h}}\right)$$

여기서, t : 연기가 청결층까지 도달하는데 걸리는 소요시간[sec]
A : 화재실의 바닥면적[㎡]
P : 화원의 둘레(perimeter)[m]
y : 청결층(clear layer)의 높이[m]
h : 화재실의 높이[m]
g : 중력가속도[9.8m/sec^2]

2. Hinkley식에서 청결층의 높이가 y이면 연기층의 높이는 $(h-y)$가 된다.

3. 화원의 둘레

   P는 최대 12m로 가정한다. 영국의 F.R.S(Fire research station)에 의하면 스프링클러가 있는 건물에서 화재가 발생할 경우 화세의 최대크기의 주변(perimeter)은 4개의 헤드에 의하여 방호되는 범위의 내부 즉, 한 변이 3m인 정사각형으로 간주하여 P를 최대 3m×4=12m로 가정한 것이다.

Ⅲ. 화재실의 배기량

1. Hinkley공식에서 P, g, A, h는 상수가 되고, y와 t만 변수가 된다. 따라서 상기 식은 $y = f(t)$의 함수가 된다.

2. 양변에 $\frac{P\sqrt{g}}{20A}$를 곱하면

$$t \times \frac{P\sqrt{g}}{20A} = \frac{1}{\sqrt{y}} - \frac{1}{\sqrt{h}}$$

$$\therefore \frac{1}{\sqrt{y}} = \frac{P\sqrt{g}}{20A} \times t + \frac{1}{\sqrt{h}}$$

3. 양변을 t로 미분하면

$$-\frac{1}{2} \times y^{-\frac{3}{2}} \times \frac{dy}{dt} = \frac{P\sqrt{g}}{20A}$$

4. 양변에 $-2y^{\frac{3}{2}}$을 곱하면

$$\frac{dy}{dt} = \frac{P\sqrt{g}}{20A} \times (-2y^{\frac{3}{2}}) = \frac{-P\sqrt{g}}{10A} \times y^{\frac{3}{2}}$$

5. 양변에 A를 곱하면

$$A\frac{dy}{dt} = \frac{P\sqrt{g}}{-10} \times y^{\frac{3}{2}}$$

6. V(부피)$= A$(면적)$\times y$(높이) 이므로 $A\frac{dy}{dt} = \frac{dV}{dt}$가 된다.

$$\therefore \frac{dV}{dt} = \frac{P\sqrt{g}}{-10} \times y^{\frac{3}{2}}$$

7. $\frac{dV}{dt}$의 값에 (−)가 있는 것은 해당하는 값만큼 배출시킨다는 의미이다.

8. 결과적으로 청결층의 시간당 체적변화율$(=\frac{dV}{dt})$ 즉, 화재실의 배기량은 청결층의 높이 $y^{3/2}$의 함수가 되는 것을 알 수 있다.

예 제

다음 그림은 바닥면적이 400[㎡]이고 높이가 3m인 어느 실의 단면을 나타내고 있다. 실내에 둘레가 12[m]인 석유통을 놓고 불을 질렀더니 t[초]뒤에 청결층 y의 값이 2[m]가 되었다면 이 청결층을 유지하기 위해서는 매분 몇 ㎥의 연기를 실의 상부에서 배출시켜야 할 것인가? 단, 다음의 Hinkley공식이 적용된다고 하자. **[89년 32회]**

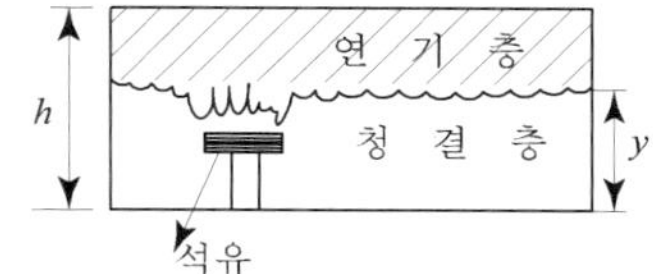

Hinkley공식 $t=\frac{20A}{P\sqrt{g}}(\frac{1}{\sqrt{y}}-\frac{1}{\sqrt{h}})$

| 해설 | 1. 청결층까지 연기가 하강하는데 소요되는 시간 t

$$t=\frac{20A}{P\sqrt{g}}(\frac{1}{\sqrt{y}}-\frac{1}{\sqrt{h}}) = \frac{20\times400}{12\sqrt{9.8}}(\frac{1}{\sqrt{2}}-\frac{1}{\sqrt{3}}) = 27.6[sec]$$

2. 연기배출량 Q[㎥/min]

$$Q=\frac{A(h-y)}{t}=\frac{400m^2\times(3m-2m)}{27.6sec}=14.5[㎥/sec]=870[㎥/min]$$

3. 결 론

청결층을 유지하기 위해서는 매분 870[㎥/]의 연기를 실의 상부에서 배출시켜야 한다.

예 제

호텔 객실의 크기가 길이(6m)×폭(4m)×높이(2.5m)이고, 바닥에서 0.5m×0.5m 크기의 화재가 발생하였다고 가정할 경우 생성되는 연기의 양(kg)을 이론적으로 구하고, 바닥으로부터 0.7m 높이의 침대까지 연기가 도달하는 시간을 Hinkley의 공식을 사용하여 구하시오. 단, 연기화염의 온도는 500℃로서, 연기의 밀도는 0.45kg/㎥이고, 실내 에어콘 및 환기장치는 작동하지 않는다. **[99년 58회]**

Hinkley공식 $t=\frac{20A}{P\sqrt{g}}(\frac{1}{\sqrt{y}}-\frac{1}{\sqrt{h}})$

| 해설 | 1. 침대까지 연기가 도달하는 시간 t

(1) 조건 산출

A = 6m × 4m = 24[㎡]

P = 0.5m×4 = 2[m]

g = 9.8[m/sec²]

y = 0.7[m]

h = 2.5[m]

(2) 계 산

$$t = \frac{20A}{P\sqrt{g}}(\frac{1}{\sqrt{y}} - \frac{1}{\sqrt{h}}) = \frac{20 \times 24}{2 \times \sqrt{9.8}}(\frac{1}{\sqrt{0.7}} - \frac{1}{\sqrt{2.5}}) = 43.13[sec]$$

2. 생성되는 연기의 양

(1) $\frac{dV}{dt} = \frac{P\sqrt{g}}{-10} \times y^{\frac{3}{2}} \rightarrow dV = (\frac{P\sqrt{g}}{-10} \cdot y^{\frac{3}{2}})dt$

(2) 생성되는 연기량 V(㎥)는 dV를 0초에서 43.13초까지 적분한 값에 해당한다.

$$V = \int_0^{43.13} (\frac{P\sqrt{g}}{10} \cdot y^{\frac{3}{2}})dt = [(\frac{P\sqrt{g}}{10} \cdot y^{\frac{3}{2}})t]_0^{43.13}$$

$$= \frac{2\sqrt{9.8}}{10} \times 0.7^{\frac{3}{2}} \times 43.13 = 15.82[m^3]$$

(3) 연기화염의 온도는 500℃이므로 화재전의 실내온도를 상온(20℃)으로 기준하면

$\frac{V_1}{T_1} = \frac{V_2}{T_2}$에서

$$\therefore V_2 = V_1 \times \frac{T_2}{T_1} = 15.82[m^3] \times \frac{(500+273)K}{(20+273)K} \fallingdotseq 41.737[m^3]$$

(4) 조건에서 연기의 밀도=0.45[kg/㎥]이므로

밀도(ρ) = $\frac{질량(m)}{부피(V)}$ → 연기 질량(m)=밀도(ρ)×부피(V)

∴ 생성되는 연기의 양=0.45[kg/㎥]×41.737[㎥]≒18.78[kg]

문제23 단독제연방식 & 공동제연방식

I. 개 요

1. 단독제연방식

하나의 예상제연구역만을 단독으로 제연하는 방식이다.

2. 공동제연방식

(1) 2 이상의 예상제연구역을 동시에 제연하는 방식이다.

(2) 공동제연이란 벽으로 구획되거나 제연경계로 구획된 2 이상의 제연구역에 대하여 어느 하나의 구역에서 화재가 발생하더라도 2 이상의 제연구역을 동시에 제연하는 것을 말한다.

(3) 이 방식을 적용할 경우 구획된 각각의 제연구역에 대하여 몇 개의 제연구역을 공동제연구역으로 설정할 것인가는 소요배기량과 건물의 형상 등을 감안하여 결정하여야 한다.

(4) 특 징

① 단독제연방식은 화재가 발생한 제연구역에서만 배기가 되지만, 공동제연방식은 화재가 발생하지 않은 장소일지라도 같은 공동제연구역인 경우에는 동시에 배기하게 된다.

② 예상제연구역의 수와 전동댐퍼(M.D)의 수량을 대폭 줄일 수 있다.

③ 예상제연구역의 설정과 화재시의 동작 sequence가 매우 단순해진다.

④ 일반적으로 송풍기의 용량은 증가한다.

⑤ 단독제연방식과 달리 제연경계로 구획된 경우에만 바닥면적이나 한 변의 길이를 제한한다.

※ 용어의 정의

1. "제연구역"이란 제연경계(제연설비의 일부인 천장을 포함한다)에 의해 구획된 건물 내의 공간을 말한다.
2. "예상제연구역"이란 화재발생시 연기의 제어가 요구되는 제연구역을 말한다.
3. "제연경계의 폭"이란 제연경계의 천장 또는 반자로부터 그 수직하단까지의 거리를 말한다.
4. "수직거리"란 제연경계의 바닥으로부터 그 수직하단까지의 거리를 말한다.
5. "공동예상제연구역"이란 2개 이상의 예상제연구역을 말한다.

Ⅱ. 단독제연방식의 배출량

1. 거실의 바닥면적이 400㎡ 미만인 경우

예상제연구역	배출량	비 고
거실의 바닥면적이 400㎡ 미만으로 구획(제연경계에 따른 구획을 제외한다. 다만, 거실과 통로와의 구획은 그러하지 아니하다)	바닥면적 1㎡당 1㎥/min 이상	최저배출량은 5,000CMH 이상
		단, 경유거실의 경우는 기준량의 1.5배 이상

2. 거실의 바닥면적이 400㎡ 이상인 경우

예상제연구역	제연경계 수직거리	배 출 량
직경 40m인 원의 범위 안에 있을 경우	2m 이하	40,000㎥/hr 이상
	2m 초과 2.5m 이하	45,000㎥/hr 이상
	2.5m 초과 3m 이하	50,000㎥/hr 이상
	3m 초과	60,000㎥/hr 이상
직경 40m인 원의 범위를 초과할 경우	2m 이하	45,000㎥/hr 이상
	2m 초과 2.5m 이하	50,000㎥/hr 이상
	2.5m 초과 3m 이하	55,000㎥/hr 이상
	3m 초과	65,000㎥/hr 이상

3. 통로배출방식의 경우(각 거실의 바닥면적이 50㎡ 미만인 경우)

예상제연구역	제연경계 수직거리	배 출 량
통로길이 40m 이하	2m 이하	25,000㎥/hr 이상
	2m 초과 2.5m 이하	30,000㎥/hr 이상
	2.5m 초과 3m 이하	35,000㎥/hr 이상
	3m 초과	45,000㎥/hr 이상
통로길이 40m 초과 ~ 60m 이하	2m 이하	30,000㎥/hr 이상
	2m 초과 2.5m 이하	35,000㎥/hr 이상
	2.5m 초과 3m 이하	40,000㎥/hr 이상
	3m 초과	50,000㎥/hr 이상

4. 통로의 경우

예상제연구역	배 출 량
제연경계로 구회되지 않은 경우	45,000CMH 이상
제연경계로 구획된 경우	제연경계 수직거리에 따라 "직경 40m인 원의 범위를 초과할 경우"와 동일하게 적용한다.

III. 공동제연방식의 배출량

	(1) 제연구역이 벽으로 구획된 경우	(2) 제연구역이 제연경계로 구획된 경우	(3) 제연구역이 벽과 제연경계로 구획된 경우
적용	제연구역은 벽으로만 구획되어 있는 경우에 적용한다. 단, 출입구와 통로 간에는 제연경계로 구획할 수 있다.	제연구역의 일부 또는 전부가 제연경계로 구획된 경우에 적용한다. 단, 출입구와 통로간만 제연경계일 경우는 해당되지 아니하며 이때는 "벽으로 구획된 경우"를 적용한다.	제연구역이 벽으로 구획된 것과 제연경계로 구획된 것이 복합되어 있는 경우에 적용한다.
배출량	각 실의 배기량을 전부 합한 양 이상이어야 한다.	제연경계로 구획된 각각의 제연구역별 해당 배기량 중에서 최대량을 적용한다.	배출량은 벽으로 구획된 제연구역의 총배출량(ⓐ)과 제연경계로 구획된 각각의 제연구역별 해당 배기량 중 최대량(ⓑ)을 합산한 양(ⓐ+ⓑ)으로 적용한다.
공동제연구역	면적 1,000㎡ 이하 또는 직경 60m인 원의 범위 안에 있을 경우는 적용하지 않는다.	· 거실인 경우 바닥면적이 1,000㎡ 이하로서 직경 40m인 원의 범위 안에 있어야 한다. · 통로인 경우 보행중심선의 길이가 40m 이하이어야 한다.	

예 제

그림과 같이 거실제연설비가 대상인 층에 각각 간막이로 구획되고 반자높이가 2.3m이며 바닥면적이 60㎡인 7개의 거실이 통로에 면해 있으며 거실배기·통로급기방식을 적용하고자 한다. 이 때 각 실을 단독제연하지 않고 공동제연을 할 경우 (1)공동제연방식의 개념과 (2)최소배출량(CMH)을 구하시오.

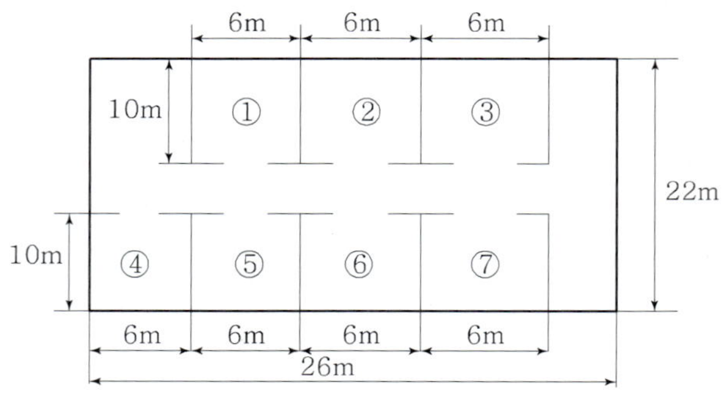

| 해설 | 1. 공동제연방식의 개념

각 실을 단독제연하지 않고 공동제연한다는 것은 ①부터 ⑦까지 각 실에 설치된 감지기가 어느 실에서 작동하더라도 해당 실에만 제연(배기 및 급기)하는 것이 아니라, ①~⑦까지의 각 실을 동시에 배기를 하고 급기는 통로의 천장 상부에서 실시하여 출입문 하부에 설치한 유입구(그릴)를 통하여 각 실에 대하여 동시에 유입되는 방식을 말한다.

2. 최소배출량(CMH)

(1) 공동제연을 할 경우는 구획된 각 예상제연구역의 배출량을 합산하여야 한다. 따라서 각 실의 바닥면적이 60㎡로서 400㎡ 미만에 해당하므로 각 실 바닥면적당 1CMM을 적용하면 60㎡×1CMM=60CMM=3,600CMH가 된다.

(2) 그러나 3,600CMH는 최저배출량에 미달되므로 1실의 배출량은 5,000CMH로 적용한다.

(3) 7개의 실을 공동제연하므로 최소배출량은 5,000CMH×7개=35,000CMH가 된다.

※ 공동제연을 적용하여 배출량을 구할 경우 범하기 쉬운 오류

① 한 층의 바닥면적이 26m×22m = 572㎡이므로 400㎡ 이상인 거실에 해당하고

② 대각선의 길이가 $\sqrt{(26\text{m})^2+(22\text{m})^2}$ ≒34m 이므로 직경 40m인 원의 범위 안에 있으며

③ 벽으로 구획되어 있으므로 제연경계 높이는 0 이지만 2m 이하로 적용하여

④ 배출량을 40,000CMH로 산정할 수 있다. 그러나 공동제연방식에서는 이와 같이 적용하면 아니된다.

문제24 차압(Pressure difference)

Ⅰ. 개 요

1. 전실 제연(급기가압방식)의 중요인자

(1) 제연구역에 대한 차압 형성
(2) 적정한 급기량의 공급
(3) 방연풍속의 확보
(4) 과압공기 및 유입공기의 배출 등이다.

> ※ NFSC 501A 제4조(제연방식)
> 이 기준에 따른 제연설비는 다음 각 호의 기준에 적합하여야 한다.
> 1. 제연구역에 옥외의 신선한 공기를 공급하여 제연구역의 기압을 제연구역 이외의 옥내(이하 "옥내"라 한다)보다 높게 하되 일정한 기압의 차이(이하 "차압" 이하 한다)를 유지하게 함으로써 옥내로부터 제연구역내로 연기가 침투하지 못하도록 할 것
> 2. 피난을 위하여 제연구역의 출입문이 일시적으로 개방되는 경우 방연풍속을 유지하도록 옥외의 공기를 제연구역 내로 보충 공급하도록 할 것
> 3. 출입문이 닫히는 경우 제연구역의 과압을 방지할 수 있는 유효한 조치를 하여 차압을 유지할 것

2. 차압(Pressure difference)이란 제연구역과 옥내와의 압력차를 말한다. 여기서 옥내란 비제연구역을 뜻하는 것으로 거실, 복도, 통로 등과 같은 화재실(Fire area)을 의미한다. 즉, 차압은 화재실에서 발생하는 연기가 부속실의 출입문 누설틈새를 통하여 부속실로 유입되는 것을 방지하기 위한 최소한의 압력차를 의미한다.
3. 급기가압방식의 제연시스템이 성공하기 위해서는 최소차압과 최대차압의 범위 내에서 차압이 유지되어야 한다.

Ⅱ. 최소차압

1. 정 의

"최소차압"이란 차압이 작은 경우 화재실의 연기가 누설틈새를 통하여 제연구역으로 유입될 수 있으므로 이를 방지하기 위한 최소한의 압력차를 말한다.

2. 최소차압 기준

(1) 국내 기준(NFSC 501A)

① 제연구역과 옥내와의 사이에 유지하여야 하는 최소차압은 40Pa(옥내에 스프링클러설비가 설치된 경우에는 12.5Pa) 이상으로 하여야 한다.

② 출입문이 일시적으로 개방되는 경우 개방되지 아니하는 제연구역과 옥내와의 차압은 제1항의 기준에 불구하고 제1항의 기준에 따른 차압의 70% 미만이 되어서는 아니된다.

③ 계단실과 부속실을 동시에 제연하는 경우 부속실의 기압은 계단실과 같게 하거나 계단실의 기압보다 낮게 할 경우에는 부속실과 계단실의 압력차이는 5Pa 이하가 되도록 하여야 한다.

(2) 영국 기준(B.S 5588)

기준차압을 50Pa로 하고 차압범위를 50Pa±20%=40Pa~60Pa로 하여 최소차압을 40Pa로 규정하고 있다.

(3) 미국 기준(NFPA 92A)

건물 형태	천장고	최소설계차압
스프링클러를 설치한 경우	관계없음	12.5 Pa
스프링클러를 설치하지 않은 경우	9 ft (2.7m)	25 Pa
	15 ft (4.5m)	35 Pa
	21 ft (6.3m)	45 Pa

① 이 표는 제연경계 옆의 가스온도가 1700°F(929℃)일 때의 최소설계차압을 나타낸다.

② 설계목적상 제연시스템은 바람이나 연돌효과와 같은 특정 조건하에서도 이 최소차압을 유지하여야 한다.

3. 국내 기준의 문제점

(1) B.S 5588의 경우 최소차압은 화재 시 발생하는 환경적 요인(부력, 굴뚝효과 등)을 감안하여 설정한 것이다.

(2) 그러나 NFPA 92A의 경우 스프링클러 설치시의 최소차압 12.5Pa은 환경적 요인을 고려하지 않은 순수한 차압만을 규정한 것이다. 따라서 설계 시에는 그러한 환경적 요인에 대한 여유치를 적용해 주어야 하며 여유치는 해당 방호대상물의 여건에 따라 설계자가 판단하여 정하도록 하고 있다.

(3) 하지만 국내 NFSC 501A에서는 스프링클러가 설치된 경우 환경적 요인을 고려하지 않고 무조건 12.5Pa로 할 수 있도록 허용하고 있는데 이는 잘못된 것이다.

Ⅲ. 최대차압

1. 최대차압을 제한하는 이유

(1) 차압이 형성되면 이로 인하여 부속실 내부의 압력이 출입문에 미치는 힘(=압력×출입문의 면적)이 출입문에 수직으로 작용하게 된다.

(2) 이 때 차압이 높으면 부속실에서 출입문에 미치는 힘이 증가하여 옥내(거실, 통로)에서 노약자가 부속실의 출입문을 개방할 수 없게 된다.

(3) 따라서 화재실(옥내)에서 제연구역(부속실) 쪽으로 출입문을 개방하는데 지장이 없도록 하기 위하여 최대차압을 제한하는 것이다.

2. 최대차압의 기준

(1) 국내 NFSC 501A

제연설비가 가동되었을 경우 출입문의 개방에 필요한 힘은 110N 이하로 하여야 한다.

(2) 영국 B.S 5588

차압범위에서는 최대차압이 60Pa이지만 이와 별도로 출입문의 개방에 필요한 힘을 100N 이하로 규제한다.

(3) 미국 NFPA 92A

빗장을 여는데 67N, 문을 여는데 133N, 최소한의 필요 폭까지 문을 여는데 67N을 초과할 수 없도록 규정하고 있다. 즉, 최대차압은 133N 이하가 된다.

3. 출입문 개방에 필요한 힘

(1) 최대차압은 문을 열어서 필요 폭까지 움직이는데 소요되는 모든 힘이 아니라 가압상태에서 문의 관성력을 극복하고 문을 열리게 하는 순간의 힘을 의미한다.

(2) 차압이 형성된 상태에서 출입문을 열기 위해서는 도어클로저(Door closer)의 저항력 및 차압으로 인한 출입문의 저항력을 극복하여야 한다.

(3) Door opening force(SFPE Handbook)

$$F = (F_{dc} + F_p) = F_{dc} + \frac{K_d \cdot W \cdot A \cdot \Delta P}{2(W - d)}$$

여기서, F : 문을 개방하는데 필요한 힘(N)

F_{dc} : 도어클로저의 저항력(N)

F_p : 차압에 의한 문의 저항력(N)

K_d : 상수(=1)

W : 문의 폭(m)

A : 문의 면적(㎡)

ΔP : 차압(Pa)

d : 손잡이에서 문 끝단까지의 거리

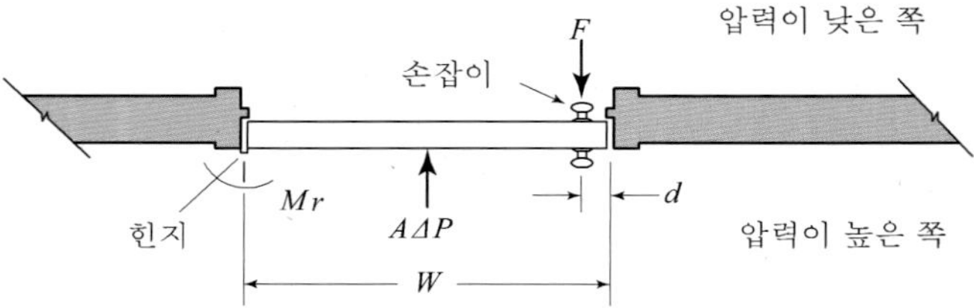

예 제

아래 그림에서 출입문을 부속실 쪽으로 개방 시의 소요되는 힘을 Push-Pull Scale로 측정한 결과 110N이었다. 출입문의 크기가 높이 2.0m×폭 1.0m라고 하면, 이때 부속실과 거실 사이의 차압은 얼마인가? 단, 도어체크 등의 마찰손실은 30N, 출입문의 상수(K_d)는 1, 손잡이와 출입문 끝단 사이의 거리는 0.1m이다. [99년 58회]

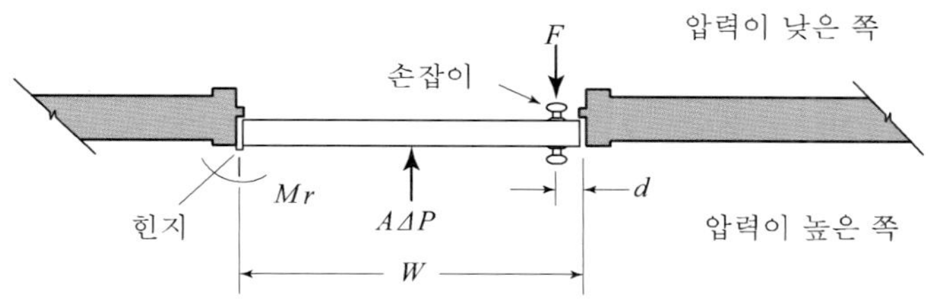

| 해설 | 1. 계산식

$$F = F_{dc} + \frac{K_d \cdot W \cdot A \cdot \Delta P}{2(W-d)}$$

2. 조건 산출

F : 문을 개방하는데 필요한 전체 힘 = 110[N]

F_{dc} : 도어체크 등의 마찰손실 = 30[N]

W : 문의 폭 = 1[m]

A : 출입문의 면적 = 2m × 1m = 2[m²]

ΔP : 차압[Pa] = ?

d : 손잡이에서 문의 끝까지의 거리 = 0.1[m]

K_d : 상수 = 1

3. 계 산

$$110[N] = 30[N] + \frac{1 \times 1[m] \times 2[m^2] \times \Delta P}{2(1[m] - 0.1[m])}$$

$\therefore \Delta P$ = 72[Pa]

4. 결 론

부속실과 거실 사이의 차압은 72[Pa]이다.

예 제

옥내와의 차압이 60[Pa]로 급기되고 있는 특별피난계단 부속실의 출입문을 모두 닫은 상태에서 크기가 1.2m×2.1m인 출입문을 부속실 쪽으로 열 때, 몇 [N] 이상의 힘이 필요한가? (단, 이 출입문의 자동폐쇄장치의 폐쇄력과 출입문 경첩의 마찰력은 각각 1.5kg중, 0.2kg중이며 중력가속도는 9.8m/sec^{2}이고 출입문은 완전 강제이다) [97년 52회]

| 해설 | 1. 계산식

$$F = F_{dc} + \frac{K_d \cdot W \cdot A \cdot \Delta P}{2(W-d)}$$

2. 조건 산출

F : 문을 개방하는데 필요한 전체 힘[N]=?

F_{dc} : 자동폐쇄장치의 폐쇄력=(1.5+0.2)kg중=16.66[N]

W : 문의 폭=1.2[m]

A : 출입문의 면적=1.2m×2.1m=2.52[m^2]

ΔP : 차압=60[Pa]

d : 손잡이에서 문의 끝까지의 거리(→ 문제의 조건에서 제시하지 않았으므로 임의로 가정하여 문제를 해결하여야 한다)

K_d : 상수값(→ 일반적으로 1로 적용한다)

3. 계 산

d=0.1[m] 라고 가정하면

$$\therefore\ F = 16.66 + \frac{1 \times 1.2 \times 2.52 \times 60}{2(1.2-0.1)}$$

=99.13[N]

4. 결 론

출입문을 부속실 쪽으로 열 때, 99.13[N] 이상의 힘이 필요하다.(단, 손잡이에서 문의 끝까지의 거리를 0.1m라고 가정했을 때의 값이다.)

문제25 누설량과 보충량

Ⅰ. 개 요

1. 전실제연설비에서 제연구역에 공급하여야 할 급기량은 누설량과 보충량으로 구분하여 적용하여야 한다.
2. 급기량(누설량+보충량)

(1) 급기량

제연구역에 공급하여야 할 공기의 양을 말한다.

(2) 누설량

틈새를 통하여 제연구역으로부터 누설되어 나가는 공기량을 말한다.(즉, 급기가압을 하고 있는 제연구역에서 출입문이 닫혀 있을 경우 창 또는 출입문 등의 누설 틈새를 통하여 비제연구역(옥내)으로 흘러나가는 누설공기량이다.)

(3) 보충량

방연풍속을 유지하기 위하여 제연구역에 보충하여야 할 공기량을 말한다.(즉, 급기가압을 하고 있는 제연구역에서 피난을 위하여 출입문을 일시적으로 개방하는 경우 일정한 방연풍속을 유지하여 화재실에서 부속실로 연기가 유입되지 않도록 하기 위한 보충공기량이다.)

Ⅱ. 누설량과 보충량의 비교

	누설량	보충량
개 념	출입문이 닫혀 있을 경우 적정 차압을 유지하기 위하여 필요한 공기량	출입문이 열려 있을 경우 방연풍속을 유지하기 위하여 필요한 공기량
조 건	출입문이 닫힌 상태	출입문이 열린 상태
목 적	차압 유지	방연풍속 유지
계산식	$Q = 0.827 \times A \times P^{\frac{1}{n}}$ Q : 급기량(m^3/sec) A : 누설틈새면적 P : 차압(Pa) n : 개구부 계수(문=2, 창문=1.6)	$q = K(\frac{S \times V}{0.6}) - Q_0$ q : 급기량(m^3/sec) S : 출입문 면적(m^2) V : 방연풍속(m/sec) Q_0 : 거실유입풍량(m^3/sec) K : 부속실이 20개 이하이면 1, 21개 이상이면 2

Ⅲ. 관련 기준

1. 급기량은 다음 각 호의 양을 합한 양 이상이 되어야 한다. 즉, (1)+(2)가 된다.
   (1) 차압을 유지하기 위하여 제연구역에 공급하여야 할 공기량. 이 경우 제연구역에 설치된 출입문(창문을 포함한다. 이하 "출입문등"이라 한다)의 누설량과 같아야 한다.
   (2) 피난을 위하여 제연구역의 출입문이 일시적으로 개방되는 경우 방연풍속을 유지하도록 옥외의 공기를 제연구역내로 보충 공급하여야 하는 보충량
2. 누설량은 제연구역의 누설량을 합한 양으로 한다. 이 경우 출입문이 2개소 이상인 경우에는 각 출입문의 누설틈새면적을 합한 것으로 한다.
3. 보충량은 부속실(또는 승강장) 수가 20 이하는 1개층 이상, 20을 초과하는 경우에는 2개층 이상의 보충량으로 한다.
4. 방연풍속은 제연구역의 선정방식에 따라 다음 표의 기준에 따라야 한다.

<table>
<tr><th colspan="2">제 연 구 역</th><th>방연풍속</th></tr>
<tr><td colspan="2">① 계단실 및 그 부속실을 동시에 제연하는 것
② 계단실만 단독으로 제연하는 것</td><td>0.5㎧ 이상</td></tr>
<tr><td rowspan="2">③ 부속실만 단독으로 제연하는 것
④ 비상용승강기의 승강장만 단독으로 제연하는 것</td><td>부속실 또는 승강장이 면하는 옥내가 거실인 경우</td><td>0.7㎧ 이상</td></tr>
<tr><td>부속실 또는 승강장이 면하는 옥내가 복도로서 그 구조가 방화구조(내화시간이 30분 이상인 구조를 포함한다)인 것</td><td>0.5㎧ 이상</td></tr>
</table>

문제26 누설틈새면적

Ⅰ. 누설량의 계산방법

1. 누설틈새면적을 구한다.
2. 누설틈새면적의 합을 구한다.
3. 누설량을 계산한다.

Ⅱ. 누설틈새면적(A)

1. 출입문의 틈새면적

$$A = (\frac{L}{l}) \times A_d$$

A : 출입문의 틈새면적(㎡)
L : 출입문 틈새의 길이(m). 다만, L의 수치가 ℓ 의 수치 이하인 경우에는 ℓ 의 수치로 할 것 (※ 틈새길이란 출입문 4면의 둘레길이를 말한다.)
l, A_d : 다음 표에 따라 적용한다.

출입문의 종류		l(m)	A_d(m)
외여닫이문	제연구역의 실내쪽으로 열리도록 설치하는 경우	5.6	0.01
	제연구역의 실외쪽으로 열리도록 설치하는 경우		0.02
쌍여닫이문		9.2	0.03
승강기의 출입문		8.0	0.06

2. 창문의 틈새면적

(1) 여닫이식 창문으로서 창틀에 방수팩킹이 없는 경우
틈새면적(㎡)$= 2.55 \times 10^{-4} \times$틈새의 길이(m)

(2) 여닫이식 창문으로서 창틀에 방수팩킹이 있는 경우
틈새면적(㎡)$= 3.61 \times 10^{-5} \times$틈새의 길이(m)

(3) 미닫이식 창문이 설치되어 있는 경우
틈새면적(㎡)$= 1.00 \times 10^{-4} \times$틈새의 길이(m)

3. 승강로의 유출면적

제연구역으로부터 누설하는 공기가 승강기의 승강로를 경유하여 승강로의 외부로 유출하는 유출면적은 승강로 상부의 승강로와 기계실 사이의 개구부 면적을 합한 것을 기준으로 할 것

Ⅲ. 누설틈새면적의 합(A_t)

1. 병렬배열

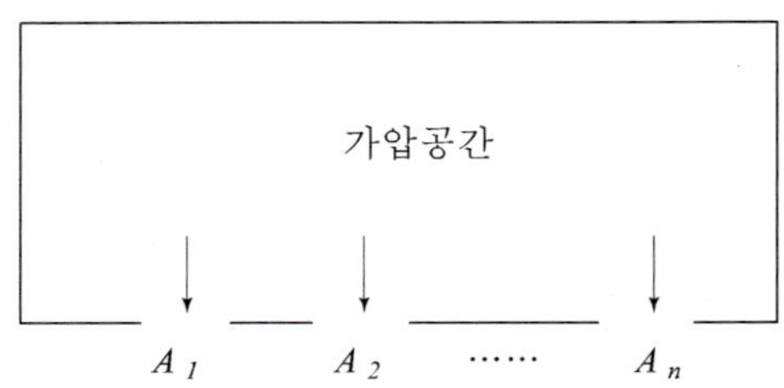

$$A_t = A_1 + A_2 + A_3 + \ \dots \ + A_n$$

$$A_t = \sum_{i=1}^{n} A_i$$

A_t : 누설틈새면적의 합(㎡)
A_i : 출입문의 누설틈새면적(㎡)
n : A_i의 개수

2. 직렬배열

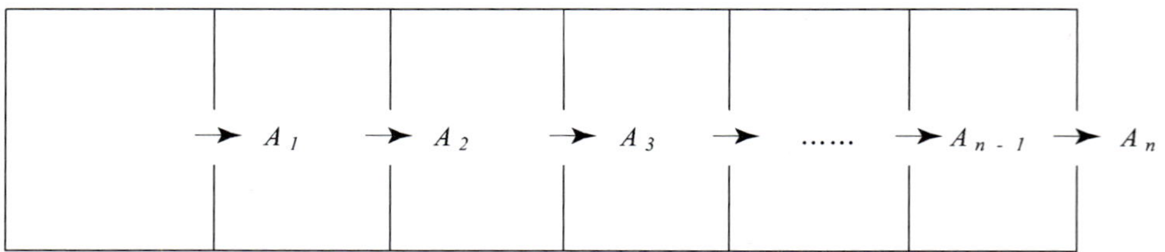

$$\frac{1}{A_t^2} = \frac{1}{A_1^2} + \frac{1}{A_2^2} + \frac{1}{A_3^2} + \ \dots \ + \frac{1}{A_n^2}$$

$$\frac{1}{A_t^2} = \sum_{i=1}^{n} \frac{1}{A_i^2}$$

$$A_t = \left(\sum_{i=1}^{n} \frac{1}{A_i^2}\right)^{-\frac{1}{2}}$$

A_t : 누설틈새면적의 합(㎡)
A_i : 출입문의 누설틈새면적(㎡)
n : A_i의 개수

3. 혼합배열

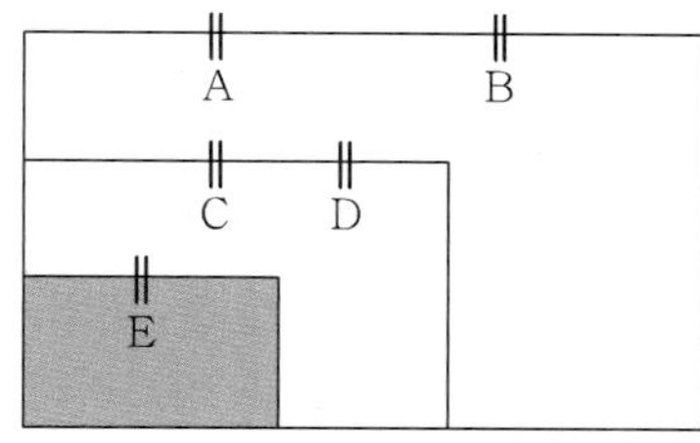

(1) 바람의 방향(급기 또는 배기)에 유의하여야 한다.
(2) 누설경로의 계산은 가압공간에서 가장 먼 위치부터 역순으로 계산한다.
(3) 계산은 구간별로 직렬배열은 직렬공식을 병렬배열은 병렬공식을 각각 적용한다.

예 제

아래의 그림(1)은 인접한 3개의 실의 평면도이며 그 외의 부분은 옥외이다. A_1, A_2, A_3, A_4 는 출입문이며 항상 닫혀 있고 이때의 각 문의 공기누설틈새의 면적은 각각 공히 0.01[㎡]이다. 지금 a실을 급기가압(Pressurization)하여 동실과 옥외와의 기압차를 64Pa 되게 유지하였다면 a실에 대한 급기량은 매분 몇 ㎥인가? 단, 출입문 외의 모든 부분은 완전 밀폐구조이다. 그림(2)와 같은 경우의 급기량은 다음 공식이 됨을 참고하라. [86년 28회]

$Q=0.827\times A\times(P_1-P_2)^{1/2}$

여기서, Q : 급기량(㎥/sec), A : 틈새면적(㎡),
P_1 : 급기가압실의 기압(Pa), P_2 : 옥외의 기압(Pa)

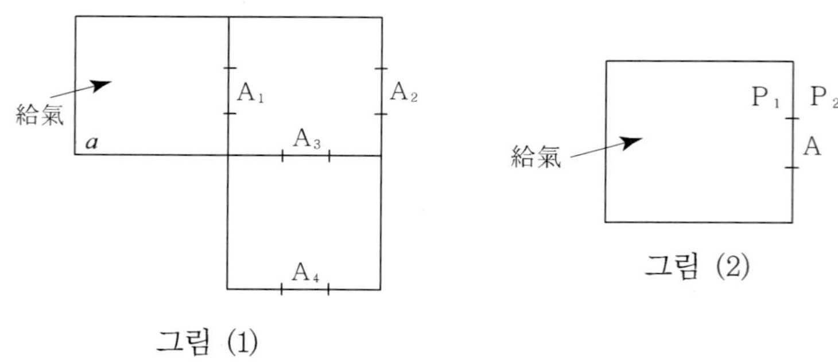

그림 (1)

그림 (2)

| 해설 | 1. 누설틈새면적

(1) A_4와 A_3은 직렬배열이다.

$$A_{3\sim4}=\left(\frac{1}{0.01^2}+\frac{1}{0.01^2}\right)^{-\frac{1}{2}}=0.00707$$

(2) $A_{3\sim4}$와 A_2는 병렬배열이다.

$$A_{2\sim4}=A_2+A_{3\sim4}=0.01+0.00707=0.01707$$

(3) $A_{2\sim4}$와 A_1은 직렬배열이다.

$$A_{1\sim4}=\left(\frac{1}{0.01^2}+\frac{1}{0.01707^2}\right)^{-\frac{1}{2}}=0.00863$$

∴ 전체 누설틈새면적은 0.00863[㎡]이다.

2. a실에 대한 급기량

$$Q=0.827\times0.00863\times64^{\frac{1}{2}}=0.057[\text{m}^3/\text{sec}]=3.426[\text{m}^3/\text{min}]$$

예 제

그림과 같은 가압 대상 공간에 0.1[㎥/sec]의 풍량으로 급기가압하고 있을 경우, 가압대상공간과 옥외 사이에 형성되는 차압을 구하시오. [94년 58회]

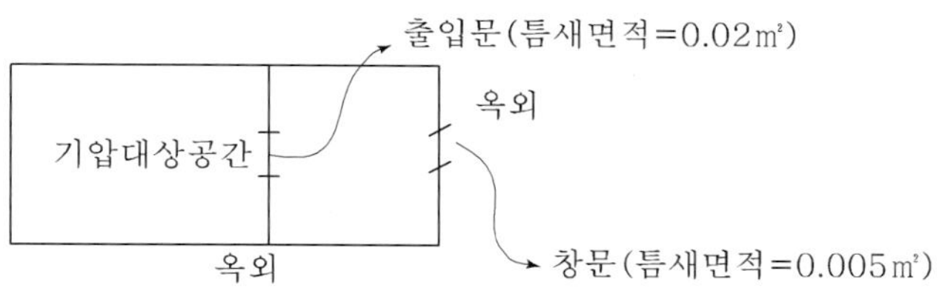

| 해설 | 1. 그림에서 문과 창문이 직렬배열로 되어 있지만 이와 같이 문과 창문으로 되어 있는 경우에는 직렬공식을 적용할 수 없다.

2. 가압대상공간의 압력을 P_1, 오른쪽 실의 압력을 P_2, 옥외의 압력을 P_3라 하고 가압대상공간의 누설면적을 A_1, 오른쪽 실의 누설면적을 A_2라 하며 가압대상공간의 급기량을 Q라 하면

$$Q = 0.827 \times A_1 \times (P_1 - P_2)^{\frac{1}{n}} = 0.827 \times A_2 \times (P_2 - P_3)^{\frac{1}{n}}$$

3. 급기량 Q=0.1[㎥/sec]이므로

$$0.1 = 0.827 \times 0.02 \times (P_1 - P_2)^{\frac{1}{2}} \quad \cdots\cdots\cdots\cdots\cdots \text{ⓐ}$$

$$0.1 = 0.827 \times 0.005 \times (P_2 - P_3)^{\frac{1}{1.6}} \quad \cdots\cdots\cdots\cdots\cdots \text{ⓑ}$$

4. ⓐ식에서 $(P_1 - P_2)^{\frac{1}{2}} = \dfrac{0.1}{0.827 \times 0.02} \fallingdotseq 6.046$

양변을 2승하면 $P_1 - P_2 = 36.554$ ……………………………… ⓒ

5. ⓑ식에서 $(P_2 - P_3)^{\frac{1}{1.6}} = \dfrac{0.1}{0.827 \times 0.005} \fallingdotseq 24.184$

양변을 1.6승하면 $P_2 - P_3 = 163.548$ ………………………… ⓓ

6. ⓒ+ⓓ 하면 $P_1 - P_3 = 200.102 \fallingdotseq 200$[Pa]

∴ 가압대상공간과 옥외 사이에 형성되는 차압은 약 200[Pa]이다.

문제27 과압방지장치

Ⅰ. 개 요

과압방지장치란 부속실 내에서 출입문 개방에 필요한 힘이 최대차압(110N)을 초과할 경우 피난자가 문을 용이하게 개방하기 어려우므로 부속실 내의 과압을 배출시켜 항상 적정차압을 유지하기 위한 과압공기의 배출장치를 말한다.

Ⅱ. 과압방지장치

1. 누설량은 적정차압을 유지하기 위한 급기량이므로 누설량만으로는 문이 닫혀 있어도 차압이 초과되지 않지만 불필요한 보충량이 계속하여 공급되며 이로 인하여 최대차압을 초과하여 과압이 발생하게 되며 출입문 개방에 필요한 힘을 초과하게 된다.
2. 이를 방지하기 위하여 제연구역(부속실)의 차압이 최대차압을 초과할 경우 이를 감지하여 과잉공기를 자동으로 제연구역 밖으로 배출시켜 주는 과압방지장치를 설치하여야 한다. 주로 플랩댐퍼(Flap Damper)를 이용하며, NFPA 92A에서는 과압배출용 댐퍼를 Barometric damper라고 한다.
3. 과압의 배출은 반드시 비제연구역 또는 옥외로 배출하여야 하며 계단으로 배출해서는 아니된다. 그 이유는 미량이나마 부속실내로 연기가 일부 유입될 우려가 있기 때문이다.
4. 결국 과압방지장치는 출입문이 닫혀 있는 경우에는 불필요한 급기량인 보충량에 해당하는 과잉공기를 자동으로 비제연구역으로 배출하는 장치로서 계산결과 보충량이 음수인 경우에는 설치하지 아니한다.
5. 과압배출을 위한 압력의 측정은 부속실과 화재실에 압력센서를 설치하고 차압감지관(6mm 정도의 동관)으로 연결하여 양쪽의 압력차를 감지하여 설정압력범위를 초과하게 되면 플랩댐퍼가 개방되어 압력을 배출시킨다.
6. 과압방지장치의 종류
   (1) 플랩댐퍼(Flap damper)
   (2) 자동차압 · 과압조절형 급기댐퍼

Ⅲ. 플랩댐퍼

1. 정 의

"플랩댐퍼" 란 부속실의 설정압력범위를 초과하는 경우 압력을 배출하여 설정압 범위를 유지하게 하는 과압방지장치를 말한다.

2. 설치기준

(1) 과압방지장치는 제연구역의 압력을 자동으로 조절하는 성능이 있는 것으로 할 것

(2) 과압방지를 위한 과압방지장치는 제6조(차압 등)와 제10조(방연풍속)의 해당 조건을 만족하여야 한다.

(3) 플랩댐퍼는 소방청장이 고시하는 성능인증 및 제품검사의 기술기준에 적합한 것으로 설치하여야 한다.

(4) 삭제〈개정 2013.9.3.〉

(5) 플랩댐퍼에 사용하는 철판은 두께 1.5mm 이상의 열간압연 연강판(KS D 3501) 또는 이와 동등 이상의 내식성 및 내열성이 있는 것으로 할 것

※ 플랩댐퍼 날개의 면적은 다음 식에 따라 산출한 수치 이상으로 할 것

$$A_f = \frac{q}{5.85}$$

A_f : 플랩댐퍼의 날개면적 (m^2)

q : 제연구역에 대한 보충량 (m^3/s)

〈공식 유도〉

$q = 0.827 \times A \times P^{(1/2)}$에서 기준차압을 50Pa이라 하면

$q = 0.827 \times A \times \sqrt{50}$

$\therefore\ A = \dfrac{q}{0.827 \times 50} = \dfrac{q}{5.85}$ [m^2]

Ⅳ. 자동차압·과압조절형 급기댐퍼

1. 정 의

"자동차압·과압조절형 급기댐퍼"란 제연구역과 옥내 사이의 차압을 압력센서 등으로 감지하여 제연구역에 공급되는 풍량의 조절로 제연구역의 차압유지 및 과압방지를 자동으로 제어할 수 있는 댐퍼를 말한다.

2. 구조 및 원리

(1) DC 24V의 전동모터로 작동하는 구조로서 감지기 연동의 자동작동 및 수동으로도 작동되며 차압을 수동으로도 설정할 수 있다.

(2) 급기댐퍼와 플랩댐퍼의 기능을 겸한 것으로서 차압센서를 이용하여 급기댐퍼의 풍량을 층별로 조절하여 적정차압을 유지하고 과압을 방지하는 댐퍼이다.

3. 설치기준

(1) 자동차압·과압조절형 댐퍼를 설치하는 경우 차압범위의 수동설정기능과 설정범위의 차압이 유지되도록 개구율을 자동조절하는 기능이 있을 것
(2) 자동차압·과압조절형 댐퍼는 옥내와 면하는 개방된 출입문이 완전히 닫히기 전에 개구율을 자동감소시켜 과압을 방지하는 기능이 있을 것
(3) 자동차압·과압조절형 댐퍼는 주위온도 및 습도의 변화에 의해 기능이 영향을 받지 아니하는 구조일 것
(4) 자동차압·과압조절형댐퍼는 「자동차압·과압조절형댐퍼의 성능인증 및 제품검사의 기술기준」에 적합한 것으로 설치할 것

4. KFI 성능인정기준

(1) 일반차압용댐퍼(최소차압이 40Pa 이상인 것)는 부속실 모형의 출입문이 닫힌 시점부터 차압이 60Pa로 떨어질 때까지의 평균시간이 5초 이내이어야 하며, 차압이 40~60Pa 범위로 유지되어야 한다.
(2) 저차압용댐퍼(최소차압이 12.5Pa 이상인 것)는 부속실 모형의 출입문이 닫힌 시점부터 차압이 60Pa로 떨어질 때까지의 평균시간이 5초 이내이어야 하며, 차압이 12.5~60Pa 범위로 유지되어야 한다.

예 제

특별피난계단의 부속실에 급기가압 방식의 제연설비를 설치하고자 한다. 만일 보충량이 4.68 ㎥/sec이며, 과압 방지조치로서 아래와 같은 플랩댐퍼를 설치하고자 한다. 이 때 플랩댐퍼의 크기(면적과 높이 H)를 구하시오. [2002년 68회]

[조건] 플랩댐퍼 : 단위 ㎡ 당 무게 $2kg_f$, 폭 0.8m

| 해설 | 1. 플랩댐퍼의 면적

$$A = \frac{4.68}{5.85} = 0.8[\text{m}^2]$$

2. 플랩댐퍼의 높이(H)

A(면적)=높이(H)×폭

$$\therefore H = \frac{A}{0.8\text{m}} = \frac{0.8\text{m}^2}{0.8\text{m}} = 1[\text{m}]$$

문제28 유입공기 배출장치

Ⅰ. 개 요

1. "유입공기"라 함은 제연구역으로부터 옥내로 유입하는 공기로서 차압에 따라 누설하는 것과 출입문의 개방에 따라 유입하는 것을 말한다.
2. 전실제연설비의 경우 제연구역(전실)에서는 과압을 방지하기 위한 과압배출장치가 필요하고 비제연구역(옥내)에서는 과압을 방지하기 위한 유입공기 배출장치가 필요하다.

Ⅱ. 유입공기 배출장치

1. 전실제연설비가 작동하는 경우 제연구역에서 비제연구역으로 유입되는 공기는 다음과 같은 3가지가 있다.
   (1) 출입문의 누설틈새를 통하여 유입되는 누설공기량
   (2) 출입문 개방 시 거실로 유입되는 거실유입공기량
   (3) 플랩댐퍼에 의하여 거실로 유입되는 과잉공기량(과압배출 공기량)
2. 이와 같은 유입공기량은 시간의 경과에 따라 비제연구역에 체류하게 되며 특히 비제연구역이 밀폐공간일 경우 차압유지를 방해하게 된다. 또한 화재 시에는 비제연구역의 실내압력이 증가하게 되므로 계속하여 차압을 지속적으로 유지하려면 비제연구역에서 일정수준 이상으로 증가되는 압력(과잉압력)은 외부로 배출시켜 주어야 한다.
3. 따라서 적정한 차압이 항상 유지되려면 비제연구역 내에 유입된 불필요한 모든 급기량이나 과압이 형성된 실내공기를 완전히 건물외부로 배출시켜야 하며 이를 위하여 사용하는 것이 유입공기배출장치이다.
4. 결국 이 장치의 목적은 화재 시 비제연구역의 압력을 대기압 조건으로 조성하여 부속실의 최소차압을 안정적으로 유지하기 위한 것이며 또한 유입공기를 건물외부로 배출시킴으로써 부수적으로 비제연구역에서 공기흐름을 외부로 연장시켜 부속실의 출입문 개방 시 방연풍속의 확보에도 도움이 된다.

Ⅲ. 아파트에서 유입공기 배출장치의 면제

1. 관련 기준(NFSC 501A 제13조 ①항)

유입공기는 화재층의 제연구역과 면하는 옥내로부터 옥외로 배출되도록 하여야 한다. 다만, 직통계단식 공동주택의 경우에는 그러하지 아니하다.

2. 면제 이유

(1) 아파트는 한 세대의 거주인원이 4~5인으로서 화재 시 한 번의 피난(출입문을 한 번 개방한다는 의미)으로 피난이 종료되는 특성이 있다. 따라서 일반건축물과 같이 수용인원에 의한 피난소요시간에 문제가 없으며 지속적으로 출입문이 개방되는 것이 아니므로 유입공기 배출장치를 면제하여도 큰 문제가 없다고 판단한 것이다.

(2) 또한 계단식 아파트는 비제연구역에 복도가 없는 구조이며 화재실에 해당하는 세대는 모두 갑종방화문으로 구획되어 있다. 따라서 일반건축물의 경우 복도가 있으며 각 실이 일반출입문으로 복도에 면한 것과 달리 아파트는 화재발생이 한 세대의 내부에 국한된다는 특징이 있다.

Ⅳ. 유입공기 배출방식의 종류

1. 수직풍도에 따른 배출

옥상으로 직통하는 전용의 배출용 수직풍도를 설치하여 배출하는 것

(1) 자연배출식

굴뚝효과에 따라 배출하는 것

(2) 기계배출식

수직풍도의 상부에 전용의 배출용 송풍기를 설치하여 강제로 배출하는 것. 다만, 지하층만을 제연하는 경우 배출용 송풍기의 설치위치는 배출된 공기로 인하여 피난 및 소화활동에 지장을 주지 아니하는 곳에 설치할 수 있다

2. 배출구에 따른 배출

건물의 옥내와 면하는 외벽마다 옥외와 통하는 배출구를 설치하여 배출하는 것

3. 제연설비에 따른 배출

거실제연설비가 설치되어 있고 당해 옥내로부터 옥외로 배출하여야 하는 유입공기의 양을 거실제연설비의 배출량에 합하여 배출하는 경우 유입공기의 배출은 당해 거실제연설비에 따른 배출로 갈음할 수 있다.

V. 배출구의 크기

1. 자연배출방식

수직풍도의 내부단면적은 다음 식에 따라 산출하는 수치 이상으로 할 것. 다만, 수직풍도의 길이가 100m를 초과하는 경우에는 산출수치의 1.2배 이상의 수치로 하여야 한다.

$$A_p = \frac{Q_N}{2}$$

A_p : 수직풍도의 내부단면적 (㎡)

Q_N : 수직풍도가 담당하는 1개 층의 제연구역의 출입문(옥내와 면하는 출입문을 말한다) 1개의 면적(㎡)과 방연풍속(㎧)을 곱한 값(m³/s)

2. 기계배출방식

송풍기를 이용한 기계배출식의 경우 풍속 15㎧ 이하로 할 것

3. 배출구에 의한 배출

개폐기의 개구면적(A_o)은 다음 식에 따라 산출한 수치 이상으로 할 것

$$A_o = \frac{Q_N}{2.5}$$

문제29 자동폐쇄장치

Ⅰ. 제연구역 및 옥내의 출입문

1. 제연구역의 출입문은 다음의 기준에 적합하여야 한다.
   (1) 제연구역의 출입문(창문을 포함한다)은 언제나 닫힌 상태를 유지하거나 자동폐쇄장치에 의해 자동으로 닫히는 구조로 할 것. 다만, 아파트인 경우 제연구역과 계단실 사이의 출입문은 자동폐쇄장치에 의하여 자동으로 닫히는 구조로 하여야 한다.
   (2) 제연구역의 출입문에 설치하는 자동폐쇄장치는 제연구역의 기압에도 불구하고 출입문을 용이하게 닫을 수 있는 충분한 폐쇄력이 있을 것
   (3) 제연구역의 출입문등에 자동폐쇄장치를 사용하는 경우에는 「자동폐쇄장치의 성능인증 및 제품검사의 기술기준」에 적합한 것으로 설치하여야 한다.
2. 옥내의 출입문(방연풍속의 기준에 따른 방화구조의 복도가 있는 경우로서 복도와 거실사이의 출입문에 한한다)은 다음의 기준에 적합하도록 할 것
   (1) 출입문은 언제나 닫힌 상태를 유지하거나 자동폐쇄장치에 의해 자동으로 닫히는 구조로 할 것
   (2) 거실 쪽으로 열리는 구조의 출입문에 자동폐쇄장치를 설치하는 경우에는 출입문의 개방 시 유입공기의 압력에도 불구하고 출입문을 용이하게 닫을 수 있는 충분한 폐쇄력이 있는 것으로 할 것

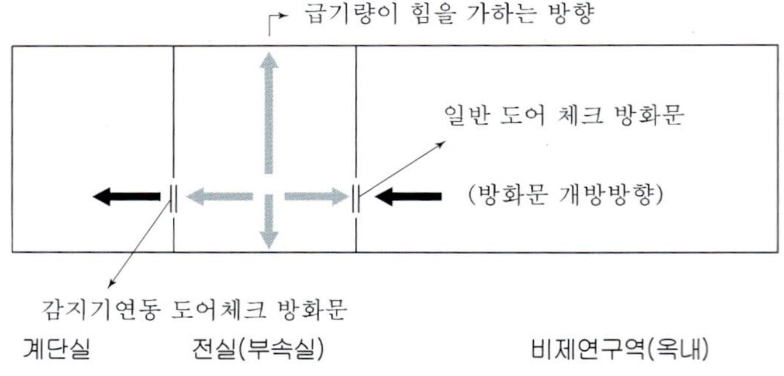

Ⅱ. 출입문 자동폐쇄의 문제점

1. 출입문 개방방향과 급기되는 공기흐름방향에 따른 문의 폐쇄력
   (1) 옥내에서 부속실 쪽 출입문의 경우 부속실에서 급기되는 바람의 방향이 문 개방방향과 반대방향이므로 문이 개방되더라도 도어클로저의 폐쇄력에 의하여 자동폐쇄가 가능하다.
   (2) 부속실에서 계단실 쪽의 출입문은 바람 방향과 문 개방 방향이 동일하므로 한 번 개방된 이후에는 자동폐쇄가 되지 않는 문제점이 있다.

2. 이와 같은 문제가 발생하는 이유는 다음과 같다.
   (1) 원칙적으로 도어클로저는 출입문을 용이하게 닫을 수 있는 충분한 폐쇄력이 있어야 하지만, 차압과 방연풍속의 압력에 적응하는 도어클로저가 아닌 보통의 대기압 상태에서 적응하는 것을 사용하기 때문이다.
   (2) 이로 인하여 차압과 방연풍속이 발생할 경우 부속실 출입문의 도어클로저가 완전폐쇄가 되지 못하는 경우가 발생하게 되며 한 번 개방 후 완전폐쇄가 되지 않으면 차압이 형성되지 못한다.
   (3) 또한 최근의 방화문은 그 성능기준의 강화에 따른 차연성능의 향상으로 인하여 방화문의 누설이 최소화되어 이러한 현상이 더욱 심화되고 있다.
   (4) 만약 이를 보완하기 위하여 도어클로저의 폐쇄력을 증가시킨 고장력 도어클로저를 설치할 경우 오히려 노약자가 계단 쪽 출입문을 열기 힘든 문제가 발생하게 된다.
   (5) 따라서 이를 근본적으로 해결하기 위해서는 감지기와 연동되는 자동폐쇄장치를 설치하여야 한다.

Ⅲ. 자동폐쇄장치

1. 정 의

"자동폐쇄장치"란 제연구역의 출입문 등에 설치하는 것으로서 화재발생 시 옥내에 설치된 감지기 작동과 연동하여 출입문을 자동적으로 닫게 하는 장치를 말한다.

2. 부속실 창문의 자동폐쇄

(1) 부속실에 창문이 있는 경우 출입문과 동일한 기준(언제나 닫힌 상태를 유지하거나 자동폐쇄장치에 의해 자동으로 닫히는 구조)을 적용하여야 한다.
(2) 따라서 고정창이 아니고 개방창인 경우에는 화재 시 창문이 자동으로 닫히는 구조(배연창과 반대 구조)가 되어야 한다.
(3) 왜냐하면 화재 시 급기가압을 할 경우 부속실내에 창문이 개방되면 가압이 되지 않기 때문이다.

3. 감지기와 연동하는 자동폐쇄장치의 적용

(1) 계단실 방향의 출입문은 개방된 이후에는 가압된 공기가 계속하여 공급되므로 피난자가 밀고 나간 이후 기존 자동폐쇄장치의 폐쇄력으로는 출입문이 완전히 닫히지 않는 문제점이 발생한다.
(2) 따라서 이를 개선하기 위하여 자동폐쇄장치를 감지기와 연동하도록 하였으며 아파트의 제연구역과 계단실 사이의 출입문은 반드시 감지기 연동형의 자동폐쇄장치를 설치하여야 한다.
(3) 그러나 기타 장소의 제연구역 출입문은 언제나 닫힌 상태를 유지할 경우 일반형 도어클로저를 사용할 수 있다.

문제30 제연설비의 T.A.B

Ⅰ. 개 요

1. T.A.B(Testing, Adjusting, Blancing)는 설비의 기능과 성능을 시험·조정하여 정량적으로 균형을 잡는다는 의미이다.
2. T.A.B는 거의 모든 설비(건축설비, 공장의 공정시설 등)에 공통적으로 적용되는 개념으로서 급기가압제연설비에도 필수적이다.
3. 따라서 NFSC 501A 제25조(시험, 측정 및 조정 등)에서도 "제연설비는 설계목적에 적합한지 사전에 검토하고 건물의 모든 부분(건축설비를 포함한다)을 완성하는 시점부터 시험 등(확인, 측정 및 조정을 포함한다)을 하여야 한다."라고 규정하고 있다.

Ⅱ. 제연설비의 T.A.B 기준

1. 제연구역의 모든 출입문등의 크기와 열리는 방향이 설계 시와 동일한지 여부를 확인하고, 동일하지 아니한 경우 급기량과 보충량 등을 다시 산출하여 조정가능여부 또는 재설계·개수의 여부를 결정할 것
2. 제1호의 기준에 따른 확인결과 출입문 등이 설계 시와 동일한 경우에는 출입문마다 그 바닥사이의 틈새가 평균적으로 균일한지 여부를 확인하고, 큰 편차가 있는 출입문 등에 대하여는 그 바닥의 마감을 재시공하거나, 출입문 등에 불연재료를 사용하여 틈새를 조정할 것
3. 제연구역의 출입문 및 복도와 거실(옥내가 복도와 거실로 되어 있는 경우에 한한다) 사이의 출입문마다 제연설비가 작동하고 있지 아니한 상태에서 그 폐쇄력을 측정할 것
4. 옥내의 층별로 화재감지기(수동기동장치를 포함한다)를 동작시켜 제연설비가 작동하는지 여부를 확인할 것. 다만, 둘 이상의 특정소방대상물이 지하에 설치된 주차장으로 연결되어 있는 경우에는 주차장에서 하나의 특정소방대상물의 제연구역으로 들어가는 입구에 설치된 제연용 연기감지기의 작동에 따라 특정소방대상물의 해당 수직풍도에 연결된 모든 제연구역의 댐퍼가 개방되도록 하고 비상전원을 작동시켜 급기 및 배기용 송풍기의 성능이 정상인지 확인할 것

5. 제4호의 기준에 따라 제연설비가 작동하는 경우 다음의 기준에 따른 시험 등을 실시할 것
   (1) 부속실과 면하는 옥내 및 계단실의 출입문을 일시적으로 동시 개방할 경우, 유입공기의 풍속이 제10조의 규정에 따른 방연풍속에 적합한지 여부를 확인하고, 적합하지 아니한 경우에는 급기구의 개구율과 송풍기의 풍량조절댐퍼 등을 조정하여 적합하게 할 것. 이 경우 유입공기의 풍속은 출입문의 개방에 따른 개구부를 대칭적으로 균등분할 하는 10 이상의 지점에서 측정하는 풍속의 평균치로 할 것
   (2) 시험 등의 과정에서 출입문을 개방하지 아니하는 제연구역의 실제 차압이 제6조3항의 기준에 적합한지 여부를 출입문 등에 차압측정공을 설치하고 이를 통하여 차압측정기구로 실측하여 확인·조정할 것.
   (3) 제연구역의 출입문이 모두 닫혀 있는 상태에서 제연설비를 가동시킨 후 출입문의 개방에 필요한 힘을 측정하여 제6조제2항의 규정에 따른 개방력에 적합한지 여부를 확인하고, 적합하지 아니한 경우에는 급기구의 개구율 조정 및 플랩댐퍼(설치하는 경우에 한한다)와 풍량조절용댐퍼(급기송풍기의 배출측에 설치하는 것을 말한다) 등의 조정에 따라 적합하도록 조치할 것. 다만, 차압표시계를 고정부착한 자동차압·과압조절형댐퍼를 설치하는 경우에는 당해 표시계로 차압의 범위를 조정하여야 한다.
   (4) (1)의 기준에 따른 시험 등의 과정에서 부속실의 개방된 출입문이 자동으로 완전히 닫히는지 여부를 확인하고, 닫힌 상태를 유지할 수 있도록 조정할 것

문제31 도로터널의 제연설비

Ⅰ. 개 요

1. 터널화재에서 연기제어는 그 구조적, 공간적 특성상 매우 중요하다. 즉, 터널화재 시 제연은 화재구역으로부터 연기를 배출시키거나 피난방향의 반대방향으로 연기 기류를 형성함으로써 화재초기의 자기구조(Self rescue)단계에서 피난자 스스로가 안전을 확보할 수 있도록 해 주는 매우 중요한 설비이다.
2. 터널화재 시 연기의 배출 및 제어는 평상시 환기시스템에 의하여 수행된다.

※ 용어의 정의(NFSC 603)

1. "도로터널"이란 「도로법」 제8조에서 규정한 도로의 일부로서 자동차의 통행을 위해 지붕이 있는 지하 구조물을 말한다.
2. "설계화재강도"란 터널 화재 시 소화설비 및 제연설비 등의 용량산정을 위해 적용하는 차종별 최대열방출률(MW)을 말한다.
3. "종류환기방식"이란 터널 안의 배기가스와 연기 등을 배출하는 환기설비로서 기류를 종방향(출입구 방향)으로 흐르게 하여 환기하는 방식을 말한다.
4. "횡류환기방식"이란 터널 안의 배기가스와 연기 등을 배출하는 환기설비로서 기류를 횡방향(바닥에서 천장)으로 흐르게 하여 환기하는 방식을 말한다.
5. "반횡류환기방식"이란 터널 안의 배기가스와 연기 등을 배출하는 환기설비로서 터널에 수직배기구를 설치해서 횡방향과 종방향으로 기류를 흐르게 하여 환기하는 방식을 말한다.
6. "양방향터널"이란 하나의 터널 안에서 차량의 흐름이 서로 마주보게 되는 터널을 말한다.
7. "일방향터널"이란 하나의 터널 안에서 차량의 흐름이 하나의 방향으로만 진행되는 터널을 말한다.
8. "연기발생률"이란 일정한 설계화재강도의 차량에서 단위 시간당 발생하는 연기량을 말한다.
9. "피난연결통로"란 본선터널과 병설된 상대터널이나 본선터널과 평행한 피난통로를 연결하기 위한 연결통로를 말한다.
10. "배기구"란 터널 안의 오염공기를 배출하거나 화재발생 연기를 배출하기 위한 개구부를 말한다.

II. 터널의 제연방식

1. 종류 환기방식(Longitudinal ventilation)

(1) 피난 반대방향으로 기류를 제어하여 피난안전을 확보하도록 하는 제연(Smoke control) 개념의 환기방식이다.

(2) 터널의 환기방식 중 환기가 차도를 종방향(차도의 길이방향)으로 흐르는 방식으로서 터널 천장에 제트팬을 설치하여 차량진행방향으로 환기를 한다.

(3) 차량이 운행 중일 경우는 차량에 의한 바람의 이동으로 효과적이지만, 차량이 정지상태일 경우는 연기가 뒤쪽으로 역류할 수가 있다.

(4) 따라서 화점부근의 연기가 역류하는 것을 방지하기 위하여 필요한 최저기류속도인 임계풍속을 유지할 수 있도록 하여야 한다.

2. 횡류 환기방식(Transverse ventilation)

(1) 화재장소에서 연기배출을 목적으로 하는 배연(Smoke exhaust) 개념의 환기방식이다.

(2) 환기가 횡방향(바닥에서 천장방향)으로 흐르는 방식으로서 급기와 배기가 차도를 중심으로 병렬로 동시에 이루어지며 급기용 송풍기와 배기용 송풍기 및 급기구와 배기구를 터널 천장에 설치하여 환기를 한다.

(3) 차도바닥 부근에서 신선한 공기를 급기하고, 터널 내 오염된 공기는 터널 상부(천장)에서 배기한다.

(4) 비용은 많이 들지만 길이가 매우 긴 장대터널에서는 매우 효과적인 방식이다.

(5) 종류 : 균일배기방식과 대배기구방식이 있다.

	균일배기 방식	대배기구 방식
개 요	① 천장에 설치된 덕트를 통하여 배연을 수행하는 방식이다. ② 배기구에 대한 개폐조정이 불가능하다.	① 배기구에 전동댐퍼를 설치하여 화재 시 선택적으로 배연을 수행하는 방식이다. ② 배기구에 대한 개폐조정이 가능하다.
배연량	$Q(\text{m}^3/\text{sec}) = 80 + 3.0A_r$ 이상	$Q(\text{m}^3/\text{sec}) = 80 + 1.0A_r$ 이상

3. 반횡류 환기방식(Semi-transverse ventilation)

(1) 터널에 수직배기구를 설치하여 횡방향과 종방향으로 기류를 흐르게 하여 환기하는 방식이다.

(2) 급기구로부터 공급된 공기가 여러 개의 연결구를 통하여 터널내로 균등하게 공급되거나, 반대로 터널내의 공기가 여러 개의 연결구를 통하여 배기구로 배기한다.

Ⅳ. 종류식과 횡류식(반횡류식)의 차이점

	종류식	횡류식(또는 반횡류식)
1. 연기제어 개념	화재구역으로부터 한 방향으로 연기 및 열기류를 제연하는 방식이며 열기류의 유동방향 제어가 용이하다.	화재구역으로부터 연기를 배출하는 방식으로 연기 및 열기류의 방향성 제어가 곤란하며 화재규모가 큰 경우에는 적응성이 떨어진다.
2. 통행방식에 따른 적용	① 양방향터널보다 일방향터널에서 효과가 우수하다. ② 교통정체 시에는 연기가 화재하류지역의 차량이나 대피자를 침범할 수 있으므로 정체빈도가 높은 도심지역 터널과 양방향터널에는 적합하지 않다.	① 일방향터널의 경우 차량의 운행으로 인하여 발생하는 피스톤효과에 의한 풍속이 항시 존재하므로 열기류의 방향성 제어가 곤란하다. ② 일방향터널보다는 양방향터널에 적합하다.
3. 환기용량 산정	연기의 역류를 억제하기 위한 최저 풍속인 임계풍속을 유지할 수 있어야 하며 이에 따라 제트팬 설치수량을 결정한다.	화재강도에 따른 연기발생량 및 연기확산을 억제할 수 있도록 최소풍속에 필요한 풍량에 따라 배연량을 결정한다.
4. 제연능력 향상방안	연기가 전구간으로 확산되는 것을 억제하기 위하여 일정간격으로 수직갱 또는 배연용 덕트를 설치하여 배연능력을 증대할 필요가 있다.	① 대배기구방식에 의해 화재지점에서 집중적으로 연기를 배출할 수 있는 시스템 구축이 필요하다. ② 제어의 정확성이 요구되며 배기구의 개폐조절을 위한 전동댐퍼의 설치로 인하여 설치비용 및 유지관리비용이 증가한다.

V. 도로터널 제연설비의 설치기준

1. 제연설비는 다음의 사양을 만족하도록 설계하여야 한다.
   (1) 설계화재강도 20MW를 기준으로 하고, 이때 연기발생률은 80㎥/s로 하며, 배출량은 발생된 연기와 혼합된 공기를 충분히 배출할 수 있는 용량 이상을 확보할 것
   (2) 제1호에도 불구하고 화재강도가 설계화재강도보다 높을 것으로 예상될 경우 위험도분석을 통하여 설계화재강도를 설정하도록 할 것
2. 제연설비는 다음의 기준에 따라 설치하여야 한다.
   (1) 종류환기방식의 경우 제트팬의 소손을 고려하여 예비용 제트팬을 설치하도록 할 것
   (2) 횡류환기방식(또는 반횡류환기방식) 및 대배기구 방식의 배연용 팬은 덕트의 길이에 따라서 노출온도가 달라질 수 있으므로 수치해석 등을 통해서 내열온도 등을 검토한 후에 적용하도록 할 것
   (3) 대배기구의 개폐용 전동모터는 정전 등 전원이 차단되는 경우에도 조작상태를 유지할 수 있도록 할 것
   (4) 화재에 노출이 우려되는 제연설비와 전원공급선 및 제트팬 사이의 전원공급장치 등은 250℃의 온도에서 60분 이상 운전상태를 유지할 수 있도록 할 것
3. 제연설비의 기동은 다음 중 어느 하나에 의하여 자동 또는 수동으로 기동될 수 있도록 하여야 한다.
   (1) 화재감지기가 동작되는 경우
   (2) 발신기의 스위치 조작 또는 자동소화설비의 기동장치를 동작시키는 경우
   (3) 화재수신기 또는 감시제어반의 수동조작스위치를 동작시키는 경우
4. 비상전원은 60분 이상 작동할 수 있도록 하여야 한다.

※ 배연량 Q=연기발생량+주변공기의 유입으로 증가하는 풍량
① 연기발생량 : 20MW 화재를 기준으로 80㎥/s
② 주변공기의 유입으로 증가하는 풍량=풍속×터널 단면적(A_r)
③ 풍속 : 균일배기는 3m/s, 대배기구는 1m/s 기준

제11장
피 난

문제1 피난대책의 일반원칙

Ⅰ. 개 요

1. 건축물이 고층화, 대형화, 지하 심층화됨에 따라 화재발생 시 재실자의 장거리 피난이 불가피하여 피난위험성이 증가하고 있다.
2. 따라서 장거리 피난에 따른 피난혼잡과 위험성을 감소시키기 위해선 체계적이고, 과학적인 피난대책의 수립 및 이에 대한 철저한 이행이 필요하다.

Ⅱ. 피난대책의 일반원칙

1. 2방향 피난로 확보

한 쪽 방향으로 피난이 불가능할 경우 다른 방향으로 피난이 가능하도록 하는 것

2. 피난경로

(1) 간단, 명료해야 한다.
(2) 복잡한 방향 설정과 장거리 피난은 부적당하다.

3. 피난수단

(1) 원시적 방법에 따를 것. 즉, 피난자의 보행이 우선이고, 신뢰도가 높다.
(2) 비상시
① 복잡한 조작이 필요한 장치는 부적당하다.
② 원시적 보행에 의한 것을 우선하여야 한다.

4. 피난로

(1) 피난방향을 표시하여야 한다(정전 시에도 피난을 유도할 수 있게 조치)
(2) 전력을 이용하는 설비(유도등, 제연설비 등)는 비상전원을 확보하여야 한다.
(3) 피난경로는 안전구획을 설정하여 피난안전성을 확보한다.

5. 피난대책

Fool-proof와 Fail-safe에 의한 피난설계 및 피난대책 수립

6. 피난구

(1) 항시 사용 가능하게 개방돼 있을 것.
(2) 관리상의 이유로 시건장치 등으로 잠그는 것을 금지한다.

7. 피난설비

(1) 고정식 시설을 원칙으로 한다.
(2) 가반식 기구·장치는 보조수단으로 활용한다(완강기, 이동식 사다리 등)

문제2 Fool proof / Fail safe

Ⅰ. 개 요

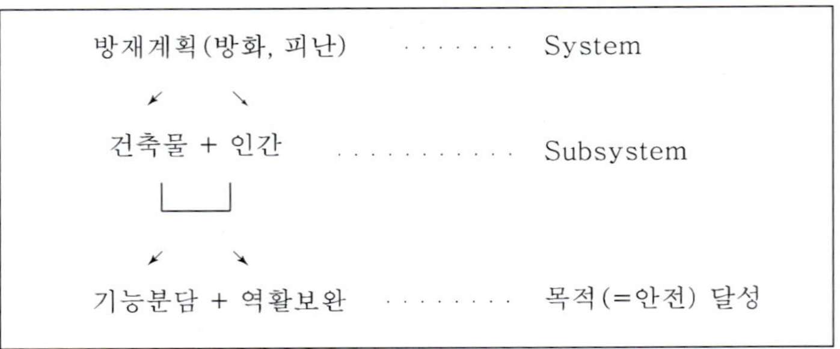

1. 피난·방화 등에 관한 방재계획을 System으로 했을 때, System의 목적인 안전을 달성하기 위해서는 Subsystem인 건축물과 인간의 기능을 분담하고 역할을 보완하여 설계·시공·유지·사용되는 것이 바람직하다.
2. 따라서 인간과 기계시스템에서 이것이 당초 설계대로 기능을 발휘하기 위해서는 Fool proof와 Fail safe라는 대책이 적용되어야 한다.

Ⅱ. Fool proof

1. 개 념

(1) 시스템의 이상 또는 고장 시 인간이 혼란 없이 쉽게 대응할 수 있도록 단순하고 명쾌하게 대책을 수립하는 것
(2) 비상 시 인간의 행동특성에 따른 동작이 실현될 수 있도록 미리 계획해 두는 것
(3) 초보자도 쉽게 조작할 수 있도록 설계한다.

2. 실제 응용의 예

(1) 문자보다 색 또는 기호를 사용한다.
(2) 소화설비·경보설비의 위치, 유도표시 : 쉽게 판별할 수 있는 색채를 사용한다.
(3) 피난방향으로 문을 열 수 있게 한다.
(4) 도어(door) 노브는 회전식이 아니라 레버식으로 한다.
(5) 정전 시에도 자연채광이 유입되는 위치에 피난구를 설치한다.

Ⅲ. Fail safe

1. 개 념

(1) 재해 시 시스템의 일부에 이상, 고장이 발생해도 일정한 안전성을 확보하는 것
(2) 재해 발생이 곧바로 중대한 사고나 위험으로 파급되지 않도록 설계하는 것

2. 실제 응용의 예

(1) 부분화 대책
① 계층구조에 의한 재해의 전체 파급방지 대책(국한화)
② 재해 초기단계에서 Subsystem의 일부를 붕괴하게 만들어 고장이나 이상상태가 시스템 전체로 파급되지 않도록 계층구조를 계획한 것
③ 종 류
㉮ 방화구획, 방·배연
㉯ 제연구획
㉰ 스프링클러에 의한 화재제어 등

(2) 병렬화(다중화) 대책
① 시스템의 병렬화에 의한 대책(다중화)
② 시스템을 병렬로 설계하여 일부에 이상 또는 고장이 발생해도 다른 시스템으로 안전을 확보할 수 있게 계획한 것
③ 종 류
㉮ 2방향 피난로 확보, 피난로의 순차적 안전구획
㉯ 비상전원, 예비전원
㉰ 예비펌프, 옥상수조
㉱ 루프배관, 루프배선 등

문제3 인간의 본능 및 피난행동 특성

Ⅰ. 개 요

1. 인간은 재해 발생 시 극도의 패닉으로 인해 이성적인 사고에 의한 행동보다는 본능에 의한 행동으로 혼란을 가중시키고, 피난안전성을 저해할 가능성이 크다.
2. 따라서 피난계획 시 인간의 행동을 지배하는 본능과 피난행동 특성을 고려한 설계가 필요하다.

Ⅱ. 인간의 본능

1. 추종본능(追從本能)

(1) 비상시 군중이 한 사람의 리더(Leader)를 추종하는 본능

(2) 군중심리에 의해 적극적인 사람이 있으면 추종한다(대중추수주의)

(3) 대 책

불특정 다수인이 이용하는 장소에서는 비상 시 피난을 유도할 수 있는 관계자에 대한 체계적인 교육 등이 필요하다.

2. 귀소본능(歸巢本能)

(1) 비상시 자신을 보호하기 위해 출입한 경로 또는 항시 사용하던 경로를 통해 피난하려는 본능

(2) 평상시 사용에 익숙한 경로를 이용하여 피난한다.

(3) 대 책

① 피난계획 시 일상경로가 피난경로가 될 수 있게 경로를 설정한다.

② 일상경로(복도, 계단)는 말단까지 알기 쉽고 안전하게 계획한다.

3. 퇴피본능(退避本能)

(1) 재해가 발생하면 확인하려 하고, 이상이 확인되면 이상으로부터 도피하려고 하는 본능

(2) 퇴피방향

① 발화지점으로부터 조금이라도 먼 곳으로 도피한다.

② 연기·화염의 차폐물이 있는 곳으로 도피하거나 숨는다.

(3) 대 책

① 평상시 화재경보가 발령되면 즉시 피난하는 교육을 지속적으로 실시한다.

② 총피난시간 중 초기대응시간을 줄이는 대책 수립

4. 좌회본능(左回本能)

(1) 피난시 좌회전하고 좌측통행을 하는 본능

(2) 양방향 피난경로에서 좌회전하는 경향이 많다.

(3) 대 책

① 좌측통로가 일상경로가 되게 피난경로 설정

② 피난경로에 대한 표시(화살표, 색상 등)를 명확히 한다.

5. 지광본능(指光本能)

(1) 화재 시에는 정전 또는 연기층에 의해 가시거리 확보가 용의치 않으므로 개구부나 조명이 있는 밝은 곳으로 향하는 본능

(2) 어둠속에서 빛이 있는 곳이나 창문 방향으로 향한다.

(3) 대 책

① 채광이 나쁜 옥내 피난경로

㉠ 인공조명으로 밝게 한다(유도등, 피난유도선, 비상조명등)

㉡ 혼동을 피하기 위해 장식등을 제한하거나 소등한다.

② 부속실(전실), 계단실 등은 외부와 접하게 하여 자연채광이 가능하게 한다.

Ⅲ. 피난행동 특성

1. 귀소성

(1) 온 길을 더듬어 달아나려고 하는 경향을 말한다.

(2) 즉 에스컬레이터를 이용한 사람은 에스컬레이터가 있는 방향으로, 엘리베이터를 이용한 사람은 엘리베이터가 있는 방향으로 도피하는 경향이 있다.

2. 일상동선 지향형

(1) 평소에 사용하던 계단 등 습관적으로 친숙해 있는 경로를 사용해 도피하려는 경향을 말한다.

(2) 종업원이 평상시 사용하던 종업원 전용계단으로 달아나려는 것은 이 특성 때문이다.

3. 향광성(向光性)

(1) 밝은 방향으로 도피하려는 경향을 말한다.

(2) 복도의 좌우를 비교해 볼 때 한쪽이 밝고 다른 쪽이 어둡다면 많은 사람들은 밝은 쪽의 경로를 선택하게 되는 특성을 말한다.

4. 향개방성

(1) 향광성과 유사한 특성으로 열린 공간 쪽으로 도피하려는 경향을 말한다.
(2) 좁은 복도보다 넓은 복도나 넓은 홀 공간을 선택하려는 행동특성이다.

5. 이시경로(易視經路)

(1) 최초로 눈에 들어온 경로나 눈에 띄기 쉬운 계단으로 향하는 경향이 있다.
(2) 백화점 등의 화재 시 바로 뒤에 있는 계단을 사용하지 않고 다른 계단으로 향하는 것은 이 특성 때문이다.

6. 근거리 선택성

가까운 계단이나 책상을 넘어서라도 지름길을 택하려는 경향을 말한다.

7. 직진성

(1) 곧바로 계단이나 통로를 선택하고 직진하려는 경향이다.
(2) 직진형 계단과 곡선형 계단이 있으면 직진형 계단으로 향하려는 사람이 많다.

8. 본능적 위험의 회피성

(1) 위험 상황으로부터 멀어지려고 하는 경향이다.
(2) 사람들은 연기가 조금만 있어도 그것을 회피하려고 한다.
(3) 뛰어내리는 행동도 일종의 본능적 위험의 회피성이다.

9. 이성적 안전지향성

(1) 본능적으로 안전하다고 믿고 있는 경로로 향하는 경향을 말한다.
(2) 먼 곳의 옥외계단으로 향하는 것은 이 특성 때문이다.

10. 부화뇌동성

많은 사람들이 달아나는 방향으로 무의식적으로 안전하다고 느껴 위험한 곳임에도 불구하고 좇아가는 경향이다.

문제4 피난계획의 3요소

Ⅰ. 개 요

1. 피난계획이란 건물의 용도 및 규모에 따라 수용인원의 특성 및 인원수, 피난능력 등을 고려하여 피난자가 원활하고 안전하게 구획된 계단 등을 통하여 최종적으로 옥외까지 피난할 수 있도록 계획하는 것이다.
2. 피난계획의 내용은 크게 3가지로 나눌 수 있는데 이를 피난계획의 3요소라 한다.

Ⅱ. 피난계획의 3요소

1. 피난로의 배치

피난계단이나 그 곳에 이르는 복도, 피난발코니나 피난기구 등을 적절하게 배치하는 등 비상 시에 혼란이 일어나지 않도록 계획하는 것

2. 피난로의 용량

피난 시에 사용되는 복도, 계단, 출구 등의 수와 폭을 적절하게 설정하여 피난자가 원활하게 행동할 수 있도록 하는 것

3. 피난로의 안전확보

설정된 피난로가 연기나 불, 열에 의해서 오염되지 않도록 하거나 피난자가 안전하게 피난할 수 있도록 방화·방연대책 등을 세우는 것

Ⅲ. 맺음말

피난계획을 수립할 때는 인간의 본능 및 비상시의 행동특성, Fool-proof와 Fail-safe의 원칙, 피난계획의 3요소 등을 고려하여 거주자가 안전하게 피난할 수 있도록 하여야 한다.

문제5 피난계획의 기본원칙

Ⅰ. 개 요

1. 건축물이 고층화, 대형화, 지하 심층화됨에 따라 화재발생 시 재실자의 장거리 피난이 불가피하여 피난위험성이 증가하고 있다.
2. 따라서 장거리 피난에 따른 피난혼잡과 위험성을 감소시키기 위해선 체계적이고, 과학적인 피난대책의 수립 및 이에 대한 철저한 이행이 필요하다.

Ⅱ. 2방향 피난로의 확보

1. 복 도

(1) 복도 끝은 피난계단에 연결한다.
(2) 막다른 공간에는 발코니 등을 설치한다.

2. 거 실

(1) 일정 면적 이상의 거실에는 2개 이상의 출입구를 서로 이격하여 설치한다.
(2) 병원, 사회복지시설 등과 같이 거주자가 재해약자인 경우에는 발코니를 설치한다.

Ⅲ. 피난경로의 구성

1. 단순 · 명료할 것

2. 금지사항

(1) 계단실까지 여러 번 꺾이는 복도
(2) 직각 이외의 각도로 구부러진 곳
(3) 위치 파악이 어려운 계단

Ⅳ. 안전구획의 설정

1. 안전구획

(1) 피난자를 화염·연기로부터 보호하면서 동시에 연기 유입을 방지하는 역할을 하는 피난안전성이 확보된 공간이다.
(2) 불연재료 이상의 방화성능을 가진 칸막이벽으로 구획된 복도 등이 해당한다.

2. 요구조건

(1) 방화성능
(2) 개구부 자동폐쇄장치
(3) 제연(또는 배연)설비

3. 피난시간이 길 경우

(1) 안전구획을 단계적으로 설정하여 순차적으로 피난하도록 구성한다.
(2) 즉, 1차(복도) → 2차(전실) → 3차(계단) → 최종(옥외, 지상) 안전구획 순으로 설정한다.

4. 특수형태

(1) 계단전실 형태의 안전구획
  - 피난계단이 거실에 면할 경우에 적용한다.
(2) 수평피난방식
  - 평면을 복수의 Zone으로 구획하여 비화재 Zone을 화재 Zone에 대한 안전구획으로 활용한다.

V. 피난시설의 방화·방연

1. 피난시설은 재실자가 피난 중에는 화염·연기로부터 보호되어야 한다.
2. 안전구획은 비화재층으로 연기의 이동 및 확산을 방지하기 위해서 수직관통부에서의 방화·방연성능이 요구된다.
3. 방·배연 성능
   - 해당 층의 거주자가 피난완료시까지 복도에 연기가 유입되지 않도록 차연성이 있는 구획과 제연설비를 검토해야 한다.

VI. 인간의 심리·생리에 대한 배려

1. 피난계획 시 인간의 본능 및 비상 시 행동특성을 고려한다.
2. 피난은 비상 시 인간심리·생리를 고려하여 계획한다.
3. 피난시설에서는 피난동선과 일상동선을 일치시켜 평소 이용하는 복도나 계단을 사용하여 안전하게 피난할 수 있는 동선계획이 필요하다.

Ⅶ. 대규모 복합건축물의 구획방침

1. 보통의 빌딩과는 달리 공동방화관리체제로 되어 있는 등 복잡한 형태가 생기는 경우가 있다.
2. 관리부분이 복합된 대규모 복합건축물에서는 화재의 영향이 다른 관리부분에 미치지 않도록 방화 상 각각 독립된 부분으로 계획한다.
3. 피난시설도 상호 이용하는 경우 한쪽의 화재로 다른 쪽의 피난이 곤란해지지 않도록 계획한다.

Ⅷ. 재해약자를 위한 배려

1. 병원, 사회복지시설

(1) 거실문을 자동폐쇄식으로 하고 복도가 안전구획이 되도록 한다.
  - 병원 기능의 특성상 그렇게 되지 못하는 경우가 많다.

(2) 복도가 안전구획이 성립되지 않는 경우 발코니 계획이 바람직하다.

(3) 재해약자는 자력에 의한 수직피난이 곤란하므로 수평피난방식이 효과적이다.

(4) 수술실 등 수평이동조차 불가능한 사람이 있는 부분에서는 그 부분을 화재로부터의 영향을 차단하는 신뢰성이 높은 방화·방연구획으로 계획한다.(일시농성방식)

2. 일반시설에서의 재해약자에 대한 배려

(1) 공공시설, 다중이용시설
  - 비상 시 재해약자의 안전을 확보할 수 있도록 계획한다.

(2) 계단실 전실과 같이 방화·방연적으로 보호된 일시적 대피공간 등을 계획한다.

(3) 계단실, E/V샤프트의 방연
  - 비화재층에서 대기하는 재해약자의 안전에 대한 중요한 대책이다.

문제6 피난계획의 기본방향

Ⅰ. 피난경로와 피난용량

1. 발화실에서의 피난

거실 발화시 실내에 연기가 충만하기 전에 피난을 완료할 수 있는 최대피난 용량의 출입구를 계획한다.

2. 발화층에서의 피난

연기가 발화층의 피난경로를 오염시키기 전에 발화층의 재실자 전원이 계단실 또는 부속실까지 피난할 수 있는 피난용량을 계획한다.

3. 상층에서의 피난

피난계단의 혼잡을 방지하기 위해 발화층 → 직상층 → 최상층의 순서로 순차적인 피난계획을 수립한다.

4. 중간피난거점

초고층건물에서 중간층에 외기로 개방된 안전구획을 확보하고, 일시적인 피난장소로 계획한다.

5. 피난층에서 옥외로 직접 연결

피난층에서 옥외의 최종피난장소까지 일관된 피난동선계획을 수립한다.

Ⅱ. 재실자의 특성에 따른 배려

1. 건물 내 각 부분의 피난대상자수를 예상

(1) 최대 예상 재실자수의 적용을 원칙으로 한다.

(2) 단, 주택, 호텔 객실층과 같이 이용자수가 한정된 곳은 설계인원을 대상자로 한다.

2. 재실자의 특정·불특정 구별과 피난능력

(1) 불특정 이용자의 시설인 경우 피난유도시설과 피난시설을 강화한다.

(2) 비상시 판단력이 부족한 사람 및 장애인 등의 재해약자를 배려한 피난계획을 수립한다.

Ⅲ. 건축물의 용도에 따른 배려

1. 실의 용도 및 일상의 유지관리에 따른 배려
2. 취침시설의 경우 화재인지 지연 및 피난지연에 대한 대책 강구
3. 복합용도 건물인 경우 이용시간대가 달라 피난로 차단 등에 대한 대비책 강구

Ⅳ. 방화대책의 신뢰성확보에 따른 배려

1. 대규모 Open center area
   방화·방연셔터로 구획할 경우 셔터(가동부위)의 개수가 많을수록 신뢰성이 낮아지므로 중요 구획부에는 고정벽을 설치한다.
2. 특히 아트리움의 경우 상부 몇 개 층을 유리스크린으로 병용설치하면 연기가 건물전체로 전파되는 것을 방지할 수 있다.

문제7 피난계획 수립순서(성능위주피난설계)

Ⅰ. 개 요

1. 건축물이 고층화, 지하심층화 및 대형화됨에 따라 화재발생 시 재실자의 장거리 피난이 불가피하여 피난위험성이 증가하고 있다.
2. 따라서 장거리 피난에 따른 피난혼잡과 위험성을 감소시키기 위해선 체계적이고, 과학적인 피난계획의 수립 및 이에 대한 철저한 수행이 필요하다.

Ⅱ. 피난계획 수립순서(성능위주피난설계)

1. 대피해야 할 피난자의 수를 추정한다.
   (1) 건축물의 용도 및 수용인원, 유동인구 등을 고려하여 정한다.
2. 건물 내에 가상의 출화점을 일정한 기준에 따라서 설정한다.
   (1) 피난행동 상 가장 불리한 지점
   (2) 출화 확률이 최대라고 예상되는 지점
3. 피난자의 피난경로를 일정한 기준에 따라 설정한다.
   (1) 가상의 출화점으로부터 조금이라도 먼 방향으로 피난 예상
   (2) 인간의 본능 및 비상 시 행동특성을 고려하여 설정
4. 피난경로마다 피난군집의 유동상황을 해석한다.
   (1) 시간경과에 따른 유동상황 해석
   (2) 체류인원의 시간경과에 따른 변화 해석
5. 피난경로마다 연기 및 유해가스의 유동상황을 해석한다.
   (1) 시간경과에 따른 연기의 이동·확산 경과 및 경로 파악
   (2) 시간경과에 따른 연기 및 유해가스의 농도 변화 파악
6. 상기 4와 5의 상호관계를 비교하여 피난자의 피난안전성을 검토한다.
   (1) 최후 피난자 또는 체류지점마다 허용한계 이상의 연기농도 등
   (2) 총피난시간(RSET) < 허용피난시간(ASET)를 검토
7. 대책 수립(피난안전성이 확보되지 않는 경우)
   (1) 출입구와 계단의 폭 및 개수의 증가 등 피난용량 증대
   (2) 방·배연 또는 제연대책 강화 등 당초의 기본계획을 수정하여 피난안전성을 확보한다.

문제8 안전구획 / 안전구역

Ⅰ. 개 요

1. 안전구획과 안전구역은 "피난상의 안전장소"라는 개념은 동일하다.
2. 차이점
   (1) 안전구획은 건물내부의 안전장소라는 개념이다(협의의 개념)
   (2) 안전구역은 건물내부 및 외부의 안전장소를 모두 의미하며, 안전구획을 포함하는 개념이다(광의의 개념)

Ⅱ. 안전구획

1. 정 의

화재실로부터 화염과 연기의 침입을 방지하여 피난자의 안전을 확보하기 위한 목적으로 구획한 부분

2. 단계별 안전구획

(1) 화재실로부터 복도 → 계단전실 → 계단 등을 거쳐 최종 안전구역(옥외, 지상)까지 도달할 경우 복도, 전실, 계단 등은 각각 피난경로상의 안전구획이 된다.

(2) 피난을 개시하는 거실에서 가까운 곳부터 제1차 안전구획, 제2차 안전구획, 제3차 안전구획이라고 차수를 붙여서 부른다.

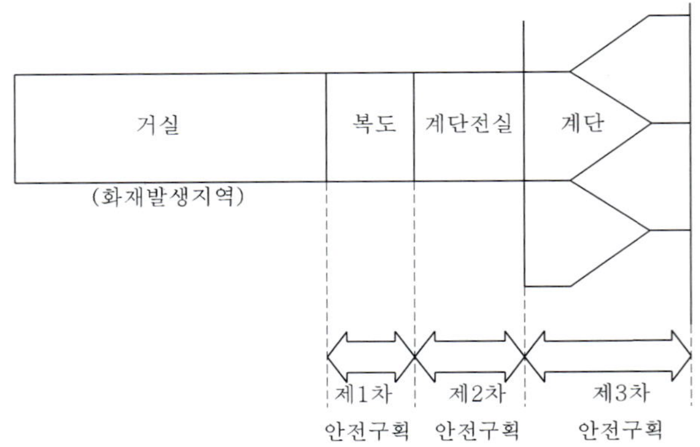

(3) 제1차 안전구획(복도)

복도는 수평방향의 피난에 있어서 가장 중요한 통로로서 거실보다는 가연물이 적어 1차적인 안전성은 확보된다.

(4) 제2차 안전구획(전실, 부속실)
전실은 계단입구에 설치하여 계단에 진입하지 못한 피난자에게 안전성을 부여해 주는 공간으로 이용된다.

(5) 제3차 안전구획(계단)
계단은 수직방향의 피난에 있어서 가장 중요한 경로이며 최후까지 사용할 수 있도록 안전을 확보해야 한다.

Ⅲ. 안전구역

1. 정 의

피난계획에 있어서 이 장소까지 도달하면 피난자의 안전이 확보되는 장소

2. 해당 장소

(1) 옥외 지상
건물의 외부에 있는 지표면으로서 어느 정도 이상의 면적을 가진 개방된 장소

(2) 옥상광장, 발코니
직접 지상으로 통하는 안전한 통로와 계단 등을 가진 옥상광장, 발코니 등으로 어느 정도 이상의 면적을 가진 장소

(3) 안전구획
화재실로부터 화염과 연기의 침입을 방지하여 피난자의 안전을 확보하기 위한 목적으로 구획한 부분

(4) 발화층보다 1~2층 아래층
고온의 연소생성물인 화열과 연기는 부력에 의해 위로 상승하고, 이동·확산되기 때문에 발화층에서 1~2층 아래까지 피난하면 피난안전성이 확보된다.

3. 검토 사항

옥상광장, 발코니 등의 경우 아래층으로부터의 화재와 연기에 의한 위험성에 대해서도 충분한 고려가 필요하다.

문제9 피난안전구역

Ⅰ. 정 의

초고층 및 준초고층, 지하연계 복합건물에 설치하는 안전구역으로서 화재 또는 비상 시 일정시간 동안 재실자가 안전하게 대피할 수 있도록 방·내화구조 및 안전설비 등이 갖추어져 있는 공간

Ⅱ. 설치대상

1. 초고층 건축물

(1) 50층 이상 건축물

(2) 지상층의 높이가 200m 이상인 건축물

2. 준초고층 건축물

(1) 층수가 30층 이상 ~ 49층 이하

(2) 높이가 120m 이상 ~ 200m 미만인 건축물

3. 16층 이상 29층 이하인 지하연계 복합건축물

Ⅲ. 설치기준(1)

1. 초고층 건축물

- 지상층으로부터 최대 30개 층마다 설치

2. 준초고층 건축물

(1) 해당 건축물의 1/2에 해당하는 층으로부터 상하 5개층 이내에 1개 이상 설치

(2) 단, 지상층, 피난층까지 직통계단 연결 시 제외

3. 거주밀도가 1.5(인)/㎡을 초과하는 층

Ⅳ. 설치기준(2)

1. 피난층 또는 지상으로 통하는 직통계단과 직접 연결
2. 건축물의 1개 층을 피난안전구역으로 설정
   (1) 대피에 장애가 되지 않는 범위에서 기계실, 보일러실, 전기실 등과 같은 층에 설치할 수 있다.
   (2) 건축설비가 설치되는 공간과 내화구조로 구획
3. 피난안전구역과 특별피난계단은 상·하층으로 연결
4. 피난안전구역의 구조 및 설비
   (1) 아래층 및 윗층은 단열재 설치
   (2) 내부 마감재료
      - 불연재료
   (3) 계 단
      - 특별피난계단 구조
   (4) 비상용승강기
      - 피난안전구역에서 승·하차 가능
   (5) 급수전 1개 이상 설치
   (6) 예비전원에 의한 조명설비 설치
   (7) 배연설비 설치
   (8) 소방청장이 정하는 설비를 갖출 것
   (9) 관리사무소 또는 방재센터 등과 연락 가능한 경보 및 통신시설 설치
   (10) 면 적
      - (피난안전구역 윗층의 재실자 수×0.5)×0.28㎡ 이상
   (11) 높 이
      - 2.1m 이상

문제10 피난시간 계산

Ⅰ. 개 요

총피난시간 = 피난개시시간 + 피난행동시간
= (인지시간 + 초기대응시간) + (이동시간 + 병목구간 통과시간)

Ⅱ. 피난시간의 구성요소

1. 피난개시시간($T_a = t_p + t_a$)

(1) 거주밀도가 높은 거실에서는 연기 인지에 따라 피난이 시작되므로 인지 가능한 연기층 두께(천장높이의 10%)가 된 시간을 피난개시시간으로 한다.

(2) 피난개시시간은 인지시간(t_p)과 초기대응시간(t_a)으로 구성된다.

① 인지시간(t_p)
- 발화로부터 화재인지까지의 시간

② 초기대응시간(t_a)
- 화재인지로부터 피난개시까지의 시간

2. 피난행동시간($t_s = t_1 + t_2$)

(1) 피난행동시간은 화재실에서의 이동시간(t_1)과 출입문의 병목구간통과시간(t_2)으로 구성된다.

(2) 이동시간(t_1)은 보행속도 v(m/s)에서 구해지므로

$$t_1 = \frac{L_x + L_y}{v}$$

L_x : x축의 보행거리
L_y : y축의 보행거리

(3) 병목구간 통과시간(t_2)은 유출계수 N(인/m.sec)와 관계되므로

$$t_2 = \frac{n}{N \times W}$$

n : 대피자 수
N : 유출계수[1.5인/m.sec]
W : 통과폭[m]

Ⅲ. 피난시간의 조건

1. 총피난시간은 다음의 3가지 요소로 구성

(1) 인지시간(t_p) : 발화로부터 화재의 인지까지의 시간

(2) 초기대응시간(t_a) : 화재인지로부터 피난개시까지의 시간

(3) 피난행동시간(t_s) : 안전지역으로 이동하는데 필요한 행동시간

2. 피난이 성공적으로 되기 위한 조건

$t_p + t_a + t_s < t_u$

(t_u : 인간의 거주한계 조건 도달시간)

3. 성공적 피난확률을 높이기 위한 수단

(1) 조기 감지설비 → t_p의 감소

(2) 적절한 유도표지, 최적 피난로의 설계 → t_a, t_s의 감소

(3) 실내 내장제의 불·난연화 또는 실내 장식물(방염대상물품)의 방염 → t_u, t_u의 증가

4. 영향인자

(1) t_p, t_a는 대개 인지상태에 의존한다.

(2) t_s는 개인의 민첩성, 건물의 기하학적 구조, 인간이 화재생성물에 의해 영향 받는 정도 등에 영향을 받는다.

Ⅳ. 피난시간의 평가

1. 거실피난시간(T_1) ≤ 거실허용피난시간($_r T_1$)=$a\sqrt{A_1}$
2. 복도피난시간(T_2) ≤ 복도허용피난시간($_r T_2$)=$4\sqrt{A_{1+2}}$
3. 층피난시간(T_f) ≤ 층허용피난시간($_s T_f$)=$8\sqrt{A_{1+2}}$

여기서, A_1 : 발화실(화재실)의 바닥면적(㎡)

A_{1+2} : 그 층의 모든 거실 및 복도의 바닥면적 합계(㎡)

a=2 : 천장의 높이가 6m 미만인 거실 또는 그 부분

a=3 : 천장의 높이가 6m 이상인 거실 또는 그 부분

예 제
영화관으로 사용되는 부분의 바닥면적이 300㎡, 거실의 인구밀도를 1.5인/㎡, 피난대상 사람수가 400명, 출구 폭의 합계가 6.0m라 가정하였을 경우 출구 통과시간과 거실의 허용피난시간을 계산하시오. 단 λ값은 3으로 한다. [2002(66)]

| 해설 |

1. 계산식

(1) 거실피난시간(T_1)

$$T_1 = \max(t_1, t_2)$$

$$t_1 = \frac{N}{\lambda \cdot \Sigma W}$$

$$t_2 = \frac{L_x + L_y}{V}$$

여기서, t_1 : 수용인원(N)의 출구통과 소요시간[sec]

t_2 : 최후 피난자의 출구도착 소요시간[sec]

λ : 출구의 유동계수[인/m · sec]

(※ NFPA에서는 출입구=1.5, 계단=1.3)

ΣW : 출구 폭의 합계[m]

V : 보행속도[m/sec]

· 사무소, 업무시설 : 1.5

· 혼잡한 장소 : 1.0

N : 피난자의 수[인]

$L_x + L_y$: 실내 최대보행거리[m]

(2) 거실허용피난시간(T_2)

$$T_2 = a\sqrt{A_1}$$

여기서, A_1 : 발화실의 바닥면적[㎡]

a : 천장높이계수

· 6m 미만 : 2

· 6m 이상 : 3

2. 계 산

(1) 거실피난시간(T_1)

① 조건산출

t_1 : 수용인원(N)의 출구통과 소요시간[sec]

t_2 : 최후피난자의 출구도착 소요시간[sec]

λ = 3[인/m · sec] (∵ 주어진 조건에서λ값은 3)

ΣW = 6[m]

V = 1.0[m/sec] (∵ 영화관은 혼잡한 장소이므로)

N = 400[인]

$L_x + L_y$ = 34.64[m] (∵ 바닥면적=가로(x)×세로(y)=300㎡,

$x = y$라 가정하면 $\sqrt{300}$=17.32m)

② 계산

$$t_1 = \frac{N}{\lambda \cdot \Sigma W} = \frac{400}{3 \times 6} = 22.22[\text{sec}] ≒ 22[\text{sec}] \quad (\text{단위} : \frac{\text{인}}{\frac{\text{인}}{\text{m} \cdot \text{sec}} \times m})$$

$$t_2 = \frac{L_x + L_y}{V} = \frac{17.32 + 17.32}{1} = 34.64[\text{sec}] ≒ 35[\text{sec}]$$

③ 결론

$T_1 = \max(t_1, t_2)$ 에서 $t_1 < t_2$ 이므로 T_1=35[sec]

(2) 거실허용피난시간(T_2)

① 조건 산출

A_1 = 300[㎡]

a = 3 (∵ 영화관이므로 천장 높이가 6m 이상이라고 가정)

② 계산

$$T_2 = a_1\sqrt{A_1} = 3\sqrt{300} = 51.96[\text{sec}] ≒ 52[\text{sec}]$$

3. 결 론

(1) 출구 통과시간 : 22[sec]

(2) 출구 이동시간 : 35[sec]

(2) 거실허용피난시간 : 52[sec]

(3) 안전피난 여부

→ 총피난시간(35초) 〈 허용피난시간(52초)므로 안전피난이 가능하다.

문제11 피난안전성평가(성능위주피난설계)

Ⅰ. 개 요

1. 피난안전성평가란 RSET(최소피난시간, Required safe egress time)가 ASET(허용피난시간, Available safe egress time)를 초과하지 않는가를 분석하는 것이다.
2. 즉 연소생성물(화염, 열, 연기 등)에 의해 위험이 파급되기 전까지 피난이 완료되었는가를 평가하는 것으로 연소생성물에 의해 위험이 파급되기 전까지의 시간이 ASET가 되고, 피난이 완료되는 시간이 RSET가 된다.

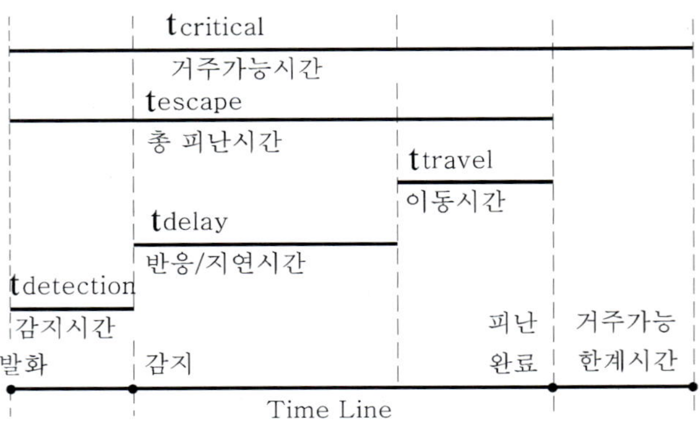

Time Line 분석 개념도

Ⅱ. RSET (Required safe egress time)

=최소피난시간=안전피난시간=총피난시간

1. 정 의

피난이 완료될 때까지 걸리는 최소시간

2. 구성요소

$$T_{escape} = T_{detection} + T_{delay} + T_{travel}$$

RSET = td + (ta + to + ti) + te

(1) 감지시간($T_{detection}$= td)

① 화재가 감지되는데 걸리는 시간이다.

② 화재시뮬레이션에 의하여 계산한다.

(2) 지연시간(T_{delay}= ta + to + ti)

① 재실자들이 화재에 반응하여 피난을 개시할 때까지의 지연행위가 고려된 시간

② ta, to, ti의 세 항을 모두 더한 시간으로 계산한다.

· ta : 화재가 감지되어서부터 거주자들이 인지하는데 걸리는 시간

· to : 화재가 난 것을 인지했을 때부터 거주자들이 행동을 취할 때까지 걸리는 시간

· ti : 행동을 취하기로 결정한 때부터 피난을 시작하는 데까지 걸린 시간

③ 주로 전문가들의 의견 혹은 신뢰성 있는 서적에 의하여 가정된다.
(즉, 관련서적이나 전문가의 판단에 따라야 한다.)

(3) 이동시간(T_{travel} = te)

① 피난 시작에서부터 끝날 때까지 걸리는 시간

② 즉, 안전구역에 도달하기까지 이동에 따른 경과시간이다.

③ 계산 방법은 피난시뮬레이션(hydraulic flow calculation)에 의해 계산되며 SFPE 핸드북(Hand calculation)등에 예시와 함께 자세히 나와 있다.

3. 측정방법

(1) 피난시뮬레이션
- Building-EXODUS, SIMULEX

(2) 수계산(Hand calculation)

4. 영향요소

(1) 피난인원의 특성

(2) 피난경로의 효율성

(3) 안전구획까지 거리

5. 피난시간을 단축시키는 방안

(1) 거주밀도 하향 조정

(2) 피난구 수 증가

(3) 피난구 및 피난계단 폭 확대

(4) 피난거리 단축

(5) 탐지 및 경보시간 단축

(6) 비상훈련에 의한 대피시간 단축

Ⅲ. ASET(Available safe egress time, 허용피난시간=거주가능시간)

1. 정 의

(1) 연소생성물에 의해 위험이 파급되기 전까지의 시간(허용피난시간)
(2) 화재시뮬레이션의 결과를 통해 나온 거주가 불가능한 상태에 도달하기까지 걸리는 시간(거주가능시간)
(3) 설정된 화재시나리오에 의하여 결정되며 체류가능조건인자까지의 시간을 의미한다.

2. 구성요소

(1) 체류가능조건인자 = 연소생성물의 허용한계
= 거주가능시간을 결정하는 요소(성능기준, Performance criteria)
① 화염의 온도(Flame temperature)
② 연기층의 온도(Upper or Low layer temperature),
③ 연기의 농도(Smoke concentration) 또는 연기의 높이(Smoke layer height),
④ 복사열의 세기(Radiation Heat)

(2) 일반적인 성능기준
① 최대 실내온도 : 100~110℃
② 최저 산소농도 : 18%
③ 연기층 높이 : 바닥에서 1.5m

※ 국내 인명안전기준

구 분	성 능 기 준
호흡 한계선	바닥에서 1.8m
열에 의한 영향	60℃ 이하
가시거리에 의한 영향	① 판매 및 집회시설 - 기준 : 10m - 고휘도유도등, 바닥유도등, 축광유도표지 설치 시 : 7m ② 기타 시설 : 5m
독성에 의한 영향	① CO : 1,400ppm ② O_2 : 15% 이상 ④ CO_2 : 5% 이하

3. 측정방법

(1) 화재시뮬레이션
  - FDS, CFAST

(2) 수계산

4. 영향요소

(1) 화재전파속도

(2) F.O 도달시간

(3) 연기층의 하강시간

5. 체류가능시간 연장방안(피난능력 개선방안)

(1) 연기 및 열 피해를 감소시키는 설비의 설치를 고려한다.

(2) 가연성 물질의 종류 및 사용량을 제한한다.

(3) 고정식 자동소화설비의 설치

(4) 화재 대상실의 구조 변경

(5) 감지설비의 초기 설정값 변경(반응온도, RTI 등)

Ⅳ. 피난안전성평가

1. RSET < ASET = 안전피난 가능

최소피난시간이 허용피난시간보다 적은 경우에는 화재로부터 안전하게 대피할 것으로 가정한다.

2. RSET > ASET = 안전피난 불가능

최소피난시간이 허용피난시간보다 많은 시간이 걸리는 경우 안전하게 피난하지 못한 것으로 간주한다.

3. 안전시간(Margin of safety)

(1) 안전시간 = ASET - RSET (→ 여유시간을 의미)

(2) 이 값이 클수록 피난안전성이 크다는 것을 의미한다.

■ 핵심요약

	RSET	ASET
1. 정 의	피난에 필요한 최소시간	거주가 가능한 시간
2. 구성요소	감지시간, 반응/지연시간, 이동시간	성능기준(체류가능조건인자)
3. 영향요소	· 피난인원의 특성 · 피난경로의 효율성 · 안전구획까지의 거리	· 화재전파속도 · F.O 도달시간 · 연기층의 하강시간
4. 측정방법	· 피난모델링(피난시뮬레이션) · 피난시간 계산공식	· 화재모델링(화재시뮬레이션) · 화재현상 수계산공식
5. 결 과	피난완료시간	위험수준 도달시간
6. 판 정	RSET < ASET = 합격(안전피난 가능)	
7. 피난능력 개선방안	① 거주밀도 하향 조정 ② 피난구 수 증가 ③ 피난구 및 피난계단 폭 확대 ④ 피난거리 단축 ⑤ 탐지 및 경보시간 단축 ⑥ 비상훈련에 의한 대피시간 단축	① 연기 및 열 피해를 감소시키는 설비의 설치를 고려 ② 가연성 물질의 종류 및 사용량 제한 ③ 고정식 자동소화설비의 설치 ④ 화재 대상실의 구조 변경 ⑤ 감지설비의 초기설정 값 변경 (반응온도, RTI등)

예 제

성능위주소방설계 및 화재영향평가 시 결정론적 방법(Deterministic analysis)에서 Time line 분석방법을 사용하고 있다. 총피난시간과 거주가능시간의 관계를 설명하시오.

| 해설 | 1. 개 요

(1) 현재 PBD(성능위주소방설계)는 대부분 확률의 개념을 다루지 않는 결정론적 분석방법(Deterministic method)에 의해 수행되고 있다.

(2) 결정론적 분석에서 대표적으로 사용되는 기법 중 하나인 Time line분석방법은 다음 그림과 같은 절차로 수행된다.

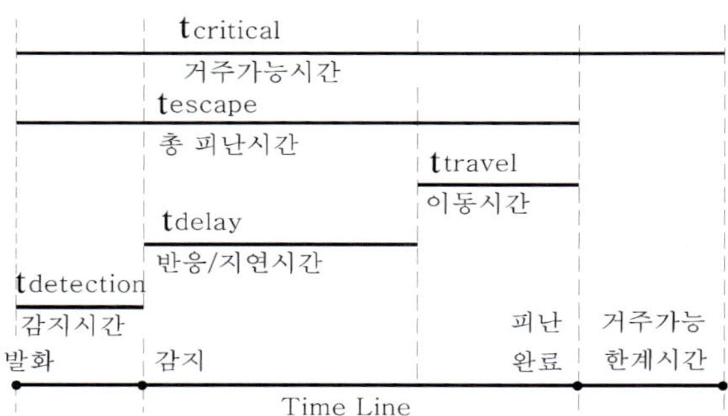

2. 총피난시간 (RSET = T_{escape})

이 그림에 의한 총피난 시간(T_{escape})은 다음과 같이 표현된다.

$$T_{escape} = T_{\mathrm{detection}} + T_{delay} + T_{travel}$$

(1) 감지시간($T_{\mathrm{detection}}$)

화재 역학 및 시뮬레이션 등을 통해 구할 수 있는 감지시스템의 감지시간

(2) 지연시간(T_{delay})

재실자 들이 화재에 반응하여 피난을 개시할 때까지의 지연 행위가 고려된 시간(주로 전문가들의 의견 혹은 신뢰성 있는 서적에 의해 가정됨)

(3) 이동시간(T_{travel})

피난시뮬레이션 또는 SFPE Handbook의 계산방법(Hand calculation)등으로 구한 이동시간

3. 거주가능시간(ASET = $T_{critical}$)

(1) 화재시뮬레이션의 결과를 통하여 나온 거주가 불가능한 상태에 도달하기까지 걸리는 시간

(2) 거주가능시간을 결정하는 요소(성능기준, Performance criteria)

① 화염의 온도(Flame Temperature)

② 연기층의 온도(Upper or Low layer temperature),

③ 연기의 농도(Smoke concentration)

혹은 연기의 높이(Smoke layer height),

④ 복사열의 세기(Radiation heat)

(3) 일반적인 성능기준

① 최대 실내온도 : 100~110℃

② 최저 산소농도 : 18%

③ 연기층 높이 : 바닥에서 1.5m

4. 총피난시간과 거주가능시간의 관계

(1) RSET(T_{escape}) < ASET($T_{critical}$)

총피난시간이 거주가능시간보다 적은 경우에는 화재로부터 안전하게 대피할 것으로 가정한다.

(2) RSET(T_{escape}) > ASET($T_{critical}$)

총피난시간이 거주가능시간보다 많이 걸리는 경우 안전하게 피난하지 못한 것으로 간주한다.

문제12 피난기구

Ⅰ. 개 요

1. 소방법상 피난구조설비의 종류

(1) 피난기구
  1) 피난사다리
  2) 구조대
  3) 완강기
  4) 그 밖에 화재안전기준으로 정하는 것

(2) 인명구조기구
  1) 방열복, 방화복(안전헬멧, 보호장갑 및 안전화를 포함한다)
  2) 공기호흡기
  3) 인공소생기

(3) 유도등
  1) 피난유도선
  2) 피난구유도등
  3) 통로유도등
  4) 객석유도등
  5) 유도표지

(4) 비상조명등 및 휴대용비상조명등

2. 피난기구

(1) 건축물의 화재발생을 예상하여 대피가 용이하도록 건축물에 설치하는 것으로서 건축물의 구조와 기능에 따라 여러 가지 형태의 피난기구의 설치가 요구된다.

(2) 특히, 그 특성상 남녀노소 누구나 사용하기 쉽도록 제조되어야 하고, 조작상 이상이 없어야 한다.

(3) 건축물에 적합한 피난기구를 선정하여 사용에 편리한 위치에서 조작할 수 있도록 하여야 한다.

Ⅱ. 피난기구의 설치대상

1. 모든 특정소방대상물의 모든 층에 설치하여야 한다.

2. 예외

(1) 가스시설, 지하구, 지하가 중 터널은 설치 제외

(2) 설치대상에 해당하더라도 피난층, 1층, 2층, 층수가 11층 이상의 층은 설치 제외

Ⅲ. 피난기구의 종류

1. 피난사다리

화재 시 긴급대피를 위해 사용하는 사다리

2. 완강기

사용자의 몸무게에 따라 자동적으로 내려올 수 있는 기구 중 사용자가 교대하여 연속적으로 사용할 수 있는 것

3. 간이완강기

사용자의 몸무게에 따라 자동적으로 내려올 수 있는 기구 중 사용자가 연속적으로 사용할 수 없는 것

4. 구조대

포지 등을 사용하여 자루형태로 만든 것으로서 화재 시 사용자가 그 내부에 들어가서 내려옴으로써 대피할 수 있는 것

5. 공기안전매트

화재 발생 시 사람이 건축물 내에서 외부로 긴급히 뛰어 내릴 때 충격을 흡수하여 안전하게 지상에 도달할 수 있도록 포지에 공기 등을 주입하는 구조로 되어 있는 것

6. 다수인피난장비

화재 시 2인 이상의 피난자가 동시에 해당층에서 지상 또는 피난층으로 하강하는 피난기구

7. 승강식 피난기

사용자의 몸무게에 의하여 자동으로 하강하고 내려서면 스스로 상승하여 연속적으로 사용할 수 있는 무동력 승강식피난기

8. 하향식 피난구용 내림식사다리

하향식 피난구 해치에 격납하여 보관하고 사용 시에는 사다리 등이 소방대상물과 접촉되지 아니하는 내림식 사다리

Ⅳ. 설치장소별 적응성

층별 / 설치 장소별 구분	지하층	1층	2층	3층	4층 이상 10층 이하
1. 노유자시설	피난용 트랩	미끄럼대 구조대 피난교 다수인피난장비 승강식피난기	미끄럼대 구조대 피난교 다수인피난장비 승강식피난기	미끄럼대 구조대 피난교 다수인피난장비 승강식피난기	피난교 다수인피난장비 승강식피난기
2. 의료시설·근린생활시설 중 입원실이 있는 의원·접골원·조산원	피난용 트랩			미끄럼대 구조대 피난교 피난용트랩 다수인피난장비 승강식피난기	구조대 피난교 피난용트랩 다수인피난장비 승강식피난기
3. 다중이용업소로서 영업장의 위치가 4층 이하인 다중이용업소			미끄럼대 피난사다리 구조대 완강기 다수인피난장비 승강식피난기	미끄럼대 피난사다리 구조대 완강기 다수인피난장비 승강식피난기	미끄럼대 피난사다리 구조대 완강기 다수인피난장비 승강식피난기
4. 그 밖의 것	피난 사다리 피난용 트랩			미끄럼대 피난사다리 구조대 완강기 피난교 피난용트랩 간이완강기 공기안전매트 다수인피난장비 승강식피난기	피난사다리 구조대 완강기 피난교 간이완강기 공기안전매트 다수인피난장비 승강식피난기

※ 비고 : 간이완강기의 적응성은 숙박시설의 3층 이상에 있는 객실에, 공기안전매트의 적응성은 공동주택(공동주택관리법 시행령 제2조의 규정에 해당하는 공동주택)에 한한다.

※ 공동주택관리법시행령 제2조의 규정에 해당하는 공동주택
(1) 300세대 이상의 공동주택
(2) 세대수가 150세대 이상으로서 승강기가 설치된 공동주택
(3) 세대수가 150세대 이상으로서 중앙집중식 난방방식(지역난방방식 포함)의 공동주택
(4) 「건축법」 제11조에 따른 건축허가를 받아 주택 외의 시설과 주택을 동일 건축물로 건축한 건축물로서 주택이 150세대 이상인 건축물

V. 설치수량

1. 기본 설치수량

층마다 설치하되 다음의 기준면적마다 1개 이상 설치할 것

(1) 숙박시설·노유자시설 및 의료시설로 사용되는 층
- 해당 층의 바닥면적 500㎡ 마다

(2) 위락시설·문화집회 및 운동시설·판매시설로 사용되는 층 또는 복합용도의 층
- 해당 층의 바닥면적 800㎡ 마다

(3) 계단실형 아파트
- 각 세대마다

(4) 그 밖의 용도의 층
- 해당 층의 바닥면적 1,000㎡ 마다

2. 추가 설치수량

(1) 숙박시설(휴양콘도미니엄 제외)의 경우에는 추가로 객실마다 간이완강기 또는 피난밧줄을 설치할 것

(2) 아파트(공동주택관리법 시행령 제2조의 규정에 따른 아파트에 한한다)의 경우에는 하나의 관리주체가 관리하는 아파트 구역마다 공기안전매트 1개 이상을 추가로 설치할 것. 다만, 옥상으로 피난이 가능하거나 인접세대로 피난할 수 있는 구조인 경우에는 추가로 설치하지 아니할 수 있다.

VI. 설치기준

1. 피난기구는 계단·피난구 기타 피난시설로부터 적당한 거리에 있는 안전한 구조로 된 피난 또는 소화활동상 유효한 개구부(가로 0.5m 이상 세로 1m 이상인 것을 말한다. 이 경우 개구부 하단이 바닥에서 1.2m 이상이면 발판 등을 설치하여야 하고, 밀폐된 창문은 쉽게 파괴할 수 있는 파괴장치를 비치하여야 한다)에 고정하여 설치하거나 필요한 때에 신속하고 유효하게 설치할 수 있는 상태에 둘 것

2. 피난기구를 설치하는 개구부는 서로 동일직선상이 아닌 위치에 있을 것. 다만, 피난교·피난용트랩·간이완강기·아파트에 설치되는 피난기구(다수인 피난장비는 제외한다) 기타 피난 상 지장이 없는 것에 있어서는 그러하지 아니하다.
3. 피난기구는 소방대상물의 기둥·바닥·보 기타 구조상 견고한 부분에 볼트조임·매입·용접 기타의 방법으로 견고하게 부착할 것
4. 4층 이상의 층에 피난사다리(하향식 피난구용 내림식사다리는 제외한다)를 설치하는 경우에는 금속성 고정사다리를 설치하고, 당해 고정사다리에는 쉽게 피난할 수 있는 구조의 노대를 설치할 것
5. 완강기는 강하 시 로프가 소방대상물과 접촉하여 손상되지 아니하도록 할 것
6. 완강기로프의 길이는 부착위치에서 지면 기타 피난상 유효한 착지면까지의 길이로 할 것
7. 미끄럼대는 안전한 강하속도를 유지하도록 하고, 전락방지를 위한 안전조치를 할 것
8. 구조대의 길이는 피난상 지장이 없고 안정한 강하속도를 유지할 수 있는 길이로 할 것
9. 다수인 피난장비는 다음 각 목에 적합하게 설치할 것
   (1) 피난에 용이하고 안전하게 하강할 수 있는 장소에 적재 하중을 충분히 견딜 수 있도록「건축물의 구조기준 등에 관한 규칙」제3조에서 정하는 구조안전의 확인을 받아 견고하게 설치할 것
   (2) 다수인피난장비 보관실(이하 "보관실"이라 한다)은 건물 외측보다 돌출되지 아니하고, 빗물·먼지 등으로부터 장비를 보호할 수 있는 구조일 것
   (3) 사용 시에 보관실 외측 문이 먼저 열리고 탑승기가 외측으로 자동으로 전개될 것
   (4) 하강 시에 탑승기가 건물 외벽이나 돌출물에 충돌하지 않도록 설치할 것
   (5) 상·하층에 설치할 경우에는 탑승기의 하강경로가 중첩되지 않도록 할 것
   (6) 하강 시에는 안전하고 일정한 속도를 유지하도록 하고 전복, 흔들림, 경로이탈 방지를 위한 안전조치를 할 것
   (7) 보관실의 문에는 오작동 방지조치를 하고, 문 개방 시에는 당해 소방대상물에 설치된 경보설비와 연동하여 유효한 경보음을 발하도록 할 것
   (8) 피난층에는 해당 층에 설치된 피난기구가 착지에 지장이 없도록 충분한 공간을 확보할 것
   (9) 한국소방산업기술원 또는 법 제42조제1항에 따라 성능시험기관으로 지정받은 기관에서 그 성능을 검증받은 것으로 설치할 것
10. 승강식피난기 및 하향식 피난구용 내림식사다리는 다음 각 목에 적합하게 설치할 것
   (1) 승강식피난기 및 하향식 피난구용 내림식사다리는 설치경로가 설치층에서 피난층까지 연계될 수 있는 구조로 설치할 것. 다만, 건축물의 구조 및 설치 여건 상 불가피한 경우에는 그러하지 아니한다.

(2) 대피실의 면적은 2㎡(2세대 이상일 경우에는 3㎡) 이상으로 하고, 「건축법 시행령」 제46조제4항의 규정에 적합하여야 하며 하강구(개구부) 규격은 직경 60cm 이상일 것. 단, 외기와 개방된 장소에는 그러하지 아니한다.
(3) 하강구 내측에는 기구의 연결 금속구 등이 없어야 하며 전개된 피난기구는 하강구 수평투영면적 공간 내의 범위를 침범하지 않는 구조이어야 할 것. 단, 직경 60cm 크기의 범위를 벗어난 경우이거나, 직하층의 바닥 면으로부터 높이 50cm 이하의 범위는 제외 한다.
(4) 대피실의 출입문은 갑종방화문으로 설치하고, 피난방향에서 식별할 수 있는 위치에 "대피실" 표지판을 부착할 것. 단, 외기와 개방된 장소에는 그러하지 아니한다.
(5) 착지점과 하강구는 상호 수평거리 15cm 이상의 간격을 둘 것
(6) 대피실 내에는 비상조명등을 설치할 것
(7) 대피실에는 층의 위치표시와 피난기구 사용설명서 및 주의사항 표지판을 부착 할 것
(8) 대피실 출입문이 개방되거나, 피난기구 작동 시 해당층 및 직하층 거실에 설치된 표시등 및 경보장치가 작동되고, 감시 제어반에서는 피난기구의 작동을 확인할 수 있어야 할 것
(9) 사용 시 기울거나 흔들리지 않도록 설치할 것
(10) 승강식피난기는 한국소방산업기술원 또는 법 제42조제1항에 따라 성능시험기관으로 지정받은 기관에서 그 성능을 검증받은 것으로 설치할 것

Ⅶ. 위치표시 및 사용방법표시

1. 피난기구를 설치한 장소에는 가까운 곳의 보기 쉬운 곳에 피난기구의 위치를 표시하는 발광식 또는 축광식표지와 그 사용방법을 표시한 표지를 부착하되,
2. 축광식표지는 소방청장이 정하여 고시한 「축광표지의 성능인증 및 제품검사의 기술기준」에 적합하여야 한다. 다만, 방사성물질을 사용하는 위치표지는 쉽게 파괴되지 아니하는 재질로 처리할 것

Ⅷ. 설치제외

1. 다음의 기준에 적합한 층
   (1) 주요구조부가 내화구조로 되어 있어야 할 것
   (2) 실내의 면하는 부분의 마감이 불연재료 · 준불연재료 또는 난연재료로 되어 있고 방화구획이 건축법시행령 제46조의 규정에 적합하게 구획되어 있어야 할 것
   (3) 거실의 각 부분으로부터 직접 복도로 쉽게 통할 수 있어야 할 것
   (4) 복도에 2 이상의 특별피난계단 또는 피난계단이 건축법시행령 제35조의 규정에 적합하게 설치되어 있어야 할 것
   (5) 복도의 어느 부분에서도 2 이상의 방향으로 각각 다른 계단에 도달할 수 있어야 할 것

2. 다음 기준에 적합한 소방대상물 중 그 옥상의 직하층 또는 최상층(관람집회 및 운동시설 또는 판매시설을 제외한다)
   (1) 주요구조부가 내화구조로 되어 있어야 할 것
   (2) 옥상의 면적이 1,500m² 이상이어야 할 것
   (3) 옥상으로 쉽게 통할 수 있는 창 또는 출입구가 설치되어 있어야 할 것
   (4) 옥상이 소방사다리차가 쉽게 통행할 수 있는 도로(폭 6m 이상의 것) 또는 공지(공원 또는 광장 등)에 면하여 설치되어 있거나 옥상으로부터 피난층 또는 지상으로 통하는 2 이상의 피난계단 또는 특별피난계단이 「건축법 시행령」 제35조의 규정에 적합하게 설치되어 있어야 할 것
3. 주요구조부가 내화구조이고 지하층을 제외한 층수가 4층 이하이며 소방사다리차가 쉽게 통행할 수 있는 도로 또는 공지에 면하는 부분에 영 제2조 제1호 각목의 기준에 적합한 개구부가 2 이상 설치되어 있는 층(문화집회 및 운동시설·판매시설 및 영업시설 또는 노유자시설의 용도로 사용되는 층으로서 그 층의 바닥면적이 1,000m² 이상인 것을 제외한다)
4. 편복도형 아파트 또는 발코니 등을 통하여 인접세대로 피난할 수 있는 구조로 되어 있는 계단실형 아파트
5. 주요구조부가 내화구조로서 거실의 각 부분으로 직접 복도로 피난할 수 있는 학교(강의실 용도로 사용되는 층에 한한다)
6. 무인공장 또는 자동창고로서 사람의 출입이 금지된 장소(관리를 위하여 일시적으로 출입하는 장소를 포함한다)
7. 건축물의 옥상부분으로서 거실에 해당하지 아니하고 「건축법 시행령」 제119조제1항 제9호에 해당하여 층수로 산정된 층으로 사람이 근무하거나 거주하지 아니하는 장소

※ 숙박시설(휴양콘도미니엄을 제외한다)에 설치되는 완강기 및 간이완강기의 경우에는 제외할 수 없다.

Ⅸ. 피난기구 설치의 감소

1. 피난기구를 설치하여야 할 소방대상물 중 다음의 기준에 적합한 층에는 피난기구의 2분의 1을 감소할 수 있다. 이 경우 설치하여야 할 피난기구의 수에 있어서 소수점 이하의 수는 1로 한다.
   (1) 주요구조부가 내화구조로 되어 있을 것
   (2) 직통계단인 피난계단 또는 특별피난계단이 2 이상 설치되어 있을 것
2. 피난기구를 설치하여야 할 소방대상물중 주요구조부가 내화구조이고 다음의 기준에 적합한 건널복도가 설치되어 있는 층에는 피난기구의 수에서 해당 건널복도의 수의 2배의 수를 뺀 수로 한다.
   (1) 내화구조 또는 철골조로 되어 있을 것
   (2) 건널복도 양단의 출입구에 자동폐쇄장치를 한 갑종방화문(방화샷다 제외)이 설치되어 있을 것
   (3) 피난·통행 또는 운반의 전용 용도일 것
3. 피난기구를 설치하여야 할 소방대상물 중 다음의 기준에 적합한 노대가 설치된 거실의 바닥면적은 피난기구의 설치개수 산정을 위한 바닥면적에서 이를 제외한다.
   (1) 노대를 포함한 소방대상물의 주요구조부가 내화구조일 것
   (2) 노대가 거실의 외기에 면하는 부분에 피난 상 유효하게 설치되어 있어야 할 것
   (3) 노대가 소방사다리차가 쉽게 통행할 수 있는 도로 또는 공지에 면하여 설치되어 있거나, 또는 거실부분과 방화구획 되어 있거나 또는 노대에 지상으로 통하는 계단 그 밖의 피난기구가 설치되어 있어야 할 것

문제13 인명구조기구

Ⅰ. 개 요

1. 인명구조기구는 소방대상물의 화재 발생뿐만 아니라 유독성, 유해성가스, 위험물질 등으로부터 인명을 보호하거나 구조하는데 사용되는 기구를 말한다.
2. 당해 기구로 인하여 인명에 피해를 주거나 취급 및 조작기술 부족으로 인하여 위해가 발생되지 않도록 평상시 충분한 조작 및 사용, 취급에 대한 안전관리가 요구되는 기구이다.

Ⅱ. 설치대상

구분	설치대상
1. 방열복 또는 방화복(안전헬멧, 보호장갑 및 안전화를 포함한다), 인공소생기 및 공기호흡기를 설치하여야 하는 특정소방대상물	지하층을 포함하는 층수가 7층 이상인 관광호텔
2. 방열복 또는 방화복(안전헬멧, 보호장갑 및 안전화를 포함한다) 및 공기호흡기를 설치하여야 하는 특정소방대상물	지하층을 포함하는 층수가 5층 이상인 병원
3. 공기호흡기를 설치하여야 하는 특정소방대상물	(1) 수용인원 100명 이상인 문화 및 집회시설 중 영화상영관 (2) 판매시설 중 대규모점포 (3) 운수시설 중 지하역사 (4) 지하가 중 지하상가 (5) 이산화탄소소화설비(호스릴이산화탄소소화설비는 제외한다)를 설치하여야 하는 특정소방대상물

Ⅲ. 종 류

1. 방열복

(1) 고온의 복사열에 가까이 접근하여 소방활동을 수행할 수 있는 내열피복을 말한다.
(2) 인명구조기구 중 가장 많이 이용되는 것이다.
(3) 구성 : 방열상의, 방열하의, 방열장갑 및 속복형 방열복

2. 방화복

화재진압 등의 소방활동을 수행할 수 있는 피복을 말한다.

3. 공기호흡기

(1) 소화활동 시에 화재로 인하여 발생하는 각종 유독 가스 중에서 일정시간 사용할 수 있도록 제조된 압축공기식 개인호흡장비를 말한다.

(2) 유독성가스 중에서도 순수한 공기만을 공급하여 소화활동을 하는 사람이 유독성 가스에 질식하거나 실명, 중독 등의 방지를 위해 사용한다.

(3) 고압의 공기압축용기, 공기공급밸브, 배기밸브, 감압밸브, 급기호스, 압력계, 면체, 경보장치 등으로 구성되어 있다.

(4) 종류 : 양압형 공기호흡기와 음압형 공기호흡기로 구분된다.

① 양압식 공기호흡기(Positive air respirator)

면체내부(사람의 얼굴면)에 작용하는 압력이 면체외부에 작용하는 압력보다 상시 일정한 압력만큼 높은 공기호흡기로서 면체 내부의 압력이 일정압력 이하로 되면 작동하는 압력 디멘드밸브가 부착되어 있다.

② 음압식 공기호흡기(Negative air respirator)

공기를 흡입할 때 개방되고, 공기를 배기하거나 정지할 때에 폐지되는 디멘드 밸브가 부착된 공기호흡기이다.

4. 인공소생기

(1) 호흡부전상태인 사람에게 인공호흡을 시켜 환자를 보호하거나 구급하는 기구를 말한다.

(2) 즉, 화재의 발생으로 인하여 유독성 가스에 질식되었거나 중독 등에 의해서 심폐기능이 악화되어 정상적으로 호흡할 수 없는 사람에게 인공호흡시켜 소생하도록 하는 구급용 기구로서 소방용으로 사용되는 것을 말한다.

(3) 기 능

① 흡인기능

인공호흡 전에 기관지에 남아있는 점액, 혈액, 오물 등을 흡인시켜 기관지를 정상적으로 유지시켜 주는 기능이다.

② 자동인공호흡기능

사람의 호흡이 정지된 직후 또는 자발적인 호흡이 곤란한 환자발생시 자동 전환기에 의해 인공호흡을 시켜 소생하도록 하는 기능이다.

③ 산소흡인기능

자발적인 호흡이 가능한 환자 및 산소결핍에 의한 청색증 환자에게 투명마스크를 연결하여 가습병을 통한 습윤 산소를 공급하는 기능이다.

Ⅳ. 설치기준

1. 특정소방대상물의 용도 및 장소별로 설치하여야 할 인명구조기구는 별표 1에 따라 설치하여야 한다.
2. 화재시 쉽게 반출 사용할 수 있는 장소에 비치할 것
3. 인명구조기구가 설치된 가까운 장소의 보기 쉬운 곳에 "인명구조기구"라는 축광식표지와 그 사용방법을 표시한 표시를 부착하되, 축광식표지는 소방청장이 고시한 「축광표지의 성능인증 및 제품검사의 기술기준」에 적합한 것으로 할 것
4. 방열복은 소방청장이 고시한 「소방용 방열복의 성능인증 및 제품검사의 기술기준」에 적합한 것으로 설치할 것
5. 방화복(헬멧, 보호장갑 및 안전화를 포함한다)은 「소방장비 표준규격 및 내용연수에 관한 규정」 제3조에 적합한 것으로 설치할 것

[별표 1] 특정소방대상물의 용도 및 장소별로 설치하여야 할 인명구조기구

특정소방대상물	인명구조기구의 종류	설치 수량
○ 지하층을 포함하는 층수가 7층 이상인 관광호텔 및 5층 이상인 병원	○ 방열복 또는 방화복(헬멧, 보호장갑 및 안전화를 포함한다) ○ 공기호흡기 ○ 인공소생기	○ 각 2개 이상 비치할 것. 다만, 병원의 경우에는 인공소생기를 설치하지 않을 수 있다.
○ 문화 및 집회시설 중 수용인원 100명 이상의 영화상영관 ○ 판매시설 중 대규모 점포 ○ 운수시설 중 지하역사 ○ 지하가 중 지하상가	○ 공기호흡기	○ 층마다 2개 이상 비치할 것. 다만, 각 층마다 갖추어 두어야 할 공기호흡기 중 일부를 직원이 상주하는 인근 사무실에 갖추어 둘 수 있다.
○ 물분무등소화설비 중 이산화탄소소화설비를 설치하여야 하는 특정소방대상물	○ 공기호흡기	○ 이산화탄소소화설비가 설치된 장소의 출입구 외부 인근에 1대 이상 비치할 것

문제14 직통계단 / 피난계단 / 특별피난계단

Ⅰ. 개 요

1. 직통계단

(1) 피난층 이외의 층에 있어서 피난층 또는 지상으로 통하는 계단 중 어떤 층에서라도 실내를 통과하지 않고 계단실(계단과 계단참)만을 통하여 상·하층으로 연결되는 계단을 말한다.

(2) 임의의 층에서 일방적으로 상승 또는 하강만이 되는 계단은 직통계단이 아니다.

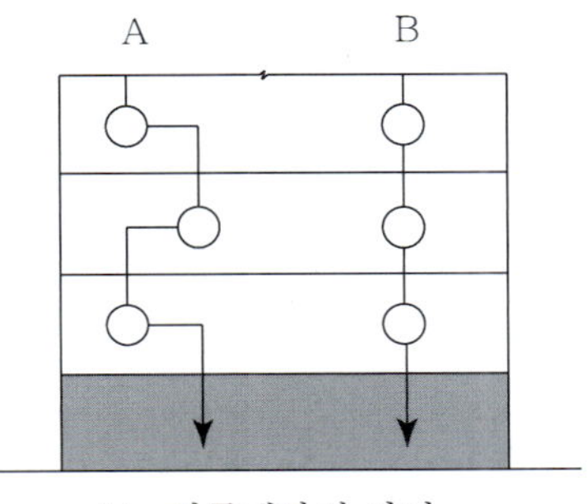

A는 직통계단이 아님

2. 피난계단

(1) 직통계단 + 피난상의 안전이 확보된 구조의 계단이다.

(2) 종류 : 옥내피난계단, 옥외피난계단

3. 특별피난계단

(1) 피난계단 + 전실(노대 또는 부속실)

(2) 피난계단보다 피난상의 안전이 더욱 강화된 구조의 계단이다.

※ 피난계단과 특별피난계단의 차이점

	피난계단	특별피난계단
전실	없음	있음
설치대상	5층 이상인 층 지하 2층 이하의 층	11층 이상의 층(APT는 16층 이상) 지하 3층 이하의 층

Ⅱ. 직통계단의 설치

1. 직통계단까지의 보행거리

구분	직통계단까지의 보행거리
건축물의 피난층 외의 층	30m 이하
건축물의 주요구조부가 내화구조 또는 불연재료로 된 건축물(단, 지하층에 설치하는 것으로서 바닥면적의 합계가 300제곱미터 이상인 공연장·집회장·관람장 및 전시장은 제외한다)	50m 이하
층수가 16층 이상인 공동주택의 경우 16층 이상인 층	40m 이하
자동화 생산시설에 스프링클러 등 자동식 소화설비를 설치한 공장으로서 국토교통부령으로 정하는 공장(=반도체 및 디스플레이 패널을 제조하는 공장)	75m 이하
무인화 공장	100m 이하

2. 직통계단을 2개소 이상 설치하여야 경우

피난층 외의 층이 다음의 어느 하나에 해당하는 용도 및 규모의 건축물에는 피난층 또는 지상으로 통하는 직통계단을 2개소 이상 설치하여야 한다.

(1) 제2종 근린생활시설 중 공연장·종교집회장, 문화 및 집회시설(전시장 및 동·식물원은 제외한다), 종교시설, 위락시설 중 주점영업 또는 장례시설의 용도로 쓰는 층으로서 그 층에서 해당 용도로 쓰는 바닥면적의 합계가 200제곱미터(제2종 근린생활시설 중 공연장·종교집회장은 각각 300제곱미터) 이상인 것

(2) 단독주택 중 다중주택·다가구주택, 제1종 근린생활시설 중 정신과의원(입원실이 있는 경우로 한정한다), 제2종 근린생활시설 중 인터넷컴퓨터게임시설제공업소(해당 용도로 쓰는 바닥면적의 합계가 300제곱미터 이상인 경우만 해당한다)·학원·독서실, 판매시설, 운수시설(여객용 시설만 해당한다), 의료시설(입원실이 없는 치과병원은 제외한다), 교육연구시설 중 학원, 노유자시설 중 아동 관련 시설·노인복지시설·장애인 거주시설(「장애인복지법」 제58조제1항제1호에 따른 장애인 거주시설 중 국토교통부령으로 정하는 시설을 말한다. 이하 같다) 및 「장애인복지법」 제58조제1항제4호에 따른 장애인 의료재활시설(이하 "장애인 의료재활시설"이라 한다), 수련시설 중 유스호스텔 또는 숙박시설의 용도로 쓰는 3층 이상의 층으로서 그 층의 해당 용도로 쓰는 거실의 바닥면적의 합계가 200제곱미터 이상인 것

(3) 공동주택(층당 4세대 이하인 것은 제외한다) 또는 업무시설 중 오피스텔의 용도로 쓰는 층으로서 그 층의 해당 용도로 쓰는 거실의 바닥면적의 합계가 300제곱미터 이상인 것
(4) 제1호부터 제3호까지의 용도로 쓰지 아니하는 3층 이상의 층으로서 그 층 거실의 바닥면적의 합계가 400제곱미터 이상인 것
(5) 지하층으로서 그 층 거실의 바닥면적의 합계가 200제곱미터 이상인 것

※ 2개소 이상의 직통계단을 설치하는 경우 다음 각 호의 기준에 적합해야 한다.
1. 가장 멀리 위치한 직통계단 2개소의 출입구 간의 가장 가까운 직선거리(직통계단 간을 연결하는 복도가 건축물의 다른 부분과 방화구획으로 구획된 경우 출입구 간의 가장 가까운 보행거리를 말한다)는 건축물 평면의 최대 대각선 거리의 2분의 1 이상으로 할 것. 다만, 스프링클러 또는 그 밖에 이와 비슷한 자동식 소화설비를 설치한 경우에는 3분의 1이상으로 한다.
2. 각 직통계단 간에는 각각 거실과 연결된 복도 등 통로를 설치할 것

Ⅲ. 피난계단의 설치

1. 직통계단을 피난계단 또는 특별피난계단으로 설치하여야 하는 경우

5층 이상 또는 지하 2층 이하인 층에 설치하는 직통계단은 피난계단 또는 특별피난계단으로 설치하여야 한다. 다만, 건축물의 주요구조부가 내화구조 또는 불연재료로 되어 있는 경우로서 다음의 어느 하나에 해당하는 경우에는 그러하지 아니하다.
(1) 5층 이상인 층의 바닥면적의 합계가 200제곱미터 이하인 경우
(2) 5층 이상인 층의 바닥면적 200제곱미터 이내마다 방화구획이 되어 있는 경우

2. 직통계단을 반드시 특별피난계단으로 설치하여야 하는 경우

(1) 건축물(갓복도식 공동주택은 제외한다)의 11층(공동주택의 경우에는 16층) 이상인 층(바닥면적이 400제곱미터 미만인 층은 제외한다) 또는 지하 3층 이하인 층(바닥면적이 400제곱미터미만인 층은 제외한다)으로부터 피난층 또는 지상으로 통하는 직통계단은 제1호에도 불구하고 특별피난계단으로 설치하여야 한다.
(2) 제1호에서 판매시설의 용도로 쓰는 층으로부터의 직통계단은 그 중 1개소 이상을 특별피난계단으로 설치하여야 한다.

3. 피난계단 또는 특별피난계단을 추가로 설치하여야 하는 경우

건축물의 5층 이상인 층으로서 문화 및 집회시설 중 전시장 또는 동·식물원, 판매시설, 운수시설(여객용 시설만 해당한다), 운동시설, 위락시설, 관광휴게시설(다중이 이용하는 시설만 해당한다) 또는 수련시설 중 생활권 수련시설의 용도로 쓰는 층에는 직통계단 외에 그 층의 해당 용도로 쓰는 바닥면적의 합계가 2천제곱미터를 넘는 경우에는 그 넘는 2천제곱미터 이내마다 1개소의 피난계단 또는 특별피난계단(4층 이하의 층에는 쓰지 아니하는 피난계단 또는 특별피난계단만 해당한다)을 설치하여야 한다.

Ⅳ. 옥외 피난계단의 설치

건축물의 3층 이상인 층(피난층은 제외한다)으로서 다음 각 호의 어느 하나에 해당하는 용도로 쓰는 층에는 직통계단 외에 그 층으로부터 지상으로 통하는 옥외피난계단을 따로 설치하여야 한다.

1. 제2종 근린생활시설 중 공연장(해당 용도로 쓰는 바닥면적의 합계가 300제곱미터 이상인 경우만 해당한다), 문화 및 집회시설 중 공연장이나 위락시설 중 주점영업의 용도로 쓰는 층으로서 그 층 거실의 바닥면적의 합계가 300제곱미터 이상인 것
2. 문화 및 집회시설 중 집회장의 용도로 쓰는 층으로서 그 층 거실의 바닥면적의 합계가 1천제곱미터 이상인 것

Ⅴ. 건축물의 내부에 설치하는 피난계단(옥내 피난계단)의 구조

1. 계단실은 창문·출입구 기타 개구부(이하 "창문등"이라 한다)를 제외한 당해 건축물의 다른 부분과 내화구조의 벽으로 구획할 것
2. 계단실의 실내에 접하는 부분(바닥 및 반자 등 실내에 면한 모든 부분을 말한다)의 마감(마감을 위한 바탕을 포함한다)은 불연재료로 할 것
3. 계단실에는 예비전원에 의한 조명설비를 할 것
4. 계단실의 바깥쪽과 접하는 창문등(망이 들어 있는 유리의 붙박이창으로서 그 면적이 각각 1제곱미터 이하인 것을 제외한다)은 당해 건축물의 다른 부분에 설치하는 창문등으로부터 2미터 이상의 거리를 두고 설치할 것
5. 건축물의 내부와 접하는 계단실의 창문등(출입구를 제외한다)은 망이 들어 있는 유리의 붙박이창으로서 그 면적을 각각 1제곱미터 이하로 할 것
6. 건축물의 내부에서 계단실로 통하는 출입구의 유효너비는 0.9미터 이상으로 하고, 그 출입구에는 피난의 방향으로 열 수 있는 것으로서 언제나 닫힌 상태를 유지하거나 화재로 인한 연기 또는 불꽃을 감지하여 자동적으로 닫히는 구조로 된 60+방화문 또는 60분방화문을 설치할 것. 다만, 연기 또는 불꽃을 감지하여 자동적으로 닫히는 구조로 할 수 없는 경우에는 온도를 감지하여 자동적으로 닫히는 구조로 할 수 있다.

7. 계단은 내화구조로 하고 피난층 또는 지상까지 직접 연결되도록 할 것

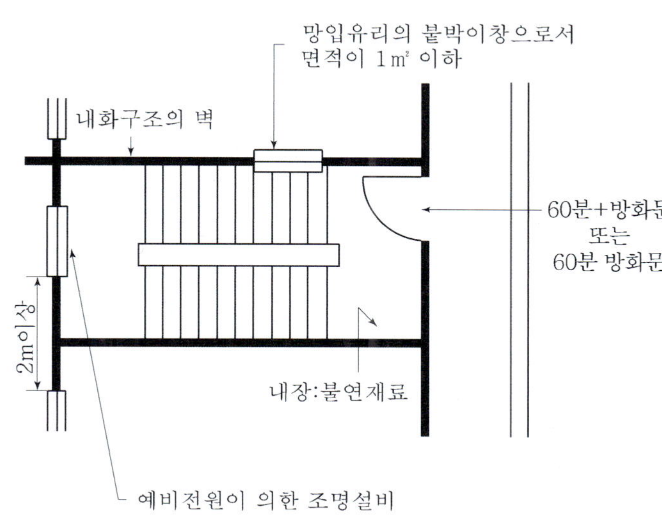

<옥내 피난계단>

VI. 건축물의 바깥쪽에 설치하는 피난계단(옥외 피난계단)의 구조

1. 계단은 그 계단으로 통하는 출입구외의 창문등(망이 들어 있는 유리의 붙박이창으로서 그 면적이 각각 1제곱미터 이하인 것을 제외한다)으로부터 2미터 이상의 거리를 두고 설치할 것
2. 건축물의 내부에서 계단으로 통하는 출입구에는 60+방화문 또는 60분방화문을 설치할 것
3. 계단의 유효너비는 0.9미터 이상으로 할 것
4. 계단은 내화구조로 하고 지상까지 직접 연결되도록 할 것

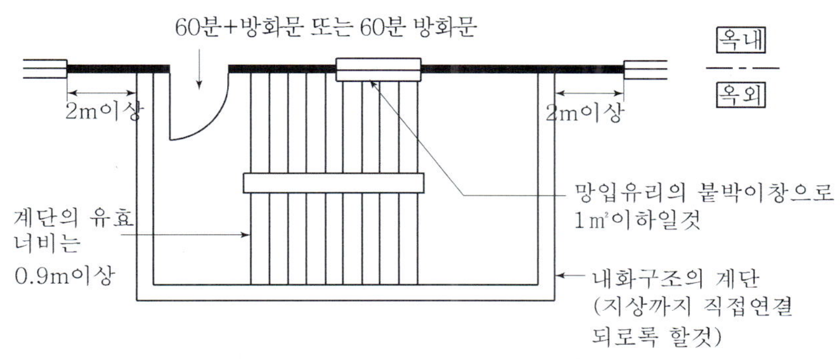

<옥외 피난계단>

Ⅶ. 특별피난계단의 구조

1. 건축물의 내부와 계단실은 노대를 통하여 연결하거나 외부를 향하여 열 수 있는 면적 1제곱미터 이상인 창문(바닥으로부터 1미터 이상의 높이에 설치한 것에 한한다) 또는 「건축물의 설비기준 등에 관한 규칙」 제14조의 규정에 적합한 구조의 배연설비가 있는 면적 3제곱미터 이상인 부속실을 통하여 연결할 것
2. 계단실·노대 및 부속실(비상용승강기의 승강장을 겸용하는 부속실을 포함한다)은 창문등을 제외하고는 내화구조의 벽으로 각각 구획할 것
3. 계단실 및 부속실의 실내에 접하는 부분(바닥 및 반자 등 실내에 면한 모든 부분을 말한다)의 마감(마감을 위한 바탕을 포함한다)은 불연재료로 할 것
4. 계단실에는 예비전원에 의한 조명설비를 할 것
5. 계단실·노대 또는 부속실에 설치하는 건축물의 바깥쪽에 접하는 창문등(망이 들어 있는 유리의 붙박이창으로서 그 면적이 각각 1제곱미터 이하인 것을 제외한다)은 계단실·노대 또는 부속실 외의 당해 건축물의 다른 부분에 설치하는 창문등으로부터 2미터 이상의 거리를 두고 설치할 것
6. 계단실에는 노대 또는 부속실에 접하는 부분 외에는 건축물의 내부와 접하는 창문등을 설치하지 아니할 것
7. 계단실의 노대 또는 부속실에 접하는 창문등(출입구를 제외한다)은 망이 들어 있는 유리의 붙박이창으로서 그 면적을 각각 1제곱미터 이하로 할 것
8. 노대 및 부속실에는 계단실 외의 건축물의 내부와 접하는 창문등(출입구를 제외한다)을 설치하지 아니할 것
9. 건축물의 내부에서 노대 또는 부속실로 통하는 출입구에는 60+방화문 또는 60분방화문을 설치하고, 노대 또는 부속실로부터 계단실로 통하는 출입구에는 60+방화문, 60분방화문 또는 30분방화문을 설치할 것. 이 경우 방화문은 언제나 닫힌 상태를 유지하거나 화재로 인한 연기 또는 불꽃을 감지하여 자동적으로 닫히는 구조로 해야 하고, 연기 또는 불꽃으로 감지하여 자동적으로 닫히는 구조로 할 수 없는 경우에는 온도를 감지하여 자동적으로 닫히는 구조로 할 수 있다.
10. 계단은 내화구조로 하되, 피난층 또는 지상까지 직접 연결되도록 할 것
11. 출입구의 유효너비는 0.9미터 이상으로 하고 피난의 방향으로 열 수 있을 것

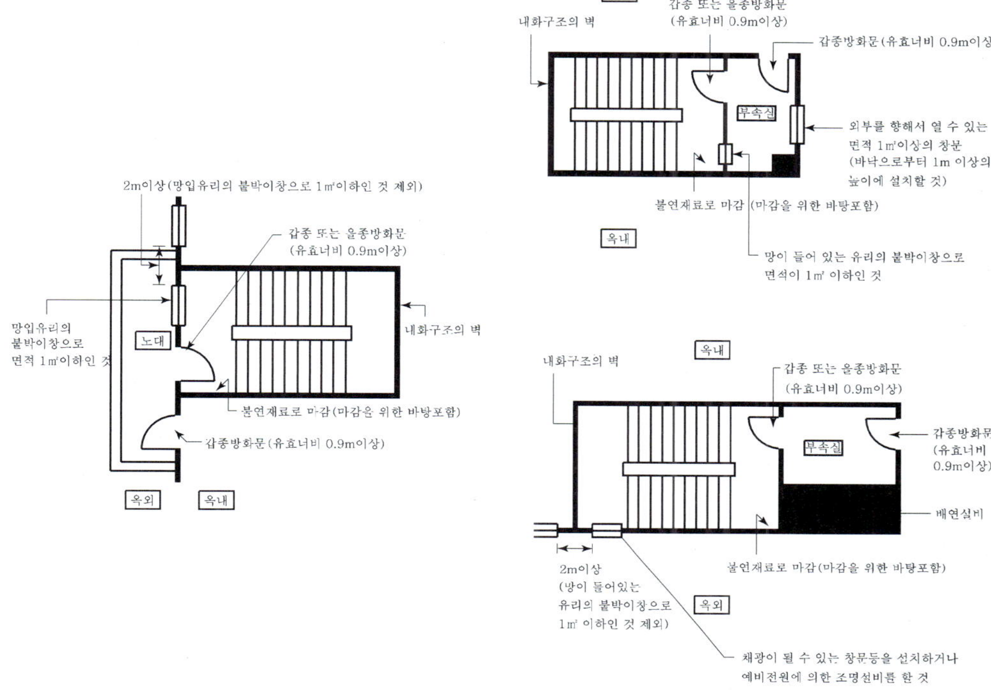

<특별피난계단>

Ⅷ. 피난계단, 특별피난계단 설치 시 유의사항

1. 피난계단 또는 특별피난계단은 돌음계단으로 해서는 안 되며,
2. 옥상광장을 설치해야 하는 건축물의 피난계단 또는 특별피난계단은 해당 건축물의 옥상으로 통하도록 설치해야 한다. 이 경우 옥상으로 통하는 출입문은 피난방향으로 열리는 구조로서 피난 시 이용에 장애가 없어야 한다.

문제15 발코니 대피공간 설치기준

Ⅰ. 개 요

1. 발코니
   (1) 건축적 의미
   건축물의 내부와 외부를 연결하는 완충공간으로서 전망·휴식 등의 목적으로 건축물 외벽에 접하여 부가적으로 설치되는 공간을 말한다.
   (2) 소방적 의미
   화재발생 시 출입문을 통한 피난이 불가능한 경우, 소방대 도착까지 일시적으로 피난하는 공간으로 2방향 피난로로 사용한다.
2. 건축법 개정에 의하여 발코니 확장이 합법화 되었지만 화재 등 비상시를 대비하여 발코니에 대피공간을 설치하도록 규정하고 있다.

Ⅱ. 발코니의 대피공간 설치기준

1. 설치대상

공동주택 중 아파트로서 4층 이상인 층의 각 세대가 2개 이상의 직통계단을 사용할 수 없는 경우에는 발코니에 인접 세대와 공동으로 또는 각 세대별로 다음 각 호의 요건을 모두 갖춘 대피공간을 하나 이상 설치해야 한다. 이 경우 인접 세대와 공동으로 설치하는 대피공간은 인접 세대를 통하여 2개 이상의 직통계단을 쓸 수 있는 위치에 우선 설치되어야 한다.

2. 대피공간이 갖추어야 하는 요건

(1) 대피공간은 바깥의 공기와 접할 것
(2) 대피공간은 실내의 다른 부분과 방화구획으로 구획될 것
(3) 대피공간의 바닥면적은 인접 세대와 공동으로 설치하는 경우에는 3제곱미터 이상, 각 세대별로 설치하는 경우에는 2제곱미터 이상일 것
(4) 대피공간으로 통하는 출입문에는 60분+ 방화문을 설치할 것

3. 설치의 면제

(1) 인접 세대와의 경계벽이 파괴하기 쉬운 경량구조 등인 경우
(2) 경계벽에 피난구를 설치한 경우
(3) 발코니의 바닥에 국토교통부령으로 정하는 하향식 피난구를 설치한 경우

(4) 국토교통부장관이 중앙건축위원회의 심의를 거쳐 대피공간과 동일하거나 그 이상의 성능이 있다고 인정하여 고시하는 구조 또는 시설(이하 "대체시설"이라 한다)을 설치한 경우. 이 경우 대체시설 성능의 판단기준 및 중앙건축위원회의 심의절차 등에 관한 사항은 국토교통부장관이 정하여 고시할 수 있다.

Ⅲ. 국토교통부장관이 정하는 대피공간 설치기준

1. 채광 방향과 관계없이 거실 각 부분에서 접근이 용이하고 외부에서 신속하고 원활한 구조 활동을 할 수 있는 장소에 설치할 것
2. 출입문
   (1) 아파트 대피공간에 설치하는 방화문은 차열 30분 이상의 성능을 확보하여야 하며, 거실 쪽에서만 열 수 있는 구조(내부 온도를 30분 이상 60℃ 이하로 유지할 수 있는 성능)
   (2) 잠금장치가 거실 쪽에 있으며 대피공간임을 알 수 있는 표시판을 설치할 것
   (3) 출입문은 대피공간을 향해 열리는 밖여닫이로 하여야 한다.
3. 1시간 이상의 내화성능을 갖는 내화구조의 벽으로 구획할 것
4. 내벽, 천장 및 바닥의 내부 마감재료는 준불연재료 또는 불연재료일 것
5. 대피공간은 외기에 개방되어야 한다. 다만 창호를 설치하는 경우에는 폭 0.7m 이상, 높이 1.0m 이상으로 외기에 개방되는 구조여야 한다.
6. 휴대용 손전등을 비치하거나 비상전원이 연결된 조명설비를 설치하여야 한다.
7. 대피에 지장이 없도록 시공 및 유지되어야 한다.
8. 대피공간을 보일러실, 창고 용도로 사용금지. 다만 에어컨 실외기 등 냉、난방 설비의 배기장치를 대피공간에 설치 시 다음 기준에 적합할 것.
   (1) 냉방설비의 배기장치를 불연재료로 구획할 것
   (2) 구획된 면적은 대피공간 바닥면적 산정 시 제외할 것

Ⅳ. 맺음말

1. 대피공간을 준공 후 다용도실, 실외기실, 보일러실, 세탁실 등으로 사용하는 경우가 많은데 이는 다음과 같은 문제가 있어 조속히 시정되어야 한다.
   (1) 화재 시 재실자의 피난공간 축소
   (2) 대피공간 내부의 각종 기기에서 화재 발생 우려 증가
   (3) 대피공간 출입문을 유리방화문으로 설치하는 경우 유리방화문의 비차열성과 화염으로부터의 복사열 투과에 따른 위험성을 고려하여 안전성 있는 방화문을 설치하여야 한다.
2. 고층건물에는 하향식 피난구를 설치하여 아래층으로의 수직피난에 의한 피난안전성을 확보한다.

문제16 비상용승강기

Ⅰ. 개 요

1. 높이 31미터를 초과하는 건축물에는 승용승강기 외에 비상용승강기를 추가로 설치하여야 한다.
2. 비상용승강기는 화재발생시 소방대의 소화활동과 인명구조용으로 사용되는 승강기를 말한다.
3. 따라서 비상용승강기는 일반 승용승강기와는 다른 별도의 기능을 구비하여야 한다.

Ⅱ. 비상용승강기 설치기준

1. 높이 31미터를 넘는 건축물에는 다음의 기준에 따른 대수 이상의 비상용승강기(비상용승강기의 승강장 및 승강로를 포함한다)를 설치하여야 한다. 다만, 승용승강기를 비상용승강기의 구조로 하는 경우에는 그러하지 아니하다.
   (1) 높이 31미터를 넘는 각 층의 바닥면적 중 최대바닥면적이 1천500제곱미터 이하인 건축물 : 1대 이상
   (2) 높이 31미터를 넘는 각 층의 바닥면적 중 최대바닥면적이 1천500제곱미터를 넘는 건축물 : 1대에 1천500제곱미터를 넘는 3천제곱미터 이내마다 1대씩 더한 대수 이상
2. 2대 이상의 비상용 승강기를 설치하는 경우에는 화재가 났을 때 소화에 지장이 없도록 일정한 간격을 두고 설치하여야 한다.

Ⅲ. 비상용승강기를 설치하지 아니할 수 있는 건축물

1. 높이 31미터를 넘는 각층을 거실 외의 용도로 쓰는 건축물
2. 높이 31미터를 넘는 각층의 바닥면적의 합계가 500제곱미터 이하인 건축물
3. 높이 31미터를 넘는 층수가 4개층 이하로서 당해 각층의 바닥면적의 합계 200제곱미터(벽 및 반자가 실내에 접하는 부분의 마감을 불연재료로 한 경우에는 500제곱미터) 이내마다 방화구획으로 구획된 건축물

Ⅳ. 비상용승강기의 구조

1. 건축물에 설치하는 승강기·에스컬레이터 및 비상용승강기의 구조는 「승강기시설 안전관리법」이 정하는 바에 따른다.
2. 비상용승강기는 승용승강기의 구조와 마찬가지로 구조의 안전성은 물론 화재 시 인명구조·피난·소화활동 등에 사용되므로 다음과 같은 특수한 장치를 갖추어야 한다.

(1) 외부와 항상 연락할 수 있는 통화장치를 설치할 것
(2) 정전 시에는 60초 이내에 승강기의 운행에 필요한 전력용량을 자동적으로 발생시키도록 하되, 2시간 이상 작동할 수 있도록 하며 수동으로도 전원을 바꿀 수 있는 예비전원에 의하여 승강기를 가동할 수 있도록 할 것.
(3) 승강기의 운행속도는 분당 60미터 이상으로 할 것.
(4) 비상조명의 조도는 2m 떨어진 수직면상 조도 2Lux 이상 확보
(5) 소방스위치
① 1차 스위치 : 비상 시 소화활동 전용으로 전환 S/W
② 2차 스위치 : 승강기문이 개방되어도 승강시킬 수 있는 S/W

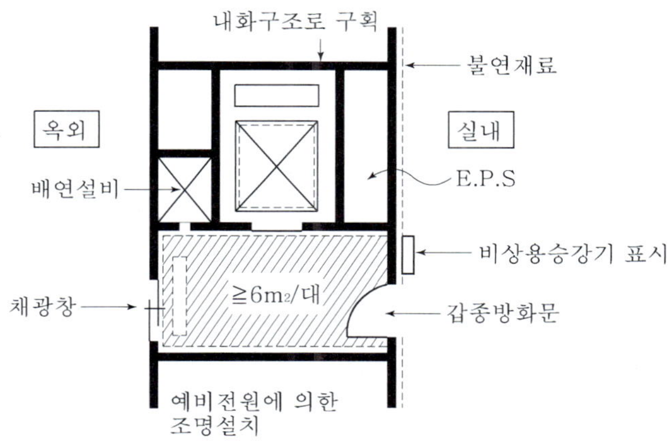

비상용승강기의 구조

V. 비상용승강기의 승강장 및 승강로의 구조

1. 비상용승강기 승강장의 구조

(1) 승강장의 창문·출입구 기타 개구부를 제외한 부분은 당해 건축물의 다른 부분과 내화구조의 바닥 및 벽으로 구획할 것. 다만, 공동주택의 경우에는 승강장과 특별피난계단(「건축물의 피난·방화구조 등의 기준에 관한 규칙」 제9조의 규정에 의한 특별피난계단을 말한다. 이하 같다)의 부속실과의 겸용부분을 특별피난계단의 계단실과 별도로 구획하는 때에는 승강장을 특별피난계단의 부속실과 겸용할 수 있다.
(2) 승강장은 각층의 내부와 연결될 수 있도록 하되, 그 출입구(승강로의 출입구를 제외한다)에는 갑종방화문을 설치할 것. 다만, 피난층에는 갑종방화문을 설치하지 아니할 수 있다.

(3) 노대 또는 외부를 향하여 열 수 있는 창문이나 제14조제2항의 규정에 의한 배연설비를 설치할 것
(4) 벽 및 반자가 실내에 접하는 부분의 마감재료(마감을 위한 바탕을 포함한다)는 불연재료로 할 것
(5) 채광이 되는 창문이 있거나 예비전원에 의한 조명설비를 할 것
(6) 승강장의 바닥면적은 비상용승강기 1대에 대하여 6제곱미터 이상으로 할 것. 다만, 옥외에 승강장을 설치하는 경우에는 그러하지 아니하다.
(7) 피난층이 있는 승강장의 출입구(승강장이 없는 경우에는 승강로의 출입구)로부터 도로 또는 공지(공원·광장 기타 이와 유사한 것으로서 피난 및 소화를 위한 당해 대지에의 출입에 지장이 없는 것을 말한다)에 이르는 거리가 30미터 이하일 것
(8) 승강장 출입구 부근의 잘 보이는 곳에 당해 승강기가 비상용승강기임을 알 수 있는 표지를 할 것

2. 비상용승강기의 승강로의 구조

(1) 승강로는 당해 건축물의 다른 부분과 내화구조로 구획할 것
(2) 각층으로부터 피난층까지 이르는 승강로를 단일구조로 연결하여 설치할 것

문제17 승강기 피난의 문제점

Ⅰ. 개 요

1. 실제 피난 시 승강기 사용 사례가 보고되고 있는데 이는 매우 위험한 행동이다.
2. 일반적으로 대부분의 국가에서는 피난수단으로 승강기 사용을 금지하고 있다.
3. 그러나 최근에는 다음과 같은 이유로 필요성이 대두되고 있다.
   (1) 고층화, 심층화에 따른 피난상의 문제
   (2) 재해약자에 대한 피난대책
4. 외국의 경우
   (1) 미국, 영국 : 장애자의 피난대책으로서 허용
   (2) 일본 : 고령화 사회를 대비하여 검토 중

Ⅱ. 승강기 피난의 문제점

1. 승강장에서 기다려야 한다.
   (1) 승강기를 기다리는 동안 화염이나 연기 등에 의해 위험이 발생할 수 있다.
   (2) 최악의 경우 피난에 필요한 골든타임을 놓칠 수 있다.
2. 문(door)이 닫히지 않으면 승강기는 운행되지 않는다.
   (1) 승강기는 안전상 door가 완전히 닫히지 않으면 운행되지 않게 설계한다.
   (2) 피난자가 승강기로 한꺼번에 몰리거나 정원이 초과하면 door가 닫히지 않는다.
3. 정 전
   (1) 화재가 발생하면 대부분의 경우 상용전원이 정전된다.
   (2) 화재에 의해 전원케이블이 소손되거나 그 밖의 원인으로 운행 중에 승강로에 정지할 위험이 있다.
4. 승강로의 연기
   (1) 화재로 발생한 연기가 승강로에 유입될 우려가 있다.
   (2) 승강로의 연기가 승강기 내부로 유입되면 탑승자가 위험할 수 있다.
5. 화재층에서 정지
   (1) 자동승강기의 경우 버튼이 눌러져 있으면 정지한다. 만약 화재층의 버튼이 눌러져 있다면 자동으로 화재층에서 정지하게 된다.
   (2) 화재에 의한 열·연기 등의 영향으로 기기가 오동작을 하거나 회로가 단락되어 화재층의 버튼이 눌러져 있는 상태로 될 가능성이 있다.
6. 수송능력이 작다.
   (1) 단시간에 많은 사람을 수송할 수 없다.
   (2) 따라서 대기시간이 길어지면 피난에 필요한 골든타임을 놓칠 수 있다.

Ⅲ. 승강기 피난의 필요성

1. 초고층 건축물(신속성)

(1) 100m이상의 높이에서 계단을 내려오는 것은 체력적으로 감당하기 어렵다. 따라서 승강기를 이용하여 체력을 소모하지 않고 피난할 수 있어야 한다.

(2) 통상 화재가 발생한 층의 1~2층 아래층은 화재의 영향을 받지 않는다. 따라서 이곳에서는 시간적, 공간적 여유가 있으므로 안전을 확인한 후 승강기를 이용하여 피난층에 이를 수 있다.

(3) 또한 화재층의 상부인 경우에도 화재층의 아래까지 계단을 이용한 후 같은 방법으로 승강기를 이용하여 피난할 수 있다.

2. 심층 지하공간(신속성)

(1) 통상의 피난방향과는 반대로 계단을 올라가야 한다. 계단을 내려갈 때보다 오르는 쪽이 체력적인 부담이 크기 때문에 승강기 등 기계적인 수송수단이 반드시 필요하다.

(2) 높이 50m를 넘는 지하공간에서는 계단이용피난은 현실적으로 어렵다.

(3) 따라서 지하 4층 이하의 층에서는 계단에만 의존한 피난보다 초고층건물에서와 같이 승강기를 이용한 피난계획을 검토할 필요가 있다.

3. 장애자 대책(신속성 및 피난안전성)

(1) 자력피난이 곤란한 사람들의 피난, 안전은 병원이나 사회복지시설 등 한정된 시설에서의 문제로 취급되어 왔다. 그러나 고령화 사회에서는 일반적인 건축물 거의 모두에 자력피난이 곤란한 사람들이 존재한다고 생각해야 할 것이다.

(2) 장애자에 대한 건축적인 배려로서는 최초접근(accesibility)의 확보가 과제이다. 따라서 신체장애자의 건물이용을 방해하는 물리적인 장애를 없애는 일 즉, 계단의 제거나 승강기의 설치가 요구된다.

(3) 계단을 자력으로 내려갈 수 없는 사람들의 피난수단을 마련하는 것 즉, 승강기를 효과적으로 이용할 수 있도록 하는 것이 해결책의 하나이다.

Ⅳ. 맺음말

1. 건물의 고층화, 심층화 및 재해약자에 대한 피난수단으로서 안전성이 확보된 승강기의 사용을 고려해야 한다.
2. 또한 승강기 피난에 따른 제반 문제점을 해결하기 위한 관련 분야의 기술적인 검토 및 체계적인 대책수립이 요구된다.

문제18 피난용승강기

Ⅰ. 개 요

1. 일반적으로 승강기는 피난수단으로서의 사용을 금지하고 있다.
2. 그러나 고층건축물에서 화재발생 시 장거리 피난이 불가피하여 피난시간 지연에 따른 인명피해 방지 및 재해약자의 안전하고 원활한 피난을 위해 피난용승강기의 설치가 의무화 되었다.

Ⅱ. 설치대상

고층건축물에는 승용승강기 중 1대 이상을 피난용승강기로 설치하여야 한다.

Ⅲ. 피난용승강기의 설치기준

1. 승강장의 바닥면적은 승강기 1대당 6제곱미터 이상으로 할 것
2. 각 층으로부터 피난층까지 이르는 승강로를 단일구조로 연결하여 설치할 것
3. 예비전원으로 작동하는 조명설비를 설치할 것
4. 승강장의 출입구 부근의 잘 보이는 곳에 해당 승강기가 피난용승강기임을 알리는 표지를 설치할 것
5. 그 밖에 화재예방 및 피해경감을 위하여 국토교통부령으로 정하는 구조 및 설비 등의 기준에 맞을 것

Ⅲ. 피난용승강기 승강장의 구조

1. 승강장의 출입구를 제외한 부분은 해당 건축물의 다른 부분과 내화구조의 바닥 및 벽으로 구획할 것
2. 승강장은 각 층의 내부와 연결될 수 있도록 하되, 그 출입구에는 60+방화문 또는 60분방화문을 설치할 것. 이 경우 방화문은 언제나 닫힌 상태를 유지할 수 있는 구조이어야 한다.
3. 실내에 접하는 부분(바닥 및 반자 등 실내에 면한 모든 부분을 말한다)의 마감(마감을 위한 바탕을 포함한다)은 불연재료로 할 것
4. 배연설비를 설치할 것. 다만, 소방법령에 따른 제연설비를 설치한 경우에는 배연설비를 설치하지 아니할 수 있다.

Ⅳ. 피난용승강기 승강로의 구조

1. 승강로는 해당 건축물의 다른 부분과 내화구조로 구획할 것
2. 승강로 상부에 배연설비를 설치할 것

Ⅴ. 피난용승강기 기계실의 구조

1. 출입구를 제외한 부분은 해당 건축물의 다른 부분과 내화구조의 바닥 및 벽으로 구획할 것
2. 출입구에는 60+방화문 또는 60분방화문을 설치할 것

Ⅵ. 피난용승강기 전용 예비전원

1. 정전 시 피난용승강기, 기계실, 승강장 및 폐쇄회로 텔레비전 등의 설비를 작동할 수 있는 별도의 예비전원 설비를 설치할 것
2. 제1호에 따른 예비전원은 초고층 건축물의 경우에는 2시간 이상, 준초고층 건축물의 경우에는 1시간 이상 작동이 가능한 용량일 것
3. 상용전원과 예비전원의 공급을 자동 또는 수동으로 전환이 가능한 설비를 갖출 것
4. 전선관 및 배선은 고온에 견딜 수 있는 내열성 자재를 사용하고, 방수조치를 할 것

문제19 피난유도선

Ⅰ. 개 요

1. "피난유도선"이란 햇빛이나 전등불에 따라 축광(이하 "축광방식"이라 한다)하거나 전류에 따라 빛을 발하는(이하 "광원점등방식"이라 한다) 유도체로서 어두운 상태에서 피난을 유도할 수 있도록 띠 형태로 설치되는 피난유도시설을 말한다.
2. 피난유도선은 소방청장이 고시한 「피난유도선의 성능인증 및 제품검사의 기술기준」에 적합한 것으로 설치하여야 한다.

Ⅱ. 설치기준

1. 축광방식의 피난유도선

(1) 구획된 각 실로부터 주출입구 또는 비상구까지 설치할 것
(2) 바닥으로부터 높이 50cm 이하의 위치 또는 바닥 면에 설치할 것
(3) 피난유도 표시부는 50cm 이내의 간격으로 연속되도록 설치
(4) 부착대에 의하여 견고하게 설치할 것
(5) 외광 또는 조명장치에 의하여 상시 조명이 제공되거나 비상조명등에 의한 조명이 제공되도록 설치 할 것

2. 광원점등방식의 피난유도선

(1) 구획된 각 실로부터 주출입구 또는 비상구까지 설치할 것
(2) 피난유도 표시부는 바닥으로부터 높이 1m 이하의 위치 또는 바닥면에 설치할 것
(3) 피난유도 표시부는 50cm 이내의 간격으로 연속되도록 설치하되 실내장식물 등으로 설치가 곤란할 경우 1m 이내로 설치할 것
(4) 수신기로부터의 화재신호 및 수동조작에 의하여 광원이 점등되도록 설치할 것
(5) 비상전원이 상시 충전상태를 유지하도록 설치할 것
(6) 바닥에 설치되는 피난유도 표시부는 매립하는 방식을 사용할 것
(7) 피난유도 제어부는 조작 및 관리가 용이하도록 바닥으로부터 0.8m 이상 1.5m 이하의 높이에 설치할 것

Ⅲ. 고층건축물의 피난안전구역에 설치하는 피난유도선

피난유도선은 다음의 기준에 따라 설치하여야 한다.

1. 피난안전구역이 설치된 층의 계단실 출입구에서 피난안전구역 주 출입구 또는 비상구까지 설치할 것
2. 계단실에 설치하는 경우 계단 및 계단참에 설치할 것
3. 피난유도 표시부의 너비는 최소 25mm 이상으로 설치할 것
4. 광원점등방식(전류에 의하여 빛을 내는 방식)으로 설치하되, 60분 이상 유효하게 작동할 것

Ⅳ. 다중이용업소에 설치하는 피난유도선

1. 설치 대상

영업장 내부 피난통로 또는 복도가 있는 영업장에만 설치한다.

2. 설치기준

(1) 영업장 내부 피난통로 또는 복도에 「유도등 및 유도표지의 화재안전기준」에 따라 설치할 것

(2) 전류에 의하여 빛을 내는 방식으로 할 것

문제20 하향식 피난구

Ⅰ. 개 요

1. "하향식 피난구"란 「건축물의 피난·방화구조 등의 기준에 관한 규칙」 제14조제3항의 구조로서 발코니 바닥에 설치하는 수평 피난설비를 말한다.
2. 화재발생 시 재실자는 발화층으로부터 2~3층 아래까지 피난하면 일단 안전이 확보되고 그 후 여유 있게 피난할 수 있다.

Ⅱ. 구 조

덮게, 사다리, 경보시스템 등으로 구성된다.

Ⅲ. 설치기준

1. 피난구의 덮개는 품질시험을 실시한 결과 비차열 1시간 이상의 내화성능을 가져야 하며, 피난구의 유효 개구부 규격은 직경 60cm 이상일 것
2. 상층·하층간 피난구의 설치위치는 수직방향 간격을 15cm 이상 뜨어서 설치할 것
3. 아래층에서는 바로 윗층의 피난구를 열 수 없는 구조일 것
4. 사다리는 바로 아래층의 바닥면으로부터 50cm 이하까지 내려오는 길이로 할 것
5. 덮개가 개방될 경우에는 건축물관리시스템 등을 통하여 경보음이 울리는 구조일 것
6. 피난구가 있는 곳에는 예비전원에 의한 조명설비를 설치할 것

Ⅳ. 성능기준

1. KS F 2257-1(건축부재의 내화시험방법-일반요구사항)에 적합한 수평가열로에서 시험한 결과 KS F 2268-1(방화문 내화시험방법)에서 정한 비차열 1시간 이상의 내화성능이 있을 것
2. 사다리는 「소방시설 설치·유지 및 안전관리에 관한 법률 시행령」 제37조에 따른 "피난사다리의 형식승인 및 검정기술기준"의 재료기준 및 작동시험기준에 적합할 것
3. 덮개는 장변 중앙부에 637N/0.2m^2의 등분포하중을 가했을 대 중앙부에 처짐량이 15mm 이하일 것

V. 맺음말

1. 공동주택의 발코니 확장이 합법화됨에 따라 발화층에서 상층으로의 연소확대 위험성 및 양방향 피난로 미확보에 따른 재실자의 피난안전성이 크게 훼손되었다.
2. 따라서 발코니 확장에 따른 피난안전성을 확보하기 위해 대피공간의 바닥 또는 미확장된 발코니 바닥에 성능기준에 적합한 하향식 피난구를 설치하는 것이 필요하다.
3. 하지만 관련 법령에 설치에 관한 강제 조항이 없는 관계로 하향식 피난구를 설치하는 경우가 매우 드물다. 조속한 법 재·개정이 필요하다.

제 12 장
화 재

문제1 OO화재

※ 화재 관련 답안 작성 ※

1. 개 요
   (1) 최근 화재통계
      ① 원인별
         ㉮ 전기화재
         ㉯ 담뱃불
         ㉰ 방화
         ㉱ 불장난
      ② 장소별
         ㉮ 주택화재
         ㉯ 차량화재
         ㉰ 공장, 창고
         ㉱ 식당 등
      ③ 계절별
         ㉮ 겨울
         ㉯ 봄
         ㉰ 가을
         ㉱ 여름
   (2) 화재 피해 증가 요인
      ① 고층화, 밀집화, 다양화
         - 인구 급증 및 이촌향도에 따른 도시 집중
      ② 집 적
         - 좁고 밀폐된 공간에 고가품 및 장비, 기기 집적
      ③ 플라스틱 등 가연성 물질 대량 사용
      ④ 자동화
         - 인간의 역할과 감시가 제외된 자동공정 증가
      ⑤ 대형건물 증가
      ⑥ 신기술에 의한 생산 방법 도입
      ⑦ 가볍고 불에 타기 쉬운 재료들을 구조부재 및 내장재로 사용
      ⑧ 석유류 등의 사용 증가
      ⑨ 방화에 의한 화재 증가

2. 공간적 특성

(1) 축열, 축연효과
(2) 연돌효과
(3) 연소속도
(4) 다중이용시설
(5) 무창, 폐쇄공간

3. 연소특성

(1) 발화 위험성
① 가연물의 존재 유무
② 산소(공기)의 공급량
③ 점화원의 존재 유무

(2) 연소위험성
① 화재하중
㉮ 화재 지속 시간
② 화재강도(연비공단)
㉮ 연소열
㉯ 비표면적
㉰ 공기 공급율
㉱ 단열성
③ 화재가혹도
④ 연료지배형, 환기지배형 화재, 연소속도(αt^2, $A\sqrt{H}$)

(3) 연소확대 위험성
① 수직으로의 연소 확대 위험
㉮ 연돌효과
㉯ 창문
② 수평으로의 연소 확대 위험
㉮ 방화구획
㉯ 안전 인동거리

4. 피난의 문제점

(1) 다중이용시설
 ① 불특정 다수인이 출입
 ② 협소한 피난통로
(2) 노약자, 장애인, 병자 등 자력 피난이 용이하지 않은 자
(3) 수평피난, 수직피난
(4) 채광의 유무
(5) 연기의 이동 방향과 피난 방향의 일치 여부
(6) 피난통로의 확보

5. 소화활동상의 문제점

(1) 소방차의 진입
(2) 거점 확보
(3) 소방대의 체력
(4) 소화용수 확보

6. 예방대책

(1) 물적 조건에 바탕을 둔 예방 대책
 ① 내장재의 불연화, 난연화
 ② 구조물의 불연화
 ③ 화재하중을 줄이는 대책
(2) 에너지 조건에 바탕을 둔 예방 대책
 ① 점화원의 관리
 ② 전기기기, 기구 등의 출화 방지
(3) 방화관리체제 구축

7. 소방대책

(1) 조기 감지 대책
 ① 조기 감지 및 신뢰성 높은 시스템 구축
 ② 설치 장소에 맞는 적응 감지기 및 통보설비 설치
(2) 초기 소화 대책
 ① 시스템의 인텔리전트화
 ② 스프링클러설비 등 자동소화설비 설치
 ③ 다중이용시설의 경우 특수형 유도등을 설치하여 원활한 피난 유도(스음광허)
  ㉮ 스트로브 유도등(점멸 유도등)

㉯ 음향장치 부착 유도등
㉰ 광점멸 주행에 의한 피난유도 시스템
㉱ 허스효과에 의한 음성 피난유도 시스템

8. 방화대책

(1) 방화구획
① 출화 위험 장소의 구획 철저
② 수평, 또는 수직으로의 연소 확대를 방지하기 위한 방화구획
③ 안전한 피난로 확보를 위한 방화구획

(2) 인간의 심리, 생리를 배려한 피난 대책
① 귀소본능
② 지광본능
③ 추종본능
④ 퇴피본능
⑤ 좌회본능

(3) 자연환기, 자연조명

9. 결 론

(1) 성능위주 방화설계
① Hat smoke test
② Door fan test 등

(2) 조기 감지, 초기 소화할 수 있는 시스템 구축

(3) 화재 가혹도 고려한 내화설계 성능 향상

문제2 복합상영관(Multiplex)시설의 방재대책

Ⅰ. 개 요

1. 원스톱(one stop)기능과 편리성으로 문화적 욕구 충족과 휴식의 성격을 갖는 공간
2. 불특정 다수가 이용하는 공간으로서 화재 시 많은 인명 피해가 예상
3. 복합상영관은 대부분 대형 지하공간 또는 고층 건물의 상층부에 위치하며 일시에 많은 인파가 몰리는 대표적인 다중이용시설이다.

Ⅱ. 복합상영관의 정의

1. One stop entertainment를 제공하는 복합화된 시설
2. One stop entertainment의 다양한 시설
   대형 주차장, 식당, 카페, 쇼핑타운, 각종 전시장과 다양화 영화(6개 이상의 스크린)

Ⅲ. 공간적 특성

1. 고층의 공간

(1) 고층화재 시 한정된 피난로에 의한 피난의 혼잡 및 피난경로가 장거리로서 체력적인 부담이 있다.

(2) 고층건물 특유의 연돌효과에 의한 상층으로의 연소확대 및 연기의 급속한 전파로 대규모 인명 피해와 소활활동에 불리하다.

2. 무창의 폐쇄된 공간

무창의 폐쇄공간으로서 고온의 열기가 축적되고 공기 부족에 따른 불완전연소로 농연이 발생한다.

3. 다중이용시설이다.

불특정 다수가 이용하는 공간으로서 화재 발생 시 원활한 피난이 곤란하여 혼란이 가중되고, 많은 인명 피해가 발생한다.

Ⅳ. 연소특성

1. 발화 위험성

(1) 영사실에는 화재 시 연소 위험이 크고 유독성 가스가 발생하는 다량의 필름 등이 있다.

(2) 고가의 영사기 등 전기, 전자 제품들이 존재하여 전기적인 문제로 인한 화재 위험이 상존한다.

2. 연소 위험성

(1) 단위 면적 당 높은 가연물의 적재 밀도로 화재하중이 크고 지속 시간이 길다.
(2) 관람실 등은 차음재 등으로 마감 처리되어 화재 시 연소열이 높고, 단열성이 커 화재강도가 크다.

3. 연소확대 위험성

(1) 연돌효과에 의한 수직으로의 연소 확대 위험성이 크다.
(2) 덕트 등을 통한 수평으로의 연소 확대 위험성이 크다.

V. 피난의 문제점

1. 폐쇄, 밀폐공간으로서 화재로 인한 정전 시 극심한 피난 상의 혼란과 패닉으로 2차 재해 가능성이 크다.
2. 고층부에서 화재 시 외부 지원에 의한 피난이 불가능 하다.
3. 불특정 다수인의 이용으로 피난경로가 생소하여 원활한 피난을 기대할 수 없다.
4. 일시에 많은 사람이 피난 출구로 몰려 피난 출구에서 압사 등 2차 재해 가능성이 크다.
5. 지하공간에서 화재 시 피난자의 피난 방향과 연기의 이동, 확대 경로가 일치하여 질식에 의한 피난의 곤란 및 인명 피해를 가중시킨다.

VI. 소화활동상의 문제점

1. 고층부 또는 지하공간에서 화재 시 소방대의 접근이 어려워 소화활동이 지연된다.
2. 피난자의 피난 방향과 소방대의 진입 방향이 상충되어 소화활동에 지장을 초래한다.
3. 소방대의 진입 경로가 길어 체력적인 문제가 발생한다.
4. 고층부 또는 지하공간에서의 화재로 외부에서 화재 정보를 파악하여 대책을 수립하기가 곤란하다.

VII. 방재대책

1. 예방대책

(1) 전기 및 화기 사용을 제한하고, 흡연 관리 철저
(2) 영사실 등에 용도별 누전 차단기 설치
(3) 내장재의 불연화 및 난연화
차음재는 불연 재료로 하고, 커텐 및 카페트 등은 철저하게 방염 처리한다.

2. 소방대책

(1) 소화대책

① 속동형 스프링클러 헤드를 설치하여 화재 발생 시 초기에 감열하여 동작할 수 있게 한다.

② 높은 천장으로 일반 감지기가 아닌 특수형 감지기를 설치하여 조기에 화재를 감지하여 초기에 소화할 수 있도록 한다.

③ 영사실은 고가의 영사장비와 필름 등이 보관되어 있어, 청정소화약제 설비를 설치하고 유독성 연기로 인한 피해방지를 위해 전용의 제연설비를 설치한다.

④ 상영관의 천장부를 높게 하여 축연량을 높이고, 상부에 감지기 연동 및 화열에 의해 작동하는 신뢰성 높은 제연설비를 설치한다.

(2) 피난대책

① 피난경로는 짧고, 단순·명쾌하게 배치한다.

② 안전한 피난을 위한 양방향 피난로를 확보한다.

③ 복도나 계단, 출입구의 폭과 수를 피난 인원에 맞도록 적정하게 산정한다.

④ 층별 순차적 피난을 위한 비상경보설비 및 비상방송설비를 체계적으로 사전에 계획하여 설치한다.

⑤ 피난경로를 인도하는 유도등, 유도표지 및 발광의 라이프 라인(life line)을 적정하게 설치한다.

⑥ 인간의 심리, 생리를 배려한 피난대책을 수립하고, 평상 시 교육, 훈련한다.

(3) 방화대책

① 상영관 출입구에는 방화문을 설치하고, 승강기 출입문도 방화성능이 있는 것으로 하여 층간 방화구획한다.

② 영사실과 상영관 사이에 설치된 투과창은 강화유리를 사용하고 감지기 연동에 의해 작동하는 방화셔터를 설치한다.

③ 영사실 출입문은 자동폐쇄 장치가 부착된 갑종 방화문을 사용하여 구획한다.

Ⅷ. 결 론

1. 일정 규모 이상의 복합상영관은 성능위주 방화설계를 하여 인적, 물적 피해를 최소화한다. 화재 시 화염의 거동 및 연기의 이동을 과학적, 공학적으로 해석하고, 시뮬레이션하여 신뢰도를 높여 설계한다.
2. 종합방재계획서를 작성하여 비상시를 대비한 교육과 훈련을 실시한다.

문제3 지하공간의 화재

Ⅰ. 개 요

1. 지하가를 포함한 일반의 지하철, 지하 주차장 등을 말하여 불특정 다수의 사람들을 수용하는 시설을 의미한다.
2. 건물의 고층화, 대형화에 따른 토지 이용의 극대화로 지하 심층공간의 필요성이 커짐에 따라 화재 발생 빈도 및 확률 또한 높아지고 있다.

Ⅱ. 공간적 특성

1. 심층 지하공간

(1) 지하 공간 화재 시 한정된 피난로에 의한 피난의 혼잡 및 피난경로가 장거리로서 체력적인 부담이 크다.
(2) 자연 채광이 결여되고 공조설비에 의한 인위적인 급기로 화재 발생 시 인간의 생존 환경이 급격히 악화된다.
(3) 소화활동으로 인한 물의 피해가 현저히 크다.

2. 무창의 폐쇄된 공간

(1) 무창의 폐쇄공간으로서 고온의 열기가 축적되어 심각한 구조 손상이 발생하고, 공기 부족에 따른 불완전연소로 농연이 발생한다.
(2) 화재 발생으로 인한 정전 시 암흑이 되어 재실자가 극도의 패닉상태에 빠진다.

3. 다중이용시설이 많다.

불특정 다수가 이용하는 공간으로서 화재 발생 시 원활한 피난이 곤란하여 혼란이 가중되고, 많은 인명 피해가 발생한다.

Ⅲ. 연소특성

1. 발화 위험성

(1) 다중이용시설이나 소규모 점포가 밀집하여 화기 및 유류, 가스를 사용하는 빈도가 높고 자연 채광 결여로 인공조명 등 전기설비를 사용하여 화재 발생 확률이 높다.
(2) 대형 쇼핑몰, 전자상가, 유흥음식점이 많아 가연물의 분산, 분포성이 높다.

2. 연소 위험성

(1) 단위 면적 당 높은 가연물의 적재 밀도로 화재하중이 크고 공기 부족에 의한 환기지배형 화재 양상으로 화재지속시간이 길다.

(2) 내장재 등 마감재로 고분자 물질(특히 우레탄폼)을 많이 사용하여 화재 시 연소열이 크고, 발생 열이 축적되어 화재강도가 크다.

(3) 따라서 화재 지속시간과 화재강도가 커서 화재가혹도가 크다.

3. 연소확대 위험성

(1) 대형공간을 활용하기 위해 고정식 방화구획(벽)이 아닌 유동식 방화구획(방화샷다)을 하는 경우가 많아 수평으로의 연소확대 위험이 크다.

(2) 공조설비 등 덕트를 통한 수평으로의 연소 확대 위험성이 크다.

(3) 밀폐공간에 축적된 높은 열기와 연기로 인하여 층간, 수직 관통부별 방화구획이 철저하지 못한 경우 상층으로의 연소확대 위험이 현저히 커진다.

Ⅳ. 피난의 문제점

1. 폐쇄, 밀폐공간으로서 화재로 인한 정전 시 극심한 피난 상의 혼란과 패닉으로 2차 재해 가능성이 크다.
2. 지하 심층부에서 화재 시 외부 지원에 의한 피난이 불가능 하다.
3. 불특정 다수인의 이용으로 피난경로가 생소하여 원활한 피난을 기대할 수 없다.
4. 일시에 많은 사람이 피난 출구로 몰려 피난 출구에서 압사 등 2차 재해 가능성이 크다.
5. 피난자의 피난 방향과 연기의 이동, 확대 경로가 일치하여 질식에 의한 피난의 곤란 및 인명 피해를 가중시킨다.

Ⅴ. 소화활동상의 문제점

1. 축적된 농연과 열기로 소방대의 접근이 곤란하고 거점 확보가 어려워 소화활동이 지연되고 위축된다.
2. 피난자의 피난 방향과 소방대의 진입 방향이 상충되어 소화활동에 지장을 초래한다.
3. 소방대의 진입 경로가 길어 체력의 고갈 및 안전상의 문제가 발생한다.
4. 무창층으로 외부에서 화재 정보를 파악하여 대책을 수립하기가 곤란하다.

Ⅵ. 방재대책

1. 예방대책

(1) 유류, 가스, 전기 및 화기 사용을 제한하고, 흡연 관리 철저

(2) 용도별, 점포별 누전 차단기 설치

(3) 내장재의 불연화, 난연화 및 가연물의 제한

2. 소방대책

(1) 소화대책

① 속동형 스프링클러 헤드를 설치하여 화재 발생 시 초기에 감열하여 동작할 수 있게 한다.

② 조기 감지형 감지기를 설치하여 조기에 화재를 감지하여 초기에 소화할 수 있도록 한다.

③ 유독성 가스로 인한 피해방지를 위해 전용의 제연설비를 설치한다.

④ 천장를 높게 하여 축연량을 많게 하고 상부에 감지기 연동 및 화열에 의해 작동하는 신뢰성 높은 제연설비를 설치한다.

(2) 피난대책

① 피난경로는 짧고, 단순 · 명쾌하게 배치하고 양방향 피난로를 확보한다.

② 지하층에 Sunken Garden을 설치하여 외부공간을 통해 직접 지상으로 피난할 수 있도록 한다.

③ 복도나 계단, 출입구의 폭과 수를 피난 인원에 맞도록 적정하게 산정한다.

④ 전층 피난 시 발생하는 피난 혼란을 방지하기 위해 비상경보설비 및 비상방송설비를 체계적으로 사전에 계획하여 설치한다.

⑤ 피난경로를 인도하는 유도등, 유도표지 및 발광의 라이프 라인(life line)을 적정하게 설치한다.

⑥ 인간의 심리, 생리를 배려한 피난대책을 수립하고, 평상 시 교육, 훈련한다.

3. 방화대책

(1) 층간, 수직 관통부별 방화구획을 철저히 하여 상층으로의 연소확대를 방지한다.

(2) 용도별, 면적별, 층별, 수직 관통부별 방화구획 철저

(3) 효과적인 공간구획을 계획하여 화재 및 연기 확대를 소규모로 국한시킨다.

(4) 방화관리시스템의 개선 및 종합방재센터 설치, 운영

Ⅶ. 결 론

1. 일정 규모 또는 층 이상의 지하공간은 성능위주 방화설계를 하여 인적, 물적 피해를 최소화 한다.
2. 화재 시 화염의 거동 및 연기의 이동을 과학적, 공학적으로 해석하고, 시뮬레이션하여 신뢰도가 높게 설계한다.
3. 종합방재계획서를 작성하여 비상시를 대비한 교육과 훈련을 실시한다.

문제4 (초)고층건축물 화재

Ⅰ. 개 요

1. 고층과 초고층의 일반기준

(1) 고층 건축물은 높이 31m 이상 또는 11층 이상
(2) 준초고층은 31층 이상인 건축물
(3) 초고층 건축물은 높이 200m 이상 또는 지상층이 50층 이상의 건축물을 말한다.

2. (초)고층 건물의 층별, 높이별 법적 시설물

(1) 소방법상 필요한 소방설비 및 건축법상 특별피난계단(11층 이상, 공동주택은 16층 이상)
(2) 비상용 승강기(높이 31m 이상)
(3) 제연설비(11층 이상)

3. 토지 이용의 극대화, 사무의 집중화, 조망권의 확보 등으로 고층 또는 초고층 건물이 많이 건설되고 있으며 이로 인하여 화재 시 인명 및 재산 피해에 대한 우려도 증가하고 있다.

Ⅱ. 공간적 특성

1. 고층의 공간

(1) 고층부 화재 시 한정된 피난로에 의한 피난의 혼잡 및 피난경로가 장거리로서 체력적인 부담이 크다.
(2) 인위적인 급.배기 시스템으로 인한 연기 및 유독가스의 이동, 확산이 빠르다.
(3) 11층 이상 화재 시 소방대의 고가사다리차에 의한 구조 및 소화활동이 불가능하다.

2. 커튼월에 의한 무창의 폐쇄된 공간

(1) 무창의 폐쇄공간으로서 고온의 열기가 축적되어 심각한 구조 손상이 발생하고, 공기 부족에 따른 불완전 연소로 농연이 발생한다.
(2) 발코니를 통한 피난 및 구조, 소화활동이 불가능하다.

3. 주 용도가 사무실로서 OA기기 및 그 부속품, 서류, 가구, 가연성 내장재 등이 다량 존재하여 화재하중이 크며, 연소 확대 속도가 빠르다.

Ⅲ. 연소특성

1. 발화 위험성

(1) 인텔리전트에 의한 사무 자동화, 건물 자동화, 통신 기능 강화는 필수적으로 전기 사용을 증가시켜 전기화재 원인이 된다.

(2) 주 용도가 사무실로서 OA기기 및 그 부속품, 서류, 가구, 가연성 내장재 등 가연물이 대량으로 존재한다.

(3) Access Floor 밑의 복잡한 케이블 및 전선류 등에 의한 발화 위험 및 연소 확대 위험이 크다.

2. 연소 위험성

(1) 단위 면적 당 높은 가연물의 적재 밀도로 화재하중이 크고 공기 공급율이 커서 연소속도가 빠르다.

(2) 커튼월 구조 또는 고정의 창으로 밀폐되고 화재하중이 커서 Flash-Over에 의한 전실 화재가 일어날 가능성이 크다.

3. 연소확대 위험성

(1) 승강기 승강로, 각종 설비의 Shaft 등 수직공간을 통한 연돌효과로 상층으로의 연기의 이동, 확대가 빠르다.

(2) 고층부 특유의 빌딩풍에 의해 건물 내부로 연소 확대 우려가 크며, 연기가 피난로에 침투하여 피난에 지장을 초래할 수 있다.

(3) Flash-Over에 의한 전실 화재로 창을 통해 화염과 고온의 연기가 분출하여 상층으로 연소 확대된다.

Ⅳ. 피난의 문제점

1. 계단실 등 수직공간의 Draft 효과에 의한 강한 상승기류에 의해 피난문의 개폐장애가 발생할 수 있고, 제연에 지장을 초래할 수 있다.
2. 고층부에서 화재 시 장거리 피난에 의한 2차 재해가 발생할 수 있다.
3. 소방대의 진입 방향과 지상으로 대피하는 피난자의 피난경로가 상충하여 피난에 장애가 발생 한다.
4. 일시에 많은 사람이 피난로로 몰려 피난계단에서의 압사 등 2차 재해 가능성이 크다.

V. 소화활동상의 문제점

1. 소방대의 진입 방향과 지상으로 대피하는 피난자의 피난경로가 상충하여 소방대의 소화활동에 지장을 초래한다.
2. 소방대의 진입 경로가 길어 체력의 고갈 및 안전상의 문제가 발생한다.
3. 고가 사다리차가 미치지 못하므로 소방대의 진입 및 구조활동 등 소화활동이 어렵다.
4. 화재 층의 낙하물에 의한 소화활동의 장애 초래

VI. 방재대책

1. 예방대책

(1) 조기 발견 및 초기 소화를 위한 소화 시스템 설치
(2) 점화원 관리 철저
(3) 내장재의 불연화, 난연화 및 가연물의 제한

2. 소방대책

(1) 소화 대책

① 신뢰성 높은 제연 시스템을 설치하여 연기로 인한 피해 확대 방지
② 신뢰성 높은 감지 시스템을 설치하여 조기에 화재를 감지하여 초기에 소화할 수 있도록 한다.
③ Access Floor 밑에 감지 시스템을 설치하여 화재를 조기에 감지한다.

(2) 피난대책

① 피난기구 및 피난 유도 시스템의 철저한 설치 및 관리
② Fool Proof and Fail Safe 개념의 피난대책으로 피난경로를 단순, 명쾌, 다중화한다.
③ 피난로 급기가압 제연으로 연기의 유입을 방지한다.
④ 발코니를 설치하여 양방향 피난로를 확보한다.
⑤ 복도, 계단, 출입구의 폭과 수를 피난인원에 맞도록 적절히 배치한다.
⑥ 안전성이 확보된 특별피난엘리베이터를 설치하여 노약자, 재해약자의 피난을 유도한다.

3. 방화대책

(1) 용도별, 면적별, 층별, 수직관통부별 방화구획을 철저히 하여 상층으로의 연소 확대를 방지하고, 화재를 소규모로 제한한다.
(2) 종합적인 방, 배연 계획으로 열 및 연기의 확대 방지
(3) Spandrel를 길게 하고, 켄틸레바를 설치하여 상층으로의 연소 확대를 방지한다.
(4) 방화관리시스템의 개선 및 종합방재센터 설치, 운영

Ⅶ. 결 론

1. 성능위주의 방화설계를 실시하여 신뢰성을 확보한다.
2. 화재 시 화염의 거동 및 연기의 이동을 과학적, 공학적으로 해석하고, 시뮬레이션하여 신뢰도를 높여 설계한다.
3. 종합방재계획서를 작성하여 비상시를 대비한 교육과 훈련을 실시한다.

문제5 공동주택(주상복합) 건물 화재

Ⅰ. 개 요

1. 소방방재청의 화재통계에서 화재가 가장 많이 일어나는 장소는 주택이며, 전체 건물 화재 사망자의 약 40% 이상을 차지하고 있다.
2. 근래에 건설되고 있는 공동주택 및 주상복합 건물은 토지 이용의 극대화와 넓게 트인 조망권의 선호, 녹지 공간 확보 등으로 초고층화 되고 있으며, 첨단의 정보통신 서비스, 세대내부의 고급 · 차별화와 맞물려 다양한 종류의 가연물이 사용되어 화재발생 위험이 더욱 높아지고 있다.

Ⅱ. 공간적 특성

1. 구조적 특성

(1) 고층부 특유의 빌딩풍에 의해 건물 내부로 연소 확대 우려가 크며, 연기가 피난로에 침투하여 피난에 지장을 초래할 수 있다.

(2) 세대별 구획으로 인접 세대로의 연소 확대 방지에는 유리하나 화재 인식이 늦는 경우 세대에 갇히는 위험이 있다.

(3) 11층 이상 화재 시 소방대의 고가사다리차에 의한 구조 및 소화활동이 불가능하다.

(4) 발코니 확장에 따라 양방향 피난이 불가능하며 상층으로의 연소 확대 위험이 크다.

2. 초고층 주상복합 건물의 커튼월 구조

(1) 무창의 폐쇄공간으로서 고온의 열기가 축적되어 심각한 구조 손상이 발생하고, 공기 부족에 따른 불완전 연소로 농연이 발생한다.

(2) 발코니를 통한 피난 및 구조, 소화활동이 불가능하다.

3. 상시적인 거주 공간

(1) 화기 사용이 빈번하고 가연물의 분산, 분포성이 높아 화재 발생 빈도가 높고, 화재 확대 위험이 크다.

(2) 야간에 화재 발생 시 숙면으로 화재 발견이 늦다.

(3) 고령자나 유아 등 재해약자가 거주하는 경우가 많아 피난 시 피난 지연에 따른 피해가 크다.

Ⅲ. 연소특성

1. 발화 위험성

(1) 화기 사용이 빈번하여 화재 발생 빈도가 높다.
(2) 가연물의 분산, 분포성이 높아 화재 확대 위험이 크다.

2. 연소 위험성

(1) 단위 면적 당 높은 가연물의 적재 밀도로 화재하중이 크고 공기 공급율이 커서 연소속도가 빠르다.
(2) 커튼월 구조 또는 고정의 창으로 밀폐되고 화재하중이 커서 Flash-Over에 의한 전실 화재가 일어날 가능성이 크다.

3. 연소확대 위험성

(1) 고층부 특유의 빌딩풍에 의해 건물 내부로 연소 확대 우려가 크다.
(2) 발코니 확장에 의해 켄틸레버가 없어져 상층으로의 연소 확대 위험이 크다.
(3) Flash-Over에 의한 전실 화재로 창을 통해 화염과 고온의 연기가 분출하여 상층으로 연소 확대된다.

Ⅳ. 피난의 문제점

1. 계단실 등 수직공간의 Draft 효과에 의한 강한 상승기류에 의해 피난문의 개폐장애가 발생할 수 있고, 제연에 지장을 초래할 수 있다.
2. 고층부에서 화재 시 장거리 피난에 의한 2차 재해가 발생할 수 있다.
3. 소방대의 진입 방향과 지상으로 대피하는 피난자의 피난경로가 상충하여 피난에 장애가 발생한다.
4. 일시에 많은 사람이 피난로로 몰려 피난계단에서의 압사 등 2차 재해 가능성이 크다.

Ⅴ. 소화활동상의 문제점

1. 소방대의 진입 방향과 지상으로 대피하는 피난자의 피난경로가 상충하여 소방대의 소화활동에 지장을 초래한다.
2. 소방대의 진입 경로가 길어 체력의 고갈 및 안전상의 문제가 발생한다.
3. 고가 사다리차가 미치지 못하므로 소방대의 진입 및 구조활동 등 소화활동이 어렵다.
4. 화재 층의 낙하물에 의한 소화활동의 장애 초래

VI. 방재대책

1. 예방대책

(1) 조기 발견 및 초기 소화를 위한 소화 시스템 설치
(2) 점화원 관리 철저
(3) 내장재의 불연화, 난연화 및 가연물의 제한

2. 소방대책

(1) 소화대책
① 세대별 소화기 비치
② 신뢰성 높은 감지 시스템을 설치하여 조기에 화재를 감지하여 초기에 소화할 수 있도록 한다.

(2) 피난대책
① 피난기구 및 피난 유도 시스템의 철저한 설치 및 관리
② Fool Proof and Fail Safe 개념의 피난대책으로 피난경로를 단순, 명쾌, 다중화한다.
③ 피난로 급기가압 제연으로 연기의 유입을 방지한다.
④ 발코니를 설치하여 양방향 피난로를 확보한다.
⑤ 복도, 계단, 출입구의 폭과 수를 피난인원에 맞도록 적절히 배치한다.
⑥ 안전성이 확보된 특별피난엘리베이터를 설치하여 노약자, 재해약자의 피난을 유도한다.
⑦ 헬리포터를 설치하여 피난과 소화활동에 이용한다.

3. 방화대책

(1) 용도별, 면적별, 층별, 수직관통부별 방화구획을 철저히 하여 상층으로의 연소 확대를 방지하고, 화재를 소규모로 제한한다.
(2) 종합적인 방, 배연 계획으로 열 및 연기의 확대 방지
(3) Spandrel를 길게 하고, 켄틸레바를 설치하여 상층으로의 연소 확대를 방지한다.
(4) 방화관리시스템의 개선 및 종합방재센터 설치, 운영

VII. 결 론

1. 성능위주의 방화설계를 실시하여 신뢰성을 확보한다.
2. 화재 시 화염의 거동 및 연기의 이동을 과학적, 공학적으로 해석하고, 시뮬레이션하여 신뢰도를 높여 설계한다.
3. 종합방재계획서를 작성하여 비상시를 대비한 교육과 훈련을 실시한다.

문제6 다중이용업소의 방재특성

Ⅰ. 개 요

1. 불특정 다수인이 이용하는 시설로서 화재로 인한 인명 및 재산피해가 극심하다.
2. 이용자들과 영업주들의 안전 의식이 결여되어 화재발생 빈도가 높아 일반건물 및 장소보다 강화된 국가화재안전기준을 적용할 필요가 있다.
3. 최근 우후준순으로 생겨난 다중이용업소와 유사 형태의 업소에서 화재가 빈번하게 발생하여 많은 인명이 사망 또는 부상하는 사례가 늘고 있다.

Ⅱ. 특 성

1. 불특정 다수가 이용하는 장소로서 건물 내부구조에 익숙지 않아 화재 시 원활하게 피난하지 못한다.
2. 다량의 가연물과 실내 장식물이 분포하여 화재 시 이로 인한 연소 확대 위험 및 유독성의 연기가 대량으로 발생한다.
3. 이용자들이 비정상 상태(만취, 심취, 고성방가)인 경우가 많아 비상 시 대처가 어렵다.
4. 이용자들과 영업주들의 안전 의식이 결여되어 화재 위험이 크다.
5. 내부구조의 빈번한 변경으로 이용자 대부분이 내부구조에 익숙지 않아 피난에 지장을 받는다.
6. 신종 업종의 출현으로 소방시설의 적용을 어렵게 하고 제도적 관리의 부재로 화재 및 재해 위험에 대처하기 어렵다.
7. 다중이용업소 대부분이 지하층 또는 고층에 위치하고 있어서 피난 및 소화활동에 제한을 받는다.
8. 비상 탈출구를 잠그는 경우가 많으며 이로 인하여 2방향 피난이 불가능하여 피해가 확대된다.

Ⅲ. 문제점

1. 건물구조의 문제

건물구조 상 피난통로 및 비상 탈출구가 협소하여 화재 시 피난이 어렵다.

2. 실내 내장재 및 마감재의 문제

실내에 다양한 유형의 가연물과 실내 장식물을 사용하기 때문에 화재 시 연소 확대가 빠르며 유독 가스로 인해 피난에 장해가 크다.

3. 소방시설의 문제

소방시설을 적법하게 설치한 경우가 많지 않고, 유지 관리가 부실하다.

4. 안전의식이 결여되어 화재 및 재난에 취약하다.

Ⅳ. 방재대책

1. 예방대책

(1) 카페트, 커튼 등 내장재의 불연화 및 난연화, 방염화
(2) 점화원 관리 철저
(3) 소방시설의 유지관리 및 법적제도 강화
(4) 화재모델에 의한 방화설계 구축

2. 소방대책

(1) 소화대책
① 조기 화재 발견 및 초기 소화를 위한 감지기 및 간이스프링클러 설치
② 유효한 제연설비 설치 및 유지관리 철저

(2) 피난대책
① 복도나 계단, 출입구의 폭과 수를 피난인원에 맞도록 적정하게 산정
② 순차적 피난을 위한 피난유도시스템(비상경보설비, 비상방송설비)을 설치
③ 피난기구의 확보, 비상조명등 및 휴대용비상조명등 설치
④ 안내표지 유도등 및 유도표지를 명확히 하여 피난 시 대처
⑤ 양방향 피난이 가능하게 비상구 설치

3. 방화대책

(1) 용도, 규모, 형태별 방화구획 및 방화문, 방화댐퍼 설치
(2) 배관, 케이블, 덕트 등 관통부의 방화 조치 및 연소방지 조치

문제7 다중이용업소의 소방시설

Ⅰ. 개 요

1. 불특정 다수인이 이용하는 시설로서 화재로 인한 인명 및 재산피해가 극심하다.
2. 이용자들과 영업주들의 안전 의식이 결여되어 화재발생 빈도가 높아 일반건물 및 장소보다 강화된 국가화재안전기준을 적용할 필요가 있다.
3. 최근 우후준순으로 생겨난 다중이용업소와 유사 형태의 업소에서 화재가 빈번하게 발생하여 많은 인명이 사망 또는 부상하는 사례가 늘고 있다.

Ⅱ. 다중이용업소의 소방시설 종류

1. 소방시설

(1) 소화설비 : 소화기(수동, 자동식), 자동확산소화용구
(2) 피난설비 : 유도등 및 유도표지, 비상조명등 및 휴대용비상조명등, 피난기구
(3) 경보설비 : 비상경보설비, 비상방송설비, 가스누설경보기

2. 방화시설 : 비상구 및 방화문, 자동방화댐퍼

3. 그 밖의 시설 : 영상음향차단장치, 누전차단기 및 피난유도선

구분		적용설비	설치대상	비고
소방시설	소화설비	소화기	구획된 각 실에 1개 이상	
		자동확산소화기	주방 및 보일러실에 설치	10㎡초과 시 2개
		간이스프링클러	지하층 영업장의 바닥면적 150㎡	스프링클러설치시 제외
	피난설비	유도등 및 유도표지	출입구, 비상구 및 구부러진 복도 및 계단에 설치	둘 중 하나 이상 설치
		비상조명등	각 거실과 지상에 이르는 복도, 계단, 통로에 설치	
		휴대용비상조명등	구획된 실마다 설치	
		피난기구	내부에서 외부로 면하는 개구부에 설치	완강기, 피난사다리, 구조대 등
	경보설비	비상경보설비	구획된 실마다 설치	둘 중 하나 이상 설치
		비상방송설비	구획된 실마다 설치	
		가스누설경보기	가스시설을 사용하는 주방 및 난방시설이 설치된 장소	

구분	적용설비	설치대상	비고
방화시설	방화문	비상구 및 주출입문, 보일러실과 영업장의 출입문	방화문 유효너비 0.75m 이상 1.5m 이상
	자동방화댐퍼	개구부에 설치	
	비상구	모든 영업장에 설치	피난방향으로 열리는 구조
그 밖의 시설	영상음향차단장치	노래반주기등 영상음향장치를 사용하는 경우	자동 또는 수동으로 음향차단이 가능한 구조
	누전차단기	모든 대상물	부하용량에 적정한 누전차단기 설치
	피난유도선	영업장 안에 복도 또는 통로가 있는 경우에 설치	유도등, 유도표지 또는 비상조명등이 설치될 경우 제외

문제8 아트리움건물 화재

Ⅰ. 개 요

1. 최근 들어 건축물이 고층화, 대형화 되면서 건물 중앙에 아트리움 공간을 설치하는 경우가 증가하고 있다.
2. 아트리움은 효율적인 공간의 활용, 극적인 공간 연출, 자연채광의 도입 등 여러 가지 장점이 있어 향후 더욱 많이 채용될 것으로 예상된다.
3. 이런 아트리움 공간에 기존 건축법의 방화구획 개념과 소방법에 의한 소방시설을 적용하기에는 많은 문제점들이 있으므로 아트리움 공간에 대한 화재특성을 파악하여 이에 적합한 시스템을 도입하여 적용할 필요가 있다.

Ⅱ. 공간적 특성

1. 높은 수직공간

(1) 높은 수직공간으로 연기가 희석되고 도달시간이 지연되어 기존의 감지기로는 화재를 조기에 감지하기 어렵다.

(2) 스프링클러설비에 의한 소화가 곤란하다.

2. 각 층의 거실과 개방된 공간

(1) 아트리움 내에서 화재가 발생하는 경우 조기에 발견하여 제연설비 연동에 의해 신속하게 제연을 할 수 있다.

(2) 아트리움에 인접한 거실에서 화재가 발생하는 경우에는 연기가 통로 등 개구부를 통해 아트리움으로 유입되기 때문에 시간지연에 의해 피난로를 차단할 우려가 있다.

Ⅲ. 연소특성

1. 발화 위험성

(1) 아트리움 주변의 인접 거실은 보통 음식점, 상점 등인 경우가 많아 화기 사용이 빈번하여 화재 발생 빈도가 높다.

(2) 인접 거실은 가연물의 분산, 분포성이 높아 화재 확대 위험이 크다.

2. 연소 위험성

환기율이 좋아 연료지배형화재의 형태를 띠며 화재 성장속도가 빠르다.

3. 연소확대 위험성

(1) 아트리움을 통한 상층으로의 연소확대 및 연기의 확대로 재실자의 피난에 막대한 지장을 초래한다.

(2) 아트리움 상부에는 자동 또는 수동으로 개방되는 스모크 헷치를 설치하는데 실내외의 온도차로 이루어지는 자연배연으로 여름철에는 효과적인 배연효과를 기대하기 어렵다.

Ⅳ 피난의 문제점

1. 화재 시 건물 전체에 경보를 발하는 경우 아트리움 내의 재실자와 인접거실의 재실자가 동시에 피난로로 몰려 피난 혼잡이 가중된다.
2. 일시에 많은 사람이 피난로로 몰려 피난로에서의 압사 등 2차재해 가능성이 크다.

Ⅴ. 소화활동상의 문제점

1. 소방대의 진입 방향과 재실자의 피난경로가 상충하여 소방대의 소화활동에 지장을 초래한다.
2. 아트리움에 충만된 연기로 인하여 소방대의 진압, 구조활동에 지장을 초래한다.
3. 아트리움을 통해 상층으로 연소확대 되는 경우 광범위한 소화활동이 요구된다.

Ⅵ. 방재대책

1. 예방대책

(1) 아트리움 내의 가연물 사용 제한

(2) 아트리움 내의 내장재 및 장식물은 불연화, 난연화 한다.

2. 소방대책

(1) 소화대책

① 화재를 조기에 감지할 수 있고, 신뢰성이 높은 불꽃 감지기와 광전식 분리형 연기 감지기를 설치한다.

② 방수총 시스템(Water Cannon System)을 설치하여 화재를 소화한다.

③ 스프링클러를 설치하는 경우 아트리움과 인접한 거실 층마다 측벽형 헤드를 설치하여 아트리움과 인접거실 간의 연소확대를 방지한다.

(2) 피난대책

① 아트리움 상부에는 감지기 연동에 의해 자동으로 동작하는 강제배연설비를 설치한다.

② 경보구역을 합리적으로 세분하여 재실자가 순차적으로 피난할 수 있는 시스템을 구축한다.

③ 피난통로와 출입구의 폭과 수를 피난인원에 맞도록 적절히 배치한다.

3. 방화대책

(1) 아트리움과 인접거실 간은 자동 방화샷다 등으로 방화구획한다.

(2) 종합적인 방, 배연 계획으로 열 및 연기의 확대 방지

(3) 방화관리시스템의 개선 및 종합방재센터 설치, 운영

Ⅶ. 결 론

1. 성능위주의 방화설계를 실시하여 신뢰성을 확보한다.
2. 화재 시 화염의 거동 및 연기의 이동을 과학적, 공학적으로 해석하고, 시뮬레이션하여 신뢰도를 높여 설계한다.
3. 종합방재계획서를 작성하여 비상시를 대비한 교육과 훈련을 실시한다.

문제9 지하공동구 화재

Ⅰ. 개 요

1. 소방법 상의 지하구

전력, 통신용 전선이나 가스, 냉난방용 배관 또는 이와 비슷한 것을 집합 수용하기 위하여 설치한 지하 공작물로서

(1) 사람이 점검 또는 보수하기 위하여 출입이 가능한 것으로

(2) 폭 1.8m, 높이 2m, 길이 50m 이상(전력·통신사업용은 500m 이상)인 것

(3) 급배수관용 제외

2. 도시계획법상의 지하구

지하 매설물(전기, 가스, 수도 등의 공급시설 및 통신시설, 하수도 시설 등)을 공동 수용함으로써 도시의 미관, 도로구조의 보존과 원활한 교통의 소통을 위하여 지하에 설치하는 시설물

Ⅱ. 공간적 특성

1. 지하 밀폐공간

(1) 어둡고 비좁아 진압에 어려움이 있으며, 지상의 지휘본부와 지하의 소방대 간의 통신 곤란으로 화재상황을 파악하기 힘들다.

(2) 축열 공간으로 화재 시 직접적인 화염 접척에 의한 연소 확대 및 복사열에 의한 자연발화로 인하여 화재가 확대될 우려가 크다.

2. 길고 좁은 공간

(1) 화재 진압 후에도 장비와 복구인원의 투입이 용이하지 않아 복구에 시간이 많이 소요된다.

(2) 화재 발생 시 소방대가 화점에 접근하기가 곤란하여 진압에 많은 시간이 소요된다.

(3) 도심지 도로 밑에 위치하는 경우가 많아 극심한 교통 혼잡을 야기한다.

III. 연소특성

1. 발화 위험성

(1) 지하구 내에는 가연성의 케이블이 대량으로 존재한다.

(2) 케이블 내부의 발화 위험성

① 과전류, 단락, 지락, 누전에 의한 발화

② 접촉부 과열에 의한 발화

③ 스파크에 의한 발화

④ 절연열화 및 탄화에 의한 발화

⑤ 다회선 포설에 따른 허용전류 저감률 부족으로 온도 상승에 의한 발화

⑥ 시공 불량 등에 의한 온도 상승으로 부분 발열 발화

(3) 외부에 의한 발화 위험성

① 공사 중 용접불꽃 등에 의한 발화

② 케이블 주위 Oil 등의 가연물의 연소에 의한 발화

③ 케이블이 접속되어 있는 기기류의 과열에 의한 발화

④ 타구역에서 발생한 화재가 케이블로 연소확대

⑤ 방화

2. 연소 위험성

(1) 환기지배형의 화재 형태로 고온의 열기가 축적되어 축열된 복사열에 의한 자연발화로 연소가 확대될 우려가 크다.

(2) 축적된 농연의 연기와 다량의 연소 생성물이 지상으로 배출되어 혼란을 야기한다.

(3) 케이블 외장재인 폴리에틸렌이나 PVC는 연소 시 독성가스(HCl, CO_2, CO 등)를 발생시켜 단시간 동안 흡입하여도 인체에 치명적이다.

3. 연소확대 위험성

(1) 지하구 내의 주요 가연물인 케이블은 외피가 폴리에틸렌이나 PVC이기 때문에 화재가 발생하면 케이블을 따라 빠르게 연소가 확대된다.

(2) 고온의 열기가 축적되어 축열된 복사열에 의한 자연발화로 연소가 확대될 우려가 크다.

Ⅳ. 소화활동상의 문제점

1. 어둡고 비좁아 진압에 어려움이 있으며, 지상의 지휘본부와 지하의 소방대 간의 통신 곤란으로 화재상황을 파악하기 힘들다.
2. 화재 발생 시 소방대가 화점에 접근하기가 곤란하여 진압에 많은 시간이 소요된다.
3. 화재 진압 후에도 장비와 복구인원의 투입이 용이하지 않아 복구에 시간이 많이 소요된다.

Ⅴ. 방재대책

1. 예방대책

(1) 케이블의 불연화, 난연화
(2) 케이블 유지관리 철저
(3) 유지, 보수 작업 시 점화원 관리 철저

2. 소방대책

(1) 소화대책
① 지하구 길이 350m 이하마다 3m 이상의 살수구역으로 연소방지설비를 설치한다.
② 전 구간 화재 위치 파악이 가능한 정온식 감지선형 감지기를 설치하여 화재를 조기에 발견할 수 있는 시스템을 구축한다.
③ 소방관서와 공동구의 통제실 간에 화재 등 소화활동과 관련된 정보를 상시 교환할 수 있는 정보 통신망을 구축한다.

3. 방화대책

(1) 통로 및 케이블 공간을 내화성능으로 방화구획한다.
(2) 일정 구간마다 방화벽을 설치하고 출입문은 방화성능이 있는 문으로 한다.
(3) 종합적인 방화관리시스템을 도입하여 관리한다.

Ⅵ. 결 론

1. 국가 기간시설의 유지, 보전 차원에서 표준설계안을 개발하여 적용한다.
2. 이러한 방재성능을 실질적으로 구현하기 위해서는 지하구 정비에 관한 특별법을 만들어 초기 계획단계에서 방재성능을 구비하도록 조치한다.

문제10 Clean room 화재

Ⅰ. 개 요

1. 청정실 또는 무향실이라 하며 공기 중의 먼지 등을 완전히 제거하고, 온도, 습도, 압력 등을 정밀하게 제어하는 공간을 말한다.
2. 정밀전자 공업, 의약품 공업, 연구소 등에서 사용하는 공간으로서 반도체 공업에서는 Mask와 Chip의 제조 공정이 이루어진다.

Ⅱ. 공간적 특성

1. Clean Room은 사용 기자재 및 원료, 제품 등이 고가로 가액밀도가 높다.
   - 화재로 인한 재산 손실이 크다.
2. 내부의 기류 이동속도가 빠르고 환기율이 높다.
   - 열이나 연기 감지기를 설치하는 경우 화재 감지가 늦다.
   - 스프링클러의 감열이 늦어 화재가 확대될 우려가 크다.
3. 창문이 적고 칸막이로 실내가 구분되어 있다.
   - 화재로 인한 열, 연기가 축적되어 피해가 가중된다.

Ⅲ. 연소특성

1. 발화 위험성

(1) 공정 중에 가연성 및 부식성 가스와 액체를 다량 사용한다.
(2) 공정에 전기설비, 전기기기 등을 사용하여 전기적인 문제로 인한 화재 위험이 크다.

2. 연소 위험성

(1) 대량으로 존재하는 가연성, 부식성 가스 등 화재하중이 크다.
(2) 환기율이 높아 연료지배형화재의 형태로 연소속도가 빠르다.
(3) 화재 시 유독가스가 다량으로 발생되어 피해가 커진다.

3. 연소확대 위험성

Clean Room의 천장이나 바닥에 설치된 급배기 덕트는 플라스틱 등 가연성인 경우가 많아 덕트를 통한 연소확대 위험성이 크다.

Ⅳ. 피난의 문제점

1. 화재 시 발생하는 유독가스 및 농연으로 피난에 지장을 초래한다.
2. 칸막이로 실내가 구분되어 있어 피난경로가 미로를 형성하여 장거리 피난이 예상된다.
3. 화재로 인한 정전 시 자연채광이 결여되어 피난에 지장을 초래한다.

V. 소화활동상의 문제점

1. 창문이 적고 칸막이로 실내가 구분되어 있어 소방대의 소화활동에 지장이 많다.
2. 출입구가 단일동선인 경우가 많아 피난자의 피난 방향과 소방대의 진입 방향이 상충되어 소화활동에 지장을 초래한다.
3. 소방대의 진입 경로가 길어 체력의 고갈 및 안전상의 문제가 발생한다.

VI. 방재대책

1. 예방대책

(1) 공정 중에 사용하는 가연성, 부식성 액체의 재고량을 관리한다.
(2) 각종 약품, 용제류 등의 취급 주의
(3) 전기설비, 기기 등의 방폭화
(4) 교육 등 관리체제의 확립

2. 소방대책

(1) 소화대책
① 특수형 감지기를 설치하여 화재를 조기에 감지한다.
② 신뢰성이 높고 비화재보가 없는 공기흡입형 연기감지기를 설치한다.
③ 공정 중의 가스 누설에 대비하여 가스 누설 검지기를 설치한다.
④ 가연성 액체가 사용되는 부분과 대전력이 사용되는 노(Furnace)등의 기계설비를 제외 한 곳에는 스프링클러설비가 가장 효과적이다.
⑤ 가스배기 덕트, 환기용 후드 및 은폐된 공간 등에는 반드시 스프링클러설비를 설치한다.
⑥ Clean Room내부에는 공간이 구획되지 않고 공기가 위에서 아래로 실 전체에 흐르기 때문에 전역방출 방식보다는 국소방출 방식의 가스소화설비가 효과적이다.

(2) 피난대책
① 구획으로 인한 장거리 피난이 되지 않도록 계획한다.
② 출입문은 화재 감지기가 동작하면 자동으로 해정되게 한다.
③ 비상방송설비를 설치하여 비상 시 신속 정확하게 정보를 전달한다.

3. 방화대책

(1) 방화구획, 방연구획 및 불연화로 화재로 인한 피해 확대방지 또는 경감
(2) 교육 등 관리체제의 확립

VII. 결 론

Clean Room 화재특성에 적합한 화재 모델링에 의한 방화설계

문제11 컴퓨터실 화재

Ⅰ. 개 요

1. Building Intelligent화, OA, BA, TC화가 급증하고 있으며, 정보통신사회로 급변하는 우리주변에 Computer산업의 확장 및 Computer 보급이 확대되는 현실이다.
2. 현대에는 은행, 병원, 일반 기업 등 모든 분야에 있어서 컴퓨터가 핵심적인 역할을 담당하고 있으며, 컴퓨터실에 화재가 발생하면 고가의 장치 손상에 의한 재산 손실도 문제이겠으나, 이보다 더욱 중요한 것은 귀중한 데이터의 손실과 업무 마비 현상이다.
3. 따라서 실 특성을 고려한 종합적인 방재대책을 계획하는 것이 필요하다.

Ⅱ. 공간적 특성

1. 컴퓨터실에는 고가의 메인 컴퓨터와 주변장치 등이 있어서 가액밀도가 높다.
   - 화재로 인한 재산 손실이 크다.
   - 데이터 손실에 의한 직, 간접적인 피해가 막대하다.
2. 내부의 기류 이동속도가 빠르고 환기율이 높다.
   - 열이나 연기 감지기를 설치하는 경우 화재 감지가 늦다.
3. 창문이 적고 칸막이로 실내가 구분되어 있다.
   - 화재로 인한 열, 연기가 축적되어 피해가 가중된다.

Ⅲ. 연소특성

1. 발화 위험성

(1) 컴퓨터, 주변기기, 항온항습장치 등을 사용하여 전기적인 문제로 인한 화재 위험이 크다.

(2) 이중바닥 하부에 밀집되어 있는 배선이 점화원으로 작용한다.

(3) Computer용지, 레코드, Tape 등 가연물이 많아 화재하중이 크다.

2. 연소 위험성

(1) 환기율이 높고 가연물이 많아 연료지배형화재의 형태로 연소속도가 빠르다.

(2) 화재 시 플라스틱함, 회로기판, 배선의 절연성 물질 등의 연소로 유독가스를 포함한 검은 농연이 대량으로 발생되어 진화작업이 곤란하다.

(3) 컴퓨터실은 밀폐 공간인 경우가 많아 연소열과 연기의 축열, 축연에 의해 화재가 혹도가 크다.

3. 연소확대 위험성

(1) 컴퓨터실의 천장이나 바닥에 설치된 급배기 덕트를 통한 연소확대 위험성이 크다.
(2) 컴퓨터실에 인접한 장소의 H/W와 저장물품 등을 통한 연소확대 위험이 크다.

Ⅳ. 피난의 문제점

1. 화재 시 발생하는 유독가스 및 농연으로 피난에 지장을 초래한다.
2. 칸막이로 실내가 구분되어 있어 피난경로가 미로를 형성하여 장거리 피난이 예상된다.
3. 화재로 인한 정전 시 자연채광이 결여되어 피난에 지장을 초래한다.

Ⅴ. 소화활동상의 문제점

1. 창문이 적고 칸막이로 실내가 구분되어 있어 소방대의 소화활동에 지장이 많다.
2. 출입구가 단일동선인 경우가 많아 피난자의 피난 방향과 소방대의 진입 방향이 상충되어 소화 활동에 지장을 초래한다.
3. 고가 장비가 밀집되어 있고, 농연이 발생되어 소화활동에 지장을 초래한다.

Ⅵ. 방재대책

1. 예방대책

(1) 전기설비, 기기 등의 방폭화
(2) UPS 설치, 수동 전원차단장치 설치
(3) 컴퓨터 기기의 과열방지를 위한 냉각장치 설치
(4) 전력의 적정한 분배로 과부하 방지
(5) 전선, 케이블의 재질은 불연 또는 난연성으로 한다.
(6) 컴퓨터 용지, 레코드, Tape 등은 별도의 실에 보관한다.

2. 소방대책

(1) 소화대책
① 특수형 감지기(아날로그 연기 감지기)를 설치하여 화재를 조기에 감지한다.
② 신뢰성이 높고 비화재보가 없는 공기흡입형 연기감지기를 설치한다.
③ 가스계 소화설비를 설치한다.
㉮ 이중바닥 상부는 전역방출방식의 청정소화약제 설비를 설치한다.
㉯ 이중바닥 하부는 전역방출방식의 청정소화약제 설비 또는 CO_2 소화설비를 설치한다.
④ 컴퓨터 및 전기설비 화재 시를 위해 CO_2 또는 할론 소화기를 비치한다.

(2) 피난대책

① 구획으로 인한 장거리 피난이 되지 않도록 계획한다.

② 출입문은 화재 감지기가 동작하면 자동으로 해정되게 한다.

③ 비상방송설비를 설치하여 비상 시 신속 정확하게 정보를 전달한다.

3. 방화대책

(1) 방화구획, 방연구획 및 불연화로 화재로 인한 피해 확대방지 또는 경감

(2) 칸막이는 최소한 1시간 이상 내화도를 갖춘 것으로 하고 컴퓨터 용지, 레코드, Tape 등의 가연물 저장 장소와 타 용도의 실을 격리하는 벽은 최소한 2시간 이상의 내화성능을 갖도록 한다.

(3) 교육 등 관리체제의 확립

Ⅶ. 결 론

1. 컴퓨터실의 화재특성에 적합한 화재 모델링에 의한 방화설계
2. 일정 규모(면적별, 컴퓨터 대수별) 이상의 컴퓨터실에 대해서는 성능위주 방화설계를 도입하여 화재로 인한 직, 간접 피해를 최소화할 수 있도록 하여야 한다.

문제12 대형병원의 화재

Ⅰ. 개 요

1. 의료산업의 발달과 고부가가치의 창출 및 무한 경쟁의 산물로서 첨단 의료장비를 갖추고 있는 대형병원이 늘고 있다.
2. 불특정 다수가 이용하는 병원의 대형화는 화재로 인한 인명 및 재산 피해 방지를 위해 더욱 철저한 방화 대책을 요구한다.

Ⅱ. 공간적 특성

1. 고층의 공간
   (1) 고층부 화재 시 한정된 피난로에 의한 피난의 혼잡 및 피난경로가 장거리로서 체력적인 부담이 크다.
   (2) 인위적인 급·배기 시스템으로 인한 연기 및 유독가스의 이동, 확산이 빠르다.
   (3) 11층 이상 화재 시 소방대의 고가사다리차에 의한 구조 및 소화활동이 불가능하다.
2. 불특정 다수인이 출입한다.
   화재 발생 시 피난경로 및 피난시설에 익숙하지 못한 재실자로 인해 피난의 혼잡 및 피해가 가중된다.
3. 재실자가 피난능력이 부족한 환자인 경우가 많다.

Ⅲ. 연소특성

1. 발화 위험성

(1) 보호자들이 병실 또는 대기실에서 전기난로, 난로 등 열원 사용에 따른 화재 발생 위험이 존재한다.
(2) 인화성 용제류의 사용이 많아 저장 및 취급 시 위험이 상존한다.
(3) 고가의 각종 의료장비로 인한 과전류, 지락, 단락 등 전기화재의 위험이 상존한다.

2. 연소 위험성

(1) 유독성 약품 및 고압가스(산소, 질소) 등의 취급·사용으로 인한 사고 위험성이 존재한다.
(2) 공간이 구획되고 침구류, 커텐류 등 가연물이 많아 화재하중이 커서 Flash-Over에 의한 전실 화재가 일어날 가능성이 크다.

3. 연소확대 위험성

(1) 엘리베이터슈트, 전기 및 공조설비의 샤프트 등 수직관통부가 많아 연돌효과에 의한 상층으로의 연소 확대 및 연기 확대가 가속된다.
(2) 강제적인 급배기시스템에 의해 공기의 흐름이 조절되기 때문에 연기와 유독가스의 확산이 급속도로 진행될 가능성이 크다.
(3) 고층부 특유의 강풍에 의해 연기가 복도쪽으로 밀려 피난로를 연기로 오염시키고 동시에 연소 확대 위험이 크다.

Ⅳ. 피난의 문제점

1. 계단실 등 수직공간의 Draft 효과에 의한 강한 상승기류에 의해 피난문의 개폐장애가 발생할 수 있고, 제연에 지장을 초래할 수 있다.
2. 고층부에서 화재 시 장거리 피난에 의한 2차 재해가 발생할 수 있다.
3. 재실자가 피난능력이 부족한 환자인 경우가 많다.
4. 평상시 근무 요원들이 여자인 경우가 많아 피난 시 유도 역할에 문제가 있다.

Ⅴ. 소화활동상의 문제점

1. 소방대의 진입 방향과 지상으로 대피하는 피난자의 피난경로가 상충하여 소방대의 소화활동에 지장을 초래한다.
2. 고층부 화재 시 고가 사다리차가 미치지 못하므로 소방대의 진입 및 구조활동 등 소화활동이 어렵다.
3. 화재 층의 낙하물에 의한 소화활동의 장애 초래

Ⅵ. 방재대책

1. 예방대책

(1) 일반 고층건물과는 다른 화재특성을 고려하여 설계한다.
(2) 환자들의 피난불능 상황을 고려 연소 확산의 최소화를 위해 몇 개의 소구획으로 나눈 완전구획화 설계가 필요하다.
(3) 인화성 용제류 취급주의 및 고압가스의 폭발위험에 대한 평소 관리 및 교육 철저
(4) 내장재의 불연화, 난연화 및 가연물의 제한

2. 소방대책

(1) 소화대책

① 자동화재탐지설비 및 자동소화시스템(스프링클러)의 설치 및 유지관리 철저

② 알콜류 등의 용제 사용 장소에는 이온화식 연기 감지기 설치

③ 고가의 첨단 의료 장비실에는 CO_2 소화설비 또는 청정소화약제설비를 설치하고 비상시 대피 등에 대한 교육 철저

(2) 피난대책

① 불특정다수인의 피난유도를 위해 평소 근무요원들의 피난 시 행동에 대한 교육 및 홍보

② 수평피난에 의한 수직피난을 고려하여 수평의 안전구획을 계획한다.

③ 병실에는 발코니를 설치하여 양방향 피난로를 확보한다.

④ 환자들이 피난 시 피난계단 이용의 어려움을 고려하여 비상시를 위한 별도의 승강기를 준비하고 화재 시 영향 없이 항상 가동되도록 별도의 전원 시스템으로 설계한다.

⑤ 특수형 유도등 설치

㉮ 시각 장애인을 위한 음성피난 유도시스템 설치

㉯ 청각 장애인을 위한 시각 경보장치 설치

3. 방화대책

(1) 용도별, 면적별, 층별, 수직관통부별 방화구획을 철저히 하여 상층으로의 연소 확대를 방지하고, 화재를 소규모로 제한한다.

(2) 종합적인 방, 배연 계획으로 열 및 연기의 확대 방지

(3) Spandrel를 길게 하고, 켄틸레바를 설치하여 상층으로의 연소 확대를 방지한다.

(4) 방화관리시스템의 개선 및 종합방재센터 설치, 운영

Ⅶ. 결 론

1. 병원이라는 특수성을 감안하여 성능위주의 방화설계를 실시하여 신뢰성을 확보한다.
2. 화재 시 화염의 거동 및 연기의 이동을 과학적, 공학적으로 해석하고, 시뮬레이션하여 신뢰도를 높여 설계한다.
3. 종합방재계획서를 작성하여 비상시를 대비한 교육과 훈련을 실시한다.

문제13 호텔화재

Ⅰ. 개 요

1. 호텔은 불특정다수인이 이용하는 장소로 화재 발생 시 이용자나 근무자가 위험한 상황에 빠질 가능성이 매우 큰 장소이다.
2. 경제적 여건이 좋아지고, 여유로운 시간과 여가를 즐기려는 사회적 분위기로 인하여 호텔 이용객들이 꾸준히 증가하고 있으며, 이에 따른 화재에 대한 방화대책의 중요성이 갈수록 커지고 있다.

Ⅱ. 공간적 특성

1. 고층의 공간

(1) 고층부 화재 시 한정된 피난로에 의한 피난의 혼잡 및 피난경로가 장거리로서 체력적인 부담이 크다.

(2) 연돌효과로 인해 상층으로 연기의 이동, 확산이 빨라 대량의 인명 피해가 발생할 수 있다.

(3) 11층 이상 화재 시 소방대의 고가사다리차에 의한 구조 및 소화활동이 불가능하다.

2. 축열, 축연 공간이다.

(1) 각각의 객실이 방화구획 되고 창문이 붙박이인 경우가 많아 화재로 인한 열기가 축적되어 화재강도가 크다.

(2) 밀폐 공간으로서 연기가 축적되어 농연이 발생한다.

3. 불특정 다수인이 출입한다.

(1) 화재 발생 시 피난경로 및 피난시설에 익숙하지 못한 재실자로 인해 피난의 혼잡 및 피해가 가중된다.

(2) 주 용도가 숙박시설로서 투숙객이 객실에서 잠든 시간에 화재가 많이 발생하여 초기 대응 및 피난이 곤란하여 피해가 커질 수 있다.

Ⅲ. 연소특성

1. 발화 위험성

(1) 투숙객들의 편리를 위한 전기장치 및 조명 등으로 인해 전기화재 위험이 높다.

(2) 가구 및 침구류, 커텐류 등 가연물이 대량으로 존재한다.

2. 연소 위험성

(1) 화재 양상이 연료지배형화재로서 연소속도가 빠르다.
(2) 공간이 구획되고 침구류, 커텐류 등 가연물이 많아 화재하중이 커서 Flash-Over에 의한 전실 화재가 일어날 가능성이 크다.

3. 연소확대 위험성

(1) 엘리베이터슈트, 전기 및 공조설비의 샤프트 등 수직관통부가 많아 연돌효과에 의한 상층으로의 연소 확대 및 연기 확대가 가속된다.
(2) 강제적인 급배기시스템에 의해 공기의 흐름이 조절되기 때문에 연기와 유독가스의 확산이 급속도로 진행될 가능성이 크다.
(3) 고층부 특유의 강풍에 의해 연기가 복도쪽으로 밀려 피난로를 연기로 오염시키고 동시에 연소 확대 위험이 크다.

Ⅳ. 피난의 문제점

1. 투숙객이 잠든 시간에 화재가 많이 발생하여 초기 대응 및 피난이 곤란하여 피해가 커질 수 있다.
2. 계단실 등 수직공간의 Draft 효과에 의한 강한 상승기류에 의해 피난문의 개폐장애가 발생할 수 있고, 제연에 지장을 초래할 수 있다.
3. 고층부에서 화재 시 장거리 피난에 의한 2차 재해가 발생할 수 있다.
4. 화재발생 확률이 가장 높은 시간대에 근무자가 최소가 되어 투숙객의 원활한 피난을 유도하기 어렵다.

Ⅴ. 소화활동상의 문제점

1. 소방대의 진입 방향과 지상으로 대피하는 피난자의 피난경로가 상충하여 소방대의 소화활동에 지장을 초래한다.
2. 고층부 화재 시 고가 사다리차가 미치지 못하므로 소방대의 진입 및 구조활동 등 소화활동이 어렵다.
3. 화재경보로 인한 투숙객들의 혼잡한 피난에 의하여 소방대의 소화활등에 지장을 초래한다.

Ⅵ. 방재대책

1. 예방대책

(1) 내장재의 불연화, 난연화 및 가연물의 제한
  ① 가구류, 침구류, 커텐류 등에 대한 방염
  ② 수직, 수평 피난로의 내장재의 불연화
(2) 전기장치, 기기 등의 방폭화

2. 소방대책

(1) 소화대책

① 조기에 화재를 감지할 수 있는 자동화재탐지설비 설치 및 유지관리 철저

② 조기 반응형 스프링클러 설치 및 유지관리 철저

③ 객실 내부 및 복도에 소화기 설치 및 유지관리 철저

- 취급 및 사용방법 등 상세히 설명

(2) 피난대책

① 불특정다수인의 피난유도를 위해 평소 근무요원들의 피난 시 행동에 대한 교육 및 홍보

② 자동폐쇄장치를 설치하여 복도를 몇 개의 구획으로 나누어 연기확산을 방지하고 동일 층에서의 단계적 피난을 가능케 한다.

③ 객실에는 발코니를 설치하여 양방향 피난로를 확보한다.

④ 객실마다 Night Table 부위 또는 적당한 부위에 스피커를 설치하여 비상 시 방송 및 피난을 유도한다.

⑤ 특수형 유도등 설치

- 시각 장애인을 위한 음성피난 유도시스템 설치
- 청각 장애인을 위한 시각 경보장치 설치

⑥ 객실마다 법정 피난기구 설치(피난 밧줄 또는 간이 완강기)

3. 방화대책

(1) 용도별, 면적별, 층별, 수직관통부별 방화구획을 철저히 하여 수평, 수직으로의 연소 확대를 방지하고, 화재를 소규모로 제한한다.

(2) 종합적인 방, 배연 계획으로 열 및 연기의 확대 방지

(3) Spandrel를 길게 하고, 켄틸레바를 설치하여 상층으로의 연소 확대를 방지한다.

(4) 방화관리시스템의 개선 및 종합방재센터 설치, 운영

Ⅶ. 결 론

1. 호텔이라는 특수성을 감안하여 성능위주의 방화설계를 실시하여 신뢰성을 확보한다.
2. 화재 시 화염의 거동 및 연기의 이동을 과학적, 공학적으로 해석하고, 시뮬레이션하여 신뢰도를 높여 설계한다.
3. 종합방재계획서를 작성하여 비상시를 대비한 교육과 훈련을 실시한다.

문제14 항공기화재

Ⅰ. 개 요

1. 고속 대형화되어 가는 항공기의 이착륙 증가에 따라 공항 등에서의 항공기 사고도 늘어가는 추세이다. 항공기에는 여객기, 화물기, 군용기, 자가용 등 용도에 따라 구분되고 글라이더, 프로펠러기, 제트기 등으로도 분류된다.
2. 항공기 화재는 비행장 내에서의 화재, 항행중의 화재 및 추락시의 화재 등으로 구분된다.
3. 항공기의 엔진 및 연료탱크의 화재는 유류화재이며 동체 내부에서의 화재는 대표적인 밀폐공간의 화재성상을 띠게 된다.

Ⅱ. 항공기의 화재성상

1. 지상에 추락한 경우

이 경우 기체는 대부분 파괴, 비산되어 버리고 화면은 중심부에서 발생되며 파편은 1km 이상 날아가는 경우도 있다. 연료의 적재량에 따라서는 순간적으로 넓은 화염면 또는 Fire Ball을 형성하기도 한다. 이 경우 인명구조는 대부분 불가능하다.

2. 항행 중의 화재

항행중의 화재는 주로 엔진의 고장 또는 과열에 의해서 발생한다. 이 경우 사고 엔진으로의 연료공급은 차단하고 신속히 가까운 공항에 착륙하는 것이 최선이다.

3. 비행장 내에서의 화재

비행장 내에서 항공기와 항공기 또는 항공기와 다른 건물 등과의 충돌에 의해 기체의 일부 파손 또는 화재가 있을 수 있는데 이는 유류화재이다. 이 경우에는 수성막포 소화약제 등으로 신속한 소화와 동시에 인명구조가 필요하다.

4. 기내 화재의 경우

항공기의 동체 내부에서 화재가 발생하면 이는 대표적인 밀폐공간의 화재가 되므로 Flash Over가 발생하기 전에 탑승객의 인명구조를 완료해야 한다.

5, 기체의 연소

항공기의 주요 구조부는 알루미늄 합금을 사용하고 있지만 날개에 대량의 연료를 적재하고 있기 때문에 급격한 유류화재의 형태로 연소한다.

Ⅲ. 항공기 화재의 방어활동

1. 착륙시의 출화방지

사고기가 동체착륙 할 경우에는 화재발생을 방지하기 위하여 착륙 전에 미리 활주로를 포로 피복한다. 이 경우 기체가 미끌어져 Over Run하는 경우가 있으므로 기체의 착륙 속도, 정지위치를 충분히 고려할 필요가 있다.

2. 기체화재에 대한 대책

(1) 항공기 화재로 기내온도가 생존가능 한계온도에 도달할 때까지의 시간은 평균 3분 정도이므로 이 시간 이내에 화세를 제압하거나 인명구조를 완료해야 한다.

(2) 연소하고 있는 엔진에 소화약제에 의한 주수는 물론 그 외에도 주변의 연료탱크 및 동체의 냉각조치가 필요하다.

(3) 기체 화재의 경우 어떤 경우든 동체의 형태를 유지하는 것이 탑승자의 피난을 가능하게 하는 제1의 원칙이다.

문제15 선박화재

Ⅰ. 개 요

1. 선박화재는 선박이라고 하는 수상에 떠있는 특수한 시설에서의 화재이다.
2. 선박에는 화재가 발생할 수 있는 많은 요소가 서로 가까이 존재하고 있다.
   (1) 운항을 위한 연료를 다량 보유하고
   (2) 기관실에는 출화원이 될 수 있는 고온부가 존재하고
   (3) 적재화물에는 많은 석유, LNG 등의 가연물 또는 폭발성 물질이 있으며
   (4) 승무원이 생활하기 위한 취사용 버너 등도 적재화물과 근접하여 존재한다.

Ⅱ. 선박화재의 특징

1. 선박 화재 시에 소화용수는 충분히 있다고 하더라도, 운항중의 화재에 대한 소화활동은 승무원에 의존할 수밖에 없다.
2. 화재가 발생한 선박 이외로부터 긴급구조를 구하는 것이 곤란하며, 소방선이 출동한다. 해도 현장 도착까지의 시간이 상당이 길거나 불가능한 경우가 많다.
3. 피난구조에 대해서는 육상에서처럼 효과적으로 할 수가 없기 때문에, 때로는 소화불능이 되어 많은 인명피해가 발생하는 일이 자주 있다.
4. 한편 선박에서는 밀폐할 수 있는 구획이 많으므로 이것이 방화구획의 역할을 다함으로써 초기 소화 활동에 성공하면 화재를 극소화 할 수 있는 가능성도 있다.
5. 초기 소화에 성공하지 못했을 경우의 피난 행동인 선외로의 탈출도 육상의 경우보다 많은 제약을 받기 때문에 화재로 인한 귀중한 인명을 상실할 확률이 높다.
6. 선박화재의 대부분은 기관실에서 발생한다.
7. 선박화재의 발생빈도는 항해 중에 발생하는 경우가 가장 많으며, 입항 중 및 수리 중에 발생하는 경우가 그 다음이고, 정박 중에 발생하는 경우는 비교적 적다.

Ⅲ. 선박화재의 원인

1. 선박 내에서의 착화원 관리의 실수로 발화하는 경우
2. 위험물 하역 중에 실수로 화재가 발생하는 경우
   하역 중에 탱크의 공간부분에는 대부분의 경우 가연성 혼합기가 형성되고 그것에 착화하면 폭발이 생겨서 유류가 유출하여 해면화재가 될 가능성이 크다.
3. 선박간의 충돌이나 접안 시 부두 벽과의 충돌 또는 좌초 등의 결과로 적재 화물 중 위험물이 누출하여 화재가 발생하는 경우 등이 있다.

Ⅳ. 원유를 수송하는 유조선의 유출로 인한 재해

1. 유출 즉시 착화할 경우

(1) 이 경우 파괴된 구멍에서는 빠른 속도로 원유가 유출하여, 해면으로 확산된 유면의 전 지역이 탄다. 이 때 타는 것은 경질의 성분이 최초로 타고 점차로 비중이 큰 성분이 타들어 가서 마침내는 중질의 성분을 해면상에 남기고 꺼진다.

(2) 이때의 연소속도는 타고 있는 기름층의 두께가 줄어드는 속도로 표현되는데 이를 액면 강하속도 또는 그냥 연소속도라고 부른다. 경질유 화재에서 액면 강하속도는 5mm/min정도이며 기름이 중질로 됨에 따라 점차적으로 늦어져서 1.5mm/min정도로 되는 것이 보통이다.

(3) 구멍이 생긴 탱크에 인접하고 있는 탱크가 해면화재의 영향을 받아서 새로운 구멍이 생기면 해면화재는 확대하는 것으로 되지만 단시간에 여러 개의 탱크가 화재로 인하여 파손될 가능성은 높지 않고, 새로 구멍이 생겼다고 하더라도 이 구멍은 충돌이나 좌초로 생긴 구멍보다는 작다고 생각되므로 화재의 크기는 충돌 직후에 발생한 화재보다 커지는 것은 드물다고 생각된다.

(4) 조류의 영향으로 타고 있는 유면이 이동하는 것도 생각할 수 있지만, 기름이 연소하는 속도는 상당히 빠르므로 그렇게 멀리까지 화재가 확대하는 일은 없다. 그러나 지상에 설치된 탱크로부터 기름의 유출에 수반한 화재에는 방유제의 효과나 유출유가 지면 속으로 침투되는 것에 의해서 화재의 범위가 어느 정도는 국한 되지만 해면으로 기름이 유출한 경우에는 그 확산을 국한하는 것이 없으므로 소화활동이 용이하지 않아 결과적으로는 자연 진화를 기다릴 수밖에 없는 경우가 많다.

(5) 이 때문에 사고가 난 선박의 승무원을 안전하게 피난시키는 수단을 최우선적으로 고려해야 하고, 소화활동은 구멍이 생긴 탱크에 인접하는 다른 탱크로의 연소방지 정도가 고작이라고 할 것이다.

2. 유출 후 어느 시간이 지나서 착화할 경우

(1) 기름이 해면으로 유출하여 즉시 착화하지 않는 경우에는, 유출유에서 휘발해 나오는 가연성 증기가 해면상의 공간에 떠돌아서 가연성 혼합기가 형성되므로 사태가 심각하게 된다. 이 가연성 혼합기에 어떤 원인으로 착화하면 증기운폭발을 일으키고 동시에 해면화재가 발생한다.

(2) 그런데 이 경우에는 기름의 유출이 시작되면서부터 착화하기까지 시간이 지났으므로 해면상의 유면은 충분히 확산되어 있고, 조류의 영향으로 인해서 상당히 멀리 떨어진 곳까지 도달하는 경우가 많다.

(3) 또한 해면상의 공간에 형성된 가연성 혼합기(대부분의 경우 공기보다 비중이 크다)의 확산 범위는 바람의 영향도 받으므로 유출 유면보다도 상당히 멀리 떨어진 곳까지 미쳐서, 위험범위는 상당히 커지게 될 가능성이 커지게 된다.

(4) 유출 즉시 착화하는 경우는 화재의 존재가 눈에 보이므로 그 위험범위를 피하여 소화활동, 피난활동을 할 수 있으나, 이 경우에는 가연성 혼합기의 존재 범위를 알 수가 없기 때문에 유출이 시작된 때부터 모든 선내 작업은 폭발로 연결되는 착화원으로 될 수 있는 가능성을 가지게 된다.

3. 유출한 기름이 끝까지 착화하지 않는 경우

(1) 유출유로부터 휘발해 나오는 가연성증기의 양은 시간의 경과와 함께 감소하므로 가연성 혼합기의 확산범위도 점차로 좁아진다. 그리하여 마침내는 가연성 증기의 발생이 거의 중지되어 일단 화재의 위험은 없어진다.

(2) 그러나 유출유 중의 중질부분은 해면상으로 부유하여 조류나 바람의 영향으로 멀리까지 흘러서 때로는 육지해안에 도달하기도 한다. 화재의 위험성이 없어진 후에는 유출유 회수선이 유출유를 회수할 수도 있으나 유출량이 많은 경우에는 처리가 곤란하거나 시간이 오래 걸려서 방대한 해양오염이 발생한다.

(3) 또한 해면상에 잔유하고 있는 중질유도 증기압에 상당하는 증기가 대기 중에 발산되므로 이로 인한 중독위험도 고려해야 한다. 중독 위험성은 0.5~1.5% 정도의 농도에 1~2시간 노출되면 중독증상이 나타난다고 보고되어 있으며 인체에 악영향을 주지 않는 농도(NOAEL : No Observable Adverse Effect Level)는 0.2~0.25% 정도라고 한다.

문제16 산불화재

Ⅰ. 개 요

1. 산림화재는 낙엽, 풀, 나무 등이 연소되는 화재로서 사람에 의한 방화, 실화, 낙뢰 등으로 인하여 발생된 불씨가 산림 내의 가연물을 연소시키는 것을 말한다.
2. 산림화재는 산사태, 산림병해충과 같이 산림분야 3대 재해에 해당된다.

Ⅱ. 산림화재의 원인

1. 인위적 원인

(1) 방화 : 고의적으로 타인 또는 자기의 소유림에 방화하는 것

(2) 실화 : 논·밭두렁 또는 농산 폐기물 소각 중 실화, 등산객의 부주의에 의한 실화, 담배꽁초 및 성냥개비의 여진, 성묘객들의 부주의, 어린이들의 불장난, 비화 등

2. 자연적 원인

(1) 화산 폭발

(2) 낙뢰

(3) 자연발화

Ⅲ. 산림화재의 종류

1. 지중화(地中火)

땅속에 있는 니탄층, 갈탄층, 이탄층, 기타의 유기질 층이 타는 것으로 연소속도는 느리지만 진화가 용이치 않으며, 적설 하에서도 연소를 계속한다.

2. 지표화(地表火)

산림의 지면을 덮고 있는 마른풀, 낙엽, 관목 등이 연소하는 것을 말한다. 연소속도는 4～7km/h 정도이며, 습도가 낮고 바람이 많이 불면 지표화의 기세가 커져 수관화로 진행하는 수가 많다.

3. 수관화(樹冠火)

임목의 수관이 연소하는 것으로 보통 지표화의 마른풀, 낙엽 등에 붙어 일어난다. 소나무 같은 침엽수에 수관화가 가장 많다. 수관화는 습도가 50% 이하일 때 일어나기 쉽다. 연소속도는 지표화보다 느린 1～4km/h 정도이다.

4. 수간화(樹幹火)

수간화는 나무의 원줄기가 타는 것인데, 말라 죽은 나무가 타는 경우가 많으며, 수지(樹脂)가 많은 살아 있는 나무도 지표화나 수관화에서 줄기로 인화되는 경우가 많다.

Ⅳ. 산림화재의 특성

1. 산림 내의 가연물질은 식물성으로 고체성 연료이며 습도 60% 이하에서 쉽게 불이 붙고 건조 시 잘 연소된다. 습도가 60% 이상이면 산불은 발생하지 않는다.
2. 우리나라는 봄철에는 공기 중의 수분함량을 나타내는 상대습도와 물체의 건조도를 나타내는 실효습도가 50% 미만인 날의 발생일수가 다른 계절보다 많아 산불 발생 건수의 80%가 봄에 발생한다.
3. 산림화재는 대형화재로 발달하기 때문에 피해가 크다.
   (1) 귀중한 문화재, 보물 등의 소실
   (2) 수십 년생 나무들과 가옥을 태우는 등 재산피해 및 이재민 발생
4. 인간의 힘으로는 불가항력적인 지진이나 태풍, 해일 등과는 달리 예방이 가능한 천재와 인재의 복합적인 성격을 가지고 있다.
5. 산불의 확대
   산불은 다음의 3개의 요인이 산불의 강도, 진행방향, 진행속도에 커다란 영향을 미친다.
   (1) 연료
   연료형태, 크기, 배열, 밀도, 건조 상태는 산불의 강도에 영향을 미친다.
   (2) 지형
   경사도, 골짜기의 형세 등 지형은 산불의 진행방향과 진행속도에 중요한 영향을 미친다.
   (3) 기상조건
   ① 강우량
   가연물의 연료습도를 좌우하는 직접적인 요인이 된다.
   ② 바람
   풍속은 연소속도를 좌우하며 풍향은 연소방향을 좌우한다.
   ③ 습도
   산림 내 가연물의 건조도 및 산불의 연소진행속도에 영향을 미친다.
   ④ 온도
   연료의 건조도 및 기류형성의 원인이 된다.

V. 산림화재의 소화활동상 문제점

1. 산림화재는 지형적인 이유로 일반 소방장비는 거의 도움이 되지 않으며 접근이 용이하지 않다.
2. 건조한 기후와 강한 바람 등은 피해확산의 주요인이며 소화 및 진압활동이 매우 어렵다.

VI. 산림화재의 소화약제 및 적용방법

1. 첨가제 및 소화약제

산림화재는 대형화재로 물에 의한 주수로는 완전한 소화를 할 수 없으므로 산림화재를 적절히 진압하기 위해서 물에 첨가제를 혼합하여 소화성능을 높인 약제를 사용해야 한다.

(1) 증점제(Viscosity Agent)
(2) 침투제, 적심제(Wetting Agent)
(3) Class A Foam
(4) Fire Brake(Water Slurry)
(5) MAP(Monobasic Ammonium Phosphate)(DAP)
(6) CMC(Carboxyl Methyl Cellulose)
(7) 적색 안료

2. 약제 적용방법

(1) Backpack Pump(등짐펌프) 소화기 이용
(2) 수동의 호스라인 및 노즐 이용
(3) 소방헬기 이용 공중 살포

VII. 산림화재 소화 및 진압활동

1. 주수에 의한 소화

2. 직접소화(두들김 또는 흙으로 덮는 소화)

산세 등이 험하고 소방용수가 부족한 경우에 유효한 방법이지만 완전 진화 시까지는 장시간을 요하고 체력 소모가 많으며 위험정도가 높다.

(1) 두들김

지표면에서 화세가 약할 때 타기 어려운 침엽수 가지 또는 두들김 도구를 사용하여 직접 두들겨서 진화하는 방법임

(2) 흙으로 덮음

삽 등을 사용하여 연소부위에 직접 흙을 덮어 소화하거나 또는 가연물을 흙으로 덮음

(3) 방화선 설정

화세가 강하고 연소확대가 빨라 직접소화가 불가능한 경우

(4) 맞불

화세가 강하여 계속해서 연소확대 되고 다른 적당한 소화수단이 없을 경우에 연소 진행 방향의 앞쪽에 불을 놓아서 화재를 진압한다.

(5) 헬리콥터를 이용한 공중 소화활동이 가장 효과적이다.

Ⅷ. 산림화재의 방지대책

산불 방지대책의 추진 방향은 크게 2가지로 구분할 수 있다.

1. 산불 발생요인을 근원적으로 차단하여 산불발생을 최소화하는 것이고
2. 불가피 하게 발생하는 산불에 대하여는 조기에 발견하여 초동 진화함으로써 산림피해를 최소화하는 것이다. 이러한 기본방향에 따라 산불 방지대책은 사전준비, 산불 예방대책, 진화대책으로 대별하여 볼 수 있다.

(1) 사전 준비 단계

① 산불조심 기간 설정 및 산불 방지 대책본부 설치, 운영

② 인터넷을 이용한 산불위험 예보 실시

③ 산불 진화대 편성 및 진화장비 점검

- 산불전문 예방 진화대, 공중 진화대, 보조 진화대, 공무원, 공익요원 진화대 편성

④ 유관기관과의 공조체계 구축

(2) 산불예방 대책

① 다양한 산불예방 홍보로 국민의 산불 경각심 고취

② 산불위험 기간 입산통제 및 등산로 폐쇄

③ 산림 내 취사행위 및 화기소지 금지 등

④ 산불요인 사전제거사업

(3) 산불 진화 대책

① 첨단장비를 이용한 산불 조기발견 체계 구축

② 산림헬기에 의한 초동진화

③ 진화인력에 의한 초동 진화 및 뒷불 정리

④ 산불진화 현장 지휘체계 확립

⑤ 산림 무선통신 종합시스템의 구축

문제17 창고화재

Ⅰ. 창고화재의 특성

1. 창고화재는 일반적으로 저장된 물품의 표면에서부터 시작되어 부채꼴 모양으로 확산되어간다. 화재는 물질을 직접 가열 연소시킴과 동시에 복사열이 가까운 주변 물질을 가열하여 연소 확대를 용이하게 한다.
2. 화재초기의 연소속도는 물질의 표면 상태에 따라 다르며, 화재 지속시간은 저장 물질의 종류와 밀접한 관계가 있다.
3. 저장된 물품들 사이의 공간이 넓으면 연소에 필요한 공기가 충분히 공급되어 화재는 빨리 확산되고 반대로 공간이 좁으면 화재는 천천히 진행된다.
4. 랙크식 창고는 보통 창고보다 연소가 빠르고 격렬하게 진행되는데 그 이유는 물질의 연소 가능 표면적이 넓고, 연소에 필요한 충분한 공기량이 쉽게 공급될 수 있는 상태로 가연물이 적재되어 있기 때문이다.
5. 스프링클러 설비에 의한 살수도 랙크의 좁은 수직공간을 침투하여 효과적으로 소화하는 데에는 어려움이 있으며, 랙크가 높고 공간이 좁을수록 진화작업은 더욱 어렵게 된다.
6. 최근에 발생한 대규모 창고화재를 분석한 결과 다음과 같은 공통점이 발견되었다.
   (1) 대단위 창고 내부에서 진화작업을 하는 것은 극히 어렵고 위험하다.
   (2) 불량하게 설치된 방화벽과 방화문은 화재가 확대된 이후에는 아무 쓸모가 없다.
   (3) 창고 관계자들은 일반적으로 인화성 액체 등의 위험물과 일반물질을 구별하여 저장하지 않고, 취급물질의 위험성을 모르는 경우가 많다.
   (4) 포장재료가 금속과 종이 같은 재래식 물질에서 플라스틱과 같은 위험물질로 변화되어 가고 있다.
   (5) 화재의 초기단계에서부터 소화기 등의 수동소화설비로는 진화가 불가능한 경우가 많다.
   (6) 시설 및 관리가 아무리 잘 되어 있는 창고라도 발화요인은 항상 존재한다.

Ⅱ. 창고화재의 예방을 위한 저장 및 관리방법

1. 건물구조는 철근콘크리트 또는 철골철근콘크리트 구조로 하는 것이 좋다.
2. 저장물질의 하중을 계산할 때는 저장물질이 물을 흡수했을 때 가중되는 무게를 고려하여 결정해야 한다.
3. 특정 물질이 그 자체로서는 위험성이 없으나 다른 물질과 화합하면 위험해지는 물질은 별도로 분리 저장한다. 또한 오손, 부식 등을 야기할 수 있는 물질도 가능한 한 구분하여 저장한다.

4. 가연성물질의 저장창고와 다른 지역 (비가연성 물질의 저장창고, 공정지역, 사무실)과는 1시간 이상의 내화구조로 방화구획 한다.
5. 물을 흡수하면 팽창되는 물품은 벽과 0.6 이상 이격하여 저장한다.
6. 난방설비, 환풍기, 조명설비 등 발화원이 될 수 있는 부분과 저장물품 사이에는 유효한 안전거리를 확보한다.
7. 가연성 분진이 축적되지 않도록 하고, 축적된 분진은 진공청소기를 사용하여 제거하거나 쓸어 모아 용기에 담아 버려야 하며, 그냥 공기 중으로 털어 버리는 일이 없도록 한다.
8. 저장품의 정리정돈 및 청결은 화재발생의 가능성을 낮게 해주며, 관리인과 작업자의 화재에 대한 관심을 높여준다.

문제18 공중(空中) 소화약제

Ⅰ. 공중소화약제의 특징

1. 공중(空中)소화에 사용하는 소화약제는 살포와 동시에 효과가 있어야 하며
2. 또한 가연물에의 부착성이 강하고 소화효과가 오랫동안 지속되어야 하는 등의 성능이 요구되기 때문에
3. 현재 사용하고 있는 공중소화약제는 약제의 안정성과 소화효과를 고려하여 제1인산암모늄(MAP), CMC, 적색안료 및 물을 혼합하여 제조하고 있다.

Ⅱ. 소화약제

1. MAP(Monobasic Ammonium Phosphate)(DAP)

(1) MAP는 제1인산암모늄의 약칭으로 CMC와 혼합하여 사용

(2) 직접소화, 간접소화 및 재연방지를 위한 잔화처리에 사용할 수 있으며 처리방법도 간단하다.

(3) 사람, 가축은 물론 살포장소의 식물 성장발육에도 무해한 이점이 있다.

(4) 장기간 보관하면 굳어져서 사용하기 어렵게 되는 결점도 가지고 있기 때문에 건조한 장소에 보관하여 항상 양호한 분말상태로 유지하는 것이 필요하다.

2. CMC(Carboxyl Methyl Cellulose)

(1) CMC는 섬유소 글리콜산나트륨의 유기화합체로 백색의 미세한 분말소화약제

(2) 소화약제를 공중에서 살포할 때 약제의 무산(霧散)을 방지하고 초목(草木)의 가지와 잎 등에 소화약제의 부착성을 증진시키기 위해 사용된다.

3. 적색 안료

소화약제의 살포지역을 육안으로 쉽게 확인하기도 하고 약제의 살포밀도를 판정하기 위해 소화약제의 착색용으로 사용한다.

문제19 산불화재에 유효한 소화약제(첨가제)

Ⅰ. 개 요

1. 산림화재는 대형화재로 물 만에 의한 주수로는 완전한 소화할 수 없으므로 산림화재를 적절히 진압하기 위해서 물에 첨가제를 혼합하여 소화성능을 높인 약제 및 공중소화 약제를 사용해야 한다.
2. 산림화재의 소화약제는 공중소화 시 물의 유실방지, 도달도를 높이는 성능, 침투력, 확산력, 부착력, 지속성 등의 성능이 요구된다.

Ⅱ. 산림화재에 적용되는 소화약제(첨가제)

1. 증점제(Viscosity Agent)

(1) 물의 점도를 증가시켜 물이 쉽게 흐르지 않도록 하기 위한 첨가제
(2) 물이 가연물의 입체면에 부착·침투할 수 있도록 물의 유실방지
(3) 공중 소화 시 목표물에의 도달도를 높이는 효과
(4) 많은 열이 발생하는 화재 및 산림화재 등에 효과적이며, CMC, DAP 등이 있다.

2. 침투제(Wetting Agent)

(1) Wetting Agent는 물의 표면장력을 감소시켜 물방울의 형성 또는 방사된 물이 흘러가 버리는 대신에 물이 가연물 위로 확산되고, 내부로의 침투성을 증가시키기 위한 첨가제이다.
(3) 물의 침투가 용이하지 않은 화재(원면화재, 산림화재)에 매우 효과적이며, 섬유, 톱밥 등 심부화재의 소화에서 물이 가연물속으로 깊숙이 침투할 수 있도록 한다.

3. Class A Foam

수동 호스라인으로 Class A Foam용액을 사용할 때 물 만의 경우보다 훨씬 우수한 소화성능이 있다.

(1) Class A포는 포블랭킷을 형성하여 물의 침투력과 확산성을 크게 한다.
(2) 목재화재 테스트에 의해 Class A포가 물보다 우수한 성능을 입증되었고 목재에서 Class A포의 유지성이 물보다 우수
(3) Class A포는 심부화재에서 물의 성능을 강화시켜 가연물에 침투할 수 있도록 해준다.
(4) Wetting Agent와 Class A포는 물의 표면장력을 감소시키는 역할을 하며 침투력을 크게 하여 물이 심부화재에 도달하게 한다.

4. MAP(Monobasic Ammonium Phosphate)(DAP)

(1) MAP는 제1인산암모늄의 약칭으로 CMC와 혼합하여 사용
(2) 직접소화, 간접소화 및 재연방지를 위한 잔화처리에 사용할 수 있으며 처리 방법도 간단하다.
(3) 사람, 가축은 물론 살포장소의 식물 성장발육에도 무해한 이점이 있다.
(4) 장기간 보관하면 굳어져서 사용하기 어렵게 되는 결점도 가지고 있기 때문에 건조한 장소에 보관하여 항상 양호한 분말상태로 유지하는 것이 필요하다.

5. CMC(Carboxyl Methyl Cellulose)

(1) CMC는 섬유소 글리콜산나트륨의 유기화합체로 백색의 미세한 분말소화약제
(2) 소화약제를 공중에서 살포할 때 약제의 무산(霧散)을 방지하고 초목(草木)의 가지와 잎 등에 소화약제의 부착성을 증진시키기 위해 사용된다.

6. 적색 안료

(1) 소화약제의 살포지역을 육안으로 쉽게 확인하기도 하고
(2) 약제의 살포밀도를 판정하기 위해 소화약제의 착색용으로 사용한다.

7. Fire Brake(Water Slurry)

(1) 미국에서는 Fire Brake라고도 부르나 보통은 물 슬러리(Water Slurry)로 부르는 특수 소화제이다.
(2) 산림화재 전용이라고 할 정도의 것으로 물과 모래를 혼합하여 화점에 뿌리는 것으로 그 후에 남는 고체의 성상에 의해 공기차단 효과가 발휘되며 물에 의한 냉각효과와 동시에 효과를 나타낸다.

문제20 Fire break(Fire line : 방화대, 방화선)

Ⅰ. 방화대, 방화선

1. 화재의 확산을 차단하거나 진화작업을 개시할 수 있는 연소 저지선 역할을 하는 자연적, 인공적 방화선
2. 대화재로 확산될 가능성을 줄이기 위해 오래된 건물들을 고의적으르 파괴한 도시 지역

Ⅱ. 산림화재의 방화선

불에서 멀리 떨어진 앞쪽에 넓은 폭으로 수목을 벌채하여 방화선을 만들고, 그 일부는 너비 약 50 cm정도로 표토를 파헤쳐 흙을 노출한 곳

문제21 방화(放火 : Arson)

Ⅰ. 개 요

1. 방화는 가장 일반적인 의미로서 불을 수단으로 사람들의 재산과 생명에 악의적 또는 고의적 행위를 가하는 것을 말한다.
2. 최근의 방화는 정치적, 경제적, 사회적, 개인적 이유 등에 의해 그 동기가 다양화되어 가고 그 동기의 목적에 따라 방화의 방법 또한 다양화, 지능화되어 가고 있다.
3. 국내에서는 방화범죄를 살인, 강도, 강간 등의 범죄와 함께 강력 범죄로 분류하고 있다. 그 중에서도 방화는 다른 강력범죄의 증가 추세보다 훨씬 높은 증가율을 보이고 있어 외국과 같은 방화의 방지와 수사를 위한 전문기관이 필요하며 세밀한 분석과 연구가 이루어져야 한다.

Ⅱ. 방화의 특징

1. 방화는 분명한 범죄행위이므로 방화자는 증거를 남기지 않으려고 함에 따라 범인 체포 및 화재 조사에 어려움이 있다.
2. 방화는 과학적 분석에 의한 조사로 방화자가 밝혀지는 경우도 많으나 화재로 인한 모든 증거가 파괴되기 때문에 화재조사에 의해서도 밝혀지지 않아 범인 체포에 어려움이 많다.
3. 방화는 은폐된 공간에서 행해져 화재발견이 늦고 피해범위가 크다.
4. 보험금을 노린 방화범죄가 많다.
5. 인명에 대한 방화가 많으며 용도별로는 주택에 대해 방화가 많다.
6. 일반적으로 화재의 발생은 계절적인 측면에 좌우되고 있으나, 방화의 경우는 그 발생이 비계절적, 비주기적이다

Ⅲ. 방화범죄의 분석

1. 방화의 동기

(1) 계획적
- 이익 편취, 원한 및 보복

(2) 우발적
- 현실 불만, 가정불화, 호기심 충족

(3) 습관적
- 방화광

(4) 기타
- 비정상적 정신 상태 및 부주의

2. 방화 범죄자의 인적사항

(1) 남성범죄자가 여성보다 많다.
(2) 연령분포를 보면 성인(31~35세)이 많다. 미성년자는 약 8%정도
(3) 학력수준은 전체적으로 볼 때 낮게 나타났다. 저학년 수준일수록 많다.
(4) 전과자의 비율이 전체 방화자의 53%에 해당
(5) 무직자가 가장 많고 피고용인, 자영업, 일용노동자 순이다.

3. 방화 범죄자의 환경 및 방화 발생장소

(1) 엥겔지수가 높은 가정이 많다.
(2) 주택의 경우가 많이 발생하며, 주거밀도가 높은 상가도 많이 발생
(3) 사람이 없는 새벽 시간대(0시부터 4시)가 많다.

4. 방화범죄자의 방화 당시 정신상태

조사에 의하면 정신장애보다는 정상적 심리상태에서의 방화가 훨씬 많은 것으로 나타났다.

(1) 정상 심리상태(59%)
(2) 알콜에 의한 판단 및 이성적 사고의 둔화로 저지르는 방화(37%)
(3) 정신장애(4%)

5. 피해자와의 관계

(1) 지인
- 이해관계 문제로 인한 방화로 가장 많이 발생

(2) 타인
- 지인 다음으로 발생이 많다. 방화 범죄자의 범행 대상이 특정인에 대한 불만보다는 불특정 다수를 대상으로 한다는 것을 알 수 있다.

(3) 국가

(4) 기타

Ⅳ. 방화의 해결방안

1. 제도적 보완책

(1) 법적으로 선행되어야 할 부분
① 보험사기 등 방화범죄에 대한 법규의 강화
② 방화범죄에 대한 형법상의 처벌 강화

(2) 행정적으로 선행되어야 할 부분

방화범죄의 위험성에 대한 홍보 및 훈련, 지식제공 부서의 설치

(3) 연구분야에서 선행되어야 할 부분

① 방화범죄에 대한 전문 연구기관의 설치

② 방화범죄에 대한 정확한 통계자료 수집 및 분석

(4) 교육분야에서 선행되어야 할 부분

① 화재예방, 안전교육에 대한 아동 및 시민 교육프로그램의 활성화

② 방화하지 않는 환경 만들기

2. 환경적 보완책

(1) 건물주변 환경 정비

① 건물주위, 계단, 복도 등에 조명기구를 설치할 것

② 건물주변에 타기 쉬운 것을 놓지 않고 정리정돈을 철저히 한다.

③ 타기 쉬운 것을 보관하는 장소는 외부에서 침입할 수 없도록 조치한다.

④ 건물주변 파손된 부분의 보수 등을 철저히 한다.

(2) 건물의 시건장치의 강화

① 빈집, 창고, 차고 등의 시건을 철저히 한다.

② 취침 전, 외출 시의 시건을 철저히 한다.

③ 출입구 및 창문도 시건을 한다.

(3) 차량관리

① 노상주차를 없앤다.

② 차고, 주차장에 침입할 수 없도록 한다.

③ 적재함에 가연물을 적재한 채로 주차하지 말 것

(4) 아파트 관리

① 복도, 파이프샤프트 내에 신문지 등의 불용품을 놓지 말 것

② 출입자를 감시할 것

③ 건물 내를 정기적으로 순회할 것

④ 공용부분의 조명을 밝게 할 것

(5) 쓰레기관리

① 타는 쓰레기 보관소는 구획하여 외부에서 침입하지 못하게 할 것

② 건물 가까이에 타는 쓰레기를 두지 말 것

③ 타는 쓰레기는 지정된 장소에 지정된 날짜에 내어 놓을 것

(6) 일상관리 등 방화범죄 요소 제거

① 이웃과 서로 정보교환을 한다.

② 의심스러운 사람의 행동에 관심을 갖고 거동이 수상한 자는 신고한다.

③ 집 주위를 정기적으로 순찰한다.

(7) 소화태세의 관리

① 소화기, 소화물통을 준비한다.

② 소화요령을 습득한다.

문제22 화재조사 목적 및 범위

Ⅰ. 개 요

1. 화재에 의한 피해를 알리고 유사화재를 방지하며, 피해 최소화
2. 발화원인 및 연소확대 요인 등을 규명하여 이를 통계화 함으로서 화재의 예방, 진압 활동 및 소방행정의 기초자료 등으로 활용하기 위함이다.

Ⅱ. 화재조사의 목적

1. 발화원인 및 연소확대 요인을 규명하여 화재예방을 위한 대책 수립
2. 화재발생상황, 원인 및 피해상황 등을 통계화 함으로서 소방행정 자료로 활용
3. 방화 및 실화의 발화원인에 대한 책임을 규명
4. 화재에 의한 피해를 알려 경각심을 높이고 유사화재의 재발방지
5. 연소확대 및 소방시설의 작동상황 등을 파악하여 진압대책의 자료로 활용

Ⅲ. 화재조사의 범위

1. 화재원인 조사

(1) 발화원인 조사 : 화재 발생과정, 화재 발생지점, 불이 붙기 시작한 물질

(2) 발견·통보 및 초기소화 상황 조사 : 화재의 발견, 통보 및 초기소화 등 일련의 과정

(3) 연소 상황 조사

- 화재의 연소경로 및 확대 원인 등의 상황

(4) 피난 상황 조사

- 피난경로, 피난상의 장해요인 등의 상황

(5) 소방시설 등 조사

- 소방시설의 사용 또는 작동 등의 상황

2. 화재피해 조사

(1) 인명피해 조사

① 소방활동 중 발생한 사망자 및 부상자

② 그 밖에 화재로 인한 사망자 및 부상자

(2) 재산피해 조사

① 열에 의한 탄화, 용융, 파손 등의 피해

② 소화활동 중 사용된 물로 인한 피해

③ 그 밖에 연기, 물품반출, 화재로 인한 폭발

Ⅳ. 화재원인 조사의 기초지식

1. 화재발생 상황의 파악

물질의 잠재적 발화 위험성 파악

2. 연소의 방향성 관찰

소락, 도괴, 전도 방향, V패턴, 탄화심도, 박리흔, 균열흔 등

3. 현장조사 진행 방법의 숙지

4. 방재 관계법규의 숙지

Ⅴ. 현장조사 순서

현장 관찰 → 관계자 질문 → 소방관 협의 → 발화범위 결정 → 현장 발굴 → 복원 → 발화장소(발화지점)판정 → 발화원 검토 → 발화원인 판정

Ⅵ. 발화 원인(발화부)의 판정

1. 발화원인 판정은 현장조사를 실시한 결과의 명확한 상황 증거로부터 발화 장소와 발화원, 경과, 착화물을 결정하는 것이다.
2. 소손 상황으로부터 고찰한 객관적 사실, 관계자의 진술된 각종 증언, 조사에 종사한 각 조사원의 의견 등 전체요소를 신중히 분석하고 취사선택하여 과학적 타당성에 의거 발화원인을 현장에서 판정한다.
3. 현장에서 최종적인 입증이 곤란할 때와 추정된 발화원으로 부터의 발화 가능성이 있는지 결정하기가 불가능할 경우에는 보완조사에 의한 재현실험, 각종 기기에 의한 측정분석 등을 통하여 감정을 실시하고 각종 문헌, 과거의 화재사례 등 자료를 참조하여 사후에 발화원인을 판정한다.

문제23 발화원인 판정 5원칙

1. 발화원으로 추정되는 물건에 인접한 가연물이 착화되는 과정에 무리한 추론이 없을 것
2. 발화원이 잔존하지 않는 경우에는 소손상황, 발견상황, 발화장소의 환경조건을 종합적으로 고찰하여 발화원인에 타당성이 있을 것
3. 과거의 화재사례 및 경험에 비추어 보아 발화 가능성에 모순이 없을 것
4. 추정된 발화원 이외의 다른 발화원은 사용상태, 소손상황 등으로 보아 발화의 가능성이 없을 것
5. 발화점으로 추정된 장소의 소손 상황에 모순이 없을 것

문제24 발화부 추정 5원칙

Ⅰ. 기둥, 벽 등의 도괴 방향

1. 출화 건물의 기둥, 보, 벽, 가구류는 발화부를 향하여 사방으로부터 도괴되는 경향이 있다.
2. 발화부 부근은 화재의 시초로부터 연소가 개시되어 장시간에 걸쳐 연소가 계속되고 소화 주수가 원칙적으로 연소를 방지하기 위하여 발화부 외곽부터 집중되기 때문에 발화부 부근의 기둥, 벽, 보 등 구조체는 비교적 빨리 소손되는 결과로 나타나게 된다.

Ⅱ. 화염의 진행 방향

1. V Pattern(역삼각형 "▽" 적 연소확대 상황) 모양의 연소 상승성
2. 화염은 수직 가연물을 따라 상승하고 수평이나 하방연소 속도는 대단히 느리다. 이것은 입체적 가연물의 연소 시 화염은 계속 연소하기 위해 공기의 확산과 그 부근에서 일어나는 접염으로 상부에 생기는 열기류는 난류현상을 나타내며 현재 연소가 진행되는 포인트를 정점으로 하여 역삼각형(▽)적으로 연소한다.
3. 따라서 수평이나 하방향으로의 연소는 비교적 어렵게 됨은 당연하며, 하방향으로의 현저한 연소현상이 인정될 때에는 그 이유를 반드시 규명하고 지나가야 한다.

Ⅲ. 탄화심도(炭化深度)

1. 탄화심도는 발화부에 가까울수록 깊어지는 경향이 있다.
2. 탄화심도라 함은 기둥, 보 등의 목재표면이 거북이 등의 형태로 탄화된 깊이를 뜻하며, 연소가 심할수록 그 심도는 깊어지기 때문에 탄화심도 측정기 또는 못이나 침을 사용하여 목재표면의 연소면에 직각으로 일정한 압력을 가하여 그 심도를 측정 비교함으로써 연소경로를 판단하는데 도움이 된다.

Ⅳ. 목재 표면의 균열흔

1. 목재표면의 균열흔은 발화부에 가까울수록 굵어지는 경향이 있다.
2. 목재표면이 고온의 화염을 받아 연소될 때는 비교적 굵은 균열흔, 저온으로 장시간에 걸쳐 가열되어 연소될 때는 목재내부의 수분이나 가연성 가스가 목재표면으로 분출하게 되어 그 흔적이 가는 균열흔으로 남게 된다.

   (1) 완소흔(700~800℃)

   목재의 표면은 구갑상으로 갈라져 탄화되며 홈은 얕고 사각 또는 삼각을 나타낸다.

(2) 강소흔(900℃)

흠이 깊고 만두모양의 凹凸이 형성된다.

(3) 열소흔(1,100℃)

흠이 가장 깊고 반월형 모양도 높아진다. 열소흔은 학교, 병원 등 대형 목조건물 화재 시에 볼 수 있는 현상이다

V. 발열체와 목재면의 거리(훈소흔)

1. 발열체가 목재면에 밀착되었을 때 그 발열체의 이면 목재면에는 훈소흔이 남는다.
2. 목재면의 훈소흔은 걸쳐 무염연소한 흔적이나 목재의 연결, 접합부, 부식부 등에 잘 생기고 출화부 부근에 훈소흔이 남아 있으면 그 부분을 발화부라 판단하여도 무방하다.

문제25 기타 발화부 추정 원칙

Ⅰ. 용융흔(熔融痕)

1. 발화부 부근은 일반적으로 손상이 심하며 장치나 장식물로서의 유리나 거울, 알루미늄제품, 새시 같은 것은 화재초기의 화열로도 쉽게 탈락 또는 용융되는 경향이 있다.
2. 알루미늄이나 이와 유사한 합금물은 화재의 초기온도인 약 600℃정도에서 용융되며 이것이 바닥으로 떨어져 다른 물체를 덮게 되면 바닥의 물체가 덜 타거나 질식소화되어 원형으로 잔존하게 되는 경우도 많으므로 바닥에는 인화성 물질이 살포된 경우라도 그 냄새의 일부가 남게 되는 수가 많다.
3. 한편 유리는 약 250℃에서 균열이 생겨 떨어지며 약 650℃~750℃에서 물러지고 약 850℃에서 융해되어 흘러 떨어진다. 또한 유리의 뾰족한 끝은 약 600℃~650℃에서 끝이 둥글게 되므로 유리의 이와 같은 현상을 보았을 때에는 화재 시 그 유리가 끼워져 있었음을 판단할 수 있게 된다.
4. 파손된 유리조각이 깨끗하고 불규칙한 때에는 약 10분 이내에 강렬한 열을 받은 것이며 매연이 낀 유리조각들은 훈소화재 시와 같이 발연이 심하고 열을 서서히 받았음을 알 수 있게 한다.

Ⅱ. 박리(剝離)흔

1. 벽돌, 블럭, 미장마감, 몰탈 등과 같은 시멘트류는 수분을 함유하고 있으므로 화재 시에는 열에 오랜 시간 노출됨으로써 재질에 따라 박리현상이나 변색상태를 나타내게 된다.
2. 즉 강렬한 화열을 받을 경우 재질 내의 수분이 단시간 내에 탈수되어 본래 재질의 특성을 상실하고 푸석푸석해져서 연소확대 진행방향의 추적이 가능하기도 하며, 일반적으로 화재의 초기부터 진화까지 연소되는 발화부 부근의 구조물들은 자연 박리, 탈락되는 경우가 많다.

Ⅲ. 변색(變色)흔

1. 일반화재에서 녹거나 용융되지 않는 금속이나 비가연물로서 구조물인 콘크리트나 모르타르, 철구조물과 내부 집적물로서 철제 캐비넷을 비롯한 가구, 집기류인 책장, 금고, 선반, 냉장고 등과 기계류는 수열정도와 주수정도에 따라 표면도색과 철제에서 변색된 상태를 보이게 되는데 그 형태가 주로 역삼각형적인 화열의 진행방향으로 남는 것이 통례이다.

2. 토스터나 다리미, 또는 연통 같은 광택이 나는 특수금속류도 열에 노출되면 특이한 색채가 나타나는데 이러한 종류의 변색 상황으로 화재현장 내의 위치별 수열도나 연소확대 진행 상황을 파악할 수 있다.

Ⅳ. 주연(走煙)흔

1. 화재진행에 있어서 주연흔을 남기는 경우는 내장 백회벽이나 불연성 재질의 외벽에 남는 것이 일반적인 예다.
2. 장시간 동안 발연하다가 연소의 범위가 넓어지면서 발염되는 훈소화재나 석유화학 제품, 석유류 등의 기름을 함유한 물질, 석탄, 고무, 셀룰로즈 등과 같은 연소 시 다량의 흑연을 발생하는 가연물이 외견상 밀폐된 건물 내에서 연소할 때 창문 밖으로 분출되는 연기는 화원부나 발화부 부근이 심하게 나타난다.

Ⅴ. 주염(走焰)흔

1. 주염흔은 왕성한 화열을 발산하는 가연물이 연소 시 내외벽에 형성하는 흔적이다.
2. 외주벽에 생성된 주염흔 만으로 발화부를 판단할 수 있는 경우가 있는가 하면 건물 외벽에 부착된 매연인 주연흔이 왕성한 연소로 벗겨지면서 나타나는 주염흔으로 판단하는 경우가 생긴다.
3. 주염흔은 처음부터 형성되는 경우보다 주연흔 형성이 후 나타나는 경우가 대부분이다.

Ⅵ. 복사(輻射)흔

1. 화재 시 매개체 없이 연소되어 가는 것은 거의 복사열의 영향이다.
2. 복사는 직진하고 물체에 닿으면 흡수되든지 반사하므로 복사열이 물체에 닿으면 흡수되어 온도를 높이게 된다. 열복사에 의한 가장 큰 발화요인으로서는 난로와 가연물의 근접상황인 것이 그 예일 것이나 여기서는 화재원인으로서의 복사보다는 화원부나 발화부 판단 단계에서의 복사도를 말하는 것이므로 주연이나 주염흔을 받는 건물 외주의 수목이나 전주, 집적물, 인근 건물의 구조물이나 간판 등의 수열도를 비교하므로서 판단할 수 있다.

Ⅶ. 기타 흔

기타 소사체나 가금류 등의 사체의 위치, 형태를 비롯하여 집적물건 등의 소락 형태 위치, 순서 등의 흔적이 있으나 이는 건물의 구조나 물건배열 여건에 따라 다르게 나타나는 경우가 많아 관찰 시 주의를 집중해야만 한다.

문제26 연소의 예외성

1. 연소란 규격이나 규칙대로 이루어지는 것이 아니다.
2. 도괴에 있어서 학교, 병원 등 목조 대형건물의 경우 2층부의 기둥이나 벽 등은 출화부와는 반대방향인 옥외측으로 도괴되는 현상도 있고, 저면부가 광범위하게 연소되었을 경우 연소의 상승성의 특징인 역삼각형적 연소현상과는 반대로 삼각형(△)나 다이아몬드형(◇)으로 연소되는 경우는 초기단계에 소화되었을 때 현저히 나타난다.
3. 판재마루 등이 광범위하게 연소, 발화되었다면 유류에 의한 연소현상을 고려해야 한다. 탄화심도 역시 비교 측정은 천장, 보 등이 소락하여 2차 연소했을 때라면 탄화심도는 깊어지게 마련이니까 가치가 없다.
4. 발화부 부근의 균열흔도 구조, 재질의 차이나 2차적 연소현상 등이 고려되어야 하므로 연소시간을 비롯한 차폐, 장애물 등 제반여건에 따라 상이해 질 수 있음에 유의해야 하고, 발열체이면 목재에 남는다는 훈소흔은 상부에 훈소흔이 있다 하더라도 그곳을 발화부로 볼 수 없음은 보, 횡가재 부근에 화염의 유동이 집중되었을 때 그 부분은 얼핏 훈소된 것처럼 소훼되고 진화 후 완전 소화되지 않은 채 착화상태에서 계속 훈소 되거나 그곳에 이연물이 존재하여 화열이나 화염이 집중됨으로서 연소가 진행되면 훈소흔이 남기도 하므로 유의할 필요가 있다.
5. 관찰점의 하나하나의 절대성 부여는 있을 수 없고 이들은 화원부나 발화부 결정의 필요조건이지 충분조건은 아니다. 그러나 화원부나 발화부의 평면(2차원), 공간(3 차원)적 결정상 두 가지 이상의 요건은 일치 관찰되어야 한다.

제13장
소방법규

문제1 무창층

Ⅰ. 정 의

"무창층(無窓層)"이란 지상층 중 다음 각 목의 요건을 갖춘 개구부(건축물에서 채광·환기·통풍 또는 출입 등을 위하여 만든 창·출입구 그 밖에 이와 비슷한 것을 말한다)의 면적의 합계가 해당 층의 바닥면적의 30분의 1 이하가 되는 층을 말한다.

Ⅱ. 조 건

1. 도로 또는 차량이 진입할 수 있는 빈터를 향할 것
2. 화재 시 건축물로부터 쉽게 피난할 수 있도록 창살이나 그 밖의 장애물이 설치되지 아니할 것
3. 내부 또는 외부에서 쉽게 부수거나 열 수 있을 것
4. 크기는 지름 50센티미터 이상의 원이 내접(內接)할 수 있는 크기일 것
5. 해당 층의 바닥면으로부터 개구부 밑부분까지의 높이가 1.2미터 이내일 것

※ "피난층"이라 함은 곧바로 지상으로 갈 수 있는 출입구가 있는 층을 말한다.

※ 연소 우려가 있는 건축물의 구조

"행정자치부령이 정하는 연소 우려가 있는 구조"라 함은 건축물대장의 건축물 현황도에 표시된 대지경계선 안에 2 이상의 건축물이 있는 경우로서 각각의 건축물이 다른 건축물의 외벽으로부터 수평거리가 1층에 있어서는 6미터 이하, 2층 이상의 층에 있어서는 10미터 이하이고 개구부가 다른 건축물을 향하여 설치된 구조를 말한다.

문제2 건축허가 동의대상물의 범위

Ⅰ. 개 요

1. 건축허가 등을 함에 있어서 미리 소방본부장 또는 소방서장의 동의를 받아야 하는 건축물 등의 범위는 다음 각 호와 같다.
2. 따라서 다음 범위에 해당하는 대상물은 관련 서류 및 설계도서 등을 구비하여 관할소방서 또는 본부에서 건축허가 동의를 받은 후 건축허가를 받아야 한다.

Ⅱ. 범 위

1. 연면적이 400제곱미터 이상인 건축물. 다만, 다음 각 목의 어느 하나에 해당하는 시설은 해당 목에서 정한 기준 이상인 건축물로 한다.
   가. 학교시설 : 100제곱미터
   나. 노유자시설 및 수련시설 : 200제곱미터
   다. 정신의료기관(입원실이 없는 정신건강의학과 의원은 제외한다) : 300제곱미터
   라. 장애인 의료재활시설 : 300제곱미터

1의2. 층수가 6층 이상인 건축물

2. 차고·주차장 또는 주차용도로 사용되는 시설로서 다음 각 목의 어느 하나에 해당하는 것
   가. 차고·주차장으로 사용되는 바닥면적이 200제곱미터 이상인 층이 있는 건축물이나 주차시설
   나. 승강기 등 기계장치에 의한 주차시설로서 자동차 20대 이상을 주차할 수 있는 시설
3. 항공기격납고, 관망탑, 항공관제탑, 방송용 송수신탑
4. 지하층 또는 무창층이 있는 건축물로서 바닥면적이 150제곱미터(공연장의 경우에는 100제곱미터) 이상인 층이 있는 것
5. 위험물 저장 및 처리 시설, 지하구
6. 제1호에 해당하지 않는 노유자시설 중 다음 각 목의 어느 하나에 해당하는 시설. 다만, 가목2) 및 나목부터 바목까지의 시설 중 단독주택 또는 공동주택에 설치되는 시설은 제외한다.
   가. 노인 관련 시설 중 다음의 어느 하나에 해당하는 시설
      1) 노인주거복지시설·노인의료복지시설 및 재가노인복지시설
      2) 학대피해노인 전용쉼터
   나. 아동복지시설(아동상담소, 아동전용시설 및 지역아동센터는 제외한다)
   다. 장애인 거주시설
   라. 정신질환자 관련 시설(공동생활가정을 제외한 재활훈련시설과 종합시설 중 24시간 주거를 제공하지 아니하는 시설은 제외한다)

마. 노숙인 관련 시설 중 노숙인자활시설, 노숙인재활시설 및 노숙인요양시설
바. 결핵환자나 한센인이 24시간 생활하는 노유자시설

7. 요양병원. 다만, 정신의료기관 중 정신병원과 의료재활시설은 제외한다.

Ⅲ. 예외

다음 어느 하나에 해당하는 특정소방대상물은 소방본부장 또는 소방서장의 건축허가 등의 동의대상에서 제외된다.

1. 특정소방대상물에 설치되는 소화기구, 누전경보기, 피난기구, 방열복·방화복·공기호흡기 및 인공소생기, 유도등 또는 유도표지가 화재안전기준에 적합한 경우 그 특정소방대상물
2. 건축물의 증축 또는 용도변경으로 인하여 해당 특정소방대상물어 추가로 소방시설이 설치되지 아니하는 경우 그 특정소방대상물

문제3 다중이용업소의 범위

Ⅰ. 개 요

다중이용업소의 화재위험성 및 인적·물적 피해가 증가함에 따라 '다중이용업소의 화재안전기준'을 폐지하고 별도로 '다중이용업소의 안전관리에 관한 특별법'을 제정(2006. 3. 24)하여 시행하고 있다.

Ⅱ. 범 위

1. 식품접객업 중 다음의 어느 하나에 해당하는 것
   (1) 휴게음식점영업 · 제과점영업 또는 일반음식점영업으로서 영업장으로 사용하는 바닥면적의 합계가 100m² (영업장이 지하층에 설치된 경우에는 그 영업장의 바닥면적 합계가 66m²) 이상인 것. 다만, 영업장(내부계단으로 연결된 복층구조의 영업장을 제외한다)이 다음의 어느 하나에 해당하는 층에 설치되고 그 영업장의 주된 출입구가 건축물 외부의 지면과 직접 연결되는 곳에서 하는 영업을 제외한다.
      ① 지상 1층
      ② 지상과 직접 접하는 층
   (2) 단란주점영업과 유흥주점영업

2. 영화상영관·비디오물감상실업·비디오물소극장업 및 복합영상물제공업

3. 학원으로서 다음의 어느 하나에 해당하는 것
   (1) 수용인원이 300인 이상인 것
   (2) 수용인원 100명 이상 300명 미만으로서 다음의 어느 하나에 해당하는 것. 다만, 학원으로 사용하는 부분과 다른 용도로 사용하는 부분(학원의 운영권자를 달리하는 학원과 학원을 포함한다)이 방화구획으로 나누어진 경우는 제외한다.
      ① 하나의 건축물에 학원과 기숙사가 함께 있는 학원
      ② 하나의 건축물에 학원이 둘 이상 있는 경우로서 학원의 수용인원이 300명 이상인 학원
      ③ 하나의 건축물에 하나 이상의 다중이용업과 학원이 함께 있는 경우

4. 목욕장업으로서 다음에 해당하는 것
   (1) 하나의 영업장에서 목욕장업 중 맥반석이나 대리석 등 돌을 가열하여 발생하는 열기나 원적외선 등을 이용하여 땀을 배출하게 할 수 있는 시설을 갖춘 것으로서 수용인원(물로 목욕을 할 수 있는 시설부분의 수용인원은 제외한다)이 100명 이상인 것
   (2) 「공중위생관리법」 제2조 제1항 제3호 나목의 시설을 갖춘 목욕장업

5. 게임제공업·인터넷컴퓨터게임시설제공업 및 복합유통게임제공업. 다만, 게임제공업 및 인터넷컴퓨터게임시설제공업의 경우에는 영업장(내부계단으로 연결된 복층구조의 영업장은 제외한다)이 다음의 어느 하나에 해당하는 층에 설치되고 그 영업장의 주된 출입구가 건축물 외부의 지면과 직접 연결된 구조에 해당하는 경우는 제외한다.
   (1) 지상 1층
   (2) 지상과 직접 접하는 층

6. 노래연습장업

7. 산후조리업

7의 2. 고시원업[구획된 실(室) 안에 학습자가 공부할 수 있는 시설을 갖추고 숙박 또는 숙식을 제공하는 형태의 영업]

7의 3. 「사격 및 사격장 안전관리에 관한 법률 시행령」 별표 1에 따른 권총사격장(실내사격장에 한정하며, 종합사격장에 설치된 경우를 포함한다)

7의 4. 「체육시설의 설치·이용에 관한 법률」 제10조제1항제2호에 따른 가상체험 체육시설업(실내에 1개 이상의 별도의 구획된 실을 만들어 골프 종목의 운동이 가능한 시설을 경영하는 영업으로 한정한다)

7의 5. 「의료법」에 따른 안마시술소

8. 화재위험평가결과 위험유발지수가 제11조제1항에 해당하거나 화재발생 시 인명피해가 발생할 우려가 높은 불특정다수인이 출입하는 영업으로서 행정안전부령으로 정하는 영업. 이 경우 소방청장은 관계 중앙행정기관의 장과 미리 협의하여야 한다.
   (1) 위험유발지수
   다중이용업 특별법 시행령 별표 1에 의거 평가점수와 위험수준의 2가지로 평가하여 D등급(평가점수 20~39, 위험수준 61~80 미만의 경우)과 E등급(평가점수 20 미만, 위험수준 80 이상의 경우)에 해당할 경우에는 다중이용업으로 적용한다.

(2) "행정자치부령이 정하는 영업"이란 다음의 어느 하나에 해당하는 영업을 말한다.

① 전화방업·화상대화방업 : 구획된 실(室) 안에 전화기·텔레비전·모니터 또는 카메라 등 상대방과 대화할 수 있는 시설을 갖춘 형태의 영업

② 수면방업 : 구획된 실(室) 안에 침대·간이침대 그 밖에 휴식을 취할 수 있는 시설을 갖춘 형태의 영업

③ 콜라텍업 : 손님이 춤을 추는 시설 등을 갖춘 형태의 영업으로서 주류판매가 허용되지 아니하는 영업

문제4 다중이용업소의 안전시설 등

Ⅰ. 소방시설

1. 소화설비

(1) 소화기 또는 자동확산소화기

(2) 간이스프링클러설비(캐비닛형 간이스프링클러설비를 포함한다). 다만, 다음의 영업장에만 설치한다.

① 지하층에 설치된 영업장

② 밀폐구조의 영업장

③ 산후조리업 및 고시원업의 영업장. 다만, 지상 1층에 있거나 지상과 직접 맞닿아 있는 층(영업장의 주된 출입구가 건축물의 외부의 지면과 직접 연결된 경우를 포함한다)에 설치된 영업장은 제외한다.

④ 권총사격장의 영업장

2. 경보설비

(1) 비상벨설비 또는 자동화재탐지설비. 다만, 노래반주기 등 영상음향장치를 사용하는 영업장에는 자동화재탐지설비를 설치하여야 한다.

(2) 가스누설경보기. 다만, 가스시설을 사용하는 주방이나 난방시설이 있는 영업장에만 설치한다.

3. 피난설비

(1) 피난기구

① 미끄럼대

② 피난사다리

③ 구조대

④ 완강기

⑤ 다수인 피난장비

⑥ 승강식 피난기

(2) 피난유도선. 다만, 영업장 내부 피난통로 또는 복도가 있는 영업장에만 설치한다.

(3) 유도등, 유도표지 또는 비상조명등

(4) 휴대용 비상조명등

Ⅱ. 비상구

다만, 다음의 어느 하나에 해당하는 영업장에는 비상구를 설치하지 않을 수 있다.

1. 주된 출입구 외에 해당 영업장 내부에서 피난층 또는 지상으로 통하는 직통계단이 주된 출입구로부터 영업장의 긴 변 길이의 2분의 1 이상 떨어진 위치에 별도로 설치된 경우
2. 피난층에 설치된 영업장[영업장으로 사용하는 바닥면적이 33제곱미터 이하인 경우로서 영업장 내부에 구획된 실(室)이 없고, 영업장 전체가 개방된 구조의 영업장을 말한다]으로서 그 영업장의 각 부분으로부터 출입구까지의 수평거리가 10미터 이하인 경우

Ⅲ. 영업장 내부 피난통로

다만, 구획된 실(室)이 있는 영업장에만 설치한다.

Ⅳ. 그 밖의 안전시설

1. 영상음향차단장치. 다만, 노래반주기 등 영상음향장치를 사용하는 영업장에만 설치한다.
2. 누전차단기
3. 창문. 다만, 고시원업의 영업장에만 설치한다.

문제5 방염대상 특정소방대상물

Ⅰ. 소방대상물의 방염

1. 대통령령으로 정하는 특정소방대상물에 실내장식 등의 목적으로 설치 또는 부착하는 물품으로서 대통령령으로 정하는 물품(이하 "방염대상물품"이라 한다)은 방염성능기준 이상의 것으로 설치하여야 한다.
2. 다중이용업소에 설치하거나 교체하는 실내장식물(반자돌림대 등의 너비가 10센티미터 이하인 것은 제외한다)은 불연재료 또는 준불연재료로 설치하여야 한다. 다만, 합판 또는 목재로 실내장식물을 설치하는 경우로서 그 면적이 영업장 천장과 벽을 합한 면적의 10분의 3(스프링클러설비 또는 간이스프링클러설비가 설치된 경우에는 10분의 5) 이하인 부분은 「화재예방, 소방시설 설치·유지 및 안전관리에 관한 법률」 제12조제3항에 따른 방염성능기준 이상의 것으로 설치할 수 있다.
3. 소방본부장이나 소방서장은 방염대상물품이 제1호에 따른 방염성능기준에 미치지 못하거나 제13조제1항에 따른 방염성능검사를 받지 아니한 것이면 소방대상물의 관계인에게 방염대상물품을 제거하도록 하거나 방염성능검사를 받도록 하는 등 필요한 조치를 명할 수 있다.
4. 제1호에 따른 방염성능기준은 대통령령으로 정한다.

Ⅱ. 방염성능기준 이상의 실내장식물 등을 설치하여야 하는 특정소방대상물

1. 근린생활시설 중 의원, 체력단련장, 공연장 및 종교집회장
2. 건축물의 옥내에 있는 시설로서 다음 각 목의 시설
   가. 문화 및 집회시설
   나. 종교시설
   다. 운동시설(수영장은 제외한다)
3. 의료시설
4. 교육연구시설 중 합숙소
5. 노유자시설
6. 숙박이 가능한 수련시설
7. 숙박시설
8. 방송통신시설 중 방송국 및 촬영소
9. 다중이용업소
10. 제1호부터 제9호까지의 시설에 해당하지 않는 것으로서 층수가 11층 이상인 것(아파트는 제외한다)

문제6 방염대상물품 및 방염성능기준

Ⅰ. 대통령령이 정하는 물품

1. 방염대상물품(실내장식물)

(1) 정 의

① 건축물 내부의 미관 또는 장식을 위하여 천장 또는 벽에 설치하는 것

② 다중이용업소에 설치하는 것만 방염(관련법규 해석)

(2) 종 류

① 종이류(두께가 2mm 이상인 것에 한한다)·합성수지류 또는 섬유류를 주원료로 한 물품

② 합판 또는 목재

③ 공간을 구획하기 위하여 설치하는 간이 칸막이(접이식 등 이동 가능한 벽체나 천장 또는 반자가 실내에 접하는 부분까지 구획하지 아니하는 벽체를 말한다)

④ 흡음이나 방음을 위하여 설치하는 흡음재(흡음용 커튼을 포함한다) 또는 방음재(방음용 커튼을 포함한다)

(3) 제 외

① 가구류(옷장, 찬장, 식탁, 식탁용 의자, 사무용 책상, 사무용 의자 및 계산대, 그 밖에 이와 비슷한 것)

② 너비 10센티미터 이하인 반자돌림대 등

③ 「건축법」 제 52조에 따른 내부마감재료

2. 방염대상물품

(1) 정 의

제조 또는 가공 공정에서 방염처리를 한 물품(합판 · 목재류의 경우에는 설치현장에서 방염처리를 한 것을 포함한다)

(2) 종 류

① 창문에 설치하는 커텐류(브라인드를 포함한다)

② 카펫, 두께가 2밀리미터 미만인 벽지류(종이벽지 제외)

③ 전시용 합판 또는 섬유판, 무대용 합판 또는 섬유판

④ 암막·무대막(영화상영관에 설치하는 스크린과 가상체험 체육시설업에 설치하는 스크린을 포함한다)

⑤ 섬유류 또는 합성수지류 등을 원료로 하여 제작된 소파, 의자(단란주점영업, 유흥주점영업 및 노래연습장업의 영업장에 설치하는 것만 해당한다)

Ⅳ. 소화용수설비

1. 상수도소화용수설비
2. 소화수조·저수조 그 밖의 소화용수설비

Ⅴ. 소화활동설비

1. 제연설비
2. 연결송수관설비
3. 연결살수설비
4. 비상콘센트설비
5. 무선통신보조설비
6. 연소방지설비

문제8 특정소방대상물

1. 공동주택

가. 아파트등 : 주택으로 쓰이는 층수가 5층 이상인 주택

나. 기숙사 : 학교 또는 공장 등에서 학생이나 종업원 등을 위하여 쓰는 것으로서 공동취사 등을 할 수 있는 구조를 갖추되, 독립된 주거의 형태를 갖추지 않은 것(「교육기본법」 제27조제2항에 따른 학생복지주택을 포함한다)

2. 근린생활시설

가. 슈퍼마켓과 일용품(식품, 잡화, 의류, 완구, 서적, 건축자재, 의약품, 의료기기 등) 등의 소매점으로서 같은 건축물(하나의 대지에 두 동 이상의 건축물이 있는 경우에는 이를 같은 건축물로 본다. 이하 같다)에 해당 용도로 쓰는 바닥면적의 합계가 1천㎡ 미만인 것

나. 휴게음식점, 제과점, 일반음식점, 기원(棋院), 노래연습장 및 단란주점(단란주점은 같은 건축물에 해당 용도로 쓰는 바닥면적의 합계가 150㎡ 미만인 것만 해당한다)

다. 이용원, 미용원, 목욕장 및 세탁소(공장이 부설된 것과 「대기환경보전법」, 「물환경보전법」 또는 「소음·진동관리법」에 따른 배출시설의 설치허가 또는 신고의 대상이 되는 것은 제외한다)

라. 의원, 치과의원, 한의원, 침술원, 접골원(接骨院), 조산원(「모자보건법」 제2조제11호에 따른 산후조리원을 포함한다) 및 안마원(「의료법」 제82조제4항에 따른 안마시술소를 포함한다)

마. 탁구장, 테니스장, 체육도장, 체력단련장, 에어로빅장, 볼링장, 당구장, 실내낚시터, 골프연습장, 물놀이형 시설(「관광진흥법」 제33조에 따른 안전성검사의 대상이 되는 물놀이형 시설을 말한다. 이하 같다), 그 밖에 이와 비슷한 것으로서 같은 건축물에 해당 용도로 쓰는 바닥면적의 합계가 500㎡ 미만인 것

바. 공연장(극장, 영화상영관, 연예장, 음악당, 서커스장, 「영화 및 비디오물의 진흥에 관한 법률」 제2조제16호가목에 따른 비디오물감상실업의 시설, 같은 호 나목에 따른 비디오물소극장업의 시설, 그 밖에 이와 비슷한 것을 말한다. 이하 같다) 또는 종교집회장[교회, 성당, 사찰, 기도원, 수도원, 수녀원, 제실(祭室), 사당, 그 밖에 이와 비슷한 것을 말한다. 이하 같다]으로서 같은 건축물에 해당 용도로 쓰는 바닥면적의 합계가 300㎡ 미만인 것

사. 금융업소, 사무소, 부동산중개사무소, 결혼상담소 등 소개업소, 출판사, 서점, 그 밖에 이와 비슷한 것으로서 같은 건축물에 해당 용도로 쓰는 바닥면적의 합계가 500㎡ 미만인 것

아. 제조업소, 수리점, 그 밖에 이와 비슷한 것으로서 같은 건축물에 해당 용도로 쓰는 바닥면적의 합계가 500㎡ 미만이고, 「대기환경보전법」, 「물환경보전법」 또는 「소음·진동관리법」에 따른 배출시설의 설치허가 또는 신고의 대상이 아닌 것
자. 「게임산업진흥에 관한 법률」 제2조제6호의2에 따른 청소년게임제공업 및 일반게임제공업의 시설, 같은 조 제7호에 따른 인터넷컴퓨터게임시설제공업의 시설 및 같은 조 제8호에 따른 복합유통게임제공업의 시설로서 같은 건축물에 해당 용도로 쓰는 바닥면적의 합계가 500㎡ 미만인 것
차. 사진관, 표구점, 학원(같은 건축물에 해당 용도로 쓰는 바닥면적의 합계가 500㎡ 미만인 것만 해당하며, 자동차학원 및 무도학원은 제외한다), 독서실, 고시원(「다중이용업소의 안전관리에 관한 특별법」에 따른 다중이용업 중 고시원업의 시설로서 독립된 주거의 형태를 갖추지 않은 것으로서 같은 건축물에 해당 용도로 쓰는 바닥면적의 합계가 500㎡ 미만인 것을 말한다), 장의사, 동물병원, 총포판매사, 그 밖에 이와 비슷한 것
카. 의약품 판매소, 의료기기 판매소 및 자동차영업소로서 같은 건축물에 해당 용도로 쓰는 바닥면적의 합계가 1천㎡ 미만인 것
타. 삭제 〈2013.1.9〉

3. 문화 및 집회시설

가. 공연장으로서 근린생활시설에 해당하지 않는 것
나. 집회장 : 예식장, 공회당, 회의장, 마권(馬券) 장외 발매소, 마권 전화투표소, 그 밖에 이와 비슷한 것으로서 근린생활시설에 해당하지 않는 것
다. 관람장 : 경마장, 경륜장, 경정장, 자동차 경기장, 그 밖에 이와 비슷한 것과 체육관 및 운동장으로서 관람석의 바닥면적의 합계가 1천㎡ 이상인 것
라. 전시장 : 박물관, 미술관, 과학관, 문화관, 체험관, 기념관, 산업전시장, 박람회장, 견본주택, 그 밖에 이와 비슷한 것
마. 동·식물원 : 동물원, 식물원, 수족관, 그 밖에 이와 비슷한 것

4. 종교시설

가. 종교집회장으로서 근린생활시설에 해당하지 않는 것
나. 가목의 종교집회장에 설치하는 봉안당(奉安堂)

5. 판매시설

가. 도매시장 : 「농수산물 유통 및 가격안정에 관한 법률」 제2조제2호에 따른 농수산물 도매시장, 같은 조 제5호에 따른 농수산물공판장, 그 밖에 이와 비슷한 것(그 안에 있는 근린생활시설을 포함한다)

나. 소매시장 : 시장, 「유통산업발전법」 제2조제3호에 따른 대규모점포, 그 밖에 이와 비슷한 것(그 안에 있는 근린생활시설을 포함한다)

다. 전통시장 : 「전통시장 및 상점가 육성을 위한 특별법」 제2조제1호에 따른 전통시장(그 안에 있는 근린생활시설을 포함하며, 노점형시장은 제외한다)

라. 상점 : 다음의 어느 하나에 해당하는 것(그 안에 있는 근린생활시설을 포함한다)

1) 제2호가목에 해당하는 용도로서 같은 건축물에 해당 용도로 쓰는 바닥면적 합계가 1천㎡ 이상인 것

2) 제2호자목에 해당하는 용도로서 같은 건축물에 해당 용도로 쓰는 바닥면적 합계가 500㎡ 이상인 것

6. 운수시설

가. 여객자동차터미널

나. 철도 및 도시철도 시설(정비창 등 관련 시설을 포함한다)

다. 공항시설(항공관제탑을 포함한다)

라. 항만시설 및 종합여객시설

7. 의료시설

가. 병원 : 종합병원, 병원, 치과병원, 한방병원, 요양병원

나. 격리병원 : 전염병원, 마약진료소, 그 밖에 이와 비슷한 것

다. 정신의료기관

라. 「장애인복지법」 제58조제1항제4호에 따른 장애인 의료재활시설

8. 교육연구시설

가. 학교

1) 초등학교, 중학교, 고등학교, 특수학교, 그 밖에 이에 준하는 학교 : 「학교시설사업 촉진법」 제2조제1호나목의 교사(校舍)(교실·도서실 등 교수·학습활동에 직접 또는 간접적으로 필요한 시설물을 말하되, 병설유치원으로 사용되는 부분은 제외한다. 이하 같다), 체육관, 「학교급식법」 제6조에 따른 급식시설, 합숙소(학교의 운동부, 기능선수 등이 집단으로 숙식하는 장소를 말한다. 이하 같다)

2) 대학, 대학교, 그 밖에 이에 준하는 각종 학교 : 교사 및 합숙소

나. 교육원(연수원, 그 밖에 이와 비슷한 것을 포함한다)
다. 직업훈련소
라. 학원(근린생활시설에 해당하는 것과 자동차운전학원 · 정비학원 및 무도학원은 제외한다)
마. 연구소(연구소에 준하는 시험소와 계량계측소를 포함한다)
바. 도서관

9. 노유자시설

가. 노인 관련 시설 : 「노인복지법」에 따른 노인주거복지시설, 노인의료복시설, 노인여가복지시설, 주 · 야간보호서비스나 단기보호서비스를 제공하는 재가노인복지시설(「노인장기요양보험법」에 따른 재가장기요양기관을 포함한다), 노인보호전문기관, 노인일자리지원기관, 학대피해노인 전용쉼터, 그 밖에 이와 비슷한 것
나. 아동 관련 시설 : 「아동복지법」에 따른 아동복지시설, 「영유아보육법」에 따른 어린이집, 「유아교육법」에 따른 유치원[제8호가목1)에 따른 학교의 교사 중 병설유치원으로 사용되는 부분을 포함한다], 그 밖에 이와 비슷한 것
다. 장애인 관련 시설 : 「장애인복지법」에 따른 장애인 거주시설, 장애인 지역사회재활시설(장애인 심부름센터, 한국수어통역센터, 점자도서 및 녹음서 출판시설 등 장애인이 직접 그 시설 자체를 이용하는 것을 주된 목적으로 하지 않는 시설은 제외한다), 장애인 직업재활시설, 그 밖에 이와 비슷한 것
라. 정신질환자 관련 시설 : 「정신건강증진 및 정신질환자 복지서비스 지원에 관한 법률」에 따른 정신재활시설(생산품판매시설은 제외한다), 정신요양시설, 그 밖에 이와 비슷한 것
마. 노숙인 관련 시설 : 「노숙인 등의 복지 및 자립지원에 관한 법률」 제2조제2호에 따른 노숙인복지시설(노숙인일시보호시설, 노숙인자활시설, 노숙인재활시설, 노숙인요양시설 및 쪽방삼당소만 해당한다), 노숙인종합지원센터 및 그 밖에 이와 비슷한 것
바. 가목부터 마목까지에서 규정한 것 외에 「사회복지사업법」에 따른 사회복지시설 중 결핵환자 또는 한센인 요양시설 등 다른 용도로 분류되지 않는 것

10. 수련시설

가. 생활권 수련시설 : 「청소년활동 진흥법」에 따른 청소년수련관, 청소년문화의집, 청소년특화시설, 그 밖에 이와 비슷한 것
나. 자연권 수련시설 : 「청소년활동 진흥법」에 따른 청소년수련원, 청소년야영장, 그 밖에 이와 비슷한 것
다. 「청소년활동 진흥법」에 따른 유스호스텔

11. 운동시설

가. 탁구장, 체육도장, 테니스장, 체력단련장, 에어로빅장, 볼링장, 당구장, 실내낚시터, 골프연습장, 물놀이형 시설, 그 밖에 이와 비슷한 것으로서 근린생활시설에 해당하지 않는 것

나. 체육관으로서 관람석이 없거나 관람석의 바닥면적이 1천㎡ 미만인 것

다. 운동장 : 육상장, 구기장, 볼링장, 수영장, 스케이트장, 롤러스케이트장, 승마장, 사격장, 궁도장, 골프장 등과 이에 딸린 건축물로서 관람석이 없거나 관람석의 바닥면적이 1천㎡ 미만인 것

12. 업무시설

가. 공공업무시설 : 국가 또는 지방자치단체의 청사와 외국공관의 건축물로서 근린생활시설에 해당하지 않는 것

나. 일반업무시설 : 금융업소, 사무소, 신문사, 오피스텔(업무를 주로 하며, 분양하거나 임대하는 구획 중 일부의 구획에서 숙식을 할 수 있도록 한 건축물로서 국토교통부장관이 고시하는 기준에 적합한 것을 말한다), 그 밖에 이와 비슷한 것으로서 근린생활시설에 해당하지 않는 것

다. 주민자치센터(동사무소), 경찰서, 지구대, 파출소, 소방서, 119안전센터, 우체국, 보건소, 공공도서관, 국민건강보험공단, 그 밖에 이와 비슷한 용도로 사용하는 것

라. 마을회관, 마을공동작업소, 마을공동구판장, 그 밖에 이와 유사한 용도로 사용되는 것

마. 변전소, 양수장, 정수장, 대피소, 공중화장실, 그 밖에 이와 유사한 용도로 사용되는 것

13. 숙박시설

가. 일반형 숙박시설 : 「공중위생관리법 시행령」 제4조제1호가목에 따른 숙박업의 시설

나. 생활형 숙박시설 : 「공중위생관리법 시행령」 제4조제1호나목에 따른 숙박업의 시설

다. 고시원(근린생활시설에 해당하지 않는 것을 말한다)

라. 그 밖에 가목부터 다목까지의 시설과 비슷한 것

14. 위락시설

가. 단란주점으로서 근린생활시설에 해당하지 않는 것

나. 유흥주점, 그 밖에 이와 비슷한 것

다. 「관광진흥법」에 따른 유원시설업(遊園施設業)의 시설, 그 밖에 이와 비슷한 시설(근린생활시설에 해당하는 것은 제외한다)

라. 무도장 및 무도학원

마. 카지노영업소

15. 공장

물품의 제조·가공[세탁·염색·도장(塗裝)·표백·재봉·건조·인쇄 등을 포함한다] 또는 수리에 계속적으로 이용되는 건축물로서 근린생활시설, 위험물 저장 및 처리 시설, 항공기 및 자동차 관련 시설, 분뇨 및 쓰레기 처리시설, 묘지 관련 시설 등으로 따로 분류되지 않는 것

16. 창고시설(위험물 저장 및 처리 시설 또는 그 부속용도에 해당하는 것은 제외한다)

가. 창고(물품저장시설로서 냉장·냉동 창고를 포함한다)
나. 하역장
다. 「물류시설의 개발 및 운영에 관한 법률」에 따른 물류터미널
라. 「유통산업발전법」 제2조제15호에 따른 집배송시설

17. 위험물 저장 및 처리 시설

가. 위험물제조소등
나. 가스시설 : 산소 또는 가연성 가스를 제조·저장 또는 취급하는 시설 중 지상에 노출된 산소 또는 가연성 가스 탱크의 저장용량의 합계가 100톤 이상이거나 저장용량이 30톤 이상인 탱크가 있는 가스시설로서 다음의 어느 하나에 해당하는 것
  1) 가스 제조시설
    가) 「고압가스 안전관리법」 제4조제1항에 따른 고압가스의 제조허가를 받아야 하는 시설
    나) 「도시가스사업법」 제3조에 따른 도시가스사업허가를 받아야 하는 시설
  2) 가스 저장시설
    가) 「고압가스 안전관리법」 제4조제3항에 따른 고압가스 저장소의 설치허가를 받아야 하는 시설
    나) 「액화석유가스의 안전관리 및 사업법」 제8조제1항에 따른 액화석유가스 저장소의 설치 허가를 받아야 하는 시설
  3) 가스 취급시설
    「액화석유가스의 안전관리 및 사업법」 제5조에 따른 액화석유가스 충전사업 또는 액화석유가스 집단공급사업의 허가를 받아야 하는 시설

18. 항공기 및 자동차 관련 시설(건설기계 관련 시설을 포함한다)

가. 항공기격납고
나. 차고, 주차용 건축물, 철골 조립식 주차시설(바닥면이 조립식이 아닌 것을 포함한다) 및 기계장치에 의한 주차시설

다. 세차장
라. 폐차장
마. 자동차 검사장
바. 자동차 매매장
사. 자동차 정비공장
아. 운전학원·정비학원
자. 다음의 건축물을 제외한 건축물의 내부(「건축법 시행령」 제119조제1항제3호다목에 따른 필로티와 건축물 지하를 포함한다)에 설치된 주차장
 1) 「건축법 시행령」 별표 1 제1호에 따른 단독주택
 2) 「건축법 시행령」 별표 1 제2호에 따른 공동주택 중 50세대 미만인 연립주택 또는 50세대 미만인 다세대주택
차. 「여객자동차 운수사업법」, 「화물자동차 운수사업법」 및 「건설기계관리법」에 따른 차고 및 주기장(駐機場)

19. 동물 및 식물 관련 시설

가. 축사[부화장(孵化場)을 포함한다]
나. 가축시설 : 가축용 운동시설, 인공수정센터, 관리사(管理舍), 가축용 창고, 가축시장, 동물검역소, 실험동물 사육시설, 그 밖에 이와 비슷한 것
다. 도축장
라. 도계장
마. 작물 재배사(栽培舍)
바. 종묘배양시설
사. 화초 및 분재 등의 온실
아. 식물과 관련된 마목부터 사목까지의 시설과 비슷한 것(동·식물원은 제외한다)

20. 자원순환 관련 시설

가. 하수 등 처리시설
나. 고물상
다. 폐기물재활용시설
라. 폐기물처분시설
마. 폐기물감량화시설

21. 교정 및 군사시설

가. 보호감호소, 교도소, 구치소 및 그 지소
나. 보호관찰소, 갱생보호시설, 그 밖에 범죄자의 갱생·보호·교육·보건 등의 용도로 쓰는 시설
다. 치료감호시설
라. 소년원 및 소년분류심사원
마. 「출입국관리법」 제52조제2항에 따른 보호시설
바. 「경찰관 직무집행법」 제9조에 따른 유치장
사. 국방·군사시설(「국방·군사시설 사업에 관한 법률」 제2조제1호가목부터 마목까지의 시설을 말한다)

22. 방송통신시설

가. 방송국(방송프로그램 제작시설 및 송신·수신·중계시설을 포함한다)
나. 전신전화국
다. 촬영소
라. 통신용 시설
마. 그 밖에 가목부터 라목까지의 시설과 비슷한 것

23. 발전시설

가. 원자력발전소
나. 화력발전소
다. 수력발전소(조력발전소를 포함한다)
라. 풍력발전소
마. 그 밖에 가목부터 라목까지의 시설과 비슷한 것(집단에너지 공급시설을 포함한다)

24. 묘지 관련 시설

가. 화장시설
나. 봉안당(제4호나목의 봉안당은 제외한다)
다. 묘지와 자연장지에 부수되는 건축물
라. 동물화장시설, 동물건조장(乾燥葬)시설 및 동물 전용의 납골시설

25. 관광 휴게시설

가. 야외음악당
나. 야외극장
다. 어린이회관
라. 관망탑
마. 휴게소
바. 공원·유원지 또는 관광지에 부수되는 건축물

26. 장례시설

가. 장례식장[의료시설의 부수시설(「의료법」 제36조제1호에 따른 의료기관의 종류에 따른 시설을 말한다)은 제외한다]
나. 동물 전용의 장례식장

27. 지하가

지하의 인공구조물 안에 설치되어 있는 상점, 사무실, 그 밖에 이와 비슷한 시설이 연속하여 지하도에 면하여 설치된 것과 그 지하도를 합한 것
가. 지하상가
나. 터널 : 차량(궤도차량용은 제외한다) 등의 통행을 목적으로 지하, 해저 또는 산을 뚫어서 만든 것

28. 지하구

가. 전력·통신용의 전선이나 가스·냉난방용의 배관 또는 이와 비슷한 것을 집합수용하기 위하여 설치한 지하 인공구조물로서 사람이 점검 또는 보수를 하기 위하여 출입이 가능한 것 중 폭 1.8m 이상이고 높이가 2m 이상이며 길이가 50m 이상(전력 또는 통신사업용인 것은 500m 이상)인 것
나. 「국토의 계획 및 이용에 관한 법률」 제2조제9호에 따른 공동구

29. 문화재

「문화재보호법」에 따라 문화재로 지정된 건축물

30. 복합건축물

가. 하나의 건축물이 제1호부터 제27호까지의 것 중 둘 이상의 용도로 사용되는 것. 다만, 다음의 어느 하나에 해당하는 경우에는 복합건축물로 보지 않는다.

1) 관계 법령에서 주된 용도의 부수시설로서 그 설치를 의무화하고 있는 용도 또는 시설

2) 「주택법」 제35조제1항제3호 및 제4호에 따라 주택 안에 부대시설 또는 복리시설이 설치되는 특정소방대상물

3) 건축물의 주된 용도의 기능에 필수적인 용도로서 다음의 어느 하나에 해당하는 용도

가) 건축물의 설비, 대피 또는 위생을 위한 용도, 그 밖에 이와 비슷한 용도

나) 사무, 작업, 집회, 물품저장 또는 주차를 위한 용도, 그 밖에 이와 비슷한 용도

다) 구내식당, 구내세탁소, 구내운동시설 등 종업원후생복리시설(기숙사는 제외한다) 또는 구내소각시설의 용도, 그 밖에 이와 비슷한 용도

나. 하나의 건축물이 근린생활시설, 판매시설, 업무시설, 숙박시설 또는 위락시설의 용도와 주택의 용도로 함께 사용되는 것

〈비고〉

1. 내화구조로 된 하나의 특정소방대상물이 개구부(건축물에서 채광 · 환기 · 통풍 · 출입 등을 위하여 만든 창이나 출입구를 말한다)가 없는 내화구조의 바닥과 벽으로 구획되어 있는 경우에는 그 구획된 부분을 각각 별개의 특정소방대상물로 본다.

2. 둘 이상의 특정소방대상물이 다음 각 목의 어느 하나에 해당되는 구조의 복도 또는 통로(이하 이 표에서 "연결통로"라 한다)로 연결된 경우에는 이를 하나의 소방대상물로 본다.

가. 내화구조로 된 연결통로가 다음의 어느 하나에 해당되는 경우

1) 벽이 없는 구조로서 그 길이가 6m 이하인 경우

2) 벽이 있는 구조로서 그 길이가 10m 이하인 경우. 다만, 벽 높이가 바닥에서 천장까지의 높이의 2분의 1 이상인 경우에는 벽이 있는 구조로 보고, 벽 높이가 바닥에서 천장까지의 높이의 2분의 1 미만인 경우에는 벽이 없는 구조로 본다.

나. 내화구조가 아닌 연결통로로 연결된 경우

다. 컨베이어로 연결되거나 플랜트설비의 배관 등으로 연결되어 있는 경우

라. 지하보도, 지하상가, 지하가로 연결된 경우

마. 방화셔터 또는 갑종 방화문이 설치되지 않은 피트로 연결된 경우

바. 지하구로 연결된 경우

3. 제2호에도 불구하고 연결통로 또는 지하구와 소방대상물의 양쪽에 다음 각 목의 어느 하나에 적합한 경우에는 각각 별개의 소방대상물로 본다.
   가. 화재 시 경보설비 또는 자동소화설비의 작동과 연동하여 자동으로 닫히는 방화셔터 또는 갑종 방화문이 설치된 경우
   나. 화재 시 자동으로 방수되는 방식의 드렌처설비 또는 개방형 스프링클러헤드가 설치된 경우
4. 위 제1호부터 제30호까지의 특정소방대상물의 지하층이 지하가와 연결되어 있는 경우 해당 지하층의 부분을 지하가로 본다. 다만, 다음 지하가와 연결되는 지하층에 지하층 또는 지하가에 설치된 방화문이 자동폐쇄장치·자동화재탐지설비 또는 자동소화설비와 연동하여 닫히는 구조이거나 그 윗부분에 드렌처설비가 설치된 경우에는 지하가로 보지 않는다.

문제9 수용인원의 산정방법(제13조 제3호 관련)

1. 숙박시설이 있는 특정소방대상물

가. 침대가 있는 숙박시설 : 해당 특정소방대상물의 종사자의 수에 침대의 수(2인용 침대는 2인으로 산정한다)를 합한 수

나. 침대가 없는 숙박시설 : 해당 특정소방대상물의 종사자의 수에 숙박시설의 바닥면적의 합계를 3㎡로 나누어 얻은 수를 합한 수

2. 제1호 외의 특정소방대상물

가. 강의실·교무실·상담실·실습실·휴게실 용도로 쓰이는 특정소방대상물 : 해당 용도로 사용하는 바닥면적의 합계를 1.9㎡로 나누어 얻은 수

나. 강당, 문화 및 집회시설, 운동시설, 종교시설 : 해당 용도로 사용하는 바닥면적의 합계를 4.6㎡로 나누어 얻은 수(관람석이 있는 경우 고정식 의자를 설치한 부분에 있어서는 당해 부분의 의자수로 하고, 긴 의자의 경우에는 의자의 정면너비를 0.45m로 나누어 얻은 수로 한다)

다. 그 밖의 특정소방대상물 : 해당 용도로 사용하는 바닥면적의 합계를 3㎡로 나누어 얻은 수

※ 비고

1. 위 표에서 바닥면적을 산정할 때에는 복도(「건축법 시행령」 제2조제11호에 따른 준불연재료 이상의 것을 사용하여 바닥에서 천장까지 벽으로 구획한 것을 말한다), 계단 및 화장실의 바닥면적을 포함하지 않는다.
2. 계산 결과 소수점 이하의 수는 반올림한다.

문제10 특정소방대상물의 관계인이 특정소방대상물의 규모 · 용도 및 수용인원 등을 고려하여 갖추어야 하는 소방시설 등의 종류

Ⅰ. 소화설비

가. 화재안전기준에 따라 소화기구를 설치하여야 하는 특정소방대상물은 다음의 어느 하나와 같다.

1) 연면적 33㎡ 이상인 것. 다만, 노유자시설의 경우에는 투척용 소화용구 등을 화재안전기준에 따라 산정된 소화기 수량의 2분의 1 이상으로 설치할 수 있다.
2) 1)에 해당하지 않는 시설로서 지정문화재 및 가스시설
3) 터널

나. 자동소화장치를 설치하여야 하는 특정소방대상물은 다음의 어느 하나와 같다.

1) 주거용 주방자동소화장치를 설치하여야 하는 것 : 아파트등 및 30층 이상 오피스텔의 모든 층
2) 캐비닛형 자동소화장치, 가스자동소화장치, 분말자동소화장치 또는 고체에어로졸 자동소화장치를 설치하여야 하는 것: 화재안전기준에서 정하는 장소

다. 옥내소화전설비를 설치하여야 하는 특정소방대상물(위험물 저장 및 처리 시설 중 가스시설, 지하구 및 방재실 등에서 스프링클러설비 또는 물분무등소화설비를 원격으로 조정할 수 있는 업무시설 중 무인변전소는 제외한다)은 다음의 어느 하나와 같다.

1) 연면적 3천㎡ 이상(지하가 중 터널은 제외한다)이거나 지하층·무창층(축사는 제외한다) 또는 층수가 4층 이상인 것 중 바닥면적이 600㎡ 이상인 층이 있는 것은 모든 층
2) 지하가 중 터널로서 다음에 해당하는 터널
   가) 길이가 1천미터 이상인 터널
   나) 예상교통량, 경사도 등 터널의 특성을 고려하여 총리령으로 정하는 터널
3) 1)에 해당하지 않는 근린생활시설, 판매시설, 운수시설, 의료시설, 노유자시설, 업무시설, 숙박시설, 위락시설, 공장, 창고시설, 항공기 및 자동차 관련 시설, 교정 및 군사시설 중 국방 · 군사시설, 방송통신시설, 발전시설, 장례시설 또는 복합건축물로서 연면적 1천5백㎡ 이상이거나 지하층 · 무창층 또는 층수가 4층 이상인 층 중 바닥면적이 300㎡ 이상인 층이 있는 것은 모든 층
4) 건축물의 옥상에 설치된 차고 또는 주차장으로서 차고 또는 주차의 용도로 사용되는 부분의 면적이 200㎡ 이상인 것

5) 1) 및 3)에 해당하지 않는 공장 또는 창고시설로서 「소방기본법 시행령」 별표 2에서 정하는 수량의 750배 이상의 특수가연물을 저장 · 취급하는 것

라. 스프링클러설비를 설치하여야 하는 특정소방대상물(위험물 저장 및 처리 시설 중 가스시설 또는 지하구는 제외한다)은 다음의 어느 하나와 같다.

1) 문화 및 집회시설(동·식물원은 제외한다), 종교시설(주요구조부가 목조인 것은 제외한다), 운동시설(물놀이형 시설은 제외한다)로서 다음의 어느 하나에 해당하는 경우에는 모든 층

가) 수용인원이 100명 이상인 것

나) 영화상영관의 용도로 쓰이는 층의 바닥면적이 지하층 또는 무창층인 경우에는 500㎡ 이상, 그 밖의 층의 경우에는 1천㎡ 이상인 것

다) 무대부가 지하층 · 무창층 또는 4층 이상의 층에 있는 경우에는 무대부의 면적이 300㎡ 이상인 것

라) 무대부가 다) 외의 층에 있는 경우에는 무대부의 면적이 500㎡ 이상인 것

2) 판매시설, 운수시설 및 창고시설(물류터미널에 한정한다)로서 바닥면적의 합계가 5천㎡ 이상이거나 수용인원이 500명 이상인 경우에는 모든 층

3) 층수가 6층 이상인 특정소방대상물의 경우에는 모든 층. 다만, 다음의 어느 하나에 해당하는 경우에는 제외한다.

가) 주택 관련 법령에 따라 기존의 아파트등을 리모델링하는 경우로서 건축물의 연면적 및 층높이가 변경되지 않는 경우. 이 경우 해당 아파트등의 사용검사 당시의 소방시설의 설치에 관한 대통령령 또는 화재안전기준을 적용한다.

나) 스프링클러설비가 없는 기존의 특정소방대상물을 용도변경하는 경우. 다만, 1)·2)·4)·5) 및 8)부터 12)까지의 규정에 해당하는 특정소방대상물로 용도변경하는 경우에는 해당 규정에 따라 스프링클러설비를 설치한다.

4) 다음의 어느 하나에 해당하는 용도로 사용되는 시설의 바닥면적의 합계가 600㎡ 이상인 것은 모든 층

가) 의료시설 중 정신의료기관

나) 의료시설 중 종합병원, 병원, 치과병원, 한방병원 및 요양병원(정신병원은 제외한다)

다) 노유자시설

라) 숙박이 가능한 수련시설

5) 창고시설(물류터미널은 제외한다)로서 바닥면적 합계가 5천㎡ 이상인 경우에는 모든 층

6) 천장 또는 반자(반자가 없는 경우에는 지붕의 옥내에 면하는 부분)의 높이가 10m를 넘는 랙식 창고(rack warehouse)(물건을 수납할 수 있는 선반이나 이와 비슷한 것을 갖춘 것을 말한다)로서 바닥면적의 합계가 1천5백m² 이상인 것
7) 1)부터 6)까지의 특정소방대상물에 해당하지 않는 특정소방대상물의 지하층·무창층(축사는 제외한다) 또는 층수가 4층 이상인 층으로서 바닥면적이 1천m² 이상인 층
8) 6)에 해당하지 않는 공장 또는 창고시설로서 다음의 어느 하나에 해당하는 시설
   가) 「소방기본법 시행령」 별표 2에서 정하는 수량의 1천 배 이상의 특수가연물을 저장·취급하는 시설
   나) 「원자력안전법 시행령」 제2조제1호에 따른 중·저준위방사성폐기물(이하 "중·저준위방사성폐기물"이라 한다)의 저장시설 중 소화수를 수집·처리하는 설비가 있는 저장시설
9) 지붕 또는 외벽이 불연재료가 아니거나 내화구조가 아닌 공장 또는 창고시설로서 다음의 어느 하나에 해당하는 것
   가) 창고시설(물류터미널에 한정한다) 중 2)에 해당하지 않는 것으로서 바닥면적의 합계가 2천5백m² 이상이거나 수용인원이 250명 이상인 것
   나) 창고시설(물류터미널은 제외한다) 중 5)에 해당하지 않는 것으로서 바닥면적의 합계가 2천5백m² 이상인 것
   다) 랙식 창고시설 중 6)에 해당하지 않는 것으로서 바닥면적의 합계가 750m² 이상인 것
   라) 공장 또는 창고시설 중 7)에 해당하지 않는 것으로서 지하층·무창층 또는 층수가 4층 이상인 것 중 바닥면적이 500m² 이상인 것
   마) 공장 또는 창고시설 중 8)가)에 해당하지 않는 것으로서 「소방기본법 시행령」 별표 2에서 정하는 수량의 500배 이상의 특수가연물을 저장·취급하는 시설
10) 지하가(터널은 제외한다)로서 연면적 1천m² 이상인 것
11) 기숙사(교육연구시설·수련시설 내에 있는 학생 수용을 위한 것을 말한다) 또는 복합건축물로서 연면적 5천m² 이상인 경우에는 모든 층
12) 교정 및 군사시설 중 다음의 어느 하나에 해당하는 경우에는 해당 장소
   가) 보호감호소, 교도소, 구치소 및 그 지소, 보호관찰소, 갱생보호시설, 치료감호시설, 소년원 및 소년분류심사원의 수용거실
   나) 「출입국관리법」 제52조제2항에 따른 보호시설(외국인보호소의 경우에는 보호대상자의 생활공간으로 한정한다. 이하 같다)로 사용하는 부분. 다만, 보호시설이 임차건물에 있는 경우는 제외한다.
   다) 「경찰관 직무집행법」 제9조에 따른 유치장
13) 1)부터 12)까지의 특정소방대상물에 부속된 보일러실 또는 연결통로 등

마. 간이스프링클러설비를 설치하여야 하는 특정소방대상물은 다음의 어느 하나와 같다.
1) 근린생활시설 중 다음의 어느 하나에 해당하는 것
가) 근린생활시설로 사용하는 부분의 바닥면적 합계가 1천㎡ 이상인 것은 모든 층
나) 의원, 치과의원 및 한의원으로서 입원실이 있는 시설
2) 교육연구시설 내에 합숙소로서 연면적 100㎡ 이상인 것
3) 의료시설 중 다음의 어느 하나에 해당하는 시설
가) 종합병원, 병원, 치과병원, 한방병원 및 요양병원(정신병원과 의료재활시설은 제외한다)으로 사용되는 바닥면적의 합계가 600㎡ 미만인 시설
나) 정신의료기관 또는 의료재활시설로 사용되는 바닥면적의 합계가 300㎡ 이상 600㎡ 미만인 시설
다) 정신의료기관 또는 의료재활시설로 사용되는 바닥면적의 합계가 300㎡ 미만이고, 창살(철재·플라스틱 또는 목재 등으로 사람의 탈출 등을 막기 위하여 설치한 것을 말하며, 화재 시 자동으로 열리는 구조로 되어 있는 창살은 제외한다)이 설치된 시설
4) 노유자시설로서 다음의 어느 하나에 해당하는 시설
가) 제12조제1항제6호 각 목에 따른 시설(제12조제1항제6호가목2) 및 같은 호 나목부터 바목까지의 시설 중 단독주택 또는 공동주택에 설치되는 시설은 제외하며, 이하 "노유자 생활시설"이라 한다)
나) 가)에 해당하지 않는 노유자시설로 해당 시설로 사용하는 바닥면적의 합계가 300㎡ 이상 600㎡ 미만인 시설
다) 가)에 해당하지 않는 노유자시설로 해당 시설로 사용하는 바닥면적의 합계가 300㎡ 미만이고, 창살(철재·플라스틱 또는 목재 등으로 사람의 탈출 등을 막기 위하여 설치한 것을 말하며, 화재 시 자동으로 열리는 구조로 되어 있는 창살은 제외한다)이 설치된 시설
5) 건물을 임차하여 「출입국관리법」 제52조제2항에 따른 보호시설로 사용하는 부분
6) 숙박시설 중 생활형 숙박시설로서 해당 용도로 사용되는 바닥면적의 합계가 600㎡ 이상인 것
7) 복합건축물(별표 2 제30호나목의 복합건축물만 해당한다)로서 연면적 1천㎡ 이상인 것은 모든 층

바. 물분무등소화설비를 설치하여야 하는 특정소방대상물(위험물 저장 및 처리 시설 중 가스시설 또는 지하구는 제외한다)은 다음의 어느 하나와 같다.

1) 항공기 및 자동차 관련 시설 중 항공기격납고
2) 차고, 주차용 건축물 또는 철골 조립식 주차시설. 이 경우 연면적 800㎡ 이상인 것만 해당한다.
3) 건축물 내부에 설치된 차고 또는 주차장으로서 차고 또는 주차의 용도로 사용되는 부분의 바닥면적이 200㎡ 이상인 층
4) 기계장치에 의한 주차시설을 이용하여 20대 이상의 차량을 주차할 수 있는 것
5) 특정소방대상물에 설치된 전기실·발전실·변전실(가연성 절연유를 사용하지 않는 변압기·전류차단기 등의 전기기기와 가연성 피복을 사용하지 않은 전선 및 케이블만을 설치한 전기실·발전실 및 변전실은 제외한다)·축전지실·통신기기실 또는 전산실, 그 밖에 이와 비슷한 것으로서 바닥면적이 300㎡ 이상인 것[하나의 방화구획 내에 둘 이상의 실(室)이 설치되어 있는 경우에는 이를 하나의 실로 보아 바닥면적을 산정한다]. 다만, 내화구조로 된 공정제어실 내에 설치된 주조정실로서 양압시설이 설치되고 전기기기에 220볼트 이하인 저전압이 사용되며 종업원이 24시간 상주하는 곳은 제외한다.
6) 소화수를 수집·처리하는 설비가 설치되어 있지 않은 중·저준위방사성폐기물의 저장시설. 다만, 이 경우에는 이산화탄소소화설비, 할론소화설비 또는 할로겐화합물 및 불활성기체 소화설비를 설치하여야 한다.
7) 지하가 중 예상 교통량, 경사도 등 터널의 특성을 고려하여 행정안전부령으로 정하는 터널. 다만, 이 경우에는 물분무소화설비를 설치하여야 한다.
8) 「문화재보호법」 제2조제3항제1호 및 제2호에 따른 지정문화재 중 소방청장이 문화재청장과 협의하여 정하는 것

사. 옥외소화전설비를 설치하여야 하는 특정소방대상물(아파트등, 위험물 저장 및 처리 시설 중 가스시설, 지하구 또는 지하가 중 터널은 제외한다)은 다음의 어느 하나와 같다.

1) 지상 1층 및 2층의 바닥면적의 합계가 9천㎡ 이상인 것. 이 경우 같은 구(區) 내의 둘 이상의 특정소방대상물이 행정안전부령으로 정하는 연소(延燒) 우려가 있는 구조인 경우에는 이를 하나의 특정소방대상물로 본다.
2) 「문화재보호법」 제23조에 따라 보물 또는 국보로 지정된 목조건축물
3) 1)에 해당하지 않는 공장 또는 창고시설로서 「소방기본법 시행령」 별표 2에서 정하는 수량의 750배 이상의 특수가연물을 저장·취급하는 것

II. 경보설비

가. 비상경보설비를 설치하여야 할 특정소방대상물(지하구, 모래 · 석재 등 불연재료 창고 및 위험물 저장 · 처리 시설 중 가스시설은 제외한다)은 다음의 어느 하나와 같다.

1) 연면적 400㎡(지하가 중 터널 또는 사람이 거주하지 않거나 벽이 없는 축사 등 동 · 식물 관련시설은 제외한다) 이상이거나 지하층 또는 무창층의 바닥면적이 150㎡(공연장의 경우 100㎡) 이상인 것

2) 지하가 중 터널로서 길이가 500m 이상인 것

3) 50명 이상의 근로자가 작업하는 옥내 작업장

나. 비상방송설비를 설치하여야 하는 특정소방대상물(위험물 저장 및 처리 시설 중 가스시설, 사람이 거주하지 않는 동물 및 식물 관련 시설, 지하가 중 터널, 축사 및 지하구는 제외한다)은 다음의 어느 하나와 같다.

1) 연면적 3천5백㎡ 이상인 것

2) 지하층을 제외한 층수가 11층 이상인 것

3) 지하층의 층수가 3층 이상인 것

다. 누전경보기는 계약전류용량(같은 건축물에 계약 종류가 다른 전기가 공급되는 경우에는 그 중 최대계약전류용량을 말한다)이 100암페어를 초과하는 특정소방대상물(내화구조가 아닌 건축물로서 벽 · 바닥 또는 반자의 전부나 일부를 불연재료 또는 준불연재료가 아닌 재료에 철망을 넣어 만든 것만 해당한다)에 설치하여야 한다. 다만, 위험물 저장 및 처리 시설 중 가스시설, 지하가 중 터널 또는 지하구의 경우에는 그러하지 아니하다.

라. 자동화재탐지설비를 설치하여야 하는 특정소방대상물은 다음의 어느 하나와 같다.

1) 근린생활시설(목욕장은 제외한다), 의료시설(정신의료기관 또는 요양병원은 제외한다), 숙박시설, 위락시설, 장례시설 및 복합건축물로서 연면적 600㎡ 이상인 것

2) 공동주택, 근린생활시설 중 목욕장, 문화 및 집회시설, 종교시설, 판매시설, 운수시설, 운동시설, 업무시설, 공장, 창고시설, 위험물 저장 및 처리 시설, 항공기 및 자동차 관련 시설, 교정 및 군사시설 중 국방·군사시설, 방송통신시설, 발전시설, 관광 휴게시설, 지하가(터널은 제외한다)로서 연면적 1천㎡ 이상인 것

3) 교육연구시설(교육시설 내에 있는 기숙사 및 합숙소를 포함한다), 수련시설(수련시설 내에 있는 기숙사 및 합숙소를 포함하며, 숙박시설이 있는 수련시설은 제외한다), 동물 및 식물 관련 시설(기둥과 지붕만으로 구성되어 외부와 기류가 통하는 장소는 제외한다), 분뇨 및 쓰레기 처리시설, 교정 및 군사시설(국방·군사시설은 제외한다) 또는 묘지 관련 시설로서 연면적 2천㎡ 이상인 것

4) 지하구
5) 지하가 중 터널로서 길이가 1천m 이상인 것
6) 노유자 생활시설
7) 6)에 해당하지 않는 노유자시설로서 연면적 400㎡ 이상인 노유자시설 및 숙박시설이 있는 수련시설로서 수용인원 100명 이상인 것
8) 2)에 해당하지 않는 공장 및 창고시설로서 「소방기본법 시행령」 별표 2에서 정하는 수량의 500배 이상의 특수가연물을 저장·취급하는 것
9) 의료시설 중 정신의료기관 또는 요양병원으로서 다음의 어느 하나에 해당하는 시설
   가) 요양병원(정신병원과 의료재활시설은 제외한다)
   나) 정신의료기관 또는 의료재활시설로 사용되는 바닥면적의 합계가 300㎡ 이상인 시설
   다) 정신의료기관 또는 의료재활시설로 사용되는 바닥면적의 합계가 300㎡ 미만이고, 창살(철재·플라스틱 또는 목재 등으로 사람의 탈출 등을 막기 위하여 설치한 것을 말하며, 화재 시 자동으로 열리는 구조로 되어 있는 창살은 제외한다)이 설치된 시설
10) 판매시설 중 전통시장

마. 자동화재속보설비를 설치하여야 하는 특정소방대상물은 다음의 어느 하나와 같다.
1) 업무시설, 공장, 창고시설, 교정 및 군사시설 중 국방·군사시설, 발전시설(사람이 근무하지 않는 시간에는 무인경비시스템으로 관리하는 시설만 해당한다)로서 바닥면적이 1천5백㎡ 이상인 층이 있는 것. 다만, 사람이 24시간 상시 근무하고 있는 경우에는 자동화재속보설비를 설치하지 않을 수 있다.
2) 노유자 생활시설
3) 2)에 해당하지 않는 노유자시설로서 바닥면적이 500㎡ 이상인 층이 있는 것. 다만, 사람이 24시간 상시 근무하고 있는 경우에는 자동화재속보설비를 설치하지 않을 수 있다.
4) 수련시설(숙박시설이 있는 건축물만 해당한다)로서 바닥면적이 500㎡ 이상인 층이 있는 것. 다만, 사람이 24시간 상시 근무하고 있는 경우에는 자동화재속보설비를 설치하지 않을 수 있다.
5) 「문화재보호법」 제23조에 따라 보물 또는 국보로 지정된 목조건축물. 다만, 사람이 24시간 상시 근무하고 있는 경우에는 자동화재속보설비를 설치하지 않을 수 있다.
6) 근린생활시설 중 의원, 치과의원 및 한의원으로서 입원실이 있는 시설

7) 의료시설 중 다음의 어느 하나에 해당하는 것
   가) 종합병원, 병원, 치과병원, 한방병원 및 요양병원(정신병원과 의료재활시설은 제외한다)
   나) 정신병원 및 의료재활시설로 사용되는 바닥면적의 합계가 500㎡ 이상인 층이 있는 것
8) 판매시설 중 전통시장
9) 1)부터 8)까지에 해당하지 않는 특정소방대상물 중 층수가 30층 이상인 것

바. 단독경보형 감지기를 설치하여야 하는 특정소방대상물은 다음의 어느 하나와 같다.
1) 연면적 1천㎡ 미만의 아파트등
2) 연면적 1천㎡ 미만의 기숙사
3) 교육연구시설 또는 수련시설 내에 있는 합숙소 또는 기숙사로서 연면적 2천㎡ 미만인 것
4) 연면적 600㎡ 미만의 숙박시설
5) 라목7)에 해당하지 않는 수련시설(숙박시설이 있는 것만 해당한다)
6) 연면적 400㎡ 미만의 유치원

사. 시각경보기를 설치하여야 하는 특정소방대상물은 라목에 따라 자동화재탐지설비를 설치하여야 하는 특정소방대상물 중 다음의 어느 하나에 해당하는 것과 같다.
1) 근린생활시설, 문화 및 집회시설, 종교시설, 판매시설, 운수시설, 운동시설, 위락시설, 창고시설 중 물류터미널
2) 의료시설, 노유자시설, 업무시설, 숙박시설, 발전시설 및 장례시설
3) 교육연구시설 중 도서관, 방송통신시설 중 방송국
4) 지하가 중 지하상가

아. 가스누설경보기를 설치하여야 하는 특정소방대상물(가스시설이 설치된 경우만 해당한다)은 다음의 어느 하나와 같다.
1) 판매시설, 운수시설, 노유자시설, 숙박시설, 창고시설 중 물류터미널
2) 문화 및 집회시설, 종교시설, 의료시설, 수련시설, 운동시설, 장례시설

자. 통합감시시설을 설치하여야 하는 특정소방대상물은 지하구로 한다.

Ⅲ. 피난구조설비

가. 피난기구는 특정소방대상물의 모든 층에 화재안전기준에 적합한 것으로 설치하여야 한다. 다만, 피난층, 지상 1층, 지상 2층(별표 2 제9호에 따른 노유자시설 중 피난층이 아닌 지상 1층과 피난층이 아닌 지상 2층은 제외한다) 및 층수가 11층 이상인 층과 위험물 저장 및 처리시설 중 가스시설, 지하가 중 터널 또는 지하구의 경우에는 그러하지 아니하다.

나. 인명구조기구를 설치하여야 하는 특정소방대상물은 다음의 어느 하나와 같다.
   1) 방열복 또는 방화복(안전헬멧, 보호장갑 및 안전화를 포함한다), 인공소생기 및 공기호흡기를 설치하여야 하는 특정소방대상물 : 지하층을 포함하는 층수가 7층 이상인 관광호텔
   2) 방열복 또는 방화복(안전헬멧, 보호장갑 및 안전화를 포함한다) 및 공기호흡기를 설치하여야 하는 특정소방대상물 : 지하층을 포함하는 층수가 5층 이상인 병원
   3) 공기호흡기를 설치하여야 하는 특정소방대상물은 다음의 어느 하나와 같다.
      가) 수용인원 100명 이상인 문화 및 집회시설 중 영화상영관
      나) 판매시설 중 대규모점포
      다) 운수시설 중 지하역사
      라) 지하가 중 지하상가
      마) 제1호바목 및 화재안전기준에 따라 이산화탄소소화설비(호스릴이산화탄소소화설비는 제외한다)를 설치하여야 하는 특정소방대상물

다. 유도등을 설치하여야 할 대상은 다음의 어느 하나와 같다.
   1) 피난구유도등, 통로유도등 및 유도표지는 별표 2의 특정소방대상물에 설치한다. 다만, 다음의 어느 하나에 해당하는 경우는 제외한다.
      가) 지하가 중 터널 및 지하구
      나) 별표 2 제19호에 따른 동물 및 식물 관련 시설 중 축사로서 가축을 직접 가두어 사육하는 부분
   2) 객석유도등은 다음의 어느 하나에 해당하는 특정소방대상물에 설치한다.
      가) 유흥주점영업시설(「식품위생법 시행령」 제21조제8호라목의 유흥주점영업 중 손님이 춤을 출 수 있는 무대가 설치된 카바레, 나이트클럽 또는 그 밖에 이와 비슷한 영업시설만 해당한다)
      나) 문화 및 집회시설
      다) 종교시설
      라) 운동시설

라. 비상조명등을 설치하여야 하는 특정소방대상물(창고시설 중 창고 및 하역장, 위험물 저장 및 처리 시설 중 가스시설은 제외한다)은 다음의 어느 하나와 같다.

1) 지하층을 포함하는 층수가 5층 이상인 건축물로서 연면적 3천㎡ 이상인 것
2) 1)에 해당하지 않는 특정소방대상물로서 그 지하층 또는 무창층의 바닥면적이 450㎡ 이상인 경우에는 그 지하층 또는 무창층
3) 지하가 중 터널로서 그 길이가 500m 이상인 것

마. 휴대용 비상조명등을 설치하여야 하는 특정소방대상물은 다음의 어느 하나와 같다.

1) 숙박시설
2) 수용인원 100명 이상의 영화상영관, 판매시설 중 대규모점포, 철도 및 도시철도 시설 중 지하역사, 지하가 중 지하상가

Ⅳ. 소화용수설비

상수도소화용수설비를 설치하여야 하는 특정소방대상물은 다음 각 목의 어느 하나와 같다. 다만, 상수도소화용수설비를 설치하여야 하는 특정소방대상물의 대지 경계선으로부터 180m 이내에 지름 75mm 이상인 상수도용 배수관이 설치되지 않은 지역의 경우에는 화재안전기준에 따른 소화수조 또는 저수조를 설치하여야 한다.

가. 연면적 5천㎡ 이상인 것. 다만, 위험물 저장 및 처리 시설 중 가스시설, 지하가 중 터널 또는 지하구의 경우에는 그러하지 아니하다.

나. 가스시설로서 지상에 노출된 탱크의 저장용량의 합계가 100톤 이상인 것

Ⅴ. 소화활동설비

가. 제연설비를 설치하여야 하는 특정소방대상물은 다음의 어느 하나와 같다.

1) 문화 및 집회시설, 종교시설, 운동시설로서 무대부의 바닥면적이 200㎡ 이상 또는 문화 및 집회시설 중 영화상영관으로서 수용인원 100명 이상인 것
2) 지하층이나 무창층에 설치된 근린생활시설, 판매시설, 운수시설, 숙박시설, 위락시설, 의료시설, 노유자시설 또는 창고시설(물류터미널만 해당한다)로서 해당 용도로 사용되는 바닥면적의 합계가 1천㎡ 이상인 층
3) 운수시설 중 시외버스정류장, 철도 및 도시철도 시설, 공항시설 및 항만시설의 대합실 또는 휴게시설로서 지하층 또는 무창층의 바닥면적이 1천㎡ 이상인 것
4) 지하가(터널은 제외한다)로서 연면적 1천㎡ 이상인 것
5) 지하가 중 예상 교통량, 경사도 등 터널의 특성을 고려하여 행정안전부령으로 정하는 터널

6) 특정소방대상물(갓복도형 아파트등은 제외한다)에 부설된 특별피난계단, 비상용 승강기의 승강장 또는 피난용 승강기의 승강장

나. 연결송수관설비를 설치하여야 하는 특정소방대상물(위험물 저장 및 처리 시설 중 가스시설 또는 지하구는 제외한다)은 다음의 어느 하나와 같다.

1) 층수가 5층 이상으로서 연면적 6천㎡ 이상인 것
2) 1)에 해당하지 않는 특정소방대상물로서 지하층을 포함하는 층수가 7층 이상인 것
3) 1) 및 2)에 해당하지 않는 특정소방대상물로서 지하층의 층수가 3층 이상이고 지하층의 바닥면적의 합계가 1천㎡ 이상인 것
4) 지하가 중 터널로서 길이가 1천m 이상인 것

다. 연결살수설비를 설치하여야 하는 특정소방대상물(지하구는 제외한다)은 다음의 어느 하나와 같다.

1) 판매시설, 운수시설, 창고시설 중 물류터미널로서 해당 용도로 사용되는 부분의 바닥면적의 합계가 1천㎡ 이상인 것
2) 지하층(피난층으로 주된 출입구가 도로와 접한 경우는 제외한다)으로서 바닥면적의 합계가 150㎡ 이상인 것. 다만, 「주택법 시행령」 제21조제4항에 따른 국민주택규모 이하인 아파트등의 지하층(대피시설로 사용하는 것만 해당한다)과 교육연구시설 중 학교의 지하층의 경우에는 700㎡ 이상인 것으로 한다.
3) 가스시설 중 지상에 노출된 탱크의 용량이 30톤 이상인 탱크시설
4) 1) 및 2)의 특정소방대상물에 부속된 연결통로

라. 비상콘센트설비를 설치하여야 하는 특정소방대상물(위험물 저장 및 처리 시설 중 가스시설 또는 지하구는 제외한다)은 다음의 어느 하나와 같다.

1) 층수가 11층 이상인 특정소방대상물의 경우에는 11층 이상의 층
2) 지하층의 층수가 3층 이상이고 지하층의 바닥면적의 합계가 1천㎡ 이상인 것은 지하층의 모든 층
3) 지하가 중 터널로서 길이가 500m 이상인 것

마. 무선통신보조설비를 설치하여야 하는 특정소방대상물(위험물 저장 및 처리 시설 중 가스시설은 제외한다)은 다음의 어느 하나와 같다.

1) 지하가(터널은 제외한다)로서 연면적 1천㎡ 이상인 것
2) 지하층의 바닥면적의 합계가 3천㎡ 이상인 것 또는 지하층의 층수가 3층 이상이고 지하층의 바닥면적의 합계가 1천㎡ 이상인 것은 지하층의 모든 층
3) 지하가 중 터널로서 길이가 500m 이상인 것

4) 「국토의 계획 및 이용에 관한 법률」 제2조제9호에 따른 공동구
5) 층수가 30층 이상인 것으로서 16층 이상 부분의 모든 층

바. 연소방지설비는 지하구(전력 또는 통신사업용인 것만 해당한다)에 설치하여야 한다.

VI. 비고

별표 2 제1호부터 제27호까지 중 어느 하나에 해당하는 시설(이하 이 표에서 "근린생활시설등"이라 한다)의 소방시설 설치기준이 복합건축물의 소방시설 설치기준보다 강한 경우 복합건축물 안에 있는 해당 근린생활시설등에 대해서는 그 근린생활시설등의 소방시설 설치기준을 적용한다.

문제11 특정소방대상물의 소방시설 설치 면제

설치가 면제되는 소방시설	설치면제 요건
1. 스프링클러설비	스프링클러설비를 설치하여야 하는 특정소방대상물에 물분무등소화설비를 화재안전기준에 적합하게 설치한 경우에는 그 설비의 유효범위(해당 소방시설이 화재를 감지·소화 또는 경보할 수 있는 부분을 말한다. 이하 같다)안의 부분에서 설치가 면제된다.
2. 물분무등소화설비	물분무등소화설비를 설치하여야 하는 차고·주차장에 스프링클러설비를 화재안전기준에 적합하게 설치한 경우에는 그 설비의 유효범위에서 설치가 면제된다.
3. 간이스프링클러설비	간이스프링클러설비를 설치하여야 하는 특정소방대상물에 스프링클러설비, 물분무소화설비 또는 미분무소화설비를 화재안전기준에 적합하게 설치한 경우에는 그 설비의 유효범위에서 설치가 면제된다.
4. 비상경보설비 또는 단독경보형감지기	비상경보설비 또는 단독경보형 감지기를 설치하여야 하는 특정소방대상물에 자동화재탐지설비를 화재안전기준에 적합하게 설치한 경우에는 그 설비의 유효범위에서 설치가 면제된다.
5. 비상경보설비	비상경보설비를 설치하여야 할 특정소방대상물에 단독경보형 감지기를 2개 이상의 단독경보형 감지기와 연동하여 설치하는 경우에는 그 설비의 유효범위에서 설치가 면제된다.
6. 비상방송설비	비상방송설비를 설치하여야 하는 특정소방대상물에 자동화재탐지설비 또는 비상경보설비와 같은 수준 이상의 음향을 발하는 장치를 부설한 방송설비를 화재안전기준에 적합하게 설치한 경우에는 그 설비의 유효범위에서 설치가 면제된다.
7. 피난구조설비	피난구조설비를 설치하여야 하는 특정소방대상물에 그 위치·구조 또는 설비의 상황에 따라 피난상 지장이 없다고 인정되는 경우에는 화재안전기준에서 정하는 바에 따라 설치가 면제된다.

설치가 면제되는 소방시설	설치면제 요건
8. 연결살수설비	가. 연결살수설비를 설치하여야 하는 특정소방대상물에 송수구를 부설한 스프링클러설비, 간이스프링클러설비, 물분무소화설비 또는 미분무소화설비를 화재안전기준에 적합하게 설치한 경우에는 그 설비의 유효범위에서 설치가 면제된다. 나. 가스 관계 법령에 따라 설치되는 물분무장치 등에 소방대가 사용할 수 있는 연결송수구가 설치되거나 물분무장치 등에 6시간 이상 공급할 수 있는 수원이 확보된 경우에는 설치가 면제된다.
9. 제연설비	가. 제연설비를 설치하여야 하는 특정소방대상물(별표 5 제5호 가목6)은 제외한다)에 다음의 어느 하나에 해당하는 설비를 설치한 경우에는 설치가 면제된다. 1) 공기조화설비를 화재안전기준의 제연설비기준에 적합하게 설치하고 공기조화설비가 화재 시 제연설비기능으로 자동전환되는 구조로 설치되어 있는 경우 2) 직접 외부 공기와 통하는 배출구의 면적의 합계가 해당 제연구역[제연경계(제연설비의 일부인 천장을 포함한다)에 의하여 구획된 건축물 내의 공간을 말한다] 바닥면적의 100분의 1 이상이고, 배출구부터 각 부분까지의 수평거리가 30m 이내이며, 공기유입구가 화재안전기준에 적합하게 (외부 공기를 직접 자연 유입할 경우에 유입구의 크기는 배출구의 크기 이상이어야 한다) 설치되어 있는 경우 나. 별표 5 제5호가목6)에 따라 제연설비를 설치하여야 하는 특정소방대상물 중 노대와 연결된 특별피난계단, 노대가 설치된 비상용 승강기의 승강장 또는 「건축법 시행령」 제91조제5호의 기준에 따라 배연설비가 설치된 피난용 승강기의 승강장에는 설치가 면제된다.
10. 비상조명등	비상조명등을 설치하여야 하는 특정소방대상물에 피난구유도등 또는 통로유도등을 화재안전기준에 적합하게 설치한 경우에는 그 유도등의 유효범위에서 설치가 면제된다.
11. 누전경보기	누전경보기를 설치하여야 하는 특정소방대상물 또는 그 부분에 아크경보기(옥내 배전선로의 단선이나 선로 손상 등으로 인하여 발생하는 아크를 감지하고 경보하는 장치를 말한다) 또는 전기 관련 법령에 따른 지락차단장치를 설치한 경우에는 그 설비의 유효범위에서 설치가 면제된다.

설치가 면제되는 소방시설	설치면제 요건
12. 무선통신보조설비	무선통신보조설비를 설치하여야 하는 특정소방대상물에 이동통신 구내 중계기 선로설비 또는 무선이동중계기(「전파법」 제58조의2에 따른 적합성평가를 받은 제품만 해당한다) 등을 화재안전기준의 무선통신보조설비기준에 적합하게 설치한 경우에는 설치가 면제된다.
13. 상수도소화용수설비	가. 상수도소화용수설비를 설치하여야 하는 특정소방대상물의 각 부분으로부터 수평거리 140m 이내에 공공의 소방을 위한 소화전이 화재안전기준에 적합하게 설치되어 있는 경우에는 설치가 면제된다. 나. 소방본부장 또는 소방서장이 상수도소화용수설비의 설치가 곤란하다고 인정하는 경우로서 화재안전기준에 적합한 소화수조 또는 저수조가 설치되어 있거나 이를 설치하는 경우에는 그 설비의 유효범위에서 설치가 면제된다.
14. 연소방지설비	연소방지설비를 설치하여야 하는 특정소방대상물에 스프링클러설비, 물분무소화설비 또는 미분무소화설비를 화재안전기준에 적합하게 설치한 경우에는 그 설비의 유효범위에서 설치가 면제된다.
15. 연결송수관설비	연결송수관설비를 설치하여야 하는 소방대상물에 옥외에 연결송수구 및 옥내에 방수구가 부설된 옥내소화전설비, 스프링클러설비, 간이스프링클러설비 또는 연결살수설비를 화재안전기준에 적합하게 설치한 경우에는 그 설비의 유효범위에서 설치가 면제된다. 다만, 지표면에서 최상층 방수구의 높이가 70m 이상인 경우에는 설치하여야 한다.
16. 자동화재탐지설비	자동화재탐지설비의 기능(감지·수신·경보기능을 말한다)과 성능을 가진 스프링클러설비 또는 물분무등소화설비를 화재안전기준에 적합하게 설치한 경우에는 그 설비의 유효범위에서 설치가 면제된다.
17. 옥외소화전설비	옥외소화전설비를 설치하여야 하는 보물 또는 국보로 지정된 목조문화재에 상수도소화용수설비를 옥외소화전설비의 화재안전기준에서 정하는 방수압력·방수량·옥외소화전함 및 호스의 기준에 적합하게 설치한 경우에는 설치가 면제된다.

설치가 면제되는 소방시설	설치면제 요건
18. 옥내소화전설비	소방본부장 또는 소방서장이 옥내소화전설비의 설치가 곤란하다고 인정하는 경우로서 호스릴 방식의 미분무소화설비 또는 옥외소화전설비를 화재안전기준에 적합하게 설치한 경우에는 그 설비의 유효범위에서 설치가 면제된다.
19. 자동소화장치	자동소화장치(주거용 주방자동소화장치는 제외한다)를 설치하여야 하는 특정소방대상물에 물분무등소화설비를 화재안전기준에 적합하게 설치한 경우에는 그 설비의 유효범위에서 설치가 면제된다.

문제12 소방시설을 설치하지 아니할 수 있는 특정소방대상물 및 소방시설의 범위

구 분	특정소방대상물	소방시설
1. 화재위험도가 낮은 특정소방대상물	○ 석재·불연성금속·불연성 건축재료 등의 가공공장·기계조립공장·주물공장 또는 불연성 물품을 저장하는 창고	○ 옥외소화전, 연결살수설비
	○ 소방기본법 제2조제5호의 규정에 의한 소방대가 조직되어 24시간 근무하고 있는 청사 및 차고	○ 옥내소화전설비, 스프링클러설비, 물분무등소화설비, 비상방송설비, 피난기구, 소화용수설비, 연결송수관설비, 연결살수설비
2. 화재안전기준을 적용하기가 어려운 특정소방대상물	○ 펄프공장의 작업장 · 음료수공장의 세정 또는 충전하는 작업장 그 밖의 이와 비슷한 용도로 사용하는 것	○ 스프링클러설비, 상수도소화용수설비 및 연결살수설비
	○ 정수장, 수영장, 목욕장, 농예·축산·어류양식용시설 그 밖의 이와 비슷한 용도로 사용되는 것	○ 자동화재탐지설비, 상수도소화용수설비 및 연결살수설비
3. 화재안전기준을 달리 적용하여야 하는 특수한 용도 또는 구조를 가진 특정소방 대상물	○ 원자력발전소, 핵폐기물처리시설	○ 연결송수관설비 및 연결살수설비
4. 위험물안전관리법 제19조의 규정에 의한 자체소방대가 설치된 특정소방대상물	○ 자체소방대가 설치된 위험물제조소등에 부속된 사무실	○ 옥내소화전설비, 소화용수설비, 연결살수설비 및 연결송수관설비

제14장
기 타

문제1 성능위주방화설계(Performance based design) (Ⅰ)

Ⅰ. 개 요

1. 방화설계의 방법
   (1) 사양위주설계 : 법규 기준(예 : 규약배관방식)
   (2) 성능위주설계 : 성능 기준(예 : 수리계산방식)
2. 성능위주설계를 해야 할 소방대상물의 범위는 다음과 같다.(단, 아파트는 제외)
   ① 연면적 20만 제곱미터 이상인 특정소방대상물
   ② 건축물의 높이가 100미터 이상인 특정소방대상물(지하층을 포함한 층수가 30층 이상인 특정소방대상물을 포함)
   ③ 연면적 3만 제곱미터 이상인 철도역사 · 공항시설
   ④ 하나의 건축물에 영화상영관이 10개 이상인 특정소방대상물

Ⅱ. 사양위주설계와 성능위주설계의 비교

	사양위주 설계	성능위주 설계
1. 설계 방식	법규에 의한 설계	화재성상을 예측하여 이에 적합하도록 설계
2. 근거	화재조사결과에 의한 경험	공학적 분석(modeling, simulation)
3. 특징	① 고비용 저효율 ② 유연성 부족 ③ 신기술 적용이 곤란	① 저비용 고효율 ② 유연성 풍부 ③ 신기술 적용이 용이
4. 장점	① 법규준수 여부의 확인이 용이함 ② 전문적인 지식 · 기술이 필요 없음	① 실행목표에 적합한 획기적 설계 ② 경제적 설계 ③ 설계의 유연성 ④ 신기술의 신속한 적용
5. 단점	① 법규체계가 복잡 ② 경제적 설계가 곤란 ③ 유연성 부족 ④ 안전확보방법을 한가지로만 가정	① 법규준수 여부의 확인이 어려움 ② 전문적인 지식 · 기술이 필요함 ③ 목표하는 안전수준의 계량화가 어려움 ④ 성능평가를 위해 컴퓨터 모델링이 필요

Ⅲ. PBD의 선결조건

1. 시나리오 작성
2. 화재모델링 수행
3. 설계에 반영

Ⅳ. PBD의 절차

1. 화재안전의 목표 정의
2. 화재 이전의 특성 평가
3. 화재시나리오 구성
4. 적합한 공학적 계산방법 선택
5. 제안된 해결방법 전개
6. 제안된 해결방법 증명

Ⅴ. PBD 도입의 필요성

1. 화재안전의 극대화
2. 법 규정에 유연성 부여
3. 경제적인 이익
4. 고급 소방전문가의 양성 및 소방분야의 발전

Ⅵ. 기대효과

1. 객관적인 소방안전의 평가
2. 방화공학의 발전적 기초 마련
3. 소방기술의 활성화
4. 소방분야의 발전 유도

Ⅷ. PBD의 국내 적용사례

1. 인천 신공항 여객터미널의 방화구획 설정
2. 고속철도 청사에 대한 방화성능 평가
3. 아트리움 공간내의 사무실과 방화구획 문제(유리창문)
4. ASEM빌딩의 지하공간 내부를 Window sprinkler system으로 하는 경우 방화구획으로 인정하는 문제 : 인정받지 못함(PBD도입의 한계성)

문제2 화재모델링 & 공학적 분석

Ⅰ. 개 요

1. 성능위주방화설계(PBD)

화재모델링을 통한 공학적 분석에 의해 화재성상을 예측하여 그 결과를 설계에 반영하는 것을 말한다.

2. 화재성상 예측 방법

(1) 실물화재실험을 통한 예측

1) 대 상

① 특수가연물이 존재하는 장소

② 공동구 등 소규모 화재

③ 방재설비의 성능 확인

2) 단점 : 시간과 경비가 많이 소요된다.

(2) 화재모델링을 통한 예측

① 수학적 모델링

② 실험적 모델링

3. 실내화재의 공학적 분석

(1) 정 의

공학적 분석이란 화재모델링을 통하여 이루어지며 수학적 또는 실험적 모델링공식을 계산하여 화재특성을 예측하는 것을 말한다.

(2) 방 법 : 화재성장단계를 구분하여 각 단계별로 화재특성을 예측한다.

Flash over 전단계	Flash over 후단계
(연소개시) → (Flash over)	(Flash over) → (소화)
① 화재성장속도 예측 ② F.O 발생여부 및 도달시간 예측 ③ 안전피난시간 예측	① 화재의 수직전파 예측 ② 건물의 내화능력 예측

(3) 화재특성의 예측(=공학적 분석의 내용)

① 화재성장속도 예측

② 스프링클러 작동시간 예측

③ 연기 발생량 및 이동 예측

④ 실내온도 변화 예측

⑤ 안전 피난시간 예측

⑥ F.O 발생여부 및 도달시간 예측

⑦ 창을 통한 화재전파여부 예측

II. 화재특성의 예측(공학적 분석의 내용)

1. 화재성장속도 예측

(1) 개 요

① 일정량의 열방출률에 도달하기까지의 시간으로 표시한다.

② Cone calorie meter로 측정한다.

③ 계산식 : $Q = \alpha \cdot t^2$

(α : 화재성장속도 상수)

(2) α에 의한 화재성장속도의 구분(NFPA)

화재성장속도	1MW 도달시간
1. Slow	600 sec
2. Medium	300 sec
3. Fast	150 sec
4. Ultrafast	75 sec

(3) 중요성

① 감지기 및 SP헤드 작동시간 예측의 변수

② 실내체류가능시간 결정 요소

③ F.O발생 및 도달시간 예측의 변수

2. 스프링클러 작동시간 예측

(1) 헤드 설치간격의 선택이 가능하다.

(2) 열특성치(열감도, 작동온도)의 선택이 가능하다.

3. 연기 발생량 및 이동 예측

(1) 연기의 유해성 : 가시거리 저하, 호흡곤란, 피난장애

(2) 피난가능시간의 판단 요소

4. 실내온도 변화 예측

(1) 피난가능온도 : 100~110℃

(2) 피난가능시간 판단 요소

5. 안전 피난시간 예측

(1) 영향인자

거주인구밀도, 비상구의 폭, 출입구의 수, 비상계단의 구조, 피난거리, 수평 피난속도, 수직 피난속도, 비상구 통과속도, 계단 통과속도 등

(2) 피난소요시간 + 추가소요시간(화재개시~피난개시)

(3) 체류가능시간 내에 안전피난이 이루어지지 못 할 경우

① 피난시간 절감(←영향인자 조정)

② 체류가능시간 연장

㉮ 배연·배열설비

㉯ 가연물 제한

㉰ 자동소화설비 설치

㉱ 실의 구조변경

6. F.O 발생여부 및 도달시간 예측

(1) 초기진압 실패 → [화재성장속도 / 실 구조 / 환기 조건 / 내장재 종류 등에 따라] → 전실화재 발생여부가 결정

(2) F.O의 영향

① 실내 전가연물의 연소

② 화재 확산의 위험

③ 구조물 붕괴의 위험

7. 창을 통한 화재전파여부 예측

(1) 창문의 크기가 클수록 화재전파 가능성이 커진다.

(2) 미리 예측하여 방지대책을 강구할 수 있다.

문제3 Zone model & Field model

Ⅰ. 화재 모델링

1. **실험적 모델** : 실험결과에 근거하여 화재현상을 표현하는 Model
2. **수학적 모델** : 질량·에너지·운동량 보존원리에 근거하여 화재현상을 수학적으로 표현하는 Model
   (1) Zone model : 2차원 단면상의 화재성상 예측 모델
   (2) Field model : 3차원 공간상의 화재성상 예측 모델
   (3) Network model

Ⅱ. Field model의 단점

1. 사용이 복잡하다.
2. 대용량의 computer가 필요하다.
3. 특수공간의 경우에만 사용할 수 있다.

Ⅲ. Zone model과 Field model의 비교

	Zone model	Field model
1. 분석 공간	2차원 단면	3차원 공간 (공간을 세분화)
2. 화재 규모	다층·다수실 화재	수개층·수개실 화재
3. 지배방정식	상미분 방정식	편미분 방정식
4. 적용 화재	확대화재 이후	초기화재 + 확대화재
5. 보존식	① 질량 보존 ② 에너지 보존	① 질량 보존 ② 에너지 보존 ③ 운동량 보존
6. 수치 해법	① 룽게구터법 ② 기어법 ③ 뉴튼법	① 유한요소법 ② 경계요소법
7. 계산	소형 컴퓨터	대형 컴퓨터
8. 계산 시간	짧다 (수분~수시간)	길다 (수시간~수일)
9. 요금	무료~수만원	수백만~수천만원

문제4 방재기관의 유형

Ⅰ. 개 요

1. 운영주체에 의한 분류

(1) 민 영
① 보험 관련단체
② 비보험 관련단체

(2) 관 영

(3) 민·관 공동운영

2. 영업내용에 의한 분류

(1) FPA형

(2) ISO형

(3) LAB형
① Test(시험) 위주형
② Research(연구) 위주형
③ Test & Research 혼합형

Ⅱ. 방재기관의 유형

1. FPA형

(1) FPA는 Fire Protection Association(방화협회)를 의미한다.
① Fire Prevention : 화재예방(소극적 의미)
② Fire Protection : 화재예방 + 연구·조사·계몽·교육·진압(적극적 의미)

(2) 업무내용
① Fire Prevention에 관련한 Standard(기준) 제정
② 상담, 교육, 문헌연구 등

(3) 운영 : 민간단체

(4) 재원
① 보험회사의 지원
② 정부, 산업계, 소방서 등의 지원

(5) 例 : NFPA(미국)

2. ISO형

(1) ISO는 Insurance Service Organization을 의미하며 여러 보험회사들이 공동으로 활용하는 보험관련 방재단체이다.

(2) 업무내용

① 회원사의 주요 물건(物件)에 대한 점검을 실시하여

② 보험가액, 보험요율 적용에 필요한 부보(付保)자료를 회원사에 제공하고

③ 보험에 관계된 법적인 문제, 대관청 로비업무를 담당한다.

(3) 운영 : 자체 엔지니어의 고용보다 ISO의 엔지니어들을 Pool제로 운영한다.

(4) 例 : IRI

① training laboratory 운영

② 회원사, 관계자, 부보물건(付保物件)의 안전관리자에 대한 기술교육

3. LAB형

(1) LAB은 Laboratory(연구소·시험소)를 의미한다.

(2) 민간에 의한 검정기구이다.

즉, 민(民)에 의해 경제가 주도되는 구미 각국에서는 생활용품의 품질이나 안전도 관리를 위해 민간에 의한 검정제도가 보편화되어 있다.

(3) 예

① UL : 인증

② FM : 시험+연구

문제5 세계의 주요 방재기관

	구분	NFPA (National Fire Protection Association)	IRI (Industrial Risk Insurers)	RIMS (Risk & Insurance Management Society)	UL (Underwriters Laboratories, Inc)	FM (Factory Mutual Society)
1	설립자	보험회사	보험회사	보험구매자	보험회사	보험회사
2	설립년도	1894년	1890년	1931년	1984년	1835년
3	설립목적	화재로부터 인명, 재산 보호	① 대형건물 보험인수 ② 방재서비스를 통한 재산보호	① 보험업무 ② 위험관리	① 인명,재산에 미치는 위험에 관한 재료,제품,기기,장치 등의 안전도시험 및 검사실시 ② 인증마크 부여	재해방지를 통한 손실경감 (공장중심)
4	형태	FPA	ISO	ISO	LAB	ISO + LAB
5	업무	① NFPA Code 제정·개정 ② 기술서적, 법규 등 제작·판매 ③ 조사·연구, 기술상담 ④ 교육, 세미나 ⑤ 회원제운영에 의한 정보보급	① 보험인수, 신상품개발 ② 방재기술개발-손실 분석·통계 ③ 부보물건의 안전점검 ④ 보상처리업무 ⑤ 관련 DB구축	① 보험·위험관리 정보공급 ② 교육, 세미나 ③ 컴퓨터망운영, 회원제운영	① 안전관련 제품의 인증업무 ② 수탁시험 ③ 시험기준 제정 ④ 관련단체의 위원회에서 활동	① 요율,법규 정보분석/ 로비활동 ② 기초·응용 시험 및 연구 ③ 인증기준의 제정 ④ 인증업무 ⑤ 부보물건의 안전점검
6	운영방법	기술위원회에 의한 운영 (회원, 200개, 각분야별)	46개 회원사 갖춘 Pool제 운영	① 지역자치제, 각 분회 활동 ② 회원에 의한 각 분야별 위원회 구성	① 이사회, 운영위원회가 총괄 ② 부서별, 담당팀별로 운영	집행위원회에서 총괄 (4개 보험사로 구성)
7	재원	로비, 수수료	보험료	자체수입, 기부금	(시험·인증)수수료	① 보험사에서 대부분 지원 ② 용역계약에 의한 연구비 ③ 산업체 보조금
8	조직	① 20 실무담당부서 ② 200 기술위원회	지역별 사업조직	① 집행위원회 ② 80여 분회	① 업무별 부서조직 ② 자문위원회	① 4개 보험회사 ② 5개 독립기구
9	인원	약 270명	약 1,300명	본부 : 약 50명	약 3,500명	
10	기타	한국화재보험협회와 유사함	소방검정공사와 유사함		① 미국의 보험회사 시험소 ② 세계적 권위의 인증기관	미국의 공장 상호 보험회사

Ⅰ. NFPA(National Fire Protection Association)

1. NFPA는 1896년에 조직되었으며 국제적, 비영리적, 기술적, 교육적인 조직이다.
2. 과학을 촉진하고 화재의 진압과 예방대책을 개선하며 이에 관한 자료를 전파하여 화재로 인한 인명과 재산의 손실에 적절하고 안전하게 대비하기 위해 조직되었다.
3. 회원은 150개 이상의 국가, 지방자치단체와 협회, 32000명 이상의 개인, 회사, 기관으로 구성되어 있다.
4. 발간된 Natinal Fire Codes는 세계적으로 널리 이용되는 화재안전기준이다.

Ⅱ. UL(UnderwriterLaboratories, Inc)

1. 개요

(1) UL은 미국 보험업자 시험소로서 미국뿐만 아니라 세계적으로 권위 있는 보증기관이다.

(2) 설립목적은 인명과 재산에 미치는 위험에 관한 재료, 제품, 기기 및 장치 등의 안전도시험과 검사를 실시하여 이들에 대한 인증마크를 부여하고 있다.

2. UL이 실시하고 있는 업무

(1) 소방용 기구 및 부재에 대한 안전도 검사

(2) 건축재료에 대한 안전도 검사

(3) 전기, 전자 제품에 대한 안전도 검사

(4) 공기조화, 도난 방지시설에 대한 안전도 검사

(5) 위험물, 해양용품에 대한 안전도 검사

(6) 응용연구 및 안전기준 제정

3. 인증업무의 종류

(1) Listing

제품 또는 시스템에 대하여 인명과 재산에 미치는 위험을 평가하여 UL 기준에 일치하는 경우에는 UL Listing마크를 사용할 수 있도록 승인하는 업무

(예 : 소화기, 경보기, 감지기, 스프링클러헤드, 조명기기, TV, 라디오, 냉장고등)

(2) Classification

특정목적에 사용되는 제품 또는 시스템의 물리적, 화학적 성능을 평가하거나 별도의 규격에 적합여부를 판정하는 업무

(예 : 건축구조재, 내장재, 방화댐퍼 등)

(3) Recognition

완제품 생산 공장에서 필요로 하는 제품 또는 시스템에 사용되는 부품의 구조 특성 및 성능을 평가하는 인증 업무
(예 : 전선, 인쇄회로기판, 사출물 등)

(4) Certification

제조자가 특수한 직업분야를 위하여 고안한 제품의 특수 성능을 증명하거나 현장에 설치된 시스템의 성능을 증명하는 인증 업무

Ⅲ. FM(Factory Mutual)

1. 개요

FM은 미국 공장 상호보험회사들이 조직한 기구로서 화재안전에 관한 기초응용 연구, 소화설비 연구·설계 및 설치기준을 제정하고, 보험요율 및 보험정책에 관한 업무, 보험관련 업무 등을 수행하고 있다.

2. 산하기구

(1) FMRC(FM Research Corporation)

① 화재안전에 관한 연구 업무
② 방재관련 제품 및 재료 등에 대해 인증제도 운영

(2) FMEA(FM Engineering Association)

① 현장점검 업무, 건물설계 및 평가업무, 손해사정 업무
② 기술 자문

(3) FMEC(FM Engineering Corporation)

① 자료 및 기타 기술지원 업무
② 관련세미나, 교육, 홍보와 간행물, 시청각자료 등의 발간

(4) FMSB(FM Service Bureau)

① 보험요율의 적정성 검토
② 보험계약 및 보험정책과 관련된 연구업무

(5) FMI(FM International)

① 본부 : 런던에 소재
② 북아메리카를 제외한 해외 각국의 보험관련 업무

Ⅳ. NIST(National Institute Of Standard and Technology)

1. 미국 국립 표준국(NBS)의 명칭이 변경된 기관이다.
2. 미국의 국립 표준기술 연구소로서
   (1) 하이테크 분야를 중심으로 미국기업에서 기술개발자금원조, 공동연구개발 실시 등 첨단기술력의 강화
   (2) 미국공업규격의 표준화 업무 등을 담당한다.
3. NBS는 오로지 기초기술연구만 다루었지만 NIST로 변경 후 기업으로부터의 Technology에 대하여도 상담을 받는 체계로 되었다.

Ⅴ. 기타

1. IS0(Insurance Service Office)
2. AIA(American Insurance Association)
3. HSE(영국)
4. TNO(네덜란드)

문제6 국내 「화재안전기준」과 미국 「NFC」의 차이

	화재안전기준	NFC(National Fire Codes)
1. 제정 및 개정	대한민국 정부에서 만든 것으로 반드시 준수할 것을 강제함	미국방화협회(NFPA)에서 작성 · 발간하고 있는 미국의 민간 방화기준
	반드시 정부가 제·개정하여야 함	민간단체인 NFPA에서 용이하게 제·개정할 수 있음
	모든 책임을 정부가 지고 있음	정부는 책임질 부분만 발췌하여 사용함
2. 적용의 강제성	대한민국 전체에 공통적으로 적용함	각 주나 지방정부에서 임의적으로 선택이 가능함
3. 규정의 종류	기준(Code) 한 종류밖에 없음	① Code ② Standard ③ Recommanded Practice ④ Guide
4. 수록내용	국내 소방법에서 규정하고 있는 소방시설(소화설비, 경보설비, 피난설비, 소화용수설비, 소화활동설비)에 한하여 기술함	국내기준에서는 다루지 않는 전기관련 규정, 가스관련 규정, 피난관련 규정, 산업용도별 위험관련 규정, 폭발관련 규정 등이 포함된 방대한 분량과 방대한 분야에 대해 기술함
5. 기 타	법조문이므로 간결 · 선명하고, 예외의 인정이 매우 적으며 획일적이고 강제성을 가지는 등 융통성이 없음	사용자의 관점에서 기준을 상세하게 기술하고 있으며, 많은 예외조항들을 두어 합리적임
	신기술이나 신제품을 적용하기 어려움	신기술이나 신제품의 적용이 용이함
	지리적 여건, 건물의 특성을 반영하지 못함	지리적 여건, 건물의 특성을 반영함

문제7 PL(생산물책임)

Ⅰ. PL (Product Liability)

1. 손해배상책임

결함이 있는 제품에 대하여 소비자 또는 제3자의 신체·재산상의 손해가 발생한 경우 제조자·판매자 등 해당 제조물의 제조·판매 등 일련의 과정에 관여한 자가 부담하여야 하는 손해배상책임을 의미한다.

2. 공급자책임(Suppliers Liability)

(1) 제품 완성자
(2) 원료공급자
(3) 부품제조자
(4) 중간취급자(유통, 판매)까지 그 책임을 광범위하게 포함한다.

Ⅱ. PL법 도입의 필요성

1. 현행법상 피해구제의 어려움

(1) 불법행위책임 추궁 : 인과관계의 규명이 어렵다.
(2) 계약책임 추궁 : 계약관계가 성립 되지 않은 제조자로부터 구제가 불가능하다.
(3) 하자담보 책임 : 확대손해에 대한 청구가 불가능

2. 국제화·개방화 시대의 요청

(1) 전세계적인 추세
(2) 기업경쟁력 확보
(3) 우리 수출품도 외국에서 PL법을 적용받고 있다.

Ⅲ. 생산물책임 법리의 전개

1. 생산물책임의 이론

(1) 과실책임(Negligence Liability)
(2) 보증책임(Warranty Liability)
(3) 엄격책임(무과실책임, Strict Liability)
(4) 계약법적 법리
(5) 불법행위법적 법리

2. 생산물책임의 요소

(1) 책임의 주체
(2) 책임의 객체
(3) 결함
(4) 손해
(5) 입증책임
(6) 제조자의 면책

Ⅳ. 민법과 PL법의 비교

	민 법	PL법
요 건	① 제조업자의 고의·과실 ② 손해의 발생 ③ 제조업자의 고의·과실과 손해의 발생사이의 인과관계	① 제조물의 결함 ② 손해의 발생 ③ 제조물의 결함과 손해와의 인과관계

Ⅴ. 소비자보호제도와의 차이점

	PL	Recall
1. 성 격	민사책임원칙의 변경	행정적 규제
2. 기 능	① 사후적 손해배상 (결과에 대한 보상) ② 손해배상을 통해 간접적으로 소비자안전 확보	① 사전적 위해제품 회수 (예방조치) ② 이를 통해 예방적·직접적으로 소비자안전 확보
3. 근거법	생산물책임법	소비자보호법, 자동차관리법, 식품위생법, 대기환경보전법 등
4. 요 건	① 생산물의 결함 ② 손해의 발생 ③ 결함과 손해와의 인과관계	① 생산물의 결함으로 위해가 발생하였거나 ② 발생할 우려가 있을 때

Ⅵ. A/S, Recall, PL의 차이점

	A/S	Recall	PL
1. 대　　상	결함	결함	손해
2. 성립시기	발생 후	발생 전	발생 후
3. 성립요건	소비자의 요구	제조자의 회수	소비자의 요구

Ⅶ. 시행 예상효과

1. 장 점

(1) 생산물의 안전성 강화
(2) 소비자보호의 충실
(3) 기업경쟁력의 강화

2. 단 점

(1) 원가 부담
(2) 중소기업의 부담 가중
(3) 소송 증가 → 인력, 비용 낭비
(4) 기업이미지 실추
(5) 신제품 개발의 지연

문제8 Risk & Hazard

Ⅰ. 개 요

Risk, Peril, Hazard는 모두 "위험"을 의미하는 용어이지만 보험에서는 그 의미를 구분하여 사용한다.

Ⅱ. Risk, Hazard, Peril

1. Risk(위험도)

(1) 개념

손해발생의 가능성(chance of loss)과 불확실성(uncertainty)을 의미한다.

↓	↓
즉, 위험은 항상 존재하며	그 위험이 언제, 어떻게, 어떤 크기로 전개될 것인가는 불확실하다는 개념이다.

(2) 위험의 추상적인 개념으로서 보험의 기본개념이다.
즉, 보험은 불확실성에 어느 정도의 확실성을 부여하려는 사회적 장치이다.

(3) 표현방법

① Risk = Frequency(빈도) × Severity(강도)

② Risk = Consequence(결과) × Probability(확률)

2. Hazard(위험성)

(1) 개념

Hazard는 사고(손해)의 빈도 또는 강도를 증가시킬 수 있는 행위, 조건, 상황 등을 의미한다.

(2) 例 : 음주운전, 결빙된 도로 등 (→ 정상상태보다 사고의 빈도·강도가 더 커진다)

(3) 보험에 있어서 위험측정의 요소 및 척도와 관련된다.

3. Peril(위험)

(1) 개념

손해의 직접적인 원인이 되는 사건·사고 및 사고의 결과 손해를 발생하게 하는 것을 의미한다.

※ 손해의 형태 : 소유상실, 기대수익 상실, 금전지출, 책임부담 등

(2) Risk라는 추상적인 위험과는 달리 구체적인 부보의 대상이 되는 위험들을 의미한다.
① 자연재해 : 태풍, 지진, 홍수 등
② 기타재해 : 화재, 질병, 도난 등

Ⅲ. 「위험」 용어 구분의 구체적인 例

"운전이 미숙한 운전자가 얼어붙은 도로를 과속으로 주행하다 미끄러져 마주오는 트럭과 정면충돌했다"는 상황을 가정할 경우

1. Risk는 실제 사고와는 관계없이 (교통)사고의 가능성, 불확실성을 의미한다.
2. Peril은 '충돌사고' 그 자체를 의미한다.
3. Hazard는 '미숙한 운전자', '얼어붙은 도로', '과속주행' 등 충돌사고가 일어날 수 있었던 원인이나 조건 등을 의미한다.

문제9 위험성 평가방법(Hazard Assessment Method)

Ⅰ. 개 요

1. 정성적 평가방법(HAZID, Hazard Identification)
   위험요소를 찾아내는 것

2. 정량적 평가방법(HAZAN, Hazard Analysis)
   위험요소를 확률적으로 분석·평가하는 것

Ⅱ. 위험성 평가방법의 종류

1. 정성적 평가방법(HAZID)
   (1) 사고예상질문 분석법(What if)
   (2) 체크리스트법(Checklist)
   (3) 이상위험도 분석법(FMECA, Failure Mode, Effect, Criticality Analysis)
   (4) 작업자실수 분석법(HEA, Human Error Analysis)
   (5) 위험과 운전 분석법(HAZOP, Hazard and Operability Study)
   (6) 안전성 검토법(Safety Review)
   (7) 예비위험도 분석법(PHA, Preliminary Hazard Analysis)
   (8) 상대위험순위 결정법(Relative ranking / Dow & Mond Indices)

2. 정량적 평가방법(HAZAN)
   (1) 사건수 분석법(ETA, Event Tree Analysis)
   (2) 결함수 분석법(FTA, Fault Tree Analysis)
   (3) 원인·결과 분석법(CCA, Cause-Consequence Analysis)

Ⅲ. 장·단점 비교

	정성적 평가방법	정량적 평가방법
장 점	① 쉽고 빠른 결과 도출 ② 비전문가도 접근용이 ③ 시간, 경비 절약	① 객관적 평가 가능 ② 정량적 평가 가능
단 점	주관적 평가 (평가자의 지식, 기술, 경험)	① 통계 data의 확보·신뢰성 ② 전문가의 도움이 필요 ③ 시간, 경비 과다 소요

Ⅳ. 위험분석 방법

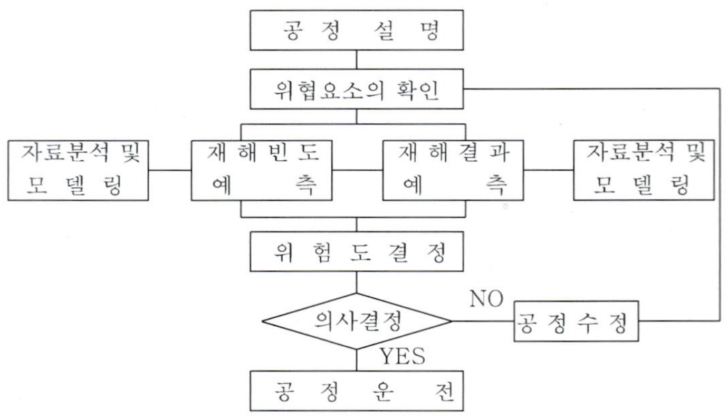

Ⅴ. 위험성 평가방법 선택 시 고려 사항

1. 주어진 시간과 비용의 규모
2. 위험분석팀의 지식과 경험
3. 분석의 목적과 범위에 대한 정의
4. 안전(safety)에 관련된 충분한 자료
5. 공정의 특성
6. 공정의 단계

문제10 정성적 평가방법(Hazard Identification)

Ⅰ. What if(사고예상질문 분석법)

1. 설계, 건설, 운전, 고장수리 단계에서 생길 수 있는 바람직하지 않은 결과를 조사하는 기법이다.
2. 절차
   (1) 각 분야 전문가조직에 의해
   (2) 「what if」로 시작하는 질문을 사용하여
   (3) 공정에 잠재하는 사고를 확인하고
   (4) 그 위험의 결과 및 위험을 줄이는 방법을 도출한다.

Ⅱ. Checklist (체크리스트법)

1. 미리 준비한 Checklist를 활용하여 최소한의 위험도를 인지하는 기법이다.
2. 장점
   (1) 미숙련 기술자도 적용 가능하며 사용이 쉽다.
   (2) 빠른 결과를 제공한다.
3. 단점
   - 작성자의 경험에 의존하므로 주기적으로 Checklist를 검사 및 보완하여야 한다.
4. 방법
   - 각 항목별로 ○(양호), ×(불량), △(보완 필요)로 분류하여 위험등급, 발생빈도, 치명도 등을 구분하여 관리한다.

Ⅲ. FMECA(이상위험도 분석법)

1. Failure mode, Effect, Criticalty를 표로 만들어 Failure mode와 그 영향을 파악하는 기법이다.
2. 용어의 의미
   (1) Failure mode : 공정·공정장치가 어떻게 고장 났는가에 대한 설명
   (2) Effect : 고장에 대해 어떤 결과가 발생될 것인가(Failure mode의 결과)
   (3) Criticalty : Failure mode에 대한 위험도 순위
3. 단점
   - 운전자의 실수는 확인되지 않는다.(이유 : 공정·공정장치가 대상이기 때문)

Ⅳ. HEA(작업자실수 분석법)

1. 공장의 운전자, 정비원, 기술자 등의 작업에 영향을 미칠만한 요소를 찾아내는 기법이다.
2. 사고를 일으킬 수 있는 실수가 생기는 상황을 찾아낸다.

Ⅴ. HAZOP (위험과 운전 분석법)

1. 설계의도에서 벗어나는 일탈현상을 찾아내어 공정의 위험요소와 운전상의 문제점을 도출하는 기법으로서 각 분야별 전문가로 팀을 이루어 난상토론에 의한 잠재적 일탈현상을 도출한다.

> ※ 일탈(逸脫) : 정하여진 영역 또는 본래의 목적이나 길, 사상, 규범, 조직 따위로부터 빠져 벗어남

2. 장점

(1) 체계적인 접근이 가능하다.
(2) 각 분야별 종합적인 검토가 이루어진다.
(3) 정성적평가의 문제점을 많이 해소할 수 있다.

3. 단점

인원, 시간이 많이 소요된다.

4. 절차

(1) 토론 전 숙련된 팀리더가 Study node를 선정한 후
(2) Guide word와 공정변수를 순서대로 조합 · 제시하여
(3) 각 분야 전문가의 토론을 통하여
(4) 위험요소와 운전상의 문제점을 도출한다.

5. Guide Word

(1) No / Not : 설계의도의 완전한 부정
(2) More / Less : 양의 증가/감소
(3) As well as : 정성적인 증가
(4) Part of : 정성적인 감소
(5) Reverse : 설계의도의 논리적인 역
(6) Other than : 완전한 대체

6. 공정변수(Process Parameter)

(1) Flow
(2) 온도
(3) 압력
(4) 시간 등

Ⅵ. Safety Review(안전성 검토법)

1. 공장의 운전과 유지절차가 설계목적과 기준에 부합되는지 확인하는 기법이다.
2. 전문적인 지식과 책임을 가진 조직에 의하여 수행된다.

Ⅶ. PHA(예비위험도 분석법)

1. 위험을 조기에 인식하여 위험이 나중에 발견되었을 때 소요되는 비용을 절약하는 기법이다.
2. 사업초기에 실시함으로써 다른 평가기법보다 앞서 실시된다.

Ⅷ. Relative ranking, Dow & Mond Indices(상대위험순위 결정법)

1. 사고에 의한 피해정도를 나타내는 상대적 위험순위와 정성적인 정보를 얻을 수 있는 기법이다.
2. 절차

(1) 공장에 존재하는 위험에 대해 Penalty와 Credit를 부여한다.

① Penalty : 사고를 일으킬 수 있는 조건에 대하여 부여한다.
② Credit : 사고영향을 완화시키는 요건에 대하여 부여한다.

(2) Penalty와 Credit를 조합하여 공장의 상대위험순위를 결정하는 지표를 유도한다.

문제11 정량적 평가방법(Hazard Analysis)

Ⅰ. FTA(결함수 분석법)

1. 하나의 특정 사고에 대하여 그 원인(장치 이상, 운전자 실수 등)을 파악하는「연역적 기법」이다.
2. 절 차
   (1) Fault Tree Diagram(사고·사건을 초래할 수 있는 장치의 이상과 고장의 다양한 조합을 표시하는 도식적 모델)을 작성한다.
   (2) 이로부터 사고·사건으로부터 사고를 일으키는 장치 이상 또는 운전자 실수의 상관관계를 도출한다.

Ⅱ. ETA(사건수 분석법)

1. 초기사건(장치 이상, 운전자실수 등)으로부터 발생되는 잠재적인 사고결과를 평가하는「귀납적 기법」이다.
2. 절 차
   (1) Event Tree Diagram(초기사건의 안전시스템에 대한 대응 성공 또는 실패에 따른 후속사건을 도식적으로 표시하는 모델)을 작성한다.
   (2) 초기사건에서 후속사건까지의 순서 및 상관관계를 파악한다.
   (3) 정량적 가능성을 가진 정성적인 결과를 도출한다.

Ⅲ. CCA(원인·결과 분석법)

1. 가능한 사고를 평가하기 위하여 FTA와 ETA를 혼합한 기법이다.
2. 절 차
   (1) Cause-Consequence Diagram(사고결과와 근본원인 사이의 상호관계 표시)을 사용하여
   (2) 결과가 예상되는 발생빈도를 정량화할 수 있으며
   (3) 가능한 사고결과와 근본원인을 알아낼 수 있는 기법이다.

문제12 CPQRA(화학공정에 대한 정량적 위험분석)

Ⅰ. 개 요

1. CPQRA(Chemical Process Quantitative Risk Analysis)는 화학공정산업에서 포괄적인 안전확보를 위한 관리도구로서 가치 있는 것으로 입증된 방법이다.
2. CPQRA 기법은 기타 위험성 확인이나 분석, 평가 방법을 대체할 수 있는 향상된 기법으로 공정사고의 잠재력을 확인하고 제어 전략을 평가할 수 있는 기법이다.
3. CPQRA 기법은 우주항공산업, 전자산업, 원자력산업을 근원으로 하여 과거 30~40년 전부터 개발되어 이용되어 오고 있다.
4. 가장 광범위하게 이 방법을 이용하고 있는 곳은 원자력산업으로 여기서는 확률론적 위험성 평가가 보편적이다.
5. CPQRA는 엔지니어가 위험을 정량화하고 위험 저감전략을 분석하기 위한 도구로서 이용된다. 이 방법을 통해 개별 공정의 전체 위험에 대한 각각의 공헌도를 구분하고 우선순위를 결정할 수 있다.
6. 다양한 위험 저감 방법들이 주요 위험요소 유발 항목에 적용되어 비용효과적인 방법으로 평가될 수 있다.

Ⅱ. CPQRA의 구성요소

1. CPQRA에 대한 정의(CPQRA Definition)

(1) 사용자 요구사항을 연구 목표와 목적으로 전환

(2) 위험측정과 위험표현의 양식을 선택하고 CPQRA의 최종과업범위를 결정

(3) 정의된 특정 목적과 가용자원에 근거하여 연구의 깊이를 결정

(4) 도미노효과의 평가, 컴퓨터시스템 불능, 방호시스템 미비 등의 특수한 문제에 대한 연구도 필요.

2. 시스템 설명(System Description)

(1) 위험분석을 위해 필요한 공정이나 공장 정보의 수집

(2) 이러한 정보에는 현장위치, 환경, 기후자료, PFD, P&ID, 배치도, O&M절차, 기술 관련서류, 공정화학, 열적, 물리적 특성치 자료 등이 요구됨.

(3) 이러한 정보들을 CPQRA에 활용하기 위해 분석용 데이터베이스에 입력

3. 위험요소의 구분(Hazard Identification)

(1) CPQRA의 중요한 단계로서 위험요소가 누락되면 미분석 위험요소가 있게 된다.
(2) 경험, 기술코드, 체크리스트, 상세한 공정지식, 기기의 실패 경험, 위험요소지수 기법, What-if 분석, HAZOP, FMEA, PHA 등 많은 보조수단이 이용 가능하다.

4. 사고 일람표(Incident Enumeration)

(1) 중요성이나 개시사상에 상관없이 모든 사고들을 구분하여 테이블화
(2) 사고가 테이블에서 누락되면 분석되지 않으므로 이단계도 중요한 단계임.

5. 사고의 선정(Incident Selection)

(1) 모든 사고들을 대표할 수 있는 한개 또는 다수의 중요한 사고를 선정하는 과정
(2) 사고의 결과가 구분되고 사고결과의 경우들이 제시된다.

6. CPQRA 모델 구축(CPQRA Model Construction)

(1) 적절한 사고결과 모델, 발생확률 산출방법의 선정과 연구할 시스템의 위험을 산출하고 표현하는 전체적인 연산법에 이들을 융합시키는 과정
(2) 다양한 연산법을 합성하므로 간단한 구조의 절차를 통해 소요 시간과 노력을 줄일 수 있는 기회가 되는 우선화 양식을 구축

7. 사고결과(심도)의 산출(Consequence Estimation)

(1) 특정 사고로부터의 손상이나 상해의 잠재력 결정에 이용되는 방법임
(2) 가연성액체 압력탱크 파괴와 같은 하나의 사고에서도 여러 가지의 분명한 사고결과가 생길수 있음(UVCE, BLEVE, Flash fire 등)
(3) 이들 결과를 누출원모델, 확산모델, 폭발모델, 화재모델 등을 이용하여 분석
(4) 다음으로 영향모델을 이용하여 인간과 구조물에 대한 사고결과의 심도를 결정
(5) 차폐, 피난 등의 회피작용에 의해 사고영향의 크기가 감소될 수 있으며, 이것도 분석에 포함됨

8. 발생확률 산출(Likelihood Estimation or Frequency Estimation)

(1) 사고발생의 빈도나 확률을 산출하는 방법
(2) 실패 빈도에 대한 과거 사고자료 또는 FTA나 ETA 같은 실패순서모델을 이용
(3) 대부분의 시스템에서 통상적 원인 실패와 같은 요소들에 대한 고려가 필요

9. 위험도 산출(Risk Estimation)

(1) 위험 측정을 위해 선정된 모든 사고들의 사고결과에 대한 심도와 빈도를 결합
(2) 선정된 위험 각각에 대해 위험도를 산출하여 전체적인 위험도를 위해 합산
(3) 위험도 산출의 민감도와 불확실성 그리고 여러 가지 산출에 동원된 사고의 중요도에 대한 고려도 필요

10. 위험도 산출의 활용(Utilization of Risk Estimates) : 위험 평가(Risk Assessment)

(1) 위험 분석의 결과를 이용하여 위험 저감전략의 상대적 등급 또는 특정 위험목표들과의 비교를 통해 결정을 내리는 과정
(2) 대표적인 방법들은 위험도 매트릭스, F-N커브, 위험도 프로파일, 위험도 밀도커브
(3) 이 과정이 위험 평가의 마지막 단계로 핵심 단계이며 산출 결과들을 비교하여 추가로 위험 저감 방법이 필요한지를 결정

Ⅲ. 결 론

1. 모든 구성기법이 동일한 깊이와 범위로 개발되어 있지도 않고 동일한 시간 범위로 광범위하게 이용되는 것도 아니라는 것에 대한 인식도 중요하다.
2. 따라서 화학공정산업에서의 기법개발 정도와 이용 년 수에 따른 척도 개념의 용어로 “성숙도”에 따라 구분하는 것이 편리하다.
3. 확신이 크며 불확실도가 낮은 것을 성숙도가 큰 구성요소기법이라 하며 위험요소구분(Hazard Identification)과 심도산출(Consequence estimation)이 해당된다.
4. 성숙도가 떨어질수록 불신과 불확실도가 큰 기법이 된다. 빈도산출기법은 훨씬 덜 개발되어 있고 실용화되어 있지 않아 여기에 해당되며, 사고일람표와 사고의 선정 기법도 여기에 해당된다.
5. 가장 덜 개발된 새로운 기법이 위험도산출로서 CPQRA 구성요소기법 중 가장 성숙도가 낮은 것이며 이 부분에서 불확실도가 가장 크다.
6. 이러한 성숙도 검토를 통해 구성요소기법에 대해 개발 잠재력에 따른 등급 부여가 용이하다. 심도 산출기법이 비교적 복잡하고 잘 개발된 것인 반면 발생확률 산출기법은 개발에 대한 도전의 필요성이 제기되고 있다. 위험도 산출기법은 특히 불확실도 분석과 같은 동반되어야 할 방법이 필요하고 충분한 개발과 정제가 필요하다.

문제13 성능위주 방화설계(II)

Ⅰ. All or Nathing

1. 확실한 보호 아니면 전체 손실
2. 화재 가혹도 고려하여 100% 진압할 수 있는 기준 적용
3. 화재하중, 화재강도가 큰 시설의 경우 최소 규정 적용 시 시설 투자비만 낭비하고 모든 것 손실
4. 공학적 계산 근거와 화재실험 결과 등에 의한 성능위주 설계기준 적용 필요

Ⅱ. PBD(성능위주 방화설계)의 특성

1. 적극적 설계

(1) 기존 시방기준 설계
  ① 규제 위주
  ② 제한적 설계

(2) PBD
  위험 분석을 통한 적극적 설계

2. 자율적 설계

(1) 기존 시방기준 설계
  ① 법규로서 설계 규정
  ② 최소한의 사회적 요구 수준인 안전도 확보

(2) PBD
  ① 보호 우선순위를 정하여 자율적으로 설계
  ② 세부적인 기술기준, 시행 지침은 민간기관이 제작

3. 과학적 설계

(1) 기존 시방기준 설계
  기술자가 경험으로 설계(경험적)

(2) PBD
  ① 공학적 계산 근거 제시
  ② 화재실험 결과에 의한 설계

3. 정량적 설계

(1) 기존 시방기준 설계
정성적 설계

(2) PBD
① 화재 발생 확률 × Risk(손실)
② 정량적 설계 ← 화재로 인한 피해를 구체적인 수치로 제시

Ⅲ. PBD 설계 수행하기 위한 선결 요건

1. 통일된 PBD 설계 지침서 확립

(1) 정부 해당 부처에서는 표준 PBD 절차서를 작성하여 배포하고 각계 의견 수렴
(2) 설계 단계에서 평가 단계까지 세부 항목 포함하여 수립
(3) 해당 부서는 질의응답 체계 구축

2. 교육훈련

(1) PBD를 정확하게 이해하고 수행하기 위한 방재 전문가 양성 교육
(2) 교육 대상자
① 인허가자
② 설계자
③ 시공자 및 기타 연관자
④ 대상 분야별로 교육 내용과 수준을 구분하여 교육

3. 화재시뮬레이션에 대한 교육

(1) 시뮬레이션 프로그램에 대한 정확한 이해
(2) 사용 제한 상황에 대한 정확한 이해 후 설계 평가 시 적용
(3) 국내 실정에 맞는 화재시뮬레이션의 개발
(4) 실물 화재시험 수행 필요 ← 건설기술연구원 화재 실험 및 연구동 구축

4. 데이터베이스 구축

(1) 건축자재의 열 특성 자료
(2) 화재 발생 확률 자료
(3) 화재 안전설비 고장 확률 자료
(4) 연소시험 자료

Ⅳ. PBD를 위한 시험

1. 연소열 방출 및 연소 생성물 측정을 위한 시험

2. 콘칼로리메타

(1) 연소열 측정에 가장 많이 사용되는 시험 방법
(2) 100KW/㎡ 까지 측정

3. 가구칼로리메타

(1) 가구와 같은 큰 연소물질을 시험
(2) 산소 사용량, 연기 및 기타 생성물질 측정, 질량 감소량 측정
(3) 실내화재 재현 불가능

4. 실칼로리메타

(1) 특정 내장재 사용 시 Flash-over(전실화재)가 발생하지 않음을 증명하기 위해 사용
(2) 실내화재 재현 가능
(3) PBD에 필요한 연소열 방출량, 실내 온도, 연소 생성물질 등 자료 획득

문제14 성능위주 방화설계(PBD) (III)

I. 정 의

1. 성능위주 방화공학이란 연소에 대한 이론과 학설을 실제 응용하여 적용하는 것
2. 법규에서 규정하는 일률적인 방화설계 대신 화재 모델링을 통하여 그 결과를 설계에 반영하는 것

II. 성능기준 방화공학 활용 분야

1. 건축 구조물 화재 분야

(1) 화재 발전 속도

(2) 실내 온도 예측

(3) 연기 발생량 및 이동 예측

(4) 스프링클러 작동 시간 예측

(5) 안전 피난시간 예측

(6) 전실화재 발생 여부 예측

(7) 창문을 통한 화재(화염) 전파 여부 예측

2. 석유 화학 분야

(1) Pool Fire로부터 방출되는 복사열량 계산

(2) Jet Flame의 길이 및 거리별 복사열량 계산

III. 성능위주 방화설계의 필요성

1. 소방 전문가 양성과 소방분야 발전 유도

(1) 소방 기술의 활성화

PBD를 하기 위해서는 방재 전문가 양성이 필요

(2) 방화공학의 발전적 기초 마련

① 방재 전문가 양성을 위한 교육 기관 설립과 학문적 체계 확립 필요

② 인프라 구축

- 연구소 설립 등

2. 법 규정에 유연성 부여

(1) 기존 시방 기준의 법 규정으로 대처할 수 없는 문제를 공학적 방법으로 해결
(2) 성능위주 방화설계의 예
① 신공항 여객 터미널의 방화구획 설정
② 신공항 지하차도의 급, 배기 시스템 설계
③ 대형 아트리움 공간 내의 사무실과 방화구획
(3) 중앙소방안전기술위원회 심의를 필요로 함

3. 화재안전의 극대화

(1) 화재시뮬레이션과 공학적 검증을 통해 화재에 대한 정확한 예측과 대비책 수립이 가능케 함
(2) 화재를 조기 감지하여 초기에 소화할 수 있게 함으로서 인명과 재산 피해를 줄이고 신뢰도를 향상시킴

4. 경제적 이익

(1) 성능위주 설계에 의한 배관 구경 축소로 시공비 절감
(2) 설계의 고효율화로 불필요한 과다 설계 방지
(3) 정확한 화재 예측 및 대응으로 인명 및 재산 피해 등 경제적 손실을 최소화 한다.

Ⅳ. 성능위주 방화설계 과정

1. 화재안전의 목적을 정의

성능의 목적과 기준 포함

2. 재실자와 재산의 화재 이전 특성 평가

3. 시나리오 구성

잠재적인 위험의 확인 및 정의와 이에 대한 화재시나리오의 구성

4. 공학적 계산방법의 선택

(1) 화재 모델링
(2) 피난 모델링
(3) 기타 예측 공식 등 적합한 계산방법 선택

5. 제안된 해결 방법을 전개

(1) 화재시뮬레이션
(2) 피난시뮬레이션
(3) 공식계산

6. 제안된 해결 방법을 증명

화재시나리오에 대한 화재안전의 목적에 따라 제안된 방법

V. 성능기준 표준과 규범기준 표준 비교

1. 성능기준 표준

(1) 화재안전의 목표를 정확하게 기술하고 원하는 수준의 안전을 분명하게 정의
(2) 화재안전 목표 달성을 위한 어떠한 해결책도 허용
(3) 포괄적인 용도보다 특정용도 화재안전 설계에 적용
(4) 화재안전의 과학적 이해가 선행되어야 하고 공학적 방법과 계산이 필요
(5) 도구로 컴퓨터 화재모델이 필요

2. 규범기준 표준

(1) 화재안전 Code나 Standard
(2) 포괄적 용도
(3) 원하는 수준의 안전을 정의하지 않음

VI. 성능위주 방화설계 서류 작성

1. 성능위주 방화설계 보고서

(1) 프로젝트의 범위
(2) 엔지니어의 능력
(3) 목적 및 목표
(4) 성능 범위
(5) 화재 시나리오 및 설계화재 시나리오
(6) 최종 설계안
(7) 평가서
(8) 중대 설계 가정
(9) 중대 설계 특성
(10) 참고 자료

2. 시방서 및 도면

3. 상세도면

4. 운전 및 보수작업 지침서

5. 시험 성적서

Ⅶ. 성능위주 방화설계 대상

1. 소방시설 등에 대한 성능위주설계를 하여야 할 특정소방대상물 범위
   (1) 연면적 20만 제곱미터 이상인 특정 소방대상물. 다만, 아파트는 제외한다.
   (2) 건축물의 높이가 100미터(지하층을 포함한 층수가 30층 이상인 특정 소방대상물을 포함한다) 이상인 특정 소방대상물. 다만, 아파트는 제외한다.
   (3) 연면적 3만 제곱미터 이상인 철도역사, 공항시설
   (4) 하나의 건축물에 영화진흥법 제2조제13호의 규정에 따른 상영관이 10개 이상인 특정 소방대상물

Ⅷ. 성능위주 방화설계를 할 수 있는 자의 자격

전문소방시설설계업을 등록하고 소방 기술사 2인 이상 보유한 자

부록 I
소방에 관련된 건축법규

건 축 법

[시행 2021. 6. 23]
[법률 제17733호, 2020. 12. 22, 일부개정]

제1장 총칙

제2조 【정의】 ① 이 법에서 사용하는 용어의 뜻은 다음과 같다.

1. "대지(垈地)"란 「공간정보의 구축 및 관리 등에 관한 법률」에 따라 각 필지(筆地)로 나눈 토지를 말한다. 다만, 대통령령으로 정하는 토지는 둘 이상의 필지를 하나의 대지로 하거나 하나 이상의 필지의 일부를 하나의 대지로 할 수 있다.
2. "건축물"이란 토지에 정착(定着)하는 공작물 중 지붕과 기둥 또는 벽이 있는 것과 이에 딸린 시설물, 지하나 고가(高架)의 공작물에 설치하는 사무소·공연장·점포·차고·창고, 그 밖에 대통령령으로 정하는 것을 말한다.
3. "건축물의 용도"란 건축물의 종류를 유사한 구조, 이용 목적 및 형태별로 묶어 분류한 것을 말한다.
4. "건축설비"란 건축물에 설치하는 전기·전화 설비, 초고속 정보통신 설비, 지능형 홈네트워크 설비, 가스·급수·배수(配水)·배수(排水)·환기·난방·냉방·소화(消火)·배연(排煙) 및 오물처리의 설비, 굴뚝, 승강기, 피뢰침, 국기 게양대, 공동시청 안테나, 유선방송 수신시설, 우편함, 저수조(貯水槽), 방범시설, 그 밖에 국토교통부령으로 정하는 설비를 말한다.
5. "지하층"이란 건축물의 바닥이 지표면 아래에 있는 층으로서 바닥에서 지표면까지 평균높이가 해당 층 높이의 2분의 1 이상인 것을 말한다.
6. "거실"이란 건축물 안에서 거주, 집무, 작업, 집회, 오락, 그 밖에 이와 유사한 목적을 위하여 사용되는 방을 말한다.
7. "주요구조부"란 내력벽(耐力壁), 기둥, 바닥, 보, 지붕틀 및 주계단(主階段)을 말한다. 다만, 사이 기둥, 최하층 바닥, 작은 보, 차양, 옥외 계단, 그 밖에 이와 유사한 것으로 건축물의 구조상 중요하지 아니한 부분은 제외한다.
8. "건축"이란 건축물을 신축·증축·개축·재축(再築)하거나 건축물을 이전하는 것을 말한다.

8의2. "결합건축"이란 제56조에 따른 용적률을 개별 대지마다 적용하지 아니하고, 2개 이상의 대지를 대상으로 통합적용하여 건축물을 건축하는 것을 말한다.

9. "대수선"이란 건축물의 기둥, 보, 내력벽, 주계단 등의 구조나 외부 형태를 수선·변경하거나 증설하는 것으로서 대통령령으로 정하는 것을 말한다.
10. "리모델링"이란 건축물의 노후화를 억제하거나 기능 향상 등을 위하여 대수선하거나 건축물의 일부를 증축 또는 개축하는 행위를 말한다.
11. "도로"란 보행과 자동차 통행이 가능한 너비 4미터 이상의 도로(지형적으로 자동차 통행이 불가능한 경우와 막다른 도로의 경우에는 대통령령으로 정하는 구조와 너비의 도로)로서 다음 각 목의 어느 하나에 해당하는 도로나 그 예정도로를 말한다.
   가. 「국토의 계획 및 이용에 관한 법률」, 「도로법」, 「사도법」, 그 밖의 관계 법령에 따라 신설 또는 변경에 관한 고시가 된 도로
   나. 건축허가 또는 신고 시에 특별시장·광역시장·특별자치시장·도지사·특별자치도지사(이하 "시·도지사"라 한다) 또는 시장·군수·구청장(자치구의 구청장을 말한다. 이하 같다)이 위치를 지정하여 공고한 도로
12. "건축주"란 건축물의 건축·대수선·용도변경, 건축설비의 설치 또는 공작물의 축조(이하 "건축물의 건축등"이라 한다) 에 관한 공사를 발주하거나 현장 관리인을 두어 스스로 그 공사를 하는 자를 말한다.

12의2. "제조업자"란 건축물의 건축·대수선·용도변경, 건축설비의 설치 또는 공작물의 축조 등에 필요한 건축자재를 제조하는 사람을 말한다.

12의3. "유통업자"란 건축물의 건축·대수선·용도변경, 건축설비의 설치 또는 공작물의 축조에 필요한 건축자재를 판매하거나 공사현장에 납품하는 사람을 말한다.

13. "설계자"란 자기의 책임(보조자의 도움을 받는 경우를 포함한다)으로 설계도서를 작성하고 그 설계도서에서 의도하는 바를 해설하며, 지도하고 자문에 응하는 자를 말한다.
14. "설계도서"란 건축물의 건축등에 관한 공사용 도면, 구조 계산서, 시방서(示方書), 그 밖에 국토교통부령으로 정하는 공사에 필요한 서류를 말한다.

15. "공사감리자"란 자기의 책임(보조자의 도움을 받는 경우를 포함한다)으로 이 법으로 정하는 바에 따라 건축물, 건축설비 또는 공작물이 설계도서의 내용대로 시공되는지를 확인하고, 품질관리·공사관리·안전관리 등에 대하여 지도·감독하는 자를 말한다.
16. "공사시공자"란 「건설산업기본법」 제2조제4호에 따른 건설공사를 하는 자를 말한다.
16의2. "건축물의 유지·관리"란 건축물의 소유자나 관리자가 사용 승인된 건축물의 대지·구조·설비 및 용도 등을 지속적으로 유지하기 위하여 건축물이 멸실될 때까지 관리하는 행위를 말한다.
17. "관계전문기술자"란 건축물의 구조·설비 등 건축물과 관련된 전문기술자격을 보유하고 설계와 공사감리에 참여하여 설계자 및 공사감리자와 협력하는 자를 말한다.
18. "특별건축구역"이란 조화롭고 창의적인 건축물의 건축을 통하여 도시경관의 창출, 건설기술 수준향상 및 건축 관련 제도개선을 도모하기 위하여 이 법 또는 관계 법령에 따라 일부 규정을 적용하지 아니하거나 완화 또는 통합하여 적용할 수 있도록 특별히 지정하는 구역을 말한다.
19. "고층건축물"이란 층수가 30층 이상이거나 높이가 120미터 이상인 건축물을 말한다.
20. "실내건축"이란 건축물의 실내를 안전하고 쾌적하며 효율적으로 사용하기 위하여 내부 공간을 칸막이로 구획하거나 벽지, 천장재, 바닥재, 유리 등 대통령령으로 정하는 재료 또는 장식물을 설치하는 것을 말한다.
21. "부속구조물"이란 건축물의 안전·기능·환경 등을 향상시키기 위하여 건축물에 추가적으로 설치하는 환기시설물 등 대통령령으로 정하는 구조물을 말한다.

② 건축물의 용도는 다음과 같이 구분하되, 각 용도에 속하는 건축물의 세부 용도는 대통령령으로 정한다.

1. 단독주택
2. 공동주택
3. 제1종 근린생활시설
4. 제2종 근린생활시설
5. 문화 및 집회시설
6. 종교시설
7. 판매시설
8. 운수시설
9. 의료시설
10. 교육연구시설
11. 노유자(老幼者: 노인 및 어린이)시설
12. 수련시설
13. 운동시설
14. 업무시설
15. 숙박시설
16. 위락(慰樂)시설
17. 공장
18. 창고시설
19. 위험물 저장 및 처리 시설
20. 자동차 관련 시설
21. 동물 및 식물 관련 시설
22. 자원순환 관련 시설
23. 교정(矯正) 및 군사 시설
24. 방송통신시설
25. 발전시설
26. 묘지 관련 시설
27. 관광 휴게시설
28. 그 밖에 대통령령으로 정하는 시설

제5장 건축물의 구조 및 재료 등

제48조 **【구조내력 등】** ① 건축물은 고정하중, 적재하중(積載荷重), 적설하중(積雪荷重), 풍압(風壓), 지진, 그 밖의 진동 및 충격 등에 대하여 안전한 구조를 가져야 한다.

② 제11조제1항에 따른 건축물을 건축하거나 대수선하는 경우에는 대통령령으로 정하는 바에 따라 구조의 안전을 확인하여야 한다.

③ 지방자치단체의 장은 제2항에 따른 구조 안전 확인 대상 건축물에 대하여 허가 등을 하는 경우 내진(耐震) 성능 확보 여부를 확인하여야 한다.

④ 제1항에 따른 구조내력의 기준과 구조 계산의 방법 등에 관하여 필요한 사항은 국토교통부령으로 정한다.

제48조의2 **【건축물 내진등급의 설정】** ① 국토교통부장관은 지진으로부터 건축물의 구조 안전을 확보하기 위하여 건축물의 용도, 규모 및 설계구조의 중요도에 따라 내진등급(耐震等級)을 설정하여야 한다.

② 제1항에 따른 내진등급을 설정하기 위한 내진등급기준 등 필요한 사항은 국토교통부령으로 정한다.

제48조의3【건축물의 내진능력 공개】① 다음 각 호의 어느 하나에 해당하는 건축물을 건축하고자 하는 자는 제22조에 따른 사용승인을 받는 즉시 건축물이 지진 발생 시에 견딜 수 있는 능력(이하 "내진능력"이라 한다)을 공개하여야 한다. 다만, 제48조제2항에 따른 구조안전 확인 대상 건축물이 아니거나 내진능력 산정이 곤란한 건축물로서 대통령령으로 정하는 건축물은 공개하지 아니한다.

1. 층수가 2층[주요구조부인 기둥과 보를 설치하는 건축물로서 그 기둥과 보가 목재인 목구조 건축물(이하 "목구조 건축물"이라 한다)의 경우에는 3층] 이상인 건축물
2. 연면적이 200제곱미터(목구조 건축물의 경우에는 500제곱미터) 이상인 건축물
3. 그 밖에 건축물의 규모와 중요도를 고려하여 대통령령으로 정하는 건축물

② 제1항의 내진능력의 산정 기준과 공개 방법 등 세부사항은 국토교통부령으로 정한다.

제49조【건축물의 피난시설 및 용도제한 등】① 대통령령으로 정하는 용도 및 규모의 건축물과 그 대지에는 국토교통부령으로 정하는 바에 따라 복도, 계단, 출입구, 그 밖의 피난시설과 저수조(貯水槽), 대지 안의 피난과 소화에 필요한 통로를 설치하여야 한다.

② 대통령령으로 정하는 용도 및 규모의 건축물의 안전·위생 및 방화(防火) 등을 위하여 필요한 용도 및 구조의 제한, 방화구획(防火區劃), 화장실의 구조, 계단·출입구, 거실의 반자 높이, 거실의 채광·환기, 배연설비와 바닥의 방습 등에 관하여 필요한 사항은 국토교통부령으로 정한다.

③ 대통령령으로 정하는 건축물은 국토교통부령으로 정하는 기준에 따라 소방관이 진입할 수 있는 창을 설치하고, 외부에서 주야간에 식별할 수 있는 표시를 하여야 한다.

④ 대통령령으로 정하는 용도 및 규모의 건축물에 대하여 가구·세대 등 간 소음 방지를 위하여 국토교통부령으로 정하는 바에 따라 경계벽 및 바닥을 설치하여야 한다.

⑤「자연재해대책법」제12조제1항에 따른 자연재해위험개선지구 중 침수위험지구에 국가·지방자치단체 또는「공공기관의 운영에 관한 법률」제4조제1항에 따른 공공기관이 건축하는 건축물은 침수 방지 및 방수를 위하여 다음 각 호의 기준에 따라야 한다.

1. 건축물의 1층 전체를 필로티(건축물을 사용하기 위한 경비실, 계단실, 승강기실, 그 밖에 이와 비슷한 것을 포함한다) 구조로 할 것
2. 국토교통부령으로 정하는 침수 방지시설을 설치할 것

제49조의2【피난시설 등의 유지·관리에 대한 기술지원】국가 또는 지방자치단체는 건축물의 소유자나 관리자에게 제49조제1항 및 제2항에 따른 피난시설 등의 설치, 개량·보수 등 유지·관리에 대한 기술지원을 할 수 있다.

제50조【건축물의 내화구조와 방화벽】① 문화 및 집회시설, 의료시설, 공동주택 등 대통령령으로 정하는 건축물은 국토교통부령으로 정하는 기준에 따라 주요구조부와 지붕을 내화(耐火)구조로 하여야 한다. 다만, 막구조 등 대통령령으로 정하는 구조는 주요구조부에만 내화구조로 할 수 있다.

② 대통령령으로 정하는 용도 및 규모의 건축물은 국토교통부령으로 정하는 기준에 따라 방화벽으로 구획하여야 한다.

제50조의2【고층건축물의 피난 및 안전관리】① 고층건축물에는 대통령령으로 정하는 바에 따라 피난안전구역을 설치하거나 대피공간을 확보한 계단을 설치하여야 한다. 이 경우 피난안전구역의 설치 기준, 계단의 설치 기준과 구조 등에 관하여 필요한 사항은 국토교통부령으로 정한다.

② 고층건축물에 설치된 피난안전구역·피난시설 또는 대피공간에는 국토교통부령으로 정하는 바에 따라 화재 등의 경우에 피난 용도로 사용되는 것임을 표시하여야 한다.

③ 고층건축물의 화재예방 및 피해경감을 위하여 국토교통부령으로 정하는 바에 따라 제48조부터 제50조까지의 기준을 강화하여 적용할 수 있다.

제51조【방화지구 안의 건축물】①「국토의 계획 및 이용에 관한 법률」제37조제1항제3호에 따른 방화지구(이하 "방화지구"라 한다) 안에서는 건축물의 주요구조부와 지붕·외벽을 내화구조로 하여야 한다. 다만, 대통령령으로 정하는 경우에는 그러하지 아니하다.

② 방화지구 안의 공작물로서 간판, 광고탑, 그 밖에 대통령령으로 정하는 공작물 중 건축물의 지붕 위에 설치하는 공작물이나 높이 3미터 이상의 공작물은 주요부를 불연(不燃)재료로 하여야 한다.

③ 방화지구 안의 지붕·방화문 및 인접 대지 경계선에 접하는 외벽은 국토교통부령으로 정하는 구조 및 재료로 하여야 한다.

제52조 【건축물의 마감재료 등】 ① 대통령령으로 정하는 용도 및 규모의 건축물의 벽, 반자, 지붕(반자가 없는 경우에 한정한다) 등 내부의 마감재료[제52조의4제1항의 복합자재의 경우 심재(心材)를 포함한다]는 방화에 지장이 없는 재료로 하되, 「실내공기질 관리법」 제5조 및 제6조에 따른 실내공기질 유지기준 및 권고기준을 고려하고 관계 중앙행정기관의 장과 협의하여 국토교통부령으로 정하는 기준에 따른 것이어야 한다.
② 대통령령으로 정하는 건축물의 외벽에 사용하는 마감재료(두 가지 이상의 재료로 제작된 자재의 경우 각 재료를 포함한다)는 방화에 지장이 없는 재료로 하여야 한다. 이 경우 마감재료의 기준은 국토교통부령으로 정한다.
③ 욕실, 화장실, 목욕장 등의 바닥 마감재료는 미끄럼을 방지할 수 있도록 국토교통부령으로 정하는 기준에 적합하여야 한다.
④ 대통령령으로 정하는 용도 및 규모에 해당하는 건축물 외벽에 설치되는 창호(窓戶)는 방화에 지장이 없도록 인접 대지와의 이격거리를 고려하여 방화성능 등이 국토교통부령으로 정하는 기준에 적합하여야 한다.
[시행일 : 2021. 12. 23.] 제52조

제52조의2 【실내건축】 ① 대통령령으로 정하는 용도 및 규모에 해당하는 건축물의 실내건축은 방화에 지장이 없고 사용자의 안전에 문제가 없는 구조 및 재료로 시공하여야 한다.
② 실내건축의 구조·시공방법 등에 관한 기준은 국토교통부령으로 정한다.
③ 특별자치시장·특별자치도지사 또는 시장·군수·구청장은 제1항 및 제2항에 따라 실내건축이 적정하게 설치 및 시공되었는지를 검사하여야 한다. 이 경우 검사하는 대상 건축물과 주기(週期)는 건축조례로 정한다.

제52조의4 【건축자재의 품질관리 등】 ① 복합자재(불연재료인 양면 철판, 석재, 콘크리트 또는 이와 유사한 재료와 불연재료가 아닌 심재로 구성된 것을 말한다)를 포함한 제52조에 따른 마감재료, 방화문 등 대통령령으로 정하는 건축자재의 제조업자, 유통업자, 공사시공자 및 공사감리자는 국토교통부령으로 정하는 사항을 기재한 품질관리서(이하 "품질관리서"라 한다)를 대통령령으로 정하는 바에 따라 허가권자에게 제출하여야 한다.
② 제1항에 따른 건축자재의 제조업자, 유통업자는 「과학기술분야 정부출연연구기관 등의 설립·운영 및 육성에 관한 법률」에 따른 한국건설기술연구원 등 대통령령으로 정하는 시험기관에 건축자재의 성능시험을 의뢰하여야 한다.
③ 제2항에 따른 성능시험을 수행하는 시험기관의 장은 성능시험 결과 등 건축자재의 품질관리에 필요한 정보를 국토교통부령으로 정하는 바에 따라 기관 또는 단체에 제공하거나 공개하여야 한다.
④ 제3항에 따라 정보를 제공받은 기관 또는 단체는 해당 건축자재의 정보를 홈페이지 등에 게시하여 일반인이 알 수 있도록 하여야 한다.
⑤ 제1항에 따른 건축자재 중 국토교통부령으로 정하는 단열재는 국토교통부장관이 고시하는 기준에 따라 해당 건축자재에 대한 정보를 표면에 표시하여야 한다.
⑥ 복합자재에 대한 난연성분 분석시험, 난연성능기준, 시험수수료 등 필요한 사항은 국토교통부령으로 정한다.
[시행일 : 2021. 12. 23.]

제52조의5 【건축자재등의 품질인정】 ① 방화문, 복합자재 등 대통령령으로 정하는 건축자재와 내화구조(이하 "건축자재등"이라 한다)는 방화성능, 품질관리 등 국토교통부령으로 정하는 기준에 따라 품질이 적합하다고 인정받아야 한다.
② 건축관계자등은 제1항에 따라 품질인정을 받은 건축자재등만 사용하고, 인정받은 내용대로 제조·유통·시공하여야 한다.
[시행일 : 2021. 12. 23.]

제53조 【지하층】 건축물에 설치하는 지하층의 구조 및 설비는 국토교통부령으로 정하는 기준에 맞게 하여야 한다.

제53조의2 【건축물의 범죄예방】 ① 국토교통부장관은 범죄를 예방하고 안전한 생활환경을 조성하기 위하여 건축물, 건축설비 및 대지에 관한 범죄예방 기준을 정하여 고시할 수 있다.
② 대통령령으로 정하는 건축물은 제1항의 범죄예방 기준에 따라 건축하여야 한다.

제6장 지역 및 지구의 건축물

제54조 【건축물의 대지가 지역·지구 또는 구역에 걸치는 경우의 조치】 ① 대지가 이 법이나 다른 법률에 따른 지역·지구(녹지지역과 방화지구는 제외한다. 이하 이 조에서 같다) 또는 구역에 걸치는 경우에는 대통령령으로 정하는 바에 따라 그 건축물과 대지의 전부에 대하여 대지의 과반(過半)이 속하는 지역·지구 또는 구역 안의 건축물 및 대지 등에 관한 이 법의 규정을 적용한다.

② 하나의 건축물이 방화지구와 그 밖의 구역에 걸치는 경우에는 그 전부에 대하여 방화지구 안의 건축물에 관한 이 법의 규정을 적용한다. 다만, 건축물의 방화지구에 속한 부분과 그 밖의 구역에 속한 부분의 경계가 방화벽으로 구획되는 경우 그 밖의 구역에 있는 부분에 대하여는 그러하지 아니하다.
③ 대지가 녹지지역과 그 밖의 지역·지구 또는 구역에 걸치는 경우에는 각 지역·지구 또는 구역 안의 건축물과 대지에 관한 이 법의 규정을 적용한다. 다만, 녹지지역 안의 건축물이 방화지구에 걸치는 경우에는 제2항에 따른다.
④ 제1항에도 불구하고 해당 대지의 규모와 그 대지가 속한 용도지역·지구 또는 구역의 성격 등 그 대지에 관한 주변여건상 필요하다고 인정하여 해당 지방자치단체의 조례로 적용방법을 따로 정하는 경우에는 그에 따른다.

제7장 건축설비

제62조 【건축설비기준 등】 건축설비의 설치 및 구조에 관한 기준과 설계 및 공사감리에 관하여 필요한 사항은 대통령령으로 정한다.

제63조 삭제

제64조 【승강기】 ① 건축주는 6층 이상으로서 연면적이 2천제곱미터 이상인 건축물(대통령령으로 정하는 건축물은 제외한다)을 건축하려면 승강기를 설치하여야 한다. 이 경우 승강기의 규모 및 구조는 국토교통부령으로 정한다.
② 높이 31미터를 초과하는 건축물에는 대통령령으로 정하는 바에 따라 제1항에 따른 승강기뿐만 아니라 비상용승강기를 추가로 설치하여야 한다. 다만, 국토교통부령으로 정하는 건축물의 경우에는 그러하지 아니하다.
③ 고층건축물에는 제1항에 따라 건축물에 설치하는 승용승강기 중 1대 이상을 대통령령으로 정하는 바에 따라 피난용승강기로 설치하여야 한다.

건축법 시행령

[시행 2021. 3. 7]
[대통령령 제31100호, 2020. 10. 8, 일부개정]

제1장 총칙

제2조 【정의】 이 영에서 사용하는 용어의 뜻은 다음과 같다.

1. "신축"이란 건축물이 없는 대지(기존 건축물이 해체되거나 멸실된 대지를 포함한다)에 새로 건축물을 축조(築造)하는 것[부속건축물만 있는 대지에 새로 주된 건축물을 축조하는 것을 포함하되, 개축(改築) 또는 재축(再築)하는 것은 제외한다]을 말한다.
2. "증축"이란 기존 건축물이 있는 대지에서 건축물의 건축면적, 연면적, 층수 또는 높이를 늘리는 것을 말한다.
3. "개축"이란 기존 건축물의 전부 또는 일부[내력벽·기둥·보·지붕틀(제16호에 따른 한옥의 경우에는 지붕틀의 범위에서 서까래는 제외한다) 중 셋 이상이 포함되는 경우를 말한다]를 해체하고 그 대지에 종전과 같은 규모의 범위에서 건축물을 다시 축조하는 것을 말한다.
4. "재축"이란 건축물이 천재지변이나 그 밖의 재해(災害)로 멸실된 경우 그 대지에 다음 각 목의 요건을 모두 갖추어 다시 축조하는 것을 말한다.
   가. 연면적 합계는 종전 규모 이하로 할 것
   나. 동(棟)수, 층수 및 높이는 다음의 어느 하나에 해당할 것
      1) 동수, 층수 및 높이가 모두 종전 규모 이하일 것
      2) 동수, 층수 또는 높이의 어느 하나가 종전 규모를 초과하는 경우에는 해당 동수, 층수 및 높이가 「건축법」(이하 "법"이라 한다), 이 영 또는 건축조례(이하 "법령등"이라 한다)에 모두 적합할 것
5. "이전"이란 건축물의 주요구조부를 해체하지 아니하고 같은 대지의 다른 위치로 옮기는 것을 말한다.
6. "내수재료(耐水材料)"란 인조석·콘크리트 등 내수성을 가진 재료로서 국토교통부령으로 정하는 재료를 말한다.

7. "내화구조(耐火構造)"란 화재에 견딜 수 있는 성능을 가진 구조로서 국토교통부령으로 정하는 기준에 적합한 구조를 말한다.
8. "방화구조(防火構造)"란 화염의 확산을 막을 수 있는 성능을 가진 구조로서 국토교통부령으로 정하는 기준에 적합한 구조를 말한다.
9. "난연재료(難燃材料)"란 불에 잘 타지 아니하는 성능을 가진 재료로서 국토교통부령으로 정하는 기준에 적합한 재료를 말한다.
10. "불연재료(不燃材料)"란 불에 타지 아니하는 성질을 가진 재료로서 국토교통부령으로 정하는 기준에 적합한 재료를 말한다.
11. "준불연재료"란 불연재료에 준하는 성질을 가진 재료로서 국토교통부령으로 정하는 기준에 적합한 재료를 말한다.
12. "부속건축물"이란 같은 대지에서 주된 건축물과 분리된 부속용도의 건축물로서 주된 건축물을 이용 또는 관리하는 데에 필요한 건축물을 말한다.
13. "부속용도"란 건축물의 주된 용도의 기능에 필수적인 용도로서 다음 각 목의 어느 하나에 해당하는 용도를 말한다.
  가. 건축물의 설비, 대피, 위생, 그 밖에 이와 비슷한 시설의 용도
  나. 사무, 작업, 집회, 물품저장, 주차, 그 밖에 이와 비슷한 시설의 용도
  다. 구내식당·직장어린이집·구내운동시설 등 종업원 후생복리시설, 구내소각시설, 그 밖에 이와 비슷한 시설의 용도. 이 경우 다음의 요건을 모두 갖춘 휴게음식점(별표 1 제3호의 제1종 근린생활시설 중 같은 호 나목에 따른 휴게음식점을 말한다)은 구내식당에 포함되는 것으로 본다.
    1) 구내식당 내부에 설치할 것
    2) 설치면적이 구내식당 전체 면적의 3분의 1 이하로서 50제곱미터 이하일 것
    3) 다류(茶類)를 조리·판매하는 휴게음식점일 것
  라. 관계 법령에서 주된 용도의 부수시설로 설치할 수 있게 규정하고 있는 시설, 그 밖에 국토교통부장관이 이와 유사하다고 인정하여 고시하는 시설의 용도
14. "발코니"란 건축물의 내부와 외부를 연결하는 완충공간으로서 전망이나 휴식 등의 목적으로 건축물 외벽에 접하여 부가적(附加的)으로 설치되는 공간을 말한다. 이 경우 주택에 설치되는 발코니로서 국토교통부장관이 정하는 기준에 적합한 발코니는 필요에 따라 거실·침실·창고 등의 용도로 사용할 수 있다.
15. "초고층 건축물"이란 층수가 50층 이상이거나 높이가 200미터 이상인 건축물을 말한다.
15의2. "준초고층 건축물"이란 고층건축물 중 초고층 건축물이 아닌 것을 말한다.
16. "한옥"이란 「한옥 등 건축자산의 진흥에 관한 법률」 제2조제2호에 따른 한옥을 말한다.
17. "다중이용 건축물"이란 다음 각 목의 어느 하나에 해당하는 건축물을 말한다.
  가. 다음의 어느 하나에 해당하는 용도로 쓰는 바닥면적의 합계가 5천제곱미터 이상인 건축물
    1) 문화 및 집회시설(동물원 및 식물원은 제외한다)
    2) 종교시설
    3) 판매시설
    4) 운수시설 중 여객용 시설
    5) 의료시설 중 종합병원
    6) 숙박시설 중 관광숙박시설
  나. 16층 이상인 건축물
17의2. "준다중이용 건축물"이란 다중이용 건축물 외의 건축물로서 다음 각 목의 어느 하나에 해당하는 용도로 쓰는 바닥면적의 합계가 1천제곱미터 이상인 건축물을 말한다.
  가. 문화 및 집회시설(동물원 및 식물원은 제외한다)
  나. 종교시설
  다. 판매시설
  라. 운수시설 중 여객용 시설
  마. 의료시설 중 종합병원
  바. 교육연구시설
  사. 노유자시설
  아. 운동시설
  자. 숙박시설 중 관광숙박시설
  차. 위락시설
  카. 관광 휴게시설
  타. 장례시설
18. "특수구조 건축물"이란 다음 각 목의 어느 하나에 해당하는 건축물을 말한다.
  가. 한쪽 끝은 고정되고 다른 끝은 지지(支持)되지 아니한 구조로 된 보·차양 등이 외벽(외벽이 없는 경우에는 외곽 기둥을 말한다)의 중심선으로부터 3미터 이상 돌출된 건축물

나. 기둥과 기둥 사이의 거리(기둥의 중심선 사이의 거리를 말하며, 기둥이 없는 경우에는 내력벽과 내력벽의 중심선 사이의 거리를 말한다. 이하 같다)가 20미터 이상인 건축물

다. 특수한 설계·시공·공법 등이 필요한 건축물로서 국토교통부장관이 정하여 고시하는 구조로 된 건축물

19. 법 제2조제1항제21호에서 "환기시설물 등 대통령령으로 정하는 구조물"이란 급기(給氣) 및 배기(排氣)를 위한 건축 구조물의 개구부(開口部)인 환기구를 말한다.

제5장 건축물의 구조 및 재료 등

제32조 【구조 안전의 확인】 ① 법 제48조제2항에 따라 법 제11조제1항에 따른 건축물을 건축하거나 대수선하는 경우 해당 건축물의 설계자는 국토교통부령으로 정하는 구조기준 등에 따라 그 구조의 안전을 확인하여야 한다.

② 제1항에 따라 구조 안전을 확인한 건축물 중 다음 각 호의 어느 하나에 해당하는 건축물의 건축주는 해당 건축물의 설계자로부터 구조 안전의 확인 서류를 받아 법 제21조에 따른 착공신고를 하는 때에 그 확인 서류를 허가권자에게 제출하여야 한다. 다만, 표준설계도서에 따라 건축하는 건축물은 제외한다.

1. 층수가 2층[주요구조부인 기둥과 보를 설치하는 건축물로서 그 기둥과 보가 목재인 목구조 건축물(이하 "목구조 건축물"이라 한다)의 경우에는 3층] 이상인 건축물
2. 연면적이 200제곱미터(목구조 건축물의 경우에는 500제곱미터) 이상인 건축물. 다만, 창고, 축사, 작물 재배사는 제외한다.
3. 높이가 13미터 이상인 건축물
4. 처마높이가 9미터 이상인 건축물
5. 기둥과 기둥 사이의 거리가 10미터 이상인 건축물
6. 건축물의 용도 및 규모를 고려한 중요도가 높은 건축물로서 국토교통부령으로 정하는 건축물
7. 국가적 문화유산으로 보존할 가치가 있는 건축물로서 국토교통부령으로 정하는 것
8. 제2조제18호가목 및 다목의 건축물
9. 별표 1 제1호의 단독주택 및 같은 표 제2호의 공동주택

③ 제6조제1항제6호다목에 따라 기존 건축물을 건축 또는 대수선하려는 건축주는 법 제5조제1항에 따라 적용의 완화를 요청할 때 구조 안전의 확인 서류를 허가권자에게 제출하여야 한다.

제32조의2 【건축물의 내진능력 공개】 ① 법 제48조의3제1항 각 호 외의 부분 단서에서 "대통령령으로 정하는 건축물"이란 다음 각 호의 어느 하나에 해당하는 건축물을 말한다.

1. 창고, 축사, 작물 재배사 및 표준설계도서에 따라 건축하는 건축물로서 제32조제2항제1호 및 제3호부터 제9호까지의 어느 하나에도 해당하지 아니하는 건축물
2. 제32조제1항에 따른 구조기준 중 국토교통부령으로 정하는 소규모건축구조기준을 적용한 건축물

② 법 제48조의3제1항제3호에서 "대통령령으로 정하는 건축물"이란 제32조제2항제3호부터 제9호까지의 어느 하나에 해당하는 건축물을 말한다.

제33조 삭제 <1999. 4. 30.>

제34조 【직통계단의 설치】 ① 건축물의 피난층(직접 지상으로 통하는 출입구가 있는 층 및 제3항과 제4항에 따른 피난안전구역을 말한다. 이하 같다) 외의 층에서는 피난층 또는 지상으로 통하는 직통계단(경사로를 포함한다. 이하 같다)을 거실의 각 부분으로부터 계단(거실로부터 가장 가까운 거리에 있는 1개소의 계단을 말한다)에 이르는 보행거리가 30미터 이하가 되도록 설치해야 한다. 다만, 건축물(지하층에 설치하는 것으로서 바닥면적의 합계가 300제곱미터 이상인 공연장·집회장·관람장 및 전시장은 제외한다)의 주요구조부가 내화구조 또는 불연재료로 된 건축물은 그 보행거리가 50미터(층수가 16층 이상인 공동주택의 경우 16층 이상인 층에 대해서는 40미터) 이하가 되도록 설치할 수 있으며, 자동화 생산시설에 스프링클러 등 자동식 소화설비를 설치한 공장으로서 국토교통부령으로 정하는 공장인 경우에는 그 보행거리가 75미터(무인화 공장인 경우에는 100미터) 이하가 되도록 설치할 수 있다.

② 법 제49조제1항에 따라 피난층 외의 층이 다음 각 호의 어느 하나에 해당하는 용도 및 규모의 건축물에는 국토교통부령으로 정하는 기준에 따라 피난층 또는 지상으로 통하는 직통계단을 2개소 이상 설치하여야 한다.

1. 제2종 근린생활시설 중 공연장·종교집회장, 문화 및 집회시설(전시장 및 동·식물원은 제외한다), 종교시설, 위락시설 중 주점영업 또는 장례시설의 용도로 쓰는 층으로서 그 층에서 해당 용도로 쓰는 바닥면적의 합계가 200제곱미터(제2종 근린생활시설 중 공연장·종교집회장은 각각 300제곱미터) 이상인 것

2. 단독주택 중 다중주택·다가구주택, 제1종 근린생활시설 중 정신과의원(입원실이 있는 경우로 한정한다), 제2종 근린생활시설 중 인터넷컴퓨터게임시설제공업소(해당 용도로 쓰는 바닥면적의 합계가 300제곱미터 이상인 경우만 해당한다)·학원·독서실, 판매시설, 운수시설(여객용 시설만 해당한다), 의료시설(입원실이 없는 치과병원은 제외한다), 교육연구시설 중 학원, 노유자시설 중 아동 관련 시설·노인복지시설·장애인 거주시설(「장애인복지법」 제58조제1항제1호에 따른 장애인 거주시설 중 국토교통부령으로 정하는 시설을 말한다. 이하 같다) 및 「장애인복지법」 제58조제1항제4호에 따른 장애인 의료재활시설(이하 "장애인 의료재활시설"이라 한다), 수련시설 중 유스호스텔 또는 숙박시설의 용도로 쓰는 3층 이상의 층으로서 그 층의 해당 용도로 쓰는 거실의 바닥면적의 합계가 200제곱미터 이상인 것
3. 공동주택(층당 4세대 이하인 것은 제외한다) 또는 업무시설 중 오피스텔의 용도로 쓰는 층으로서 그 층의 해당 용도로 쓰는 거실의 바닥면적의 합계가 300제곱미터 이상인 것
4. 제1호부터 제3호까지의 용도로 쓰지 아니하는 3층 이상의 층으로서 그 층 거실의 바닥면적의 합계가 400제곱미터 이상인 것
5. 지하층으로서 그 층 거실의 바닥면적의 합계가 200제곱미터 이상인 것

③ 초고층 건축물에는 피난층 또는 지상으로 통하는 직통계단과 직접 연결되는 피난안전구역(건축물의 피난·안전을 위하여 건축물 중간층에 설치하는 대피공간을 말한다. 이하 같다)을 지상층으로부터 최대 30개 층마다 1개소 이상 설치하여야 한다.

④ 준초고층 건축물에는 피난층 또는 지상으로 통하는 직통계단과 직접 연결되는 피난안전구역을 해당 건축물 전체 층수의 2분의 1에 해당하는 층으로부터 상하 5개층 이내에 1개소 이상 설치하여야 한다. 다만, 국토교통부령으로 정하는 기준에 따라 피난층 또는 지상으로 통하는 직통계단을 설치하는 경우에는 그러하지 아니하다.

⑤ 제3항 및 제4항에 따른 피난안전구역의 규모와 설치기준은 국토교통부령으로 정한다.

제35조 【피난계단의 설치】 ① 법 제49조제1항에 따라 5층 이상 또는 지하 2층 이하인 층에 설치하는 직통계단은 국토교통부령으로 정하는 기준에 따라 피난계단 또는 특별피난계단으로 설치하여야 한다. 다만, 건축물의 주요구조부가 내화구조 또는 불연재료로 되어 있는 경우로서 다음 각 호의 어느 하나에 해당하는 경우에는 그러하지 아니하다.
1. 5층 이상인 층의 바닥면적의 합계가 200제곱미터 이하인 경우
2. 5층 이상인 층의 바닥면적 200제곱미터 이내마다 방화구획이 되어 있는 경우

② 건축물(갓복도식 공동주택은 제외한다)의 11층(공동주택의 경우에는 16층) 이상인 층(바닥면적이 400제곱미터 미만인 층은 제외한다) 또는 지하 3층 이하인 층(바닥면적이 400제곱미터미만인 층은 제외한다)으로부터 피난층 또는 지상으로 통하는 직통계단은 제1항에도 불구하고 특별피난계단으로 설치하여야 한다.

③ 제1항에서 판매시설의 용도로 쓰는 층으로부터의 직통계단은 그 중 1개소 이상을 특별피난계단으로 설치하여야 한다.

④ 삭제 <1995. 12. 30.>

⑤ 건축물의 5층 이상인 층으로서 문화 및 집회시설 중 전시장 또는 동·식물원, 판매시설, 운수시설(여객용 시설만 해당한다), 운동시설, 위락시설, 관광휴게시설(다중이 이용하는 시설만 해당한다) 또는 수련시설 중 생활권 수련시설의 용도로 쓰는 층에는 제34조에 따른 직통계단 외에 그 층의 해당 용도로 쓰는 바닥면적의 합계가 2천 제곱미터를 넘는 경우에는 그 넘는 2천 제곱미터 이내마다 1개소의 피난계단 또는 특별피난계단(4층 이하의 층에는 쓰지 아니하는 피난계단 또는 특별피난계단만 해당한다)을 설치하여야 한다.

⑥ 삭제 <1999. 4. 30.>

제36조 【옥외 피난계단의 설치】 건축물의 3층 이상인 층(피난층은 제외한다)으로서 다음 각 호의 어느 하나에 해당하는 용도로 쓰는 층에는 제34조에 따른 직통계단 외에 그 층으로부터 지상으로 통하는 옥외피난계단을 따로 설치하여야 한다.
1. 제2종 근린생활시설 중 공연장(해당 용도로 쓰는 바닥면적의 합계가 300제곱미터 이상인 경우만 해당한다), 문화 및 집회시설 중 공연장이나 위락시설 중 주점영업의 용도로 쓰는 층으로서 그 층 거실의 바닥면적의 합계가 300제곱미터 이상인 것
2. 문화 및 집회시설 중 집회장의 용도로 쓰는 층으로서 그 층 거실의 바닥면적의 합계가 1천 제곱미터 이상인 것

제37조 【지하층과 피난층 사이의 개방공간 설치】 바닥면적의 합계가 3천 제곱미터 이상인 공연장·집회장·관람장 또는 전시장을 지하층에 설치하는 경우에는 각 실에 있

는 자가 지하층 각 층에서 건축물 밖으로 피난하여 옥외 계단 또는 경사로 등을 이용하여 피난층으로 대피할 수 있도록 천장이 개방된 외부 공간을 설치하여야 한다.

제38조【관람실 등으로부터의 출구 설치】 법 제49조제1항에 따라 다음 각 호의 어느 하나에 해당하는 건축물에는 국토교통부령으로 정하는 기준에 따라 관람실 또는 집회실로부터의 출구를 설치해야 한다.

1. 제2종 근린생활시설 중 공연장·종교집회장(해당 용도로 쓰는 바닥면적의 합계가 각각 300제곱미터 이상인 경우만 해당한다)
2. 문화 및 집회시설(전시장 및 동·식물원은 제외한다)
3. 종교시설
4. 위락시설
5. 장례시설

제39조【건축물 바깥쪽으로의 출구 설치】 ① 법 제49조제1항에 따라 다음 각 호의 어느 하나에 해당하는 건축물에는 국토교통부령으로 정하는 기준에 따라 그 건축물로부터 바깥쪽으로 나가는 출구를 설치하여야 한다.

1. 제2종 근린생활시설 중 공연장·종교집회장·인터넷컴퓨터게임시설제공업소(해당 용도로 쓰는 바닥면적의 합계가 각각 300제곱미터 이상인 경우만 해당한다)
2. 문화 및 집회시설(전시장 및 동·식물원은 제외한다)
3. 종교시설
4. 판매시설
5. 업무시설 중 국가 또는 지방자치단체의 청사
6. 위락시설
7. 연면적이 5천 제곱미터 이상인 창고시설
8. 교육연구시설 중 학교
9. 장례시설
10. 승강기를 설치하여야 하는 건축물

② 법 제49조제1항에 따라 건축물의 출입구에 설치하는 회전문은 국토교통부령으로 정하는 기준에 적합하여야 한다.

제40조【옥상광장 등의 설치】 ① 옥상광장 또는 2층 이상인 층에 있는 노대등[노대(露臺)나 그 밖에 이와 비슷한 것을 말한다. 이하 같다]의 주위에는 높이 1.2미터 이상의 난간을 설치하여야 한다. 다만, 그 노대등에 출입할 수 없는 구조인 경우에는 그러하지 아니하다.

② 5층 이상인 층이 제2종 근린생활시설 중 공연장·종교집회장·인터넷컴퓨터게임시설제공업소(해당 용도로 쓰는 바닥면적의 합계가 각각 300제곱미터 이상인 경우만 해당한다), 문화 및 집회시설(전시장 및 동·식물원은 제외한다), 종교시설, 판매시설, 위락시설 중 주점영업 또는 장례시설의 용도로 쓰는 경우에는 피난 용도로 쓸 수 있는 광장을 옥상에 설치하여야 한다.

③ 다음 각 호의 어느 하나에 해당하는 건축물은 옥상으로 통하는 출입문에 「화재예방, 소방시설 설치·유지 및 안전관리에 관한 법률」 제39조제1항에 따른 성능인증 및 같은 조 제2항에 따른 제품검사를 받은 비상문자동개폐장치(화재 등 비상시에 소방시스템과 연동되어 잠김 상태가 자동으로 풀리는 장치를 말한다)를 설치해야 한다. <신설 2021. 1. 8.>

1. 제2항에 따라 피난 용도로 쓸 수 있는 광장을 옥상에 설치해야 하는 건축물
2. 피난 용도로 쓸 수 있는 광장을 옥상에 설치하는 다음 각 목의 건축물
   가. 다중이용 건축물
   나. 연면적 1천제곱미터 이상인 공동주택

④ 층수가 11층 이상인 건축물로서 11층 이상인 층의 바닥면적의 합계가 1만 제곱미터 이상인 건축물의 옥상에는 다음 각 호의 구분에 따른 공간을 확보하여야 한다.

1. 건축물의 지붕을 평지붕으로 하는 경우 : 헬리포트를 설치하거나 헬리콥터를 통하여 인명 등을 구조할 수 있는 공간
2. 건축물의 지붕을 경사지붕으로 하는 경우 : 경사지붕 아래에 설치하는 대피공간

⑤ 제4항에 따른 헬리포트를 설치하거나 헬리콥터를 통하여 인명 등을 구조할 수 있는 공간 및 경사지붕 아래에 설치하는 대피공간의 설치기준은 국토교통부령으로 정한다.

제41조【대지 안의 피난 및 소화에 필요한 통로 설치】 ① 건축물의 대지 안에는 그 건축물 바깥쪽으로 통하는 주된 출구와 지상으로 통하는 피난계단 및 특별피난계단으로부터 도로 또는 공지(공원, 광장, 그 밖에 이와 비슷한 것으로서 피난 및 소화를 위하여 해당 대지의 출입에 지장이 없는 것을 말한다. 이하 이 조에서 같다)로 통하는 통로를 다음 각 호의 기준에 따라 설치하여야 한다.

1. 통로의 너비는 다음 각 목의 구분에 따른 기준에 따라 확보할 것
   가. 단독주택 : 유효 너비 0.9미터 이상
   나. 바닥면적의 합계가 500제곱미터 이상인 문화 및 집회시설, 종교시설, 의료시설, 위락시설 또는 장례시설 : 유효 너비 3미터 이상

다. 그 밖의 용도로 쓰는 건축물: 유효 너비 1.5미터 이상

2. 필로티 내 통로의 길이가 2미터 이상인 경우에는 피난 및 소화활동에 장애가 발생하지 아니하도록 자동차 진입억제용 말뚝 등 통로 보호시설을 설치하거나 통로에 단차(段差)를 둘 것

② 제1항에도 불구하고 다중이용 건축물, 준다중이용 건축물 또는 층수가 11층 이상인 건축물이 건축되는 대지에는 그 안의 모든 다중이용 건축물, 준다중이용 건축물 또는 층수가 11층 이상인 건축물에 「소방기본법」 제21조에 따른 소방자동차(이하 "소방자동차"라 한다)의 접근이 가능한 통로를 설치하여야 한다. 다만, 모든 다중이용 건축물, 준다중이용 건축물 또는 층수가 11층 이상인 건축물이 소방자동차의 접근이 가능한 도로 또는 공지에 직접 접하여 건축되는 경우로서 소방자동차가 도로 또는 공지에서 직접 소방활동이 가능한 경우에는 그러하지 아니하다.

제42조 삭제 <1999. 4. 30.>

제43조 삭제 <1999. 4. 30.>

제44조 **【피난 규정의 적용례】** 건축물이 창문, 출입구, 그 밖의 개구부(開口部)(이하 "창문등"이라 한다)가 없는 내화구조의 바닥 또는 벽으로 구획되어 있는 경우에는 그 구획된 각 부분을 각각 별개의 건축물로 보아 제34조부터 제41조까지 및 제48조를 적용한다.

제45조 삭제 <1999. 4. 30.>

제46조 **【방화구획 등의 설치】** ① 법 제49조제2항에 따라 주요구조부가 내화구조 또는 불연재료로 된 건축물로서 연면적이 1천 제곱미터를 넘는 것은 국토교통부령으로 정하는 기준에 따라 다음 각 호의 구조물로 구획(이하 "방화구획"이라 한다)을 해야 한다. 다만, 「원자력안전법」 제2조제8호 및 제10호에 따른 원자로 및 관계시설은 같은 법에서 정하는 바에 따른다.

1. 내화구조로 된 바닥 및 벽
2. 제64조제1항제1호·제2호에 따른 방화문 또는 자동방화셔터(국토교통부령으로 정하는 기준에 적합한 것을 말한다. 이하 같다)

② 다음 각 호의 어느 하나에 해당하는 건축물의 부분에는 제1항을 적용하지 않거나 그 사용에 지장이 없는 범위에서 제1항을 완화하여 적용할 수 있다.

1. 문화 및 집회시설(동·식물원은 제외한다), 종교시설, 운동시설 또는 장례시설의 용도로 쓰는 거실로서 시선 및 활동공간의 확보를 위하여 불가피한 부분
2. 물품의 제조·가공·보관 및 운반 등에 필요한 고정식 대형기기 설비의 설치를 위하여 불가피한 부분. 다만, 지하층인 경우에는 지하층의 외벽 한쪽 면(지하층의 바닥면에서 지상층 바닥 아래면까지의 외벽 면적 중 4분의 1 이상이 되는 면을 말한다) 전체가 건물 밖으로 개방되어 보행과 자동차의 진입·출입이 가능한 경우에 한정한다.
3. 계단실·복도 또는 승강기의 승강장 및 승강로로서 그 건축물의 다른 부분과 방화구획으로 구획된 부분. 다만, 해당 부분에 위치하는 설비배관 등이 바닥을 관통하는 부분은 제외한다.
4. 건축물의 최상층 또는 피난층으로서 대규모 회의장·강당·스카이라운지·로비 또는 피난안전구역 등의 용도로 쓰는 부분으로서 그 용도로 사용하기 위하여 불가피한 부분
5. 복층형 공동주택의 세대별 층간 바닥 부분
6. 주요구조부가 내화구조 또는 불연재료로 된 주차장
7. 단독주택, 동물 및 식물 관련 시설 또는 교정 및 군사시설 중 군사시설(집회, 체육, 창고 등의 용도로 사용되는 시설만 해당한다)로 쓰는 건축물
8. 건축물의 1층과 2층의 일부를 동일한 용도로 사용하며 그 건축물의 다른 부분과 방화구획으로 구획된 부분(바닥면적의 합계가 500제곱미터 이하인 경우로 한정한다)

③ 건축물 일부의 주요구조부를 내화구조로 하거나 제2항에 따라 건축물의 일부에 제1항을 완화하여 적용한 경우에는 내화구조로 한 부분 또는 제1항을 완화하여 적용한 부분과 그 밖의 부분을 방화구획으로 구획하여야 한다.

④ 공동주택 중 아파트로서 4층 이상인 층의 각 세대가 2개 이상의 직통계단을 사용할 수 없는 경우에는 발코니에 인접 세대와 공동으로 또는 각 세대별로 다음 각 호의 요건을 모두 갖춘 대피공간을 하나 이상 설치해야 한다. 이 경우 인접 세대와 공동으로 설치하는 대피공간은 인접 세대를 통하여 2개 이상의 직통계단을 쓸 수 있는 위치에 우선 설치되어야 한다.

1. 대피공간은 바깥의 공기와 접할 것
2. 대피공간은 실내의 다른 부분과 방화구획으로 구획될 것
3. 대피공간의 바닥면적은 인접 세대와 공동으로 설치하는 경우에는 3제곱미터 이상, 각 세대별로 설치하는 경우에는 2제곱미터 이상일 것
4. 대피공간으로 통하는 출입문에는 제64조제1항제1호에 따른 60분+ 방화문을 설치할 것

⑤ 제4항에도 불구하고 아파트의 4층 이상인 층에서 발코니에 다음 각 호의 어느 하나에 해당하는 구조 또는 시설을 설치한 경우에는 대피공간을 설치하지 아니할 수 있다.

1. 인접 세대와의 경계벽이 파괴하기 쉬운 경량구조 등인 경우
2. 경계벽에 피난구를 설치한 경우
3. 발코니의 바닥에 국토교통부령으로 정하는 하향식 피난구를 설치한 경우
4. 국토교통부장관이 중앙건축위원회의 심의를 거쳐 제4항에 따른 대피공간과 동일하거나 그 이상의 성능이 있다고 인정하여 고시하는 구조 또는 시설(이하 이 호에서 "대체시설"이라 한다)을 설치한 경우. 이 경우 대체시설 성능의 판단기준 및 중앙건축위원회의 심의 절차 등에 관한 사항은 국토교통부장관이 정하여 고시할 수 있다.

⑥ 요양병원, 정신병원, 「노인복지법」 제34조제1항제1호에 따른 노인요양시설(이하 "노인요양시설"이라 한다), 장애인 거주시설 및 장애인 의료재활시설의 피난층 외의 층에는 다음 각 호의 어느 하나에 해당하는 시설을 설치하여야 한다.

1. 각 층마다 별도로 방화구획된 대피공간
2. 거실에 접하여 설치된 노대등
3. 계단을 이용하지 아니하고 건물 외부의 지상으로 통하는 경사로 또는 인접 건축물로 피난할 수 있도록 설치하는 연결복도 또는 연결통로

제47조 【방화에 장애가 되는 용도의 제한】 ① 법 제49조제2항에 따라 의료시설, 노유자시설(아동 관련 시설 및 노인복지시설만 해당한다), 공동주택, 장례시설 또는 제1종 근린생활시설(산후조리원만 해당한다)과 위락시설, 위험물저장 및 처리시설, 공장 또는 자동차 관련 시설(정비공장만 해당한다)은 같은 건축물에 함께 설치할 수 없다. 다만, 다음 각 호의 어느 하나에 해당하는 경우로서 국토교통부령으로 정하는 경우에는 그러하지 아니하다.

1. 공동주택(기숙사만 해당한다)과 공장이 같은 건축물에 있는 경우
2. 중심상업지역·일반상업지역 또는 근린상업지역에서 「도시 및 주거환경정비법」에 따른 재개발사업을 시행하는 경우
3. 공동주택과 위락시설이 같은 초고층 건축물에 있는 경우. 다만, 사생활을 보호하고 방범·방화 등 주거 안전을 보장하며 소음·악취 등으로부터 주거환경을 보호할 수 있도록 주택의 출입구·계단 및 승강기 등을 주택 외의 시설과 분리된 구조로 하여야 한다.
4. 「산업집적활성화 및 공장설립에 관한 법률」 제2조제13호에 따른 지식산업센터와 「영유아보육법」 제10조제4호에 따른 직장어린이집이 같은 건축물에 있는 경우

② 법 제49조제2항에 따라 다음 각 호의 어느 하나에 해당하는 용도의 시설은 같은 건축물에 함께 설치할 수 없다.

1. 노유자시설 중 아동 관련 시설 또는 노인복지시설과 판매시설 중 도매시장 또는 소매시장
2. 단독주택(다중주택, 다가구주택에 한정한다), 공동주택, 제1종 근린생활시설 중 조산원 또는 산후조리원과 제2종 근린생활시설 중 다중생활시설

제48조 【계단·복도 및 출입구의 설치】 ① 법 제49조제2항에 따라 연면적 200제곱미터를 초과하는 건축물에 설치하는 계단 및 복도는 국토교통부령으로 정하는 기준에 적합하여야 한다.

② 법 제49조제2항에 따라 제39조제1항 각 호의 어느 하나에 해당하는 건축물의 출입구는 국토교통부령으로 정하는 기준에 적합하여야 한다.

제49조 삭제 <1995. 12. 30.>

제50조 【거실반자의 설치】 법 제49조제2항에 따라 공장, 창고시설, 위험물저장 및 처리시설, 동물 및 식물 관련 시설, 자원순환 관련 시설 또는 묘지 관련시설 외의 용도로 쓰는 건축물 거실의 반자(반자가 없는 경우에는 보 또는 바로 위층의 바닥판의 밑면, 그 밖에 이와 비슷한 것을 말한다)는 국토교통부령으로 정하는 기준에 적합하여야 한다.

제51조 【거실의 채광 등】 ① 법 제49조제2항에 따라 단독주택 및 공동주택의 거실, 교육연구시설 중 학교의 교실, 의료시설의 병실 및 숙박시설의 객실에는 국토교통부령으로 정하는 기준에 따라 채광 및 환기를 위한 창문등이나 설비를 설치하여야 한다.

② 법 제49조제2항에 따라 다음 각 호의 어느 하나에 해당하는 건축물의 거실(피난층의 거실은 제외한다)에는 배연설비를 해야 한다.

1. 6층 이상인 건축물로서 다음 각 목의 어느 하나에 해당하는 용도로 쓰는 건축물
   가. 제2종 근린생활시설 중 공연장, 종교집회장, 인터넷컴퓨터게임시설제공업소 및 다중생활시설(공연장, 종교집회장 및 인터넷컴퓨터게임시설제공업소

는 해당 용도로 쓰는 바닥면적의 합계가 각각 300제곱미터 이상인 경우만 해당한다)

나. 문화 및 집회시설

다. 종교시설

라. 판매시설

마. 운수시설

바. 의료시설(요양병원 및 정신병원은 제외한다)

사. 교육연구시설 중 연구소

아. 노유자시설 중 아동 관련 시설, 노인복지시설(노인요양시설은 제외한다)

자. 수련시설 중 유스호스텔

차. 운동시설

카. 업무시설

타. 숙박시설

파. 위락시설

하. 관광휴게시설

거. 장례시설

2. 다음 각 목의 어느 하나에 해당하는 용도로 쓰는 건축물

가. 의료시설 중 요양병원 및 정신병원

나. 노유자시설 중 노인요양시설·장애인 거주시설 및 장애인 의료재활시설

다. 제1종 근린생활시설 중 산후조리원

③ 법 제49조제2항에 따라 오피스텔에 거실 바닥으로부터 높이 1.2미터 이하 부분에 여닫을 수 있는 창문을 설치하는 경우에는 국토교통부령으로 정하는 기준에 따라 추락방지를 위한 안전시설을 설치하여야 한다.

④ 법 제49조제3항에 따라 건축물의 11층 이하의 층에는 소방관이 진입할 수 있는 창을 설치하고, 외부에서 주야간에 식별할 수 있는 표시를 해야 한다. 다만, 다음 각 호의 어느 하나에 해당하는 아파트는 제외한다.

1. 제46조제4항 및 제5항에 따라 대피공간 등을 설치한 아파트
2. 「주택건설기준 등에 관한 규정」 제15조제2항에 따라 비상용승강기를 설치한 아파트

제52조 【거실 등의 방습】 법 제49조제2항에 따라 다음 각 호의 어느 하나에 해당하는 거실·욕실 또는 조리장의 바닥 부분에는 국토교통부령으로 정하는 기준에 따라 방습을 위한 조치를 하여야 한다.

1. 건축물의 최하층에 있는 거실(바닥이 목조인 경우만 해당한다)
2. 제1종 근린생활시설 중 목욕장의 욕실과 휴게음식점 및 제과점의 조리장
3. 제2종 근린생활시설 중 일반음식점, 휴게음식점 및 제과점의 조리장과 숙박시설의 욕실

제53조 【경계벽 등의 설치】 ① 법 제49조제4항에 따라 다음 각 호의 어느 하나에 해당하는 건축물의 경계벽은 국토교통부령으로 정하는 기준에 따라 설치해야 한다.

1. 단독주택 중 다가구주택의 각 가구 간 또는 공동주택(기숙사는 제외한다)의 각 세대 간 경계벽(제2조제14호 후단에 따라 거실·침실 등의 용도로 쓰지 아니하는 발코니 부분은 제외한다)
2. 공동주택 중 기숙사의 침실, 의료시설의 병실, 교육연구시설 중 학교의 교실 또는 숙박시설의 객실 간 경계벽
3. 제1종 근린생활시설 중 산후조리원의 다음 각 호의 어느 하나에 해당하는 경계벽

가. 임산부실 간 경계벽

나. 신생아실 간 경계벽

다. 임산부실과 신생아실 간 경계벽

4. 제2종 근린생활시설 중 다중생활시설의 호실 간 경계벽
5. 노유자시설 중 「노인복지법」 제32조제1항제3호에 따른 노인복지주택(이하 "노인복지주택"이라 한다)의 각 세대 간 경계벽
6. 노유자시설 중 노인요양시설의 호실 간 경계벽

② 법 제49조제4항에 따라 다음 각 호의 어느 하나에 해당하는 건축물의 층간바닥(화장실의 바닥은 제외한다)은 국토교통부령으로 정하는 기준에 따라 설치해야 한다.

1. 단독주택 중 다가구주택
2. 공동주택(「주택법」 제15조에 따른 주택건설사업계획승인 대상은 제외한다)
3. 업무시설 중 오피스텔
4. 제2종 근린생활시설 중 다중생활시설
5. 숙박시설 중 다중생활시설

제54조 【건축물에 설치하는 굴뚝】 건축물에 설치하는 굴뚝은 국토교통부령으로 정하는 기준에 따라 설치하여야 한다.

제55조 【창문 등의 차면시설】 인접 대지경계선으로부터 직선거리 2미터 이내에 이웃 주택의 내부가 보이는 창문 등을 설치하는 경우에는 차면시설(遮面施設)을 설치하여야 한다.

제56조 【건축물의 내화구조】 ① 법 제50조제1항 본문에 따라 다음 각 호의 어느 하나에 해당하는 건축물(제5호

에 해당하는 건축물로서 2층 이하인 건축물은 지하층 부분만 해당한다)의 주요구조부와 지붕은 내화구조로 해야 한다. 다만, 연면적이 50제곱미터 이하인 단층의 부속건축물로서 외벽 및 처마 밑면을 방화구조로 한 것과 무대의 바닥은 그렇지 않다.

1. 제2종 근린생활시설 중 공연장·종교집회장(해당 용도로 쓰는 바닥면적의 합계가 각각 300제곱미터 이상인 경우만 해당한다), 문화 및 집회시설(전시장 및 동·식물원은 제외한다), 종교시설, 위락시설 중 주점영업 및 장례시설의 용도로 쓰는 건축물로서 관람실 또는 집회실의 바닥면적의 합계가 200제곱미터(옥외관람석의 경우에는 1천 제곱미터) 이상인 건축물
2. 문화 및 집회시설 중 전시장 또는 동·식물원, 판매시설, 운수시설, 교육연구시설에 설치하는 체육관·강당, 수련시설, 운동시설 중 체육관·운동장, 위락시설(주점영업의 용도로 쓰는 것은 제외한다), 창고시설, 위험물저장 및 처리시설, 자동차 관련 시설, 방송통신시설 중 방송국·전신전화국·촬영소, 묘지 관련 시설 중 화장시설·동물화장시설 또는 관광휴게시설의 용도로 쓰는 건축물로서 그 용도로 쓰는 바닥면적의 합계가 500제곱미터 이상인 건축물
3. 공장의 용도로 쓰는 건축물로서 그 용도로 쓰는 바닥면적의 합계가 2천 제곱미터 이상인 건축물. 다만, 화재의 위험이 적은 공장으로서 국토교통부령으로 정하는 공장은 제외한다.
4. 건축물의 2층이 단독주택 중 다중주택 및 다가구주택, 공동주택, 제1종 근린생활시설(의료의 용도로 쓰는 시설만 해당한다), 제2종 근린생활시설 중 다중생활시설, 의료시설, 노유자시설 중 아동 관련 시설 및 노인복지시설, 수련시설 중 유스호스텔, 업무시설 중 오피스텔, 숙박시설 또는 장례시설의 용도로 쓰는 건축물로서 그 용도로 쓰는 바닥면적의 합계가 400제곱미터 이상인 건축물
5. 3층 이상인 건축물 및 지하층이 있는 건축물. 다만, 단독주택(다중주택 및 다가구주택은 제외한다), 동물 및 식물 관련 시설, 발전시설(발전소의 부속용도로 쓰는 시설은 제외한다), 교도소·소년원 또는 묘지 관련 시설(화장시설 및 동물화장시설은 제외한다)의 용도로 쓰는 건축물과 철강 관련 업종의 공장 중 제어실로 사용하기 위하여 연면적 50제곱미터 이하로 증축하는 부분은 제외한다.

② 법 제50조제1항 단서에 따라 막구조의 건축물은 주요구조부에만 내화구조로 할 수 있다.

제57조【대규모 건축물의 방화벽 등】 ① 법 제50조제2항에 따라 연면적 1천 제곱미터 이상인 건축물은 방화벽으로 구획하되, 각 구획된 바닥면적의 합계는 1천 제곱미터 미만이어야 한다. 다만, 주요구조부가 내화구조이거나 불연재료인 건축물과 제56조제1항제5호 단서에 따른 건축물 또는 내부설비의 구조상 방화벽으로 구획할 수 없는 창고시설의 경우에는 그러하지 아니하다.

② 제1항에 따른 방화벽의 구조에 관하여 필요한 사항은 국토교통부령으로 정한다.

③ 연면적 1천 제곱미터 이상인 목조 건축물의 구조는 국토교통부령으로 정하는 바에 따라 방화구조로 하거나 불연재료로 하여야 한다.

제58조【방화지구의 건축물】 법 제51조제1항에 따라 그 주요구조부 및 외벽을 내화구조로 하지 아니할 수 있는 건축물은 다음 각 호와 같다.

1. 연면적 30제곱미터 미만인 단층 부속건축물로서 외벽 및 처마면이 내화구조 또는 불연재료로 된 것
2. 도매시장의 용도로 쓰는 건축물로서 그 주요구조부가 불연재료로 된 것

제59조 삭제 <1999. 4. 30.>

제60조 삭제 <1999. 4. 30.>

제61조【건축물의 마감재료】 ①법 제52조제1항에서 "대통령령으로 정하는 용도 및 규모의 건축물"이란 다음 각 호의 어느 하나에 해당하는 건축물을 말한다. 다만, 제1호, 제1호의2, 제2호부터 제7호까지의 어느 하나에 해당하는 건축물(제8호에 해당하는 건축물은 제외한다)의 주요구조부가 내화구조 또는 불연재료로 되어 있고 그 거실의 바닥면적(스프링클러나 그 밖에 이와 비슷한 자동식 소화설비를 설치한 바닥면적을 뺀 면적으로 한다. 이하 이 조에서 같다) 200제곱미터 이내마다 방화구획이 되어 있는 건축물은 제외한다.

1. 단독주택 중 다중주택·다가구주택

1의2. 공동주택

2. 제2종 근린생활시설 중 공연장·종교집회장·인터넷컴퓨터게임시설제공업소·학원·독서실·당구장·다중생활시설의 용도로 쓰는 건축물
3. 위험물저장 및 처리시설(자가난방과 자가발전 등의 용도로 쓰는 시설을 포함한다), 자동차 관련 시설, 발전시설, 방송통신시설 중 방송국·촬영소의 용도로 쓰는 건축물
4. 공장의 용도로 쓰는 건축물. 다만, 건축물이 1층 이하이고, 연면적 1천 제곱미터 미만으로서 다음 각 목의 요건을 모두 갖춘 경우는 제외한다.

가. 국토교통부령으로 정하는 화재위험이 적은 공장 용도로 쓸 것
나. 화재 시 대피가 가능한 국토교통부령으로 정하는 출구를 갖출 것
다. 복합자재[불연성인 재료와 불연성이 아닌 재료가 복합된 자재로서 외부의 양면(철판, 알루미늄, 콘크리트박판, 그 밖에 이와 유사한 재료로 이루어진 것을 말한다)과 심재(心材)로 구성된 것을 말한다]를 내부 마감재료로 사용하는 경우에는 국토교통부령으로 정하는 품질기준에 적합할 것

5. 5층 이상인 층 거실의 바닥면적의 합계가 500제곱미터 이상인 건축물
6. 문화 및 집회시설, 종교시설, 판매시설, 운수시설, 의료시설, 교육연구시설 중 학교·학원, 노유자시설, 수련시설, 업무시설 중 오피스텔, 숙박시설, 위락시설, 장례시설
7. 창고로 쓰이는 바닥면적 600제곱미터(스프링클러나 그 밖에 이와 비슷한 자동식 소화설비를 설치한 경우에는 1천200제곱미터) 이상인 건축물. 다만, 벽 및 지붕을 국토교통부장관이 정하여 고시하는 화재 확산 방지구조 기준에 적합하게 설치한 건축물은 제외한다.
8. 「다중이용업소의 안전관리에 관한 특별법 시행령」 제2조에 따른 다중이용업의 용도로 쓰는 건축물

② 법 제52조제2항에서 "대통령령으로 정하는 건축물"이란 다음 각 호의 어느 하나에 해당하는 것을 말한다.

1. 상업지역(근린상업지역은 제외한다)의 건축물로서 다음 각 목의 어느 하나에 해당하는 것
   가. 제1종 근린생활시설, 제2종 근린생활시설, 문화 및 집회시설, 종교시설, 판매시설, 운동시설 및 위락시설의 용도로 쓰는 건축물로서 그 용도로 쓰는 바닥면적의 합계가 2천제곱미터 이상인 건축물
   나. 공장(국토교통부령으로 정하는 화재 위험이 적은 공장은 제외한다)의 용도로 쓰는 건축물로부터 6미터 이내에 위치한 건축물
2. 의료시설, 교육연구시설, 노유자시설 및 수련시설의 용도로 쓰는 건축물
3. 3층 이상 또는 높이 9미터 이상인 건축물
4. 1층의 전부 또는 일부를 필로티 구조로 설치하여 주차장으로 쓰는 건축물

제61조의2 【실내건축】 법 제52조의2제1항에서 "대통령령으로 정하는 용도 및 규모에 해당하는 건축물"이란 다음 각 호의 어느 하나에 해당하는 건축물을 말한다.

1. 다중이용 건축물
2. 「건축물의 분양에 관한 법률」 제3조에 따른 건축물
3. 별표 1 제3호나목 및 같은 표 제4호아목에 따른 건축물(칸막이로 거실의 일부를 가로로 구획하거나 가로 및 세로로 구획하는 경우만 해당한다)

제62조 【건축자재의 품질관리 등】 ① 법 제52조의4제1항에서 "복합자재[불연재료인 양면 철판, 석재, 콘크리트 또는 이와 유사한 재료와 불연재료가 아닌 심재(心材)로 구성된 것을 말한다]를 포함한 제52조에 따른 마감재료, 방화문 등 대통령령으로 정하는 건축자재"란 다음 각 호의 어느 하나에 해당하는 것을 말한다.

1. 법 제52조의4제1항에 따른 복합자재
2. 건축물의 외벽에 사용하는 마감재료로서 단열재
3. 제64조제1항제1호부터 제3호까지의 규정에 따른 방화문
4. 그 밖에 방화와 관련된 건축자재로서 국토교통부령으로 정하는 건축자재

② 법 제52조의4제1항에 따른 건축자재의 제조업자는 같은 항에 따른 품질관리서(이하 "품질관리서"라 한다)를 건축자재 유통업자에게 제출해야 하며, 건축자재 유통업자는 품질관리서와 건축자재의 일치 여부 등을 확인하여 품질관리서를 공사시공자에게 전달해야 한다.

③ 제2항에 따라 품질관리서를 제출받은 공사시공자는 품질관리서와 건축자재의 일치 여부를 확인한 후 해당 건축물에서 사용된 건축자재 품질관리서 전체를 공사감리자에게 제출해야 한다.

④ 공사감리자는 제3항에 따라 제출받은 품질관리서를 공사감리완료보고서에 첨부하여 법 제25조제6항에 따라 건축주에게 제출해야 하며, 건축주는 법 제22조에 따른 건축물의 사용승인을 신청할 때에 이를 허가권자에게 제출해야 한다.]

제63조 【건축자재 성능 시험기관】 법 제52조의4제2항에서 "「과학기술분야 정부출연연구기관 등의 설립·운영 및 육성에 관한 법률」에 따른 한국건설기술연구원 등 대통령령으로 정하는 시험기관"이란 다음 각 호의 기관을 말한다.

1. 「과학기술분야 정부출연연구기관 등의 설립·운영 및 육성에 관한 법률」에 따른 한국건설기술연구원

2. 「건설기술 진흥법」에 따른 건설기술용역사업자로서 건축 관련 품질시험의 수행능력이 국토교통부장관이 정하여 고시하는 기준에 해당하는 자
3. 「국가표준기본법」 제23조에 따라 인정받은 시험·검사기관

제63조의2 【건축물의 범죄예방】 법 제53조의2제2항에서 "대통령령으로 정하는 건축물"이란 다음 각 호의 어느 하나에 해당하는 건축물을 말한다.
1. 다가구주택, 아파트, 연립주택 및 다세대주택
2. 제1종 근린생활시설 중 일용품을 판매하는 소매점
3. 제2종 근린생활시설 중 다중생활시설
4. 문화 및 집회시설(동·식물원은 제외한다)
5. 교육연구시설(연구소 및 도서관은 제외한다)
6. 노유자시설
7. 수련시설
8. 업무시설 중 오피스텔
9. 숙박시설 중 다중생활시설

제64조 【방화문의 구분】 ① 방화문은 다음 각 호와 같이 구분한다.
1. 60분+ 방화문 : 연기 및 불꽃을 차단할 수 있는 시간이 60분 이상이고, 열을 차단할 수 있는 시간이 30분 이상인 방화문
2. 60분 방화문 : 연기 및 불꽃을 차단할 수 있는 시간이 60분 이상인 방화문
3. 30분 방화문 : 연기 및 불꽃을 차단할 수 있는 시간이 30분 이상 60분 미만인 방화문

② 제1항 각 호의 구분에 따른 방화문 인정 기준은 국토교통부령으로 정한다.

제7장 건축물의 설비등

제89조 【승용 승강기의 설치】 법 제64조제1항 전단에서 "대통령령으로 정하는 건축물"이란 층수가 6층인 건축물로서 각 층 거실의 바닥면적 300제곱미터 이내마다 1개소 이상의 직통계단을 설치한 건축물을 말한다.

제90조 【비상용 승강기의 설치】 ① 법 제64조제2항에 따라 높이 31미터를 넘는 건축물에는 다음 각 호의 기준에 따른 대수 이상의 비상용 승강기(비상용 승강기의 승강장 및 승강로를 포함한다. 이하 이 조에서 같다)를 설치하여야 한다. 다만, 법 제64조제1항에 따라 설치되는 승강기를 비상용 승강기의 구조로 하는 경우에는 그러하지 아니하다.
1. 높이 31미터를 넘는 각 층의 바닥면적 중 최대 바닥면적이 1천500제곱미터 이하인 건축물 : 1대 이상
2. 높이 31미터를 넘는 각 층의 바닥면적 중 최대 바닥면적이 1천500제곱미터를 넘는 건축물 : 1대에 1천500제곱미터를 넘는 3천 제곱미터 이내마다 1대씩 더한 대수 이상

② 제1항에 따라 2대 이상의 비상용 승강기를 설치하는 경우에는 화재가 났을 때 소화에 지장이 없도록 일정한 간격을 두고 설치하여야 한다.

③ 건축물에 설치하는 비상용 승강기의 구조 등에 관하여 필요한 사항은 국토교통부령으로 정한다.

제91조 【피난용승강기의 설치】 법 제64조제3항에 따른 피난용승강기(피난용승강기의 승강장 및 승강로를 포함한다. 이하 이 조에서 같다)는 다음 각 호의 기준에 맞게 설치하여야 한다.
1. 승강장의 바닥면적은 승강기 1대당 6제곱미터 이상으로 할 것
2. 각 층으로부터 피난층까지 이르는 승강로를 단일구조로 연결하여 설치할 것
3. 예비전원으로 작동하는 조명설비를 설치할 것
4. 승강장의 출입구 부근의 잘 보이는 곳에 해당 승강기가 피난용승강기임을 알리는 표지를 설치할 것
5. 그 밖에 화재예방 및 피해경감을 위하여 국토교통부령으로 정하는 구조 및 설비 등의 기준에 맞을 것

제9장 보칙

제119조 【면적 등의 산정방법】 ① 법 제84조에 따라 건축물의 면적·높이 및 층수 등은 다음 각 호의 방법에 따라 산정한다.
1. 대지면적 : 대지의 수평투영면적으로 한다. 다만, 다음 각 목의 어느 하나에 해당하는 면적은 제외한다.
   가. 법 제46조제1항 단서에 따라 대지에 건축선이 정하여진 경우 : 그 건축선과 도로 사이의 대지면적
   나. 대지에 도시·군계획시설인 도로·공원 등이 있는 경우 : 그 도시·군계획시설에 포함되는 대지(「국토의 계획 및 이용에 관한 법률」 제47조제7항에 따라 건축물 또는 공작물을 설치하는 도시·군계획시설의 부지는 제외한다)면적
2. 건축면적 : 건축물의 외벽(외벽이 없는 경우에는 외곽 부분의 기둥을 말한다. 이하 이 호에서 같다)의 중심선으로 둘러싸인 부분의 수평투영면적으로 한다.

다만, 다음 각 목의 어느 하나에 해당하는 경우에는 해당 목에서 정하는 기준에 따라 산정한다.

가. 처마, 차양, 부연(附椽), 그 밖에 이와 비슷한 것으로서 그 외벽의 중심선으로부터 수평거리 1미터 이상 돌출된 부분이 있는 건축물의 건축면적은 그 돌출된 끝부분으로부터 다음의 구분에 따른 수평거리를 후퇴한 선으로 둘러싸인 부분의 수평투영면적으로 한다.
   1) 「전통사찰의 보존 및 지원에 관한 법률」 제2조제1호에 따른 전통사찰 : 4미터 이하의 범위에서 외벽의 중심선까지의 거리
   2) 사료 투여, 가축 이동 및 가축 분뇨 유출 방지 등을 위하여 처마, 차양, 부연, 그 밖에 이와 비슷한 것이 설치된 축사 : 3미터 이하의 범위에서 외벽의 중심선까지의 거리(두 동의 축사가 하나의 차양으로 연결된 경우에는 6미터 이하의 범위에서 축사 양 외벽의 중심선까지의 거리를 말한다)
   3) 한옥 : 2미터 이하의 범위에서 외벽의 중심선까지의 거리
   4) 「환경친화적자동차의 개발 및 보급 촉진에 관한 법률 시행령」 제18조의5에 따른 충전시설(그에 딸린 충전 전용 주차구획을 포함한다)의 설치를 목적으로 처마, 차양, 부연, 그 밖에 이와 비슷한 것이 설치된 공동주택(「주택법」 제15조에 따른 사업계획승인 대상으로 한정한다) : 2미터 이하의 범위에서 외벽의 중심선까지의 거리
   5) 「신에너지 및 재생에너지 개발·이용·보급 촉진법」 제2조제3호에 따른 신·재생에너지 설비(신·재생에너지를 생산하거나 이용하기 위한 것만 해당한다)를 설치하기 위하여 처마, 차양, 부연, 그 밖에 이와 비슷한 것이 설치된 건축물로서 「녹색건축물 조성 지원법」 제17조에 따른 제로에너지건축물 인증을 받은 건축물 : 2미터 이하의 범위에서 외벽의 중심선까지의 거리
   6) 그 밖의 건축물: 1미터

나. 다음의 건축물의 건축면적은 국토교통부령으로 정하는 바에 따라 산정한다.
   1) 태양열을 주된 에너지원으로 이용하는 주택
   2) 창고 또는 공장 중 물품을 입출고하는 부위의 상부에 한쪽 끝은 고정되고 다른 쪽 끝은 지지되지 않는 구조로 설치된 돌출차양
   3) 단열재를 구조체의 외기측에 설치하는 단열공법으로 건축된 건축물

다. 다음의 경우에는 건축면적에 산입하지 않는다.
   1) 지표면으로부터 1미터 이하에 있는 부분(창고 중 물품을 입출고하기 위하여 차량을 접안시키는 부분의 경우에는 지표면으로부터 1.5미터 이하에 있는 부분)
   2) 「다중이용업소의 안전관리에 관한 특별법 시행령」 제9조에 따라 기존의 다중이용업소(2004년 5월 29일 이전의 것만 해당한다)의 비상구에 연결하여 설치하는 폭 2미터 이하의 옥외 피난계단(기존 건축물에 옥외 피난계단을 설치함으로써 법 제55조에 따른 건폐율의 기준에 적합하지 아니하게 된 경우만 해당한다)
   3) 건축물 지상층에 일반인이나 차량이 통행할 수 있도록 설치한 보행통로나 차량통로
   4) 지하주차장의 경사로
   5) 건축물 지하층의 출입구 상부(출입구 너비에 상당하는 규모의 부분을 말한다)
   6) 생활폐기물 보관시설(음식물쓰레기, 의류 등의 수거시설을 말한다. 이하 같다)
   7) 「영유아보육법」 제15조에 따른 어린이집(2005년 1월 29일 이전에 설치된 것만 해당한다)의 비상구에 연결하여 설치하는 폭 2미터 이하의 영유아용 대피용 미끄럼대 또는 비상계단(기존 건축물에 영유아용 대피용 미끄럼대 또는 비상계단을 설치함으로써 법 제55조에 따른 건폐율 기준에 적합하지 아니하게 된 경우만 해당한다)
   8) 「장애인·노인·임산부 등의 편의증진 보장에 관한 법률 시행령」 별표 2의 기준에 따라 설치하는 장애인용 승강기, 장애인용 에스컬레이터, 휠체어리프트 또는 경사로
   9) 「가축전염병 예방법」 제17조제1항제1호에 따른 소독설비를 갖추기 위하여 같은 호에 따른 가축사육시설(2015년 4월 27일 전에 건축되거나 설치된 가축사육시설로 한정한다)에서 설치하는 시설
   10) 「매장문화재 보호 및 조사에 관한 법률」 제14조제1항제1호 및 제2호에 따른 현지보존 및 이전보존을 위하여 매장문화재 보호 및 전시에 전용되는 부분

11) 「가축분뇨의 관리 및 이용에 관한 법률」 제12조제1항에 따른 처리시설(법률 제12516호 가축분뇨의 관리 및 이용에 관한 법률 일부개정법률 부칙 제9조에 해당하는 배출시설의 처리시설로 한정한다)

12) 「영유아보육법」 제15조에 따른 설치기준에 따라 직통계단 1개소를 갈음하여 건축물의 외부에 설치하는 비상계단(같은 조에 따른 어린이집이 2011년 4월 6일 이전에 설치된 경우로서 기존 건축물에 비상계단을 설치함으로써 법 제55조에 따른 건폐율 기준에 적합하지 않게 된 경우만 해당한다)

3. 바닥면적 : 건축물의 각 층 또는 그 일부로서 벽, 기둥, 그 밖에 이와 비슷한 구획의 중심선으로 둘러싸인 부분의 수평투영면적으로 한다. 다만, 다음 각 목의 어느 하나에 해당하는 경우에는 각 목에서 정하는 바에 따른다.

가. 벽·기둥의 구획이 없는 건축물은 그 지붕 끝부분으로부터 수평거리 1미터를 후퇴한 선으로 둘러싸인 수평투영면적으로 한다.

나. 건축물의 노대등의 바닥은 난간 등의 설치 여부에 관계없이 노대등의 면적(외벽의 중심선으로부터 노대등의 끝부분까지의 면적을 말한다)에서 노대등이 접한 가장 긴 외벽에 접한 길이에 1.5미터를 곱한 값을 뺀 면적을 바닥면적에 산입한다.

다. 필로티나 그 밖에 이와 비슷한 구조(벽면적의 2분의 1 이상이 그 층의 바닥면에서 위층 바닥 아래면까지 공간으로 된 것만 해당한다)의 부분은 그 부분이 공중의 통행이나 차량의 통행 또는 주차에 전용되는 경우와 공동주택의 경우에는 바닥면적에 산입하지 아니한다.

라. 승강기탑(옥상 출입용 승강장을 포함한다), 계단탑, 장식탑, 다락[층고(層高)가 1.5미터(경사진 형태의 지붕인 경우에는 1.8미터) 이하인 것만 해당한다], 건축물의 내부에 설치하는 냉방설비 배기장치 전용 설치공간(각 세대나 실별로 외부 공기에 직접 닿는 곳에 설치하는 경우로서 1제곱미터 이하로 한정한다), 건축물의 외부 또는 내부에 설치하는 굴뚝, 더스트슈트, 설비덕트, 그 밖에 이와 비슷한 것과 옥상·옥외 또는 지하에 설치하는 물탱크, 기름탱크, 냉각탑, 정화조, 도시가스 정압기, 그 밖에 이와 비슷한 것을 설치하기 위한 구조물과 건축물 간에 화물의 이동에 이용되는 컨베이어벨트만을 설치하기 위한 구조물은 바닥면적에 산입하지 않는다.

마. 공동주택으로서 지상층에 설치한 기계실, 전기실, 어린이놀이터, 조경시설 및 생활폐기물 보관시설의 면적은 바닥면적에 산입하지 않는다.

바. 「다중이용업소의 안전관리에 관한 특별법 시행령」 제9조에 따라 기존의 다중이용업소(2004년 5월 29일 이전의 것만 해당한다)의 비상구에 연결하여 설치하는 폭 1.5미터 이하의 옥외 피난계단(기존 건축물에 옥외 피난계단을 설치함으로써 법 제56조에 따른 용적률에 적합하지 아니하게 된 경우만 해당한다)은 바닥면적에 산입하지 아니한다.

사. 제6조제1항제6호에 따른 건축물을 리모델링하는 경우로서 미관 향상, 열의 손실 방지 등을 위하여 외벽에 부가하여 마감재 등을 설치하는 부분은 바닥면적에 산입하지 아니한다.

아. 제1항제2호나목3)의 건축물의 경우에는 단열재가 설치된 외벽 중 내측 내력벽의 중심선을 기준으로 산정한 면적을 바닥면적으로 한다.

자. 「영유아보육법」 제15조에 따른 어린이집(2005년 1월 29일 이전에 설치된 것만 해당한다)의 비상구에 연결하여 설치하는 폭 2미터 이하의 영유아용 대피용 미끄럼대 또는 비상계단의 면적은 바닥면적(기존 건축물에 영유아용 대피용 미끄럼대 또는 비상계단을 설치함으로써 법 제56조에 따른 용적률 기준에 적합하지 아니하게 된 경우만 해당한다)에 산입하지 아니한다.

차. 「장애인·노인·임산부 등의 편의증진 보장에 관한 법률 시행령」 별표 2의 기준에 따라 설치하는 장애인용 승강기, 장애인용 에스컬레이터, 휠체어리프트 또는 경사로는 바닥면적에 산입하지 아니한다.

카. 「가축전염병 예방법」 제17조제1항제1호에 따른 소독설비를 갖추기 위하여 같은 호에 따른 가축사육시설(2015년 4월 27일 전에 건축되거나 설치된 가축사육시설로 한정한다)에서 설치하는 시설은 바닥면적에 산입하지 아니한다.

타. 「매장문화재 보호 및 조사에 관한 법률」 제14조제1항제1호 및 제2호에 따른 현지보존 및 이전보존을 위하여 매장문화재 보호 및 전시에 전용되는 부분은 바닥면적에 산입하지 아니한다.

파. 「영유아보육법」 제15조에 따른 설치기준에 따라 직통계단 1개소를 갈음하여 건축물의 외부에 설치하는 비상계단의 면적은 바닥면적(같은 조에 따른 어린이집이 2011년 4월 6일 이전에 설치된 경우로서 기존 건축물에 비상계단을 설치함으로써 법 제

56조에 따른 용적률 기준에 적합하지 않게 된 경우만 해당한다)에 산입하지 않는다.
하. 지하주차장의 경사로는 바닥면적에 산입하지 않는다.
4. 연면적 : 하나의 건축물 각 층의 바닥면적의 합계로 하되, 용적률을 산정할 때에는 다음 각 목에 해당하는 면적은 제외한다.
가. 지하층의 면적
나. 지상층의 주차용(해당 건축물의 부속용도인 경우만 해당한다)으로 쓰는 면적
다. 삭제 <2012. 12. 12.>
라. 삭제 <2012. 12. 12.>
마. 제34조제3항 및 제4항에 따라 초고층 건축물과 준초고층 건축물에 설치하는 피난안전구역의 면적
바. 제40조제4항제2호에 따라 건축물의 경사지붕 아래에 설치하는 대피공간의 면적
5. 건축물의 높이 : 지표면으로부터 그 건축물의 상단까지의 높이[건축물의 1층 전체에 필로티(건축물을 사용하기 위한 경비실, 계단실, 승강기실, 그 밖에 이와 비슷한 것을 포함한다)가 설치되어 있는 경우에는 법 제60조 및 법 제61조제2항을 적용할 때 필로티의 층고를 제외한 높이]로 한다. 다만, 다음 각 목의 어느 하나에 해당하는 경우에는 각 목에서 정하는 바에 따른다.
가. 법 제60조에 따른 건축물의 높이는 전면도로의 중심선으로부터의 높이로 산정한다. 다만, 전면도로가 다음의 어느 하나에 해당하는 경우에는 그에 따라 산정한다.
1) 건축물의 대지에 접하는 전면도로의 노면에 고저차가 있는 경우에는 그 건축물이 접하는 범위의 전면도로부분의 수평거리에 따라 가중평균한 높이의 수평면을 전면도로면으로 본다.
2) 건축물의 대지의 지표면이 전면도로보다 높은 경우에는 그 고저차의 2분의 1의 높이만큼 올라온 위치에 그 전면도로의 면이 있는 것으로 본다.
나. 법 제61조에 따른 건축물 높이를 산정할 때 건축물 대지의 지표면과 인접 대지의 지표면 간에 고저차가 있는 경우에는 그 지표면의 평균 수평면을 지표면으로 본다. 다만, 법 제61조제2항에 따른 높이를 산정할 때 해당 대지가 인접 대지의 높이보다 낮은 경우에는 해당 대지의 지표면을 지표면으로 보고, 공동주택을 다른 용도와 복합하여 건축하는 경우에는 공동주택의 가장 낮은 부분을 그 건축물의 지표면으로 본다.
다. 건축물의 옥상에 설치되는 승강기탑·계단탑·망루·장식탑·옥탑 등으로서 그 수평투영면적의 합계가 해당 건축물 건축면적의 8분의 1(「주택법」 제15조제1항에 따른 사업계획승인 대상인 공동주택 중 세대별 전용면적이 85제곱미터 이하인 경우에는 6분의 1) 이하인 경우로서 그 부분의 높이가 12미터를 넘는 경우에는 그 넘는 부분만 해당 건축물의 높이에 산입한다.
라. 지붕마루장식·굴뚝·방화벽의 옥상돌출부나 그 밖에 이와 비슷한 옥상돌출물과 난간벽(그 벽면적의 2분의 1 이상이 공간으로 되어 있는 것만 해당한다)은 그 건축물의 높이에 산입하지 아니한다.
6. 처마높이 : 지표면으로부터 건축물의 지붕틀 또는 이와 비슷한 수평재를 지지하는 벽·깔도리 또는 기둥의 상단까지의 높이로 한다.
7. 반자높이 : 방의 바닥면으로부터 반자까지의 높이로 한다. 다만, 한 방에서 반자높이가 다른 부분이 있는 경우에는 그 각 부분의 반자면적에 따라 가중평균한 높이로 한다.
8. 층고 : 방의 바닥구조체 윗면으로부터 위층 바닥구조체의 윗면까지의 높이로 한다. 다만, 한 방에서 층의 높이가 다른 부분이 있는 경우에는 그 각 부분 높이에 따른 면적에 따라 가중평균한 높이로 한다.
9. 층수 : 승강기탑(옥상 출입용 승강장을 포함한다), 계단탑, 망루, 장식탑, 옥탑, 그 밖에 이와 비슷한 건축물의 옥상 부분으로서 그 수평투영면적의 합계가 해당 건축물 건축면적의 8분의 1(「주택법」 제15조제1항에 따른 사업계획승인 대상인 공동주택 중 세대별 전용면적이 85제곱미터 이하인 경우에는 6분의 1) 이하인 것과 지하층은 건축물의 층수에 산입하지 아니하고, 층의 구분이 명확하지 아니한 건축물은 그 건축물의 높이 4미터마다 하나의 층으로 보고 그 층수를 산정하며, 건축물이 부분에 따라 그 층수가 다른 경우에는 그 중 가장 많은 층수를 그 건축물의 층수로 본다.
10. 지하층의 지표면: 법 제2조제1항제5호에 따른 지하층의 지표면은 각 층의 주위가 접하는 각 지표면 부분의 높이를 그 지표면 부분의 수평거리에 따라 가중평균한 높이의 수평면을 지표면으로 산정한다.

② 제1항 각 호(제10호는 제외한다)에 따른 기준에 따라 건축물의 면적·높이 및 층수 등을 산정할 때 지표면에 고저차가 있는 경우에는 건축물의 주위가 접하는 각

지표면 부분의 높이를 그 지표면 부분의 수평거리에 따라 가중평균한 높이의 수평면을 지표면으로 본다. 이 경우 그 고저차가 3미터를 넘는 경우에는 그 고저차 3미터 이내의 부분마다 그 지표면을 정한다.

③ 다음 각 호의 요건을 모두 갖춘 건축물의 건폐율을 산정할 때에는 제1항제2호에도 불구하고 지방건축위원회의 심의를 통해 제2호에 따른 개방 부분의 상부에 해당하는 면적을 건축면적에서 제외할 수 있다.

1. 다음 각 목의 어느 하나에 해당하는 시설로서 해당 용도로 쓰는 바닥면적의 합계가 1천제곱미터 이상일 것
   가. 문화 및 집회시설(공연장·관람장·전시장만 해당한다)
   나. 교육연구시설(학교·연구소·도서관만 해당한다)
   다. 수련시설 중 생활권 수련시설, 업무시설 중 공공업무시설
2. 지면과 접하는 저층의 일부를 높이 8미터 이상으로 개방하여 보행통로나 공지 등으로 활용할 수 있는 구조·형태일 것

④ 제1항제5호다목 또는 제1항제9호에 따른 수평투영면적의 산정은 제1항제2호에 따른 건축면적의 산정방법에 따른다.

건축물의 설비기준 등에 관한 규칙

[시행 2020. 10. 10]
[국토교통부령 제715호, 2020. 4. 9, 일부개정]

제5조 【승용승강기의 설치기준】 「건축법」(이하 "법"이라 한다) 제64조제1항에 따라 건축물에 설치하는 승용승강기의 설치기준은 별표 1의2와 같다. 다만, 승용승강기가 설치되어 있는 건축물에 1개층을 증축하는 경우에는 승용승강기의 승강로를 연장하여 설치하지 아니할 수 있다.

제6조 【승강기의 구조】 법 제64조에 따라 건축물에 설치하는 승강기·에스컬레이터 및 비상용승강기의 구조는 「승강기시설 안전관리법」이 정하는 바에 따른다.

제9조 【비상용승강기를 설치하지 아니할 수 있는 건축물】 법 제64조제2항 단서에서 "국토교통부령이 정하는 건축물"이라 함은 다음 각 호의 건축물을 말한다.

1. 높이 31미터를 넘는 각층을 거실외의 용도로 쓰는 건축물
2. 높이 31미터를 넘는 각층의 바닥면적의 합계가 500제곱미터 이하인 건축물
3. 높이 31미터를 넘는 층수가 4개층이하로서 당해 각층의 바닥면적의 합계 200제곱미터(벽 및 반자가 실내에 접하는 부분의 마감을 불연재료로 한 경우에는 500제곱미터)이내마다 방화구획(영 제46조제1항 본문에 따른 방화구획을 말한다. 이하 같다)으로 구획된 건축물

제10조 【비상용승강기의 승강장 및 승강로의 구조】 법 제64조제2항에 따른 비상용승강기의 승강장 및 승강로의 구조는 다음 각 호의 기준에 적합하여야 한다.

1. 삭제 <1996. 2. 9.>
2. 비상용승강기 승강장의 구조
   가. 승강장의 창문·출입구 기타 개구부를 제외한 부분은 당해 건축물의 다른 부분과 내화구조의 바닥 및 벽으로 구획할 것. 다만, 공동주택의 경우에는 승강장과 특별피난계단(「건축물의 피난·방화구조 등의 기준에 관한 규칙」 제9조의 규정에 의한 특별피난계단을 말한다. 이하 같다)의 부속실과의 겸용부분을 특별피난계단의 계단실과 별

도로 구획하는 때에는 승강장을 특별피난계단의 부속실과 겸용할 수 있다.

나. 승강장은 각층의 내부와 연결될 수 있도록 하되, 그 출입구(승강로의 출입구를 제외한다)에는 갑종방화문을 설치할 것. 다만, 피난층에는 갑종방화문을 설치하지 아니할 수 있다.

다. 노대 또는 외부를 향하여 열 수 있는 창문이나 제14조제2항의 규정에 의한 배연설비를 설치할 것

라. 벽 및 반자가 실내에 접하는 부분의 마감재료(마감을 위한 바탕을 포함한다)는 불연재료로 할 것

마. 채광이 되는 창문이 있거나 예비전원에 의한 조명설비를 할 것

바. 승강장의 바닥면적은 비상용승강기 1대에 대하여 6제곱미터 이상으로 할 것. 다만, 옥외에 승강장을 설치하는 경우에는 그러하지 아니하다.

사. 피난층이 있는 승강장의 출입구(승강장이 없는 경우에는 승강로의 출입구)로부터 도로 또는 공지(공원·광장 기타 이와 유사한 것으로서 피난 및 소화를 위한 당해 대지에의 출입에 지장이 없는 것을 말한다)에 이르는 거리가 30미터 이하일 것

아. 승강장 출입구 부근의 잘 보이는 곳에 당해 승강기가 비상용승강기임을 알 수 있는 표지를 할 것

3. 비상용승강기의 승강로의 구조

가. 승강로는 당해 건축물의 다른 부분과 내화구조로 구획할 것

나. 각층으로부터 피난층까지 이르는 승강로를 단일구조로 연결하여 설치할 것

제14조 【배연설비】 ①법 제49조제2항에 따라 배연설비를 설치하여야 하는 건축물에는 다음 각 호의 기준에 적합하게 배연설비를 설치해야 한다. 다만, 피난층인 경우에는 그렇지 않다.

1. 영 제46조제1항에 따라 건축물이 방화구획으로 구획된 경우에는 그 구획마다 1개소 이상의 배연창을 설치하되, 배연창의 상변과 천장 또는 반자로부터 수직거리가 0.9미터 이내일 것. 다만, 반자높이가 바닥으로부터 3미터 이상인 경우에는 배연창의 하변이 바닥으로부터 2.1미터 이상의 위치에 놓이도록 설치하여야 한다.

2. 배연창의 유효면적은 별표 2의 산정기준에 의하여 산정된 면적이 1제곱미터 이상으로서 그 면적의 합계가 당해 건축물의 바닥면적(영 제46조제1항 또는 제3항의 규정에 의하여 방화구획이 설치된 경우에는 그 구획된 부분의 바닥면적을 말한다)의 100분의 1 이상일 것. 이 경우 바닥면적의 산정에 있어서 거실 바닥면적의 20분의 1 이상으로 환기창을 설치한 거실의 면적은 이에 산입하지 아니한다.

3. 배연구는 연기감지기 또는 열감지기에 의하여 자동으로 열 수 있는 구조로 하되, 손으로도 열고 닫을 수 있도록 할 것

4. 배연구는 예비전원에 의하여 열 수 있도록 할 것

5. 기계식 배연설비를 하는 경우에는 제1호 내지 제4호의 규정에 불구하고 소방관계법령의 규정에 적합하도록 할 것

② 특별피난계단 및 영 제90조제3항의 규정에 의한 비상용승강기의 승강장에 설치하는 배연설비의 구조는 다음 각호의 기준에 적합하여야 한다.

1. 배연구 및 배연풍도는 불연재료로 하고, 화재가 발생한 경우 원활하게 배연시킬 수 있는 규모로서 외기 또는 평상시에 사용하지 아니하는 굴뚝에 연결할 것

2. 배연구에 설치하는 수동개방장치 또는 자동개방장치(열감지기 또는 연기감지기에 의한 것을 말한다)는 손으로도 열고 닫을 수 있도록 할 것

3. 배연구는 평상시에는 닫힌 상태를 유지하고, 연 경우에는 배연에 의한 기류로 인하여 닫히지 아니하도록 할 것

4. 배연구가 외기에 접하지 아니하는 경우에는 배연기를 설치할 것

5. 배연기는 배연구의 열림에 따라 자동적으로 작동하고, 충분한 공기배출 또는 가압능력이 있을 것

6. 배연기에는 예비전원을 설치할 것

7. 공기유입방식을 급기가압방식 또는 급·배기방식으로 하는 경우에는 제1호 내지 제6호의 규정에 불구하고 소방관계법령의 규정에 적합하게 할 것

제20조 【피뢰설비】 영 제87조제2항에 따라 낙뢰의 우려가 있는 건축물, 높이 20미터 이상의 건축물 또는 영 제118조제1항에 따른 공작물로서 높이 20미터 이상의 공작물(건축물에 영 제118조제1항에 따른 공작물을 설치하여 그 전체 높이가 20미터 이상인 것을 포함한다)에는 다음 각 호의 기준에 적합하게 피뢰설비를 설치하여야 한다.

1. 피뢰설비는 한국산업표준이 정하는 피뢰레벨 등급에 적합한 피뢰설비일 것. 다만, 위험물저장 및 처리시설에 설치하는 피뢰설비는 한국산업표준이 정하는 피뢰시스템레벨 II 이상이어야 한다.

2. 돌침은 건축물의 맨 윗부분으로부터 25센티미터 이상 돌출시켜 설치하되, 「건축물의 구조기준 등에 관한 규칙」 제9조에 따른 설계하중에 견딜 수 있는 구조일 것
3. 피뢰설비의 재료는 최소 단면적이 피복이 없는 동선을 기준으로 수뢰부, 인하도선 및 접지극은 50제곱밀리미터 이상이거나 이와 동등 이상의 성능을 갖출 것
4. 피뢰설비의 인하도선을 대신하여 철골조의 철골구조물과 철근콘크리트조의 철근구조체 등을 사용하는 경우에는 전기적 연속성이 보장될 것. 이 경우 전기적 연속성이 있다고 판단되기 위하여는 건축물 금속 구조체의 최상단부와 지표레벨 사이의 전기저항이 0.2옴 이하이어야 한다.
5. 측면 낙뢰를 방지하기 위하여 높이가 60미터를 초과하는 건축물 등에는 지면에서 건축물 높이의 5분의 4가 되는 지점부터 최상단부분까지의 측면에 수뢰부를 설치하여야 하며, 지표레벨에서 최상단부의 높이가 150미터를 초과하는 건축물은 120미터 지점부터 최상단부분까지의 측면에 수뢰부를 설치할 것. 다만, 건축물의 외벽이 금속부재(部材)로 마감되고, 금속부재 상호간에 제4호 후단에 적합한 전기적 연속성이 보장되며 피뢰시스템레벨 등급에 적합하게 설치하여 인하도선에 연결한 경우에는 측면 수뢰부가 설치된 것으로 본다.
6. 접지(接地)는 환경오염을 일으킬 수 있는 시공방법이나 화학 첨가물 등을 사용하지 아니할 것
7. 급수·급탕·난방·가스 등을 공급하기 위하여 건축물에 설치하는 금속배관 및 금속재 설비는 전위(電位)가 균등하게 이루어지도록 전기적으로 접속할 것
8. 전기설비의 접지계통과 건축물의 피뢰설비 및 통신설비 등의 접지극을 공용하는 통합접지공사를 하는 경우에는 낙뢰 등으로 인한 과전압으로부터 전기설비 등을 보호하기 위하여 한국산업표준에 적합한 서지보호장치(SPD)를 설치할 것
9. 그 밖에 피뢰설비와 관련된 사항은 한국산업표준에 적합하게 설치할 것

건축물의 피난·방화구조 등의 기준에 관한 규칙

[시행 2021. 8. 7]
[국토교통부령 제832호, 2021. 3. 26, 일부개정]

제3조 【내화구조】 영 제2조제7호에서 "국토교통부령으로 정하는 기준에 적합한 구조"란 다음 각 호의 어느 하나에 해당하는 것을 말한다.

1. 벽의 경우에는 다음 각 목의 어느 하나에 해당하는 것
   가. 철근콘크리트조 또는 철골철근콘크리트조로서 두께가 10센티미터 이상인 것
   나. 골구를 철골조로 하고 그 양면을 두께 4센티미터 이상의 철망모르타르(그 바름바탕을 불연재료로 한 것으로 한정한다. 이하 이 조에서 같다) 또는 두께 5센티미터 이상의 콘크리트블록·벽돌 또는 석재로 덮은 것
   다. 철재로 보강된 콘크리트블록조·벽돌조 또는 석조로서 철재에 덮은 콘크리트블록등의 두께가 5센티미터 이상인 것
   라. 벽돌조로서 두께가 19센티미터 이상인 것
   마. 고온·고압의 증기로 양생된 경량기포 콘크리트패널 또는 경량기포 콘크리트블록조로서 두께가 10센티미터 이상인 것
2. 외벽 중 비내력벽인 경우에는 제1호에도 불구하고 다음 각 목의 어느 하나에 해당하는 것
   가. 철근콘크리트조 또는 철골철근콘크리트조로서 두께가 7센티미터 이상인 것
   나. 골구를 철골조로 하고 그 양면을 두께 3센티미터 이상의 철망모르타르 또는 두께 4센티미터 이상의 콘크리트블록·벽돌 또는 석재로 덮은 것
   다. 철재로 보강된 콘크리트블록조·벽돌조 또는 석조로서 철재에 덮은 콘크리트블록등의 두께가 4센티미터 이상인 것
   라. 무근콘크리트조·콘크리트블록조·벽돌조 또는 석조로서 그 두께가 7센티미터 이상인 것
3. 기둥의 경우에는 그 작은 지름이 25센티미터 이상인 것으로서 다음 각 목의 어느 하나에 해당하는 것. 다만, 고강도 콘크리트(설계기준강도가 50MPa 이상인 콘크리트를 말한다. 이하 이 조에서 같다)를 사용하는 경우에는 국토교통부장관이 정하여 고시하는 고강도 콘크리트 내화성능 관리기준에 적합해야 한다.

가. 철근콘크리트조 또는 철골철근콘크리트조
나. 철골을 두께 6센티미터(경량골재를 사용하는 경우에는 5센티미터)이상의 철망모르타르 또는 두께 7센티미터 이상의 콘크리트블록·벽돌 또는 석재로 덮은 것
다. 철골을 두께 5센티미터 이상의 콘크리트로 덮은 것

4. 바닥의 경우에는 다음 각 목의 어느 하나에 해당하는 것
가. 철근콘크리트조 또는 철골철근콘크리트조로서 두께가 10센티미터 이상인 것
나. 철재로 보강된 콘크리트블록조·벽돌조 또는 석조로서 철재에 덮은 콘크리트블록등의 두께가 5센티미터 이상인 것
다. 철재의 양면을 두께 5센티미터 이상의 철망모르타르 또는 콘크리트로 덮은 것

5. 보(지붕틀을 포함한다)의 경우에는 다음 각 목의 어느 하나에 해당하는 것. 다만, 고강도 콘크리트를 사용하는 경우에는 국토교통부장관이 정하여 고시하는 고강도 콘크리트내화성능 관리기준에 적합해야 한다.
가. 철근콘크리트조 또는 철골철근콘크리트조
나. 철골을 두께 6센티미터(경량골재를 사용하는 경우에는 5센티미터)이상의 철망모르타르 또는 두께 5센티미터 이상의 콘크리트로 덮은 것
다. 철골조의 지붕틀(바닥으로부터 그 아랫부분까지의 높이가 4미터 이상인 것에 한한다)로서 바로 아래에 반자가 없거나 불연재료로 된 반자가 있는 것

6. 지붕의 경우에는 다음 각 목의 어느 하나에 해당하는 것
가. 철근콘크리트조 또는 철골철근콘크리트조
나. 철재로 보강된 콘크리트블록조·벽돌조 또는 석조
다. 철재로 보강된 유리블록 또는 망입유리로 된 것

7. 계단의 경우에는 다음 각 목의 어느 하나에 해당하는 것
가. 철근콘크리트조 또는 철골철근콘크리트조
나. 무근콘크리트조·콘크리트블록조·벽돌조 또는 석조
다. 철재로 보강된 콘크리트블록조·벽돌조 또는 석조
라. 철골조

8. 「과학기술분야 정부출연연구기관 등의 설립·운영 및 육성에 관한 법률」 제8조에 따라 설립된 한국건설기술연구원의 장(이하 "한국건설기술연구원장"이라 한다)이 해당 내화구조에 대하여 다음 각 목의 사항을 모두 인정하는 것. 다만, 「산업표준화법」에 따른 한국산업표준으로 내화성능이 인정된 구조로 된 것은 나목에 따른 품질시험을 생략할 수 있다.
가. 생산공장의 품질 관리 상태를 확인한 결과 국토교통부장관이 정하여 고시하는 기준에 적합할 것
나. 가목에 따라 적합성이 인정된 제품에 대하여 품질시험을 실시한 결과 별표 1에 따른 성능기준에 적합할 것

9. 다음 각 목의 어느 하나에 해당하는 것으로서 한국건설기술연구원장이 국토교통부장관으로부터 승인받은 기준에 적합한 것으로 인정하는 것
가. 한국건설기술연구원장이 인정한 내화구조 표준으로 된 것
나. 한국건설기술연구원장이 인정한 성능설계에 따라 내화구조의 성능을 검증할 수 있는 구조로 된 것

10. 한국건설기술연구원장이 제27조제1항에 따라 정한 인정기준에 따라 인정하는 것

제4조 【방화구조】 영 제2조제8호에서 "국토교통부령으로 정하는 기준에 적합한 구조"란 다음 각 호의 어느 하나에 해당하는 것을 말한다.

1. 철망모르타르로서 그 바름두께가 2센티미터 이상인 것
2. 석고판 위에 시멘트모르타르 또는 회반죽을 바른 것으로서 그 두께의 합계가 2.5센티미터 이상인 것
3. 시멘트모르타르 위에 타일을 붙인 것으로서 그 두께의 합계가 2.5센티미터 이상인 것
4. 삭제 <2010. 4. 7.>
5. 삭제 <2010. 4. 7.>
6. 심벽에 흙으로 맞벽치기한 것
7. 「산업표준화법」에 따른 한국산업표준이 정하는 바에 따라 시험한 결과 방화 2급 이상에 해당하는 것

제5조 【난연재료】 영 제2조제9호에서 "국토교통부령으로 정하는 기준에 적합한 재료"란 「산업표준화법」에 따른 한국산업표준에 따라 시험한 결과 가스 유해성, 열방출량 등이 국토교통부장관이 정하여 고시하는 난연재료의 성능기준을 충족하는 것을 말한다.

제6조 【불연재료】 영 제2조제10호에서 "국토교통부령으로 정하는 기준에 적합한 재료"란 다음 각 호의 어느 하나에 해당하는 것을 말한다.

1. 콘크리트·석재·벽돌·기와·철강·알루미늄·유리·시멘트모르타르 및 회. 이 경우 시멘트모르타르 또는 회 등 미장재료를 사용하는 경우에는 「건설기술 진흥법」 제44조제1항제2호에 따라 제정된 건축공사 표준시방서에서 정한 두께 이상인 것에 한한다.
2. 「산업표준화법」에 따른 한국산업표준에서 정하는 바에 따라 시험한 결과 질량감소율 등이 국토교통부

별 관람실(바닥면적이 300제곱미터 이상인 것만 해당한다)의 출구는 다음 각 호의 기준에 적합하게 설치해야 한다.

1. 관람실별로 2개소 이상 설치할 것
2. 각 출구의 유효너비는 1.5미터 이상일 것
3. 개별 관람실 출구의 유효너비의 합계는 개별 관람실의 바닥면적 100제곱미터마다 0.6미터의 비율로 산정한 너비 이상으로 할 것

제11조 【건축물의 바깥쪽으로의 출구의 설치기준】 ①영 제39조제1항의 규정에 의하여 건축물의 바깥쪽으로 나가는 출구를 설치하는 경우 피난층의 계단으로부터 건축물의 바깥쪽으로의 출구에 이르는 보행거리(가장 가까운 출구와의 보행거리를 말한다. 이하 같다)는 영 제34조제1항의 규정에 의한 거리이하로 하여야 하며, 거실(피난에 지장이 없는 출입구가 있는 것을 제외한다)의 각 부분으로부터 건축물의 바깥쪽으로의 출구에 이르는 보행거리는 영 제34조제1항의 규정에 의한 거리의 2배 이하로 하여야 한다.

② 영 제39조제1항에 따라 건축물의 바깥쪽으로 나가는 출구를 설치하는 건축물중 문화 및 집회시설(전시장 및 동·식물원을 제외한다), 종교시설, 장례식장 또는 위락시설의 용도에 쓰이는 건축물의 바깥쪽으로의 출구로 쓰이는 문은 안여닫이로 하여서는 아니된다.

③ 영 제39조제1항에 따라 건축물의 바깥쪽으로 나가는 출구를 설치하는 경우 관람실의 바닥면적의 합계가 300제곱미터 이상인 집회장 또는 공연장은 주된 출구 외에 보조출구 또는 비상구를 2개소 이상 설치해야 한다.

④ 판매시설의 용도에 쓰이는 피난층에 설치하는 건축물의 바깥쪽으로의 출구의 유효너비의 합계는 해당 용도에 쓰이는 바닥면적이 최대인 층에 있어서의 해당 용도의 바닥면적 100제곱미터마다 0.6미터의 비율로 산정한 너비 이상으로 하여야 한다.

⑤ 다음 각 호의 어느 하나에 해당하는 건축물의 피난층 또는 피난층의 승강장으로부터 건축물의 바깥쪽에 이르는 통로에는 제15조제5항에 따른 경사로를 설치하여야 한다.

1. 제1종 근린생활시설 중 지역자치센터·파출소·지구대·소방서·우체국·방송국·보건소·공공도서관·지역건강보험조합 기타 이와 유사한 것으로서 동일한 건축물안에서 당해 용도에 쓰이는 바닥면적의 합계가 1천제곱미터 미만인 것
2. 제1종 근린생활시설 중 마을회관·마을공동작업소·마을공동구판장·변전소·양수장·정수장·대피소·공중화장실 기타 이와 유사한 것
3. 연면적이 5천제곱미터 이상인 판매시설, 운수시설
4. 교육연구시설 중 학교
5. 업무시설중 국가 또는 지방자치단체의 청사와 외국공관의 건축물로서 제1종 근린생활시설에 해당하지 아니하는 것
6. 승강기를 설치하여야 하는 건축물

⑥ 「건축법」(이하 "법"이라 한다) 제49조제1항에 따라 영 제39조제1항 각 호의 어느 하나에 해당하는 건축물의 바깥쪽으로 나가는 출입문에 유리를 사용하는 경우에는 안전유리를 사용하여야 한다.

제12조 【회전문의 설치기준】 영 제39조제2항의 규정에 의하여 건축물의 출입구에 설치하는 회전문은 다음 각 호의 기준에 적합하여야 한다.

1. 계단이나 에스컬레이터로부터 2미터 이상의 거리를 둘 것
2. 회전문과 문틀사이 및 바닥사이는 다음 각 목에서 정하는 간격을 확보하고 틈 사이를 고무와 고무펠트의 조합체 등을 사용하여 신체나 물건 등에 손상이 없도록 할 것
   가. 회전문과 문틀 사이는 5센티미터 이상
   나. 회전문과 바닥 사이는 3센티미터 이하
3. 출입에 지장이 없도록 일정한 방향으로 회전하는 구조로 할 것
4. 회전문의 중심축에서 회전문과 문틀 사이의 간격을 포함한 회전문날개 끝부분까지의 길이는 140센티미터 이상이 되도록 할 것
5. 회전문의 회전속도는 분당회전수가 8회를 넘지 아니하도록 할 것
6. 자동회전문은 충격이 가하여지거나 사용자가 위험한 위치에 있는 경우에는 전자감지장치 등을 사용하여 정지하는 구조로 할 것

제13조 【헬리포트 및 구조공간 설치 기준】 ①영 제40조제4항제1호에 따라 건축물에 설치하는 헬리포트는 다음 각 호의 기준에 적합해야 한다.

1. 헬리포트의 길이와 너비는 각각 22미터이상으로 할 것. 다만, 건축물의 옥상바닥의 길이와 너비가 각각 22미터이하인 경우에는 헬리포트의 길이와 너비를 각각 15미터까지 감축할 수 있다.
2. 헬리포트의 중심으로부터 반경 12미터 이내에는 헬리콥터의 이·착륙에 장애가 되는 건축물, 공작물, 조경시설 또는 난간 등을 설치하지 아니할 것
3. 헬리포트의 주위한계선은 백색으로 하되, 그 선의 너비는 38센티미터로 할 것

4. 헬리포트의 중앙부분에는 지름 8미터의 "ⓗ" 표지를 백색으로 하되, "H" 표지의 선의 너비는 38센티미터로, "◯" 표지의 선의 너비는 60센티미터로 할 것
5. 헬리포트로 통하는 출입문에 영 제40조제3항 각 호 외의 부분에 따른 비상문자동개폐장치(이하 "비상문자동개폐장치"라 한다)를 설치할 것

② 영 제40조제4항제1호에 따라 옥상에 헬리콥터를 통하여 인명 등을 구조할 수 있는 공간을 설치하는 경우에는 직경 10미터 이상의 구조공간을 확보해야 하며, 구조공간에는 구조활동에 장애가 되는 건축물, 공작물 또는 난간 등을 설치해서는 안 된다. 이 경우 구조공간의 표시기준 및 설치기준 등에 관하여는 제1항제3호부터 제5호까지의 규정을 준용한다.

③ 영 제40조제4항제2호에 따라 설치하는 대피공간은 다음 각 호의 기준에 적합해야 한다.

1. 대피공간의 면적은 지붕 수평투영면적의 10분의 1 이상 일 것
2. 특별피난계단 또는 피난계단과 연결되도록 할 것
3. 출입구·창문을 제외한 부분은 해당 건축물의 다른 부분과 내화구조의 바닥 및 벽으로 구획할 것
4. 출입구는 유효너비 0.9미터 이상으로 하고, 그 출입구에는 60+방화문 또는 60분방화문을 설치할 것

4의2. 제4호에 따른 방화문에 비상문자동개폐장치를 설치할 것

5. 내부마감재료는 불연재료로 할 것
6. 예비전원으로 작동하는 조명설비를 설치할 것
7. 관리사무소 등과 긴급 연락이 가능한 통신시설을 설치할 것

제14조 【방화구획의 설치기준】 ① 영 제46조제1항 각 호 외의 부분 본문에 따라 건축물에 설치하는 방화구획은 다음 각 호의 기준에 적합해야 한다.

1. 10층 이하의 층은 바닥면적 1천제곱미터(스프링클러 기타 이와 유사한 자동식 소화설비를 설치한 경우에는 바닥면적 3천제곱미터)이내마다 구획할 것
2. 매층마다 구획할 것. 다만, 지하 1층에서 지상으로 직접 연결하는 경사로 부위는 제외한다.
3. 11층 이상의 층은 바닥면적 200제곱미터(스프링클러 기타 이와 유사한 자동식 소화설비를 설치한 경우에는 600제곱미터)이내마다 구획할 것. 다만, 벽 및 반자의 실내에 접하는 부분의 마감을 불연재료로 한 경우에는 바닥면적 500제곱미터(스프링클러 기타 이와 유사한 자동식 소화설비를 설치한 경우에는 1천500제곱미터)이내마다 구획하여야 한다.
4. 필로티나 그 밖에 이와 비슷한 구조(벽면적의 2분의 1 이상이 그 층의 바닥면에서 위층 바닥 아래면까지 공간으로 된 것만 해당한다)의 부분을 주차장으로 사용하는 경우 그 부분은 건축물의 다른 부분과 구획할 것

② 제1항에 따른 방화구획은 다음 각 호의 기준에 적합하게 설치해야 한다.

1. 영 제46조에 따른 방화구획으로 사용하는 60+방화문 또는 60분방화문은 언제나 닫힌 상태를 유지하거나 화재로 인한 연기 또는 불꽃을 감지하여 자동적으로 닫히는 구조로 할 것. 다만, 연기 또는 불꽃을 감지하여 자동적으로 닫히는 구조로 할 수 없는 경우에는 온도를 감지하여 자동적으로 닫히는 구조로 할 수 있다.
2. 외벽과 바닥 사이에 틈이 생긴 때나 급수관·배전관 그 밖의 관이 방화구획으로 되어 있는 부분을 관통하는 경우 그로 인하여 방화구획에 틈이 생긴 때에는 그 틈을 한국건설기술연구원장이 국토교통부장관이 정하여 고시하는 기준에 따라 내화채움성능을 인정한 구조로 메울 것
   가. 삭제 <2021. 3. 26.>
   나. 삭제 <2021. 3. 26.>
3. 환기·난방 또는 냉방시설의 풍도가 방화구획을 관통하는 경우에는 그 관통부분 또는 이에 근접한 부분에 다음 각 목의 기준에 적합한 댐퍼를 설치할 것. 다만, 반도체공장건축물로서 방화구획을 관통하는 풍도의 주위에 스프링클러헤드를 설치하는 경우에는 그렇지 않다.
   가. 화재로 인한 연기 또는 불꽃을 감지하여 자동적으로 닫히는 구조로 할 것. 다만, 주방 등 연기가 항상 발생하는 부분에는 온도를 감지하여 자동적으로 닫히는 구조로 할 수 있다.
   나. 국토교통부장관이 정하여 고시하는 비차열(非遮熱) 성능 및 방연성능 등의 기준에 적합할 것
   다. 삭제 <2019. 8. 6.>
   라. 삭제 <2019. 8. 6.>
4. 영 제46조제1항제2호와 제81조제5항제5호에 따라 설치되는 자동방화셔터는 피난이 가능한 60+방화문 또는 60분방화문으로부터 3미터 이내에 별도로 설치할 것

③ 영 제46조제1항제2호에서 "국토교통부령으로 정하는 기준에 적합한 것"이란 한국건설기술연구원장이 국토교통부장관이 정하여 고시하는 바에 따라 다음 각 호의 사항을 모두 인정한 것을 말한다.

1. 생산공장의 품질 관리 상태를 확인한 결과 국토교통부장관이 정하여 고시하는 기준에 적합할 것
2. 해당 제품의 품질시험을 실시한 결과 비차열 1시간 이상의 내화성능을 확보하였을 것

④ 영 제46조제5항제3호에 따른 하향식 피난구(덮개, 사다리, 경보시스템을 포함한다)의 구조는 다음 각 호의 기준에 적합하게 설치해야 한다.

1. 피난구의 덮개는 품질시험을 실시한 결과 비차열 1시간 이상의 내화성능을 가져야 하며, 피난구의 유효 개구부 규격은 직경 60센티미터 이상일 것
2. 상층·하층간 피난구의 설치위치는 수직방향 간격을 15센티미터 이상 띄어서 설치할 것
3. 아래층에서는 바로 위층의 피난구를 열 수 없는 구조일 것
4. 사다리는 바로 아래층의 바닥면으로부터 50센티미터 이하까지 내려오는 길이로 할 것
5. 덮개가 개방될 경우에는 건축물관리시스템 등을 통하여 경보음이 울리는 구조일 것
6. 피난구가 있는 곳에는 예비전원에 의한 조명설비를 설치할 것

⑤ 제2항제2호에 따른 건축물의 외벽과 바닥 사이의 내화채움방법에 필요한 사항은 국토교통부장관이 정하여 고시한다.

제14조의2 【복합건축물의 피난시설 등】 영 제47조제1항 단서의 규정에 의하여 같은 건축물안에 공동주택·의료시설·아동관련시설 또는 노인복지시설(이하 이 조에서 "공동주택등"이라 한다)중 하나 이상과 위락시설·위험물저장 및 처리시설·공장 또는 자동차정비공장(이하 이 조에서 "위락시설등"이라 한다)중 하나 이상을 함께 설치하고자 하는 경우에는 다음 각 호의 기준에 적합하여야 한다.

1. 공동주택등의 출입구와 위락시설등의 출입구는 서로 그 보행거리가 30미터 이상이 되도록 설치할 것
2. 공동주택등(당해 공동주택등에 출입하는 통로를 포함한다)과 위락시설등(당해 위락시설등에 출입하는 통로를 포함한다)은 내화구조로 된 바닥 및 벽으로 구획하여 서로 차단할 것
3. 공동주택등과 위락시설등은 서로 이웃하지 아니하도록 배치할 것
4. 건축물의 주요 구조부를 내화구조로 할 것
5. 거실의 벽 및 반자가 실내에 면하는 부분(반자돌림대·창대 그 밖에 이와 유사한 것을 제외한다. 이하 이 조에서 같다)의 마감은 불연재료·준불연재료 또는 난연재료로 하고, 그 거실로부터 지상으로 통하는 주된 복도·계단 그밖에 통로의 벽 및 반자가 실내에 면하는 부분의 마감은 불연재료 또는 준불연재료로 할 것

제15조 【계단의 설치기준】 ①영 제48조의 규정에 의하여 건축물에 설치하는 계단은 다음 각호의 기준에 적합하여야 한다.

1. 높이가 3미터를 넘는 계단에는 높이 3미터이내마다 유효너비 120센티미터 이상의 계단참을 설치할 것
2. 높이가 1미터를 넘는 계단 및 계단참의 양옆에는 난간(벽 또는 이에 대치되는 것을 포함한다)을 설치할 것
3. 너비가 3미터를 넘는 계단에는 계단의 중간에 너비 3미터 이내마다 난간을 설치할 것. 다만, 계단의 단높이가 15센티미터 이하이고, 계단의 단너비가 30센티미터 이상인 경우에는 그러하지 아니하다.
4. 계단의 유효 높이(계단의 바닥 마감면부터 상부 구조체의 하부 마감면까지의 연직방향의 높이를 말한다)는 2.1미터 이상으로 할 것

② 제1항에 따라 계단을 설치하는 경우 계단 및 계단참의 너비(옥내계단에 한정한다), 계단의 단높이 및 단너비의 칫수는 다음 각 호의 기준에 적합해야 한다. 이 경우 돌음계단의 단너비는 그 좁은 너비의 끝부분으로부터 30센티미터의 위치에서 측정한다.

1. 초등학교의 계단인 경우에는 계단 및 계단참의 유효너비는 150센티미터 이상, 단높이는 16센티미터 이하, 단너비는 26센티미터 이상으로 할 것
2. 중·고등학교의 계단인 경우에는 계단 및 계단참의 유효너비는 150센티미터 이상, 단높이는 18센티미터 이하, 단너비는 26센티미터 이상으로 할 것
3. 문화 및 집회시설(공연장·집회장 및 관람장에 한한다)·판매시설 기타 이와 유사한 용도에 쓰이는 건축물의 계단인 경우에는 계단 및 계단참의 유효너비를 120센티미터 이상으로 할 것
4. 제1호부터 제3호까지의 건축물 외의 건축물의 계단으로서 다음 각 목의 어느 하나에 해당하는 층의 계단인 경우에는 계단 및 계단참은 유효너비를 120센티미터 이상으로 할 것
   가. 계단을 설치하려는 층이 지상층인 경우 : 해당 층의 바로 위층부터 최상층(상부층 중 피난층이 있는 경우에는 그 아래층을 말한다)까지의 거실 바닥면적의 합계가 200제곱미터 이상인 경우
   나. 계단을 설치하려는 층이 지하층인 경우 : 지하층 거실 바닥면적의 합계가 100제곱미터 이상인 경우

5. 기타의 계단인 경우에는 계단 및 계단참의 유효너비를 60센티미터 이상으로 할 것
6. 「산업안전보건법」에 의한 작업장에 설치하는 계단인 경우에는 「산업안전 기준에 관한 규칙」에서 정한 구조로 할 것

③ 공동주택(기숙사를 제외한다)·제1종 근린생활시설·제2종 근린생활시설·문화 및 집회시설·종교시설·판매시설·운수시설·의료시설·노유자시설·업무시설·숙박시설·위락시설 또는 관광휴게시설의 용도에 쓰이는 건축물의 주계단·피난계단 또는 특별피난계단에 설치하는 난간 및 바닥은 아동의 이용에 안전하고 노약자 및 신체장애인의 이용에 편리한 구조로 하여야 하며, 양쪽에 벽등이 있어 난간이 없는 경우에는 손잡이를 설치하여야 한다.

④ 제3항의 규정에 의한 난간·벽 등의 손잡이와 바닥마감은 다음 각호의 기준에 적합하게 설치하여야 한다.

1. 손잡이는 최대지름이 3.2센티미터 이상 3.8센티미터 이하인 원형 또는 타원형의 단면으로 할 것
2. 손잡이는 벽등으로부터 5센티미터 이상 떨어지도록 하고, 계단으로부터의 높이는 85센티미터가 되도록 할 것
3. 계단이 끝나는 수평부분에서의 손잡이는 바깥쪽으로 30센티미터 이상 나오도록 설치할 것

⑤ 계단을 대체하여 설치하는 경사로는 다음 각호의 기준에 적합하게 설치하여야 한다.

1. 경사도는 1 : 8을 넘지 아니할 것
2. 표면을 거친 면으로 하거나 미끄러지지 아니하는 재료로 마감할 것
3. 경사로의 직선 및 굴절부분의 유효너비는 「장애인·노인·임산부등의 편의증진보장에 관한 법률」이 정하는 기준에 적합할 것

⑥ 제1항 각호의 규정은 제5항의 규정에 의한 경사로의 설치기준에 관하여 이를 준용한다.

⑦ 제1항 및 제2항에도 불구하고 영 제34조제4항 단서에 따라 피난층 또는 지상으로 통하는 직통계단을 설치하는 경우 계단 및 계단참의 유효너비는 다음 각 호의 구분에 따른 기준에 적합하여야 한다.

1. 공동주택: 120센티미터 이상
2. 공동주택이 아닌 건축물: 150센티미터 이상

⑧ 승강기기계실용 계단, 망루용 계단 등 특수한 용도에만 쓰이는 계단에 대해서는 제1항부터 제7항까지의 규정을 적용하지 아니한다.

제15조의2 **【복도의 너비 및 설치기준】** ①영 제48조의 규정에 의하여 건축물에 설치하는 복도의 유효너비는 다음 표와 같이 하여야 한다.

구 분	양옆에 거실이 있는 복도	기타의 복도
유치원·초등학교 중학교·고등학교	2.4미터 이상	1.8미터 이상
공동주택·오피스텔	1.8미터 이상	1.2미터 이상
당해 층 거실의 바닥면적 합계가 200제곱미터 이상인 경우	1.5미터 이상(의료시설의 복도 1.8미터 이상	1.2미터 이상

② 문화 및 집회시설(공연장·집회장·관람장·전시장에 한정한다), 종교시설 중 종교집회장, 노유자시설 중 아동 관련 시설·노인복지시설, 수련시설 중 생활권수련시설, 위락시설 중 유흥주점 및 장례식장의 관람실 또는 집회실과 접하는 복도의 유효너비는 제1항에도 불구하고 다음 각 호에서 정하는 너비로 해야 한다.

1. 해당 층에서 해당 용도로 쓰는 바닥면적의 합계가 500제곱미터 미만인 경우 1.5미터 이상
2. 해당 층에서 해당 용도로 쓰는 바닥면적의 합계가 500제곱미터 이상 1천제곱미터 미만인 경우 1.8미터 이상
3. 해당 층에서 해당 용도로 쓰는 바닥면적의 합계가 1천제곱미터 이상인 경우 2.4미터 이상

③ 문화 및 집회시설 중 공연장에 설치하는 복도는 다음 각 호의 기준에 적합해야 한다.

1. 공연장의 개별 관람실(바닥면적이 300제곱미터 이상인 경우에 한정한다)의 바깥쪽에는 그 양쪽 및 뒤쪽에 각각 복도를 설치할 것
2. 하나의 층에 개별 관람실(바닥면적이 300제곱미터 미만인 경우에 한정한다)을 2개소 이상 연속하여 설치하는 경우에는 그 관람실의 바깥쪽의 앞쪽과 뒤쪽에 각각 복도를 설치할 것

제16조 **【거실의 반자높이】** ① 영 제50조의 규정에 의하여 설치하는 거실의 반자(반자가 없는 경우에는 보 또는 바로 윗층의 바닥판의 밑면 기타 이와 유사한 것을 말한다. 이하같다)는 그 높이를 2.1미터 이상으로 하여야 한다.

② 문화 및 집회시설(전시장 및 동·식물원은 제외한다), 종교시설, 장례식장 또는 위락시설 중 유흥주점의 용도에 쓰이는 건축물의 관람실 또는 집회실로서 그 바닥면적이 200제곱미터 이상인 것의 반자의 높이는 제1항에도 불구하고 4미터(노대의 아랫부분의 높이는 2.7미터)이상이어야 한다. 다만, 기계환기장치를 설치하는 경우에는 그렇지 않다.

제17조【채광 및 환기를 위한 창문등】 ① 영 제51조에 따라 채광을 위하여 거실에 설치하는 창문등의 면적은 그 거실의 바닥면적의 10분의 1 이상이어야 한다. 다만, 거실의 용도에 따라 별표 1의3에 따라 조도 이상의 조명장치를 설치하는 경우에는 그러하지 아니하다.

② 영 제51조의 규정에 의하여 환기를 위하여 거실에 설치하는 창문등의 면적은 그 거실의 바닥면적의 20분의 1 이상이어야 한다. 다만, 기계환기장치 및 중앙관리방식의 공기조화설비를 설치하는 경우에는 그러하지 아니하다.

③ 제1항 및 제2항의 규정을 적용함에 있어서 수시로 개방할 수 있는 미닫이로 구획된 2개의 거실은 이를 1개의 거실로 본다.

④ 영 제51조제3항에서 "국토교통부령으로정하는 기준"이란 높이 1.2미터 이상의 난간이나 그 밖에 이와 유사한 추락방지를 위한 안전시설을 말한다.

제18조【거실등의 방습】 ① 영 제52조의 규정에 의하여 건축물의 최하층에 있는 거실바닥의 높이는 지표면으로부터 45센티미터 이상으로 하여야 한다. 다만, 지표면을 콘크리트바닥으로 설치하는 등 방습을 위한 조치를 하는 경우에는 그러하지 아니하다.

② 영 제52조에 따라 다음 각 호의 어느 하나에 해당하는 욕실 또는 조리장의 바닥과 그 바닥으로부터 높이 1미터까지의 안벽의 마감은 이를 내수재료로 하여야 한다.

1. 제1종 근린생활시설중 목욕장의 욕실과 휴게음식점의 조리장
2. 제2종 근린생활시설중 일반음식점 및 휴게음식점의 조리장과 숙박시설의 욕실

제18조의2【소방관 진입창의 기준】 법 제49조제3항에서 "국토교통부령으로 정하는 기준"이란 다음 각 호의 요건을 모두 충족하는 것을 말한다.

1. 2층 이상 11층 이하인 층에 각각 1개소 이상 설치할 것. 이 경우 소방관이 진입할 수 있는 창의 가운데에서 벽면 끝까지의 수평거리가 40미터 이상인 경우에는 40미터 이내마다 소방관이 진입할 수 있는 창을 추가로 설치해야 한다.
2. 소방차 진입로 또는 소방차 진입이 가능한 공터에 면할 것
3. 창문의 가운데에 지름 20센티미터 이상의 역삼각형을 야간에도 알아볼 수 있도록 빛 반사 등으로 붉은색으로 표시할 것
4. 창문의 한쪽 모서리에 타격지점을 지름 3센티미터 이상의 원형으로 표시할 것
5. 창문의 크기는 폭 90센티미터 이상, 높이 1.2미터 이상으로 하고, 실내 바닥면으로부터 창의 아랫부분까지의 높이는 80센티미터 이내로 할 것
6. 다음 각 목의 어느 하나에 해당하는 유리를 사용할 것
   가. 플로트판유리로서 그 두께가 6밀리미터 이하인 것
   나. 강화유리 또는 배강도유리로서 그 두께가 5밀리미터 이하인 것
   다. 가목 또는 나목에 해당하는 유리로 구성된 이중유리로서 그 두께가 24밀리미터 이하인 것

제19조【경계벽 등의 구조】 ① 법 제49조제4항에 따라 건축물에 설치하는 경계벽은 내화구조로 하고, 지붕밑 또는 바로 위층의 바닥판까지 닿게 해야 한다.

② 제1항에 따른 경계벽은 소리를 차단하는데 장애가 되는 부분이 없도록 다음 각 호의 어느 하나에 해당하는 구조로 하여야 한다. 다만, 다가구주택 및 공동주택의 세대간의 경계벽인 경우에는 「주택건설기준 등에 관한 규정」 제14조에 따른다.

1. 철근콘크리트조·철골철근콘크리트조로서 두께가 10센티미터이상인 것
2. 무근콘크리트조 또는 석조로서 두께가 10센티미터(시멘트모르타르·회반죽 또는 석고플라스터의 바름두께를 포함한다)이상인 것
3. 콘크리트블록조 또는 벽돌조로서 두께가 19센티미터 이상인 것
4. 제1호 내지 제3호의 것 외에 국토교통부장관이 정하여 고시하는 기준에 따라 국토교통부장관이 지정하는 자 또는 한국건설기술연구원장이 실시하는 품질시험에서 그 성능이 확인된 것
5. 한국건설기술연구원장이 제27조제1항에 따라 정한 인정기준에 따라 인정하는 것

③ 법 제49조제3항에 따른 가구·세대 등 간 소음방지를 위한 바닥은 경량충격음(비교적 가볍고 딱딱한 충격에 의한 바닥충격음을 말한다)과 중량충격음(무겁고 부드러운 충격에 의한 바닥충격음을 말한다)을 차단할 수 있는 구조로 하여야 한다.

④ 제3항에 따른 가구·세대 등 간 소음방지를 위한 바닥의 세부 기준은 국토교통부장관이 정하여 고시한다.

제19조의2【침수 방지시설】 법 제49조제4항제2호에서 "국토교통부령으로 정하는 침수 방지시설"이란 다음 각 호의 시설을 말한다.

1. 차수판(遮水板)
2. 역류방지 밸브

제20조(건축물에 설치하는 굴뚝) 영 제54조에 따라 건축물에 설치하는 굴뚝은 다음 각호의 기준에 적합하여야 한다.

1. 굴뚝의 옥상 돌출부는 지붕면으로부터의 수직거리를 1미터 이상으로 할 것. 다만, 용마루·계단탑·옥탑등이 있는 건축물에 있어서 굴뚝의 주위에 연기의 배출을 방해하는 장애물이 있는 경우에는 그 굴뚝의 상단을 용마루·계단탑·옥탑등보다 높게 하여야 한다.
2. 굴뚝의 상단으로부터 수평거리 1미터 이내에 다른 건축물이 있는 경우에는 그 건축물의 처마보다 1미터 이상 높게 할 것
3. 금속제 굴뚝으로서 건축물의 지붕속·반자위 및 가장 아랫바닥밑에 있는 굴뚝의 부분은 금속외의 불연재료로 덮을 것
4. 금속제 굴뚝은 목재 기타 가연재료로부터 15센티미터 이상 떨어져서 설치할 것. 다만, 두께 10센티미터 이상인 금속외의 불연재료로 덮은 경우에는 그러하지 아니하다.

제20조의2 【내화구조의 적용이 제외되는 공장건축물】 영 제56조제1항제3호 단서에서 "국토교통부령으로 정하는 공장"이란 별표 2의 업종에 해당하는 공장으로서 주요구조부가 불연재료로 되어 있는 2층 이하의 공장을 말한다.

제21조 【방화벽의 구조】 ① 영 제57조제2항에 따라 건축물에 설치하는 방화벽은 다음 각 호의 기준에 적합해야 한다.

1. 내화구조로서 홀로 설 수 있는 구조일 것
2. 방화벽의 양쪽 끝과 윗쪽 끝을 건축물의 외벽면 및 지붕면으로부터 0.5미터 이상 튀어 나오게 할 것
3. 방화벽에 설치하는 출입문의 너비 및 높이는 각각 2.5미터 이하로 하고, 해당 출입문에는 60+방화문 또는 60분방화문을 설치할 것

② 제14조제2항의 규정은 제1항의 규정에 의한 방화벽의 구조에 관하여 이를 준용한다.

제22조 【대규모 목조건축물의 외벽등】 ① 영 제57조제3항의 규정에 의하여 연면적이 1천제곱미터 이상인 목조의 건축물은 그 외벽 및 처마밑의 연소할 우려가 있는 부분을 방화구조로 하되, 그 지붕은 불연재료로 하여야 한다.

② 제1항에서 "연소할 우려가 있는 부분"이라 함은 인접대지경계선·도로중심선 또는 동일한 대지안에 있는 2동 이상의 건축물(연면적의 합계가 500제곱미터 이하인 건축물은 이를 하나의 건축물로 본다) 상호의 외벽간의 중심선으로부터 1층에 있어서는 3미터 이내, 2층 이상에 있어서는 5미터 이내의 거리에 있는 건축물의 각 부분을 말한다. 다만, 공원·광장·하천의 공지나 수면 또는 내화구조의 벽 기타 이와 유사한 것에 접하는 부분을 제외한다.

제22조의2 【고층건축물 피난안전구역 등의 피난 용도 표시】 법 제50조의2제2항에 따라 고층건축물에 설치된 피난안전구역, 피난시설 또는 대피공간에는 다음 각 호에서 정하는 바에 따라 화재 등의 경우에 피난 용도로 사용되는 것임을 표시하여야 한다.

1. 피난안전구역
   가. 출입구 상부 벽 또는 측벽의 눈에 잘 띄는 곳에 "피난안전구역" 문자를 적은 표시판을 설치할 것
   나. 출입구 측벽의 눈에 잘 띄는 곳에 해당 공간의 목적과 용도, 다른 용도로 사용하지 아니할 것을 안내하는 내용을 적은 표시판을 설치할 것
2. 특별피난계단의 계단실 및 그 부속실, 피난계단의 계단실 및 피난용 승강기 승강장
   가. 출입구 측벽의 눈에 잘 띄는 곳에 해당 공간의 목적과 용도, 다른 용도로 사용하지 아니할 것을 안내하는 내용을 적은 표시판을 설치할 것
   나. 해당 건축물에 피난안전구역이 있는 경우 가목에 따른 표시판에 피난안전구역이 있는 층을 적을 것
3. 대피공간 : 출입문에 해당 공간이 화재 등의 경우 대피장소이므로 물건적치 등 다른 용도로 사용하지 아니할 것을 안내하는 내용을 적은 표시판을 설치할 것

제23조 【방화지구안의 지붕·방화문 및 외벽등】 ① 법 제51조제3항에 따라 방화지구 내 건축물의 지붕으로서 내화구조가 아닌 것은 불연재료로 하여야 한다.

② 법 제51조제3항에 따라 방화지구 내 건축물의 인접대지경계선에 접하는 외벽에 설치하는 창문등으로서 제22조제2항에 따른 연소할 우려가 있는 부분에는 다음 각 호의 방화설비를 설치해야 한다.

1. 60+방화문 또는 60분방화문
2. 소방법령이 정하는 기준에 적합하게 창문등에 설치하는 드렌처
3. 당해 창문등과 연소할 우려가 있는 다른 건축물의 부분을 차단하는 내화구조나 불연재료로 된 벽·담장 기타 이와 유사한 방화설비
4. 환기구멍에 설치하는 불연재료로 된 방화커버 또는 그물눈이 2밀리미터 이하인 금속망

제24조 【건축물의 마감재료】 ① 법 제52조제1항에 따라

영 제61조제1항 각 호의 건축물에 대하여는 그 거실의 벽 및 반자의 실내에 접하는 부분(반자돌림대·창대 기타 이와 유사한 것을 제외한다. 이하 이 조에서 같다)의 마감은 불연재료·준불연재료 또는 난연재료로 하여야 하며, 그 거실에서 지상으로 통하는 주된 복도·계단 기타 통로의 벽 및 반자의 실내에 접하는 부분의 마감은 불연재료 또는 준불연재료로 하여야 한다.

② 영 제61조제1항 각 호의 건축물 중 다음 각 호의 어느 하나에 해당하는 거실의 벽 및 반자의 실내에 접하는 부분의 마감은 제1항에도 불구하고 불연재료 또는 준불연재료로 하여야 한다.

1. 영 제61조제1항 각 호에 따른 용도에 쓰이는 거실 등을 지하층 또는 지하의 공작물에 설치한 경우의 그 거실(출입문 및 문틀을 포함한다)
2. 영 제61조제1항제6호에 따른 용도에 쓰이는 건축물의 거실

③ 법 제52조제1항에서 "내부마감재료"란 건축물 내부의 천장·반자·벽(경계벽 포함)·기둥 등에 부착되는 마감재료를 말한다. 다만, 「다중이용업소의 안전관리에 관한 특별법 시행령」 제3조에 따른 실내장식물을 제외한다.

④ 영 제61조제1항제1호의2에 따른 공동주택에는 「다중이용시설 등의 실내공기질관리법」 제11조제1항 및 같은 법 시행규칙 제10조에 따라 환경부장관이 고시한 오염물질방출 건축자재를 사용해서는 안 된다.

⑤ 영 제61조제2항제1호부터 제3호까지의 규정에 해당하는 건축물의 외벽에는 법 제52조제2항 후단에 따라 불연재료 또는 준불연재료를 마감재료(단열재, 도장 등 코팅재료 및 그 밖에 마감재료를 구성하는 모든 재료를 포함한다. 이하 이 조에서 같다)로 사용해야 한다. 다만, 다음 각 호의 어느 하나에 해당하는 경우 난연재료(제2호의 경우 단열재만 해당한다)를 사용할 수 있다.

1. 국토교통부장관이 정하여 고시하는 화재 확산 방지구조 기준에 적합하게 설치하는 경우
2. 마감재료를 구성하는 재료 전체를 하나로 보아 국토교통부장관이 고시하는 기준에 따라 난연성능을 시험한 결과 불연재료 또는 준불연재료에 해당하는 경우

⑥ 제5항에도 불구하고 영 제61조제2항제1호 및 제3호에 해당하는 건축물로서 5층 이하이면서 높이 22미터 미만인 건축물의 경우 난연재료를 마감재료로 할 수 있다. 다만, 건축물의 외벽을 국토교통부장관이 정하여 고시하는 화재 확산 방지구조 기준에 적합하게 설치하는 경우에는 난연성능이 없는 재료를 마감재료로 사용할 수 있다.

⑦ 영 제61조제2항제4호에 해당하는 건축물의 외벽[필로티 구조의 외기(外氣)에 면하는 천장 및 벽체를 포함한다] 중 1층과 2층 부분에는 불연재료 또는 준불연재료를 마감재료로 해야 한다. 다만, 마감재료를 구성하는 재료 전체를 하나로 보아 국토교통부장관이 고시하는 기준에 따라 난연성능을 시험한 결과 불연재료 또는 준불연재료에 해당하는 경우 난연재료를 단열재로 사용할 수 있다.

제24조의2 【소규모 공장용도 건축물의 마감재료】 ① 영 제61조제1항제4호가목 및 제2항제1호나목에서 "국토교통부령으로 정하는 화재위험이 적은 공장"이란 각각 별표 3의 업종에 해당하는 공장을 말한다. 다만, 공장의 일부 또는 전체를 기숙사 및 구내식당의 용도로 사용하는 건축물을 제외한다.

② 영 제61조제1항제4호나목에서 "국토교통부령으로 정하는 출구"란 건축물의 내부의 각 부분으로부터 출구(가장 가까운 거리에 있는 출구를 말한다)에 이르는 보행거리가 30미터 이하가 되도록 설치된 유효너비 1.5미터 이상의 출구를 말한다.

③ 영 제61조제1항제4호다목에서 "국토교통부령으로 정하는 품질기준"이란 자재의 강판과 심재(心材)가 「산업표준화법」에 따른 한국산업표준에서 정하는 바에 따라 다음 각 호의 요건을 갖춘 것을 말한다.

1. 강판 : 다음 각 목의 요건을 모두 갖출 것
   가. 두께 : 0.5밀리미터 이상일 것[도금 이후 도장(塗裝) 전 두께를 말한다]
   나. 앞면 도장 횟수 : 2회 이상일 것
   다. 도금의 부착량 : 도금의 종류에 따라 다음의 어느 하나에 적합할 것. 이 경우 도금의 종류는 「산업표준화법」에 따른 한국산업표준에 따른다.
      1) 용융 아연 도금 강판 : 180g/㎡ 이상일 것
      2) 용융 아연 알루미늄 마그네슘 합금 도금 강판 : 90g/㎡ 이상일 것
      3) 용융 55% 알루미늄 아연 마그네슘 합금 도금 강판 : 90g/㎡ 이상일 것
      4) 용융 55% 알루미늄 아연 합금 도금 강판 : 90g/㎡ 이상일 것
      5) 그 밖의 도금 : 국토교통부장관이 정하여 고시하는 기준에 적합할 것
2. 심재
   가. 발포 폴리스티렌 단열재로서 비드보온판 4호 이상인 것
   나. 경질 폴리우레탄 폼 단열재로서 보온판 2종2호 이상인 것

다. 그 밖의 심재는 불연재료·준불연재료 또는 난연재료인 것

제24조의3【건축자재 품질관리서】① 영 제62조제1항제4호에서 "국토교통부령으로 정하는 건축자재"란 영 제46조 및 이 규칙 제14조에 따라 방화구획을 구성하는 자동방화셔터, 내화채움성능이 인정된 구조 및 방화댐퍼를 말한다.

② 법 제52조의4제1항에서 "국토교통부령으로 정하는 사항을 기재한 품질관리서"란 다음 각 호의 구분에 따른 서식을 말한다. 이 경우 다음 각 호에서 정한 서류를 첨부한다.

1. 영 제62조제1항제1호의 경우: 별지 제1호서식. 이 경우 다음 각 목의 서류를 첨부할 것.
   가. 난연성능이 표시된 복합자재 시험성적서 사본
   나. 강판의 두께, 도금 종류 및 도금 부착량이 표시된 강판생산업체의 품질검사증명서 사본
2. 영 제62조제1항제2호의 경우: 별지 제2호서식. 이 경우 난연성능이 표시된 단열재 시험성적서 사본을 첨부할 것
3. 영 제62조제1항제3호의 경우: 별지 제3호서식. 이 경우 연기, 불꽃 및 열을 차단할 수 있는 성능이 표시된 방화문 시험성적서 사본을 첨부할 것
4. 자동방화셔터의 경우: 별지 제4호서식. 이 경우 연기 및 불꽃을 차단할 수 있는 성능이 표시된 자동방화셔터 시험성적서 사본을 첨부할 것
5. 내화채움성능이 인정된 구조의 경우: 별지 제5호서식. 이 경우 연기, 불꽃 및 열을 차단할 수 있는 성능이 표시된 내화채움구조 시험성적서 사본을 첨부할 것
6. 방화댐퍼의 경우: 별지 제6호서식. 이 경우 「산업표준화법」에 따른 한국산업규격에서 정하는 방화댐퍼의 방연시험방법에 적합한 것을 증명하는 시험성적서 사본을 첨부할 것

③ 공사시공자는 법 제52조의4제1항에 따라 작성한 품질관리서의 내용과 같게 별지 제7호서식의 건축자재 품질관리서 대장을 작성하여 공사감리자에게 제출해야 한다.

④ 공사감리자는 제3항에 따라 제출받은 건축자재 품질관리서 대장의 내용과 영 제62조제3항에 따라 제출받은 품질관리서의 내용이 같은지를 확인하고 이를 영 제62조제4항에 따라 건축주에게 제출해야 한다.

⑤ 건축주는 제4항에 따라 제출받은 건축자재 품질관리서 대장을 영 제62조제4항에 따라 허가권자에게 제출해야 한다.

제24조의4【건축자재 품질관리 정보 공개】① 법 제52조의4제2항에 따라 건축자재의 성능시험을 의뢰받은 시험기관의 장(이하 "건축자재 성능시험기관의 장"이라 한다)은 건축자재의 종류에 따라 국토교통부장관이 정하여 고시하는 사항을 포함한 시험성적서(이하 "시험성적서"라 한다)를 성능시험을 의뢰한 제조업자 및 유통업자에게 발급해야 한다.

② 제1항에 따라 시험성적서를 발급한 건축자재 성능시험기관의 장은 그 발급일부터 7일 이내에 국토교통부장관이 정하여 고시하는 기관 또는 단체(이하 "기관 또는 단체"라 한다)에 시험성적서의 사본을 제출해야 한다. 다만, 다음 각 호의 어느 하나에 해당하는 경우에는 제외한다.

1. 건축자재의 성능시험을 의뢰한 제조업자 및 유통업자가 건축물에 사용하지 않을 목적으로 의뢰한 경우
2. 법에서 정하는 성능에 미달하여 건축물에 사용할 수 없는 경우

③ 제1항에 따라 시험성적서를 발급받은 건축자재의 제조업자 및 유통업자는 시험성적서를 발급받은 날부터 1개월 이내에 성능시험을 의뢰한 건축자재의 종류, 용도, 색상, 재질 및 규격을 기관 또는 단체에 통보해야 한다. 다만, 제2항 각 호의 어느 하나에 해당하는 경우는 제외한다.

④ 기관 또는 단체는 법 제52조의4제4항에 따라 다음 각 호의 사항을 해당 기관 또는 단체의 홈페이지 등에 게시하여 일반인이 알 수 있도록 해야 한다.

1. 제2항에 따라 제출받은 시험성적서의 사본
2. 제3항에 따라 통보받은 건축자재의 종류, 용도, 색상, 재질 및 규격

⑤ 기관 또는 단체는 국토교통부장관이 정하여 고시하는 시험성적서의 유효기간이 만료되기 1개월 전에 해당 시험성적서를 발급한 건축자재 성능시험기관의 장에게 그 사실을 알려야 한다.

⑥ 기관 또는 단체는 제5항에 따른 유효기간이 지난 시험성적서는 그 사실을 표시하여 해당 기관 또는 단체의 홈페이지 등에 게시해야 한다.

⑦ 기관 또는 단체는 제4항 및 제6항에 따른 정보 공개의 실적을 국토교통부장관에게 분기별로 보고해야 한다.

제24조의5【건축자재 표면에 정보를 표시해야 하는 단열재】법 제52조의4제5항에서 "국토교통부령으로 정하는 단열재"란 영 제62조제1항제2호에 따른 단열재를 말한다.

제25조【지하층의 구조】①법 제53조에 따라 건축물에 설

치하는 지하층의 구조 및 설비는 다음 각 호의 기준에 적합하여야 한다.

1. 거실의 바닥면적이 50제곱미터 이상인 층에는 직통계단외에 피난층 또는 지상으로 통하는 비상탈출구 및 환기통을 설치할 것. 다만, 직통계단이 2개소 이상 설치되어 있는 경우에는 그러하지 아니하다.

1의2. 제2종근린생활시설 중 공연장·단란주점·당구장·노래연습장, 문화 및 집회시설중 예식장·공연장, 수련시설 중 생활권수련시설·자연권수련시설, 숙박시설중 여관·여인숙, 위락시설중 단란주점·유흥주점 또는 「다중이용업소의 안전관리에 관한 특별법 시행령」 제2조에 따른 다중이용업의 용도에 쓰이는 층으로서 그 층의 거실의 바닥면적의 합계가 50제곱미터 이상인 건축물에는 직통계단을 2개소 이상 설치할 것

2. 바닥면적이 1천제곱미터이상인 층에는 피난층 또는 지상으로 통하는 직통계단을 영 제46조의 규정에 의한 방화구획으로 구획되는 각 부분마다 1개소 이상 설치하되, 이를 피난계단 또는 특별피난계단의 구조로 할 것

3. 거실의 바닥면적의 합계가 1천제곱미터 이상인 층에는 환기설비를 설치할 것

4. 지하층의 바닥면적이 300제곱미터 이상인 층에는 식수공급을 위한 급수전을 1개소이상 설치할 것

② 제1항제1호에 따른 지하층의 비상탈출구는 다음 각 호의 기준에 적합하여야 한다. 다만, 주택의 경우에는 그러하지 아니하다.

1. 비상탈출구의 유효너비는 0.75미터 이상으로 하고, 유효높이는 1.5미터 이상으로 할 것
2. 비상탈출구의 문은 피난방향으로 열리도록 하고, 실내에서 항상 열 수 있는 구조로 하여야 하며, 내부 및 외부에는 비상탈출구의 표시를 할 것
3. 비상탈출구는 출입구로부터 3미터 이상 떨어진 곳에 설치할 것
4. 지하층의 바닥으로부터 비상탈출구의 아랫부분까지의 높이가 1.2미터 이상이 되는 경우에는 벽체에 발판의 너비가 20센티미터 이상인 사다리를 설치할 것
5. 비상탈출구는 피난층 또는 지상으로 통하는 복도나 직통계단에 직접 접하거나 통로 등으로 연결될 수 있도록 설치하여야 하며, 피난층 또는 지상으로 통하는 복도나 직통계단까지 이르는 피난통로의 유효너비는 0.75미터 이상으로 하고, 피난통로의 실내에 접하는 부분의 마감과 그 바탕은 불연재료로 할 것
6. 비상탈출구의 진입부분 및 피난통로에는 통행에 지장이 있는 물건을 방치하거나 시설물을 설치하지 아니할 것
7. 비상탈출구의 유도등과 피난통로의 비상조명등의 설치는 소방법령이 정하는 바에 의할 것

제26조 【방화문의 구조】 영 제64조제1항에 따른 방화문은 한국건설기술연구원장이 국토교통부장관이 정하여 고시하는 바에 따라 다음 각 호의 구분에 따른 기준에 적합하다고 인정한 것을 말한다.

1. 생산공장의 품질 관리 상태를 확인한 결과 국토교통부장관이 정하여 고시하는 기준에 적합할 것
2. 품질시험을 실시한 결과 영 제64조제1항 각 호의 기준에 따른 성능을 확보할 것

제27조 【신제품에 대한 인정기준에 따른 인정】 ① 한국건설기술연구원장은 제3조 및 제19조에 따라 성능기준을 판단하기 어려운 신개발품 또는 규격 이외 제품(이하 "신제품"이라 한다)에 대하여 성능인정을 하려는 경우에는 자문위원회(이하 "위원회"라 한다)의 심의를 거친 기준을 성능을 확인하기 위한 기준으로 정할 수 있다.

② 제1항에 따른 자문에 응하기 위하여 한국건설기술연구원에 관계 전문가로 구성된 위원회를 둔다.

③ 한국건설기술연구원장은 제1항에 따라 결정된 인정기준을 해당 신청인에게 지체 없이 통보하여야 하고, 한국건설기술연구원의 인터넷 홈페이지에 게시하여야 한다.

④ 제1항부터 제3항까지의 규정에 따른 성능인정 기준 및 절차, 위원회 운영 및 구성, 그 밖에 필요한 구체적인 사항은 한국건설기술연구원장이 정하는 바에 따른다.

제28조 【인정기준의 제정·개정 신청】 ① 제27조에 따른 기준에 따라 성능인정을 받고자 하는 자는 한국건설기술연구원장에게 신제품에 대한 인정기준의 제정 또는 개정을 신청할 수 있다.

② 제1항에 따라 인정기준에 대한 제정 또는 개정 신청이 있는 경우에는 한국건설기술연구원장은 신청내용을 검토하여 신청일부터 30일 내에 제정·개정 추진여부를 신청인에게 통보하여야 한다. 이 경우 인정기준을 제정·개정하지 않기로 한 경우에는 신청인에게 그 사유를 알려야 하며, 신청인이 이의가 있는 경우에는 다시 검토해 줄 것을 요청할 수 있다.

제29조 삭제 <2018. 10. 18.>

제30조 【피난용승강기의 설치기준】 영 제91조제5호에서 "국토교통부령으로 정하는 구조 및 설비 등의 기준"이란 다음 각 호를 말한다.

1. 피난용승강기 승강장의 구조
   가. 승강장의 출입구를 제외한 부분은 해당 건축물의 다른 부분과 내화구조의 바닥 및 벽으로 구획할 것
   나. 승강장은 각 층의 내부와 연결될 수 있도록 하되, 그 출입구에는 60+방화문 또는 60분방화문을 설치할 것. 이 경우 방화문은 언제나 닫힌 상태를 유지할 수 있는 구조이어야 한다.
   다. 실내에 접하는 부분(바닥 및 반자 등 실내에 면한 모든 부분을 말한다)의 마감(마감을 위한 바탕을 포함한다)은 불연재료로 할 것
   라. 삭제 <2018. 10. 18.>
   마. 삭제 <2018. 10. 18.>
   바. 삭제 <2018. 10. 18.>
   사. 삭제 <2014. 3. 5.>
   아. 「건축물의 설비기준 등에 관한 규칙」 제14조에 따른 배연설비를 설치할 것. 다만, 「소방시설 설치·유지 및 안전관리에 법률 시행령」 별표 5 제5호가목에 따른 제연설비를 설치한 경우에는 배연설비를 설치하지 아니할 수 있다.
   자. 삭제 <2014. 3. 5.>
2. 피난용승강기 승강로의 구조
   가. 승강로는 해당 건축물의 다른 부분과 내화구조로 구획할 것
   나. 삭제 <2018. 10. 18.>
   다. 승강로 상부에 「건축물의 설비기준 등에 관한 규칙」 제14조에 따른 배연설비를 설치할 것
3. 피난용승강기 기계실의 구조
   가. 출입구를 제외한 부분은 해당 건축물의 다른 부분과 내화구조의 바닥 및 벽으로 구획할 것
   나. 출입구에는 60+방화문 또는 60분방화문을 설치할 것
4. 피난용승강기 전용 예비전원
   가. 정전시 피난용승강기, 기계실, 승강장 및 폐쇄회로 텔레비전 등의 설비를 작동할 수 있는 별도의 예비전원 설비를 설치할 것
   나. 가목에 따른 예비전원은 초고층 건축물의 경우에는 2시간 이상, 준초고층 건축물의 경우에는 1시간 이상 작동이 가능한 용량일 것
   다. 상용전원과 예비전원의 공급을 자동 또는 수동으로 전환이 가능한 설비를 갖출 것
   라. 전선관 및 배선은 고온에 견딜 수 있는 내열성 자재를 사용하고, 방수조치를 할 것

부칙 <제832호, 2021. 3. 26.>

제1조 【시행일】 이 규칙은 2021년 8월 7일부터 시행한다. 다만, 다음 각 호의 개정규정은 각 호에서 정한 날부터 시행한다.

1. 제13조제1항·제2항 및 같은 조 제3항 각 호 외의 부분 및 같은 항 제4호의2의 개정규정 : 2021년 4월 9일
2. 제14조제2항제2호, 같은 조 제4항, 제24조의3제1항, 같은 조 제2항제5호 및 별지 제5호서식의 개정규정 : 공포 후 3개월이 경과한 날
3. 제14조제2항제4호의 개정규정: 2022년 1월 31일
4. 제24조제4항의 개정규정: 공포한 날

제2조 【방화문 및 비상문자동개폐장치에 관한 적용례】 다음 각 호의 개정규정은 각 호의 구분에 따른 시행일 이후 법 제11조에 따른 건축허가의 신청(건축허가를 신청하기 위하여 법 제4조의2제1항에 따라 건축위원회에 심의를 신청하는 경우를 포함한다), 법 제14조에 따른 건축신고 또는 법 제19조에 따른 용도변경 허가(같은 조에 따른 용도변경 신고 또는 건축물대장 기재내용의 변경신청을 포함한다)의 신청을 하는 경우부터 적용한다.

1. 방화문에 관한 제9조제2항제1호바목, 같은 항 제2호나목, 같은 항 제3호자목, 제13조제3항제4호, 제14조제2항제1호, 제21조제1항제3호, 제23조제2항제1호, 제30조제1호나목 전단, 같은 조 제3호나목, 별지 제3호서식 및 별지 제4호서식의 개정규정 : 2021년 8월 7일
2. 비상문자동개폐장치에 관한 제13조제1항제5호, 같은 조 제2항 후단 및 같은 조 제3항 각 호 외의 부분 및 같은 항 제4호의2의 개정규정 : 2021년 4월 9일

건축물 마감재료의 난연성능 및 화재 확산 방지구조 기준

[시행 2021. 3. 29.]
[국토교통부고시 제2020-1053호, 2020. 12. 28., 일부개정.]

제1조 【목적】 이 기준은 건축물의 화재발생시 재료에서의 유독가스 발생 및 화재 확산 등을 방지하여 인명 및 재산을 보호하기 위한 마감재료의 난연성능 시험방법 및 성능기준, 화재 확산 방지구조 기준을 정함을 목적으로 한다.

제2조 【불연재료】 불연재료는 다음 각호에 적합하여야 한다.
1. 「산업표준화법」 제4조의 규정에 따라 제정한 한국산업규격(이하 "한국산업규격"이라 한다) KS F ISO 1182(건축 재료의 불연성 시험 방법)에 따른 시험 결과, 제5조제1항제2호에 따른 모든 시험에 있어 다음 각 목을 모두 만족하여야 한다.
   가. 가열시험 개시 후 20분간 가열로 내의 최고온도가 최종평형온도를 20K 초과 상승하지 않을 것(단, 20분 동안 평형에 도달하지 않으면 최종 1분간 평균온도를 최종평형온도로 한다)
   나. 가열종료 후 시험체의 질량 감소율이 30% 이하일 것
2. 한국산업규격 KS F 2271(건축물의 내장 재료 및 구조의 난연성 시험방법) 중 가스유해성 시험 결과, 제5조제3항제2호에 따른 모든 시험에 있어 실험용 쥐의 평균행동정지 시간이 9분 이상이어야 한다.
3. 강판과 심재로 이루어진 복합자재의 경우 강판의 두께는 도금(鍍金) 후 도장(塗裝) 전 0.5밀리미터 이상이고 전면도장 횟수는 2회 이상이어야 하며, 도금의 종류에 따른 도금의 부착량은 다음 각 목 중 어느 하나에 적합하여야 한다.
   가. 용융아연도금강판 : 한국산업표준 KS D 3506(용융아연도금강판 및 강대)에 따른 도금의 부착량 180g/㎡ 이상
   나. 용융55%알루미늄아연합금도금강판 : 한국산업표준 KS D 3770(용융55%알루미늄아연합금도금강판 및 강대)에 따른 도금의 부착량 90g/㎡ 이상
   다. 용융55%알루미늄아연마그네슘합금도금강판 : 한국산업표준 KS D 3033(용융55%알루미늄아연마그네슘합금도금강판 및 강대)에 따른 도금의 부착량 90g/㎡ 이상
   라. 용융아연마그네슘알루미늄합금도금강판 : 한국산업표준 KS D 3030(용융아연마그네슘알루미늄합금도금강판 및 강대)에 따른 도금의 부착량 90g/㎡ 이상

제3조 【준불연재료】 준불연재료는 다음 각호에 적합하여야 한다.
1. 한국산업규격 KS F ISO 5660-1[연소성능시험-열방출, 연기 발생, 질량 감소율-제1부:열 방출률(콘칼로리미터법)]에 따른 가열시험 결과, 제5조제2항제2호에 따른 모든 시험에 있어 다음 각 목을 모두 만족하여야 한다.
   가. 가열 개시 후 10분간 총방출열량이 8MJ/㎡ 이하일 것
   나. 10분간 최대 열방출률이 10초 이상 연속으로 200kW/㎡ 를 초과하지 않을 것
   다. 10분간 가열 후 시험체를 관통하는 방화상 유해한 균열(시험체가 갈라져 바닥면이 보이는 변형을 말한다), 구멍(시험체 표면으로부터 바닥면이 보이는 변형을 말한다) 및 용융(시험체가 녹아서 바닥면이 보이는 경우를 말한다) 등이 없어야 한다. 복합자재의 경우에는 위 조건을 만족하는 동시에 심재의 일부 용융 및 수축(시험체의 심재가 녹거나 줄어들어 시험체 바닥면의 강판이 보이는 경우를 말한다)이 없어야 한다.
2. 한국산업규격 KS F 2271 중 가스유해성 시험 결과, 제5조제3항제2호에 따른 모든 시험에 있어 실험용 쥐의 평균행동정지 시간이 9분 이상이어야 한다.
3. 강판과 심재로 이루어진 복합자재의 경우 강판의 두께는 도금(鍍金) 후 도장(塗裝) 전 0.5밀리미터 이상이고 전면도장 횟수는 2회 이상이어야 하며, 도금의 종류에 따른 도금의 부착량은 다음 각 목 중 어느 하나에 적합하여야 한다.
   가. 용융아연도금강판 : 한국산업표준 KS D 3506(용융아연도금강판 및 강대)에 따른 도금의 부착량 180g/㎡ 이상
   나. 용융55%알루미늄아연합금도금강판 : 한국산업표준 KS D 3770(용융55%알루미늄아연합금도금강판 및 강대)에 따른 도금의 부착량 90g/㎡ 이상

다. 용융55%알루미늄아연마그네슘합금도금강판 : 한국산업표준 KS D 3033(용융55%알루미늄아연마그네슘합금도금강판 및 강대)에 따른 도금의 부착량 90g/㎡ 이상

라. 용융아연마그네슘알루미늄합금도금강판 : 한국산업표준 KS D 3030(용융아연마그네슘알루미늄합금도금강판 및 강대)에 따른 도금의 부착량 90g/㎡ 이상

제4조【난연재료】난연재료는 다음 각호에 적합하여야 한다. 다만 「건축물의 피난·방화구조 등의 기준에 의한 규칙」 제24조의2의 규정에 의한 복합자재로서 건축물의 실내에 접하는 부분에 12.5mm이상의 방화석고보드로 마감하거나, 한국산업규격 KS F 2257-1(건축 부재의 내화 시험 방법)에 따라 내화성능 시험한 결과 15분의 차염성능 및 이면온도가 120K 이상 상승하지 않는 재료로 마감하는 경우 그러하지 아니하다.

1. 한국산업규격 KS F ISO 5660-1에 따른 가열시험 결과, 제5조제2항제2호에 따른 모든 시험에 있어 다음 각 목을 모두 만족하여야 한다.
   가. 가열 개시 후 5분간 총방출열량이 8MJ/㎡ 이하일 것
   나. 5분간 최대 열방출률이 10초 이상 연속으로 200kW/㎡ 를 초과하지 않을 것
   다. 5분간 가열 후 시험체를 관통하는 방화상 유해한 균열(시험체가 갈라져 바닥면이 보이는 변형을 말한다), 구멍(시험체 표면으로부터 바닥면이 보이는 변형을 말한다) 및 용융(시험체가 녹아서 바닥면이 보이는 경우를 말한다) 등이 없어야 한다. 복합자재의 경우에는 위 조건을 만족하는 동시에 심재의 일부 용융 및 수축(시험체의 심재가 녹거나 줄어들어 시험체 바닥면의 강판이 보이는 경우를 말한다)이 없어야 한다.
2. 한국산업규격 KS F 2271 중 가스유해성 시험 결과, 제5조제3항제2호에 따른 모든 시험에 있어 실험용 쥐의 평균행동정지 시간이 9분 이상이어야 한다.
3. 강판과 심재로 이루어진 복합자재의 경우 강판의 두께는 도금(鍍金) 후 도장(塗裝) 전 0.5밀리미터 이상이고 전면도장 횟수는 2회 이상이어야 하며, 도금의 종류에 따른 도금의 부착량은 다음 각 목 중 어느 하나에 적합하여야 한다.
   가. 용융아연도금강판 : 한국산업표준 KS D 3506(용융아연도금강판 및 강대)에 따른 도금의 부착량 180g/㎡ 이상
   나. 용융55%알루미늄아연합금도금강판 : 한국산업표준 KS D 3770(용융55%알루미늄아연합금도금강판 및 강대)에 따른 도금의 부착량 90g/㎡ 이상
   다. 용융55%알루미늄아연마그네슘합금도금강판 : 한국산업표준 KS D 3033(용융55%알루미늄아연마그네슘합금도금강판 및 강대)에 따른 도금의 부착량 90g/㎡ 이상
   라. 용융아연마그네슘알루미늄합금도금강판 : 한국산업표준 KS D 3030(용융아연마그네슘알루미늄합금도금강판 및 강대)에 따른 도금의 부착량 90g/㎡ 이상

제5조【시험체 및 시험횟수 등】① 제2조의 규정에 의하여 한국산업규격 KS F ISO 1182에 따라 시험을 하는 경우에 다음 각호에 의하여야 한다.

1. 시험체는 실제의 것과 동일한 구성과 재료로 되어야 하며, 제품을 대표할 수 있는 충분한 크기의 샘플에서 채취하여야 한다. 또한, 시험체는 방화상 불리한 면을 아래로 하여 제작한다.
2. 시험체는 총 3개이며, 각각의 시험체에 대하여 1회씩 총 3회의 시험을 실시하여야 한다.
3. 시험체는 원기둥 모양으로 하여야 하며, 각각의 시험체의 부피는 (76±8)㎤, 지름 (45+0, -2)㎜와 높이 (50±3)㎜여야 한다. 다만, 재료의 높이가 (50±3)㎜가 되지 않으면, 재료를 여러층으로 겹쳐서 사용하거나 또는 높이를 조정하여야 한다.
4. 복합자재인 경우에는 시험체의 각 단면에 별도의 마감을 하지 않아야 한다.
5. 액상 재료(도료, 접착제 등)인 경우에는 지름 45㎜, 두께 1㎜ 이하의 강판에 사용두께 만큼 도장 후 적층하여 높이 (50±3)㎜가 되도록 시험체를 제작하여야 하며, 상세 사항을 제품명에 포함하도록 한다.
6. 시험체 및 액상 재료의 도장용 강판의 지름 오차 범위는 -2㎜로 한다.

② 제3조 및 제4조에 따라 한국산업규격 KS F ISO 5660-1의 시험을 하는 경우에는 다음 각 호에 따라야 한다.

1. 시험체는 실제의 것과 동일한 구성과 재료로 되어야 하며, 제품을 대표할 수 있는 충분한 크기의 샘플에서 채취하여야 한다.
2. 시험은 시험체가 내부마감재료의 경우에는 실내에 접하는 면에 대하여 3회 실시하며, 외벽 마감재료의 경우에는 앞면, 뒷면, 측면 1면에 대하여 각 3회 실시한다.

   다만, 다음 각 목에 해당하는 외벽 마감재료는 각 목에 따라야 한다.

가. 단일재료로 이루어진 경우: 한면에 대해서만 실시
나. 각 측면의 재질 등이 달라 성능이 다른 경우: 앞면, 뒷면, 각 측면에 대하여 각 3회씩 실시
3. 시험체는 직육면체 모양으로 하여야 하며, 각각의 시험체는 가로와 세로 100㎜, 두께 50㎜여야 한다. 다만, 시험체의 두께가 50㎜에 이르지 못하는 경우에는 다음 각 목을 따른다.
가. 두께가 50㎜ 이하인 건축물 마감재료의 시험체는 그대로 시험을 실시한다. 단, 두께가 6㎜ 미만인 건축물 마감재료의 시험체는 KS F ISO 5660-1 8.1.7항의 규정에 따라 시험체를 구성하여 시험한다.
나. 두께가 50㎜ 초과하는 건축물 마감재료의 시험체는 패널의 중심부분을 절단하여 시험체의 두께를 50㎜로 조정하여야 한다.
다. 시험체의 가로와 세로 100㎜를 포함한 두께 50㎜의 오차 범위는 -2㎜로 한다.
4. 복합자재인 경우에는 시험체의 각 단면에 별도의 마감을 하지 않아야 한다.
5. 가열강도는 50kW/㎡ 로 한다.

③ 제2조부터 제4조까지에 따라 한국산업규격 KS F 2271 중 가스유해성 시험을 하는 경우에는 다음 각 호에 따라야 한다.
1. 시험은 시험체가 내부마감재료인 경우에는 실내에 접하는 면에 대하여 2회 실시하며, 외벽 마감재료인 경우에는 외기(外氣)에 접하는 면에 대하여 2회 실시한다.
2. 시험은 시험체가 실내에 접하는 면에 대하여 2회 실시한다.
3. 복합자재인 경우에는 시험체의 각 단면에 별도의 마감을 하지 않아야 한다.

제6조 【시험성적서】 ① 시험기관은 의뢰인이 제시한 시험시료의 재질, 주요성분 및 시험체 가열면 등 세부적인 내용을 확인하여 시험성적서에 명기하여야 하며, 시험의뢰인은 필요한 자료를 제공하여야 한다.

② 이 기준에 따른 시험성적서 갑지는 다음 각 호의 사항을 포함하여 별표2에 따른 서식에 따라 발급되어야 한다. 단, 각 호의 사항 중 시험대상품, 시험규격, 시험결과, 유효기간은 굵은 글씨로 표기하여야 한다.
1. 신청자 : 회사명, 주소, 접수일자
2. 시험대상품 : 시료명, 모델명, 제품번호
3. 시험규격 : 국토교통부 고시에 의한 시험임을 명기
4. 성적서 용도
5. 시험기간
6. 시험환경
7. 시험결과 : 불연, 준불연, 난연, 불합격에 해당하는지를 명기. 단, 이와 별도로 불연, 준불연, 난연 등 시험결과는 기울기 315(45), HY 견명조, 사이즈 22, 회색투명도 50%로 별표2에 따라 표시
8. 시험성적서 진위 여부 확인을 위한 QR 코드, 문서위변조 방지 장치, 진위 확인을 위한 홈페이지 주소

③ 이 기준에 따른 시험성적서 을지는 다음 각 호의 사항을 포함하여 발급되어야 한다.
1. 제품의 주요성분, 두께, 가열면 등이 표기된 구성도
2. 재질 및 규격, 제조사, 모델명 등이 포함된 제품의 구성 목록
3. 시험체의 밀도(복합자재의 경우 심재의 밀도를 측정)

④ 이 기준에 따라 발급된 시험성적서는 발급일로부터 1년간 유효한 것으로 한다.

⑤ 성능시험을 실시하는 시험기관의 장은 시험체 및 시험에 관한 기록을 유지 · 관리하여야 한다.

제7조 【화재 확산 방지구조】 ① 「건축물의 피난 · 방화구조 등의 기준에 관한 규칙」 제24조제5항제1호에서 “국토교통부장관이 정하여 고시하는 화재 확산 방지구조”는 수직 화재확산 방지를 위하여 외벽마감재와 외벽마감재 지지구조 사이의 공간([별표1]에서 “화재확산방지재료” 부분)을 다음 각 호 중 하나에 해당하는 재료로 매 층마다 최소 높이 400㎜ 이상 밀실하게 채운 것을 말한다.
1. 한국산업표준 KS F 3504(석고 보드 제품)에서 정하는 12.5mm 이상의 방화 석고 보드
2. 한국산업표준 KS L 5509(석고 시멘트판)에서 정하는 석고 시멘트판 6mm 이상인 것 또는 KS L 5114(섬유강화 시멘트판)에서 정하는 6mm 이상의 평형 시멘트판인 것
3. 한국산업표준 KS L 9102(인조 광물섬유 단열재)에서 정하는 미네랄울 보온판 2호 이상인 것
4. 한국산업표준 KS F 2257-8(건축 부재의 내화 시험 방법-수직 비내력 구획 부재의 성능 조건)에 따라 내화성능 시험한 결과 15분의 차염성능 및 이면온도가 120K 이상 상승하지 않는 재료

② 제1항에도 불구하고 영 제61조제2항제1호 및 제3호에 해당하는 건축물로서 5층 이하이면서 높이 22미터 미만인 건축물의 경우에는 화재확산방지구조를 매 두 개 층마다 설치할 수 있다.

제8조【단열재 표면 정보 표시】 ① 단열재 제조·유통업자는 다음 각 호의 순서대로 단열재의 성능과 관련된 정보를 일반인이 쉽게 식별할 수 있도록 단열재 표면에 표시하여야 한다.

1. 제조업자 : 한글 또는 영문
2. 제품명, 단 제품명이 없는 경우에는 단열재의 종류
3. 밀도 : 단위 K
4. 난연성능 : 불연, 준불연, 난연
5. 로트번호 : 생산일자 등 포함

② 제1항의 정보는 시공현장에 공급하는 최소 포장 단위별로 1회 이상 표기하되, 단열재의 성능에 영향을 미치지 않은 표면에 표기하여야 한다. 또한, 표기하는 글자의 크기는 2.0㎝ 이상이어야 한다.

③ 단열재의 성능정보는 반영구적으로 표기될 수 있도록 인쇄, 등사, 낙인, 날인의 방법으로 표기하여야 한다.(라벨, 스티커, 꼬리표, 박음질 등 외부 환경에 영향을 받아 지워지거나, 떨어질 수 있는 표기방식은 제외한다.)

제9조【건축자재 품질관리정보 구축기관 지정】 건축사법 제31조에 따라 설립된 건축사협회는 제2조, 제3조, 제4조의 규정에 따라 불연, 준불연, 난연 성능을 갖추어야 하는 건축물의 마감재료의 품질관리에 필요한 정보를 홈페이지 등에 게시하여 일반인이 알 수 있도록 하여야 한다.

제10조【재검토기한】 국토교통부장관은 「훈령 · 예규 등의 발령 및 관리에 관한 규정」(대통령 훈령 334호)에 따라 이 고시에 대하여 2019년 1월 1일 기준으로 매3년이 되는 시점(매 3년째의 12월 31일까지를 말한다)마다 그 타당성을 검토하여 개선 등의 조치를 하여야 한다.

부칙 <제2020-1053호, 2020. 12. 28.>

제1조【시행일】 이 고시는 발령 후 3개월이 경과한 날부터 시행한다. 다만, 제3조제1호다목, 제4조제1호다목단서의 개정규정은 발령한 날부터, 제5조제2항제2호의 개정규정은 발령 후 6개월이 경과한 날부터 시행한다.

제2조【건축물 마감재료 성능시험의 적용례】 제2조, 제3조, 제4조, 제5조, 제6조의 개정규정은 부칙 제1조에 따른 시행일 이후 건축물 마감재료 성능시험을 신청한 경우부터 적용한다.

제3조【시험성적서의 경과조치】 이 고시 시행 당시에 제6조제2항에 따른 유효기간이 도래하지 않은 건축물 마감재료의 시험성적서는 개정규정에도 불구하고 종전규정에 따른다.

내화구조의 인정 및 관리기준

[시행 2019. 10. 28.]
[국토교통부고시 제2019-593호, 2019. 10. 28., 일부개정.]

제1장 총칙

제1조 【목적】 이 기준은 건축물의 피난·방화구조 등의 기준에 관한 규칙 (이하 "규칙"이라 한다) 제3조 제8호 및 제10호에 따라 화재시 인명과 재산 및 건축물의 구조적 안전을 도모하기 위한 건축물의 주요구조부 등에 사용되는 내화구조의 인정 및 관리에 관한 기준과 동 규칙 제14조제2항제2호에 의한 내화충전구조의 관리에 관한 사항을 정함을 목적으로 한다.

제2조 【정의】 이 기준에서 사용하는 용어의 정의는 다음과 같다.

7. "내화충전구조"라 함은 방화구획의 수평·수직 설비 관통부, 조인트 및 커튼월과 바닥 사이 등의 틈새를 통한 화재 확산방지를 위한 것으로서, 제21조에 의한 "세부운영지침"에서 정하는 절차와 방법, 기준에 따라 시험한 결과 성능이 확인된 재료 또는 시스템을 말한다.

제6장 내화충전구조의 관리기준

제21조 【시험방법 및 성능기준 등】 ① 내화충전구조는 규칙 [별표1] 내화구조의 성능기준 이상 견딜 수 있는 것으로서, 원장이 국토교통부장관의 승인을 득한 "내화충전구조 세부운영지침"에서 정하는 절차와 방법, 기준에 따라 시험한 결과 성능이 확보된 것이어야 한다.
② 제1항의 "세부운영지침"에 별도로 정하여 있지 않은 경우에는 원장이 정하는 기준에 따른다.

제22조 【시험성적서 확인 등】 ① 충전구조용 재료의 제조업자는 제8조 제2항의 시험기관에 내화충전구조 성능확인을 위한 시험신청을 하여야 하며, 시험에 필요한 자료를 제공하여야 한다.
② 시험기관은 제조업자가 제시한 시험시료의 규격(치수, 재질, 주요부품 및 구성도면 등)에 대해 확인하여 시험성적서에 명기하여야 한다. 다만, 내화충전구조의 재료가 보온재의 경우에는 제조업자가 제시한 시험시료의 규격 및 밀도를 확인하여 시험성적서에 명기하여야 한다.
③ 시험성적서의 유효기간은 3년으로 하되, 최초 발급된 시험성적서와 같은 구성 및 재질로서 연장되는 시험성적서의 유효기간은 5년으로 한다.
④ 시험체와 같은 구성 및 재질로서 크기가 작은 것일 경우에는 이미 발급된 성적서로 그 성능을 갈음할 수 있다.
⑤ 제조업자는 내화충전구조를 현장에 납품하는 경우 성능이 확인된 시험성적서를 당해 현장에 제출하여야 한다.
⑥ 공사시공자·공사감리자 및 공사감독자는 건축물에 시공한 내화충전구조의 재료가 보온재인 경우에는 감리보고서(또는 감독조서)를 제출하기 전에 [별표7]에 따라 보온재의 밀도를 측정하여 시험성적서에 명기된 밀도 이상인지를 확인하여야 한다.

제23조 【공장품질 확인점검 등】 ① 원장은 내화충전구조 품질확인을 위하여 필요한 경우 제조업자에 대한 공장품질확인점검을 실시할 수 있다
② 원장은 1항의 점검시 해당 내화충전구조의 시험성적서 발행 시험기관에 도면 등 필요한 자료 제출을 요구할 수 있으며, 이때 시험기관은 원장이 필요로 하는 자료를 제공하여야 한다.

제24조 【건축자재 품질관리정보 구축기관 지정】 건축사법 제31조에 따라 설립된 건축사협회는 제21조의 성능을 확보한 내화충전구조의 품질관리에 필요한 정보를 홈페이지 등에 게시하여 일반인이 알 수 있도록 하여야 한다.

자동방화셔터, 방화문 및 방화댐퍼의 기준

[시행 2020. 1. 30.]
[국토교통부고시 제2020-44호, 2020. 1. 30., 일부개정.]

제1조 【기준의 목적】 이 기준은 「건축법 시행령」 제64조 및 「건축물의 피난·방화구조 등의 기준에 관한 규칙」 제26조에 따른 자동방화셔터(이하 "셔터"라 한다)와 방화문의 설치위치, 구성요소 및 성능기준 등과 제14조제2항제3호나목에 따른 댐퍼의 성능기준 등을 정함을 목적으로 한다.

제2조 【용어의 정의】 이 기준에서 사용하는 용어의 뜻은 다음과 같다. ① "방화문"이라 함은「건축물의 피난·방화구조 등의 기준에 관한 규칙」제26조의 규정 및 이 기준에서 정하는 성능을 확보한 문을 말한다.

② "셔터"라 함은 방화구획의 용도로 화재시 연기 및 열을 감지하여 자동 폐쇄되는 것으로서, 공항·체육관 등 넓은 공간에 부득이하게 내화구조로 된 벽을 설치하지 못하는 경우에 사용하는 방화셔터를 말한다.

③ 삭제

④ "방화댐퍼"라 함은「건축물의 피난·방화구조 등의 기준에 관한 규칙」제14조제2항제3호나목에 따라 이 기준에서 정하는 성능을 확보한 댐퍼를 말한다.

⑤ "하향식 피난구"란「건축물의 피난·방화구조 등의 기준에 관한 규칙」제14조제3항의 구조로서 발코니 바닥에 설치하는 수평 피난설비를 말한다.

제3조 【설치위치】 ① 삭제

② 삭제

③ 방화댐퍼는 다음 각 호에 적합하게 설치되어야 한다.

1. 미끄럼부는 열팽창, 녹, 먼지 등에 의해 작동이 저해받지 않는 구조일 것
2. 방화댐퍼의 주기적인 작동상태, 점검, 청소 및 수리 등 유리·관리를 위하여 검사구·점검구는 방화댐퍼에 인접하여 설치할 것
3. 부착 방법은 구조체에 견고하게 부착시키는 공법으로 화재시 덕트가 탈락, 낙하해도 손상되지 않을 것
4. 배연기의 압력에 의해 방재상 해로운 진동 및 간격이 생기지 않는 구조일 것

제4조 【셔터의 구성】 ① 셔터는 전동 또는 수동에 의해서 개폐할 수 있는 장치와 연기감지기·열감지기 등을 갖추고, 화재발생시 연기 및 열에 의하여 자동폐쇄되는 장치 일체로서 주요구성부재·장치·규모 등은 KS F 4510(중량셔터)에 적합하여야 한다. 다만, 강재셔터가 아닌 경우에는 KS F 4510(중량셔터)에 준하는 구성조건이어야 한다.

② 셔터는 화재발생시 연기감지기에 의한 일부폐쇄와 열감지기에 의한 완전폐쇄가 이루어 질 수 있는 구조를 가진 것이어야 한다.

③ 셔터의 상부는 상층 바닥에 직접 닿도록 하여야 하며, 부득이하게 발생한 바닥과의 틈새는 화재시 연기와 열의 이동통로가 되지 않도록 방화구획에 준하는 처리를 하여야 한다.

제5조 【성능기준】 ① 셔터는 다음의 성능을 확보하여야 한다.

1. KS F 2268-1(방화문의 내화시험방법)에 따른 내화시험 결과 비차열 1시간 성능
2. KS F 4510(중량셔터)에서 규정한 차연성능
3. KS F 4510(중량셔터)에서 규정한 개폐성능
4. 삭제

② 방화문은 KS F 3109(문세트)에 따른 비틀림강도·연직하중강도·개폐력·개폐반복성 및 내충격성 외에 다음의 성능을 추가로 확보하여야 한다. 다만, 미닫이 방화문은 비틀림강도·연직하중강도 성능을 확보하지 않을 수 있다.

1. KS F 2268-1(방화문의 내화시험방법)에 따른 내화시험 결과「건축물의 피난·방화구조 등의 기준에 관한 규칙」제26조의 규정에 의한 비차열 또는 차열성능
2. KS F 2846(방화문의 차연성시험방법)에 따른 차연성시험 결과 KS F 3109(문세트)에서 규정한 차연성능
3. 방화문의 상부 또는 측면으로부터 50센티미터 이내에 설치되는 방화문인접창은 KS F 2845(유리 구획부분의 내화시험 방법)에 따라 시험한 결과 해당 비차열 성능
4. 도어클로저가 부착된 상태에서 방화문을 작동하는데 필요한 힘은 문을 열 때 133N 이하, 완전 개방한 때 67N 이하

③ 승강기문을 방화문으로 사용하는 경우에는 승강장에 면한 부분에 대하여 KS F 2268-1(방화문의 내화시험방법)에 따라 시험한 결과 비차열 1시간 이상의 성능이 확보되어야 한다.

④ 현관 등에 설치하는 디지털 도어록은 KS C 9806(디지털도어록)에 적합한 것으로서 화재시 대비방법 및 내화형 조건에 적합하여야 한다.

⑤ 방화댐퍼는 다음 각 호의 성능을 확보하여야 한다.

1. 별표 2에 따른 내화성능시험 결과 비차열 1시간 이상의 성능
2. KS F 2822(방화 댐퍼의 방연 시험 방법)에서 규정한 방연성능

⑥ 하향식 피난구는 다음 각 호의 성능을 확보하여야 한다.

1. KS F 2257-1(건축부재의 내화시험방법-일반요구사항)에 적합한 수평가열로에서 시험한 결과 KS F 2268-1(방화문의 내화시험방법)에서 정한 비차열 1시간 이상의 내화성능이 있을 것
2. 사다리는 「소방시설설치유지 및 안전관리에 관한 법률 시행령」 제37조에 따른 '피난사다리의 형식승인 및 검정기술기준'의 재료기준 및 작동시험기준에 적합할 것
3. 덮개는 장변 중앙부에 637N/0.2㎡의 등분포하중을 가했을 때 중앙부 처짐량이 15밀리미터 이하일 것

제6조 【시험기관】 성능시험은 건축법시행령 제63조에 따라 지정된 기관에서 할 수 있다.

제7조 【성능시험 신청】 ① 신청자가 성능확인을 받고자하는 경우에는 별표 1에 따른 도서를 첨부하여 시험기관에 성능시험을 신청하여야 한다. 또한 시험기관에서 서류보완을 요청할 경우에는 신청자는 보완자료를 제공하여야 한다.

② 제1항의 규정에 의한 신청자는 성능 확인 제품의 생산·제조업자 이어야 하고, 이를 증명할 수 있는 자료를 제출 하여야 한다. 단, 제조업자가 해외인 경우 국내 수입공급업자를 포함한다.

제8조 【시험방법 및 시험성적서 등】 ① 셔터 및 방화문의 성능시험은 다음의 기준을 따라야 한다.

1. 시험체는 가이드레일, 케이스, 각종 부속품 등을 포함하여 실제의 것과 동일한 구성·재료 및 크기의 것으로 하되, 실제의 크기가 3미터 곱하기 3미터의 가열로 크기보다 큰 경우에는 시험체 크기를 가열로에 설치할 수 있는 최대크기로 한다. 다만, 도어클로저를 제외한 도어록과 경첩 등 부속품은 실제의 것과 동일한 재질의 경우 형태와 크기에 관계없이 동일한 시험체로 볼 수 있다.
2. 내화시험 및 차연성시험은 시험체 양면에 대하여 각 1회씩 실시한다.
3. 차연성능 시험체와 내화성능 시험체는 동일한 구성·재료 및 크기로 제작되어야 한다.
4. 도어클로저는 1회시험을 하여 성능이 확인된 경우 유효기간내성능시험을 생략할 수 있다.

② 방화댐퍼의 성능시험은 다음의 기준을 따라야 한다.

1. 시험체는 날개, 케이싱, 각종 부속품 등을 포함하여 실제의 것과 동일한 구성 재료 및 크기의 것으로 하되, 실제의 크기가 3미터 곱하기 3미터의 가열로 크기보다 큰 경우에는 시험체 크기를 가열로에 설치할 수 있는 최대크기로 한다.
2. 내화시험 및 방연시험은 시험체 양면에 대하여 각 1회씩 실시한다. 단, 수평부재에 설치되는 방화댐퍼의 경우 내화시험은 화재노출면에 대해 2회 실시한다.
3. 내화성능 시험체와 방연성능 시험체는 동일한 구성·재료로 제작되어야 하며, 내화성능 시험체는 가장 큰 크기로, 방연성능 시험체는 가장 작은 크기로 제작되어야 한다.

③ 시험기관은 제7조에 의해 의뢰인이 제시한 시험시료의 치수, 재질, 주요부품 및 구성도면 등에 대해 확인하여 시험성적서에 명기하여야 하며, 시험의뢰인은 필요한 자료를 제공하여야 한다.

④ 시험성적서는 2년간 유효하며, 시험성적서와 동일한 구성 및 재질로서 각 호에 해당하는 경우에는 이미 발급된 성적서로 그 성능을 갈음할 수 있다.

1. 셔터 및 방화문 : 시험체보다 크기가 작은 것인 경우
2. 방화댐퍼 : 내화성능 시험체 크기와 방연성능 시험체 크기 사이의 것인 경우

제9조 【건축자재 품질관리정보 구축기관 지정】 건축사법 제31조에 따라 설립된 건축사협회는 제5조의 성능을 만족하는 방화문, 셔터, 규칙 제14조의 기준에 적합한 댐퍼의 품질관리에 필요한 정보를 홈페이지 등에 게시하여 일반인이 알 수 있도록 하여야 한다.

제10조 【재검토기한】 국토교통부장관은 「훈령·예규 등의 발령 및 관리에 관한 규정」에 따라 이 고시에 대하여 2016년 7월 1일 기준으로 매3년이 되는 시점(매 3년째의 6월 30일까지를 말한다)마다 그 타당성을 검토하여 개선 등의 조치를 하여야 한다.

부칙 <제2020-44호, 2020. 1. 30.>

제1조 【시행일】 이 고시는 공포한 날부터 시행한다. 다만, 제명, 제1조, 제2조제3항, 제2조제4항, 제3조제1항, 제3조제2항, 제3조제3항, 제5조제1항, 제5조제5항, 제5조제6항, 제8조제2항, 제8조제4항의 개정규정은 공포 후 2년이 경과한 날부터 시행한다.

제2조 【일체형 셔터에 관한 경과조치】 이 고시 시행 전에 종전 규정에 따른 성능 기준에 적합한 일체형 셔터는 동일한 재질 및 구성으로서 당해 셔터의 일부에 피난을 위한 출입구를 설치하지 않는 경우라면 개정 규정에 따른 셔터로 볼 수 있다.

제3조 【일체형 셔터의 시험성적서 유효기간에 관한 경과조치】 이 고시를 공포한 날을 기준으로 제8조에 따라 발급받은 시험성적서의 유효기간이 1년 이상 남아있는 경우에는 기존에 발급된 시험성적서의 유효기간을 제3조제2항 시행일까지로 연장하여 적용할 수 있다.

제4조 【일체형 셔터가 설치된 기존 건축물에 관한 경과조치】 제3조제2항 시행일 이전에 일체형 셔터가 설치되어 있는 건축물에서 일체형 셔터의 교체가 필요한 경우에는, 기존에 발급된 시험성적서와 동등 이상의 성능을 확인받은 일체형 셔터를 지속적으로 사용할 수 있다.

부록 Ⅱ
기출문제

제111회 기출문제

(제1교시) 다음 문제 중 10문제를 선택하여 설명하십시오.(각10점)

1. 위험물안전관리법령에 따라 다음 사항을 설명하시오.
   1) 액상의 정의
   2) 지정수량 판정기준을 위한 수용성의 정의
   3) 유분리장치 설치여부를 위한 수용성의 정의
2. 화학물질 분류 및 표지에 관한 세계조화시스템(GHS)에 따른 위험물 수납용기 외부의 경고표시 기재사항을 설명하시오.
3. 포의 발포배율(팽창비)에 대한 정의를 쓰고, 동일한 포소화약제에서 발포배율에 따른 포의 환원시간(還元時間), 유동성(流動性), 내열성(耐熱性)의 상관관계를 설명하시오.
4. 제백(Seebeck)효과를 설명하시오.
5. 화염의 전파와 관계있는 다음의 용어를 설명하시오.
   1) 소염거리(消炎距離)
   2) 최대시험안전틈새 (Maximum Experimental Safe Gap)
6. 소화배관의 수리 계산 시 사용되는 배관의 마찰손실에 대하여 설명하시오.
7. 전기화재의 발화 원인에 따른 종류를 구분하여 설명하시오.
8. 화학물질이 누출될 때 일어날 수 있는 화재현상인 Jet fire와 Flash fire의 정의를 설명하시오.
9. 위험물안전관리법령에 따른 위험물의 성질을 분류하기 위한 시험방법 중 다음 ( ) 안에 알맞은 내용을 쓰시오.

유별	성질	시험방법
제1류	산화성	연소시험, (①)
	충격민감성	(②), 철관시험
제2류	착화위험성	(③)
	인화위험성	인화점시험
제3류	자연발화성	발화위험성시험
	금수성	물과 접촉하여 발화하거나 가연성가스를 발생할 위험성의 시험
제4류	인화점	인화점시험
제5류	폭발성	(④)
	가열분해성	(⑤)
제6류	산화성	연소시험

10. 공기 중 프로판가스의 다음 사항을 설명하시오.
    1) 연소범위 (vol.%)　　2) 이론혼합비 (C_{st})
    (단, 계산과정을 포함할 것)
11. 소방시설 등의 성능위주설계와 관련하여 다음 사항을 설명하시오.
    1) 성능위주설계 대상 특정소방대상물 (5가지)
    2) 성능위주설계자가 관할 소방서장에게 성능위주설계변경 신고 범위 (6가지)
12. 화재예방, 소방시설 설치·유지 및 안전관리에 관한 법률에 따른 중앙소방기술심의 위원회의 심의사항을 설명하시오. (5가지)
13. 초고층 및 지하연계 복합건축물 재난관리에 관한 특별법에 따른 피난안전구역의 면적 산정기준을 설명하시오.

제111회 기출문제

(제2교시) 다음 문제 중 4문제를 선택하여 설명하십시오. (각25점)

1. 건식 스프링클러설비와 관련하여 다음 사항을 설명하시오.
   1) 설치 상 제한조건
   2) 건식밸브 초기세팅(복구) 절차와 시험방법
2. 터널의 환풍기에 사용되는 3상 유도전동기 정역운전에 대하여 시퀀스도(Sequence diagram)를 작성하고 설명하시오.
3. 화학공장에서 촉매로 사용되는 알킬알루미늄(Alkylaluminium)에 대하여 다음 사항을 설명하시오.
   1) 위험성
   2) 소화약제 (사용가능한 것과 사용 불가능으로 구분)
   3) 위험물의 성질에 따른 제조소의 특례기준에 따라 설치해야 하는 설비
   4) 물과 트라이에틸알루미늄(Triethylaluminium)의 화학반응식
4. 초고층 및 지하연계 복합건축물 재난관리에 관한 특별법 시행규칙에 따른 종합방재실의 설치기준과 관련하여 다음 사항을 설명하시오.
   1) 종합방재실의 개수
   2) 종합방재실의 위치
   3) 종합방재실의 구조 및 면적
   4) 종합방재실의 설비 등
5. 방폭전기설비 중에서 폭발위험분위기의 빈도와 시간에 따른 위험장소를 분류하고 해당 장소(구체적 장소 포함)를 설명하시오.
6. 수계소화설비에서 일반적으로 사용되는 밸브류의 종류, 기능 및 사용처에 대하여 설명하시오.
   (단, 스프링클러 시스템의 알람밸브, 델류지밸브, 건식밸브, 준비작동식 밸브는 제외한다.)

제111회 기출문제

(제3교시) 다음 문제 중 4문제를 선택하여 설명하십시오. (각25점)

1. 펌프의 비속도 (Specific speed)와 관련하여 다음 사항을 설명하시오.
   1) 비속도 개념과 특성
   2) 비속도가 펌프 효율과 동력에 미치는 영향
2. 옥외탱크저장소에 최대저장수량이 100000L인 탱크 1기만을 설치하는 경우 다음 사항을 설명하시오.
   (단, 저장 위험물은 휘발유이고, 지반면의 탱크 바닥으로부터 탱크 옆판의 상단까지 높이는 6m이며, 탱크 내의 최대상용압력은 정압 4kPa이다.)
   1) 보유공지의 너비, 방유제의 용량 및 높이
   2) 설치 가능한 통기관의 종류와 설치기준
   3) 주입구 게시판의 표시내용
   4) 설치하여야 하는 소화설비와 경보설비
3. 도로터널에 사용되는 제연방식의 종류를 열거하고 각각의 특징에 대하여 설명하시오.
4. 누전경보기의 화재안전기준(NFSC 205)에 따른 설치기준 중 다음 사항을 설명하시오.
   1) 경계전로의 정격전류가 60A를 초과하는 전로와 60A 이하의 전로에서 설치방법
   2) 변류기(CT) 설치장소
   3) 누전경보기의 수신부 설치장소
5. 도어 팬 테스트(Door fan test)의 시험 목적과 절차 등에 대하여 설명하시오.
6. 자동화재 탐지설비 및 시각경보장치의 화재안전기준 (NFSC 203)에 따른 배선 방법 및 설치기준과 관련하여 다음 사항을 설명하시오.
   1) 전원회로의 배선과 그 밖의 배선
   2) 감지기 상호간 또는 감지기로부터 수신기에 이르는 감지기회로의 배선
   3) 감지기 회로의 도통시험을 위한 종단저항 설치기준
   4) 감지기 사이의 회로 배선 방식
   5) 감지기회로 및 부속회로의 전로와 대지 사이 및 배선 상호간의 절연저항 기준
   6) 자동화재 탐지설비의 전선관, 덕트, 몰드, 풀박스 등의 설치 방법
   7) P형 수신기 및 GP형 수신기의 감지기 회로의 배선에 있어서 하나의 공통선에 접속할 수 있는 경계구역 기준
   8) 자동화재 탐지설비의 감지기회로의 전로저항 기준 및 수신기의 각 회로별 종단에 설치되는 감지기에 접속되는 배선의 전압 기준

제111회 기출문제

(제4교시) 다음 문제 중 4문제를 선택하여 설명하십시오. (각25점)

1. 가스계 소화설비의 과압배출구 (Pressure vent)와 관련하여 다음 사항을 설명하시오.
   1) 정의
   2) CO_2 및 Inergen 소화설비의 과압배출
   3) 과압배출구 설계 시 고려사항
   4) 소화약제의 방사 중 방호구역 최대 및 최저압력의 결정요소
   5) 과압 여부에 대한 검토사항
2. 밀폐상태에 가까운 전기배전반 또는 전기분전함의 화재에 대하여 다음 사항을 설명 하시오.
   1) 화재의 주요 원인
   2) 화재의 성상 및 특성
   3) 화재탐지 방안
   4) 화재예방 방안
   5) 적응 소화설비
3. 소방시설의 내진설계 기준에서 제시한 배관 설치를 위한 다음 사항을 설명하시오.
   1) 배관의 내진설계 설치기준
   2) 배관의 수평지진하중 산정 방법
   3) 배수관, 송수구, 기타 배관을 포함한 벽, 바닥 또는 기초를 관통하는 배관의 이격을 위한 설치기준
   4) 배관 정착을 위한 설치 방법
4. 미분무소화설비의 설계도서 작성기준과 관련하여 일반설계도서 및 특별설계도서를 설명하시오.
5. 소화약제로 사용되고 있는 물 (H_2O)에 대하여 다음 사항을 설명하시오.
   1) 물리적 성질
   2) 화학적 성질
   3) 냉각효과가 우수한 이유
6. 석유화학의 기본물질인 파라핀계 탄화수소(Paraffinic hydrocarbon)에 대하여 다음 사항을 설명하시오.
   1) 파라핀계 탄화수소(Alkane)의 일반식을 쓰고 탄소수 1~10번까지의 이름과 분자식
   2) 폭발하한계(L, vol.%)와 연소열($\triangle H_c$, kcal/mol) 사이의 관계
   3) 폭발범위(L, U)와 이론혼합비(화학양론조성, C_{st}) 사이의 관계

제112회 기출문제

(제1교시) 다음 문제 중 10문제를 선택하여 설명하십시오.(각10점)

1. 건축물의 구조안전확인 대상과 적용기준을 설명하시오.
2. 간막이벽의 설치대상 건축물과 설치기준을 설명하시오.
3. 이산화탄소소화설비의 설계농도 34%의 산출과정을 유도하고, 그 의미를 설명하시오.
4. 저압전기설비에 설치된 서지방지기(Surge Protective Device)고장의 경우 전원공급과 보호의 연속성을 확보하기 위한 개폐장치의 설치방식 3가지를 설명하시오.
5. 발화의 요인이 되는 단열압축에 대하여 설명하시오.
6. 불완전연소 시 발생되는 이상현상에 대하여 설명하시오.
7. 초고층 건축물의 피난안전구역에 설치하는 피난유도선, 비상조명등 및 인명구조기구의 설치기준을 각각 설명하시오.
8. 제연설비에 사용되는 다익형 송풍기(Multiblade Fan)의 특징, 장·단점 및 특성곡선을 설명하시오.
9. 건축물에 설치되는 자가발전설비의 소방부하와 비상부하의 종류를 설명하시오.
10. 건축물에서 방화구획 시공 시 사전확인 사항에 대하여 설명하시오.
11. 펌프에서의 공동현상(Cavitation)에 대한 발생원인, 발생한계 및 방지대책을 설명하시오.
12. 소방시설성능시험표에서 확인하는 자가발전설비 시동용 계전기의 설치위치 및 개선사항에 대하여 설명하시오.
13. 화재 시 피난과 관련된 연기의 가시도(Visibility)를 설명하시오.

(제2교시) 다음 문제 중 4문제를 선택하여 설명하십시오. (각25점)

1. NFPA 13에서 규정하고 있는 준비작동식 스프링클러설비의 설비요건(System Requirements)에 대하여 설명하시오.
2. 접지저항 측정방법(단독 및 공통·통합접지) 및 판정기준에 대하여 설명하시오.
3. 자동방화셔터의 설치위치, 셔터구성, 성능기준 및 사용에 따른 문제점에 대하여 설명하시오.
4. 0종 및 1종 방폭지역에서의 금속전선관 공사 시의 전선관 실링(sealing) 방법에 대하여 설명하시오.
5. 청정소화약제소화설비의 약제량 계산식을 할로겐화합물계열과 불활성가스계열로 구분하여 각각 유도하고 설명하시오.
6. 건축물의 방화계획에서 다음을 설명하시오.
   1) 구조계획
   2) 평면 및 단면계획
   3) 설비계획
   4) 유지관리계획

제112회 기출문제

(제3교시) 다음 문제 중 4문제를 선택하여 설명하십시오. (각25점)

1. 산업안전보건법에 의한 공정안전보고서의 제출 대상 및 세부내용에 대하여 설명하시오.
2. 푸리에 변환 적외선 분광기(Fourier Transform Infrared Spcctrometer)를 이용한 건축물 마감재료의 독성평가에 대하여 설명하시오.
3. 온도와 반응속도의 관계에 있어서 다음을 설명하시오.
   1) 아레니우스(Arrhenius) 식　　2) 충돌이론
   3) 전이상태이론　　4) 온도와 반응속도와의 관계도
4. "가스계소화설비의 설계프로그램 성능인증 및 제품검사의 기술기준"에서 요구하고 있는 설계프로그램의 구성요건에 대하여 설명하시오.
5. 지하역사 승강장에서 화재발생 시 화재위험특성, 피난특성 및 소화활동특성에 대하여 설명하시오.
6. 위험전압에 대하여 다음 사항을 설명하시오.
   1) 접촉전압(Touch Voltage)　　2) 보폭전압(Step Voltage)
   3) 위험전압의 저감대책　　4) 허용전압의 산출근거
   5) 각 국가별 안전전압

(제4교시) 다음 문제 중 4문제를 선택하여 설명하십시오. (각25점)

1. 피난안전구역에 관하여 다음을 설명하시오.
   1) 초고층건축물의 피난안전구역 설치기준　　2) 지하연계복합건축물의 선큰(Sunken) 설치기준
   3) 피난안전구역에 설치하는 소방시설
2. 가연성 분진의 착화 폭발메카니즘에 대하여 설명하시오.
3. 화재예방, 소방시설 설치·유지 및 안전관리에 관한 법령에서 정하고 있는 내용연수가 경과한 소방용품의 사용기한 연장을 위한 성능확인 절차 및 방법에 대하여 설명하시오.
4. 교류아크 용접기의 자동전격방지장치에 대하여 설명하시오.
5. 플래시오버(Flash Over)를 정의하고, 다음의 영향요인들과 플래시오버와의 관계에 대하여 설명하시오.
   1) 화원의 크기　　2) 내장재료　　3) 개구율
6. 다음 1)~4)의 용어를 정의하고 5)를 계산하시오.
   1) 세장비　　2) 슬로싱(Sloshing)　　3) 지진분리이음
   4) 지진분리장치　　5) 아래 그림의 세장비 계산
   (단, 버팀대 길이 $\ell = 3m$, 양단 Pin지지, 좌굴길이의 계수 $r = 1$)

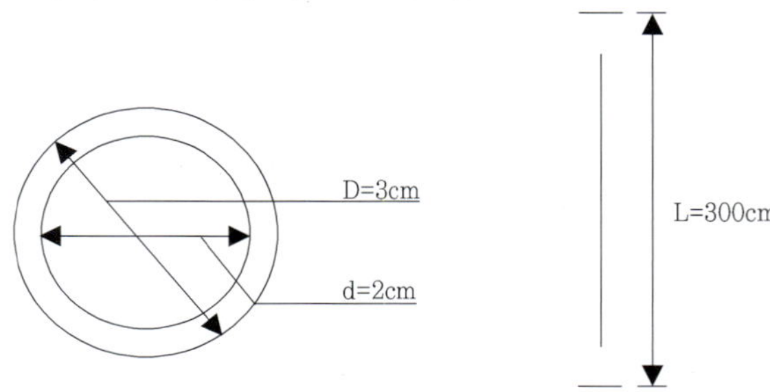

제113회 기출문제

(제1교시) 다음 13문제 중 10문제를 선택하여 설명하십시오. (각10점)

1. 차량화재의 원인을 설명하시오.
2. 원자핵 분열과 핵분열이 일어날 때 방출되는 에너지를 설명하시오.
3. 화재모델의 사용 시 열과 연기에 대한 공학적 능력을 토대로 적절한 입력조건을 결정하기 위한 고려사항을 제시하시오.
4. Bernoulli 방정식의 각 항의 뜻과 물, 공기에 적용 시 차이점을 설명하시오.
5. 절대압력과 계기압력을 비교하여 설명하시오.
6. 덕트 풍속 측정 시 측정점, 피토관 측정 시 풍속 공식 및 풍량 계산을 설명하시오.
7. 흡입덕트와 토출덕트로 연결되어 있는 송풍계통에서 송풍기의 전압과 정압을 구하시오. (단, 토출구 정압 200 Pa, 토출구 동압 100 Pa, 흡입구 정압 −150 Pa, 흡입구 동압 50 Pa으로 한다.
8. 「고층건축물의 화재안전기준(NFSC 604)」에 따른 50층 이상인 건축물에 설치하는 자동화재탐지설비에 설치하는 통신·신호배선의 설치기준에 대하여 설명하시오.
9. 복합형감지기와 다신호식감지기의 설치목적, 원리, 동작방식, 종류, 적응장소에 대하여 설명하시오.
10. 「감지기의 형식승인 및 제품검사의 기술기준」에서 요구하는 비화재보방지시험에 대하여 설명하시오.
11. 건축물의 화재발생 시 수직 화재 확산 등을 방지하기 위하여 외벽바감재와 외벽마감재 지지구조 사이의 공간에 대해 적용하는 화재 확산 방지구조에 대하여 설명하시오.
12. NFPA 13에서 수직개구부에 대한 구획대안으로 적용하는 Closely Spaced Sprinkler의 설치기준 및 적용 장소에 대하여 설명하시오.
13. 건축법에 따른 하향식피난구와 「피난기구의 화재안전기준(NFSC 301)」에 따른 하향식피난구의 설치기준상 차이점에 대하여 설명하시오.

(제2교시) 다음 6문제 중 4문제를 선택하여 설명하십시오. (각25점)

1. 가솔린 화재에서 화재플룸(Fire Plume)속도가 공기인입을 제어하는 이유를 설명하시오.
   (단, 가솔린은 최고연소유속으로 연소, 가솔린 밀도는 공기밀도의 2배로 간주, 화재 플룸(Fire Plume)의 높이는 1 m로 가정한다.)
2. 복사에너지의 정의 및 복사에너지가 실제방사율, 온도 등과의 상호관계를 설명하시오.
3. 소방공사 감리업무 수행 내용과 설계도서 해석의 우선순위에 대하여 설명하시오.
4. 미분무소화설비의 배관마찰손실 계산방법을 설명하시오.
5. 복합형수신기의 기능 및 설치기준에 대하여 설명하시오.
6. 다음과 같은 규모의 초고층건축물에 대해 옥내소화전설비, 스프링클러설비 및 연결송수관
   설비의 수원, 펌프, 배관망, 알람밸브 등이 반영된 수계소화설비 흐름도를 작성하고
   구성 사유을 설명하시오. (단, 건축물 용도는 업무시설이며 지하 5층, 지상55층, 연면적 180000 m^2이다, 기준층 바닥면적은 2800 m^2, 기준층 높이는 4.2 m로 한다. 옥내소화전 및 스프링클러설비용 펌프와 수조는 옥상 및 25층 중간기계실에 각각 설치하며, 연결송수관 펌프는 지하 5층, 지상 25층에 설치한다. 스화펌프양정 및 수조용량은 생략한다.)

제113회 기출문제

(제3교시) 다음 6문제 중 4문제를 선택하여 설명하십시오. (각25점)

1. 구획실 화재(환기구 크기 1 m × 2 m)에서 플래시오버 이후 환기지배형 화재의 에너지 방출과 최성기 화재(800℃로 가정)의 크기를 비교하시오. (단, 연료 기화열 3 kJ/g, 연료가 퍼진 바닥면적 12 m^2, 가연물의 기화열 2 kJ/g, 평균 연소열 ΔH_c = 20 kJ/g, Stefan Boltzmann 상수(σ) = 5.67×10^{-8} $W/m^2 \cdot K$ 으로 한다.)
2. 송풍기의 풍량제어방법과 풍량제어법에 따른 송풍기 압력변화를 설명하시오.
3. 「소방시설 등의 성능위주설계 방법 및 기준」에 따른 성능위주설계 적용대상, 절차 및 「초고층 및 지하연계복합건축물 재난관리에 관한 특별법」에 의한 사전재난영향성검토 적용대상, 절차를 기술하고, 신청·신고내용, 초고층 건축물에서 특별히 고려해야할 사항에 대하여 설명하시오.
4. 「소방시설의 내진설계기준」에서 제시하는 수평력(Fpw)과 「건축구조기준」 중 기계 및 전기설비 등 비구조요소의 내진설계 기준에서 제시하는 등가정적하중(Fp)에 대하여 비교하여 설명하시오.
5. NFPA 72에서 요구하는 소방배선방식의 Class와 Style에 대하여 설명하시오.
6. 피난용승강기의 설치대상 및 세부기준 및 피난용승강기안전검사기준에 따른 추가요건에 대하여 설명하시오.

(제4교시) 다음 6문제 중 4문제를 선택하여 설명하십시오. (각25점)

1. 분진폭발의 변수 및 폭발지수에 대하여 설명하시오.
2. 자동화재탐지설비의 수신기에 설치하는 SPD(Surge Protective Device)의 설치목적, 설치대상 건축물, 동작원리, 동작기능의 분류 및 설치기준에 대하여 설명하시오.
3. 냉동물류창고의 화재위험성과 적응성을 갖는 소화설비 및 감지기에 대하여 설명하시오.
4. 특별피난계단의 계단실 및 부속실 제연설비의 TAB(Testing Adjusting & Balancing)에 대하여 다음 각 물음을 설명하시오.
   가. 수행목적
   나. 수행절차
   다. 측정방법
5. 화재 시 발생된 연기 유동에 따른 기본방정식을 설명하시오.
6. 최근 공기조화설비와 겸용하는 거실제연설비의 성능 불만족 사례가 발생하는 원인과 대책을 제시하시오.

제114회 기출문제

(제1교시) 다음 13문제 중 10문제를 선택하여 설명하십시오. (각10점)

1. 비상용승강기의 승강장에 설치하는 배연설비의 구조에 대해 설명하시오.
2. 3상 Y부하와 △부하의 피상전력에 모두 $P_a = \sqrt{3}\, VI[VA]$를 사용할 수 있음을 설명하시오.
3. Aircraft Fire Extinguisher System이 적용되는 대상의 주요 화재특성을 설명하시오.
4. 정온식 감지선형감지기로 교차회로를 구성하고자 한다. 교차회로 방식과 이 때의 회로구성 방법을 설명하시오.
5. 스윙 체크밸브(Swing Check Valve)와 스모렌스키 체크밸브(Smolensky Check Valve)의 차이점과 용도에 대하여 설명하시오.
6. 폴리우레탄 폼 벽체를 관통하는 단위 면적당 열유동률을 구하시오.
7. 수계소화설비의 주요 구성요소 7가지와 가압송수장치 종류 4가지에 대해 설명하시오.
8. 유체기계를 운전할 때 압력의 순간적인 변동과 송출량의 급격한 변화가 일어나는 현상 및 방지대책에 대해 설명하시오.
9. 수계소화설비의 흡입배관 구비조건과 적용할 수 없는 개폐밸브에 대해 설명하시오.
10. 건축물의 바깥쪽에 설치하는 피난계단의 건축법상 구조기준에 대해 설명하시오.
11. 소방시설 등의 성능위주설계 방법에서 시나리오 적용기준 중 인명안전 기준에 대하여 설명하시오.
12. 취침·숙박·입원 등 이와 유사한 용도의 거실에 연기감지기를 설치하여야 하는 특정소방대상물에 대해 설명하시오.
13. 보일의 법칙과 샤를의 법칙을 비교하여 물질의 상태에 대한 물리적 의미를 설명하시오.

(제2교시) 다음 6문제 중 4문제를 선택하여 설명하십시오. (각25점)

1. 345kV 전력구에 설치되어 있는 강화액 자동소화설비의 구성과 주요특성, 작동원리를 설명하고, 타 소화설비와 성능을 비교하여 설명하시오.
2. 지하3층, 지상49층, 연면적 120000 m^2인 건축물에 소화설비를 구성하고자 한다. 주된 수원을 고가수조방식으로 적용하였을 때, 옥내소화전설비 및 스프링클러설비를 고층, 중층, 저층으로 구분하여 계통도를 그리고 설명하시오.
3. 연기제어를 위한 급배기 덕트 설계 시 외기온도나 바람 등의 영향을 고려하여야 한다.
   이 때 기류를 평가하는 CONTAM Program을 수행절차 중심으로 설명하시오.
4. 자동화재탐지설비의 음향장치 설치기준을 국내기준과 NFPA 기준을 비교하여 설명하시오.
5. 건축물에 화재발생 시 유독가스 발생으로 인한 인명피해를 최소화하기 위한 마감재료의 기준과 수직화재 확산방지를 위한 화재확산방지구조에 대하여 각각 설명하시오.
6. Normal Stack Effect와 Reverse Stack Effect에 의한 기류이동을 도시하여 비교하고, Normal Stack Effect 조건에서 화재가 중성대 하부와 상부에 발생했을 때 각각의 연기흐름을 도시하고 설명하시오.

제114회 기출문제

(제3교시) 다음 6문제 중 4문제를 선택하여 설명하십시오. (각25점)

1. 기존의 옥내소화전을 호스릴(Hose Reel) 옥내소화전으로 변경하는 경우 발생할 수 있는 문제점과 대책을 설명하시오.

〈 조건 〉
- 지하 3층, 지상 35층의 공동주택이다.
- 소화설비의 가압송수장치는 전동기펌프로서 지하 2층에 설치되었다.

2. 이산화탄소소화설비의 저장방식 및 방출방식에 따른 분류에 대해 설명하시오.
3. 수계소화설비 배관의 부식 발생원인과 방지대책에 대해 설명하시오.
4. 일반 감지기와 아날로그 감지기의 주요 특성을 비교하고, 경계구역의 산정 방법에 대하여 설명하시오.
5. 건축법상 방화구획과 내화구조의 기준을 비교하고, 차이점을 설명하시오.
6. 환기구가 있는 구획실의 화재 시, 연기 충진(Smoke Filling) 과정과 중성대 형성에 따른 화재실의 공기 및 연기흐름을 3단계로 구분하여 설명하시오.

(제4교시) 다음 6문제 중 4문제를 선택하여 설명하십시오. (각25점)

1. A급, B급, C급 화재에 각각 소화능력을 가지는 수계소화설비와 소화특성에 대해 설명하시오.
2. 수계소화설비에 사용되는 물의 특성을 열역학적 선도(Thermodynamic Diagram)에서 삼중점(Triple Point)과 삼중선(Triple Line)으로 구분하여 설명하시오.
3. 건축물이 대형화·고층화·심층화 되면서 주차장 역시 지하화 되고 있다. 주차장에서 화재 발생 시 문제점과 화재 안전성 확보를 위한 대책을 설명하시오.
4. 아래 조건과 같은 특정소방대상물의 비상전원 용량산정 방법과 제연설비의 송풍기 수동조작스위치를 송풍기별로 설치하여야 하는 이유에 대하여 설명하시오.

〈 조건 〉
- 5개의 특정소방대상물이 지하에 설치된 주차장으로 연결되어 있다.
- 주차장에서 하나의 특정소방대상물의 제연구역으로 들어가는 입구에는 제연용 연기감지기가 설치되어 있다.
- 제연용 연기감지기의 작동에 따라 특정소방대상물의 해당 수직풍도에 연결된 송풍기와 댐퍼가 작동한다.

5. Y(Star)로 결선된 농형 유도전동기의 선간전압(Line Voltage)이 상전압(Phase Voltage)에 $\sqrt{3}$ 배가 됨을 극좌표 형식으로 증명하시오.
6. 제연용 송풍기에 가변풍량 제어가 필요한 이유를 설명하시오. 또한 댐퍼제어 방식과 회전수제어 방식의 특징을 성능곡선으로 비교하고, 각 방식의 장·단점 및 적용대상에 대하여 설명하시오.

제115회 기출문제

(제1교시) 다음 13문제 중 10문제를 선택하여 설명하십시오. (각10점)

1. 화재에 의해 발생된 불꽃의 적외선 영역 내의 파장성분과 방사량을 감지하는 방식 4가지를 설명하시오.
2. 다음 용어에 대하여 간략히 설명하시오.
   1) 도체저항
   2) 접촉저항
   3) 접지저항
   4) 절연저항
3. 줄열에 의한 발열과 아크에 의한 발열에 대하여 각각 설명하시오.
4. 건축용 강부재의 방호방법 중 히트 싱크(Heat Sink)방식에 대하여 설명하시오.
5. 다음 용어를 위험물안전관리법에 근거하여 설명하시오.
   1) 위험물
   2) 지정수량
   3) 제조소
   4) 저장소
   5) 취급소
6. 그레이엄(Graham)의 확산법칙을 설명하고, 표준상태에서 수소가 산소보다 몇 배 빨리 확산하는지를 구하시오.
7. 물이 이산화탄소보다 끓는점과 녹는점이 높은 이유를 화학결합이론으로 설명하시오.
8. 피난용트랩의 설치대상과 구조를 설명하시오.
9. NFPA 25에서 소방펌프 유지관리 시험 시 디젤 펌프를 최소 30분 동안 구동하는 이유에 대하여 설명하시오.
10. 스프링클러헤드의 로지먼트(Lodgement)현상에 대하여 설명하시오.
11. 연기배출구 설계에 있어 플러그 홀링(Plug Holing)현상에 대하여 설명하시오.
12. 원자력발전소의 심층화재방어의 개념에 대하여 설명하시오.
13. 내화배선에 금속제가요전선관을 사용할 경우 2종만 허용되는 이유를 설명하시오.

(제2교시) 다음 6문제 중 4문제를 선택하여 설명하십시오. (각25점)

1. 스프링클러설비와 미분무소화설비의 소화메커니즘, 소화특성, 용도 및 주된 소화효과를 비교하여 설명하시오.
2. 아래 조건에 따른 스포트형 연기감지기의 설치 방법에 대하여 설명하시오.

   ○ NFPA 72의 스포트형 연기감지기 설치기준을 따른다.
   ○ 천장은 수평천장(Level Ceiling)이다.
   ○ 연기감지기 설치 시 화재플럼(Fire Plume), 천장류(Ceiling Jet)를 고려한다.

3. IoT 무선통신 화재감지시스템의 개념을 설명하고, 무선통신 감지기의 구현에 필요한 항목에 대하여 설명하시오.
4. 인화성 증기 또는 가스로 인한 위험요인이 생성될 수 있는 장소의 폭발위험장소 구분에 대한 규정인 한국산업표준(KS C IEC 60079-10-1)이 2017년 11월에 개정되었다. 주요 개정사항 7가지를 설명하시오.
5. 수소화알루미늄리튬(Lithium Aluminium Hydride)의 성상, 위험성, 저장 및 취급방법, 그리고 소화방법에 대하여 설명하시오.
6. 소방감리의 검토대상 중 설계도면, 설계시방서·내역서 및 설계계산서의 주요 검토 내용에 대하여 설명하시오.

제115회 기출문제

(제3교시) 다음 6문제 중 4문제를 선택하여 설명하십시오. (각25점)

1. 시퀀스회로를 구성하는 릴레이의 원리 및 구조와 a, b, c 접점 릴레이의 작동원리를 설명하시오.
2. NFSC 203과 NFPA 72에서 발신기 설치기준을 비교하여 설명하시오.
3. 방화댐퍼의 설치기준, 설치 시 고려사항 및 방연시험에 대하여 설명하시오.
4. 청정소화약제소화설비의 화재안전기준(NFSC 107A)에 규정된 방사시간의 정의, 기준 및 방사시간 제한에 대하여 설명하시오.
5. 방염에서 현장처리물품의 품질확보에 대한 문제점과 개선방안을 설명하시오.
6. 위험물 제조소의 위치·구조 및 설비의 기준에서 안전거리, 보유공지와 표지 및 게시판에 대하여 설명하시오.

(제4교시) 다음 6문제 중 4문제를 선택하여 설명하십시오. (각25점)

1. NFSC 103에서 천장과 반자 사이의 거리 및 재료에 따른 스프링클러헤드의 설치제외 기준을 설명하고, 천장과 반자 사이 공간의 안전성 확보를 위해 확인해야 할 사항을 설명하시오.
2. 위험물안전관리법령상 제2류 위험물의 품명과 지정수량, 범위 및 한계, 일반적인 성질과 소화방법에 대하여 설명하시오.
3. 무정전전원설비의 다음 사항에 대하여 설명하시오.
   1) 동작방식별 기본 구성도
   2) 각각의 장·단점
   3) 선정 시 고려사항
4. 청정소화약제소화설비에서 다음 항목에 대한 설계·시공 상의 문제점을 설명하시오.
   1) 방호공간의 기밀도
   2) 방호대상공간의 압력배출구
   3) 가스집합관의 안전밸브
   4) 가스배관의 접합
   5) PRD 시스템
5. 드라이비트(외단열미장마감공법)의 화재확산에 영향을 미치는 시공 상의 문제점을 설명하시오.
6. 휴대전화, 노트북 등에 사용되는 리튬이온 배터리의 화재위험성과 대책을 설명하시오.

제116회 기출문제

(제1교시) 다음 문제 중 10문제를 선택하여 설명하십시오. (각10점)

1. 연소확대와 관련하여 Pork through 현상에 대하여 설명하시오.
2. 이중결합을 가지고 있는 지방족 탄화수소화합물의 명칭과 일반식을 쓰고 고분자(polymer) 형성 과정에 대하여 설명하시오.
3. 산불화재에서 Crown fire와 화학공정에서 Blow down에 대하여 설명하시오.
4. 외단열 미장마감에서 단열재를 스티로폼으로 시공 시 화재확산과 관련하여 닷 앤 댑(Dot & Dab)방식과 리본 앤 댑(Ribbon & Dab)방식에 대하여 설명하시오.
5. 방화구조 설치대상 및 구조기준에 대하여 설명하시오.
6. 자동방화댐퍼의 설치기준과 점검시에 발생하는 외관상 문제점에 대하여 설명하시오.
7. 건축물의 화재확산 방지구조 및 재료에 대하여 설명하시오.
8. 화학적폭발의 종류와 개별특성에 대하여 설명하시오.
9. 나트륨(Na)에 관한 다음 질문에 답하시오.
   1) 물과의 반응식　　　2) 보호액의 종류와 보호액 사용 이유
   3) 다음 중 사용 할 수 없는 소화약제를 모두 골라 쓰시오.

이산화탄소, Halon 1301, 팽창질석, 팽창진주암, 강화액 소화약제

10. B급 화재위험성이 있는 특정소방대상물에 미분무소화설비를 적용하고자 할 때 고려되어야 할 변수들을 2차원과 3차원 화재로 각각 분류하여 기술하시오.
11. 건식스프링클러설비의 건식밸브(dry valve) 작동·복구 시 초기주입수(priming water)의 주입 목적에 대하여 설명하시오.
12. 물분무소화설비(water spray system)의 작동·분무 시 물입자의 동(動)적 특성 및 소화 메카니즘(mechanism)에 대하여 설명하시오.
13. 연돌효과를 고려한 계단실 급기가압 제연설비 설계 시 최소 설계차압 적용 위치(층)와 보충량 계산을 위한 문 개방조건 적용 위치(층)에 대하여 설명하시오.

(제2교시) 다음 문제 중 4문제를 선택하여 설명하십시오. (각25점)

1. 고층건축물(30층 이상) 공사현장에서 공정별 화재위험요인을 설명하시오.
   (공정 : 기초 및 지하 골조공사, Core Wall공사, 철골·Deck·슬라브공사, 커튼월공사, 소방설비공사, 마감 및 실내장식공사, 시운전 및 준공시)
2. 건축물에 설치하는 피난용승강기와 비상용승강기의 설치대상, 설치대수 산정기준, 승강장 및 승강로 구조에 대하여 설명하시오.
3. 건축물 내부에 설치하는 피난계단과 특별피난계단의 설치대상·설치예외조건, 계단의 구조에 대하여 설명하시오.
4. 폭발에 관한 다음 질문에 답하시오.
   1) 폭발의 정의　　　2) 폭연과 폭굉의 차이점
   3) 폭굉 유도거리　　　4) 폭굉 유도거리가 짧아질 수 있는 조건
   5) 폭발 방지대책
5. 도로터널에 화재위험성평가를 적용하는 경우 이벤트 트리(event tree)와 F-N곡선에 대하여 설명하시오.
6. 소방펌프실의 펌프 고장으로 액체연료인 윤활유가 바닥면에 1cm 두께, 면적 $4m^2$로 누유된 후 점화원에 의해 화재가 발생하였다. 이때 열방출률($\dot{Q}$), Heskestad의 화염길이(L), 화재지속시간(Δt)을 계산하시오.(단, 용기화재의 단위면적당 연소율 계산식은 $\dot{m}'' = \dot{m}''_{\infty}(1-\exp^{-\kappa\beta D})$이고, 이때 윤활유의 $\dot{m}''_{\infty} = 0.039kg/m^2s$, $\kappa\beta = 0.7m^{-1}$, 밀도$\rho = 760kg/m^3$, 완전연소열$\Delta H_c = 46.4MJ/kg$, 연소효율 X=0.7이다.)

제116회 기출문제

(제3교시) 다음 문제 중 4문제를 선택하여 설명하십시오. (각25점)

1. 국내 전력구에 설치되고 있는 강화액 자동식소화설비에 관하여 아래의 사항에 대하여 설명하시오.
   1) 강화액 소화설비의 작동원리
   2) 강화액 소화설비의 구성과 소화효과
   3) 기존 소화설비(수계, 가스계, 강화액)와 성능 비교
2. 재난 및 안전관리기본법령 상에 의거한 재난현장에 설치하는 긴급구조통제단의 기능과 조직(자치구 또는 시·군 기준)에 대하여 설명하시오.
3. 초고층 및 지하연계 복합 건축물에 설치하는 종합방재실의 설치 위치, 면적, 구조, 설비에 대하여 설명하시오.
4. 요오드가 160인 동식물 유류 500000 ℓ를 옥외저장소에 저장하고 있다. 다음 질문에 답하시오.
   1) 위험물안전관리법령 상 지정수량 및 위험등급, 주의사항을 표시하는 게시판의 내용을 쓰시오.
   2) 동식물유류를 요오드가에 따라 분류하고, 해당품목을 각각 2개씩 쓰시오.
   3) 위험물안전관리법령 상 옥외저장소에 저장 가능한 4류 위험물의 품명을 쓰시오.
   4) 상기 위험물이 자연발화가 발생하기 쉬운 이유를 설명하시오.
   5) 인화점이 200℃ 인 경우 위험물안전관리법령 상 경계표시 주위에 보유하여야 하는 공지의 너비를 쓰시오.
5. 아래 소방대상물의 설치장소별 적응성 있는 피난기구를 모두 기입하시오.

	지하층	1층	2층	3층	4층 이상 10층 이하
노유자 시설					
다중이용업소의 안전관리에 관한 특별법 시행령 제2조에 따른 다중이용업소로서 영업장의 위치가 4층 이하의 "다중이용업소"					

6. 단일 구획에 설치된 스프링클러소화설비의 헤드 열적 반응과 살수 냉각 효과를 조사하기 위하여 Zone 모델(FAST) 화재프로그램을 사용하여 아래와 같이 5가지 화재시나리오에 대하여 화재시뮬레이션을 각각 수행할 경우 화재시뮬레이션 결과의 열방출률-시간 곡선의 그림을 도시하고 헤드의 소화성능을 반응시간지수(RTI) 살수밀도 ρ 값을 고려하여 비교·설명하시오.
   (단, 구획 크기는 $4m \times 4m \times 3m$, 화재성장계수 $a = medium(= 0.012kW/s^2)$,
   최대 열방출률 $\dot{Q}_{max} = 1055kW$, 쇠퇴기는 성장기와 같다. 화재시뮬레이션 결과 시나리오 2(S2)의 경우 헤드작동시간 $t_a = 135s$, 화재진압시간 $t = 700s$이다.)

시나리오	반응시간지수 RTI[m·s)1/2]	살수밀도 $\rho[m^3/sm \cdot {}^2]$	헤드작동온도 T_a[℃]
S1	No sprinkler	No sprinkler	No sprinkler
S2	100	0.0001017	74
S3	260	0.0001017	74
S4	50	0.0002033	74
S5	100	0.0002033	74

제116회 기출문제

(제4교시) 다음 문제 중 4문제를 선택하여 설명하십시오. (각25점)

1. 국소방펌프에 사용되는 농형 유도전동기에서 저항 R[Ω] 3개를 Y로 접속한 회로에 200[V]의 3상 교류전압을 인가시 선전류가 10[A]라면 이 3개의 저항을 △로 접속하고 동일 전원을 인가시 선전류는 몇 [A] 인지 구하시오.
2. 도로터널 방재시설 설치 및 관리지침에서 규정하는 1,2등급 터널에 설치하는 무정전전원 (UPS)설비 설치기준에 대하여 설명하시오.
3. 건축물 배연창의 설치대상, 배연창의 설치기준, 배연창 유효면적 산정기준(미서기창, Pivot 종축창 및 횡축창, 들창)에 대하여 설명하시오.
4. 반도체 제조과정에서 사용되는 가스/케미컬 중 실란(silane)에 대하여 다음 물음에 답하시오.
   1) 분자식
   2) 위험성
   3) 허용농도
   4) 안전 확보를 위한 이송체계
   5) 소화방법
   6) GMS(Gas Monitoring System)
5. 지진발생시 화재로 전이되는 메카니즘과 화재의 주요원인, 지진화재에 대한 방지대책에 대하여 설명하시오.
6. 계단실의 상·하부 개구부 면적이 각각 $A_a = 0.4\text{m}^2$과 $A_b = 0.2\text{m}^2$, 유량계수 C=0.7, 높이 (상·하부 개구부 중심간 거리) H=60 m, 계단실 내부 및 외기 온도가 각각 $T_s = 20℃$와 $T_o = -10℃$인 경우 아래 사항에 대하여 답하시오.
   1) 중성대 높이 계산식 유도 및 중성대 높이 계산
   2) 상·하부 개구부 중점 위치에서의 차압 계산
   3) 각 개구부의 질량유량 계산
   4) 수직높이에 대한 차압 분포 그림 도시
   5) 개구부의 면적 변화에 대한 중성대의 위치 변화 설명

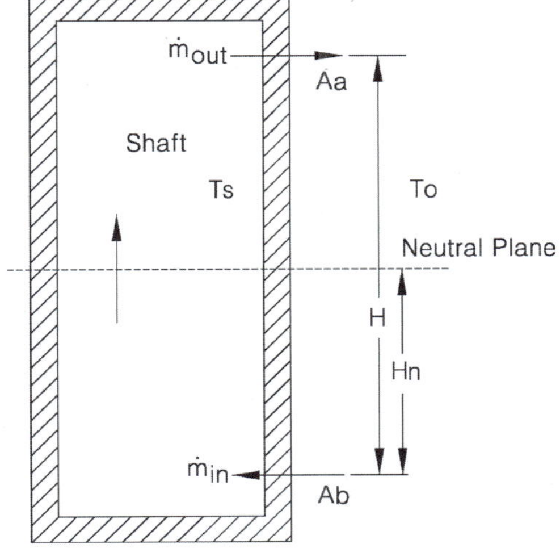

제117회 기출문제

(제1교시) 다음 문제 중 10문제를 선택하여 설명하시오. (각10점)

1. 원소주기율표상 1족 원소인 K, Na의 소화특성을 설명하시오.
2. 옥외저장탱크 유분리장치의 설치목적 및 구조에 대하여 설명하시오.
3. Newton의 운동법칙과 점성법칙에 대하여 설명하시오.
4. 흑연화현상과 트래킹(Tracking)현상에 대하여 비교 설명하시오.
5. 열역학법칙에 대하여 설명하시오.
6. 다음 조건을 고려하여 화재조기진압용 스프링클러설비 수원의 양을 구하시오.

〈조건〉
- 랙(Rack)창고의 높이는 12m이며 최상단 물품높이는 10m이다.
- ESFR 헤드의 K factor는 320이고 하향식으로 천장에 60개가 설치되어 있다.
- 옥상수조의 양 및 제시되지 않은 조건은 무시한다.

7. 스프링클러설비 건식밸브의 Water Columning 현상에 대하여 설명하시오.
8. MIE 분산법칙과 이를 응용한 감지기에 대하여 설명하시오.
9. 열전현상인 Seebeck effect, Peltier effect, Thomson effect에 대하여 설명하시오.
10. 감광(소멸)계수가 $0.3m^{-1}$ 일 때 자극성 연기에서 유도등의 가시거리를 구하시오. (단, 이때 적용하는 비례상수 K는 8을 적용한다.)
11. 건축물 방화계획의 작성 원칙에 대해 설명하시오.
12. NFPA 12에서 정하는 이산화탄소소화설비의 적응성, 비적응성 및 나트륨(Na)과 CO_2의 반응식을 설명하시오.
13. 스프링클러설비에서 템퍼스위치(Tamper Switch)의 설치목적 및 설치기준, 설치위치에 대하여 설명하시오.

(제2교시) 다음 문제 중 4문제를 선택하여 설명하시오. (각25점)

1. 스프링클러설비 수리계산 절차 중 다음 내용에 대하여 설명하시오.
   - 상당길이(Equivalent Length)
   - 조도계수(C-factor)
   - 마찰손실 계산 시 등가길이 반영 방법
2. 물질안전보건자료(MSDS) 작성대상 물질과 작성항목에 대하여 설명하시오.
3. 리튬이온배터리 에너지저장장치시스템(ESS)의 안전관리가이드에서 정한 다음의 내용을 설명하시오.
   - ESS 구성
   - 용량 및 이격거리 조건
   - 환기설비 성능 조건
   - 적용 소화설비
4. 제연설비의 성능평가 방법 중 Hot Smoke Test의 목적 및 절차, 방법에 대하여 설명하시오.
5. 액체 상태로 보관하는 가스계소화약제의 약제량을 확인하는 4가지 방법에 대하여 설명하시오.
6. 피난용승강기의 설치대상과 설치기준을 설명하시오.

제117회 기출문제

(제3교시) 다음 문제 중 4문제를 선택하여 설명하시오. (각25점)

1. 송풍기의 System Effect에 대하여 설명하시오.
2. 축전지 용량환산계수를 결정하는 영향인자에 대하여 설명하시오.
3. 국내 소방법령에 의한 성능위주설계에 대하여 다음의 내용을 설명하시오.
   - 성능위주설계의 목적 및 대상
   - 시나리오 적용기준에서 인명안전 및 피난가능시간 기준
4. NFPA 13에서 정하는 스프링클러설비 연결송수구의 배관 연결방식을 도시하여 설명하고 국내 기준과 비교하시오.
5. 국가화재안전기준(NFSC)을 적용하여야 하는 지하구의 기준 및 지하공간(공동구, 지하구 등)의 화재특성, 소방대책을 설명하시오.
6. 위험물안전관리법령에서 정하는 제5류 위험물에 대하여 다음의 내용을 설명하시오.
   - 성질, 품명, 지정수량, 위험등급
   - 저장 및 취급방법
   - 위험물 혼재기준
   - 히드록실아민 1000kg을 취급하는 제조소의 안전거리 산정

(제4교시) 다음 문제 중 4문제를 선택하여 설명하시오. (각25점)

1. NFPA 12에서 제시한 이산화탄소소화설비의 소화약제 방출과 관련한 "자유유출(free efflux)" 에 대하여 설명하고 이산화탄소 소화약제 방출후 "자유유출(free efflux)" 조건에서의 방호구역의 단위체적당 약제량(kg/m^3), 방출후 농도(Vol %) 및 비체적(m^3/kg)과의 관계식을 유도하시오.
   (단, 방호구역 단위체적당 약제량은 F, 방출후 농도를 C, 비체적은 S로 표시한다.
2. 다음 그림의 조건에서 유효누설면적(AT)을 구하시오.

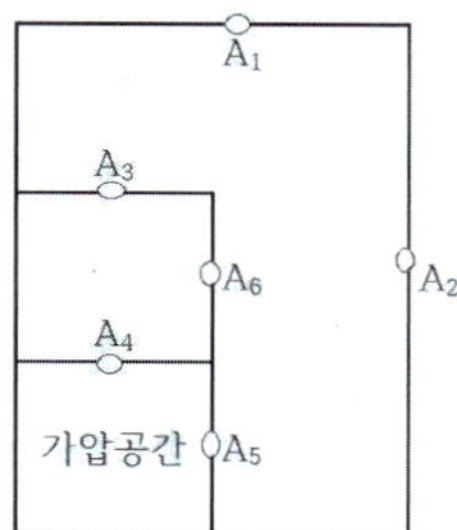

〈조건〉
$A_1 = A_3 = A_4 = A_6 = 0.02\text{m}^2$이고, $A_2 = A_5 = 0.03\text{m}^2$이다.

3. 스프링클러헤드의 균일한 살수밀도를 저해하는 3가지(Cold soldering, Skipping, Pipe shadow effect)의 원인 및 대책에 대하여 설명하시오.
4. 위험물제조소등의 소화설비 설치기준에 대하여 다음의 내용을 설명하시오.
   - 전기설비의 소화설비
   - 소요단위와 능력단위
   - 소요단위 계산방법
   - 소화설비의 능력단위
5. 건축물의 내부마감재료 난연성능기준에 대하여 설명하시오.
6. 연료전지의 종류와 특성 및 장 · 단점에 대하여 설명하시오.

제118회 기출문제

(제1교시) 다음 문제 중 10문제를 선택하여 설명하시오. (각10점)

1. 보상식 스포트형 감지기의 필요성 및 적응장소에 대하여 설명하시오.
2. 교차회로 방식으로 하지 않아도 되는 감지기에 대하여 설명하시오.
3. 방화문의 종류 및 문을 여는데 필요한 힘의 측정기준과 성능에 대하여 설명하시오.
4. 건축물의 구조안전 확인 적용기준, 확인대상 및 확인자의 자격에 대하여 설명하시오.
5. 스프링클러 작동시의 스모크 로깅(Smoke-Logging) 현상에 대하여 설명하시오.
6. 프레져 사이드 푸로포셔너(Pressure Side Proportioner)의 설비구성과 혼합원리를 설명하시오.
7. 청정소화약제의 인체에 대한 유해성을 나타내는 LOAEL, NOAEL, NEL을 설명하시오.
8. 「소방기본법」에 명시된 법의 취지에 대하여 설명하시오.
9. 감리 계약에 따른 소방공사 감리원이 현장배치 시 소방공사 감리를 할 때 수행하여야 할 업무를 설명하시오.
10. 공정흐름도(PFD, Process Flow Diagram)와 공정배관계장도(P&ID, Process & Instrumentation Diagram)에 대하여 설명하시오.
11. 가연물 연소패턴 중 다음의 용어에 대하여 설명하시오.
    1) Pool-shaped burn pattern
    2) Splash pattern
12. 위험물안전관리법 시행령에서 규정하고 있는 인화성액체에 대하여 설명하고, 인화성 액체에서 제외할 수 있는 경우 4가지를 설명하시오.
13. 전기화재의 원인으로 볼 수 있는 은(Silver) 이동 현상의 위험성과 특징, 대책에 대하여 설명하시오.

(제2교시) 다음 문제 중 4문제를 선택하여 설명하시오. (각25점)

1. 스프링클러 급수배관은 수리계산에 의하거나 아래의 "스프링클러헤드 수별 급수관의 구경"에 따라 선정하여야 한다. "스프링클러헤드 수별 급수관의 구경"의 (주) 사항 5가지를 열거하고 스프링클러 헤드를 가, 나, 다 각 란의 유형별로 한쪽의 가지배관에 설치할 수 있는 최대의 개수를 그림으로 설명하시오.
   (단, "가" 란은 상향식설치 및 상·하향식설치 2가지 유형으로 표기하고, 관경 표기는 필수이다.)

스프링클러헤드 수별 급수관의

단위(mm)

구분 \ 급수관의 구경	25	32	40	50	65	80	90	100	125	150
가	2	3	5	10	30	60	80	100	160	161 이상
나	2	4	7	15	30	60	65	100	160	161 이상
다	1	2	5	8	15	27	40	55	90	91 이상

2. 호스릴 소화전의 도입배경과 설치기준 및 호스릴 소화전의 특징·문제점에 대하여 설명하시오.
3. 「위험물안전관리법」에서 규정하고 있는 「수소충전설비를 설치한 주유취급소의 특례」상의 기술기준 중 아래 내용을 설명하시오.
   1) 개질장치(改質裝置)
   2) 압축기(壓縮機)
   3) 충전설비
   4) 압축수소의 수입설비(受入設備)

제118회 기출문제

4. 축적형 감지기의 작동원리·설치장소·사용할 수 없는 경우에 대하여 설명하시오.
5. 건축물에 설치하는 지하층의 구조 및 지하층에 설치하는 비상탈출구의 구조에 대하여 설명하시오.
6. 프로판의 연소식을 적고 화학양론조성비, 연소상한계(UFL), 연소하한계(LFL), 최소산소 농도(MOC)를 구하고 각각의 의미를 설명하시오.

(제3교시) 다음 문제 중 4문제를 선택하여 설명하시오. (각25점)

1. 건축물 실내 내장재의 방염의 원리·방염대상물품·방염성능 기준과 방염의 문제점 및 해결방안에 대하여 설명하시오.
2. 수렴화재(Convergence Fire)의 화재조사 내용을 설명하시오.
3. 건식유수검지장치의 작동 시 방수지연에 대하여 설명하시오.
4. IBC(International Building Code)에서 규정하고 있는 피난로(Means of Egress) 및 피난로의 구성에 대하여 설명하시오.
5. 에너지저장시스템(ESS : Energy Storage System)의 안전관리상 주요확인 사항과 리튬 이온 ESS의 적응성 소화설비에 대하여 설명하시오.
6. 「소방기본법」에서 규정하고 있는 화재예방을 위하여 불의 사용에 있어서 지켜야 할 사항 중 일반음식점에서 조리를 위하여 불을 사용하는 설비와 보일러 설비에 대하여 설명하시오.

(제4교시) 다음 문제 중 4문제를 선택하여 설명하시오. (각25점)

1. 열전달 메커니즘(Mechanism)에 대하여 설명하시오.
2. 건축법에서 아파트 발코니의 대피공간 설치 제외 기준과 관련하여 다음 내용을 설명 하시오.
   1) 대피공간 설치 제외 기준
   2) 하향식 피난구 설치 기준
   3) 하향식 피난구 설치에 따른 화재안전기준의 피난기구 설치관계
3. 아래와 같이 특정소방대상물에 주어진 조건으로 「화재예방, 소방시설 설치·유지 및 안전관리에 관한 법률」에 따라 적용하여야 할 소방시설(법적기준 포함)을 설명하시오.

(조건)
1) 용 도 : 지하층 – 주차장, 지상 1~2층 – 근린생활시설, 지상 3 ~ 15층 – 오피스텔
2) 연면적 : $18000m^2$(각층 바닥면적 : $1000m^2$이며, 지하 3층 전기실 : $290m^2$)
3) 층 수 : 지하 3층, 지상 15층
4) 층 고 : 지하전층 15m, 지상 1층 ~ 지상 15층 60m
5) 구 조 : 철근, 철골 콘크리트조
6) 특별피난계단 2개소 및 비상용승강기 승강장 1개소
7) 지상층은 유창층이며, 특수가연물 해당 없음
8) 소방시설 설치의 면제기준 중 소방전기설비는 비상경보설비 또는 단독경보형 감지기만 대체 설비 적용하며, 기타설비는 적용하지 않음(소방기계설비는 적용)

4. 차압식 유량계의 유속측정 원리에 대하여 식을 유도하고 설명하시오.
5. 정온식 감지선형 감지기의 구조·작동원리·특성·설치기준·설치 시 주의사항에 대하여 설명하시오.
6. 특별피난계단의 부속실과 비상용승강기의 승강장의 제연설비 설치와 관련하여, 공동 주택 지상 1층에는 제연설비를 미적용하는 사례가 있다. 건축법과 소방관계법령의 이원화에 따른 문제점 및 개선방안을 설명하시오.

제119회 기출문제

(제1교시) 다음 문제 중 10문제를 선택하여 설명하시오. (각10점)

1. 펌프의 비속도 및 상사법칙에 대하여 설명하시오.
2. 그래파이트(Graphite) 현상과 트래킹(Tracking) 현상에 대하여 설명하시오.
3. 연소범위 영향요소에 대하여 설명하시오.
4. 훈소의 발생 메커니즘 및 특성, 소화대책에 대하여 설명하시오.
5. 할로겐화합물 및 불활성기체소화설비의 배관 압력등급을 선정하는 방법에 대하여 설명하시오.
6. 소방감리자 처벌규정 강화에 따른 운용지침에서 중요 및 경미한 위반사항에 대하여 설명하시오.
7. 소화기구 및 자동소화장치의 화재안전기준(NFSC 101) 별표 1 관련 소화기구의 소화약제별 적응성에 관하여 설명하시오.
8. 주거용 주방자동소화장치의 정의, 감지부, 차단장치, 공칭방호면적에 대하여 설명하시오.
9. 어떤 구획실의 면적이 24m^{2}이고, 높이가 3m일 때 구획실 내부에서 화원 둘레가 6m인 화재가 발생하였다. 이때 화재 초기의 연기 발생량(kg/s)을 구하고 바닥에서 1.5m 높이까지 연기층이 하강하는데 걸리는 시간(s)과 연기 배출량(m^3/s)을 계산하시오. (단, 연기의 밀도 $\rho_s = 0.4\text{kg/m}^3$이고, 기타 조건은 무시한다.)
10. 직통계단에 이르는 보행거리를 건축물의 주요구조부 등에 따라 설명하시오.
11. 정온식감지선형감지기의 적응장소 및 지하구에 설치할 경우 설치기준을 설명하시오.
12. 소방성능위주설계 대상물과 설계변경 신고 대상에 대하여 설명하시오.
13. 헬리포트 및 인명구조 공간 설치기준과 경사지붕 아래에 설치하는 대피공간의 기준을 설명하시오.

(제2교시) 다음 문제 중 4문제를 선택하여 설명하시오. (각25점)

1. 비상방송설비의 단락보호기능 관련 문제점 및 성능개선 방안에 대하여 설명하시오.
2. 소화배관의 기밀시험 방법 중 국내 수압시험 기준과 NFPA 13의 수압시험 및 기압 시험에 대하여 설명하시오.
3. 특별피난계단의 계단실 및 부속실 제연설비의 화재안전기준(NFSC 501A)에서 정하는 누설면적 기준 누설량 계산방법과 KS 규격 방화문 누설량 계산방법에 대하여 설명하시오.

   (조건)
   - 제연구역의 실내쪽으로 열리는 경우(방화문 높이 : 2.0m, 폭 : 1.0m)
   - 적용 차압은 50Pa

4. 비상전원으로 축전지를 적용할 때 종류선정 방법 및 용량산출 순서에 대하여 설명하시오.
5. 피난기구의 설치에 대하여 다음 사항을 설명하시오.
   1) 피난기구의 설치 수량 및 추가 설치 기준
   2) 승강식피난기 및 하향식 피난구용 내림식사다리 설치 기준
6. 화학공장의 위험성평가 목적과 정성적평가와 정량적평가 방법에 대하여 설명하시오.

제119회 기출문제

(제3교시) 다음 문제 중 4문제를 선택하여 설명하시오. (각25점)

1. 방염에 대하여 아래 내용을 설명하시오.
   1) 방염대상　2) 실내장식물　3) 방염성능기준
2. 수계시스템에서 배관경 산정방법인 규약배관방식(pipe schedule method)과 수리계산 방식(hydraulic calculation method)을 비교 설명하시오.
3. 무창층의 기준해석에 대한 업무처리 지침 관련 아래 사항을 설명하시오.
   1) 개구부 크기의 인정 기준
   2) 도로 폭의 기준
   3) 쉽게 파괴할 수 있는 유리의 종류
4. 스프링클러의 작동시간 예측에 있어 감열체의 대류와 전도에 대하여 열평형식을 이용하여 설명하시오.
5. 소방시설의 내진설계 기준에서 정한 면진, 수평력, 세장비에 대하여 설명하고 단면적이 $9cm^2$로 동일한 정삼각형, 정사각형, 원형의 버팀대가 있을 경우 세장비가 300일 때 최소회전반경(r)과 버팀대의 길이를 계산하시오.
6. 옥외에 설치된 유입변압기 화재방호를 위해 설계된 물분무소화설비의 배수설비 용량(m^3)을 NFPA 15에 따라 아래 조건을 이용하여 계산하시오.

(조건)
- 단일저장용기에 저장된 절연유 최대 용량 : $50m^3$, 절연유 비중 : 0.83
- 변압기 윗면 표면적 : $35m^2$, 변압기 외형 둘레 길이 : 32m, 변압기 높이 : 4.5m
- Conservator Tank 지름 및 길이 : 1.2m, 5.2m
- 소화수 방출시간 : 30분
- 변압기 설치 지역의 비흡수지반 면적 : $16.5m^2$

(단, 배수설비 용량 산정 시 빗물 및 공정액체 또는 냉각수가 배수설비로 보내지는 정상적인 방출유량은 제외한다.)

(제4교시) 다음 문제 중 4문제를 선택하여 설명하시오. (각25점)

1. 최근 건설현장에서 용접·용단작업 시 화재 및 폭발사고가 증가하고 있다. 아래 내용을 설명하시오.
   1) 용접·용단작업 시 발생되는 비산불티의 특징
   2) 발화원인물질 별 주요 사고발생 형태
   3) 용접·용단작업 시 화재 및 폭발 재해예방 안전대
2. NFPA 20에 따라 소방펌프 및 충압펌프 기동·정지압력을 세팅하려고 한다. 아래 내용에 대하여 설명하시오.
   1) 소방펌프 및 충압펌프 기동·정지압력 설정 기준
   2) 소방펌프의 최소운전시간
   3) 소방펌프의 운전범위
   4) 소방펌프(전동기 구동 1대, 디젤엔진 구동 2대) 및 충압펌프의 정격압력은 150psi, 체절압력은 165psi이다. 현재 정격압력 기준 자동기동, 자동정지로 셋팅된 상태를 체절압력 기준 자동기동, 수동 정지 상태로 변경하려고 한다. 소방펌프 및 충압펌프의 기동·정지 압력 세팅값을 계산하시오. (단, 최소 정적 급수압력은 50psi으로 한다.)
   5) 계통 신뢰성 향상을 위한 고려사항

제119회 기출문제

3. 피난구유도등에 대하여 아래 사항을 답하시오.
   1) 점등방식 (2선식, 3선식)에 따른 회로도 작성
   2) 유도등의 크기 및 상용점등 시/비상점등 시 평균휘도
   3) 유도등의 색상이 녹색인 이유
4. 건축물 화재 시 안전한 피난을 위한 피난시간을 계산하고자 한다. 아래 사항에 대하여 답하시오.
   1) 피난계산의 필요성, 절차, 평가방법
   2) 피난계산의 대상층 선정 방법
5. 유기 과산화물의 활성산소량, 분해온도, 활성화에너지, 반감기, 사용 시 주의사항에 대하여 설명하시오.
6. 거실제연설비에 대하여 아래 내용을 설명하시오.
   1) 배출풍도 및 유입풍도의 설치기준
   2) 상당지름과 종횡비(Aspect ratio)
   3) 종횡비를 제한하는 이유

제120회 기출문제

(제1교시) 다음 문제 중 10문제를 선택하여 설명하시오. (각10점)

1. 연소의 4요소에 해당하는 연쇄반응과 화학적 소화(할로겐 화합물)를 단계별 반응식으로 설명하시오.
2. 비열(Specific Heat)의 종류와 공기의 비열비(Specific Heat Ratio)에 대하여 설명하시오.
3. 인체의 열 스트레스 조건에서 상대습도와 인내 한계시간과의 관계를 설명하시오.
4. 초고층 및 지하연계 복합건축물 재난관리에 관한 특별법 시행령에서 규정하고 있는 피난안전구역 설치기준 등에 대하여 설명하시오. (단, 선큰의 기준은 제외한다.)
5. 할로겐화합물 및 불활성기체 소화약제를 적용할 수 없는 위험물에 대하여 설명하시오.
   (단, 소화성능이 인정되는 경우 예외이기는 하나 이 내용은 무시한다.
6. 자동화재속보설비의 데이터 및 코드전송에 의한 속보방식 3가지를 설명하시오.
7. 소방시설 중 수원과 제어반, 가압송수장치(전동기 또는 내연기관에 따른 펌프)의 내진설계기준에 대하여 설명하시오.
8. 위험물제조소의 위치 · 구조 및 설비기준에서 다음 내용을 설명하시오.
   (1) 안전거리
   (2) 보유공지(방화상 유효한 격벽 포함)
   (3) 정전기 제거설비
9. 전기적 폭발을 내부적 원인과 외부적 원인으로 구분하여 설명하시오.
10. 건축물 방화구획 시 사전 확인사항과 방화구획을 관통하는 부분에 내화충전 적용이 미흡한 사유를 설명하시오.
11. 일반건축물 화재 시 Flame Over(Roll Over) 현상에 대하여 설명하시오.
12. Fail Safe와 Fool Proof의 개념과 소방에서 적용 예를 들어 설명하시오.
13. 위험물안전관리법령에서 정한 예방규정 작성대상 및 예방규정에 포함되어야 할 내용에 대하여 설명하시오.

(제2교시) 다음 문제 중 4문제를 선택하여 설명하시오. (각25점)

1. 열전달 메카니즘의 형태를 실내화재에 적용시켜 기술하고 화재 방지대책에 대하여 설명하시오.
2. 연기유동에 대한 Network 모델의 유형에 대하여 설명하시오.
3. 소화펌프 성능시험방법 중 무부하운전, 정격부하운전, 최대부하운전에 대한 작동시험 방법 및 시험 시 주의사항에 대하여 설명하시오.
4. 정전기 대전현상에 대하여 기술하고, 위험물을 고무타이어가 있는 탱크로리, 탱크차 및 드럼 등에 주입하는 설비의 경우 "정전기 재해예방을 위한 기술상의 지침" 에서 정한 정전기 완화조치에 대하여 설명하시오.
5. NFPA 101의 피난계획 시 인명안전을 위한 기본 요구사항과 국내 건축물에서 피난 관련 법령의 문제점 및 개선방안에 대하여 설명하시오.
6. 특별피난계단의 계단실 및 부속실(비상용승강기 승강장 포함) 제연설비의 국가화재 안전기준(NFSC)에 따른 급기의 기준, 외기취입구의 기준, 급기구의 기준, 급기송풍기의 기준에 대하여 설명하시오.

제120회 기출문제

(제3교시) 다음 문제 중 4문제를 선택하여 설명하시오. (각25점)

1. 건축물 화재 시 연기제어 목적, 연기제어 기법 및 연기의 이동형태에 대하여 설명하시오.
2. 소방시설용 비상전원수전설비의 설치기준에 대하여 다음의 내용을 설명하시오.
   (1) 인입선 및 인입구 배선의 경우
   (2) 특별고압 또는 고압으로 수전하는 경우
3. 장외영향평가서 작성 등에 관한 규정에서 정한 장외영향평가의 정의, 업무절차 및 장외 영향평가서의 작성방법에 대하여 설명하시오.
4. 소화펌프에서 발생할 수 있는 공동현상(Cavitation)의 발생원인, 판정방법 및 방지대책에 대하여 설명하시오.
5. 이산화탄소 소화설비의 소화약제 저장용기 등의 설치장소에 관한 기준을 서술하고 각 항목마다 근거를 설명하시오.
6. 습식 및 건식 스프링클러설비의 시험장치를 기술하고, NFPA 13과 비교하여 개선방안에 대하여 설명하시오.

(제4교시) 다음 문제 중 4문제를 선택하여 설명하시오. (각25점)

1. 화재를 다루는 분야에서는 열에너지원(Heat Energy Source)의 제어가 중요하다.
   열에너지원을 화학적, 전기적 및 기계적 열에너지로 구분하여 설명하시오.
2. ESFR 스프링클러헤드는 표준형 스프링클러헤드보다 화재초기에 작동하여 화재를 조기 진압한다. 이를 결정하는 3가지 특성요소에 대하여 설명하시오.
3. 소방시설에서 절연저항 측정방법을 기술하고, 국가화재안전기준(NFSC)에서 정한 절연 내력과 절연저항을 적용하는 소방시설에 대하여 설명하시오.
4. 유체유동과 관련 있는 무차원수의 필요성과 주요 무차원수에 대하여 설명하시오.
5. 화재예방, 소방시설 설치·유지 및 안전관리에 관한 법령에서 정한 소방특별조사에 대하여 다음의 내용을 설명하시오.
   (1) 조사목적
   (2) 조사시기
   (3) 조사항목
   (4) 조사방법
6. 소방청 및 한국소방시설협회에서 발표한 소방공사 표준시방서에 명기된 소방설비별 배관 적용을 옥내(실내, 입상, 수평), 옥외(공동구, 매설) 및 설비별로 구분하여 설명하고, 사용압력이 1.2MPa 이상과 미만일 경우 배관재질의 적용에 대하여 설명하시오.

제121회 기출문제

(제1교시) 다음 문제 중 10문제를 선택하여 설명하시오. (각10점)

1. 액체가연물의 연소에 영향을 미치는 인자에 대하여 설명하시오.
2. 위험물안전관리법령상 다음 용어의 정의를 쓰시오.
   1) 위험물　2) 지정수량　3) 제조소
   4) 저장소　5) 취급소
3. 소화설비용 충압펌프가 빈번하게 작동하는 주요 원인과 대책을 설명하시오.
4. Plug-holing의 발생원인과 방지대책에 대하여 설명하시오.
5. 소방시설법령상 건축허가등의 동의대상에 대하여 설명하시오.
6. 소방시설법령상 "인화성 물품을 취급하는 작업 등 대통령령으로 정하는 작업"에 대하여 설명하시오.
7. NFPA 72에서 정하는 Pathway Survivability를 Level별로 구분하여 설명하시오.
8. 단상 2선식 회로의 전압강하 계산식을 유도하시오.
9. 건축법령에서 정하는 소방관 진입창의 설치기준에 대하여 설명하시오.
10. 커튼월 Type 건축물의 화재확산 방지구조에 대하여 설명하시오.
11. 위험성 평가기법 중 위험도 매트릭스(Risk Matrix)에 대하여 설명하시오.
12. Hagen-Poiseuille식과 Darcy-Weisbach식을 이용하여 층류흐름의 마찰계수를 유도 하시오.
13. 국가화재안전기준에서 정하는 화재조기진압용 스프링클러의 설치제외와 물분무헤드의 설치제외에 대하여 설명하시오.

(제2교시) 다음 문제 중 4문제를 선택하여 설명하시오. (각25점)

1. 건축법령상 건축물 실내에 접하는 부분의 마감재료(내장재)를 난연성능에 따라 구분하고 마감재료의 성능기준과 시험방법에 대하여 설명하시오.
2. 위험물안전관리법령에서 정하는 위험물제조소의 안전거리에 대하여 설명하시오.
3. 특정소방대상물에 스프링클러설비가 설치되지 않는 경우, NFSC 501A에 의한 부속실 제연설비의 최소 차압은 40Pa 이상으로 정하고 있으나, NFPA 92의 경우는 천장 높이에 따라 최소(설계)차압의 기준이 다르게 적용된다. 천장 높이가 4.6m일 때를 기준으로 하여 NFPA 92에 따른 차압 선정의 이론적 배경을 설명하시오.
4. 건축물설계의 경제성 등 검토(VE : Value Engineering)에 대하여 다음 내용을 설명하시오.
   1) 실시대상
   2) 실시 시기 및 횟수
   3) 수행자격
   4) 검토조직의 구성
   5) 설계자가 제시하여야 할 자료
5. 임야화재의 대표적인 발화원인과 화재원인별 조사방법에 대하여 설명하시오.
6. NFSC 102 별표1에 의한 내화배선의 공사방법을 설명하고, 내화배선에 1종금속제 가요 전선관을 사용할 수 없는 이유와 내화전선을 전선관 내에 배선할 수 없는 이유에 대하여 설명하시오.

제121회 기출문제

(제3교시) 다음 문제 중 4문제를 선택하여 설명하시오. (각25점)

1. 샌드위치 패널의 종류별 특징과 화재위험성, 국내 · 외 시험기준에 대하여 설명하시오.
2. 자연발화의 정의, 분류, 조건 및 예방방법에 대하여 설명하시오.
3. 수계 배관에서 돌연확대 및 돌연축소 되는 관로에서의 부차적 손실계수(k)가 돌연확대는 $k=\left[1-\left(\dfrac{D_1}{D_2}\right)^2\right]^2$, 돌연축소는 $k=\left(\dfrac{A_2}{A_0}-1\right)^2$ 임을 증명하시오.

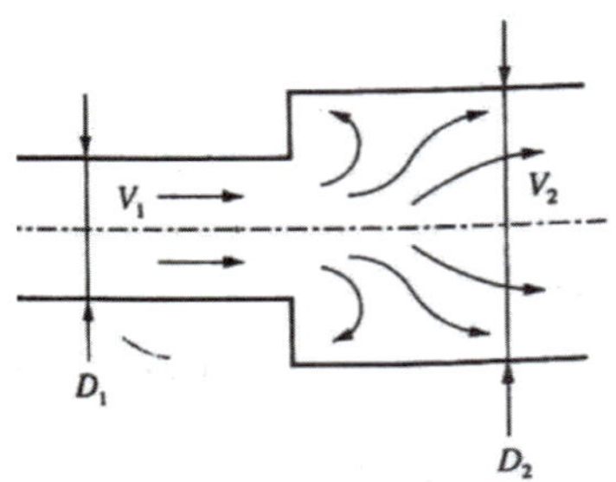

<돌연확대 배관>

<돌연축소 배관>

4. 화재감지기의 감지소자로 적용되는 서미스터(Thermistor)의 저항변화 특성을 저항-온도 그래프를 이용하여 종류별로 설명하고 서미스터가 적용된 감지기의 작동 메커니즘에 대하여 쓰시오.
5. 전역방출방식 가스계소화설비의 신뢰성을 확보하기 위하여 실시하는 Enclosure Integrity Test의 종류와 수행절차에 대하여 설명하시오.
6. 건축법령에 의한 방화구획 기준에 대하여 다음의 내용을 설명하시오.
   1) 대상 및 설치기준
   2) 적용을 아니하거나 완화적용할 수 있는 경우
   3) 방화구획 용도로 사용되는 방화문의 구조

(제4교시) 다음 문제 중 4문제를 선택하여 설명하시오. (각25점)

1. 공기포 소화약제의 혼합 방식에 대하여 설명하시오.
2. 위험물안전관리법령상 옥내탱크저장소의 위치 · 구조 및 설비의 기준 중 다음에 대하여 설명하시오.
   1) 표시 및 표지
   2) 게시판
   3) 게시판의 색

4) 압력탱크에 설치하는 압력계 및 안전장치 5) 밸브없는 통기관의 설치 기준

3. 공기흡입형 감지기의 설계 및 유지관리 시 고려사항에 대하여 설명하시오.
4. 소방시설공사업법 시행령 별표4에 따른 소방공사 감리원의 배치기준 및 배치기간에 대하여 설명하시오.
5. 가연성 혼합기의 연소속도(Burning Velocity)에 영향을 미치는 인자에 대하여 설명하시오.
6. 스프링클러헤드를 감지특성에 따라 분류하고 방사특성에 대하여 설명하시오.

제122회 기출문제

(제1교시) 다음 문제 중 10문제를 선택하여 설명하시오. (각10점)

1. 화재 패턴(Pattern)의 개념과 패턴의 생성 원리에 대하여 설명하시오.
2. 스프링클러헤드의 RTI (Response Time Index)와 헤드 감도시험방법에 대하여 설명하시오.
3. 미분무소화설비에서 발생할 수 있는 클로깅(Clogging) 현상과 이 현상을 방지할 수 있는 방법에 대하여 설명하시오.
4. 화재수신기와 감시제어반을 비교하여 설명하시오.
5. 유체에서 전단력(Shearing Force)과 응력(Stress)에 대하여 설명하시오.
6. 이상기체 운동론의 5가지 가정과 보일(Boyle)의 법칙, 샤를(Charles)의 법칙, 게이뤼삭(Gay-Lussac)의 법칙에 대하여 설명하시오.
7. 트래킹(Tracking) 화재의 진행 과정과 방지대책에 대하여 설명하시오.
8. 소방설비 배관 및 부속설비의 동파를 방지하기 위한 보온방법에 대하여 설명하시오.
9. 옥내소화전설비에서 압력 챔버(Chamber) 설치기준과 역할에 대하여 설명하시오.
10. 할로겐화합물 및 불활성기체소화설비 구성요소 중 저장용기의 설치장소 기준과 할로겐 화합물 및 불활성기체 소화약제의 구비조건을 설명하시오.
11. 자연배연과 기계배연을 비교하여 설명하시오.
12. 구획 내 전체화재에 사용하는 화재하중 설정에 대하여 설명하시오.
13. 화학물질의 위험도를 정의하고, 아세틸렌을 예를 들어 설명하시오.

(제2교시) 다음 문제 중 4문제를 선택하여 설명하시오. (각25점)

1. 소화배관에서 수격(Water Hammer) 현상 시 발생하는 충격파의 특징 및 방지대책에 대하여 설명하시오.
2. 소방설비의 배관에서 사용하는 게이트(Gate)밸브·글로브(Globe)밸브·체크(Check)밸브의 특징에 대하여 설명하시오.
3. 전기적 폭발의 개념과 발생원인 및 예방대책에 대하여 설명하시오.
4. 접지(Earth)설비에 대하여 다음을 설명하시오.
   가. 접지의 목적
   나. 접지목적에 따른 분류
   다. 접지공사 종류별 접지저항값, 접지선 굵기, 적용대상
5. 소방안전관리대상물의 소방계획서 작성 등에 있어서 소방계획서에 포함되어야 하는 사항을 설명하시오.
6. 화재 시 아래의 제한된 조건하에서 화염의 열유속($\dot{q}''$)의 값을 비교하고 각각 연료에 대한 위험성의 상관관계를 설명하시오.

   ※ 재료별 직경 1 m의 풀화재 자료

	질량감소유속 $\dot{m}''$ [g/m²s]	연소면적 A [m²]	유효연소열 ΔH_c[kJ/g]	기화열 _[kJ/g]
폴리스티렌	38	0.785	39.85	1.72
가솔린	55	0.785	43.70	0.33

제122회 기출문제

(제3교시) 다음 문제 중 4문제를 선택하여 설명하시오. (각25점)

1. 소화배관의 과압발생 시 감압방법의 종류와 각각의 특징에 대하여 설명하시오.
2. 최근 정부에서는 지난 4월 발생한 이천 물류센터 공사현장 화재사고 이후 동일한 사고가 다시는 재발하지 않도록 건설현장의 화재사고 발생위험 요인들을 분석하여 건설현장 화재안전 대책을 마련하였다. 다음 각 사항에 대하여 설명하시오.
   가. 건설현장 화재안전 대책의 중점 추진방향
   나. 건설현장 화재안전 대책의 세부 내용을 건축자재 화재안전기준 강화 측면과 화재 위험작업 안전조치 이행 측면 중심으로 각각 설명
3. 송풍기의 특성곡선을 설명하고, 직렬운전 및 병렬운전 시 송풍기의 용량이 동일한 경우와 다른 경우를 구분하여 설명하시오.
4. 정전기의 대전을 방지하기 위한 전압인가식 제전기의 종류와 제전기 사용상의 유의 사항에 대하여 설명하시오.
5. ESFR(Early Suppression Fast Response) 헤드 설치장소의 구조기준 및 헤드의 특징에 대하여 설명하시오.
6. 구획실 화재(기구 크기 : 1m × 2m)에서 플래시오버 이후 최성기 화재(800℃로 가정)의 에너지 방출률을 구하시오.
   (단, 연료가 퍼진 바닥면적 $12m^2$, 가연물의 기화열 2kJ/g, 평균 연소열 $\Delta H_c = 20$kJ/g, Stefan Boltzman 상수 $(\sigma) = 5.67 \times 10^{-8} W/m^2 \cdot K^4$이다.)

(제4교시) 다음 문제 중 4문제를 선택하여 설명하시오. (각25점)

1. 이산화탄소소화설비 호스릴방식의 설치장소 및 설치기준에 대하여 설명하시오.
2. 임시소방시설의 화재안전기준 제정이유와 임시소방시설의 종류별 성능 및 설치기준에 대하여 설명하시오.
3. 특수가연물의 정의, 품명 및 수량, 저장 및 취급기준, 특수가연물 수량에 따른 소방시설의 적용에 대하여 설명하시오.
4. (초)고층 건축물의 화재 시 연돌효과(Stack Effect)의 발생원인 및 문제점을 기술하고, 연돌효과 방지대책을 소방측면, 건축계획측면, 기계설비측면으로 각각 설명하시오.
5. 어떤 빌딩이 스프링클러설비와 소방서에 자동으로 울리는 알람 시스템에 의해 화재에 대해 보호되고 있다. 다음 조건에 따라 화재진압 실패 확률을 결함수 분석에 의해 계산하고 스프링클러설비와 알람시스템을 설치하는 이유를 설명하시오. (단, 연간 화재발생 확률은 0.005회이고, 만약 화재가 발생한다면 스프링클러가 작동할 확률은 97%이고, 소방서에서 알람이 울릴 확률은 98%이며, 스프링클러에 의해 효과적으로 화재를 진압할 확률은 95%이다. 또한 소방서에서 알람이 울리면 소방관은 성공적으로 99%의 화재진압을 할 수 있다.)
6. 가솔린의 증발속도와 가솔린 화재에서의 화재플룸(Fire Plume) 속도를 비교하여 설명하시오.
   (단, 가솔린은 최고 연소유속으로, 가솔린 증기 밀도는 공기의 2배로, 화재플룸의 높이는 1m로 가정한다.)

제123회 기출문제

(제1교시) 다음 문제 중 10문제를 선택하여 설명하시오. (각10점)

1. 고용노동부 고시의 「사업장 위험성평가에 관한 지침」에 따른 위험성 평가방법 및 위험성 평가 절차에 대하여 설명하시오.
2. 가연성 혼합물의 연료와 공기량을 결정하는 방법에서 당량비(Equivalence Ratio, ϕ)의 정의와 당량비(ϕ) 〉 1, 당량비(ϕ) = 1, 당량비(ϕ) 〈 1일 경우 혼합기 상태에 대하여 설명하시오.
3. 소방시설 법령에서 규정하고 있는 특정소방대상물의 증축 또는 용도변경 시의 소방 시설기준 적용의 특례에 대하여 각각 설명하시오.
4. 최소산소농도(MOC, Minimum Oxygen Concentration)를 설명하고, 다음과 같은 데이터로 부탄가스의 최소산소농도를 추정하시오. 또한 불활성화(Inerting)의 정의 및 방법에 대하여 설명하시오.

   - 분자식 : 부탄가스(C_4H_{10})
   - 분자량 : 58
   - 연소범위 : 연소하한값(LFL) 1.6%, 연소상한값(UFL) 8.4%

5. 열감지기의 작동원리 중 샤를의 법칙(Charles' law)을 활용한 감지기의 작동원리에 대하여 설명하시오.
6. 자동화재탐지설비 및 시각경보장치의 화재안전기준(NFSC 203)에서 감지기 설치 위치로 천장 또는 반자의 옥내에 면하는 부분에 설치를 규정한 기술적인 사유를 화재공학적인 측면에서 설명하시오.
7. 제연시스템에 적용하고 있는 기술기준에 따른 방화댐퍼, 플랩댐퍼, 자동차압조절댐퍼 및 배출댐퍼에 대하여 작동 및 성능기준에 대하여 각각 설명하시오.
8. 최근 에너지저장장치(ESS : Energy Storage System)를 활용한 전기저장시설의 화재가 빈발하여 화재사고 예방 및 피해 확산 방지를 위해 전기저장시설의 화재안전기준 제정(안)이 예고되었다. 이에 따른 스프링클러설비 및 배출설비 설계 시 고려사항에 대하여 설명하시오.
9. 국내 소방법령에 의한 성능위주설계 방법 및 기준에 대하여 다음 사항을 설명하시오.
   1) 성능위주설계를 하여야 하는 특정소방대상물
   2) 성능위주설계의 사전검토 신청서 서류
10. 최근 고층 건축물이 많아지면서 내부 화재 시 연기에 대한 재해도 증가 추세이다. 소방 감리자가 건축물의 준공을 앞두고 확인해야 할 사항 중 특별피난계단의 계단실 및 부속실 제연설비의 기능과 성능을 시험하고 조정하여 균형이 이루어지도록 하는 과정에 대하여 설명하시오.
11. 위험물안전관리법에서 규정한 인화성액체, 산업안전보건법에서 규정한 인화성액체, 인화성가스, 고압가스안전관리법에서 규정한 가연성가스의 정의에 대하여 각각 설명하시오.
12. 퍼킨제(Purkinje) 현상과 이를 응용한 유도등에 대하여 설명하시오.
13. 대피(피난)행동시 인간의 심리 특성에 대하여 설명하시오.

제123회 기출문제

(제2교시) 다음 문제 중 4문제를 선택하여 설명하시오. (각25점)

1. 전기 설비를 위험 장소 및 사용 환경이 열악하여 화재 및 폭발의 우려가 있는 장소 에서 사용하는 경우의 방폭형 소방 전기 기기에 대하여 아래 기호의 정의를 설명하고 이와 관련된 사항을 설명하시오.
   (1) Ex d ⅡB T6
   (2) IP2X , IP54, IP67
2. 이산화탄소소화설비에 대하여 다음 사항을 설명하시오.
   (1) 배관의 구경 산정 기준(이산화탄소의 소요량이 시간 내에 방사될 수 있는 것)
   (2) 방출시간(가스계소화설비 설계프로그램의 성능인증 및 제품검사의 기술기준)
   (3) 배출설비
   (4) 과압배출구(Pressure vent) 소요면적(m^2) 산출(식) 및 작동성능시험
3. 최근 전통시장에는 IoT기반의 무선통신 화재감지기를 많이 설치하고 있다. 무선통신 화재감지시스템의 구성요소와 이를 실현하기 위한 필수기술(또는 필수요소)에 대하여 설명하시오.
4. 건축물 소방시설의 설계는 설계 전 준비를 포함한 ① 기본계획 ② 기본설계 ③ 실시설계 3단계로 구분된다. ②항의 기본설계 단계에서 수행되어야 할 주요 설계업무를 항목별로 설명하시오.
5. 건축법령에서 규정하고 있는 다음 사항에 대하여 설명하시오.
   (1) 대피공간의 설치기준 및 제외 조건
   (2) 방화판 또는 방화유리창의 구조
   (3) 발코니 내부마감재료 등
6. 다중이용업소에 설치·유지하여야 하는 안전시설 중 ① 소방시설의 종류와 ② 비상구의 설치유지 공통기준에 대하여 설명하시오.

(제3교시) 다음 문제 중 4문제를 선택하여 설명하시오. (각25점)

1. 전통시장 화재에 대하여 다음 사항을 설명하시오.
   가. 전통시장 화재의 특성(취약성)
   나. 전통시장 화재알림시설 지원사업 목적 및 대상
   다. 개별점포 및 공용부분 화재알림시설 설치기준 및 구성도(전통시설 화재알림시설 설치사업 가이드라인)
2. 하나의 단지내에 각 단위공장별로 산재된 자동화재탐지설비의 수신기를 근거리통신망 (LAN)을 활용하여 관리하고자 한다. LAN의 Topology(통신망의 구조)중 RING형, STAR형, BUS형의 특징 및 장·단점을 설명하시오.
3. 대규모 건축물의 지하주차장 화재 시 공간특성 및 환기설비를 이용한 연기제어 방안과 연기특성을 고려한 성능평가 시험에 대하여 설명하시오.
4. 특수제어 모드용(CMSA : Control Mode Specific Application) 스프링클러의 개요, 특성과 장·단점에 대하여 설명하고 표준형 / ESFR 스프링클러와 비교하시오.
5. 건축법령상 특별피난계단의 구조와 특별피난계단 부속실의 배연설비 구조에 대하여 설명하시오.
6. 초고층 및 지하연계 복합건축물 재난관리에 관한 특별법 법령에서 규정하고 있는 다음 사항에 대하여 설명하시오.
   1) 종합재난관리체제의 구축 시 포함될 사항
   2) 재난예방 및 피해경감계획 수립, 시행 등에 포함되어야 하는 내용
   3) 관리주체가 관계인, 상시근무자 및 거주자에 대하여 각각 실시하여야 하는 교육 및 훈련에 포함되어야 할 사항

제123회 기출문제

(제4교시) 다음 문제 중 4문제를 선택하여 설명하시오. (각25점)

1. 옥내소화전설비에서 정하는 내화배선과 내열배선의 기능, 사용전선의 종류에 따른 배선 공사방법 및 성능검증을 위한 시험방법을 설명하고 내열배선의 성능검증방법 중 적절한 검증방법을 설명하시오.
2. 소방펌프 유지관리 시험 시 다음 사항에 대하여 설명하시오.
   (1) 체절운전(무부하 운전) 시험방법
   (2) NFPA 25에서 전기모터 펌프는 최소 10분 동안 구동하는 이유
   (3) NFPA 25에서 디젤 펌프는 최소 30분 동안 구동하는 이유
3. 이산화탄소 소화설비를 전역방출방식으로 설치하려고 한다. 다음 조건을 참조하여 각 물음에 답하시오.

기압 : 1atm
온도 : 10℃
설계농도 : 65%
용도 : 목재가공품창고
체적 : $400m^3$
이산화탄소 저장용기 : 45kg 고압용기
개구부는 화재시 자동 폐쇄된다. 소화약제 방출시간을 설계농도 도달시간으로 가정한다. 기타 다른 조건은 무시한다.

   (1) 자유유출(Free Efflux) 상태에서 목재가공품 창고의 소화에 필요한 소화약제량을 구하시오.
   (2) 필요한 이산화탄소 저장용기 수량과 저장하는 소화약제량을 구하시오.
   (3) 소화약제 방출시간을 구하시오.
4. 단열재 설치 공사 중 경질 폴리 우레탄폼 발포시(작업 전, 중, 후) 화재예방 대책에 대하여 설명하시오.
5. 위험물 안전관리법령상 제조소의 위치 · 구조 및 설비의 기준에 대한 다음 내용에 대하여 설명하시오.
   (1) 건축물의 구조
   (2) 배출설비
   (3) 압력계 및 안전장치
6. 다음 각 물음에 답하시오.
   (1) 일반감지기와 아날로그감지기의 주요특성을 비교하시오.
   (2) 인텔리전트(intelligent) 수신기의 기능, 신뢰도, 네트워크 시스템의 Peer to Peer와 Stand Alone 기능에 대하여 설명하시오.

제124회 기출문제

(제1교시) 다음 문제 중 10문제를 선택하여 설명하시오. (각10점)

1. 위험물안전관리법령에서 정하는「수소충전설비를 설치한 주유취급소의 특례」상의 기준 중 충전설비와 압축수소의 수입설비(受入設備)에 대하여 설명하시오.
2. 독성에 관한 하버(Haber, F.)의 법칙에 대하여 설명하시오.
3. 장방형덕트의 Aspect Ratio와 상당지름 환산식에 대하여 설명하시오.
4. 소화설비의 수원 및 가압송수장치 내진설계 기준에 대하여 설명하시오.
5. 방염대상물품 중 얇은 포와 두꺼운 포에 대하여 아래 내용을 설명하시오.
   (1) 구분 기준 (2) 방염성능 기준
6. 미분무소화설비의 설계도서 작성시 고려사항에 대하여 설명하시오.
7. 비상용승강기 대수를 정하는 기준과 비상용승강기를 설치하지 아니할 수 있는 건축물의 조건에 대하여 설명하시오.
8. 화재플럼(fire plume)의 발생 메커니즘(mechanism)과 활용방안을 설명하시오.
9. 다중이용업소의 안전관리에 관한 특별법령에 따른 다중이용업소 화재위험평가의 정의, 대상, 화재위험유발지수에 대하여 설명하시오.
10. 연결송수관설비의 방수구 설치기준을 설명하시오.
11. 소방시설공사의 분리발주 제도와 관련하여 일괄발주와 분리발주를 비교하고, 소방시설 공사 분리도급의 예외규정에 대하여 설명하시오.
12. ERPG(Emergency Response Planning Guideline) 1, 2, 3에 대하여 설명하시오.
13. 상업용 주방자동소화장치의 설치기준과 소화시험 방법에 대하여 설명하시오.

(제2교시) 다음 문제 중 4문제를 선택하여 설명하시오. (각25점)

1. 변압기 화재, 폭발의 발생과정과 안전대책에 대하여 설명하시오.
2. 액체의 비등영역을 구분하고 비등곡선에 대하여 설명하시오.
3. 초고층 및 지하연계 복합건축물 재난관리에 관한 특별법령에 따라 재난예방 및 피해 경감계획의 수립 시 고려해야 할 사항에 대하여 설명하시오.
4. 위험물안전관리에 관한 세부기준 중 탱크안전성능검사에 대하여 발생할 수 있는 용접부의 구조상 결함의 종류 및 비파괴 시험방법에 대하여 설명하시오.
5. 소방시설공사업법령에서 정한 소방시설공사 감리자 지정대상, 감리업무, 위반사항에 대한 조치에 대하여 설명하시오.
6. 내진설계기준의 수평력(F_{pw})과 세장비(λ)를 설명하고 압력배관용탄소강관 25A의 세장비가 300 이하일 때 버팀대 최대길이(cm)를 구하시오.
   (단, 25A(Sch 40)의 외경 34.0mm, 배관의 두께 3.4mm, $\lambda = \frac{l}{r}$를 이용하고, 여기서 r : 최소회전반경$\left(\sqrt{\frac{I}{A}}\right)$, I : 버팀대단면 2차모멘트, A : 버팀대의 단면적)

제124회 기출문제

(제3교시) 다음 문제 중 4문제를 선택하여 설명하시오. (각25점)

1. 지하구의 화재안전기준이 2021년 1월 15일부터 시행되었다. 다음에 대하여 설명하시오.
   (1) 지하구의 화재안전기준 제정·개정 배경
   (2) 지하구의 화재특성
   (3) 소방시설 등의 설치기준
2. 액체가연물의 연소에 의한 화재패턴에 대하여 설명하시오.
   (1) 일반적인 특징
   (2) 종류 5가지
3. 화재안전기준에서 명시한 비상조명등의 조도 기준을 KS표준 및 NFPA와 비교하여 설명하시오.
4. 건축물관리법령에서 정한 건축물 구조형식에 따른 화재안전성능 보강공법에 대하여 다음을 설명하시오.
   (1) 필수적용 및 선택적용 항목
   (2) 1층 상부 화재확산방지구조 적용공법에 대한 시공기준
5. 방화지구내 건축물에 설치하는 드렌처설비의 설치대상, 수원의 저수량, 가압송수장치, 작동방식에 대하여 설명하시오.
6. 위험물안전관리법령에서 명시한 알코올류에 대하여 다음을 설명하시오.
   (1) 알코올류의 정의(제외기준 포함)
   (2) 알코올류의 종류별 분자구조식, 위험성, 저장·취급방법

(제4교시) 다음 문제 중 4문제를 선택하여 설명하시오. (각25점)

1. 「소방시설 등의 성능위주설계 방법 및 기준」에서 정하고 있는 화재 및 피난시뮬레이션의 시나리오 작성에 있어 인명안전 기준과 피난가능시간 기준에 대하여 설명하시오.
2. 소방시설 등의 전원과 관련하여 다음 사항을 설명하시오.
   (1) 스프링클러설비의 상용전원회로 설치 기준
   (2) 소방부하 및 비상부하의 구분
   (3) 부하용도와 조건에 따른 자가발전설비 용량 선정방법
3. 도로터널의 화재안전기준 중 다음 소방시설의 설치기준에 대하여 설명하시오.
   (1) 비상경보설비와 비상조명등
   (2) 제연설비
   (3) 연결송수관 설비
4. 거실제연설비의 공기유입 및 유입량 관련 화재안전기준을 NFPA92와 비교하고 차이를 설명하시오.
5. 「건축물의 피난·방화구조 등의 기준에 관한 규칙」에 의한 방화구획의 설치기준을 설명하시오.
6. 단열압축에 대하여 설명하고 아래 조건의 경우 단열압축 하였을 때 기체의 온도(℃)를 구하시오.

〈조건〉
- 단열압축 이전의 기체 : 25℃ 1기압
- 단열압축 이후의 기체 : 20기압
- 여기서 정적비열 $C_V = 1$[cal/g · ℃], 정압비열 $C_P = 1.4$[cal/g · ℃] 이다.

■ 저자약력

윤 정 득

소방기술사
광운대학교 졸업
경기대학교 대학원 석사수료(소방 · 도시방재 전공)
(주)태원종합기술단건축사무소 기술부/소방팀
(사)한국소방기술사회 정회원
(재)건설산업교육원 전임교수
전)한솔기술사아카데미 전임강사
현)KKW강경원소방학원 부원장

박 견 용

소방기술사 / 소방시설관리사
경북대학교 졸업
경기대학교 대학원 석사졸업(소방 · 도시방재 전공)
(사)한국화재소방학회 종신회원
(재)건설산업교육원 전임교수
전)한솔기술사아카데미 전임강사

■ 참고문헌

1. 하정호, 이창욱, 차순철 : 최신 핵심소방기술, 도서출판 호태
2. 정용기 외 3인 : 방재 · 소방설비기술 총람, 도서출판 의제
3. 이창욱 : 新방화공학, 도서출판 의제
4. 이강훈 : 건축방재계획론, 경남대학교 출판부
5. 남상욱 : 소방시설의 설계 및 시공, 성안당
6. 여용주 : 수계소화설비공학 스프링클러설비편, 한국화재연구소
7. 방재기술자료집Ⅱ, 한국화재보험협회
8. 자동식 스프링클러설비 핸드북, 한국화재보험협회
9. 강경원, 송가철 : 소방기술사특론, 동화기술

핵심으로 풀어가는!

소방기술사 

定價 50,000원

편 저 윤 정 득
박 견 용
발행인 이 종 권

2015年 1月 27日 초 판 발 행
2017年 10月 17日 2차개정발행
2019年 2月 4日 3차개정발행
2021年 8月 16日 4차개정발행

發行處 (주)한솔아카데미

(우)06775 서울시 서초구 마방로10길 25 트윈타워 A동 2002호
TEL : (02)575-6144/5 FAX : (02)529-1130
〈1998. 2. 19 登錄 第16-1608號〉

※ 본 교재의 내용 중에서 오타, 오류 등은 발견되는 대로 한솔아카데미 인터넷 홈페이지를 통해 공지하여 드리며 보다 완벽한 교재를 위해 끊임없이 최선의 노력을 다하겠습니다.

※ 파본은 구입하신 서점에서 교환해 드립니다.

www.inup.co.kr / www.bestbook.co.kr

ISBN 979-11-6654-053-0 14530
ISBN 979-11-6654-051-6 (세트)